THE CORPORATE LIFE CYCLE

企業估值投資

Business, Investment, and Management Implications

華爾街頂尖智庫的估值心法
看透企業體質好壞
正確買進

華爾街頂尖智庫、估值界教父
亞斯華斯・達摩德仁 Aswath Damodaran ／著
周詩婷 ／譯

suncolor
三采文化

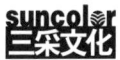

僅將此書獻給蜜雪兒（Michele）、芮貝卡（Rebecca）和肯卓拉（Kendra）——三位了不起的教師，她們在課堂上的付出和努力遠遠超過我！

也獻給諾亞（Noah）和莉莉（Lily），我在世界上最愛的兩個人！

目錄 CONTENTS

作者序：什麼年紀，就該做什麼事　　　　　　　　　　006

第 1 章　變，是唯一的不變　　　　　　　　　　　　　013

第一部　企業生命週期：奠定基礎

第 2 章　週期基礎知識　　　　　　　　　　　　　　　035
第 3 章　看透週期的慧眼　　　　　　　　　　　　　　065
第 4 章　轉變點：生命週期髮夾彎　　　　　　　　　　095

第二部　企業生命週期：錢的來源與流向

第 5 章　用生命週期，洞悉企業財務　　　　　　　　　135
第 6 章　企業生命週期的投資　　　　　　　　　　　　161
第 7 章　貫穿生命週期的籌資原則　　　　　　　　　　191
第 8 章　企業生命週期中的股利政策　　　　　　　　　223

第三部　企業生命週期：估值與定價

第 9 章　生命週期的估值定價入門　　　　　　　　　　253
第 10 章　新創與茁壯企業的估值與定價　　　　　　　　277

第 11 章	高成長企業的估值與定價	317
第 12 章	成熟企業的估值與定價	361
第 13 章	衰退企業的估價與定價	397

第四部　企業生命週期：投資哲學與策略

第 14 章	投資哲學入門：企業生命週期概觀	441
第 15 章	投資年輕企業	477
第 16 章	投資中年企業	515
第 17 章	投資衰退、處於困境的企業	553

第五部　企業生命週期：綜觀全局

第 18 章	管理學入門：企業生命週期總覽	595
第 19 章	對抗老化：上行潛力與下行風險	637
第 20 章	優雅老去：尋找平靜之道	669

致謝　　　　　　　　　　　　　　　　　　　　　　　700

作者序

什麼年紀，就該做什麼事

每個學科領域的從事者，都在追尋某種框架，以協助他們解釋該學科的原因、反面原因和「如果這樣，會怎樣？」的假設。在企業財務和估值領域，已有許多人嘗試建立這類放諸四海皆準的「普遍理論[1]」，而在我看來，前景最令人看好的框架，莫過於「企業生命週期」（corporate life cycle，簡稱 CLC）了。

所有企業都會經歷初創、茁壯、衰退、最終湮滅的循環。我發現，每當我試著理解企業的行為／偏差行為、投資觀點的差別，以及誘人的「下一個大熱門」（next big thing）時，總會來回一再檢視這些企業的生命週期。

企業的生老病死

這趟旅程的起點，始於我開始理解企業如何衰老，以及它們所經歷

---

[1] 譯注：「萬有理論」（universal theories）假設一種具有概括性、一致性的理論框架存在，可以解釋宇宙裡的所有奧祕。

的轉變點及其帶來的考驗。本書中，我將試著以下圖表呈現：

圖 0-1 ｜ 企業生命週期

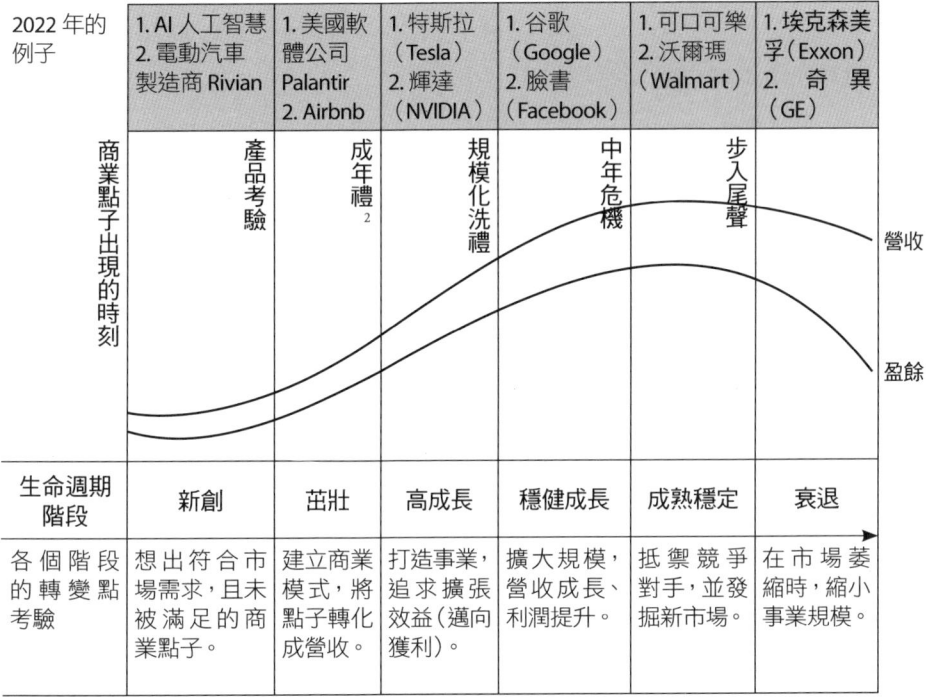

儘管費盡心思呵護，但是每一家新創企業，都像是死亡風險極高的新生兒。況且，一門新事業光是能將其概念化為產品，便已能被視為特例了。

而當企業從新創進展到茁壯階段時，便須設法建立能運作的商業模

2　譯注：原文 The bar mitzvah，指猶太人滿 13 歲的成人儀式。

式，同時克服各種後勤挑戰。如果成功，它將進入高成長階段，營收加速成長（儘管獲利經常滯後），企業需要持續注資以維持成長。

進入高成長階段後，其中最成功的企業將打造出有效的商業模式，獲利開始趕上營收，使這些企業不但能自行籌措資金，你也會看到股東和其他資本提供者開始獲得現金流回報。

至於穩健成長的企業中，表現最好的企業，則可望延長這段輝煌時期，但每一家企業，都終將步入中年，進入此時期後成長雖然開始趨緩，卻仍擁有穩定扎實的獲利和現金流量。

企業到了中年階段，已不如年輕時那樣充滿活力；但接下來的階段只會更糟。當企業逐漸老化，面臨市場萎縮和利潤下滑時，便會走向終點。企業的生命週期，類似人類生命週期的軌跡，而且企業也像人類一樣，會設法透過整形手術、私人教練來對抗老化，只不過它們的回春術往往來自顧問和銀行家，而這些昂貴的方案最終可能只是徒勞。

如何使用本書

在本書第一部，我會說明企業生命週期，用來判斷某家公司目前處於生命週期哪個階段的指標，以及決定不同類型企業之生命週期形狀與時點變化的驅動因素。我也會探討企業在生命週期中，從一個階段過渡到另一階段的轉變點（transition points），以及在這些轉變過程中所面臨的挑戰。

圖 0-2 ｜企業生命週期：驅動因素與決定因素

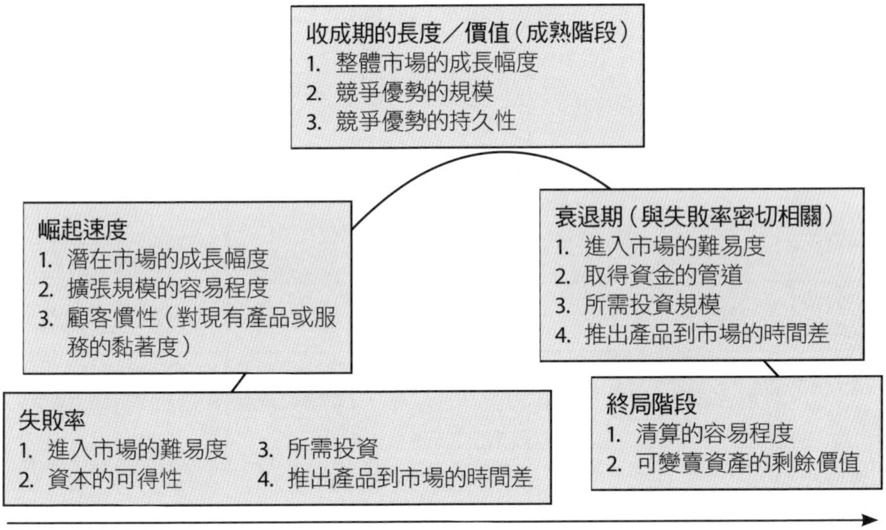

收成期的長度／價值（成熟階段）
1. 整體市場的成長幅度
2. 競爭優勢的規模
3. 競爭優勢的持久性

崛起速度
1. 潛在市場的成長幅度
2. 擴張規模的容易程度
3. 顧客慣性（對現有產品或服務的黏著度）

衰退期（與失敗率密切相關）
1. 進入市場的難易度
2. 取得資金的管道
3. 所需投資規模
4. 推出產品到市場的時間差

失敗率
1. 進入市場的難易度
2. 資本的可得性
3. 所需投資
4. 推出產品到市場的時間差

終局階段
1. 清算的容易程度
2. 可變賣資產的剩餘價值

　　本書的第二部，我將以企業生命週期為基礎，說明企業的經營重心隨著企業年齡改變的方式與原因。理想上，年輕企業應幾乎完全專注於尋找優質投資，成熟企業則應著眼於調整融資結構與類型，進入衰退期的企業則需思考如何更有效率地將資金回饋給資金提供者。

　　我還會用「企業生命週期」這個框架來證明：**企業最具破壞性的行為，往往發生在企業拒絕依其所處階段行事的時候**，採取和其當前階段不符的行為，並經常因此付出巨額代價。

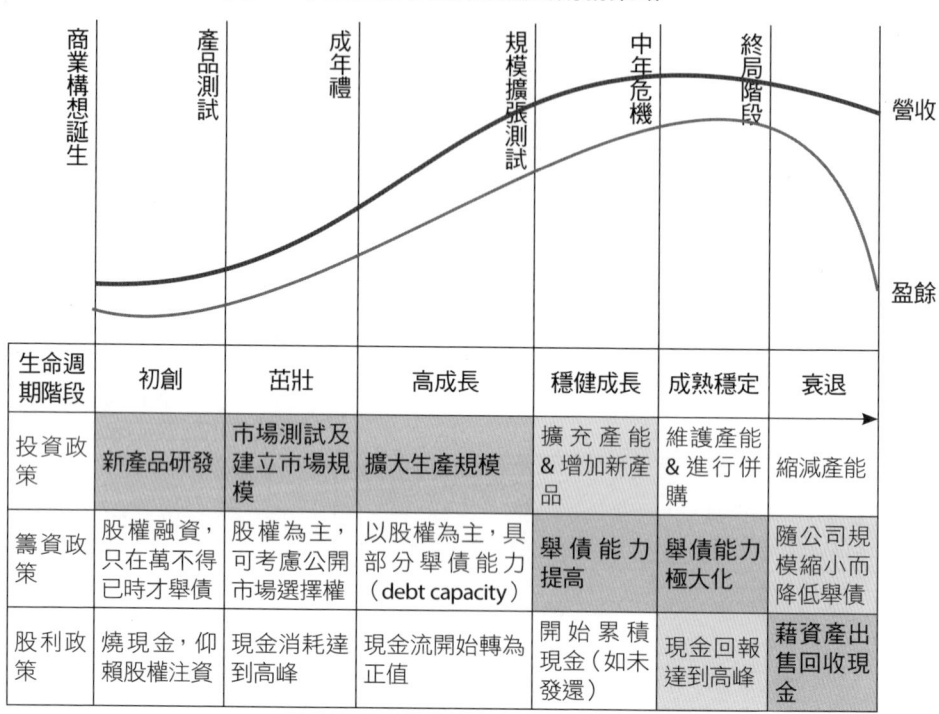

圖 0-3 ｜企業在各生命週期的財務策略

本書第三部，我將以企業生命週期為框架，說明企業在不同階段進行估值時會面臨的挑戰。

對年輕公司來說，最大的障礙是缺乏其商業模式該如何運作的資訊，以及這些模式未來將如何演變的不確定性。對成熟企業來說，主要挑戰是過度依賴過去的資訊，並錯誤地假設那些曾經有效的方法未來依然適用。至於衰退企業，在估值上最根本的困難則是人們甚至不願面對企業可能會隨時間萎縮、甚至走向終結的現實。

因此，分析師們在為企業估值時，經常尋求各種捷徑，轉而採用定價法（pricing companies）與定價指標（pricing metrics）。這些衡量基準也會隨著企業所處的階段而改變：年輕公司以用戶數與訂閱者為主，成熟

企業則依收益，衰退公司則多以帳面價值作為基礎。

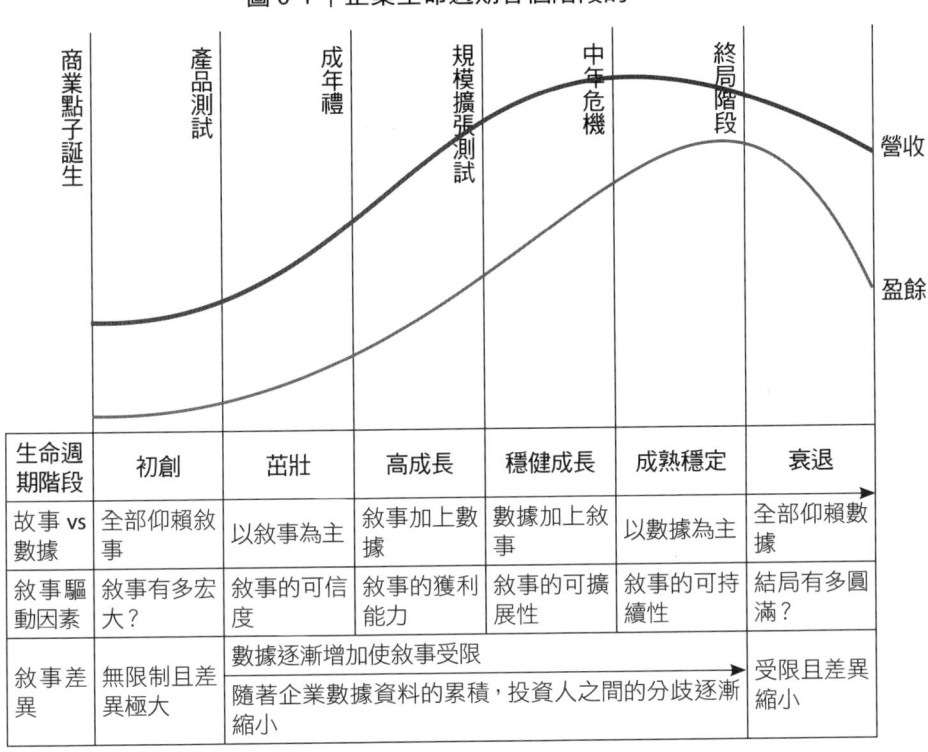

圖 0-4 ｜企業生命週期各個階段的

本書第四部分將企業生命週期納入討論，用以說明不同投資哲學之間的差異，尤其是成長型投資與價值型投資之間的分野。

價值型投資（value investing）——至少是目前主流實踐方式，著重在盈餘與帳面價值——會將投資人導向成熟企業；成長型投資（growth investing）則偏好處於生命週期較早階段的公司。

事實上，企業生命週期對這兩類投資人各自的風險，也提出了值得留意的警訊。成長型投資人要注意的是誤判，錯把即將步入中年的企

業，誤認為是還在茁壯的企業，進而支付過高的買進價格；而價值型投資人要當心的，則是將資金投入那些正從成熟邁向衰退的公司。

　　本書第五部，我將探討企業的管理階層，從企業生命週期中所能得到的洞見與延伸應用。首先，我將探討何謂卓越的管理者，並指出「一體適用」的管理敘事並不可行，因為經營茁壯階段企業所需的能力，與經營成熟階段企業所需的能力截然不同。

　　我也會分析成熟企業管理者嚮往的重生與再造夢想，並從那些成功實現轉型的少數公司，以及未能成功的眾多企業中，歸納出可供借鏡的教訓。最後，我將檢視全球經濟從製造業轉向科技產業的過程如何改變並縮短了企業生命週期，以及為何我們習以為常、被視為良好經營實務的許多做法，沒能隨著這些變化而與時俱進。

第1章

變，是唯一的不變

無論研究哪個領域，許多研究和從業人員的夢想，便是找出一套能夠解釋所有實際觀察到的行為的理論架構，並建立一個可用來預測未來行為的模型。

在自然科學領域，這樣的追尋受到自然本身的協助，因為自然對可觀察現象施加了秩序，讓理論更容易接受嚴謹的檢驗。相較之下，在社會科學中，這樣的追尋就顯得較不集中，部分原因是人類行為不見得會遵循可預測的模式。

不難理解，為什麼我們會追求能夠解釋一切的普遍理論，因為這些理論承諾能從混亂中恢復秩序。然而，這樣的追尋也伴隨著風險。

最重大的風險，是「過度延伸」。也就是**本來合情合理的理論被推展到極限、甚至超出適用範圍**，用以解釋那些原本不涵蓋在內的現象。當一種理論成為一門學科當中的主流思想時，人們就會禁不住用它來解釋一切。

第二個重大風險，是偏見（bias）。當某個理論的支持者越是狂熱，他們在評估證據時就越可能產生選擇性，**只看見他們想看的數據，聚焦於支持該理論的證據，並且否認和它矛盾的證據**。然而，若某個理論存在缺陷，或者根本就是錯的，那麼隨著越來越多相反的資料和證據浮現，它最後就會被修正，甚至遭到淘汰——只是這通常得等到它被一群過於執著的擁護者搞出一堆問題之後才會發生。

解釋市場的三大方向

經濟學是一門社會科學，它跟其他社會科學的差別，主要是經濟學家可以輕鬆取得大量相關數據，尤其是市場的數據。

長期以來，研究者和許多從業人員都曾嘗試提出經濟理論或模型，來解釋從企業投資決策、融資與股利政策，到投資人如何為公司定價等

各種現象。在本節中，我將回顧過去 70 年來一些試圖建立「總體金融理論」的努力——並說明為何這些嘗試最後都未能達到預期的理想目標。

金融理論，沙盤推演的局限

金融學是從經濟學延伸出來的一個旁支，許多早期的金融理論，也理所當然出自經濟學圈子，尤其是經濟學家對研究風險迴避[1]與效用函數[2]的研究，推動了對市場價格與投資報酬等金融理論的探索。

現代金融學的起點，可以追溯到哈利·馬可維茲（Harry Markowitz）[3]提出的現代投資組合理論（modern portfolio theory），而統計學的發展也促成了此一突破。事實上，馬可維茲援引了大數法則[4]，主張在相同風險水準下，若投資於彼此間波動不一致的多種風險資產，其組合報酬將優於單一資產的投資結果。

其理論中的效率前緣（efficient frontier），提供了一個優雅的方式，把投資決策過程概括為：**在風險影響的限制下，追求更高的報酬。**

馬可維茲理論的影響力遠不止於能夠產生最佳化的投資組合，因為它徹底顛覆了市場中對風險的基本認知。它取代了過去那種認為投資人

---

1 譯注：風險迴避（risk aversion），指當人面對不確定報酬的交易時，更傾向於選擇更保險，但也預期報酬可能更低的交易。

2 譯注：效用函數（utility functions），表示消費者「在消費中所獲得的效用」與「所消費的商品組合」之間數量關係的函數。其被用來衡量消費者從既定的消費組合中所獲得的滿足程度。

3 譯注：馬可維茲對現代金融經濟學理論的開拓性研究，被譽為「華爾街第一次革命」、「投資界的大爆炸理論」，並因此獲得 1990 年諾貝爾經濟學獎。

4 譯注：根據大數法則（the law of large numbers），樣本數量越多，則其算術平均值就有越高的機率接近期望值。

應該單獨評估個別投資風險的觀點，轉而主張：一項投資的風險，取決於它納入整體投資組合後，對組合的整體風險所造成的影響，而非它本身的波動程度。

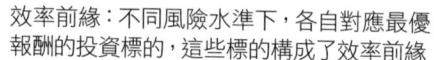

圖 1-1 ｜ 馬可維茲的效率投資組合

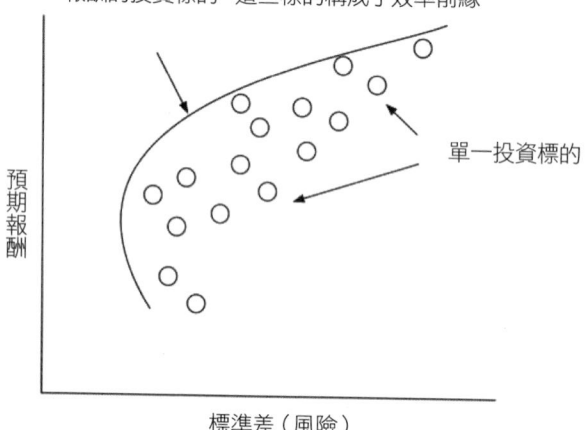

約翰·林特納（John Lintner）和威廉·夏普（William F. Sharpe）將無風險資產[5]引入馬可維茲架構後，改變並簡化了效率前緣的形狀。他們證明，對所有投資人而言，無論風險迴避程度為何，將一項無風險資產和一個高度多元化的投資組合（稱為「市場投資組合」，因其涵蓋市場上所有可交易資產，並依各資產市值權重持有）結合，能夠產生比任何純由

5　譯注：無風險資產（riskless asset）會產生無風險報酬，指在投資時就能完全確定未來收益的資產，通常是短期公債。

風險資產構成的投資組合更佳的風險／報酬取捨（risk return trade-off）。下圖 1-2 便解釋了這種效果。

圖 1-2 ｜ 資本資產定價模型

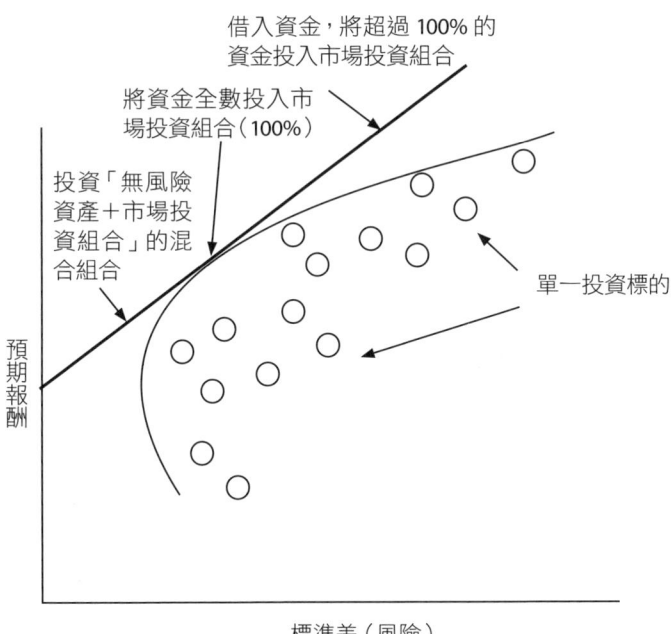

林特納和夏普提出的資本資產定價模型（capital asset pricing model，金融怪傑們稱為 CAPM），其影響力遠超出模型本身的核心應用，因為它提供了一個線性方程式，能用來解釋風險資產的過去報酬率，並預測其未來表現：

E（投資報酬率）＝無風險報酬率＋Beta 值（風險係數）
（市場投資組合的預期報酬率—無風險報酬率）

這條公式的影響相當廣泛,從企業用它來決定報酬率的最低門檻(以決定是否接受或拒絕投資案),到投資人用它來評估個股和投資組合的預期報酬率,讓它成為史上應用最廣及研究最深入的經濟模型。

然而,這些研究卻揭示了一個必須正視的事實:**這個模型在面對市場中的大範圍區塊時,缺乏足夠的預測力。**

以理論為依據所建立的模型(即從經濟學第一原理[6]出發,逐步推演而成的模型),其優點在於這樣的發展過程能避免你把觀察到的數據,強行套入自己對世界運作方式的既有成見。缺點則是為了這個模型的實用性,我們必須對人類行為做出簡化假設(從人們如何得到效用,到理性的構成方式),而只要這些假設存在錯誤,最終就可能得到理論上很優雅,卻無法有效解釋現實世界的模型。

用數據說話,是真理還是人造偏見?

正當馬可維茲投資組合理論,與資本資產定價模型被推展為能解答所有金融領域問題的方法之際,一群以芝加哥大學為中心的研究人員則提出了截然不同的方法,他們相信:市場是有效率的,而市場價格能如實反映所有資訊,是了解真相的最佳指標。

在效率市場的觀點中,市場反應為商業決策的優劣提供了決定性的判斷標準:好的決策會激發市場正向反應(價格上漲),壞的決策則會引發負面反應(價格下跌)。

至於主動投資(投資人試圖在股市裡挑選最佳股票、擇時買賣),從效率市場的觀點來看毫無意義,因為市場價格已經反映了所有可取得的

---

[6] 編按:經濟學第一原理(First principle),指經濟學中最基本的假設與原則,例如個體理性、效用最大化、資源有限,與機會成本等,作為推導更高階理論的出發點。

資訊。

數十年來，大量市場層面與企業層面的數據都能輕鬆取得，甚至可以說，金融領域在其他領域意識到大數據魅力之前，就已經率先發現並且加以運用。

事實上，第一個嚴肅挑戰資本資產定價模型的對手，是套利定價模型（arbitrage pricing model），在這個模型中，研究人員使用觀察到的資產價格與相關預期報酬率的數據，連結到統計上（但未具名的）因素。在套利定價模型裡，假設市場上風險資產的定價能有效防止無風險套利（arbitrage），那麼便可以從市場價格中推導出風險因子。

這些以數據為基礎的定價嘗試，始於 1970 年代晚期，並隨著宏觀與微觀經濟數據的取得日益普及與深化，在隨後幾年迅速成長，最終發展出多因子定價模型（factor pricing models）。1992 年，尤金・法瑪（Eugene Fama）與肯尼斯・法蘭屈（Kenneth French）分析了 1962 至 1990 年間所有美國股票的報酬率，並指出這段期間股票年報酬率的變異，有很大一部分可以用兩個特徵來解釋：市值（market capitalization）與帳面價值對市價比[7]（book-to-market equity ratio）。

具體來說，他們發現小型股且帳面價值對市價比高（即市淨率較低）的股票，年報酬率普遍高於大型股且帳面價值對市價比低（即市淨率較高）的股票。他們將這種較高的報酬，歸因於小型股與市淨率低股票所承擔的較高風險。往後幾年，隨著研究人員取得更豐富的數據，他們在解釋市場報酬率差異的清單上，又添加了幾個特徵，這些特徵大致上可以歸類為因子定價模型（factor pricing models）。

7　譯注：帳面價值對市價比（book-to-market ratio），是指公司股東權益的帳面價值與其市值之比率，常用來衡量公司相對於市場評價的高低。

到 2019 年時，主流金融期刊已有超過 400 個用來解釋價格波動與報酬差異的因子被辨識出來，因而有部分研究人員將這種現象戲稱為「因子動物園」，並主張這些能解釋市場變動的因子，大部分其實該歸因於數據挖礦（data mining），而不是市場行為。

　　若說學術圈被數據驅動的定價模型吸引，是因為它們能解釋投資人與市場行為，那麼金融從業人員被吸引，則是因為更務實的理由：**只要這些模型能發現市場錯誤定價，對於能識別出市場失誤並從其修正中受益的人而言，就提供了獲利的可能**。量化交易之父吉姆・西蒙斯（Jim Simons）就是早期受用者之一，他憑藉數學與統計專長，在數十年間持續獲得超越大盤的報酬[8]。

　　近年來，量化投資已吸引更多玩家加入這場遊戲，當強大的電腦運算能力被引入後，人們利用數據尋找投資機會所能帶來的報酬率也隨之下降。簡單來說，運用強大電腦尋找賺錢機會的做法，就好比 2010 年代初期的高頻交易者（high-frequency traders），隨著新進投資人挾著他們的高科技方法進入市場，這些利潤機會也開始進入倒數計時。由數據驅動的定價模型，在解釋所觀察到的行為方面，確實優於理論模型。但你也可以主張這樣的比較並不公平，因為**數據驅動的模型，保有增加更多或不同變數的能力，可以不受理論限制，甚至無需為某個因子的存在提供經濟上的合理性**。

　　身為一個與數據打過交道、並自認是數據信徒的我，非常清楚**操縱數據、使其產生你想看的結果有多麼容易，尤其當你心中已有強烈的既**

8　譯注：吉姆・西蒙斯旗下的「大獎章基金」（Medallion Fund），在 1988 年至 2018 年的平均年化報酬率高達 66.1%，就算扣除基金收取的各項費用，平均年化報酬率也高達 39.1%。

定立場時更是如此。簡單來說，在金融與投資領域，數據的取得已證明是一種好壞參半的結果——一方面產生了某些強有力的分析成果，但同時也伴隨著大量偽稱由數據支持的詭辯。

行為模型：我們做的決策是否理性？

以理論為基礎的模型，其失敗與局限催生了前文所述的數據驅動模型，同時也引發了另一場截然不同、根植於心理學的運動。這股運動如今已發展得既豐富又深厚，形成了一個結合心理學與金融學的領域，即所謂的「行為金融學」（behavioral finance）。

丹尼爾·康納曼（Daniel Kahneman）和阿莫斯·特沃斯基（Amos Tversky），在 1970 年代開啟了這股潮流，他們將人類確立的行為模式引入市場研究，藉此為過去被視為無法解釋或異常的市場現象提供解釋。兩人運用心理學洞見，提出解釋商業與投資決策的新理論，稱為「展望理論」（prospect theory）。該理論推論，**人們會低估可能結果的重要性，並高估確定結果的重要性，因而在面對確定收益時傾向規避風險，在面對確定損失時則傾向承擔風險**。往後數十年中，行為金融學逐步進入了金融思維的核心，理查·塞勒（Richard Thaler）、羅伯·席勒（Robert Shiller）和其他許多學者，拓展了其影響力，用以解釋商業與投資人的決策行為。塞勒採用了「有限理性」（bounded rationality）的概念，並把康納曼和特沃斯基的研究延伸到資產定價領域。同時他也發展出心理帳戶（mental accounting）理論，認為人們會依據金錢的來源與預期用途，將金錢分類，並對不同分類採用不同的決策標準。

席勒的早期研究則顯示，股價隨著時間所產生的波動，無法單以基本面來解釋，此一觀察成為他提出市場泡沫理論的基礎，其中他以「動物本能」（animal spirits）來解釋市場泡沫的形成。

行為金融學將心理學和金融學結合，相較於其他理論，對初次進入

金融市場的投資人來說既更有趣,也更容易親近。由於行為金融學從人類行為與偏誤行為的基本認識出發,因此更扎根於現實。然而,在其大部分發展歷程中(儘管存在一些例外),行為金融學始終面臨兩個問題。

第一,它投入更多資源在解釋投資人與企業的過往行為,而不是為這兩類群體提供規範性的解決方案。第二,和數據驅動的方法類似,由於資料探勘導致大量推測性的市場解釋因子湧現,如今在投資與決策領域中,被辨識出的行為偏差(behavioral quirks),已經多到幾乎每一個行為舉止——無論多麼奇特,都能找到一個行為理論來加以解釋。

小結:沒人規定,你只能用一種方法

總之,至今在金融領域中使用的三種主要方法(理論、數據或行為),都無法提供一條能夠全面解釋市場行為的途徑,不過每一種方法在某些面向上都展現出一定的潛力。

一種可行的解法,是將這些方法加以融合:從理論出發,同時對其局限保持開放態度,接著用數據一再測試,最後,在研究基礎上疊加投資人行為偏差的考量,以解釋結果中的偏差。

儘管如此,隨著新一代研究人員帶著比過去世代更大量的數據與更強大的工具進入這門學科,對整合性理論的追尋將不會停止。

為你介紹:企業生命週期

我對理論掌握不足,對數據科學和心理學的了解也不夠深入,無法自行提出一套總體理論,來解釋商業與市場中發生的各種現象。相對地,我將借用企業生命週期的概念——一個雖然主要在管理與策略領域而非財務領域被廣泛研究與應用的架構——並主張雖然它既不新穎,也無法解答財務領域的所有問題,卻具有出人意料的整體解釋力。

週期裡的生老病死，專家們眾說紛紜

企業生命週期這個概念，在管理與策略領域中已被討論與著述數十年。管理學專家伊查克・阿迪斯（Ichak Adizes）為了描述企業生命週期，發展出一個 10 階段模型（如圖 1-3 所示），並以此為基礎成立了一間推動其理念的研究機構，同時撰寫了一本相關著作。

圖 1-3 ｜阿迪斯的企業生命週期

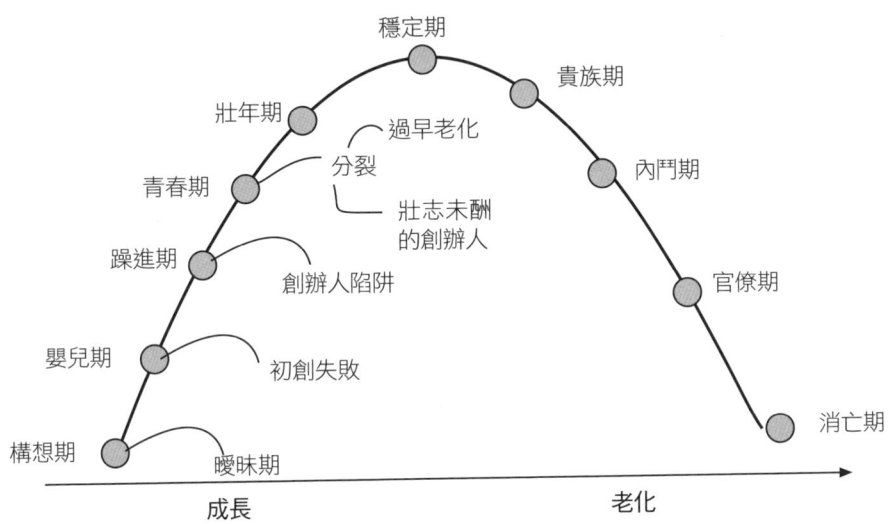

阿迪斯的企業生命週期模型主要著重於企業在各個階段所面臨的管理與策略抉擇。財務問題則是在一種觀點下被提出：**企業老化雖不易逆轉，但若有優秀的管理，仍有可能達成**。即便是管理學的研究領域，對於企業生命週期應分為幾個階段，以及企業老化的進程為何，也尚未有共識。

在一篇 1984 年的研究論文中，丹尼・米勒（Danny Miller）和彼得・傅里森（Peter H. Friesen）主張，企業生命週期可分成 5 個常見階段：出

生、成長、成熟、重振和衰退。這項評估是基於他們對 36 家企業、橫跨 161 個觀察期間的小規模樣本研究所得出的。他們的結論是：企業生命週期的路徑與發生時點，會因企業而有極大的差異。

在財務學領域，企業生命週期的應用相對較少，就算有，多半也是被用來解釋企業或投資人在決策上的某些面向。例如會計領域的研究人員曾運用企業生命週期來說明衡量槓桿[9]與獲利能力的會計比率如何隨時間變化，並進一步根據這些證據建立判斷企業所處生命週期階段的衡量指標。而公司治理領域的研究也顯示，年輕企業面臨的治理挑戰較大，隨著企業逐漸成熟，其治理實務也會隨之改善。

在為企業估值時，我曾運用企業生命週期這個概念架構，來探討企業在不同階段面臨的估值挑戰為何，以及如何調整估值模型以因應這些挑戰。在財務領域，這方面的研究非常少，且主要集中於企業在投資、融資與股利發放等財務決策上，如何隨著生命週期的不同階段而產生變化。

生命週期的應用，還有那些例外

由於過往對企業生命週期的研究橫跨多個學科，你或許會想知道，我在本書中會帶來哪些新的觀點。我會從既有的研究和文獻開始，但如我希望在本書中所展現的，我將運用這些概念，不僅深入探討企業在各個生命週期階段中的財務決策，也將檢視估值挑戰如何隨著企業所處階段而有所不同，並說明**各種投資理念（例如價值型投資、成長型投資與資訊交易）如何與企業的生命週期產生關聯**。

9　譯注：槓桿，指「營業利益變動」對「每股盈餘變動」造成的影響，當「每股盈餘變動」受到營業利益變動影響越大，表示財務槓桿越高。

請注意，作者序中圖 0-1 所示的 6 階段劃分，主要目的是為了提供一個通用的結構，而非對企業生命週期應該有多少階段下明確的定論。你也可以決定企業生命週期應該分成 5 階段、8 階段或 10 階段。事實上，將企業生命週期劃分為更多或更少的階段，幾乎不會影響我在後續章節中提出的結論。

我將在第 2 章仔細說明生命週期的每一階段，但在這裡，還是簡單扼要地說明一下各階段的核心重點。

在新創階段，一位或多位創辦人想出一個產品點子，認為其可以滿足市場需求，並嘗試把點子變成產品。

假如他們的嘗試成功了（許多新創企業並不會成功），接下來的茁壯階段則需要建立商業模式，把產品或服務轉化為一項能產生營收，並至少具備未來獲利途徑的事業。對部分成功建立商業模式的新創企業而言，接下來便會進入規模擴張或高成長階段，嘗試將小型企業做大，並受到創辦人志向、資本限制與目標市場規模的共同制約。

一旦企業完成擴張，要維持成長率將會變得益發困難，但是處於穩健成長期的企業還是能透過為既有產品開拓新市場或研發新產品，尋求持續成長。不過，隨著企業步入成熟穩定階段，成長將趨緩，其經營重心也必須轉向防守既有產品，因為當這些產品極具利潤時，勢必會引來競爭者與市場顛覆者的挑戰。

生命週期的最後階段是衰退期，企業將會發現，隨著曾經讓它們賺飽飽的市場日漸衰退，營收與利潤率也將在壓力下持續萎縮。

讀到此處，我很肯定你會對這個框架產生一些疑問，或有些不同看法。好比說，該如何看待那些找到（或看起來找到）方法逆轉老化、使企業重新進入成長階段的案例，例如 2000 年的蘋果（Apple），或 2013 年的微軟（Microsoft）？

為什麼有些企業，如奇異（General Electric Company）或通用汽車

（General Motors），從新創到成熟需要數十載，而有些企業如臉書（Meta，舊稱 Facebook）、谷歌（Google）卻能以極快的速度完成這段轉型？

我們又該如何解釋那些家族企業，不僅存續數十年，甚至長達數百年，仍持續帶來穩定的成長與獲利？我將在第 3 章中，探討影響企業生命週期發展速度的關鍵因素，包括：企業從新創進入成熟所需的時間、成熟期的持續長度，以及它們衰退的速度。因為每個階段常帶來截然不同的挑戰，企業必須成功完成轉換，才能因應這些差異。我將在第 4 章探討企業如何從一個生命週期階段轉換至下一階段，並聚焦於營運面與財務面的轉變。

有關財務上的轉變，我將討論創投融資（venture capital financing），這通常是新創企業轉型為成長企業的途徑；首次公開發行（IPO）則是部分較 成功的成長企業可選擇的退出方式；以及這兩者在結構與操作上的變化，特別是在過去幾十年間的演變。此外，我還會探討收購——這是一些上市公司在生命週期後期，被私募股權投資人私有化[10]的方式，以及收購背後的動機。

生命週期的含意：企業做什麼事、值多少錢

企業生命週期本身就極具吸引力，而當它用來說明企業在不同階段的行為（**企業財務**）、價值驅動因素與估值挑戰如何改變（**估值**），以及各種投資理念如何各自主張能帶來最高報酬時，則顯得更有趣。・生老衰死，各階段企業怎麼花錢？

企業財務學提出一套財務上的第一原理來指導企業應如何營運，而

---

10 譯注：指上市公司下市，讓公司成為私人持有的企業。

企業所做的每一項決策，都屬於它的範疇。我把這些企業決策分成 3 類：

（1）投資決策：一家企業決定要挑選什麼資產或專案來投資
（2）籌資決策：企業如何為這些項目籌措資金（包括債務與股權的組合，以及採用的融資方式）
（3）股利政策：企業決定要發還多少現金給股東、以什麼形式發還

如果你對企業財務學不熟悉，第 5 章將會一一介紹投資、籌資與股利的第一原理，以及我實際運用這些原理時所使用的核心工具和流程。

在第 6 章，我會更深入探討企業在生命週期各個階段的投資決策，檢視隨著企業成長與成熟，投資類型與投資挑戰如何改變，並進一步說明企業應如何調整其投資技術與決策準則以因應這些變化。

在第 7 章，我會從探討企業應該借貸多少資金的權衡取捨出發，進而據此判斷，當企業從成長邁向成熟時，融資的組合與類型會（或應該）如何改變。在第 8 章，我會說明一套可用來決定企業能發還多少現金的流程，並據此評估，依據企業在生命週期中的位置，應該發還多少現金（如果有的話）。

在上述各章中，我也將探討，當企業採取與其生命階段不相符的企業財務政策時，可能會產生哪些後果。**企業值多少錢，你又該為它花多少？**

企業的價值一直都取決於兩項要素：投資人預期可從企業獲得的現金流量，以及實際獲得這些現金流量的不確定性。然而，這項普遍原則在生命週期的不同階段中，呈現方式可能截然不同。

對於仍處早期階段的企業，由於商業模式尚未成形，而且成長所需的再投資是首要任務，預期的現金流量往往在短期內為負數，不確定性

也極高，不僅來自現金流量的規模，更包括企業本身的存續風險。成熟一點的企業，現金流量可能是正數，而且比較能夠預測，但價值仍可能受到市場顛覆與競爭壓力的影響。至於處於衰退階段的企業，營收下滑和利潤縮減會導致預期現金流量下降；萬一公司負債水位偏高，即便是縮水後的現金流量也可能不足以支應債務，進而引發財務困境，甚至破產。第 9 章中，我會先從企業估值的基本原則談起，建立一個簡單的估值架構，用以說明企業價值如何由現金流量、成長與風險三者共同決定。接著，我會將這套估值過程與定價的基本概念進行對比，說明如何根據投資人對類似企業的支付價格來推估一家企業的合理價格。

我會用這些估值與定價原則，分別探討第 10 章的新創與年輕企業、第 11 章的高成長企業、第 12 章的成熟企業，以及第 13 章的衰退企業，在估值與定價方面所面臨的挑戰。在這幾章中，**雖然我檢視的是性質迥異的企業，但我並未另創新模型或指標，而是使用相同的估值架構**，並根據每個生命週期階段的挑戰，調整我所投入估算的重點與整體評估流程。**投資方法無對錯，只有契合生命週期與否：**

投資人之所以投資股票，是為了追求高報酬，同時盡可能降低下行風險（downside risk）。這可能是所有投資人之間唯一的共通點，因為他們對市場如何運作（或失靈）抱持截然不同的看法，進而在投資組合中選擇了風格迥異的股票標的。

典型的價值型投資人，深受班傑明・葛拉罕（Ben Graham）的證券分析，和華倫・巴菲特（Warren Buffett）的投資理念影響，他們尋找的是擁有穩定獲利、穩健成長，以及具備可防禦性護城河的企業。成長型投資人則押注成長型企業，基於市場低估這些企業成長率的假設進行投資。

資訊交易者（information trader）則圍繞財報與消息面操作，試圖透過較強的預測能力，或對訊息公布後市場反應的判斷（如反應過度或不

足）來獲利。純交易者則依循市場情緒與動能[11]操作，順勢而為，並力求在動能轉向前及時退場。每一種投資人都自認掌握市場優勢，聲稱自己找到了「正確」的投資方法，然而各類投資人當中，能持續獲勝的始終只是少數。

在第 14 章中，我將探討這些彼此對立的投資理念，並詳述採行各種策略的投資人所依據的假設前提，這些前提有些是明確說出的，但大多是隱含的。乍看之下，這些截然不同的投資理念似乎跟企業生命週期無關，但在第 15 章中，我將探討成長型投資如何在企業茁壯階段發揮作用，**無論是在私募市場（如創投）或公開市場，其本質都是押注企業能建立商業模式並擴大規模。**

在第 16 章，我會將價值型投資和企業生命週期中的成熟階段連結起來，並加以拆解，說明其各種形式，從被動篩選低價股到逆勢操作，同時重新檢視成功的必要條件與可能的風險。

在第 17 章，則會總結當企業進入衰退或陷入財務困境時，投資或交易這類公司要具備哪些條件才能取得勝利。在這一系列討論中，我希望說明：沒有任何一種投資理念能宣稱自己是「最好的」，因為每一種策略的成功都需要不同的心態與能力，而你選擇採取的投資理念，也將決定你會關注處於生命週期不同階段的企業。・**各年紀的企業，得用不一樣的管理**

企業，是由人來經營的。而我長久以來一直在思考，一家企業的高階管理者，應該具備哪些特質？

11　譯注：動能（momentum, MTM）在此指的是一種投資策略，根據資產價格在短期內持續上漲或下跌的趨勢進行操作。此策略假設市場趨勢具有延續性，與特定的技術指標不同，可能依據市場情緒、交易量或價格走勢等因素來判斷進出時機。

儘管在學術界與實務面，普遍傾向假設卓越的執行長有一種標準原型，但企業生命週期的觀點對此提出了反駁。成長型企業所需要的高階管理者，其技能與個性特質，與成熟期或衰退期企業所需者截然不同。

在第 18 章中，我會進一步探討這個概念，說明管理階層在企業生命週期的各階段所面臨的挑戰，並且主張：隨著企業邁入不同階段，高階主管所需的技能組合也必須隨之改變。**雖然有少數高階經理人具備足夠的適應力，能隨企業而轉變，但大多數人並無法做到，因此將引發治理上的挑戰。**

在第 19 章，我首先指出，當企業在做出商業決策時，若能接受並適應老化，通常能為管理者與所有人帶來最高的成功機率。接著我將探討，為什麼多數企業反而會選擇與老化對抗這條路。

我會檢視兩種情況：一是企業成功逆轉老化、重新煥發生機的正面案例；二是原本成長穩健的企業在短時間內突然崩潰的負面案例，並剖析成敗之間微妙的界線。在這兩種情境中，我認為高階管理者都扮演關鍵角色——在重生中發揮正面作用，在崩潰中則可能起到負面影響。

此外還有諸多其他因素，也包括運氣，會左右結果。本章也將探討「永續性」（sustainability）這個在企業界備受重視的詞語——在正向語境中，它指的是企業在成長階段為延續價值創造所採取的行動；但在負向語境中，則反映了企業在衰退階段為求生存不惜一切代價的做法。

我將在第 20 章中，用以下觀點來為本書收尾：良好的企業管理與投資，需要冷靜沉著——你必須先接受企業終將老化，然後再擬定試圖延緩或逆轉老化的宏大計畫。

簡而言之，企業的生命便是如此

不可否認，企業和人類一樣都會老化，所面臨的挑戰也會隨著它在

生命週期的各個階段移動而改變。話雖如此，**企業的生命週期比人類的更加多變，也擁有人類所沒有的重生與再起的機會。**

我之所以運用企業生命週期這個架構來說明企業財務的重點與運作機制如何隨企業年齡而轉變，分析各階段估值的驅動因素與過程，並評估其與不同投資理念的契合程度，都是基於以下的前提：如同任何經濟模型或理論，企業生命週期理論也存在例外與變異，有時甚至會與實際數據產生衝突。

第一部
企業生命週期：奠定基礎

第 2 章

週期基礎知識

在第 1 章中，我簡單介紹了企業生命週期，這個概念在管理和策略領域已有悠久的歷史。這樣實用的工具，可以用來解釋企業在財務重點和實務操作、估值驅動因素與機制，以及與不同投資理念的契合程度上，為何會出現差異。

在本章中，我將進一步擴展這個概念，並且更詳細說明企業生命週期從誕生到消亡的各個階段。

打開週期，看看企業怎麼老

雖然我確實參考了人類的生命週期，作為企業生命週期的基礎，也指出了企業生命週期本身具有一些值得關注的特殊之處和差異。

為了檢視這些差異，讓我們重新回到圖 2-1，並將焦點放在企業在各階段所面對的關鍵任務，以及沿途可能出現的主要風險上。

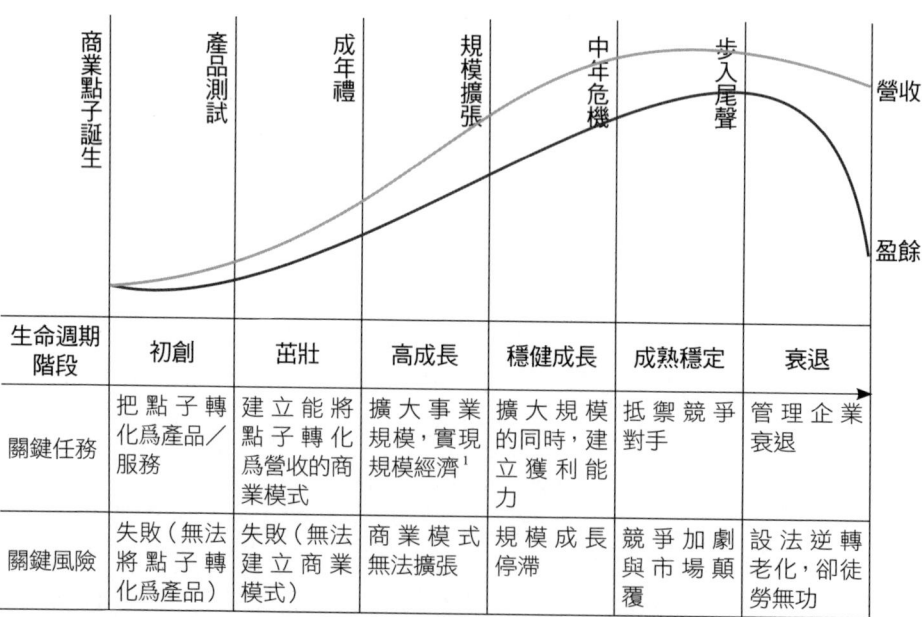

圖 2-1 ｜ 企業生命週期各階段

生命週期階段	初創	茁壯	高成長	穩健成長	成熟穩定	衰退
關鍵任務	把點子轉化為產品／服務	建立能將點子轉化為營收的商業模式	擴大事業規模，實現規模經濟[1]	擴大規模的同時，建立獲利能力	抵禦競爭對手	管理企業衰退
關鍵風險	失敗（無法將點子轉化為產品）	失敗（無法建立商業模式）	商業模式無法擴張	規模成長停滯	競爭加劇與市場顛覆	設法逆轉老化，卻徒勞無功

正如我在第 1 章說明的，企業生命週期可劃分為 6 階段：

- 階段 1：新創階段是指一家企業成立後，一或多位創辦人，設法把商業點子變成產品或服務，同時募集足夠的資本以維持營運。
- 階段 2：在茁壯階段，新創企業開始建立商業模式，以將它們推出的產品或服務，轉變成營收和獲利——並意識到這樣的模式可能根本不存在；要是如此的話，企業將難以生存。
- 階段 3：在高成長階段，企業著手擴大新產品或服務所帶來的營收與獲利，並評估在市場規模、競爭環境與資本限制下，究竟能擴張到什麼程度。階段 4：在穩健成長階段，企業持續擴大營收（雖然成長率下降，但整體規模也更大），並致力於提升利潤率，使盈餘增幅高於營收增幅。
- 階段 5：在成熟穩定階段，營收成長率將趨近於整體經濟的成長率，利潤率趨於穩定，企業也逐漸進入相對穩定的狀態。階段 6：在衰退階段中，企業將面臨營收停滯或下滑、利潤率承壓的雙重挑戰；若企業同時也有債務問題，則可能陷入財務困境。

接下來，我將逐一探討各階段，更深入說明企業在該階段所面臨的經營與財務挑戰，並同步觀察隨著企業逐漸成熟，其所有權結構將會如何演變。

1　譯注：規模經濟（economies of scale）指擴大生產規模、帶來經濟效益，主要表現為長期平均總成本隨著產量增加而減少。

階段1：新創

　　一家公司的誕生，通常始於某人（或某些人）察覺到市場上存在一項尚未被滿足的需求，並認為可以透過某項產品或服務來加以回應。在很多情況下，這種未被滿足的需求可能只存在於創辦人的想像當中。即便市場需求確實存在，所規劃的產品或服務也未必能真正滿足它，這也解釋了從生命週期的角度來看，為什麼大部分的商業構想最終會胎死腹中。即使少數的點子得以存活，能夠成功轉化為具體的產品或服務，仍需面對後勤、資本與管理上的重重挑戰。

圖 2-2 ｜ 2005-2021 年，美國人口普查局的新設企業申請案數量

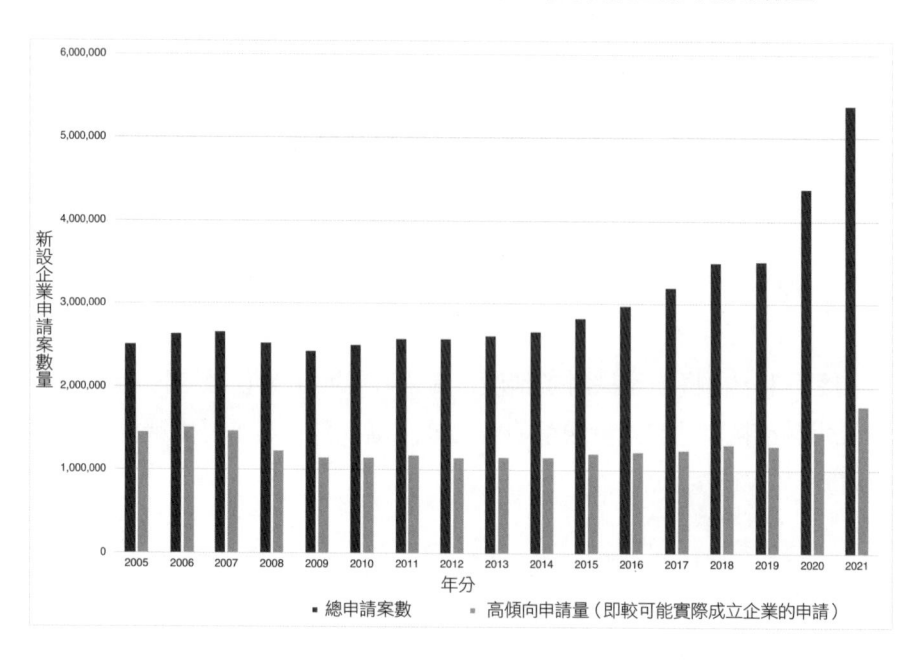

請注意，前述申請案當中，有許多屬於短期、具有限定存續期間的企業，例如建案或是政府標案的執行。但是人口普查局也會依企業類型進行分類統計，其相關數據請見圖 2-3。

• *數字透露的祕密：新創多得是，存活比例卻很低*

要探討新創企業，得從數據著手，觀察每年有多少企業創立，並分析它們的產業分布與地理區域。根據美國人口普查局（US Census Bureau）統計，美國在 2021 年共有 540 萬件創業申請案，圖 2-2 彙整了歷年新設企業的申請數量，以及其中的「高傾向申請案」──即根據僱用行為和其他可觀察變數（observable variables），人口普查局判定更有可能實際成立企業的申請案。

圖 2-3 ｜ 2005-2021 年，按產業分類統計的新設企業申請數量

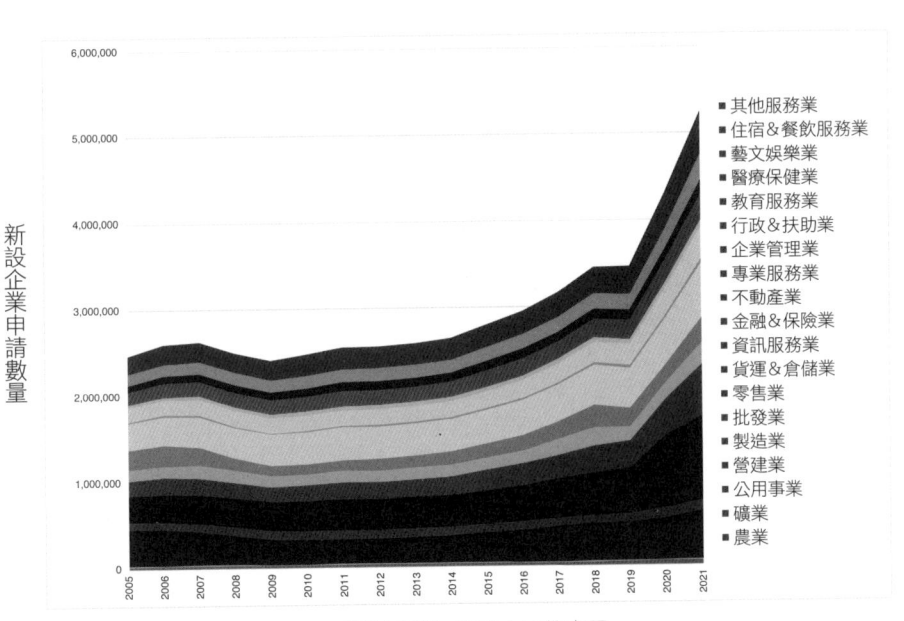

資料來源：美國人口普查局

週期基礎知識 第 2 章 ｜ 39

可以觀察到，自 2019 到 2021 年，新設企業的申請數量激增，在美國也出現了各式各樣的新創事業。從龐大的數量來看，可以合理推測，其中許多申請最終並未真正轉化為企業；即使成立了，創辦人對企業經營年限或未來規模的期望往往也相當有限。如果以較狹義的定義來衡量新創企業——僅包含已完成法人登記且具備實收資本的公司司——美國在新創企業的數量上依然領先全球，但放眼世界，其他地區也顯現出新創活動持續成長的跡象。圖 2-4 顯示了 2021 年各國的新創企業數量。

圖 2-4 ｜ 2021 年世界各國新創企業數量

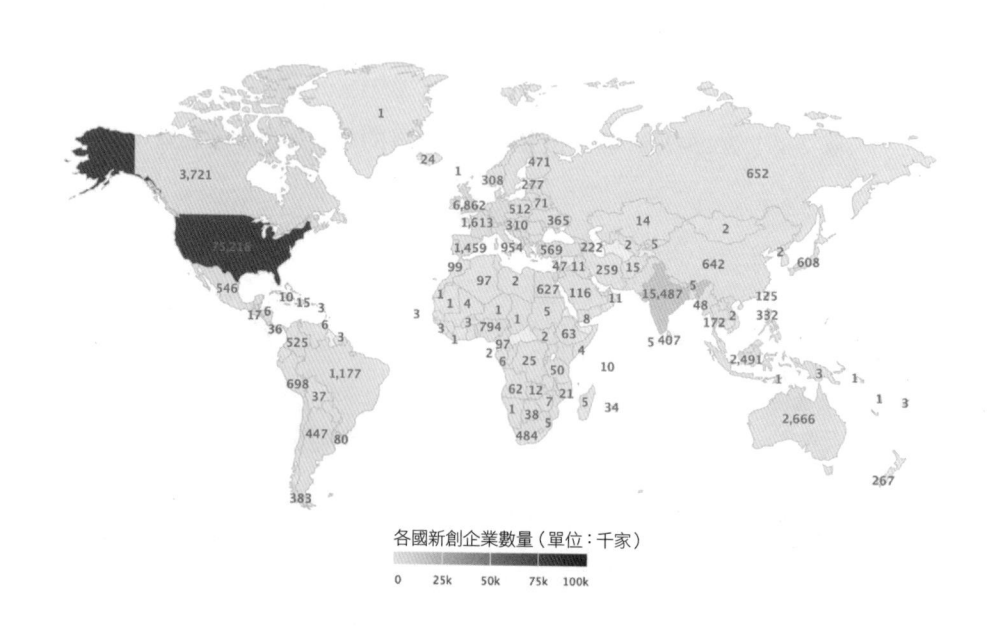

2021 年，美國新創企業的數量最多，有 75,218 間；其次是印度的 15,487 間、英國的 6,682 間、加拿大的 3,721 間，以及澳洲的 2,666 間。考量到在全球經濟中所占的比重，歐洲、中國與日本在新創企業的數量上顯得相對保守。

・創辦人特質，反映在企業決策

企業往往反映了經營者的優勢和弱點，對新創和茁壯階段的公司來說更是如此，因為創辦人正致力於將構想轉化為產品，並建立初步的商業模式。然而，似乎有某些因素，區隔出少數成功的創辦人與多數未能成功的創辦人。

- 年齡：傳統觀念認為，新創企業的創辦人通常很年輕，但根據《哈佛商業評論》（Harvard Business Review）的一篇文章指出，成功企業創辦人的平均年齡為 45 歲，儘管個別差異相當大（請見圖 2-5）。簡單來說，三十幾歲就錯過創業最佳時機」這類普遍看法並不正確。事實上，在最成功的新創企業中，有相當一部分是由五十幾歲，甚至六十幾歲的創辦人所創立。
- 個人特質：成功的創辦人，似乎一些共通的特質，其中最顯著的，就是對風險更有耐受力，也更有自信，甚至自信過頭。過度自信是把雙面刃，它會讓創辦人有毅力克服創業過程中不可避免的失敗，另一方面也可能導致他們固執己見，遲遲不願放棄明顯行不通的構想。

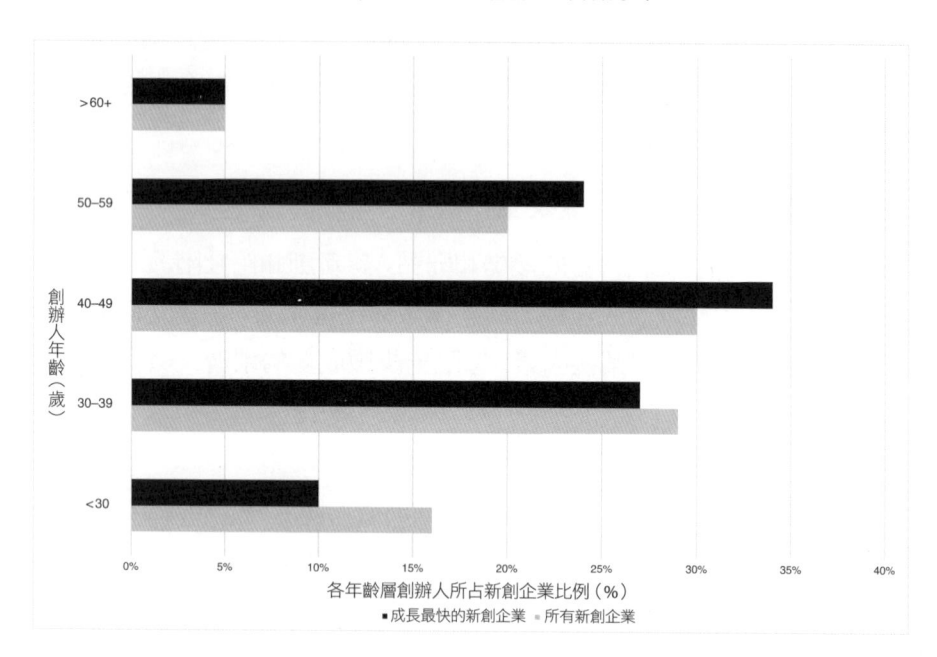

圖 2-5 ｜新創企業創辦人年齡分布

各年齡層創辦人所占新創企業比例（%）
■ 成長最快的新創企業　■ 所有新創企業

有一篇回顧性研究探討創業者的心理特性，整理了研究人員針對整體創業者與成功創業者所觀察到的共同特徵，但整體來說，這些研究之間的共識並不高。該研究也指出，不同國家的創業者在心理組成上存在明顯差異，可能與文化因素有關。

• **此刻最大挑戰：存活與否？存續多久？**

在創業初期，企業努力把點子變成可銷售的產品或服務。因此，毫不意外地，營運重點完全放在這個轉化過程上。這個過程通常需要在產品設計上反覆試驗、進行市場測試，並評估顧客願意支付的金額（如果有的話）。

有鑑於其中充滿不確定性，大多數新創企業甚至撐不到產品問世的階段也就不足為奇了。由美國勞工統計局（Bureau of Labor Statistics）維護

的另一項有趣的統計數據便揭示了這樣的高失敗率，該資料追蹤了美國新創企業的存活率，並區分為累計與邊際兩種呈現方式。圖 2-6 中，可以看見自 2006 年起成立的新創企業，在隨後 15 年內的存活情形。

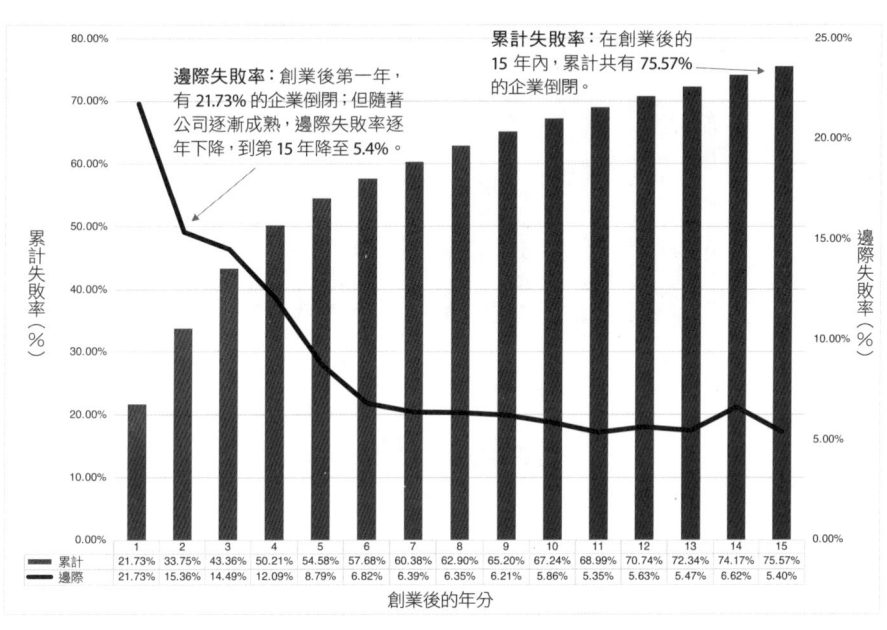

圖 2-6 ｜企業隨著時間演進的失敗率

創業後的年分	1	2	3	4	5	6	7	8	9	10	11	12	13	14	15
累計	21.73%	33.75%	43.36%	50.21%	54.58%	57.68%	60.38%	62.90%	65.20%	67.24%	68.99%	70.74%	72.34%	74.17%	75.57%
邊際	21.73%	15.36%	14.49%	12.09%	8.79%	6.82%	6.39%	6.35%	6.21%	5.86%	5.35%	5.63%	5.47%	6.62%	5.40%

邊際失敗率：創業後第一年，有 21.73% 的企業倒閉；但隨著公司逐漸成熟，邊際失敗率逐年下降，到第 15 年降至 5.4%。

累計失敗率：在創業後的 15 年內，累計共有 75.57% 的企業倒閉。

資料來源：美國勞工統計局

值得留意的是，約有 22% 的新創企業撐不過第一年；到了第 15 年，**累計失敗率接近 76%**。不過，隨著企業逐漸成熟，年度失敗率會下降，到第 15 年時，邊際失敗率已降到 5.4%。

美國勞工統計局也根據產業別進一步分析失敗率。雖然在所有產業中，失敗率普遍會隨企業年齡而下降，然而部分產業的失敗率始終顯著高於其他產業，如圖 2-7 所示。

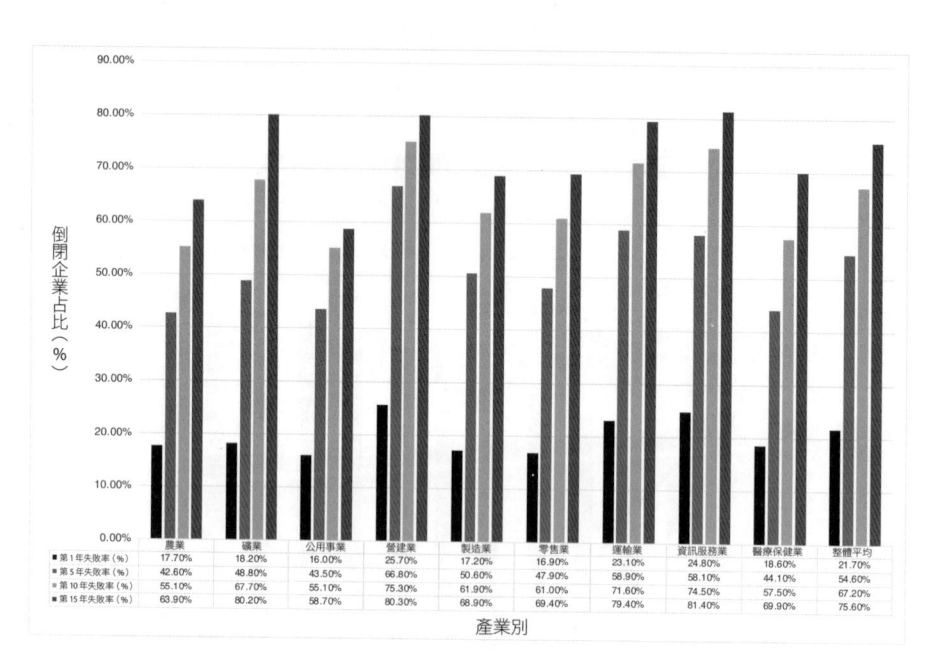

圖 2-7 │各產業別的新創企業失敗率

產業別	農業	礦業	公用事業	營建業	製造業	零售業	運輸業	資訊服務業	醫療保健業	整體平均
第 1 年失敗率 (%)	17.70%	18.20%	16.00%	25.70%	17.20%	16.90%	23.10%	24.80%	18.60%	21.70%
第 5 年失敗率 (%)	42.60%	48.80%	43.50%	66.80%	50.60%	47.90%	58.90%	58.10%	44.10%	54.60%
第 10 年失敗率 (%)	55.10%	67.70%	55.10%	75.30%	61.90%	61.00%	71.60%	74.50%	57.50%	67.20%
第 15 年失敗率 (%)	63.90%	80.20%	58.70%	80.30%	68.90%	69.40%	79.40%	81.40%	69.90%	75.60%

資料來源：美國勞工統計局

在 2006 年的新創企業中，資訊業和營建業的失敗率高達 80%，而公用事業則低於 60%；整體平均而言，該年度所有產業的新創企業失敗率超過 75%。

・錢的流向：注定虧損，但有快慢之分

創業初期，企業還沒有營收，卻得負擔不斷上升的支出，例如人事成本、產品開發與研發費用，**年輕企業不僅出現虧損，現金也會迅速消耗。**

新創企業，尤其是尚未產生營收的公司，幾乎注定會虧損，而其虧損程度主要受到兩個因素的影響。第一是**市場潛力**，企業如果看見更多的市場機會，通常也更願意在把點子轉化為產品的階段承擔更多損失。第

二是**創辦人的企圖心**，企圖心越強，對企業規模與成就的期望越高，所投入的資源與成本也會更大，**虧損自然也會越多**。

簡單來說，如果以新創企業的虧損金額或現金流為什麼是負的，來作為判斷依據，往往會導致對企業的誤解。儘管如此，確實有必要評估企業是否將資金投入在正確的優先事項上；而在這個階段，最關鍵的優先事項，是將構想轉化為具體的產品與服務。倘若企業尚未完成產品開發，就提前租用高級辦公空間或僱用銷售人員，往往會淪為高額燒錢卻難以產出的營運模式。

• **資金與股東的挑戰：投資是否是一場空？**

除非創辦人本身資金雄厚，或者有家族支持或資金提供者援助，否則一旦公司希望持續營運，勢必有一天得尋求外部資金，例如創投或私募股權投資，以應付不斷擴大的現金流缺口。

即使有機會獲得這類「天使融資」，也往往需要付出代價。由於**投資人必須承擔創辦人能力與企業存續性高度不確定的風險，他們通常會要求取得相當比例的股權作為提供資金的報酬**。簡單來說，若沿用企業生命週期的比喻，在這個階段的企業如同嬰幼兒——持續仰賴照顧、資金與關注——但同時也面臨極高的淘汰風險。

可以說，新創企業越能獲得創投資金（venture capital，簡稱 VC），其存活並進入生命週期下一階段的可能性也就越高。正因為資金取得較為順利，美國在孵化新創企業方面長期以來相對其他地區具備優勢。雖然全球在創投領域已有顯著進展，但從圖 2-8 所示的 2021 年第 4 季各地區創投交易資料來看，美國與其他地區之間仍存在明顯差距。

週期基礎知識　第 2 章　| 　45

圖 2-8 ｜ 2021 年第 4 季各地區創投交易概況

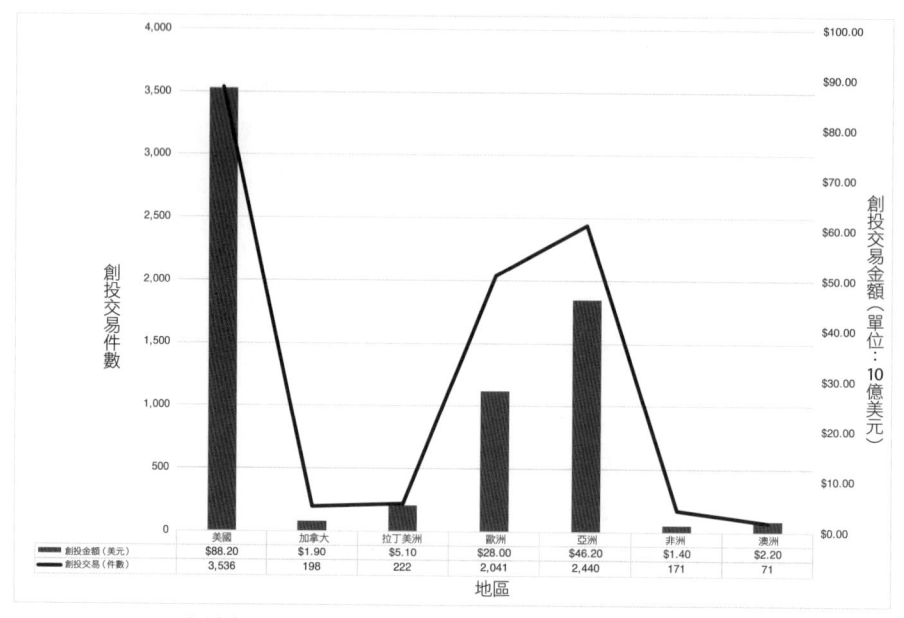

	美國	加拿大	拉丁美洲	歐洲	亞洲	非洲	澳洲
創投金額（美元）	$88.20	$1.90	$5.10	$28.00	$46.20	$1.40	$2.20
創投交易（件數）	3,536	198	222	2,041	2,440	171	71

資料來源：安侯建業會計師事務所（KPMG）的創投報告

美國之所以具備優勢，部分原因在於其歷史背景——創投制度最早起源於美國，並在美國發展得最為成熟。這也可能與當地較高的風險承擔文化有關，或反映了地理位置的優勢：新創企業如果坐落於創投活動最活躍的區域，往往更容易取得資金與建立人脈網絡。隨著越來越多的創投業者開始進行跨國投資，我預期未來在世界其他地區，孵化新創企業的機會也將持續增加。

階段 2：茁壯

那些順利通過早期嚴峻考驗的企業，已成功將構想轉化為產品與服務，至少為後續的成功開啟了一扇大門。在生命週期的第二階段，當務

之急是建立商業模式——也就是設法將產品與服務變現,並找到邁向獲利的可行路徑。要強調的是,我不是說年輕企業在此時就必須賺錢,而是它們必須具備一套合理的方式,朝實現獲利的方向前進。

● **此刻最大挑戰:商業技能是否足夠?**

在營運面,企業的創辦人／業主必須開始著手處理經營上的基本功,從產品規劃、供應鏈管理,到行銷策略的制定,都是他們必須面對的課題。對於多數缺乏商業背景的創辦人而言,將會面臨一段新的學習曲線[2]。好比一位資深的軟體工程師,或許具備開發創新軟體的專業能力,但在招募與留才、產品定價與推動銷售等方面,可能仍相當生疏。

在某些情況中,具備創業成功經驗的天使投資人,或許能在這些經營層面的挑戰上提供協助;但在其他情況下,創辦人可能需要引進具備事業經營經驗的外部人士,同樣也是透過讓出部分股權作為誘因。

創辦人希望保住對公司的實質控制權[3],而投資人則可能想改變企業的經營方式,這種雙方的拉扯,可能會導致哈佛商學院創業學教授諾姆・華瑟曼(Noam Wasserman)所稱的「創業者的兩難」。

華瑟曼在一項研究中,分析了 202 家年輕企業、共計 5,930 個月的數據,以觀察管理階層的更替情況,並得出結論:**創辦人最可能在點子轉化為產品後的階段被撤換,因為此時投資人開始尋找具備事業擴展技能的新經營團隊**。在企業生命週期的這個階段,建立商業模式往往需要在多種取捨之間做決定,而一旦定案,這些選擇往往不容易改變。

---

2 譯注:學習曲線(learning curve),表示獲得熟練技巧的進步過程。

3 譯注:此處的「控制權」泛指創辦人對企業經營方向與重大決策的主導權,可能來自其持股比例、董事會席次或實質領導地位。這種控制並不限於法律上對股東絕對或相對控制權的定義,而是涵蓋對公司運營實際影響力的廣義概念。

以音樂串流平台 Spotify 與影視串流平台網飛（Netflix）為例，兩家公司在早期便採取了截然不同的商業模式，而這些選擇對它們日後的成長與獲利產生了深遠影響。

網飛採取的模式是內容付費，無論是向外租借還是自行製作，皆由公司承擔內容成本。這使得內容成為一項固定成本，但隨著用戶數增加，邊際收益[4]同步提升，從而強化了成長所帶來的價值。

Spotify 則在創業初期即決定，依據使用者對內容的實際收聽量來支付內容提供者費用，使得內容成本轉為可變（也就是說，聽得多，公司付得多；聽得少，成本就低一些）。這種模式可使成本隨著營收變化而調整，降低了營運風險；但相對地，也減弱了新增用戶對整體價值的貢獻。

- **錢的樣貌：收入初見雛型，支出水漲船高**

在財務方面，邁向茁壯階段的企業將開始出現具體成果，例如第一筆營收進帳，甚至可能快速成長。不過，這些收入往往仍難以抵銷持續上升的各項支出。事實上，即使營收增長迅速，支出的成長速度往往更快，部分原因來自於企業擴張本身所需的投入。**為了追求成長，企業也會加大再投資力道，導致虧損進一步擴大**，現金流的負值也越來越大。

儘管整體數字可能難以清楚反映商業模式的獲利能力，但如果深入分析，其中仍可能藏有企業可行性與未來獲利潛力的蛛絲馬跡：

1. **成長導向支出 VS.營運支出**：在生命週期的這個階段，大部分企業的費用將會超過營收，然而關鍵在於這些費用的性質：究竟是用於支持當

4　譯注：在經濟學上，邊際收益（marginal revenue）是再多銷售 1 單位的財貨，將會得到的投資報酬率，或是目前最後賣出的 1 單位產品，所得到的投資報酬率。

期產品或服務的營運,還是投入於推動未來成長的發展計畫?依會計術語區分,前者屬於營運費用(operating expenses),後者是資本支出(capital expenses)。然而在年輕企業中,這兩者的界線往往難以劃分。如果能清楚區分,就會發現:與其評價一間虧損但支出主要用於當期營收的企業,不如更看重那些雖然還在虧損、但支出聚焦於未來成長的年輕企業。

2. **單位經濟效益**:所謂單位經濟效益,是用來衡量企業每多賣出一個單位產品或服務時,所帶來的邊際獲利。簡單來說,就是該單位所創造的營收,減去生產該單位所需的成本。如果以貢獻利潤或是毛利率(gross profit margins)作為衡量指標,單位經濟效益越佳,就代表企業未來成長的上行空間越大。要注意的是,這裡的「單位」定義非常廣泛,可能是一家汽車公司多賣出一輛車、微軟多賣出一套軟體,或是某間以用戶為基礎的企業多增加一名訂閱者,都包含在內。

3. **股票型酬勞**:由於年輕企業大多處於現金流為負的狀態,為了招募與留住員工,通常必須提供以股票為基礎的報酬,例如授予公司股份或股票選擇權,來維持人才競爭力。這一類費用經常被企業在財報中加回,作為計算「經調整後所得」的依據,理由是其屬於非現金項目,藉此呈現較高的獲利能力。**這種說法根本站不住腳,因為這些選擇權本質上就是支付給員工的薪酬**,是實質的費用,只是公司以股權形式支付罷了。

總結來說,企業生命週期中的茁壯階段,是構想轉化為事業、商業模式開始成形的時期。不意外地,由於虧損和現金大量流出,這個階段的失敗率仍然偏高;但是隨著商業模式逐步建立,失敗率也應該會開始下降。

・資金與股東的挑戰：老闆的話語權 VS. 事業做大的成本

當企業從點子邁向具體產品，並嘗試建立能帶來獲利的商業模式時，它們仍將持續虧損，且現金流會日益惡化。**這將迫使企業注入資金，通常來自創投業者，也因此會稀釋創辦人在公司的持股。**

對那些不願意輕易放棄公司控制權的創辦人而言，這是他們必須抉擇的階段：是要保有對一家小型企業的控制權，並接受較低的成長目標與較少的外部資金需求，還是願意放棄大部分持股，甚至交出控制權，以換取加速成長、打造更大規模企業的機會？想了解創辦人持股是如何被稀釋的，可參考圖 2-9，該圖顯示一家美國新創企業在歷經五輪創投融資（包括種子輪和 A-D 輪）[5]後，創辦人持股比例的變化。

股權被稀釋的具體情況因公司而異，受到多種因素影響，但仍有一些普遍適用的原則。第一，年輕企業從外部投資人（創投業者等）募得的資金越多，創辦人持股被稀釋的程度通常也越高。

第二，如果外部資金在企業早期階段就投入，那麼它對創辦人持股的稀釋效果會更加顯著。簡單來說，在其他條件不變的情況下，種子輪投資人所要求的持股比例，通常高於後期創投者。

第三，如果創辦人能透過舉債（例如創投債權融資）的方式籌資，雖可降低股權稀釋程度，但也會提高企業的失敗風險。此外，在創業過程

5　譯注：這是創投業者的術語，指新創企業在首次公開發行（IPO）之前，有所謂的 A、B、C、D 輪投資（若想再多增加幾輪也行）。比如 D 輪時公司已成為該領域的領先者，但還沒上市就已把 C 輪時籌到的錢燒光，只好再度籌資。「種子輪投資」則更早，遠早於 A～D 輪，是指剛有初步的創業點子時，用於把點子變成產品的第一筆資金。由於不知道點子能否發展成商業模式，這輪籌資也是創投中風險最高的一輪。

中，因員工持股酬勞所造成的稀釋程度，很大程度取決於新創企業招募的員工數量與類型。聘用越多具備專業技能的員工，稀釋程度通常也越高。

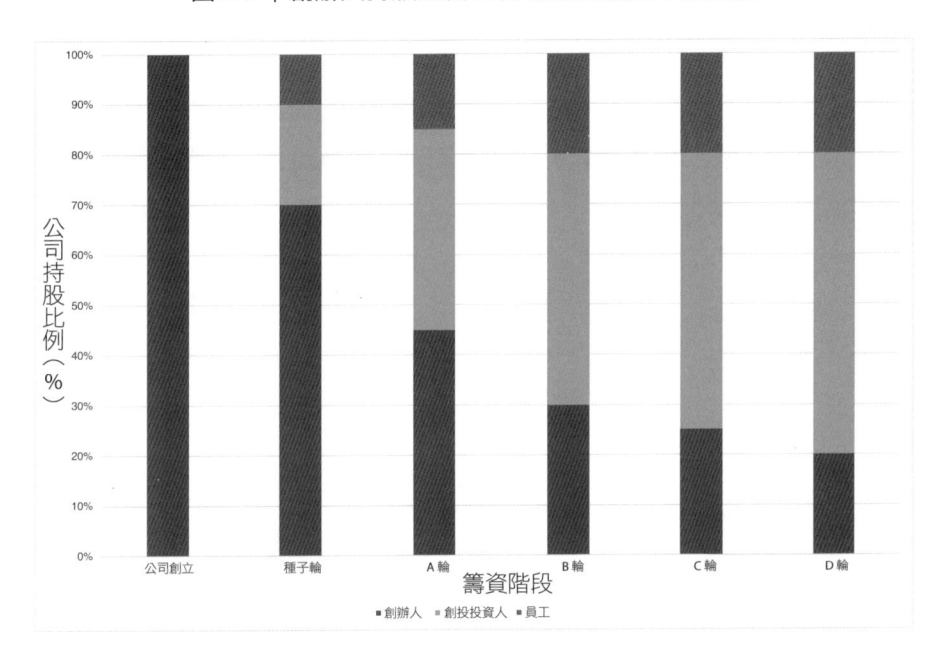

圖 2-9 ｜創辦人持股比例在各輪創投融資中的變化

階段 3：高成長

當企業已將點子轉化成產品或服務，並建立一套（即便可能尚未完全成熟）已開始帶來營收的商業模式後，生命週期的下一個階段便是接受擴張規模的考驗。簡而言之，那些在小規模或區域市場已有初步成果的企業，必須釐清它是否希望進一步壯大；若是如此，在現實條件下究竟能擴張到什麼程度。

• **此刻最大挑戰：阻擋規模擴張的隱憂**

擴張規模不僅是一項營運挑戰，也使前兩個階段已普遍存在的「控制權與資本之間的取捨」問題澈底浮上檯面。規模擴張可能需要大量資本，創辦人若要取得這些資金，就必須讓渡足夠的股權給外部投資人，甚至可能因此喪失對企業的控制權。在某些情況下，若企業具備足夠的可擴展性，公開上市也將成為可行的選項。

雖然研究人員往往更關注企業生命週期中較早的階段（例如將點子轉化為產品、建立商業模式），但企業的主要價值正是在擴張階段創造出來的。根據管理顧問公司麥肯錫（McKinsey）2020 年的一項研究，新創企業所創造的價值中，約有三分之二來自於擴張階段，如圖 2-10 所示。

圖 2-10 ｜ 價值創造：建立期 VS. 擴張期

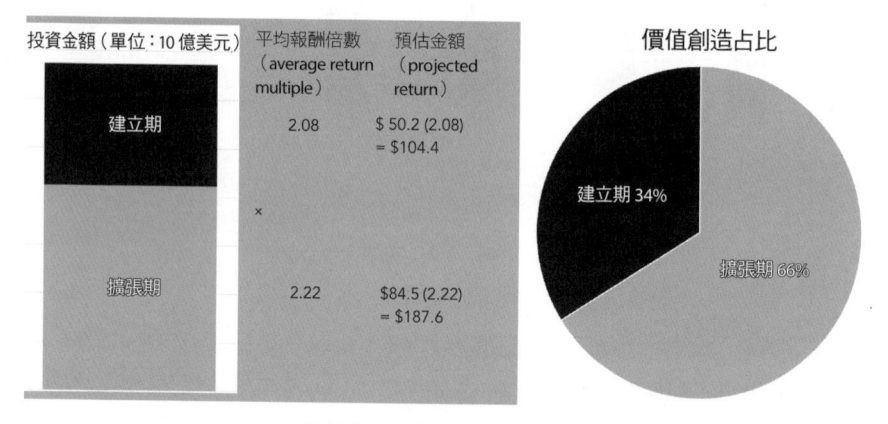

投資金額（單位：10億美元）	平均報酬倍數（average return multiple）	預估金額（projected return）
建立期	2.08	$ 50.2 (2.08) = $104.4
×		
擴張期	2.22	$84.5 (2.22) = $187.6

價值創造占比：建立期 34%、擴張期 66%

資料來源：麥肯錫（2020 年）

話雖如此，研究也顯示，只有五分之一的企業能順利擴張規模，而為什麼有些企業能順利擴張、有些則陷入困境，這個問題至今仍在廣泛研

究,但尚且沒有定論。

在某些情況下,未能擴張可歸因於外部因素,例如產品或服務本身設計過於狹隘,只能服務小眾市場,或是資本取得受限。**不過在許多情況下,無法擴張的原因則來自企業內部**,包括創辦人不願放手控制權、商業模式有缺陷(例如仰賴無法快速擴產的生產設施與供應鏈),以及企業文化等因素。

在第 4 章中,我會探討這些導致部分企業停留在小規模、而另一些企業得以成長的外部與內部因素。

・**錢的樣貌:迎來獲利的曙光**

從財務的角度看,高成長階段是企業商業模式接受考驗與驗證的時期。如果商業模型運作成功,營收將持續以高成長率增加,費用增幅則相對較低(受惠於規模經濟),使虧損縮小,甚至在某些情況下開始出現獲利。

企業多快能夠達到損益平衡,主要取決於其單位經濟效益,這一點在前一節已有說明。以軟體業為例,其每銷售一個新增單位幾乎不會增加成本,因此相較之下,這類公司比汽車製造業更容易更快實現獲利,因為後者每生產一輛新增汽車,都需付出顯著的邊際成本。

簡單來說,**不是所有成功的企業都會擴張規模,而當它們未能如此時,原因可能同時來自於企業本身不具備可擴展性,以及創辦人不願放棄控制權**。選擇不擴張的企業不應被視為失敗,因為那些能自給自足、滿足特定市場需求的小型企業,在任何經濟體中都是關鍵的一環。

・**資金與股東的挑戰:上市與否的大哉問**

能夠推動營收成長並實現獲利的企業,代表其商業模式已具有效性。儘管這些企業可以選擇維持私人持有,隨著時間演進,尤其是在擴張規模後,進入公開市場的誘因將逐漸增強。

其中一個誘因，是**讓創辦人、現有投資者與員工能夠在流動性更高的公開市場中出售股份或行使選擇權，藉此實現持股變現**。另一項誘因是，還在燒現金且亟需資金的年輕企業，相較於向創投業者募資，往往能在公開市場取得更有利的條件，特別是在所需讓渡的所有權比例方面。

而對規模較大的企業而言，若其所處地區的資本市場具備高度流動性，且所屬產業被視為具吸引力的投資標的，推動其上市的動力也會更強。當企業上市後，早期階段已開始的所有權稀釋將隨著股份在公開市場的發行而持續進行。

不過，正如我在第 4 章將進一步說明的，這種稀釋程度──至少在上市的當下──其實已有所下降。過去 20 年來，「雙重股權結構」（dual-class shares）逐漸興起。在這種制度下，創辦人和內部人持有的股份享有較高的投票權，而公開市場發行的股份則附帶較低的投票權。這個機制讓企業即使在股權稀釋的過程中，仍能保有對企業的控制權。

階段 4：穩健成長

考量到年輕企業的高死亡率，以及即便成功存活下來，願意或是有能力擴張規模的企業比例也極低，如果一家公司能順利度過早期考驗、建立商業模式，並且完成擴張，便已堪稱是商業競賽中的勝利者。

許多進入這個階段的企業滿足於現狀，轉而追求穩健成長，並著重於提升利潤率。但也有少數企業重新獲得成長動能，設法持續擴張（儘管成長幅度不如高成長階段），並同步提升獲利能力。

- **此刻最大挑戰：**

選擇持續成長的企業，在這個階段所面臨的營運挑戰，是成長必須建立在更大的規模上。簡單來講，當基期營收是 1,000 萬美元時，要實現

每年 25%的營收成長相對容易；但如果基期營收已達 10 億美元，要達成同樣的成長率就困難得多。

能夠完成這種不尋常壯舉的公司極其罕見，往往會被市場視為明星企業。對所有處於這個階段的公司而言，另一項關鍵挑戰是如何提升營業利益率——這通常來自兩個面向：一是透過對商業模式的微調以提高效率，二是進一步發揮規模經濟。

若要理解規模擴張下的成長能創造出怎樣的價值，不妨參考 FANGAM（即臉書、亞馬遜〔Amazon〕、網飛、谷歌、蘋果和微軟）這 6 家公司在 2010 至 2020 年間的表現。從這十年的開端（2010 年）開始，其中四家公司已完成擴張，而六家公司全都持續維持兩位數的年營收成長率（請見表 2-1）。

表 2-1 ｜ 規模擴張下的成長：FANGAM 股票（2010-2020 年）

	營收（10 億美元）		十年期年均成長率（CAGR）
	2010 年	2020 年	
臉書	$1.974	$117.900	50.53%
亞馬遜	$34.204	$469.800	29.95%
網飛	$2.163	$29.700	29.95%
谷歌	$29.321	$257.600	24.27%
蘋果	$65.225	$378.300	19.22%
微軟	$62.484	$184.900	11.46%

誠然，臉書和網飛在這 10 年初期的營收規模較小，因此能以較低的基期實現成長。然而值得注意的是，亞馬遜在 2010 年底的營收已達 340 億美元，卻能在接下來十年間，與網飛達成相同的成長率。

至於蘋果和微軟，在 2010 年已是全球市值最大的企業之一，這兩家公司從 2010 到 2020 年之間，仍實現了兩位數的年均成長率。如圖 2-11

所示，我將透過這 6 家公司的市值與整體美國股市的對比，說明在具規模基礎上實現成長所帶來的回報。

在這 10 年間，這 6 家公司共增加了 7 兆美元的市值，占美國股市同期市值增幅的 24.28%。

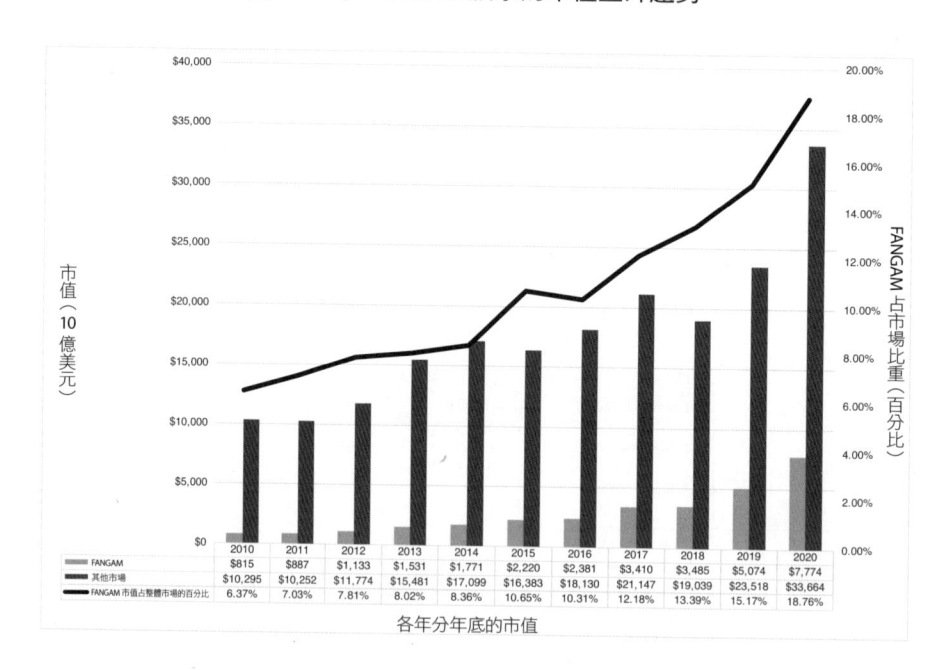

圖 2-11 ｜ FANGAM 股票的市值上升趨勢

年份	2010	2011	2012	2013	2014	2015	2016	2017	2018	2019	2020
FANGAM	$815	$887	$1,133	$1,531	$1,771	$2,220	$2,381	$3,410	$3,485	$5,074	$7,774
其他市場	$10,295	$10,252	$11,774	$15,481	$17,099	$16,383	$18,130	$21,147	$19,039	$23,518	$33,664
FANGAM 市值占整體市場的百分比	6.37%	7.03%	7.81%	8.02%	8.36%	10.65%	10.31%	12.18%	13.39%	15.17%	18.76%

各年分年底的市值

・錢的樣貌：穩健的成長與獲利，現金滿滿

在營收持續成長與利潤率提升的情況下，穩健成長的企業正處於生

命週期的甜蜜點[6]，即使營收成長率僅屬中等，其盈餘成長率仍往往高於營收成長率。對這些企業來說，成長放緩反而是一種利多，隨著再投資需求下降，將產生更高且更穩定的正向現金流。如果這些公司選擇不將現金返還給股東，其帳上現金餘額也將持續累積。

對成功企業來說，生命週期的這個階段可謂兼得各方好處：既有成長帶來的振奮，也享有正盈餘與穩健的現金流所帶來的穩定感。話雖如此，這仍是一個過渡調整的階段。**對於過去必須在多個競爭性投資中分配有限資本的年輕企業而言，現在反而手握大量現金，投資機會反而不足。**

・資金與股東的挑戰：上市的缺點開始逐步展現

隨著成長型企業進入成熟階段，在現金流方面通常已能自給自足，也因此無需再籌措資金。如果這些企業已上市，創辦人和早期投資人的持股將會隨著他們實現獲利並轉向其他創業機會而減少。

在許多情況下，這個階段企業在公開市場上的投資人組成會發生變化，由原本以散戶與交易員為主，**轉為以機構法人為主**，而這些新投資人可能會對經營團隊提出一套截然不同的要求。例如，當公司的現金流已轉為正數，且／或其舉債能力提升時，部分機構法人可能會對公司施加壓力，要求其開始借貸、發放股利，或是啟動庫藏股計畫[7]。

6　譯注：甜蜜點（Sweet Spot）原是運動術語，指球拍或球棒上擊球效果最理想的位置，打中該點時，力量傳遞效率最佳、反震最小。在財經語境中，則是比喻企業處於成長性與獲利性兼具的最有利階段。

7　譯注：股票回購（stock buybacks）又稱作「庫藏股」，是指公司在公開市場以市價買回自家股票，並將其轉為公司庫藏（即不再流通），藉此減少市場上流通的已發行股數。雖然股票回購不會直接將現金發給股東，但因市場流通股數減少，每股盈餘

對依然擔任最高管理職的創辦人來說，這段期間也可能開始體認到上市公司的種種不便。

第一，隨著公司的**投資活動更加複雜與加深、資訊揭露要求日益增多**，使得會計與法規申報的負擔在此階段顯著增加。

第二，**創辦人與高階管理層必須花更多時間經營投資人關係**，包括詮釋盈餘公告內容、提供財測指引，回應外部期待。

第三，他們還需面對**股東針對投資、融資和股利政策的施壓**，儘管雙重股權結構有助於降低必須配合回應的程度。

階段 5：成熟穩定

要是能選擇，多數企業都會希望維持在成長階段，但就跟人類一樣，企業最終仍難免步入中年。不過，這裡有兩點值得留意：第一，經營得最卓越的企業，往往能比競爭對手更長時間維持在前一階段，延緩進入成熟穩定期；第二，少數公司能透過進入新的事業或市場，藉此暫緩老化，甚至暫時逆轉這一過程，重拾成長動能。

・此刻最大挑戰：防範競爭對手、穩固優勢

對成熟穩定的企業來說，最大的挑戰是心態上的轉變，從積極進攻、追求打入新市場與擴大市占，轉為防守姿態，**重點在於守住現有的市場分額與利潤率，抵禦競爭威脅**。

企業能否有效防守，很大程度取決於其競爭優勢（competitive advantages），也就是所謂的「護城河」。護城河可能來自多種來源。有些情況下，企業的競爭保護是法律性的，例如製藥與科技產業中的專利制

（EPS）通常會提高，從而提升公司在投資人眼中的價值，有機會帶動股價上漲。

度;另一些情況下,則源於品牌價值的累積,透過時間建立起顧客忠誠度和定價能力[8]。無論護城河源自何處,保護這些競爭優勢,都是這一階段企業管理團隊的首要任務。

過去 20 年來,這項任務變得更加艱難,因為市場上出現一批「破壞者」——這些沒有包袱的新創企業,採用資本密集度低、以科技驅動的創新商業模式,往往能繞過傳統的護城河,對既有企業構成實質威脅。

・錢的樣貌:盈餘高漲,投資政策是否會大轉彎?

從財務面來看,低成長與穩定利潤率的組合,對擁有強大護城河的企業來說,通常會帶來一段盈餘穩定期。

穩定且較高的盈餘,讓上市公司得以透過發放現金股利與實施庫藏股,將更多現金返還給股東;而在私人或家族企業中,這也使所有者有機會實現持股變現。

此外,有鑒於舉債可享有稅負上的優惠(比方說利息可抵稅),這個階段也是企業舉債能力達到高峰的時期,儘管並非所有成熟企業都會選擇加以利用。在企業生命週期的各階段中,成熟企業的歷史表現最具有預測未來的參考價值。在財務決策方面,**成熟企業往往因慣性驅動,延續過往的做法來進行投資、籌資與發放股利。**

在企業估值上,套用營收、營業利潤率及其他變數的歷史趨勢線,通常就能推算出這類企業的合理價值。不過,**成熟企業的穩定**有時也會**掩**

---

8 譯注:定價能力(pricing power)是指企業在不失去顧客的前提下,提高價格的能力。這表示公司擁有強大的品牌、獨特的產品或服務,或是主導市場的地位,使其能夠在不犧牲銷售的情況下收取更高價格。擁有定價能力的公司通常享有高毛利率。也因此,為企業估值時,定價能力是重要指標。巴菲特曾說:「評估企業時,單一最重要的判斷,是評估定價能力。」

蓋其內部的低效率，而在某些情況下，持續沿用過去的管理方式，反而可能破壞價值，因為企業的基礎業務可能已經改變，甚至遭到顛覆。

正如我在後續章節所將說明，認清這個現實，有時會促使成熟企業進行重組，大幅改變其過去在投資、融資或股利政策上的選擇，無論是出於自主決策，還是受到外部壓力所逼。

・**資金與股東的挑戰：穩定與轉型的兩難**

財務層面所呈現的「穩定」與「改變」之間的張力，也會反映在企業的所有權結構與股東行動上。成熟企業，尤其是上市公司，通常與市場互動已久，並在長時間內逐步形成一個反映其資本決策的股東基礎。

簡言之，**如果企業習慣發放高額且持續成長的股利，自然會吸引偏好此類報酬結構的投資人**。這種現象被稱為「顧客效應」[9]，雖然能為企業帶來穩定，但一旦公司面臨變革——無論是來自外部衝擊（如產業破壞或新競爭者），或來自內部路線的轉變——這種穩定性也可能轉化為阻力。

當一家成熟企業調整其股利或融資政策時，即使是基於合理的商業考量，初期仍可能引發市場負面反應，因為原有投資人可能因此退出。雖然這種反應往往會隨時間趨緩，但企業的投資人結構，也會在變革後出現明顯改變。

階段6：衰退

衰退是企業生命週期中最後、也最令人畏懼的階段。企業在此階段

9　譯注：客戶效應（clientele effect），是公司財務中的一項理論，指的是企業的股利政策會吸引偏好該種股利型態的投資人群體（clientele）來持股。

通常面臨營收萎縮、前景黯淡的未來，隨著整體商業模式變得愈加缺乏吸引力，利潤率也常受到擠壓。由於鮮少有企業願意陷入這種困境，這也往往是企業試圖延緩老化、甚至孤注一擲逆轉頹勢的階段。

・此刻最大挑戰：營收獲利雙下滑，是否有方法回春？

在營運層面，衰退企業的**首要挑戰，是應對萎縮的營收基礎，因為成本未必能與營收同步下滑，導致利潤率遭到擠壓。**

如果認為這類企業應尋求再成長，那麼在市場或總體環境不利的情況下，要如何在維持財務穩健的表象下實現成長，幾乎難以想像。舉例而言，在這個吸菸人口日益減少的世界，即便是經營得再好的菸草公司，也難以找到回到成長軌道的路徑。話雖如此，菸草公司仍能在衰退期間維持獲利，關鍵在於其高毛利率（香菸的製造成本只占售價的一丁點兒），使其持續創造可觀利潤。

不過，對部分企業來說，營收下滑和利潤率惡化的雙重夾擊，將使得獲利下跌速度快於營收。如果這些公司在成熟階段曾經舉債，而隨著營收與盈餘下滑卻未能及時償債，便可能面臨清算，甚至走向破產邊緣。

許多處於衰退期的企業，其管理階層都渴望實現重生，或至少進行整頓，使企業不僅能延緩衰退，甚至逆轉頹勢。雖然這類嘗試的失敗機率極高，但還是有少數確實辦到了，而這樣的成功，往往讓它們成為商學院與顧問公司反覆研究的個案，期盼能加以複製，也讓它們的執行長被視為商界的民間英雄。

・錢的樣貌：收入衰退、還債能力下降

在衰退階段，企業的關鍵營運指標（例如營收和營業利益率〔operating margins〕）將呈現下滑趨勢，營收下降，利潤率承壓。話雖如此，許多成熟企業甚至部分高成長階段的企業，也可能出現數年營收下

滑、營業利益率惡化的情況。，而真正讓衰退企業有別於那些只是經歷幾個「歹年冬」的公司，是一連串更根本的情境因素：

1. **長期趨勢線**：營收連續一至兩年下滑，尚可視為偶發事件；但若下滑持續 5 年、甚至 10 年，通常已顯示企業根本體質正在惡化。
2. **總體變數驅動**：如果企業的營收主要受到某種具有循環性的總體經濟變數影響，即使是成熟甚至成長型企業，也可能出現營收長期下滑的情形。以大宗商品企業為例，價格週期有時會長期處於低檔，導致相關企業的營收多年持續下滑。

　　衰退階段的企業如果債臺高築，在營運惡化的同時，債務未見減輕，更使情勢雪上加霜。這些企業將陷入財務困境，進一步加劇營運惡化，甚至最終走向破產。

・**資金與股東的挑戰：**

　　要理解企業所有權結構的變化，應從新創與年輕階段的公司開始看起。這些公司的投資人往往積極參與經營決策，並在必要時推動管理階層改組。隨著企業成長，甚至公開上市，投資人往往轉為被動，傾向出售持股離場，而不願主動挑戰現任經營團隊。

　　我在前文提過，在部分成熟穩定企業中，當投資人察覺改革需求時，可能會採取更激進的行動；而當企業進入衰退階段時，這類行動將更為頻繁，參與者大致可分為三種：

　　第一種，包括私募股權（PE）和激進型避險基金，他們會介入企業的營運與財務政策，推動重大改革，**有時甚至透過收購整家公司，實施整體重組**。

　　第二種，是認為清算資產或拆解公司比持續經營更能創造價值的投

資人。

第三種參與者，則專注於陷入財務困境的企業，透過交易其股票與債券，或是利用市場錯價，或是從企業清算過程的法律程序漏洞中尋求套利機會。

企業生命週期的起始與末端階段，分別代表資本流動的兩個極端：**年輕企業籌措資金，衰退企業則是返還資本**，但這兩個階段都容易吸引那些傾向於積極介入並推動改變的投資人。

這兩個階段也是未來不確定性最高的時期，因而讓許多投資人選擇避開。但對願意承擔這種不確定性的投資人而言，潛在報酬也可能因此提高。

老化是種必然，但過程充滿意外

在本章中，我概述了企業生命週期從新創到消亡的各個階段，以及企業在每個階段於營運與財務面所面臨的挑戰。企業生命週期是一種用來解釋企業隨時間演進的結構性框架，但值得再次強調的是，**雖然所有企業終將步入老化，但每一家企業老化的方式卻各不相同**。簡單來說，有些企業從未擴張規模，卻能歷久不衰；也有些企業雖快速壯大，卻也同樣迅速步向萎縮。

第3章

看透週期的慧眼

在第 2 章，我把企業生命週期劃分為幾個階段，從初創開始，到衰退結束。而在本章，我會先從最簡單的衡量工具談起，也就是公司成立的年數。接著，進一步探討那些與企業實際營運狀況更密切相關的指標。

接著，我會探討另一個問題：為什麼不同企業的生命週期呈現出不同的樣貌？我會從三個變化的面向——長度、高度與斜率——來說明這些差異，並評估可解釋這些偏差的宏觀與微觀因素。

企業生命週期，如何看透？

倘若企業確實如企業生命週期理論所主張的那樣，會依序經歷每個階段，那麼我們理當可以發展出一些衡量方法或指標，用以判斷某個特定企業正處於生命週期的哪個階段。

正如我在本節將會說明的，**這項探索並不容易得出明確的答案，但它值得進行**，因為從中獲得的洞見，將有助於理解下一節的內容；在那一節中，我會試著解釋，不同企業的生命週期為何會呈現出差異。

最直接指標：企業年齡

倘若我們將企業比擬為人類生命週期，那麼判斷一家企業位於生命週期哪個階段，最直接的衡量方式就是企業的年齡。

簡單來說，一家創立才 5 年的公司，更可能是一家年輕企業，它前方仍有成長機會與商業模式的考驗；而一家創立百年的企業，則更可能正處於老化階段，甚至可能已邁入衰退。為了掌握企業壽命的大致輪廓，我們不妨先看看圖 3-1，這張圖呈現了全球上市公司依企業年齡與所在區域劃分的分布情況。

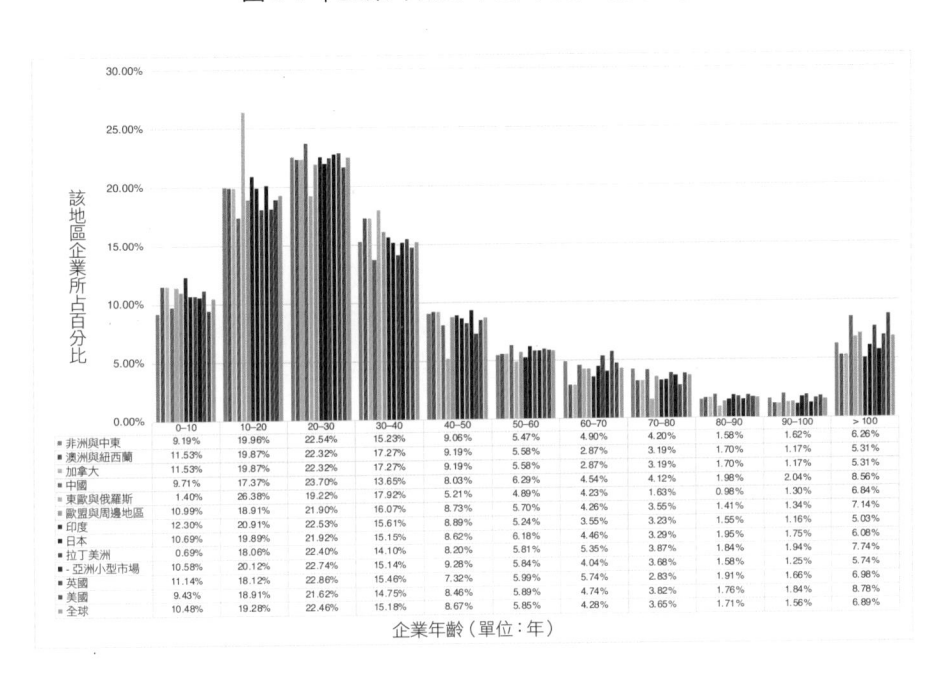

圖 3-1 ｜ 企業年齡分布圖（以區域劃分）

	0–10	10–20	20–30	30–40	40–50	50–60	60–70	70–80	80–90	90–100	>100
非洲與中東	9.19%	19.96%	22.54%	15.23%	9.06%	5.47%	4.90%	4.20%	1.58%	1.62%	6.26%
澳洲與紐西蘭	11.53%	19.87%	22.32%	17.27%	9.19%	5.58%	2.87%	3.19%	1.70%	1.17%	5.31%
加拿大	11.53%	19.87%	22.32%	17.27%	9.19%	5.58%	2.87%	3.19%	1.70%	1.17%	5.31%
中國	9.71%	17.37%	23.70%	13.65%	8.03%	6.29%	4.54%	4.12%	1.98%	2.04%	8.56%
東歐與俄羅斯	1.40%	26.38%	19.22%	17.92%	5.21%	4.89%	4.23%	1.63%	0.98%	1.30%	6.84%
歐盟與周邊地區	10.99%	18.91%	21.90%	16.07%	8.73%	5.70%	4.26%	3.55%	1.41%	1.34%	7.14%
印度	12.30%	20.91%	22.53%	15.61%	8.89%	5.24%	3.55%	3.23%	1.55%	1.16%	5.03%
日本	0.69%	15.15%	21.92%	15.15%	8.62%	6.18%	4.46%	3.29%	1.95%	1.75%	6.08%
拉丁美洲	10.69%	19.89%	22.40%	14.10%	8.20%	5.81%	5.35%	3.87%	1.84%	1.94%	7.74%
- 亞洲小型市場	10.58%	18.06%	22.74%	15.14%	9.28%	5.84%	4.04%	3.68%	1.58%	1.25%	5.74%
英國	11.14%	20.12%	22.86%	15.46%	7.32%	5.99%	5.74%	2.83%	1.91%	1.66%	6.98%
美國	9.43%	18.12%	21.62%	14.75%	8.46%	5.89%	4.74%	3.82%	1.76%	1.84%	8.78%
全球	10.48%	19.28%	22.46%	15.18%	8.67%	5.85%	4.28%	3.65%	1.71%	1.56%	6.89%

企業年齡（單位：年）

放眼全球，上市公司的年齡中位數是 29 年；若只看美國，則是 25 年。日本擁有全球最多的高齡企業，其企業年齡中位數高達 54 年，這不僅反映出其經濟老化，也顯示出一種使新進者難以挑戰既有企業的制度性障礙。

美國是全球年輕企業比例最高的國家，其第一四分位數是 11 年，表示有四分之一的美國企業創立未滿 11 年（不過請注意，這項分析並不包括非上市的私人企業，而且可以合理推論，這類企業的壽命可能較短）。

雖然企業年齡容易計算、便於理解，是判斷企業在生命週期所處位置的不錯起點，但這項工具也有其局限。

首先，**有些企業老化的速度似乎比其他企業快**（我將在本章後續內

容說明），這種情況在科技公司中尤其明顯——許多科技公司能在極短時間內，從幾乎沒有實質業務內容的狀態，迅速躍升為大型企業。

第二，若用企業的創立年分作為計算企業年齡的起點，對那些在啟動成長歷程前，長期維持私人持有且規模不大的企業而言，其實際年齡可能會被高估。

表 3-1 ｜依照企業年齡十分位數劃分的營運指標

十分位數（依年齡）	公司數量	營收成長率（近3年的複合年均成長率）				營業利益率			
		第1四分位數	中位數	第3四分位數	負成長比例（％）	第1四分位數	中位數	第3四分位數	營業利益為負的比例（％）
最低十分位數（年齡最小）	4,026	-4.86%	18.16%	72.42%	14.80%	-176.76%	-3.29%	12.22%	54.91%
第2十分位數	4,164	-6.00%	13.58%	41.46%	25.55%	-53.00%	0.00%	13.77%	48.17%
第3十分位數	4,930	-7.18%	8.88%	26.08%	28.86%	-15.02%	4.28%	15.61%	37.39%
第4十分位數	4,098	-4.55%	8.58%	21.60%	29.77%	-5.30%	4.95%	14.04%	31.63%
第5十分位數	4,785	-6.01%	6.19%	17.61%	32.18%	-0.48%	5.76%	14.91%	27.79%
第6十分位數	4,029	-7.11%	4.15%	15.51%	35.84%	0.00%	5.79%	13.98%	25.83%
第7十分位數	4,653	-7.04%	3.74%	14.20%	35.63%	0.00%	5.48%	13.54%	25.08%
第8十分位數	4,414	-6.22%	2.19%	9.87%	40.17%	0.40%	6.20%	13.42%	20.93%
第9十分位數	4,582	-5.24%	1.32%	8.38%	42.12%	1.21%	6.03%	12.57%	17.03%
最高十分位數（年齡最大）	4,473	-3.97%	1.57%	7.33%	40.73%	0.00%	5.86%	12.37%	12.22%

評估企業年齡在判斷企業所處生命週期階段方面的有效性，其中一種做法，是觀察企業的營運指標，特別是「營收成長率」和「營業利益率」，表 3-1 即按企業年齡的十分位數列出這些資料。

正如我在第 2 章所提，處於茁壯階段的企業通常營收快速成長，但仍處於虧損狀態；成熟企業的營收成長適中或偏低，但是有穩健的利潤率；至於衰退企業，其營收多半停滯或萎縮。

表 3-1 的結果顯示，企業年齡可以作為企業在生命週期中所處階段的代理變數。年齡最低的企業（最低十分位數）的確有高營收成長率，但營業利益率為負值；而年齡最高的企業（最高十分位數）營收成長較低，然而其利潤率與企業年齡落在中間區段的公司大致上差不多。

雖然這些年齡相關的衡量指標所觀察的是上市公司，但值得注意的是，世上最古老的幾個企業沒有上市，且通常為家族擁有，它們的歷史往往可以追溯到數百年前，而非僅僅數十年。

安永會計師事務所（Ernst & Young）與聖加侖大學（University of St. Gallen）在 2021 年針對全球 500 家最大的家族企業所進行的一項聯合研究指出，這些企業中位數的成立年數超過 50 年，另有 9%的企業已經營超過 150 年。

當然，這裡存在選擇偏誤（selection bias），因為這些是最成功的家族企業，許多其他家族企業並未經營那麼長久；然而，這樣的結果仍顯示，**家族擁有的某些特性可能有助於延長企業壽命。**

我將在下一節回過頭來探討，這樣的特性究竟是什麼。

隔行如隔山，產業別如何影響生命週期？

投資人和分析師經常會以企業所屬的產業，作為判斷該企業在生命週期中所屬階段的替代指標。因此，科技公司往往被歸類為年輕且高成長的企業，只因它們屬於科技產業；公用事業則常被視為老化且成熟的

企業，只因它們是公用事業。在圖 3-2 中，我會先檢視全球市場上市企業的分布情形，並依產業別加以劃分。

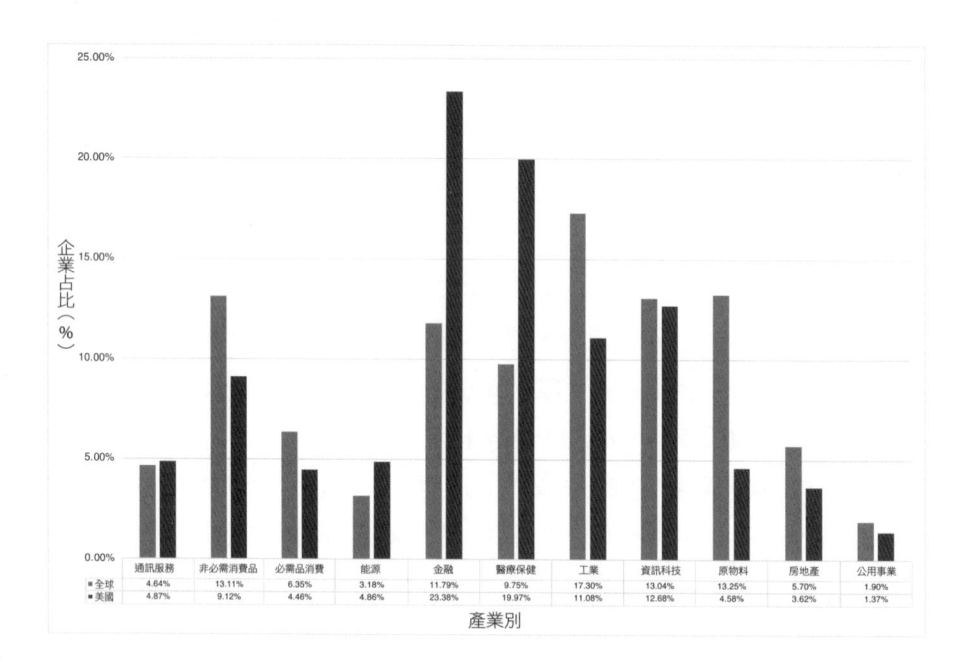

圖 3-2 ｜依產業分類的企業分布

產業別	通訊服務	非必需消費品	必需品消費	能源	金融	醫療保健	工業	資訊科技	原物料	房地產	公用事業
全球	4.64%	13.11%	6.35%	3.18%	11.79%	9.75%	17.30%	13.04%	13.25%	5.70%	1.90%
美國	4.87%	9.12%	4.46%	4.86%	23.38%	19.97%	11.08%	12.68%	4.58%	3.62%	1.37%

截至 2022 年 7 月，全球共有 6,246 家上市科技公司，其中 913 家位於美國。如果將產業作為企業生命週期階段的簡化代表，那麼這些公司將全數被歸類為處於茁壯階段的企業，而全球的 1,522 家以及美國的 350 家上市能源公司，則將全數被視為成熟甚至衰退的企業。

用產業別來作為企業在生命週期中所處位置的替代指標，與使用企業年齡一樣問題重重——甚至可能更加不妥。首先，**隨著產業歷經時間發展並趨於多元，要將同一產業內的所有公司歸入企業生命週期的同一階段，變得越加困難。**

以科技業為例，將科技公司一律視為年輕且高成長的觀念，源自1980年代，當時整個科技業正邁入成長階段，而大多數科技公司也確實年輕且成長迅速。然而到了2022年，科技業已經孕育出市場上最具價值的公司，並成為整體市值占比最大的產業之一，該產業下的公司類型也日益多元，涵蓋了成長、成熟，甚至衰退中的企業。

為了再次掌握產業分類作為企業生命週期代理指標的適切程度，我檢視了各產業別的「營收成長率」以及「營業利益率」統計，並估算各產業別中的企業年齡分布，如表3-2所示。

表3-2 ｜ 2022年7月，各產業的營運指標和企業年齡（全球企業）

主要產業	企業數量	年齡中位數	第1四分位數	中位數	第3四分位數	營收為負的企業比例(%)	第1四分位數	中位數	第3四分位數	營業利潤率為負的企業比例(%)
通訊服務	2,223	23	-10.76%	1.92%	16.98%	40.40%	-13.06%	4.68%	14.59%	37.22%
非必需消費品	6,277	34	-11.29%	0.37%	11.37%	45.45%	-3.68%	4.16%	10.10%	32.10%
必需品消費	3,041	38	-3.99%	3.93%	12.66%	32.65%	0.39%	4.87%	11.03%	23.54%
能源	1,522	25	12.03%	0.18%	14.34%	40.47%	-10.34%	4.19%	22.19%	34.64%
金融	5,646	28	-3.29%	6.90%	18.74%	24.35%	0.00%	0.00%	10.27%	21.94%
醫療保健	4,670	21	-1.74%	10.42%	34.55%	22.36%	-209.09%	-0.64%	13.89%	50.52%
工業	8,288	35	-5.97%	2.98%	14.45%	37.52%	0.27%	5.57%	11.63%	24.21%
資訊科技	6,246	25	-1.87%	8.47%	22.19%	26.48%	-6.52%	4.96%	12.66%	32.33%
原物料	6,345	29	-3.81%	5.25%	16.24%	24.37%	1.34%	7.69%	4.55%	22.21%
房地產	2,728	28	12.02%	1.81%	16.06%	41.39%	5.47%	22.69%	52.20%	19.14%
公用事業	910	27	-2.13%	4.22%	14.44%	30.66%	4.64%	14.96%	27.90%	15.16%
總計	47,907	29	-5.75%	4.44%	17.04%	32.35%	-1.79%	5.07%	13.74%	29.29%

其中，科技業和醫療保健業的年營收成長率最高，而且這兩個產業的營業利潤率也高於平均水準。更讓情況複雜的是，醫療保健業虧損的企業比例也最高，這個產業中有 50.5%的公司出現營業虧損（operating losses）。從企業的年齡中位數來看，醫療保健業的公司最年輕，其中位數僅 21 年；而年齡最高的企業則集中於必需消費品產業。

總之，從產業分析中所得到的數據，和企業生命週期之間充其量只有微弱的關聯。唯一比較明確的結論是：截至 2022 年 7 月，最可能包含茁壯企業的產業別是醫療保健業，而看起來最可能包含衰退企業的產業別，則是能源與非必需消費品產業。

那麼，這是否表示你絕對不該以產業別作為判斷企業生命週期階段的替代指標呢？不盡然！首先，**以產業別分類作為替代指標可能過於粗略，但在某些情況下，進一步細分至產業層級可能會有所幫助。**

比如說，雖然整體科技產業與市場其他部分的差異不大，但科技產業中的網路軟體公司，其營收成長率明顯更高，營業利益率的虧損幅度也更大，和該產業內大多數公司屬於茁壯企業的情形相符。

同理，如果將醫療保健業之中的生技公司單獨拉出來觀察，可發現其「營收成長率」更高、「營業利益率為負」且虧損幅度也更大的產業層級數據，相較於市場其他部分尤為明顯。當把整個市場劃分成 93 個產業時，便能發現其中有 5 個產業的營收成長率最高，請見表 3-3：

這 5 個產業類別確實包含了數量遠高於一般比例的茁壯企業，因為這些公司的「營收成長率」往往伴隨著「營業利益率為負」的情形。簡單來說，如果預設一家系統軟體或生技公司正處於茁壯階段，並非全無道理。

表 3-3 ｜ 2022 年 7 月，營收成長率最高的產業

產業類別	企業數量	年齡中位數	營收成長率（近 3 年複合年均成長率）第 1 四分位數	中位數	第 3 四分位數	營收為負的企業比例（%）	營業利益率 第 1 四分位數	中位數	第 3 四分位數	營業利益率為負的企業比例（%）
醫療保健資訊與科技	447	20	2.91%	17.08%	40.44%	17.90%	-80.78%	-1.26%	14.78%	50.51%
零售（線上）	381	17	-0.68%	14.90%	38.34%	23.62%	-16.93%	-0.21%	5.54%	50.86%
軟體（網路）	152	21	1.32%	13.41%	36.96%	21.71%	-22.93%	2.16%	11.26%	43.80%
製藥（生物科技）	1,293	15	-23.51%	13.33%	59.02%	25.29%	-1439.25%	-267.69%	-15.53%	79.66%
軟體（系統與應用程式）	1,625	21	-1.18%	12.74%	31.93%	23.38%	-44.89%	-0.23%	11.99%	50.24%

而在光譜的另一端，營收成長率最低的產業類別，請見表 3-4。

表 3-4 ｜ 2022 年 7 月，營收成長率最低的產業

產業類別	企業數量	年齡中位數	營收成長率（近 3 年複合年均成長率）1 四分位數	中位數	第 3 四分位數	營收為負的企業比例（%）	營業利益率 第一個四分位數	中位數	第三個四分位數	營業利益率為負的企業比例（%）
航空運輸	154	31	27.38%	-17.35%	-7.62%	79.87%	-39.77%	-12.28%	5.20%	65.25%
飯店／博弈	644	32	-31.62%	-16.85%	-1.65%	71.74%	-48.83%	-10.09%	8.79%	62.29%
運輸（鐵路）	51	47	-10.74%	-5.69%	2.59%	66.67%	-0.47%	4.55%	21.18%	26.00%
餐飲業	382	31	-15.49%	-5.20%	5.07%	60.47%	-11.54%	-0.49%	6.42%	51.82%
出版＆報業	334	38	-10.76%	-2.77%	7.27%	53.59%	-0.53%	5.03%	10.71%	26.86%

這份清單的結果並不令人意外：這 5 個產業中，企業營收中位數都是負成長，其中 3 個產業的營業利益率也呈現負值。對任何仍在營運中的企業而言，這是一種極為不利的組合，清楚地反映出這些產業裡包含了比例顯著偏高的衰退企業。

從報表上見真章：營運指標

如前兩節所示，判斷一家企業處於生命週期的哪個階段，最終所依據的，既不是企業的年齡，也不是其所屬的產業或子產業分類，而是它本身的營運表現。而其中的兩項關鍵指標，是「營收成長率」和「營業利益率」。表 3-5 對生命週期各階段應可觀察到的營運表現，進行了概略整理。

表 3-5 ｜ 生命週期各階段的營運指標

生命週期階段	初創期	茁壯期	高成長期	穩健成長期	成熟穩定期	衰退期
營收成長率	尚未有營收時無法衡量；一旦開始有營收，成長率非常高	非常高	高	中等	低	趨近於零或負成長
營業利益率	大幅虧損	負值，且可能隨時間惡化	負值，但虧損程度逐漸縮小	正數，且逐漸改善	穩定且可預測	正數，但呈現下滑趨勢
再投資	高	非常高	高，但與營收相比保持穩定	高，但相對營收逐漸下降	低，且取決於營收表現	撤資與縮減
自由現金流（稅後與再投資後可用的現金）	大幅虧損	大幅虧損，且可能隨時間惡化	負值，但虧損逐漸縮小	正數，且成長速度超越營收與盈餘	正數且穩定	優於盈餘的正向現金流

簡而言之，判斷一家企業處於生命週期的哪一階段，最好的依據就是它的財務報表。我聚焦於「營收成長率」和「營業利益率」兩項指標，將企業在這兩個維度的表現各自劃分為十分位數，並且建立交叉表格，檢視每個交叉區塊中的企業數量，如圖 3-3 所示。

圖 3-3 ｜ 營收成長和營業利益率

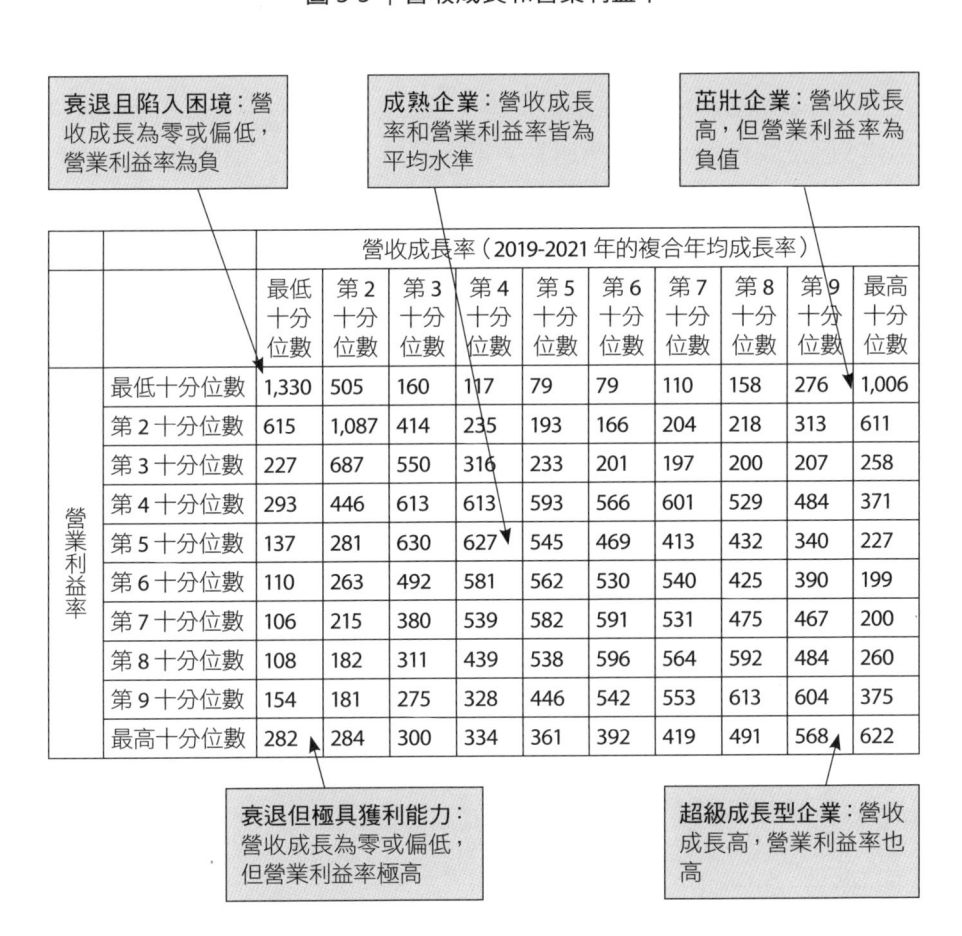

衰退且陷入困境：營收成長為零或偏低，營業利益率為負

成熟企業：營收成長率和營業利益率皆為平均水準

茁壯企業：營收成長高，但營業利益率為負值

營業利益率 \ 營收成長率（2019-2021 年的複合年均成長率）	最低十分位數	第2十分位數	第3十分位數	第4十分位數	第5十分位數	第6十分位數	第7十分位數	第8十分位數	第9十分位數	最高十分位數
最低十分位數	1,330	505	160	117	79	79	110	158	276	1,006
第2十分位數	615	1,087	414	235	193	166	204	218	313	611
第3十分位數	227	687	550	316	233	201	197	200	207	258
第4十分位數	293	446	613	613	593	566	601	529	484	371
第5十分位數	137	281	630	627	545	469	413	432	340	227
第6十分位數	110	263	492	581	562	530	540	425	390	199
第7十分位數	106	215	380	539	582	591	531	475	467	200
第8十分位數	108	182	311	439	538	596	564	592	484	260
第9十分位數	154	181	275	328	446	542	553	613	604	375
最高十分位數	282	284	300	334	361	392	419	491	568	622

衰退但極具獲利能力：營收成長為零或偏低，但營業利益率極高

超級成長型企業：營收成長高，營業利益率也高

從圖表中可以看出，企業在營收成長率和營業利益率這兩項指標上的組合差異極大[1]。總結來說，放眼全球企業，無論你鎖定的是企業生命週期的哪一階段，都有數百家、有時甚至上千家企業落在該類別。

其他代表性指標，有何缺陷？

除了前文所述的指標外，還有其他可用來歸類企業生命週期的替代性指標，但其中大多存在致命缺陷。

有些觀點認為，用營業項目（營收）衡量的企業規模應是良好的替代指標，因為規模較小的企業通常更可能處於成長階段，而規模較大的企業則更可能已進入成熟階段。這個論點或許有其合理之處，但癥結在於，**企業規模和營運指標（營收成長率及營業利益率）之間，幾乎沒有顯著關聯性**。

另有一些人主張，市場指標優於營運指標，因為市場具備反映對未來預期的能力。不過，這個主張在數據上並不成立，因為小型股企業的預期成長率，通常並不會高於大型股企業。

總結來說，我認為企業年齡和產業分類確實能提供一些判斷企業處於生命週期哪個階段的資訊，但**最可靠的指標還是企業本身的財報，而其中關鍵指標就是「營收成長率」和「營業利益率」**。

---

[1] 此處是指不同公司之間，營收成長快慢和有沒有賺錢的情況差很多，組合起來的樣貌五花八門——有的成長快但還在虧損，有的則是獲利高但缺乏成長，也有兩者都強或兩者皆弱的情況。

週期的高峰低谷，有何意涵？

每家企業都會經歷其生命週期，只不過有些企業進展快速，有些達到更高規模，也有些則安於較低的成就。在本節中，我會探討用來描述企業生命週期特徵的幾個主要面向，以及導致不同企業生命週期出現差異的原因。

4 個面向，看出企業長寬高

雖然這麼做可能過度簡化，但企業生命週期的形狀仍可從 4 個面向來加以描述。

第一是生命週期的長度——也就是**企業存續的時間**，有些企業的壽命遠比其他公司長得多。

第二是生命週期的高度，用來描述**企業在規模達到巔峰時的大小**。

第三是企業生命週期曲線的陡峭程度（斜率），反映創辦人或企業新手將公司**規模擴大或縮小的速度**。

最後一個面向是生命週期曲線趨緩的階段，衡量企業邁入成熟之後，能在巔峰維持多久的時間。

週期長度：壽命的長與短

企業生命週期的長度，指的是企業從創立到結束為止的存續時間。

歷史上最悠久的企業，是創立於西元 578 年、最終於 2006 年被收購的金剛組，它在日本經營寺廟與神社的建築業務將近 1,500 年。在美國股市史中，最悠久的上市公司則是聯合愛迪生（Consolidated Edison），其前身是 1824 年成立的紐約煤氣燈公司（New York Gas Light）；奇異（GE）和埃克森美孚（Exxon Mobil）兩家公司成立也都超過百年。不過，**這類長壽企業更像是例外而不是普遍現象，因為美國企業的壽命中位數僅略**

高於十年，之後通常會倒閉、被收購或歇業。

以下是左右企業生命週期長度的決定性因素：

1. **企業類型**：有些企業之所以比其他企業更具持久力，是因為它們提供的產品與服務具備長期需求。綜合型零售商的存續時間通常會比專門型零售商更長，尤其是那些銷售利基產品的業者。
2. **打造事業所需時間**：需要花較長時間才能建立的企業，會比那些能迅速擴產、快速開展營運的企業壽命更長。因此，像基礎建設公司這種可能需要耗時多年、甚至數十年才能開始營運的企業，其存續時間比不需耗費大量時間投入生產設施或建設，即可開始產生營收的軟體公司還長，也就不足為奇了。
3. **進入障礙與競爭壁壘**：企業的衰退與結束，往往是因為新進業者進入市場所致。如果企業所處的產業具有長期且堅固的進入障礙，就能讓企業比在完全競爭的環境中存續更久。
4. **宏觀經濟條件**：在宏觀經濟條件波動更大的環境中經營的企業，將會面臨更多潛在風險，可能因此比在穩定環境中的類似企業更短命。因此整體而言，新興市場的企業平均壽命預期會比已開發市場的企業更短。
5. **5.股權結構與公司治理**：企業如果要持續經營，必須確保管理階層的持續性。過度依賴一位或數位關鍵人物來維繫營運的企業，其壽命通常會比擁有管理團隊和完善接班計畫的企業更短。乍看之下，這似乎意味著上市公司應當比私人企業更長壽，雖然整體來看或許是如此，但值得注意的是，世上壽命最長的一些企業，其實是家族企業；這些企業已建立起制度，能將管理權順利交接給下一代。
6. **6.時間視野**：成功的家族企業，存續時間可能比成功的上市企業更長久，背後因素之一，在於企業決策者的誘因結構，以及該結構對企業

壽命的影響。在家族企業中，企業所有人擁有剩餘請求權（residual claim）[2]，並期望企業能長期維持在家族掌控之下；因此，他們傾向選擇能延長企業壽命的決策，而非犧牲長期存續性以追求短期高盈餘的做法。相較之下，上市企業的高階管理層可能更在意為投資人推升股價，並從股票型酬勞中獲利，即使這樣的決策會以縮短企業壽命為代價。

日本可說是研究長壽企業的實驗室，當地有超過 20,000 家企業存續超過百年。日本人甚至創造了一個詞──「老舖」──來形容這類企業的長壽特性。老舖大部分規模較小且由家族持有，顯示出企業在追求長壽和尋擴大規模之間，存在某種取捨，而企業一旦選擇擴張，往往會因此縮短壽命。我將在下文進一步探討這項取捨。

週期高度：史上最高營收時刻

企業生命週期的高度，是指企業在進入擴張階段後，最終能達到多大的規模。實質上，它衡量的是企業營收的巔峰表現。即便僅從經驗觀察，也不難發現，有些企業的營收顯著高於其他企業。導致企業巔峰營收差異的因素，有內部因素與外部因素。

外部因素包括：

1. **產品或服務的潛在市場**：選擇將產品或服務提供給利基市場或是大眾市場，將決定其擴張規模的上限。像法拉利（Ferrari）這樣的奢華汽車

---

[2] 譯注：剩餘請求權是指股東對公司在扣除營運成本、稅金與其他義務支出後，所剩餘利潤的索取權。

製造商，其營收永遠不可能和福斯（Volkswagen）這種大眾市場的汽車品牌相比——但我們也要強調，前者雖然營收規模較小，卻能創造更高的利潤率。

2. **地理觸及範圍**：過去 30 年間，全球各地的企業已學會不再局限於本地市場尋求成長。這使得原本因營運於小型國內市場而規模受限的企業，得以拓展到海外市場，進而擴大本身規模。

3. **技術與經濟創新**：歷史上曾出現過一些創新，為企業打開了擴張至過去難以達成規模的可能性。約三百多年前，工業革命讓企業得以透過工廠來擴大產能，其生產水準已非倚賴人工作業時代所能企及。上個世紀初，工廠引進了裝配線，進一步提升了潛在產能，使成功實行這項技術的企業，能製造與銷售的數量遠超以往。1990 年代，網際網路的發展打開了電子商務的大門，讓線上事業得以觸及更大的市場。進入本世紀後，智慧型手機的發明和普及，使企業能夠透過其便利的存取性建立業務，不僅易於擴張，若能成功，企業的規模上限也大為提高。畢竟，要是沒有智慧型手機的普及和便利性，Uber 也不太可能顛覆汽車服務業，更難以擴張到現在的規模。

4. **網路效應優勢**：科技革命的一項特徵，是能夠率先在市場中建立主導地位的企業，將自然獲得競爭優勢。這些企業發現，隨著規模擴大，原有的主導地位使它們更容易吸引顧客與資源——也就是所謂的網路效應。在這種「贏家全拿」的環境中，單一市場往往會出現兩至三家極具規模的主要參與者，而這些企業的營收水準可遠高於市場平均。廣告市場是個好例子：谷歌和臉書作為兩大主導者，每年持續提升市占率，蠶食了原本由報紙、戶外看板與電視／廣播電臺組成的市場。隨著市占率提高，它們也成為對廣告商而言更具吸引力的投放平臺。

5. **監管限制**：限制寡占和自然壟斷（natural monopoly）[3]的法規，可能會抑制公司成長的潛力，並對大型企業的市占率和擴張設下上限。

除了這些宏觀因素，企業層級的內部因素，也可能對成長造成上限。其中一項關鍵是「成長企圖心」和「控制權」兩者之間的拉鋸。因為企業若想擴大經營，創辦人可能需要將控制權讓渡給那些提供資本、使擴張成為可能的資金提供者。

因此，在創辦人或家族業主不願意將控制權交給外部人士的企業中，營收可能比那些願意讓渡部分控制權以換取大量資本挹注的企業，更早停滯不前。

斜率：迎來巔峰，花了多久？

企業生命週期的斜率，用來衡量企業沿生命曲線向上攀升的速度。有些企業花費數十年才完成規模擴張，有些只需幾年就能辦到。為了解釋這些差異，我將檢視以下幾項因素：

1. **資本密集度**：跟輕資本（capital-light）環境的產業相比，在資本密集的產業中，企業通常需要更長的時間才能建構起業務，並開始產生正向現金流量。上世紀的電信業和有線電視業，往往在開始營運前，就需要入長時間的前期資本支出。話雖如此，過去 10 年中，一些最成功的企業則是透過建立輕資本商業模式，進入並顛覆了原本資本密集的產業。傳統飯店業者的成長策略辛苦且耗時，往往需在全球各地興建飯

3　譯注：自然壟斷是指由於產業特性（如成本結構），使市場中只能容納一間企業營運最有效率的情況，例如自來水或電力產業。

店，或以更高成本收購現有的飯店物業。而 2009 年成立的 Airbnb 自創立以來，便透過媒合房東（即擁有閒置住宅者）與房客（有短期住宿需求者）的方式，切入該產業，其資本需求極低，卻能迅速擴大規模，最終獲得的市場占有率甚至超越任何一家傳統飯店企業。

2. **資本取得**：即便像 Airbnb 和 Uber 這類輕資本企業，要想實現快速成長，取得資本以資助關鍵性投資仍至關重要。當資本能夠充裕且大量取得時，企業就在生命週期中能以更快速度推進；反之，若資本取得受限，甚至無法籌資，企業的成長速度將顯著放緩。數十年來，美國新創企業之所以能比世界多數地區的企業成長更快，部分原因在於美國擁有活躍的創投基礎。反觀光譜的另一端，亞洲與拉丁美洲因為缺乏資本市場，其經濟主要由家族企業主導，其中許多企業從未實現規模化。即便創投資本已趨於全球化，但如我在下一章所述，取得創投的機會仍會隨著時間波動；因此，有幸在資本充裕時期創業的新創企業，通常比那些在資本稀缺時期起步的企業，成長得更為迅速。

3. **顧客慣性**：在行銷裡，顧客慣性是指顧客指的是顧客傾向維持現狀，對市場主導企業所提供的產品或服務持續依附，不願嘗試新進者的產品。「顧客慣性」和「顧客忠誠度」的差別在於，**這種依附並非源自現有產品對顧客需求的滿足，更多的是來自對新事物的抗拒**。儘管如此，顧客慣性的程度會因企業類型、文化背景，甚至年齡層而有所不同。向年長受眾提供關鍵產品的企業（例如醫療保健），往往比向年輕受眾提供非必需消費品的企業（例如時尚服飾）面對更強的顧客慣性。Uber 在共乘服務上的初期成功，主要來自年輕用戶，他們覺得透過智慧型手機叫車比路邊攔車更直覺，也更具吸引力；而其早期成長規模也促使較年長的顧客加入，他們是因為更低的費用與更高的便利性而選擇使用 Uber。

4. **監管限制**：對於需要取得執照或監管核准才能擴張的新創企業來說，

其本質上就受到限制,難以快速展現營運成果。以生技業為例,即便是最有前景的進入者,也必須經歷耗時的產品測試與審查程序,待主管機關核准後才能銷售,使得這類企業在起飛之前通常需要有較長的準備期。Uber 和 Airbnb 的營運模式中一項備受爭議的做法,就是它們選擇先在多個新市場拓展業務,然後才尋求監管機構核准,導致在部分地區面臨法律訴訟與全面禁令[4]。

有關企業生命週期的斜率,還有最後一點值得一提:**那些決定企業在生命週期中能多快向上攀升的因素,往往也會決定它在多快的速度下滑。**因此,輕資本企業雖然能迅速擴張規模,但通常也會同樣迅速地收縮。

維持巔峰:成為老大後,必將被挑戰

企業生命週期的最後一個面向,是衡量一家企業在進入成熟階段之後,能夠維持成熟狀態多久,並且持續收穫其成熟所帶來的利益。

這方面的差異,取決於企業在邁向成熟的過程中所建立的競爭優勢,以及這些優勢面對競爭壓力時的防禦力強弱。能夠建立穩固且可持續競爭優勢的企業,通常能在巔峰位置停留更久,並獲得更長期、更可觀的報酬。

我不是策略專家,因此不打算列出一長串可能的競爭優勢來使你感

---

[4] 編按:例如 Uber 於 2013 年進入臺灣市場時,曾以「資訊服務業」名義繞過運輸業管理規定,實際從事叫車服務,引發主管機關關切與開罰。2016 年,主管機關更以「客運業不開放外資經營」為由,未予合法化。Uber 隨後經歷短暫退出、轉型合作模式與修法對抗,顯示在高度監管產業中,新創企業的成長速度常受法規嚴格限制。

到厭煩。取而代之，我引用研究機構晨星（Morningstar）對這些優勢的評估作為參考，儘管這份評估略顯過時，仍具有實質價值，並在表 3-6 中列出其從強到弱的競爭優勢範例：

表 3-6 ｜ 晨星的護城河評估

	品牌力	轉換成本[5]	網路效應[6]	成本優勢	規模效率
寬實的護城河	可口可樂（Coca Cola）：儘管只是糖水，消費者卻願意支付溢價	甲骨文（Oracle）：綁定整合式資料庫，導致轉換變得非常昂貴	芝加哥商品交易所（Chicago Mercantile Exchange）：結算所功能創造穩定交易量	優比速（UPS）：過往在物流上的投資，帶來低邊際遞送成本	國際速威公司（International Speedway）：擁有每個都會區僅能容納一座的 NASCAR 賽道
較窄的護城河	思樂寶（Snapple）：品牌扎實，但缺乏定價能力	賽富時（Salesforce）：廣受歡迎，但轉換成本較低	紐約泛歐證券交易所（NYSE Euronext）：是市場領導者，但其領導地位未形成顯著網路效應	聯邦快遞（FedEx）：空運快遞固定成本較高，帶來中等程度成本優勢	南方電力公司（Southern Company）：天然地理壟斷，並受監管單位支持
不具備護城河	潮汐之子（Cott）：不具品牌忠誠度或定價能力的通用型業者	TIBCO 軟體公司：高階軟體，但轉換成本低，競爭對手可輕易替代	騎士資本（Knight Capital）：只做撮合或造市，幾乎沒有網路效益	康威（Conway）：卡車運輸公司，業務分散，缺乏成本優勢	瓦萊羅能源（Valero）：精煉業者，在商品市場中只能接受市場價格[7]

資料來源：晨星

---

5 譯注：轉換成本（Switching Costs）指的是消費者在更換供應商時，所需承擔的心理與經濟成本。此概念常被視為顧客維持關係的障礙之一，包括轉換時可能產生的金錢、時間、學習成本，或對未知服務的不確定感等。

6 譯注：網路效應（Network Effect）又稱網路外部性或需求方規模經濟，指某項產品或服務的價值，會隨著使用該產品（或其相容產品）的用戶數增加而提升。簡單來說，使用者越多，產品越有價值。

7 譯注：指在完全競爭市場中，個別生產者或消費者無法影響市場價格，只能接受市場決定的價格進行交易。

晨星在表格中所挑選的企業，有不少值得討論的地方，我也不完全同意它對某些企業護城河的評估；不過，晨星所採用的評估方式，本質上是健康且值得肯定的。它不是列出一份混合了強勢、弱勢甚至根本不存在的競爭優勢清單，而是刻意區分出「強大且持久」與「脆弱且短暫」的競爭優勢之間的對比。

評估一家企業的護城河強度，至今依然是一門既具有藝術性也講求技術性的工作。不過，麥可・莫布斯（Michael J. Mauboussin）在這方面做出了扎實貢獻，他運用財報揭露與資本報酬率（ROC）來衡量護城河的高度，並以市場定價推估競爭優勢的持續期間，以建構出一套系統化的分析架構。

在評估企業的護城河優勢時，值得留意的是，即便最寬廣的護城河，隨時間推移也可能遭到侵蝕；某個時期中被視為堅不可摧的企業，也可能在另一個時期變得脆弱。

生命週期比一比

如你所見，有多重因素決定了企業生命週期為何彼此不同，其中有些因素（例如資本取得）同時影響企業的存續時間與成長速度。

話雖如此，顯然也有一些因素不在新創企業的控制範圍之內。如果新創企業誕生於監管嚴格、資金難以取得的環境，相較於在容易擴張、資本充足、顧客慣性低的環境下創業者，便已處於劣勢。在圖 3-4 中，我把這些因素整合起來，用來說明生命週期的 4 個面向（長度、高度、斜率和平坦度）。

圖 3-4｜企業生命週期的四個面向

收成期的長度／價值（成熟階段）
1. 整體市場的成長
2. 競爭優勢的強度
3. 競爭優勢的持久性

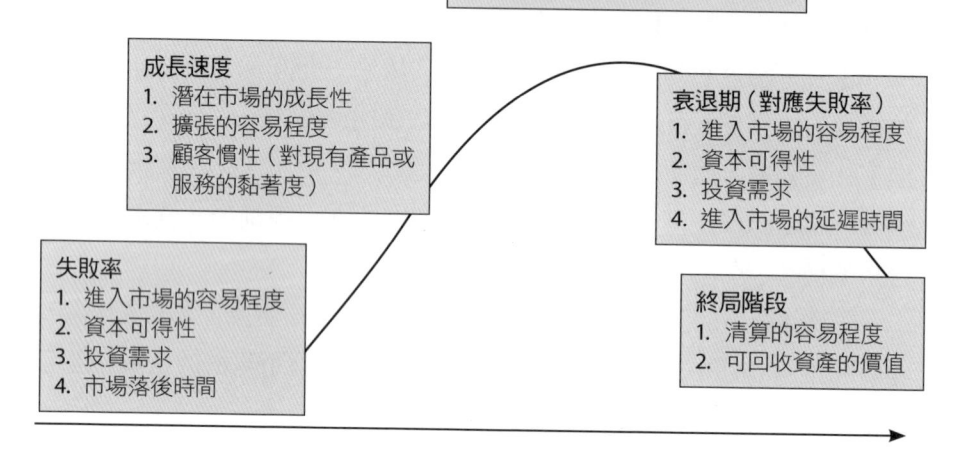

成長速度
1. 潛在市場的成長性
2. 擴張的容易程度
3. 顧客慣性（對現有產品或服務的黏著度）

衰退期（對應失敗率）
1. 進入市場的容易程度
2. 資本可得性
3. 投資需求
4. 進入市場的延遲時間

失敗率
1. 進入市場的容易程度
2. 資本可得性
3. 投資需求
4. 市場落後時間

終局階段
1. 清算的容易程度
2. 可回收資產的價值

　　由於企業之間存在差異，生命週期呈現出多種形式也就不足為奇。在圖 3-5 中，我簡單舉出其中 3 種類型作為說明。

　　簡單來說，至今在本書中作為討論起點所使用的基本或標準生命週期圖示，在現實中極可能是例外，因為只有少數企業會依循這條路徑：先作為成長型企業逐步壯大，接著長期維持成熟階段，最後逐漸邁入衰退。有些企業能更快建立規模，但在成熟階段停留時間較短，隨即迅速衰退，呈現出壓縮型生命週期。

　　也有許多企業即使成功，仍未能擴大規模，可能是受限於資本不足、缺乏企圖心，或目標市場規模太小，因此呈現出低調型生命週期，雖能持續很長時間，但規模始終有限。

圖 3-5 ｜企業生命週期 3 種常見變化

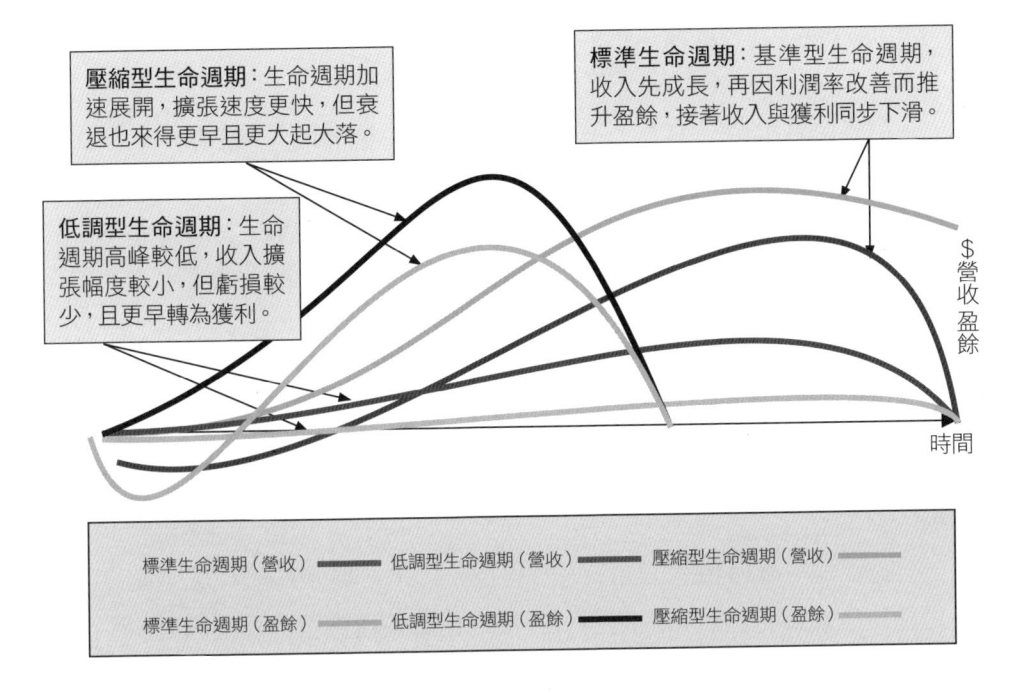

壓縮型生命週期：生命週期加速展開，擴張速度更快，但衰退也來得更早且更大起大落。

標準生命週期：基準型生命週期，收入先成長，再因利潤率改善而推升盈餘，接著收入與獲利同步下滑。

低調型生命週期：生命週期高峰較低，收入擴張幅度較小，但虧損較少，且更早轉為獲利。

$ 營收盈餘

時間

標準生命週期（營收）　　低調型生命週期（營收）　　壓縮型生命週期（營收）
標準生命週期（盈餘）　　低調型生命週期（盈餘）　　壓縮型生命週期（盈餘）

生命週期的轉折、趨勢與變化

科技公司的湧入，改變了市場與經濟。在本節中，我會用企業生命週期的架構，來討論科技為市場帶來的兩個改變，而這些改變對商業界和投資領域都產生了深遠影響。

科技業 vs. 非科技業：升空得越快、摔得也越快

二十世紀美國的卓越企業，從早期主宰經濟的鐵路、石油和鋼鐵公司，到中葉代表市場和經濟核心的汽車製造商，都有一些共同特徵。這些企業需要大規模投資於生產資源，而當時資本並不容易取得，因此它

們往往花了數十年時間才得以擴大規模。然而，一旦進入成熟階段，這些企業反而能利用那些曾讓它們在生命週期中緩慢成長的因素來抵禦競爭對手，並在成熟階段維持數十年之久。

汽車業就是個好例子。在 1970 年代石油危機爆發及日本競爭對手崛起之前，三大汽車製造商（通用、福特和克萊斯勒）幾乎壟斷了美國汽車市場。不可否認，近幾十年來，汽車製造商面對諸多挑戰，甚至可能已經進入衰退，但這種衰退過程非常緩慢，而且第間歇性地零星發生。

相形之下，雅虎（Yahoo!）雖然成立於 1990 年代，但我認為它是 21 世紀典型企業的原型。它的搜尋引擎雖仍虧損，卻很快就開始產生營收，公司成立不到 10 年，市值便在 1999 年突破 1,000 億美元。過去 20 年中，許多其他企業也展現出這種快速成長，在市值排名上超越了傳統競爭對手。

儘管那些維持現狀的企業，對科技公司迅速擴張的歷程感到眼紅，這種快速成長一也有其陰暗面——**促成企業快速擴張的那些因素，往往在其進入成熟階段後反而成為障礙，使衰退一旦開始，就會迅速惡化。**

雅虎作為搜尋引擎與線上廣告龍頭的地位，僅維持了 5 年，隨後谷歌進入市場並取而代之；而一旦雅虎開始走下坡，它接下來 10 年的瓦解過程既迅速又具毀滅性。

在圖 3-6 中，我一比較了科技公司和非科技公司的生命週期，你就能理解我為什麼說科技公司的老化速度幾乎像是以狗的時間來計算了[8]。

8　編按：在部分普遍觀念中，人類經歷的 1 年約等於狗的 7 年，故「以狗年計算」常用來比喻快速老化或生命週期短。

圖 3-6 ｜科技 VS 非科技公司的生命週期比較

科技公司的生命週期

科技公司沒有長時間的「成熟期」可供坐享其成，因為市場顛覆總是近在眼前。

科技公司成長速度較快，因為成長所需投資較少，且產品較容易被顧客接受。

科技公司衰退也更為迅速，原因跟它們快速崛起的原因相同：擴張容易、顧客忠誠度低。

在**生命週期較短**的情況下，企業往往由同一批管理者一路帶領，導致管理風格與階段不符的情況較常出現。

非科技公司的生命週期

非科技公司的成熟階段較長，能長時間仰賴搖錢樹維持收益。

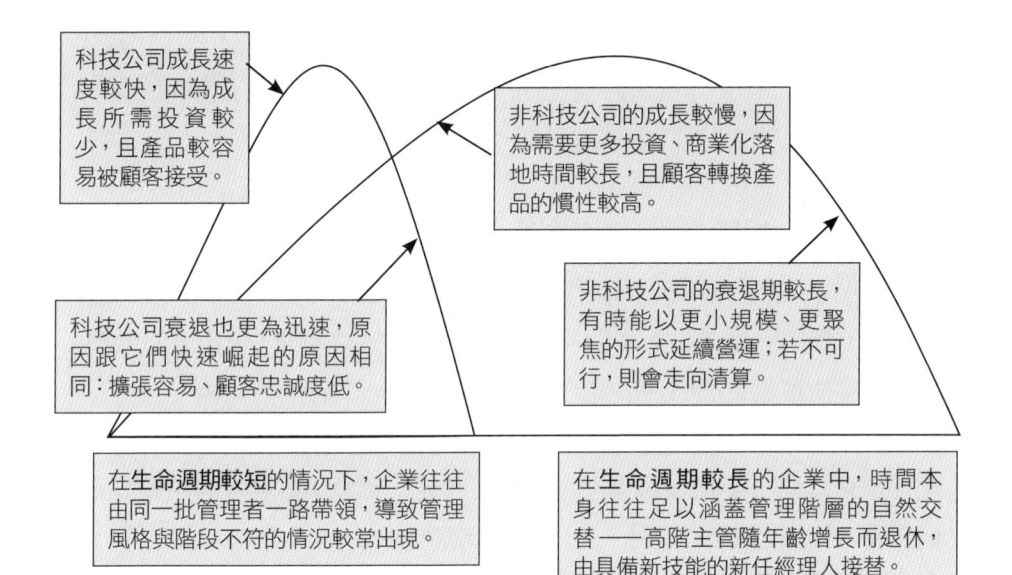

非科技公司的成長較慢，因為需要更多投資、商業化落地時間較長，且顧客轉換產品的慣性較高。

非科技公司的衰退期較長，有時能以更小規模、更聚焦的形式延續營運；若不可行，則會走向清算。

在**生命週期較長**的企業中，時間本身往往足以涵蓋管理階層的自然交替——高階主管隨年齡增長而退休，由具備新技能的新任經理人接替。

　　隨著經濟和市場的重心轉向生命週期更短的企業，如今若要成功經營一家公司，就必須重新思考管理與投資方式。**商業書籍中的許多管理智慧與商業模型，都是在二十世紀針對長生命週期企業所發展出來的，如果直接套用在壽命壓縮的現代企業身上，可能會釀災。**

　　舉個具體例子：在使用現金流量折現法（discounted cash flow，簡稱

DCF）[9]為一家公司估值時，傳統上會在預測期結束時估算企業的最終價值（terminal value，以下簡稱終值）估計，這通常建立在企業會永久經營的假設上。

採用永久經營的假設主要是為了方便，因為這樣算出來的結果與假設企業持續經營 50、60 或 80 年的估值差距極小，而對長生命週期企業而言，這種假設是合理的。但如果估值對象是一家生命週期僅有 25 年的企業，那麼在第 10 年結束時使用永久經營的假設（當時可能只剩 15 年壽命），計算出的終值將會嚴重失真。

企業集團 VS. 控股公司：新老企業一手抓

要理解企業生命週期，還有最後一點必須說明：「事業」與「企業」的區別。雖然上述討論多半聚焦於單一事業的生命週期，但也有可能打造一家壽命超越各個個別事業的企業。

如果要理解企業怎麼能比個別事業更長壽，不妨思考這個情況：一家企業可以同時涉足多個事業，實質上形成一個事業組合，其中有些正值成長，有些已然成熟，另一些則處於衰退期。

企業集團顯然符合這種模式——但若把高成長、成熟與衰退的事業統統納入同一企業體系中，便可能導致內部補貼（拿獲利事業去支撐虧損事業）和管理效率低落的難題。簡而言之，企業集團內的優質事業可能會被用來資助劣勢事業的成長，進而對整體企業價值造成災難性的打

9　譯注：現金流量折現法，又稱為「自由現金流折現法」，是價值投資的一種估值方式，方法是把一家公司未來會產生的自由現金流量，以適當的預期報酬率折現，用以評估合理股價。巴菲特曾說過：「上市公司的內在價值，就是該企業在未來所能產生的自由現金流量，折現後的總和。」

擊。

控股公司是更為合適的形式,因為**它不僅能持有處在生命週期不同階段的事業,還能增添新事業、淘汰舊事業,以維持事業組合中生命週期階段的平衡。**在歐洲、亞洲和拉丁美洲,許多家族持有的控股公司就是這麼做的,只要它們能妥善運作,其存續時間往往遠超過那些僅經營一、兩項事業、由機構法人持股的上市公司。

以塔塔集團（Tata Group）為例,它是印度歷史最悠久、聲譽最卓著的家族控股集團之一。塔塔集團成立於 1868 年,當時創辦人賈姆謝特吉・塔塔（Jamsetji Tata）買下一家破產的榨油廠並改造成棉紡廠。如今,塔塔集團旗下納入逾百家企業,業務橫跨多個產業,如圖 3-7 所示。

圖 3-7 ｜塔塔集團的事業分布

1868 年創立時	2021 年的塔塔集團	
賈姆謝特吉・塔塔創立了一家貿易公司,收購位於孟買欽奇波克利（Chinchpokli）的一間破產榨油廠,並將其轉型為棉紡廠。 	產業領域	塔塔集團旗下企業
^	金屬	Tata Steel, Tata Metaliks
^	科技	Tata Elxsi, Tata Consultancy Services
^	金融	Tata Capital, Tata AIG, Tata AIA
^	汽車	Tata Motors, Tata AutoComp, JLR
^	零售	Tata Starbucks, Tata CLiQ, Tata Tanishq
^	基礎建設	Tata Power, Tata Projects
^	電信	Tata Sky, Tata Communications, Tata Teleservices
^	旅遊觀光	Taj & Ginger Hotels, Vivanta, Vistara, AirAsia
^	航太與國防	Tata Advanced Systems
^	農業與食品	Tata Tea, Tetley, Tata Agrico
^	消費產品	Titan, Voltas
^	住宅	Tata Housing

過去 20 年，隨著科技公司市值和盈餘節節攀升，許多家族企業也增設了科技子公司，儘管各自投入的資本規模不同，和家族母公司之間的分離程度也有所差異。

塔塔集團內占比最大的單一事業，是科技公司塔塔顧問服務公司（Tata Consultancy Services），但在過去 10 年間，該集團也投資了多家科技新創公司。並非所有這些嘗試都會成功，而它們對企業壽命的延展效果，在不同公司之間也會有所差異。

值得注意的是，家族控股公司壽命較長，未必就代表它們比獨立企業更有價值或更有生產力。事實上，有證據顯示，投資人會因為潛在的利益衝突（例如家族利益優先於股東利益），以及可能在集團企業間蔓延的效率不彰，而對這些控股公司的價值打折扣。

家族文化有利也有弊，可能促進某些家族企業的發展，也可能對其他造成傷害。即便是塔塔集團，也會有股東質疑個別公司在治理上的表現，並提出疑問：賺錢能力強、價值龐大的塔塔顧問服務公司，是否正一肩承擔著支撐集團內部其他公司的重擔。

破壞者效應：尚未出現的怪物新人

破壞一直是商業的一環，因為新進者會以新產品或商業模式尋求進入既有產業，動搖現有格局。

然而，在過去 20 年裡，破壞的速度和影響範圍似乎明顯提升，部分來自科技的發展，部分則來自資本取得更為容易，不僅來自傳統來源（如創投資本），也包括公開市場的投資人。像是電信、能源與汽車這些在數十年前仍被視為不受破壞影響的產業，如今也已遭新進者顛覆。

儘管大部分有關顛覆的爭議，都聚焦在破壞者身上，但同樣值得關注的，還有那些受到顛覆衝擊的企業。亞馬遜對美國實體零售業造成的破壞性影響已有充分紀錄；網飛以訂戶成長為核心的商業模式與大規模

投資，讓整個娛樂產業對傳統娛樂公司而言風險提高、利潤下降。全球共乘企業已摧毀許多小型、在地的計程車公司，而谷歌與臉書也重創了傳統廣告業務。從實務的角度來看，你可以主張，**今天幾乎所有產業的企業，都比幾年前更有可能遭遇顛覆**，而這項威脅應當反映在企業經營與投資實務之中。

第一，許多分析師在經營與評估企業時所依賴的核心假設「均值回歸」（mean reversion），必須重新檢視。換言之，如果一家長期維持高利潤率的公司面臨顛覆，其利潤率下滑可能不是暫時的，而預期它將回升至歷史水準的假設，可能並不成立。

第二，即便是擁有強大競爭優勢（品牌、特許權、規模經濟）的企業，也都該有應變計畫，因為一旦顛覆發生，往往來得突然且具破壞性。所謂「慣性」，即企業因為過去做法有效而持續沿用，可能會導致它們對顛覆者所帶來的轉變毫無準備。

第三，監管機關與立法者必須考量這個可能性：他們為規範現有企業而制定的規則與法律，雖多出於善意（例如提升競爭、保護消費者），但當破壞者進場時，這些規範反而可能使既有企業處於劣勢。

比方說，計程車業者顯然因監管規範而處於劣勢，而 Uber 對這些規定卻毫不在意。金融科技公司之所以得以成長，部分原因在於它們能提供傳統金融機構（如銀行、保險公司）被禁止提供的產品與服務，卻不必面對同樣的監管限制。

生命週期百百種，看懂玄機才有用

企業生命週期在不同企業之間，可能呈現出截然不同的形狀，這些差異可從生命週期的長度、高度，以及穩定階段的持續時間（也就是其平坦程度）來觀察。

在本章，我探討了造成這些差異的因素，並指出其中有些是企業無法控制的（例如外部環境），有些則在企業可掌握的範圍內。一家創辦人拒絕放棄控制權的新創企業，其成長速度通常會比願意以控制權換取資本的企業來得慢；而像 Uber 和 Airbnb 這類公司，則找到了克服其產業中傳統成長障礙的方法，有時甚至透過取巧手段或是打破既有規則來達成目的。

不過，若要說有什麼最核心的訊息，那就是：**每一種做法都有其取捨**。企業為了快速擴張所做的決策，可能會在未來試圖建立永續且具獲利能力的商業模式時成為阻礙。

第**4**章

轉變點：
生命週期髮夾彎

在本章之前的幾章中，我探討了構成企業生命週期的各個階段，以及為什麼不同企業的生命週期會呈現不同的形狀。在本章中，我會進一步檢視企業為了從一個階段邁向下一階段，於所有權、營運與財務層面所需經歷的各項轉變。

這些轉變之所以值得關注，有兩個原因。**第一，轉變必然伴隨變化，而並非所有企業（或其創辦人）都能應對變化**；事實上，企業成功往往來自那些最能順利度過轉變階段的經營者。**第二，每個轉變階段都伴隨著值得關注的宏觀變化**，這些變化將對即將進入轉變期的企業產生重要影響。

三大轉變點考驗：經營、財務、管理

隨著企業在生命週期中推進，勢必會面臨一些必須克服的考驗，才能進入下一階段。

這些考驗有時候會發生在特定時間點，但但更多時候是於較長時間內逐步浮現；有時，即使企業曾經通過某項考驗，也可能再次面臨相同的挑戰。在釐清了這些轉變常見的複雜情況後，我將接下來的內容分成三種類型來進行討論：

1. **營運上的轉變考驗**：新創公司面臨的考驗是是如何將一個想法轉化為實際產品；茁壯中的成長企業則踏上了從擁有產品到建立可行商業模式的旅程；高成長企業致力於破解將企業從小規模擴展至大規模的難題；穩健成長的企業必須在更龐大的規模下，設法維持高速成長；成熟穩定的則需想方設法防止競爭者與破壞者動搖其業務根基；至於處於衰退期的企業，則要設法應對市場萎縮所帶來的挑戰。
2. **財務上的轉變考驗**：對新創企業來說，這項轉變幾乎總是意味著必須

尋求外部資金，對象是那些願意投注在尚未驗證構想上的創投業者與其他風險資本提供者。對茁壯中的成長企業而言，資金需求將進一步上升，因為尚在起步的商業模式，加上為實現成長所需的投資，會導致現金流轉為負值，並促使企業展開新一輪的創投融資。對高成長企業而言，最成功者可能已有機會進入公開市場，因為創投資金開始規劃退場策略，而公開市場的投資人也將加入其中。對穩健成長企業來說，營運上的成功將帶來內部資金來源的好處，有時也會透過舉債或增資等方式，借助公開市場進一步籌資。對成熟穩定企業而言，穩定的成長與穩定的獲利會產生大量正向現金流，使它們得以進一步舉債，並將資金回饋給股東，例如透過發放現金股利或實施庫藏股。至於處於衰退期的企業，則需面對的關鍵財務挑戰，是在企業縮小規模的同時，設法減少債務（例如如期償還到期債務）並縮減股本（例如透過清算股利[1]）。

3. **公司治理上的轉變考驗**：當公司歷經營運面與財務面的轉變時，**各階段也伴隨著公司治理的轉變**，而這些治理變化，對創辦人而言有時尤為棘手。在新創階段，引進外部資金（例如創投業者）會使創辦人必須與這些資金提供者分享公司所有權，而這些人對於企業未來的發展方向，往往與創辦人有顯著歧異。進入茁壯階段後，企業在建立商業模式的過程中，將考驗創辦人是否願意接受來自他人的經營建議；這種與外部人士共享經營權的局面，可能帶來高度壓力。到了高成長階段，尤其是具備擴張潛力的企業，是否有能力建立管理團隊並有效授

---

[1] 譯注：清算股利（liquidating dividends）是指公司在無保留盈餘可供分配的情況下，以股本或股本溢價分配給股東的資金。這類股利並非盈餘分配，而是退還股東原先投入的資本。

權,往往決定成敗關鍵。在穩健成長階段——尤其是那些已經上市的公司——經營團隊將面臨平衡創辦人與公開市場投資人利益的挑戰,而後者大多為成長型投資人,更重視企業的成長潛力而非現金回報。當企業進一步邁向成熟穩定,決策權逐步轉向公開市場投資人,但其構成也會隨之改變,逐漸由較重視現金報酬、而非成長性的價值型投資人主導。如果企業進入衰退且依然是上市公司,則可能面臨激進投資人要求分拆[2]、資產剝離[3],以及提高現金回饋(如發放更多股利)的壓力;在某些情況下,投資人甚至可能主張將公司私有化,藉此清算大量資產並變現。圖 4-1 中總結了這些治理轉變的內容。

---

2 譯注:分拆(spin-off)是一種企業重組方式,指母公司將部分業務部門分離出去,成立一間完全獨立的新公司,並將其股份分配給原母公司的股東。這間新公司有時也會獨立上市,但並非必然。

3 譯注:資產剝離(divest assets))是指企業出售部分資產,如特定產品線、子公司、部門或非核心業務,以集中資源、改善財務狀況或因應外部壓力。這些資產可能是不再具策略意義、獲利能力低,或與企業主力方向不符的業務單位。剝離後所得通常為現金或有價證券。

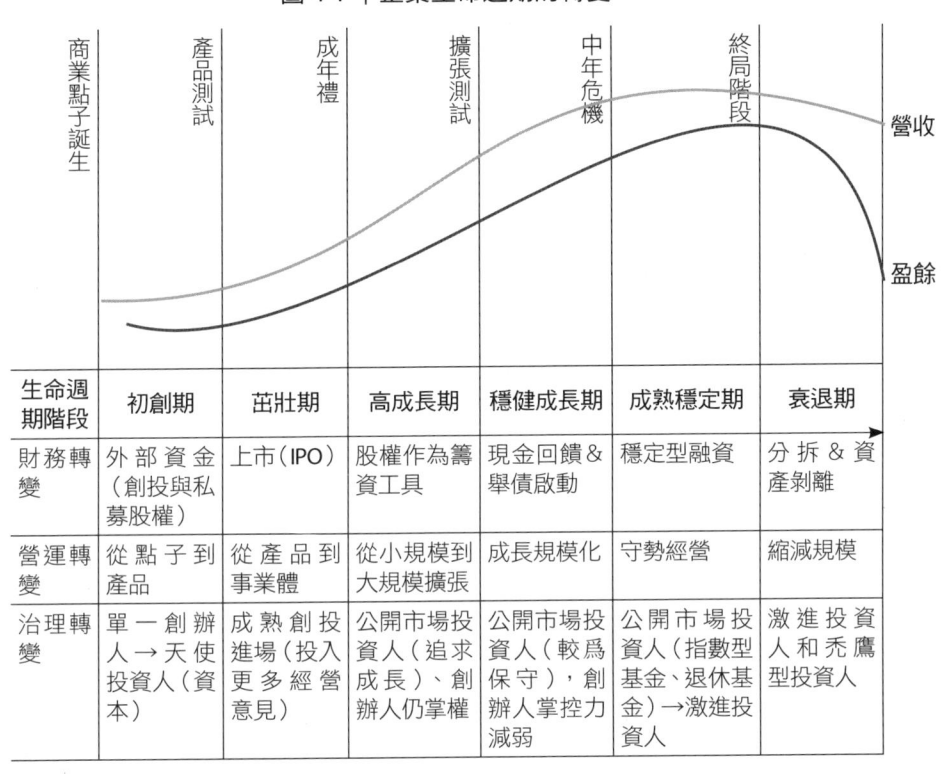

圖 4-1｜企業生命週期的轉變

生命週期階段	初創期	茁壯期	高成長期	穩健成長期	成熟穩定期	衰退期
財務轉變	外部資金（創投與私募股權）	上市（IPO）	股權作為籌資工具	現金回饋＆舉債啟動	穩定型融資	分拆＆資產剝離
營運轉變	從點子到產品	從產品到事業體	從小規模到大規模擴張	成長規模化	守勢經營	縮減規模
治理轉變	單一創辦人→天使投資人（資本）	成熟創投進場（投入更多經營意見）	公開市場投資人（追求成長）、創辦人仍掌權	公開市場投資人（較爲保守），創辦人掌控力減弱	公開市場投資人（指數型基金、退休基金）→激進投資人	激進投資人和禿鷹型投資人

（曲線圖標示：商業點子誕生、產品測試、成年禮、擴張測試、中年危機、終局階段；營收、盈餘）

　　在第 2 章中，我已探討過營運上的轉變，包括為什麼極少數的點子能成功轉化爲產品，以及為什麼這些產品中，只有一部分能發展為事業，而又只有更少數能成功實現規模化。

　　本章接下來會聚焦在企業在各階段轉變中所引入的關鍵參與者，從為極早期公司提供資金的創投業者與其他資本提供者談起，接著是公開市場的投資人，無論是在公司上市時或之後的數年間，最後則談到在企業衰退階段介入、進行整頓的激進投資人與私募股權投資人。

年輕企業的財務轉變點：找錢

年輕企業在剛創立的頭幾年，需要資金才能度過生存階段。從歷史來看，這些資金多來自願意承擔失敗風險的投資人，而這種失敗的風險，本就是這類企業經營過程中不可避免的一部分。

在本節，我將從創業投資（venture capital，簡稱 VC）談起，這是年輕企業的主要籌資來源。我會會先回顧創投的發展歷史，再深入探討創投的資金運作流程，以及其在歷史長河中的興衰起伏。

接著我會說明年輕企業的融資管道，如何逐步拓展至企業創投[4]（corporate venture capital，簡稱 CVC）、群眾募資（crowdfunding）以及公開市場的投資人。而這樣的拓展，促成了私募與公開市場投資交會處的一種灰色市場，在這個市場中，大型私人企業得以維持非上市身分的同時，仍能取得過去只有上市公司才有機會取得的資金來源。

創投資本：為新生企業承擔風險

雖然可以推論，創投資本作為私人企業資金來源的形式早已存在，但目前這種具結構性的創投模式，其實是較近代才出現的現象，且在早期主要集中於美國。本節將從創投資金的運作流程談起，接著回顧創投資本隨時間興衰起伏的歷史。

4　譯注：創投資本（VC）與企業創投資本（CVC）最大的差異在於出資者的性質與投資動機。VC 通常是專門從事投資活動的創投公司或創投基金，目標是追求財務報酬；而 CVC 則是具有主要本業的企業，運用自有資金投資外部的新創企業，其投資往往與企業的核心業務或策略方向相關。

・VC 簡史

年輕企業向來仰賴資本提供者，而最早的這類資金來源可以追溯到數百年前。為了說明早期的創投投資實例，湯姆·尼可拉斯（Tom Nicholas）在其創投歷史研究中，追溯至十九世紀美國的捕鯨事業——如果成功了，獲利可觀，但失敗機率同樣極高。

到了十九世紀末、二十世紀初，鐵路鋪設所需的資金規模龐大，這些資金主要來自銀行家，當時的重要人物包括安德魯·梅隆（Andrew Mellon）和約翰·摩根（J. P. Morgan）。

至於創投資本作為一種組織化的資金本來源，其歷史可以追溯至1946年，當時哈佛商學院教授喬治斯·杜洛特（Georges Doriot）創辦了美國研究與發展公司（American Research and Development，簡稱 ARD）。

杜洛特向基金會、捐贈基金和退休基金等機構法人籌措資金，專門投資年輕企業。其中最成功的一筆投資是在 1957 年，ARD 投資 7 萬美元給投資迪吉多數位設備公司（Digital Equipment Corporation），數年後該筆投資增值至 5,200 萬美元。

促成創投產業成長的一個關鍵因素，是美國國會在 1950 年代設立的「小企業投資公司」（Small Business Investment Companies，簡稱 SBIC）計畫，旨在透過政府資金扶植新創企業。儘管政府資金本身的效果有限，但此舉為創投公司鋪路，促成其進一步發展。

薩特希爾創投公司（Sutter Hill Ventures）是帕羅奧圖（Palo Alto）的一家創投公司，由威廉·德雷珀（William Draper）和保羅·懷斯（Paul Wythes）在 1964 年創立，是早期表現突出的創投公司之一。此後，矽谷一直是創投資本的重要據點。

隨著時間推移，創投資本產業歷經資金的流入與流出、興衰交替，儘管如此，還是孕育出一些長期表現突出的業者。如今，創投資本的影響力已擴展至美國其他主要城市（如波士頓、紐約、奧斯汀與邁阿密），更

進一步在全球市場建立據點。

在 2010 到 2020 年這 10 年期間,創投資本的整體規模大幅擴張,並在公開市場發揮顯著影響力,因為其所扶植並推向市場的企業,多數成為公開市場中表現最出色的一群。

• **VC 的入股流程**

定尋求創投資金時,通常會經歷一套流程,儘管各家創投公司在細節上可能有所不同。創投資金的最初階段,稱為 pre-seed(種子輪前)或 seed(種子輪)融資,資金來源是**那些願意投入高風險企業,並接受高失敗率的創投業者。**

那些接受種子輪資金、得以邁入生命週期下一階段的企業,通常會在後續階段持續尋求更多創投資金。每一輪融資都需要企業為了取得資金而讓渡部分所有權,如圖 4-2 所示。

圖 4-2 ｜ 創投資金流程

種子輪前 & 種子輪	A 輪	B 輪	C 輪
通常是新創企業募集的第一筆資金,用來把點子轉化成產品。	融資規模遠大於種子輪,資金用於推動公司從產品原型階段向前發展。	資金提供給那些正積極建立商業模式,並已擁有一定用戶／客戶活動的公司。	提供給已建立可行商業模式並產生成果,但希望進一步擴張規模的企業。

創投條件	創投估值方式	創投輪次	估值上升與下修
創投提供資金,作為交換,取得企業的一部分股權,其比例取決於估值。	創投根據活動指標(如使用者數、下載量、訂閱數)或未來營收／盈餘的倍數,為新創企業進行估值。	成長型企業在每個階段都可能進行多輪融資,每一輪的估值條件都可能不同。	輪如果新一輪的估值高於(或低於)前一輪,稱為「上修輪」(up round)或「下修輪」(down round)。上下修輪有時會改變先前融資輪次的條件。

許多人（包括部分創投業者在內）對創投公司如何為企業定價，存在一種常見的誤解：他們以自己想取得的股權比例來反推估值；換句話說，是先決定要多少股份，再決定投資金額。實際上，**創投公司通常是根據其他創投在類似公司中支付的價格，並將該價格對應到某個可觀察的指標來進行定價。**

　　例如，某家新創企業營收極低、虧損嚴重，但擁有百萬訂戶，創投公司便可能根據訂戶數來為企業估值，並參考其他創投在類似投資案中每位訂戶的平均價格作為參考。

　　當企業開始展現實質營收，並預期數年內可望轉虧為盈，估值依據可能就會轉向未來營收或盈餘，並採用基於這些指標的倍數定價。這類倍數背後所隱含的目標貼現率（target discount rate）[5]，一方面反映了風險與時間價值，另一方面也常被當作談判工具使用。

5　譯注：貼現（discount）是將未來預期金額換算為今日的價值，稱為現值（present value），這個過程也稱為「折現」。

圖 4-3 ｜ 創投的前瞻性定價[6]

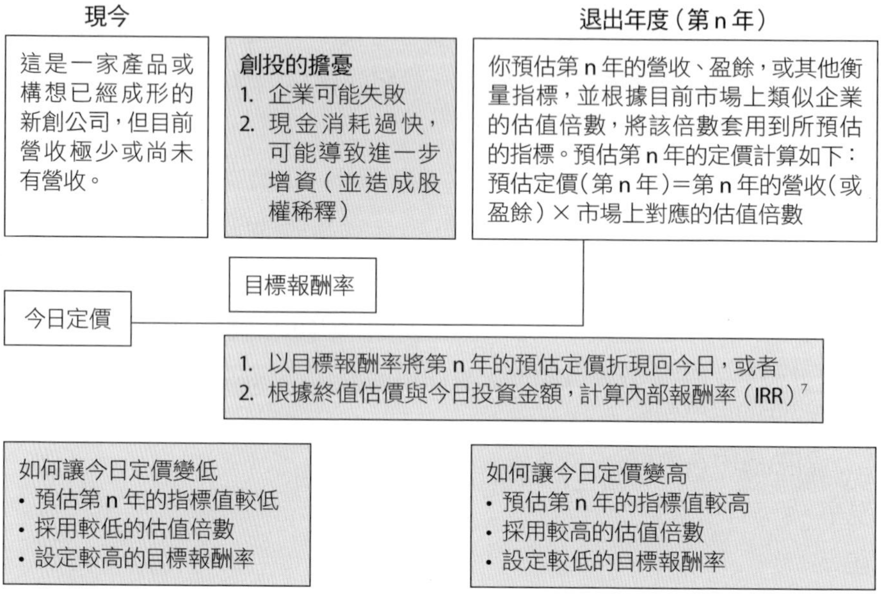

現今

這是一家產品或構想已經成形的新創公司，但目前營收極少或尚未有營收。

創投的擔憂
1. 企業可能失敗
2. 現金消耗過快，可能導致進一步增資（並造成股權稀釋）

退出年度（第 n 年）

你預估第 n 年的營收、盈餘，或其他衡量指標，並根據目前市場上類似企業的估值倍數，將該倍數套用到所預估的指標。預估第 n 年的定價計算如下：
預估定價（第 n 年）＝第 n 年的營收（或盈餘）× 市場上對應的估值倍數

目標報酬率

今日定價
1. 以目標報酬率將第 n 年的預估定價折現回今日，或者
2. 根據終值估價與今日投資金額，計算內部報酬率（IRR）[7]

如何讓今日定價變低
- 預估第 n 年的指標值較低
- 採用較低的估值倍數
- 設定較高的目標報酬率

如何讓今日定價變高
- 預估第 n 年的指標值較高
- 採用較高的估值倍數
- 設定較低的目標報酬率

舉個非常簡單的例子：假設你是創投業者，正在評估一家預期在第 4 年可達成 5,000 萬美元營收的公司。市場上其他創投對類似公司的定價為營收的 5 倍，而你的目標報酬率是 40%。那麼，你對該公司今日估值的

6　前瞻性定價（forward pricing），或譯為前推定價或遠期定價。

7　譯注：內部報酬率（internal rate of return，簡稱 IRR），是衡量一項投資在整個持有期間內，平均每年可產生報酬率的估算工具。它是使所有預期現金流的折現值，恰好等於初始投資金額的貼現率。IRR 的「內部」一詞，指的是僅考量投資本身產生的現金流量，不含外部因素（如通貨膨脹或資本成本）。在創投與私募股權領域中，IRR 常用來評估投資案的回報潛力與退出效率。

計算方式如下[8]：

$$第四年的估值 = 5,000 萬美元 \times 5 = 2.5 億美元$$

$$今日估值 = \frac{2.5 億美元}{(1.40)^4} = 6,508 萬美元$$

在這樣的情況下，創投的定價操作與企業基本面其實關聯不深，基本上就是一種單純的定價行為，因此整個過程往往演變成談判。創投業者會試圖壓低第 4 年的營收預測，套用較低的估值倍數，並設立較高的目標報酬率；而創業者則會持相反立場，主張較高的營收與估值倍數，以及較低的目標報酬率。

對熟悉內在價值評估的人來說，這個「目標報酬率」乍看之下很像貼現率，但其實並不是，因為某種程度上它只是**協商出來的假設值**。例如，在 2022 年 7 月，創投業者在提供種子輪資金時，設定的目標報酬率高達 50% 以上。雖然這樣的目標年報酬率聽起來高得離譜，但從歷史長期平均來看，創投在種子輪投資中實際獲得的年化報酬率，其實更接近 20%。

創投資本之所以與眾不同，還有另外兩個關鍵面向。要有效取得創投資金或是成為創投投資人，理解這兩個面向是什麼以及它們存在的原因，相當重要。

1. 注資前 VS. 注資後的估值：創投業者經常將企業估值區分為「注資前

---

[8] 作者注：這是一種前瞻性定價的基本做法，即先預估企業未來某年度的價值，再依照目標報酬率（40%）貼現回現在，得到今日願意出資的價格。

估值」（即創投投資之前的公司價值）與「注資後估值」（即創投投資之後的公司價值）。這當中牽涉到一定程度的主觀判斷，因此在實務上也發展出不同的估值處理方式。如果是以企業原本的估值為基礎來操作，注資後估值可由注資前估值加上創投注入的資金得出。另一種情況是，前一節所介紹的創投定價方法，通常被視為「注資後估值」，而從中扣除創投提供的資金，即可推算出「注資前估值」。

2. **創投保護條款**：創投業者投資年輕企業時，他們一方面期待企業未來表現優異，但同時也擔憂可能出現的風險損失。例如，如果創投業者用 1 億美元估值投資某家公司，注資 2,000 萬美元，即取得 20%的股份。然而，如果日後該公司估值下跌至 5,000 萬美元，再進行新一輪 1,000 萬美元融資，新的投資人也會獲得 20%的股份，導致原先投資者的持股比例進一步遭到稀釋。為了防範這種情況，許多創投投資會提供保護機制，調整現有創投業者的持股比例，以反映公司在新一輪融資中較低的估值。下圖 4-4 說明這類條款如何運作：假設某創投業者投資 1 億美元，取得該公司 10%的股份（意味公司估值為 10 億美元），若公司估值日後跌破 10 億美元，該投資者將受到完全保護，其持股比例將隨之調整。如果你好奇為何需要了解這種機制，答案是：這類保護條款會使透過單一融資輪反推企業估值的常見做法變得不可靠。舉例來說，若創投投資 5,000 萬美元換得公司 5% 股權，乍看之下公司估值應為 10 億美元（5,000 萬 ÷ 0.05）。但若這筆投資包含強力的下跌保護，那麼其中部分價值是對風險的補償，而非對公司現值的反映。將保護價值納入考量後，公司的真實估值很可能遠低於 10 億美元[9]。

圖 4-4 ｜創投保護條款與報酬

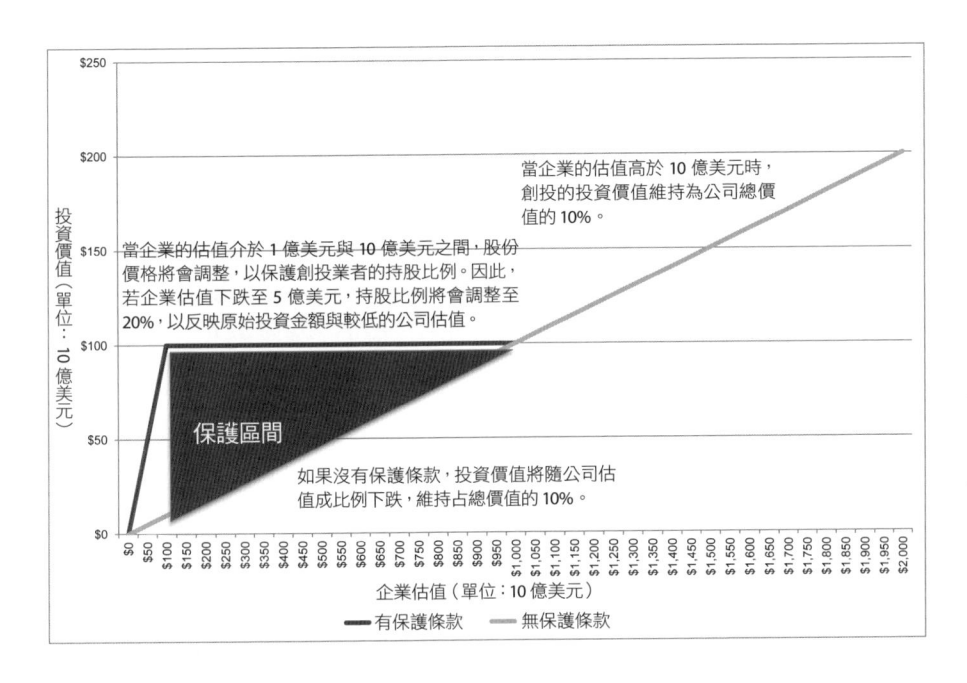

(圖表說明)
- 縱軸：投資價值（單位：10 億美元），$0 至 $250
- 橫軸：企業估值（單位：10 億美元），$0 至 $2,000
- 當企業的估值高於 10 億美元時，創投的投資價值維持為公司總價值的 10%。
- 當企業的估值介於 1 億美元與 10 億美元之間，股份價格將會調整，以保護創投業者的持股比例。因此，若企業估值下跌至 5 億美元，持股比例將會調整至 20%，以反映原始投資金額與較低的公司估值。
- 保護區間
- 如果沒有保護條款，投資價值將隨公司估值成比例下跌，維持占總價值的 10%。
- 圖例：有保護條款、無保護條款

・VC 的興與衰

年輕與新創企業依賴創投資金，不僅是為了滿足成長所需的再投資需求，也為了生存。然而，創投資金的可得性會隨著時間而有所變化，反映出投資人對承擔風險的意願。在圖 4-5，我檢視了從 1985 年到 2021 年美國創投資本的興衰變化。

9　作者注：實際上，創投業者在投資時等於獲得了一份賣權（put option）。假設這份賣權的價值是 1,500 萬美元，那麼創投實際是以 3,500 萬美元（5,000 萬減去 1,500 萬）換取公司 5%的股份，這代表該公司的實際估值僅為 7 億美元。

圖 4-5 ｜創投的興與衰

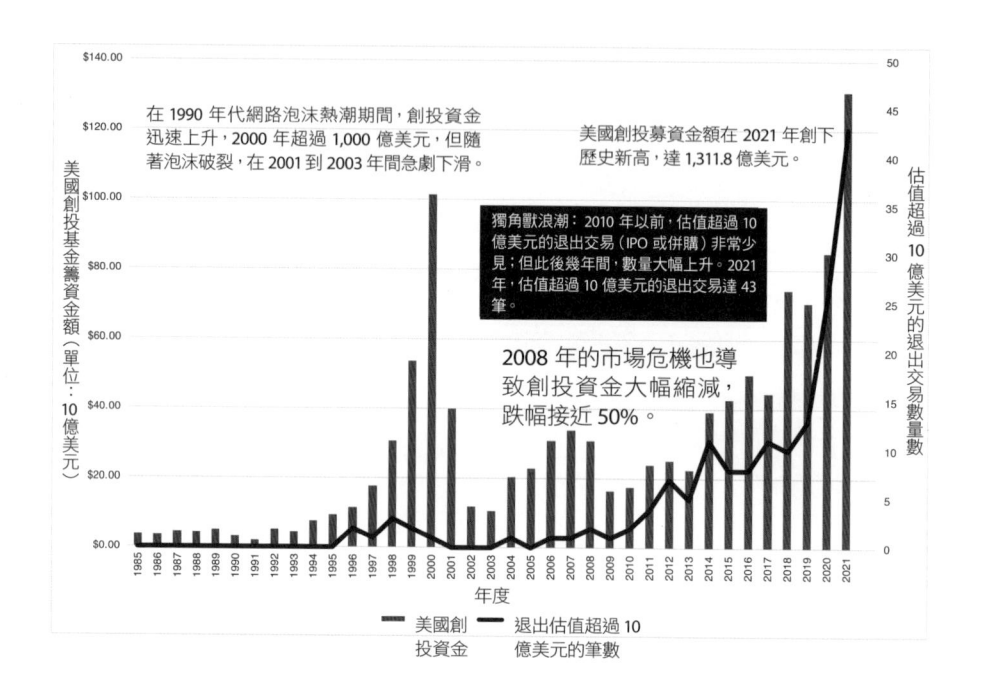

在 1990 年代網路泡沫熱潮期間，創投資金迅速上升，2000 年超過 1,000 億美元，但隨著泡沫破裂，在 2001 到 2003 年間急劇下滑。

美國創投募資金額在 2021 年創下歷史新高，達 1,311.8 億美元。

獨角獸浪潮：2010 年以前，估值超過 10 億美元的退出交易（IPO 或併購）非常少見；但此後幾年間，數量大幅上升。2021 年，估值超過 10 億美元的退出交易達 43 筆。

2008 年的市場危機也導致創投資金大幅縮減，跌幅接近 50%。

過去 40 年中，創投資金歷經了數個繁榮期（1990 年代、2011 年至 2020 年），也交錯出現匱乏期（2002 年至 2004 年、2009 年至 2010 年）。這些時期差異，對於尋求資本的年輕企業，會產生可預見的影響。

當創投資金充裕且容易取得時，年輕企業不僅能籌得所需資金，還能以更有利的條件募資（例如付出較少股權換取資金）。而當創投資金短缺，這些企業則可能面臨估值下修的融資輪（down rounds）與經營失敗的風險。

年輕企業籌資的趨勢

回顧過去數十年，年輕企業的籌資方式已有所改變，也將新型態的

投資人納入這個體系之中，他們往往對傳統的創投架構做出了具有創意的調整。

1. **全球化**：上個世紀的大部分時間裡，創投資金──至少是有組織架構的創投形式──主要集中在美國本土。世界其他地區的年輕企業，多半依靠政府補助或銀行貸款來勉力支撐，與美國本土那些已具規模的競爭者相比，處於不利地位。**這種情況自 1990 年代網路熱潮期間開始改變，創投資金逐漸邁向全球化，並在過去 10 年間持續擴展，尤其是在亞洲地區**。2022 年第 2 季，美國在創投競賽中依然領先，2,698 筆交易共募得 529 億美元。亞洲則完成了 2,630 筆交易，金額為 270 億美元；歐洲則有 1,705 筆交易，投資總額為 227 億美元。雖然拉丁美洲（23 億美元）、非洲（8.8 億美元）、澳洲（7 億美元）和加拿大（20 億美元）在此期間相對落後，但如今全球創投市場已有活力，讓世界各地的新創企業站上更公平的起跑線。

2. **投資人的組成**：創投在最初的形式中，被定位為一種另類投資標的，對象為機構法人（如捐贈基金與退休基金）以及極為富有的投資人。過去 10 年間，隨著科技帶來的創新，創投市場開始向個人與散戶投資人開放。舉例來說，**透過群眾募資，一些年輕企業得以向看好其產品前景的顧客與小型投資人籌集資金**。2021 年，全球群眾募資市場的募資總額達 136 億美元。隨著對投資人的保護機制與公司治理權的強化，群眾募資市場預期將持續擴大，並吸引更多投資人加入。在過去十年中，我也觀察到公開市場的股票型基金，比如富達（Fidelity）和普徠仕（T. Rowe Price），開始涉足年輕企業的募資領域，向私人企業提供數十億美元的資本。

3. **企業創投資本（CVC）**：投資年輕企業的資金當中，有一部分始終來自成熟企業，這些企業手上有多餘的現金、缺乏內部的成長投資機會，

或是希望透過對新創企業的策略性投資，獲得技術或營運支援。在過去 20 年間，企業創投資本的規模之所以增加，主要來自兩項發展：第一，是醫療與科技產業的成長，使成熟企業發現，與其將資金投入內部研發，不如投資於具備技術潛力的年輕企業，來得更有效率；第二，這些產業中的成功企業，在資產負債表上累積了前所未見的大量現金，使他們有資源可以投資於眾多新興事業。因此，像谷歌、微軟、蘋果等企業，手上都擁有 1,000 億美元以上的現金，也各自設立並營運了創投基金。

隨著年輕且具有成長潛力的企業能夠取得資本的管道不斷拓寬，它們決定何時上市，甚至選擇如何成長的方式，也因此發生了變化。數十年前，那些成長到超出創投注資承受範圍的企業，通常必須選擇上市，如今則可以選擇繼續維持私營，並從企業創投、散戶投資人，或公開市場基金籌資。Uber 就是個好例子，該公司在 2019 年上市之前，以私人企業的身分募集並花掉了數十億美元，當時的估值是 600 億美元。

上市之後的找錢法：募資

在眾多把點子變成產品、並成功建立商業模式的年輕企業中，只有少數最終成為上市企業。對某些企業來說，這是因為規模所限——即使擴大了規模，它們也始終無法達到成為上市公司所需的關鍵規模門檻。

對另一些企業而言，則是**創辦人與資本提供者的刻意選擇**，他們選擇維持私營，主要是不希望承擔上市公司所需面對的外部監督與審查。在本節中，我會聚焦於那些選擇進入公開股權市場的企業，先檢視它們的上市流程，再探討這些公司在成為上市企業之後，如何持續取得資金。

首次公開發行：正式成為上市公司

在本節，我會先檢視企業在在「維持私營」與「公開上市」之間所面臨的取捨，然後我會說明企業的上市流程。在後者的說明中，我會特別指出美國企業在過去一個世紀普遍採用的上市方式，以及過去 10 年內才出現的替代方案。

• 上市的取捨

在先前關於創投的討論中，我曾強調創投對私人企業的利弊得失，創辦人通常是以企業的股權換取資本挹注。對某些擁有宏大成長計畫的企業而言，可能會出現某個時點：**不是創投業者無法再提供所需的資本，就是他們要求過高的股權比例作為交換。**到了這樣的階段，企業便會開始考慮是否要上市，尤其是那些認為公開市場能提供更優定價條件與更高流動性的企業。

公開市場能提供更好的定價，是因為股票投資人通常擁有比創投業者更加多元化的投資組合，因此更願意承擔部分風險，而不會要求相對更高的報酬率作為補償。至於更高的流動性，則來自兩個因素：首先是股份結構的標準化（通常是一至兩類股份），其次是將股份切分為較小單位，使其更容易被交易。

這樣的流動性讓現有股東（包括創辦人與創投業者）至少能將部分持股變現，公司員工——其中許多人是以股票或選擇權作為報酬——也能將這些權益轉換為現金。在決定是否上市時，至少有兩項成本需要納入考量：

第一，上市在資訊揭露方面的要求，通常比私人企業更繁瑣。若揭露本身代價高昂，或可能洩露有利於競爭對手的重要資訊，對企業而言，就可能是一項不利因素。

第二，公司往往需要在短期（如每季、每半年）表現上滿足或超越投

資人對指標（如用戶數、營收、盈餘）的期待，這不僅增加經營管理的壓力，在某些情況下，甚至可能導致損害企業長期利益的決策出現。

這些上市的權衡成本，再加上過去 10 年來年輕企業對私人資本的可及性大幅提高，使得許多公司選擇延後上市時程，但並未因此完全放棄這條路徑。

・上市流程

數十年來，企業準備上市的標準作業流程，都是透過銀行或銀行承銷團，以一個「保證價格」向公開市場的投資人行銷其公司股票，並支付銀行一筆可觀的費用。儘管這個流程隨時間出現了一些瑕疵，它卻幾乎未曾改變，即使投資世界早已發生重大變化，依然如此。

這個流程的開端，是一家計劃上市的年輕企業主動接洽一位或多位投資銀行家。銀行家會分析該公司的財務狀況，協助申報監管機關所要求的各項文件（如公開說明書），根據市場對該公司股票的潛在需求進行評估，並據此設定一個承銷價格，這個價格具有保證性質。

所謂的「保證」，實際上是指投資銀行承諾以該價格出售股票──這聽起來像是一筆划算的交易，但背後也有其代價，我將在下一節詳加說明。圖 4-6 展示了這個標準上市流程的概況。

圖 4-6 ｜投資銀行主導的首次公開發行（IPO）

發行公司	銀行的角色
私人企業選擇上市。	**時機** 協助判斷公開發行的時機和市場地點，也協助撰寫公司故事，整理財務資料以供發行使用。
企業選擇一位主辦承銷商（投資銀行），由其組成一個銀行團隊，協助行銷與分銷。	**文件＆發行細節** 協助撰寫公開說明書，並釐定發行規模。
發行公司提交公開說明書，並說明此次發行的募資金額及資金用途。	**定價** 規劃定價方式（如評價指標與同業比較），評估市場對股票的需求，並微調價格以兼顧發行公司與投資人的「滿意度」。
銀行家設定初步價格，並與潛在投資人進行試探。	
銀行家決定最終發行價格和發行股數。	**銷售＆行銷** 與公司合作，向潛在投資人進行宣傳與推廣，激發他們的投資興趣。
銀行與公司經理人展開巡迴說明會[10]，向投資人簡介投資機會。	**價格保證** 若開盤價低於原先「發行價」，銀行承擔責任，交付保證價格。
發行當天，股票開始交易，由市場決定成交價格（clearing price）[11]。	**二級市場支援** 提供明示的支撐（如必要時回購股份），以及暗示性的支持（如提供正面研究報告與投資建議）。
發行完成後，銀行持續提供支援，協助公司股東順利變現持股。	

10　譯注：所謂「巡迴簡報」（road show），是指公司高階管理團隊在首次公開發行（IPO）前，安排與潛在投資人會面的活動，透過簡報、問答與溝通，向市場說明公司的價值與成長計畫。活動通常為期 1 至 2 週，優點是讓公司高層直接與機構投資人接觸，但成本與準備壓力也相對較高。

雖然這套 IPO 流程已延續近一個世紀，並在長時間內維持其地位，但如今它在多個層面上正受到質疑。第一，關於年輕企業必須仰賴投資銀行背書才能獲得投資人信任的觀念，正逐漸動搖。

隨著準備上市的公司本身知名度越來越高，而投資銀行的聲望則相對式微，這項需求變得不再那麼必要。以臉書的 IPO 為例，當時很有理由相信，市場上聽過臉書的人比聽過摩根士丹利[12]（Morgan Stanley）的人還多。

第二，隨著替代機制的出現，投資銀行提供的行銷與定價服務價值降低，而他們對新股發行價格的「保證」，也因普遍大幅壓低發行價而幾乎失去意義。這點可以從新股上市首日的市場表現看出──許多公司股價從發行價跳升 20%、30%，甚至 50%。

當企業創辦人與創投業者面對這些現實，並質疑為何要將新股發行所得的 5% 到 6% 付給投資銀行，卻換不到實質效益時，便有部分人提出了替代方案：**讓私人企業直接上市，由市場決定公司的合理定價。**

這麼做不僅排除了那些因運氣好或憑藉特權，以發行價取得股票的投資人所獲得的暴利，也能大幅降低上市成本。圖 4-7 說明了直接上市的具體流程，以及這項替代選擇所伴隨的限制。

11　譯注：「成交價格」（clearing price）是指在股票發行當日，市場根據買賣雙方的出價與需求，自行決定的實際交易價格。這個價格反映了市場對該股票的即時評價，可能高於或低於原本設定的發行價格。

12　譯注：摩根士丹利（Morgan Stanley）是美國四大投資銀行之一，也是臉書在 2012 年 IPO 時的主承銷商。該案曾因定價與交易安排引發爭議，反映出即便是大型投資銀行，其聲望在部分熱門科技股面前也顯得相對式微。

圖 4-7 ｜ 直接上市的 IPO

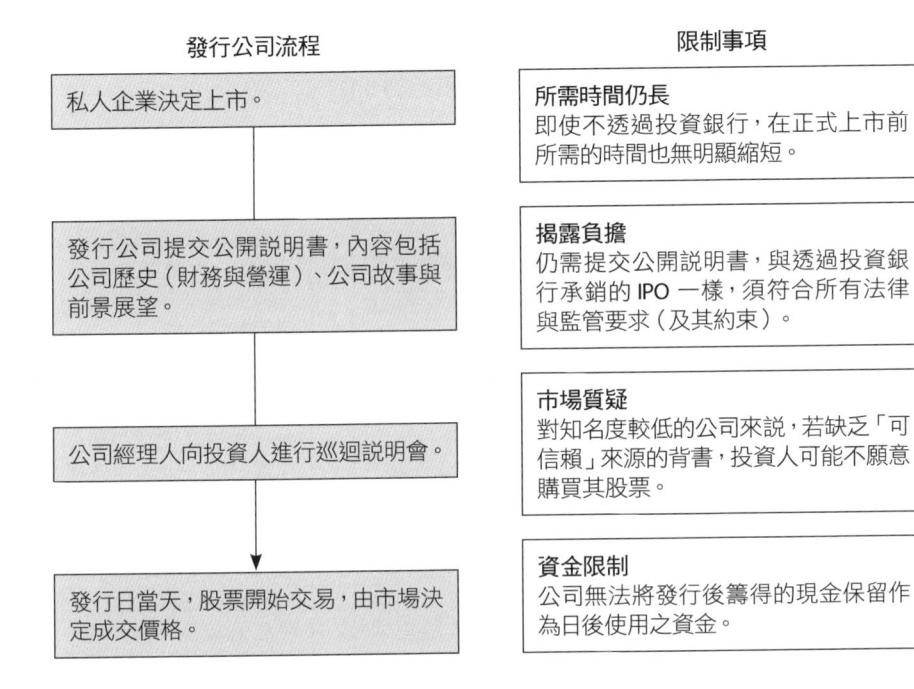

發行公司流程

私人企業決定上市。

↓

發行公司提交公開說明書，內容包括公司歷史（財務與營運）、公司故事與前景展望。

↓

公司經理人向投資人進行巡迴說明會。

↓

發行日當天，股票開始交易，由市場決定成交價格。

限制事項

所需時間仍長
即使不透過投資銀行，在正式上市前所需的時間也無明顯縮短。

揭露負擔
仍需提交公開說明書，與透過投資銀行承銷的 IPO 一樣，須符合所有法律與監管要求（及其約束）。

市場質疑
對知名度較低的公司來說，若缺乏「可信賴」來源的背書，投資人可能不願意購買其股票。

資金限制
公司無法將發行後籌得的現金保留作為日後使用之資金。

對打算直接掛牌上市的年輕企業來說，最大的限制在於：**透過直接上市籌得的資金，必須來自既有股東出售持股變現，而非由公司保留用以支應未來的投資需求**。雖然在實務上可以透過某些方式彈性處理，但這項限制仍然壓抑了直接上市的普及程度。

近幾年，某些準備上市的公司出現了第三種選擇：由一位或多位具高知名度的投資人，設立一間特殊目的收購公司（special purpose acquisition company，簡稱 SPAC），向散戶投資人籌資[13]，以協助標的公司

---

13 譯注：特殊目的收購公司通常由一位或多位發起人出資成立，發起人僅需投入約

上市，但這個過程會發生在條款尚未敲定、股份尚未正式發行之前。圖 4-8 說明了特殊目的收購公司的操作流程，以及這種方式的限制。

圖 4-8 ｜ SPAC 主導的 IPO

上市流程	優點	缺點
SPAC 上市並募集資金。	**時機優勢** 由於 SPAC 已先完成募資，因此能更快完成交易，掌握市場機會窗口。	**成本高昂** 投資人的潛在利益必須足夠高，才能抵銷發起人持股與交易成本所造成的稀釋負擔。
尋找標的公司。		
向 SPAC 股東提供標的公司的財務資料與公司故事，供其審核。	**專業盡職調查** SPAC 發起人[14]對標的公司的產業具專業理解，有助於取得更合理的價格與交易條件。	**資訊揭露疑慮** SPAC 發起人可對標的公司提出不一定能通過傳統 IPO 法規要求的主張。
與標的公司協商價格，並取得股東對併購案的同意；若有需要，另尋求私募增資（PIPE）[15] 以補足資金。	**委託審查＋退場選項** 投資人可將盡職調查與交易判斷交由發起人處理，若不滿意交易，仍可選擇退場。	**發起人圖利風險** 發起人掌控交易流程，且有多種方式可從中獲利，存在圖利自己的空間。
在發行日，股票開始交易，由市場決定成交價格。	**資金取得** 標的公司不僅能保有募集資金，還可進一步取得更多資金來源。	**投資人 VS. 發行公司** 對發行公司有利（或不利）的條件（例如時間點或價格），可能對投資人來說正好相反。

5%的資金，其餘 95%可透過公開市場向投資人（包含散戶與機構）募集。如果日後成功併購標的公司，發起人可用極低的成本取得併購後公司最高達 20%的股份作為報酬，這項設計也使其具備高報酬潛力，但風險亦不容忽視。

在實務上，散戶信任 SPAC 的發起人，不僅相信他們能選對合適的私人企業進行併購，也相信他們能爭取到良好的交易條件。這一點或許你並不太在意，但真正值得留意的是：發起人通常會取得相當於募資金額 20% 的股份作為報酬，而你，身為散戶投資人，日後在 IPO 中的報酬，必須足以彌補這筆潛在稀釋成本，才能真正獲利。

諷刺的是，IPO 一直是許多顛覆傳統產業的公司用來籌措資金的途徑，如今它本身卻也成了被顛覆的對象。我相信 IPO 流程即將迎來改變，而在現有的替代選項中，至少目前尚無明確的領先者。在可預見的未來，有些公司仍會選擇由投資銀行主導的傳統流程，但也將有越來越多企業，嘗試探索更有效率、成本更低的上市方式。

- **IPO 市場的趨勢**

IPO 市場與創投市場相似，也會經歷熱絡期（數十家、甚至上百家公司上市）與低迷期（上市家數大幅減少）。在圖 4-9 中，我引用了美國學者傑・瑞特（Jay Ritter）所維護的 IPO 資料庫，列出自 1980 年至 2021 年的 IPO 件數與募資金額。

---

14 譯注：SPAC 的投資人分為兩類：一是發起人（Sponsor），二是公開市場的投資人（可包含散戶與機構）。發起人負責設立 SPAC 並主導尋找併購標的，通常具備特定產業的經驗背景。在臺灣，SPAC 的發起人制度有明確的規定。根據相關規範，發起人團隊應至少由 5 人組成，其中至少 3 人需具備特定行業的專業背景，以確保其在尋找併購標的時具備相應的專業能力。

15 譯注：PIPE 指的是「私募投資於公開發行公司」的機制，通常是由機構投資人向上市公司（或即將上市的公司）直接認購股份。這種方式常見於 SPAC 和標的公司即將合併時，用來補足資金缺口或強化市場信心。PIPE 資金能快速到位、條件較彈性，但通常會以折價方式提供股份，對原始股東可能有稀釋效應。

圖 4-9 ｜ 1980-2021，美國的 IPO 件數與金額

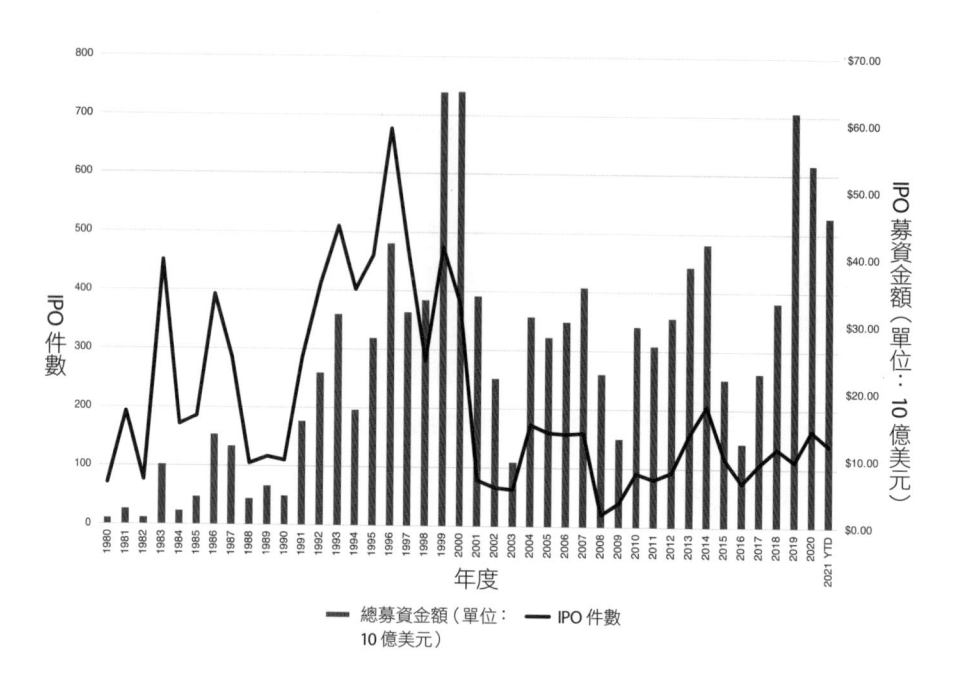

請再次留意，1990 年代 IPO 數量明顯上升，之後幾年則出現下滑，而在過去 10 年間，IPO 至少在募資金額方面又再度回升。事實上，如果把這張圖跟我在圖 4-5 中檢視創投資本流向的圖表對照觀察，你會發現，創投資本的興衰與 IPO 市場的熱絡期與低迷期，兩者高度吻合。

隨著時間產生變化的，不光是 IPO 的數量，還包括選擇上市的公司類型。正如我在創投資本那一節提到的，隨著灰色市場的興起，私人企業能以更有利的條件取得資金，這也改變了它們決定何時上市，以及公司在上市當下的財務樣貌。在圖 4-10，我繪製了每年上市公司的營收總額（美元），以及其中處於虧損狀態的公司比例。

圖 4-10 ｜ IPO 企業的特徵

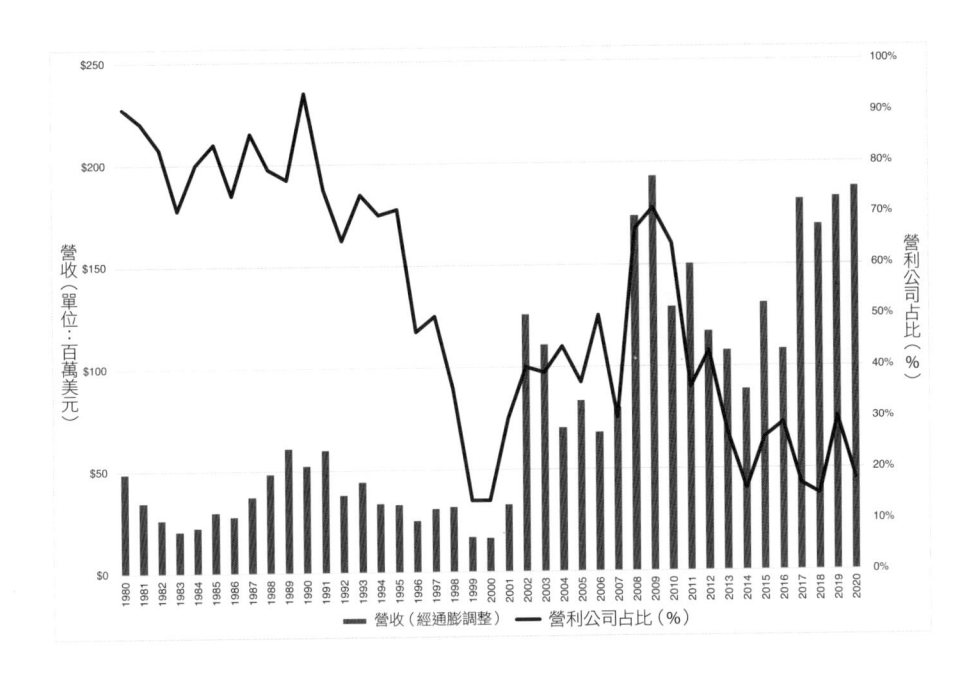

總之，跟 20、30 年前的上市企業相比，過去 10 年間選擇上市的公司在營收規模上大得多，但其商業模式卻尚未成熟。對私人企業來說，能在較長時期內輕鬆取得資本，使得這些公司在建立商業模式的過程中，平均來說**顯得較欠缺紀律性**——這點確實令人憂心。

次級融資：不靠金主的賺錢法

企業一旦上市，籌資管道便隨之拓寬，因為股票與債券市場的大門將同步開啟。在本節中，我將檢視上市企業的籌資模式，並指出：雖然這些公司在早期成長階段可能仍會持續透過股市籌資，但其主要的股權來

源將轉為內部資金──亦即來自營運所得的保留盈餘[16]；如果有進一步的外部資金需求，通常也會傾向透過舉債，而非發行新股。

• **選項：股本、舉債、賣股、保留盈餘**

說到底，任何企業的資金來源都只有兩種：股東投入的資金（股本）與外部借貸的資金（債務）。對上市公司而言，股本的來源有兩種：一是透過在公開市場發行新股來籌資，二是保留盈餘，也就是將部分盈餘留在公司內部再投資。圖 4-11 呈現了美國上市公司在 1975 年至 2020 年間，運用這些資金來源的比例分布。

---

16 譯注：在會計中，股東權益主要分三大類：實收資本（股本）、資本公積和保留盈餘（或累積虧損）。保留盈餘是指公司歷年淨利中未分配為股利的部分，留存於公司內部，作為未來營運或投資用途。

圖 4-11 ｜ 1975-2000，美國企業籌資來源

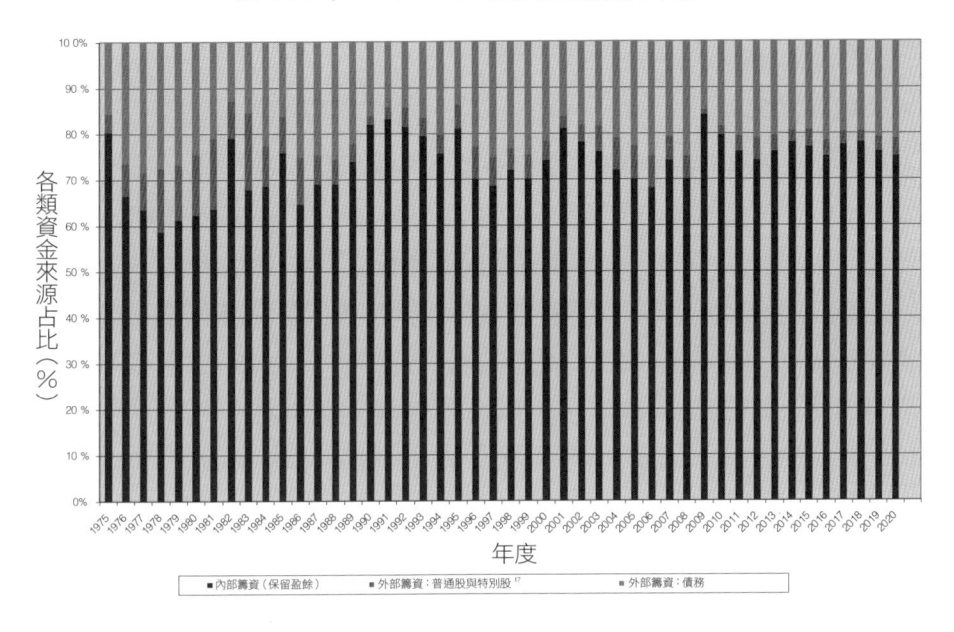

各類資金來源占比（％）

年度

■ 內部籌資（保留盈餘）　　■ 外部籌資：普通股與特別股 [17]　　■ 外部籌資：債務

你可以看見，企業一旦上市後，最主要的資金來源就轉為內部資金，也就是來自保留盈餘。若有對外籌資需求，它們更傾向透過舉債或發行公司債，而非增發股份籌資。

不過，在討論籌資時，有一點需要特別注意：當企業從年輕階段邁向穩健成長階段，仍然需要資金來推動成長，但**這些企業通常尚不具備舉債的條件——風險仍高、盈餘有限——因此仍須依賴股本**。然而，它們

---

[17] 譯注：特別股（Preferred Stock）又稱為「優先股」，是兼具債權與股權特性的證券，具有普通股所沒有的一些權利。它在公司清算時的受償順序優於普通股，且股利分配通常依照事先約定的固定利率優先發放。不過，特別股多半不具表決權，或其表決權受限，無法參與公司重大決策。

未必會透過公開市場發行股份、換取現金來支應需求，而是傾向把股份當作「貨幣」，用來支付員工薪酬，或作為併購交易的對價工具。

• 次級籌資流程

無論是透過增資（股權）還是發債（債權）籌措次級資金，其流程通常都從向監管機關提交上市登記申請書（registration statement）與公開說明書（prospectus）開始，當中會載明擬募資金額及其形式。

過去，企業每進行一次募資就必須分別提出申請；但隨著制度簡化，現在企業可透過總括申報[18]一次登記、分次發行，在未來一定期間內視需要靈活募資，不需要每輪都重新申報和提交公開說明書。

企業在籌資時，仍與 IPO 的流程類似，傾向仰賴投資銀行協助；但相對之下，銀行所需投入的作業明顯減少，因為該公司股票已在市場交易（已有市價），且投資人對公司也較為熟悉。這並不代表完全沒有發行成本，而是相較於 IPO 成本較低，而且隨著發行規模的擴大，單位成本通常會進一步下降，請見圖 4-12。

---

18 譯注：總括申報（shelf registration）是指企業可預先向證券主管機關申報未來一段期間內的募資計畫，並在不需重複提交申請的情況下，依市場狀況分次發行有價證券。此制度能提高資金調度的彈性，並簡化籌資流程。

圖 4-12 ｜依籌資類型劃分的發行成本

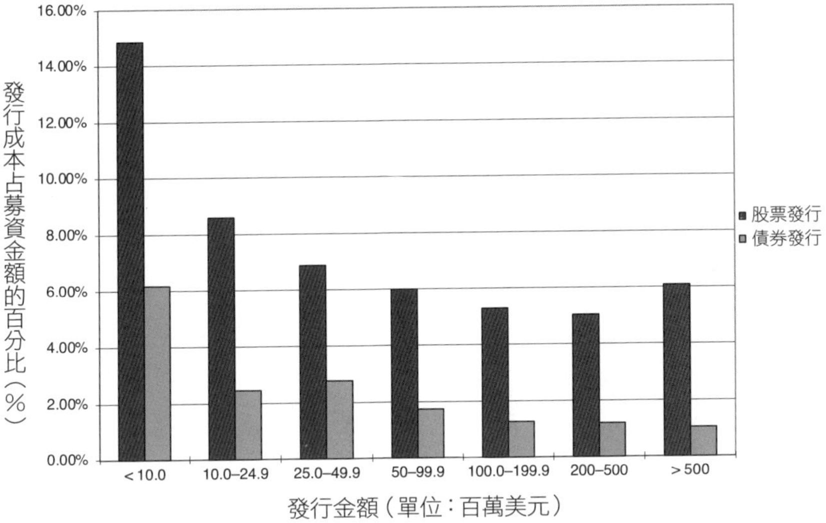

從發行成本的角度來看，對上市公司而言，透過舉債籌資的成本無疑比發行股份籌資要低，這也或許能解釋為什麼新股發行的頻率遠低於發債。

在發行股份時，有一種成本較低的變化形式，就是實施「權利發行」（rights issuance），讓現有股東可以用折扣價優先認購新增股份。由於每位股東都擁有這項權利，不願意行使的股東也能轉售該權利，因此配股後即便股價下跌，也不會損害股東利益——**他們不是擁有了更多股份，就是從賣出權利中獲得現金**。相較於一般的公開增資，權利發行的發行成本要低得多（見圖 4-13）。

圖 4-13 ｜ 依發行方式劃分的發行成本

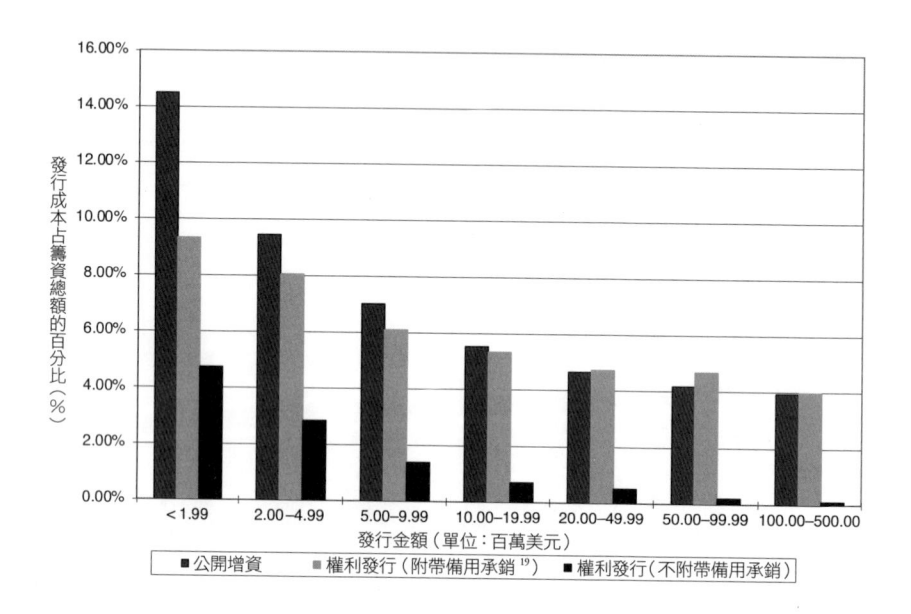

儘管發行成本比較低，但美國企業對於「股份稀釋」——也就是因為權利發行使股份總數增加、導致每股盈餘下滑——極為顧忌，因此相較於歐洲企業，更少採用這種選項。

---

19 譯注：備用承銷（Standby Underwriting）是一種與「權利發行（rights issue）」搭配的機制，指的是公司在辦理現金增資時，給現有股東優先認購新股的權利。如果有部分股東未行使認購權，承銷商便會依約補足這些未認購的股份，確保公司能募集到預定資金。

私募股權：下市整頓的決斷

年輕企業會向創投籌資，好讓事業順利起步。有些企業日後則會轉向公開股權市場，先透過首次公開發行上市，再進一步進行次級融資。而當企業逐漸邁入成熟甚至接近衰退階段，資本市場上會出現第三類參與者：私募股權（private equity，簡稱 PE）。

值得注意的是，「私募股權」這個分類的範圍相當寬廣，包含創投在內，因為**創投也是來自私人資本、而非公開市場的股權形式**。我在本節要探討的 PE，則是專門針對上市公司的一類私募資本，通常目的是**將公司私有化、進行「整頓」，再重新推回公開市場上市**。

流程：怎麼把公司買回來？

如我在上一節所述，本節所談的私募股權（PE），是指專注於收購上市公司、將其轉為私營企業的私募股權公司，至少在短期內如此。有些讀者可能會覺得這彷彿顛倒了企業生命週期的正常發展順序。

然而我們要理解，**隨著公司逐漸老化、走向衰退，維持上市公司身分所帶來的好處也會逐漸減少**。因為這類公司已無需大量再投資，資本市場的融資機會對它們來說不再具有優勢，而且上市公司所面臨的監管壓力，也可能讓企業更難推動為求生存所必須進行的改革，例如資產剝離與裁員。

PE 市場相當多元，既有 KKR 私人股權投資公司和黑石集團（Blackstone）這種大型業者，也有專注於特定地區或產業的小型 PE 公司。但是所有的 PE 公司都遵循與創投相同的模式：向投資人（比如捐贈基金、退休基金與高淨值人士）籌資，再將這些資金拿來投資企業。**PE 與 VC 最大的差異，在於其投資對象不同**。

與其尋找具高度成長潛力的年輕企業，PE 投資人更常鎖定那些黃金

時期已過的成熟企業。這類公司通常仍具穩健的盈餘能力，但其獲利表現在同業中相對落後，而且其中許多企業的生命週期，已進入難以創造高於資本成本報酬的階段。

要是再加上管理問題——這在成熟企業中很常見，因為管理階層往往持股甚少甚至沒有持股——PE 投資人便有機會發揮整頓與轉型的潛力。根據一項 1992 年至 2014 年間，數千家被收購公司的研究顯示，規模小、獲利能力不佳、負債水準低的企業，最有可能成為 PE 的收購標的，如圖 4-14 所示。

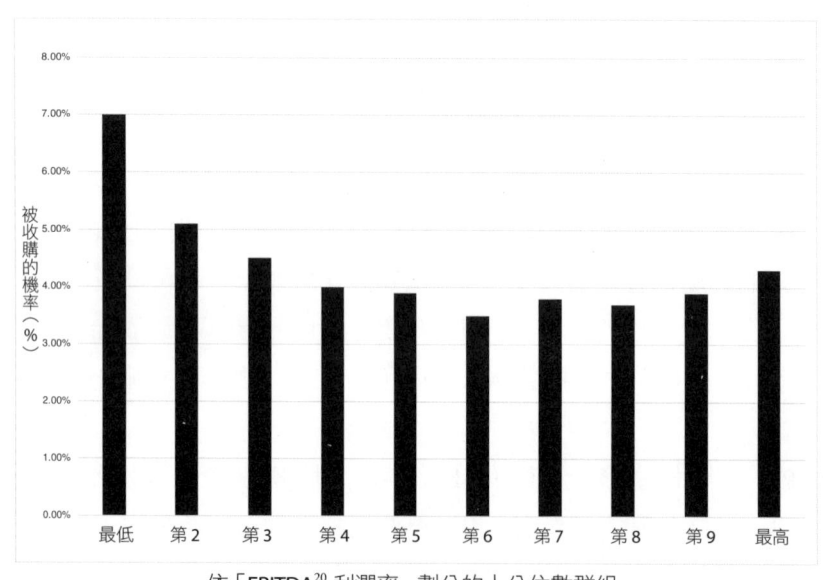

圖 4-14 ｜被 PE 視為收購目標的企業特徵

依「EBITDA[20] 利潤率」劃分的十分位數群組

---

20 譯注：EBITDA 是「Earnings Before Interest, Taxes, Depreciation, and Amortization」的縮寫，可譯為「稅息折舊攤銷前盈餘」。這是一項常用的財務指標，用來衡量企業在不計利息、稅項與固定資產折舊及無形資產攤提的情況下，核心營運的獲利能力。

依「EBITDA占銷售額比例」排序後，劃分成的十分位數群組被收購的機率（％）

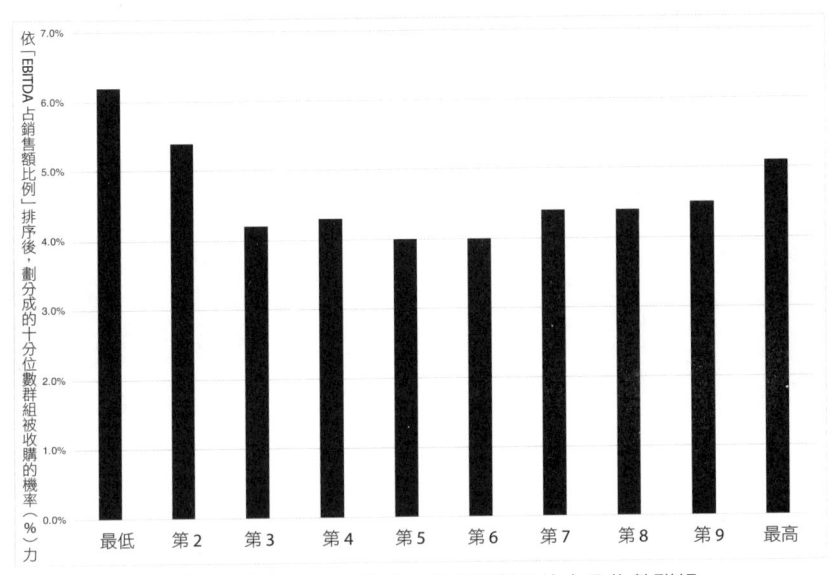

群組	機率
最低	6.2%
第2	5.4%
第3	4.2%
第4	4.3%
第5	4.0%
第6	4.0%
第7	4.5%
第8	4.5%
第9	4.6%
最高	5.2%

依「淨負債與EBITDA比率」排序後劃分的十分位數群組

在典型的私募股權收購中，PE公司會接洽目標企業的內部人員或管理層，並促使他們投入資金，成為私有化後公司的股權投資人。同時，PE公司也會向有限合夥人[21]募集資金並舉債，以買斷公司在公開市場的流通股份。圖4-15便說明了一筆典型槓桿收購的流程。

---

21 譯注：私募股權基金（Private Equity Fund）通常採「有限合夥制」架構，由提供資金的投資人擔任有限合夥人（Limited Partners, LP），僅承擔其出資額的責任；基金的管理與營運則交由普通合夥人（General Partner, GP）負責，通常是一家專業的私募股權管理公司。GP負責募資、投資決策與被投資企業的經營改造，而LP則不參與管理，僅提供資金並分配投資報酬。

圖 4-15 ｜ 槓桿收購中的所有權轉移

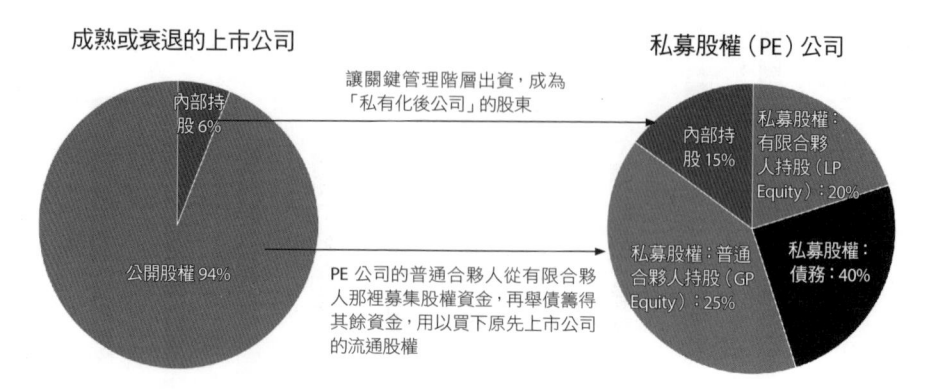

成熟或衰退的上市公司
- 內部持股 6%
- 公開股權 94%

讓關鍵管理階層出資，成為「私有化後公司」的股東

PE 公司的普通合夥人從有限合夥人那裡募集股權資金，再舉債籌得其餘資金，用以買下原先上市公司的流通股權

私募股權（PE）公司
- 內部持股 15%
- 私募股權：普通合夥人持股（GP Equity）：25%
- 私募股權：有限合夥人持股（LP Equity）：20%
- 私募股權：債務：40%

在 PE 收購案中，以債務籌資所占的比例會因交易而異，有些槓桿程度高，有些則較為保守，但整體結構大致相同。若完成交易所使用的債務在新融資中占比相當高，這筆收購就被稱為「槓桿收購[22]」。

等企業完成私有化後，PE 公司真正的工作才開始。它會試圖針對標的公司那些自認為可以修復的問題進行整頓，目的是改善獲利能力，甚至讓公司看起來具備某種程度的成長潛力。

在這個過程中，PE 公司可能會剝離與公司整體經營方向不符的資產或事業部門。我會在第 17 章進一步說明；該章將呈現一些證據（雖然評價不一）顯示 PE 確實改善了標的公司的營運指標。

如果 PE 成功讓標的公司瘦身並提升其獲利能力——但這不一定保

---

22 譯注：槓桿收購（leveraged buyout，簡稱 LBO），是一種高度依賴舉債的收購方式，通常由私募股權公司或投資人出資一部分股本，再透過大比例借款，收購一家目標公司。所舉之債多由目標公司的資產作為擔保，並以其未來的現金流償還。此作法運用了「槓桿原理」，意即以較小的自有資金撬動大型交易。

證能做到——它的投資報酬便來自退出機制，要不是再次將公司推向上市（價格往往遠高於原先的收購價），就是把公司出售給其他買家。圖 4-16 顯示了一筆成功 PE 收購案的時間軸，並列出每個階段可能出現的風險與注意事項。

圖 4-16 ｜ 私募股權的時間軸

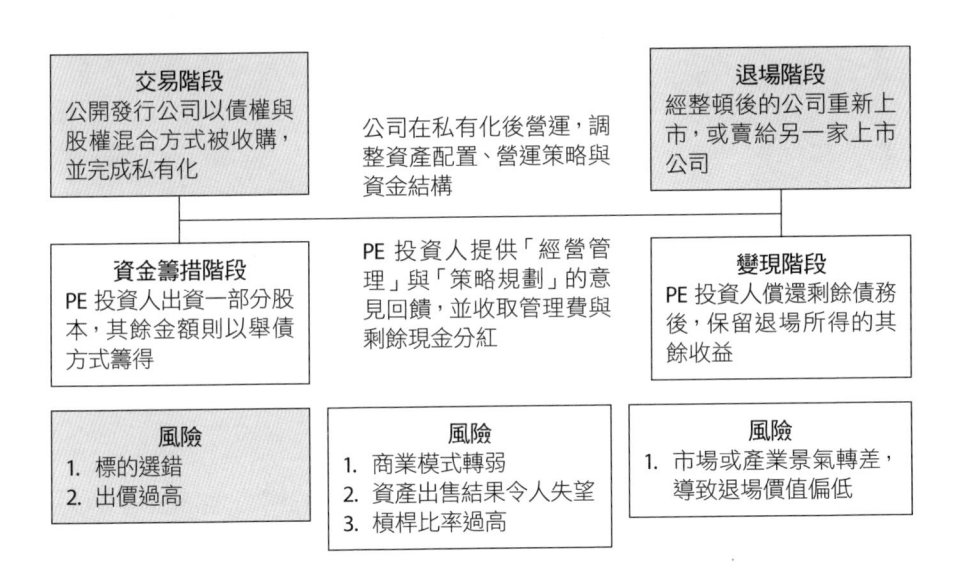

```
┌─────────────────┐                              ┌─────────────────┐
│   交易階段       │                              │   退場階段       │
│ 公開發行公司以   │    公司在私有化後營運，調    │ 經整頓後的公司重新│
│ 債權與股權混合   │    整資產配置、營運策略與    │ 上市，或賣給另一家│
│ 方式被收購，     │    資金結構                  │ 上市公司          │
│ 並完成私有化     │                              │                  │
└─────────────────┘                              └─────────────────┘
         │                                                │
┌─────────────────┐                              ┌─────────────────┐
│  資金籌措階段    │  PE 投資人提供「經營管      │   變現階段       │
│ PE 投資人出資一  │  理」與「策略規劃」的意     │ PE 投資人償還剩餘│
│ 部分股本，其餘   │  見回饋，並收取管理費與     │ 債務後，保留退場 │
│ 金額則以舉債     │  剩餘現金分紅               │ 所得的其餘收益   │
│ 方式籌得         │                              │                  │
└─────────────────┘                              └─────────────────┘

┌─────────────┐    ┌─────────────────┐         ┌─────────────────┐
│   風險       │    │    風險          │         │    風險          │
│ 1. 標的選錯  │    │ 1. 商業模式轉弱 │         │ 1. 市場或產業景氣│
│ 2. 出價過高  │    │ 2. 資產出售結果 │         │    轉差，導致退場│
│              │    │    令人失望     │         │    價值偏低      │
│              │    │ 3. 槓桿比率過高 │         │                  │
└─────────────┘    └─────────────────┘         └─────────────────┘
```

　　至於私募股權投資人最終是贏家還是輸家，我會留待本書後面再討論其中的關鍵因素。

趨勢：規模越來越大，越來越多企業優雅下場

　　在本章前面，我提到創投（VC）和首次公開發行（IPO）隨著時間而經歷的起伏變化。私募股權（PE）交易也有高峰與低潮，這一點並不令人意外。圖 4-17 呈現了歷年 PE 交易的數量變化。

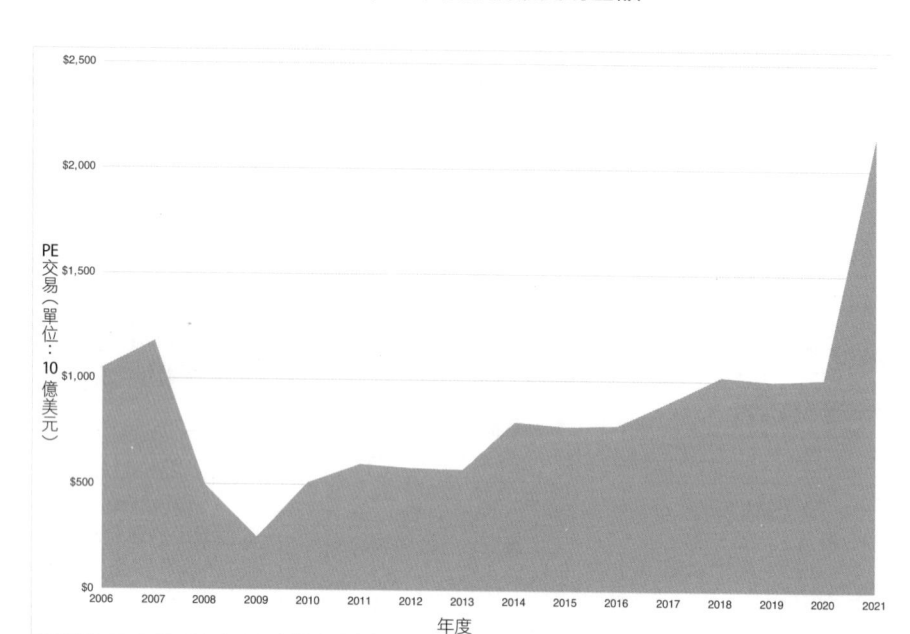

圖 4-17 ｜歷年私募股權交易金額

請注意，PE 交易的年度波動，與創投（VC）與首次公開發行（IPO）之間的連動性不高，或許是因為 PE 關注的是生命週期處於不同階段的企業，而且其成功所仰賴的宏觀條件也有所不同。

從長期趨勢來看，PE 交易的本質已經產生變化，反映出以下幾項轉變：

1. **交易規模變大**：隨著流入私募股權市場的資金日益增加，PE 業者也更有能力進行大型交易。2021 年，凱雷投資集團（Carlyle）以 340 億美元收購醫療保健公司美聯（Medline），而當年交易金額超過 100 億美元的案件數量也創下歷史新高。

2. **全球化**：如同創投（VC）與首次公開發行（IPO），私募股權（PE）的實務操作也從以美國為主，逐漸走向全球布局。如今，激進投資人將目光投向歐洲與亞洲的成熟企業，試圖挑戰當地的公司治理準則與營運慣例，已不再罕見。事實上，2021 年最大的一筆 PE 交易，就是 KKR 私人股權投資公司以 370 億美元收購義大利電信（Telecom Italia）。
3. **槓桿運用更具彈性**：早期幾乎每一筆 PE 收購案都搭配槓桿操作，因此才有「槓桿收購」（LBO）這個名稱的出現。值得慶幸的是，這種情況已開始出現轉變，收購案的資金組合變得更加多元，一些 PE 公司在交易中越來越依賴股本資金，而非舉債。這是一項健康的發展，因為再怎麼設計周全的槓桿收購，本質上仍是在押注經濟能夠維持穩健，而如果交易完成後隨即遇上經濟衰退，往往就會對該筆交易造成致命打擊。

從許多層面來看，私募股權（PE）的出現，補足了企業生命週期各階段所需的資本循環，使之更加完整。PE 著重於為成熟期與衰退期的企業，尋找最適合的轉型與退場路徑，讓它們得以平穩過渡。

沒錢萬萬不能，企業也一樣

在本章，我從財務視角出發，在穿越生命週期過程中所必須經歷的各項轉變。對於新創與年輕企業而言，**創投（VC）不僅改變了資金籌措的限制，也重塑了公司的所有權結構與公司治理機制**。其中一部分企業——通常是最具擴張潛力的公司——其下一個財務轉變，便是進入公開市場，**先透過首次公開發行（IPO）上市，之後再以成熟企業的身分，持續從股票與債券市場取得資金**。

而對成熟或邁入衰退期的企業來說，它們則會再次走向私有化，但這一次是因為私募股權（PE）公司的介入。這些公司**收購這類企業，在私有持股的狀態下進行重整，接著或讓企業重新上市，或將其出售給其他買家。**

在一個健全的資本市場裡，必須同時具備三種資本來源——創投（VC）、公開股權市場（Public Equity）與私募股權（PE），並在三者之間取得良好平衡。這三種資本來源會隨時間起伏變動，謹慎的企業若希望持續取得資金，就必須預作規劃，以因應其中任何一個來源可能出現的低潮。

第二部
企業生命週期：錢的來源與流向

第5章

用生命週期，
洞悉企業財務

企業財務學，是一門強調整體視野的學科，涵蓋經營企業所依循的財務第一原則。由於企業財務涵蓋所有涉及資金運用的決策，因此**每一項企業決策，最終都可視為財務決策**，而所有的企業決策大致可歸類為投資、籌資或股利決策。在本章，我會先概述企業財務的全貌，接著依序闡述投資、籌資與股利原則。

錢的三大事：投資、籌資、股利

假如企業財務學確如我主張的，是經營企業所依據的第一原則，那麼，企業所做的每一件事，都可說屬於其範疇。廣義而言，企業所做的所有決策，大致可歸納為以下 3 類：

- **投資決策**：指企業決定將資源分配到哪些資產或專案，從節省成本的小型投資，到創造營收的大型投資，這類決策涵蓋的範圍非常廣泛。因此，無論是決定備多少庫存、採購哪些庫存，或是是否收購另一家公司，都是投資決策的一環。
- **籌資決策**：所有企業在營運時都需要資金，而這些資金可能來自業主投入的自有資金（權益），也可能來自外部借款（負債）。籌資決策涵蓋影響資金來源結構的選擇，以及籌資工具的類型。比如決定以 1 億美元的負債資金來啟動一項新專案，是籌資決策；同樣地，選擇這筆資金是來自銀行貸款還是公司債、採固定利率還是浮動利率，也都屬於籌資決策的範疇。
- **股利決策**：隨著企業的盈餘能力提升、再投資的需求減少，成熟企業將面臨現金過剩的情況。有些公司會試圖回春，徒勞地把現金花在收購和大舉投資上；但也有許多其他公司，會選擇把部分或全部現金返還給企業的所有人。對上市公司來說，「所有人」即

為股東，企業可以透過發放股利或實施庫藏股的方式返還現金，而返還多少現金、以什麼形式返還，是正是股利決策的核心所在。

在規劃公司的發展方向時，決策者需要一個終極目標，而在傳統的企業財務學裡，這個目標是「使企業價值極大化」，在許多情況下，也意指使企業所有人（股東）的價值極大化。在圖 5-1，我總結了從這個終極目標出發，用以引導投資、籌資和股利決策的財務第一原則。

圖 5-1 ｜ 企業財務的全局總覽

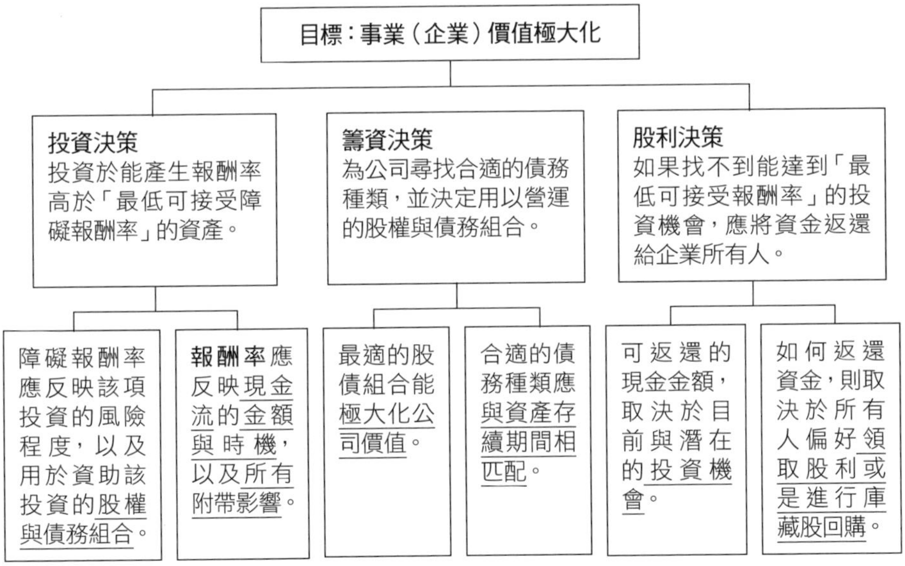

```
                目標：事業（企業）價值極大化
    ┌───────────────────┼───────────────────┐
  投資決策              籌資決策              股利決策
投資於能產生報酬率    為公司尋找合適的債務    如果找不到能達到「最
高於「最低可接受障    種類，並決定用以營運    低可接受報酬率」的投
礙報酬率」的資產。    的股權與債務組合。      資機會，應將資金返還
                                            給企業所有人。
┌─────┬─────┐  ┌─────┬─────┐   ┌─────┬─────┐
障礙報酬 報酬率應   最適的股 合適的債   可返還的 如何返還
率應反映 反映現金   債組合能 務種類應   現金金額 資金，則取
該項投資 流的金額   極大化公 與資產存   ，取決於目 決於所有
的風險程 與時機，   司價值。 續期間相   前與潛在 人偏好領
度，以及 以及所有            匹配。    的投資機 股利或
用於資助 附帶影響。                     會。      是進行庫
該投資的                                          藏股回購。
股權與債
務組合。
```

簡單來說，在傳統企業財務學裡，把**價值極大化視為目標**，將有助於凝聚焦點，因為好的決策即是提升價值，壞的決策則會減損價值，進而導出投資、籌資和股利決策的原則。

然而，如果你不認同「把企業的價值極大化」這個終極目標，那麼依此推導出的決策原則也將失去其適用性或正當性。因此，本章我會先從探討價值極大化的各種替代方案開始，並分析其各自的優點與缺點。

終極目標：誰的價值最大化？

要理解為何企業經營的終極目標會引發這麼多爭議，從檢視企業的所有利害關係人著手，將有助於釐清問題。這些**利害關係人包括提供資金的權益投資人**[1]**與債權人**，並延伸至企業的員工、顧客、供應商，甚至整個社會。圖 5-2 呈現了企業的利害關係人構成。

1　譯注：權益投資人（equity investor）一般指持有普通股的投資者，而普通股股東的權益僅在債權人與特別股股東獲得清償之後，才有權分配剩餘資產。會計上，這類位於清償順位最末的請求權稱為「剩餘權益」（residual claim）。權益投資人與企業的財務關係，主要反映在財務報表中的「股東權益」（shareholders' equity）項目。此項目亦常見其他稱法，如「業主權益」、「權益」或「淨值」（net worth），依企業型態與會計語境而異。在本書中，「權益投資人」的具體角色會隨著企業所處生命週期階段有所不同。例如在創業初期，可能是創業者本人或合夥人（即業主）；成長期可能涉及私募股權投資人（如創投、私募基金）；上市後則包括在公開市場中買賣公司股票的機構法人與散戶投資人。無論其身分，這類投資人皆為企業提供屬於股本性質的資金，與提供債務性質資金的債權人區分。

圖 5-2 ｜企業的利害關係人

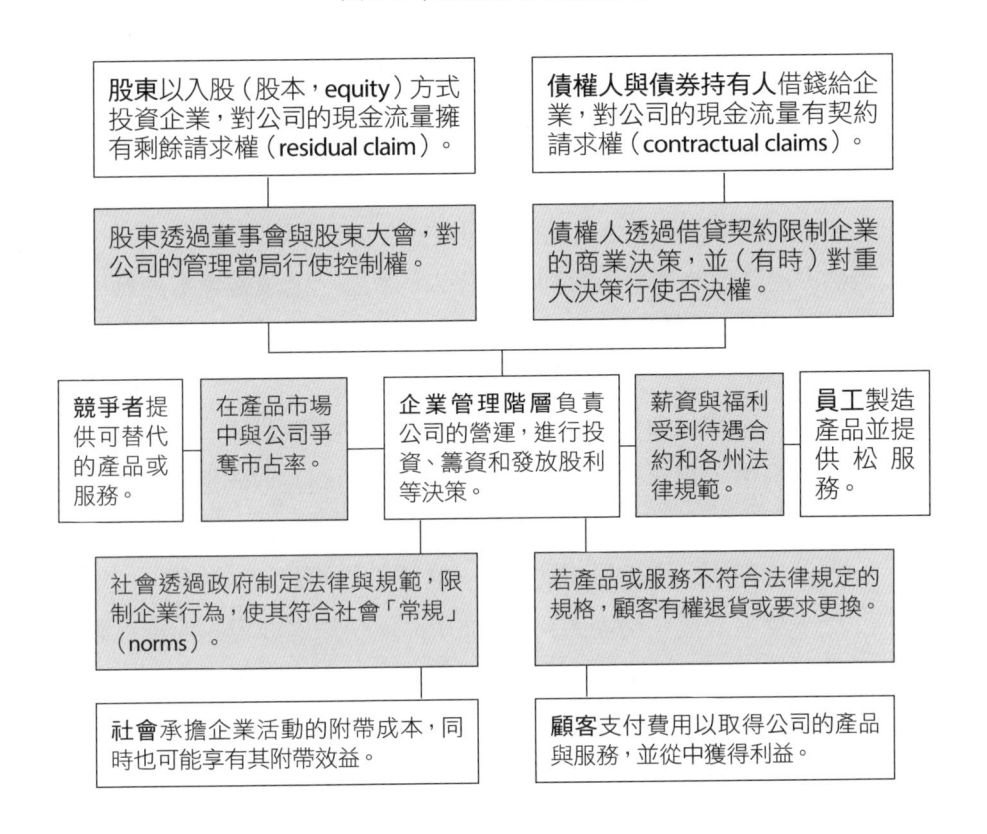

```
┌─────────────────────────┐      ┌─────────────────────────┐
│ 股東以入股（股本，equity）方式 │      │ 債權人與債券持有人借錢給企  │
│ 投資企業，對公司的現金流量擁  │      │ 業，對公司的現金流量有契約  │
│ 有剩餘請求權（residual claim）。│      │ 請求權（contractual claims）。│
└─────────────────────────┘      └─────────────────────────┘
          │                                  │
┌─────────────────────────┐      ┌─────────────────────────┐
│ 股東透過董事會與股東大會，對  │      │ 債權人透過借貸契約限制企業  │
│ 公司的管理當局行使控制權。    │      │ 的商業決策，並（有時）對重  │
│                             │      │ 大決策行使否決權。          │
└─────────────────────────┘      └─────────────────────────┘
          │                                  │
┌────────┐ ┌────────┐ ┌────────────┐ ┌────────┐ ┌────────┐
│競爭者提 │ │在產品市場│ │企業管理階層負責│ │薪資與福利│ │員工製造│
│供可替代 │ │中與公司爭│ │公司的營運，進行投│ │受到待遇合│ │產品並提│
│的產品或 │ │奪市占率。│ │資、籌資和發放股利│ │約和各州法│ │供服務。│
│服務。   │ │          │ │等決策。        │ │律規範。  │ │        │
└────────┘ └────────┘ └────────────┘ └────────┘ └────────┘
                                  │
┌─────────────────────────┐      ┌─────────────────────────┐
│ 社會透過政府制定法律與規範，  │      │ 若產品或服務不符合法律規定的│
│ 限制企業行為，使其符合社會「  │      │ 規格，顧客有權退貨或要求更換。│
│ 常規」（norms）。             │      │                             │
└─────────────────────────┘      └─────────────────────────┘
          │                                  │
┌─────────────────────────┐      ┌─────────────────────────┐
│ 社會承擔企業活動的附帶成本，同│      │ 顧客支付費用以取得公司的產品│
│ 時也可能享有其附帶效益。      │      │ 與服務，並從中獲得利益。    │
└─────────────────────────┘      └─────────────────────────┘
```

　　不可否認，企業要成功，仰賴所有這些利害關係人；因此，傳統企業財務學僅聚焦於其中之一——股東——看來似乎並不公平。

　　然而，之所以聚焦於股東，原因其實很簡單：**除了股東之外，企業的每一位利害關係人都擁有契約請求權**：債權人設定利率並施加貸款契約條款；員工透過協議明定薪資、福利與保障；顧客則決定企業的產品或服務是否值得其所支付的價格。就連社會，也會透過政府的形式（某些情況下是由選舉產生）制定規章來規範企業，並向其課稅。

然而，股東僅擁有剩餘請求權——也就是在所有其他利害關係人的契約請求權獲得滿足之後，才能取得剩餘資源。如果企業財務學未將其置於核心地位，股東便幾乎沒有誘因參與這項冒險性的投入。

在過去 20 年間，「股東價值極大化」作為企業終極目標的觀點，受到的主要挑戰來自另一種主張：企業應以「利害關係人價值極大化」為目標。這項主張獲得部分企業執行長與機構投資人的認同。

雖然「企業應該考量所有利害關係人的利益」這個觀念本身無可厚非，但在我看來，它仍然站不住腳，理由有二：

- **將使得企業如同失去舵手**：雖然所有的利害關係人，都為企業的成功提供了關鍵要素，但他們在企業裡的利益取向迥異，而且往往互相衝突。比如，產品和服務若以較低價格出售，顧客將受益，但這往往是以犧牲股東的利潤，甚至員工的薪資為代價。如果缺乏一套平衡這些相互衝突利益的指引，決策者非但只能依主觀判斷行事，更糟的情況則是陷入決策癱瘓。實務上，如果希望企業能有效運作，就必須賦予某一類利害關係人優先地位，同時設下約束機制，以防其他利害關係人遭到剝削。傳統企業財務學正是透過將缺乏契約保障的股東置於優先地位來達成這項安排；然而，在實務上，「股東價值極大化」仍會受到市場競爭與法規的制約。

- **讓管理階層變得無須負責**：如果企業的決策者必須對所有利害關係人負責，那麼**實際上，他們對誰都不必真正負責**。這聽來或許違反直覺，但「極大化利害關係人價值」的主張，讓管理階層在面對任何失敗與來自利害關係人的質疑時，總能輕易以「為了照顧其他利害關係人」為由作為開脫之詞。因此，例如，當員工質疑自己薪資偏低時，高層管理團隊便可辯稱，是為了讓產品與服務對

顧客而言更可負擔，才無法提高薪資。

無論怎麼看，「股東價值極大化」都不是一個完美的目標，但進而認為這會損害其他利害關係人的福祉，既不合邏輯，也缺乏數據佐證。我認為，那些為股東創造良好報酬的企業，通常因其獲利能力較強，更有餘裕提高員工待遇，並為顧客提供額外服務；而從實證資料來看，這一點也確實成立。

話雖如此，仍不乏有些企業透過對產品與服務訂出高得離譜的價格，或是對員工採取不公平待遇，藉此為股東創造更高價值。你在這場辯論中的立場，取決於你是否將這類企業視為例外，還是視為常態。

儘管「股東價值極大化」這個目標適用於所有企業，但不難理解，為什麼對年輕企業來說，這個目標比對成熟企業更具挑戰。一方面，年輕企業通常尚未公開上市，**因此其股份沒有市場價格**——雖然這種價格有其缺陷，卻仍是觀察股東價值的便利指標之一；另一方面，**它們的價值主要來自未來將完成的事項，而非過去的實績。**

因此，關於某項決策是否會提升或降低企業價值的判斷，在年輕企業中往往比在成熟企業中更難作答。本章也將探討這項現實如何反映在不同企業的財務政策差異上。

投資指標：最低可接受報酬率

投資原則，關注於企業是否應該投資某項資產或專案，以及應投入多少資金。此處所稱的「專案」規模可大可小，從小型節流方案到大型創收計畫皆涵蓋其中。決定是否提供員工健康福利，或是否對顧客提供信用條件，與開發新業務或併購其他公司一樣，都是構成投資決策的專案。

如果你認為企業經營的終極目標是把價值極大化，那麼企業就只有在某項投資的預期報酬率超過「可接受的最低報酬率」時，才應該進行該項投資、資產配置或併購行動。圖 5-3 展示了最低可接受報酬率（hurdle rate）[2]和投資報酬率的比較，以及兩者的驅動因素與決定因素。

圖 5-3 ｜ 投資原則──最低可接受報酬率與報酬率

投資的最低可接受報酬率
應反映投資標的（專案或資產）本身的風險，而不是進行投資的企業風險。 應採用一個能反映該投資現金流特性的負債比率。
一項投資標的的報酬率
應反映你從該投資當中所獲得的現金流量。 應進行時間加權（time weighted）處理，以反映你何時可取得這些現金流。

在本節，我會先提供一個用來思考「最低可接受報酬率」與「投資報酬率」的基本架構，至於更深入的內容，則會在下一章詳加探討。

最低可接受報酬率：生命週期的種種不確定

「最低可接受報酬率」應反映投資標的的風險，這點可說是常識。但若要真正產生實務上的影響，就必須有一套風險評估的思考框架，並且至少初步建立起將風險衡量轉換為必要報酬率的方式。

首先，我將「風險」定義為：某項投資的實際結果，和我原先預期的結果之間出現差異的可能性。請注意，根據這個定義，風險可能表現為

2　最低可接受報酬率（hurdle rate）：企業評估投資案時所設定的最低報酬門檻，只有當預期報酬率高於此水準，投資才具有可行性。該報酬率通常反映資金成本、風險程度與替代方案的機會成本。

負面結果（實得報酬低於預期），也可能是正面結果（實得報酬高於預期）。和某些將「可測性」作為區分基準的經濟學家不同，我不特別區分「風險」（risk）與「不確定性」（uncertainty），而是將兩者視為可以互換使用的概念。

經營企業時，幾乎在每一個層面都會面臨不確定性，這點無庸置疑。為了理解並有效因應這些不確定性，有必要將其加以分類與拆解。表 5-1 展示了企業所面對的不確定性／風險，在 3 個面向上的劃分方式。

表 5-1 ｜拆解企業不確定性／風險的 3 種分類方式

不確定性／風險的類型	差異說明	企業財務上需關注的理由
估計型 VS. 經濟型	「經濟型不確定性」是指命運帶來的意外變化，無論進行多少研究或蒐集多少資訊，都難以預測或掌握。「估計型不確定性」則源於投資與評價判斷，透過蒐集更多資訊與更有效運用，可望加以改善。	企業必須在不確定性下做出決策；盡職調查與深入研究能降低估計型不確定性，但對經濟型不確定性則無能為力。
微觀 VS. 宏觀	「微觀不確定性」發生在企業層級，來自經營決策、法律糾紛，甚至是直接競爭對手。「宏觀不確定性」則源自較大的系統性力量，例如通膨、利率、經濟循環等變動所造成的景氣起伏。	企業經理人只能影響微觀層面，良好的決策有助於提高報酬。但他們無法掌控宏觀因素，因為這些風險來自整體經濟或國家層級的變動。
離散型 VS. 連續型	「連續型風險」指你在日常持續面對的風險，雖然單一時點的風險通常很小。「離散型風險」則是不常見、但一旦發生則可能會帶來災難性後果的事件。	風險管理系統往往聚焦於處理連續型風險，因為這類風險經常提醒你它的存在，反而讓人容易忽略或低估離散型風險。

雖然每家企業都會面臨以上各類不確定性，但所面對的不確定性類型與程度，會隨著企業年齡的增長而有所變化。圖 5-4 展示了不確定性在企業生命週期中的演變過程。

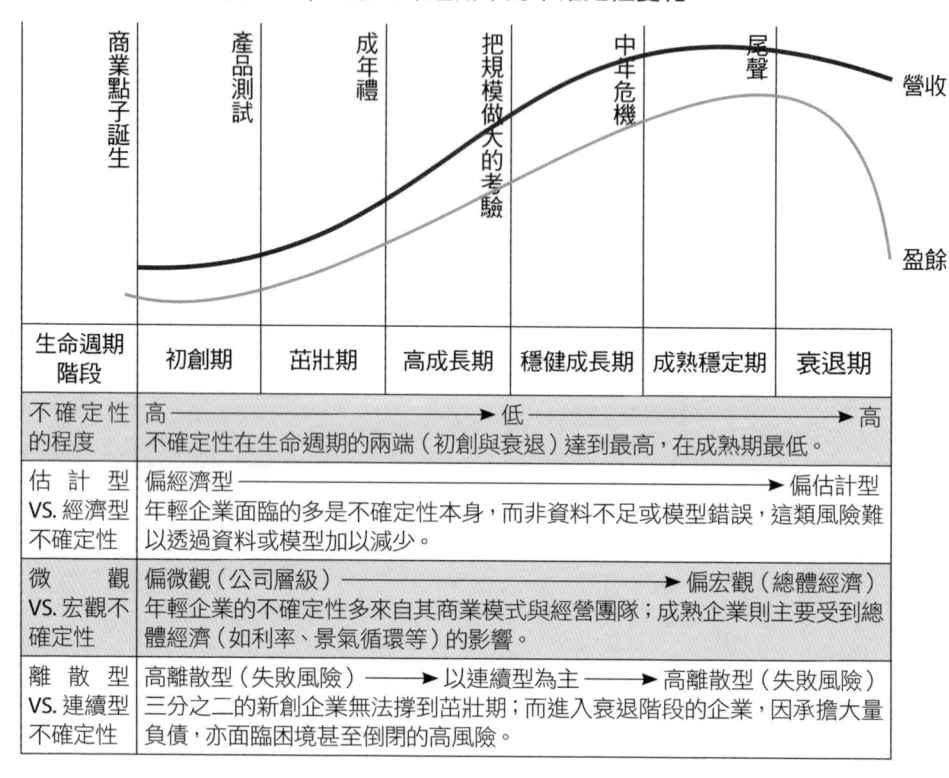

圖 5-4 ｜ 企業生命週期中的不確定性變化

生命週期階段	初創期	茁壯期	高成長期	穩健成長期	成熟穩定期	衰退期
不確定性的程度	高 ──────────────────→ 低 ──────────→ 高 不確定性在生命週期的兩端（初創與衰退）達到最高，在成熟期最低。						
估計型 VS. 經濟型不確定性	偏經濟型 ──────────────────────────────→ 偏估計型 年輕企業面臨的多是不確定性本身，而非資料不足或模型錯誤，這類風險難以透過資料或模型加以減少。						
微觀 VS. 宏觀不確定性	偏微觀（公司層級）────────────────→ 偏宏觀（總體經濟） 年輕企業的不確定性多來自其商業模式與經營團隊；成熟企業則主要受到總體經濟（如利率、景氣循環等）的影響。						
離散型 VS. 連續型不確定性	高離散型（失敗風險）──→ 以連續型為主 ───→ 高離散型（失敗風險） 三分之二的新創企業無法撐到茁壯期；而進入衰退階段的企業，因承擔大量負債，亦面臨困境甚至倒閉的高風險。						

（生命週期階段圖示：商業點子誕生、產品測試、成年禮、把規模做大的考驗、中年危機、尾聲；曲線：營收、盈餘）

面對層出不窮的不確定性，我不難理解企業的管理階層為什麼會招架不住。不過，如果從企業投資人如何看待風險的角度來加以區分，仍能在其中理出一定的脈絡。

倘若你把全部財富投入同一家企業，你將暴露於所有類型的風險：包括估計風險與經濟風險、微觀與宏觀風險，以及連續與離散風險。然而，若你將財富分散投資於多家企業──也就是分散投資──你會發現，某些風險在你的投資組合中會變得較不明顯，甚至消失。

這聽來或許有些不可思議，但實際上只是以下原理的自然延伸：若

某項風險是企業特有的,那麼在某些企業因該風險表現不佳的同時,應也會有其他企業表現優於預期,從而在整體投資組合中相互抵銷,使風險趨於平均化。

圖 5-5 根據這個劃分邏輯對風險進行了分類,並說明哪些風險可由企業本身透過管理加以分散,哪些則需由投資人透過自身的投資組合來完成。

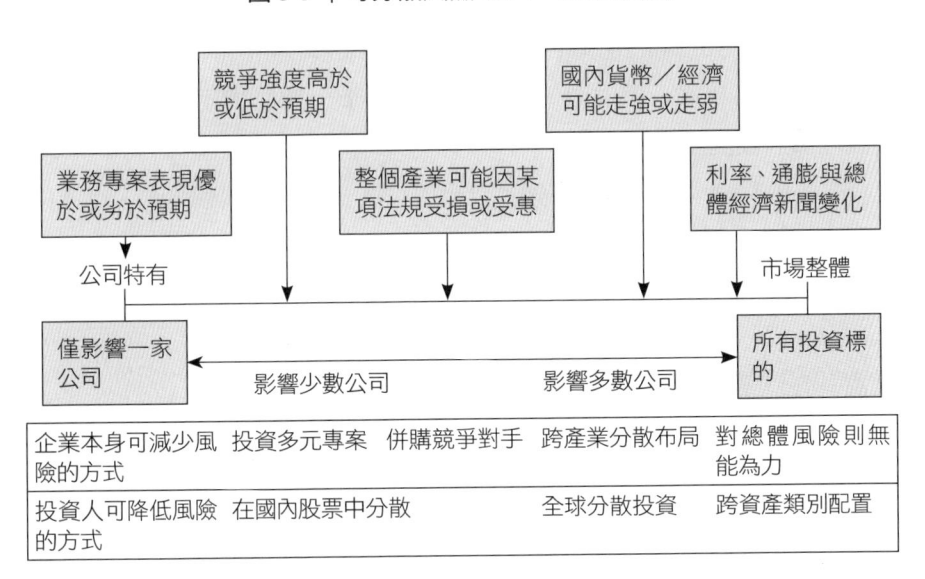

圖 5-5 ｜可分散風險 VS. 不可分散風險

企業本身可減少風險的方式	投資多元專案	併購競爭對手	跨產業分散布局	對總體風險則無能為力
投資人可降低風險的方式	在國內股票中分散		全球分散投資	跨資產類別配置

（公司特有 → 僅影響一家公司 → 影響少數公司 → 影響多數公司 → 市場整體 → 所有投資標的）

- 業務專案表現優於或劣於預期
- 競爭強度高於或低於預期
- 整個產業可能因某項法規受損或受惠
- 國內貨幣／經濟可能走強或走弱
- 利率、通膨與總體經濟新聞變化

企業可以自行設法減少,甚至消除對某些風險的接觸程度——例如零售商開設多家門市,或消費品公司打造多個品牌——但是當風險擴及產業或國家層級時,企業要獨力因應就越來越困難。

相較之下,**投資人仍常能透過分散投資,降低對這些風險的接觸程度**,而且其成本往往遠低於由企業本身所承擔的程度,尤其在企業為上市公司時更是如此。

用生命週期,洞悉企業財務　第 5 章 ｜ 145

如果你在思考，為什麼需要從投資人的角度來看待風險？我會主張，這是因為一項投資的最低可接受報酬率，應該反映「邊際投資人」──也就是那些持有大量股份、主導市場交易的投資人──所認知到的風險，而不是企業本身的觀點。

這也說明了企業在生命週期所處的位置，會如何影響其資本成本的計算依據：許多年輕企業的股權由創辦人（尚未進行分散投資）與創投業者（僅局部分散）所持有；而較成熟的企業通常已上市，且其股份交易多由機構法人主導。

因此，年輕企業的最低可接受報酬率，自然可能反映出部分甚至大量的公司特有風險；但對於成熟企業而言，**唯一會影響定價的風險，是宏觀經濟層面的風險**。

在上述討論中，我刻意避開了自己用來衡量風險的具體指標，以及如何將這些風險指標轉化為最低可接受報酬率的細節。這些問題，我將在第 6 章中進一步說明。

投資報酬：看現金流，還是帳面數字？

無論投資規模大小，企業在評估一項投資（無論是專案還是資產）時，都必須預測該投資在未來幾年能為企業帶來何種報酬。由於不同投資的時間視野可能差異甚大，針對 3 年期投資所需的預測作業，或許比 10 年期甚至 50 年期投資簡單許多。但無論時間長短，企業都必須面對一項基本抉擇：**究竟應以會計盈餘還是現金流量為基礎，來估計這筆投資的未來報酬**。

前者──會計盈餘──是根據會計準則對營收與費用的認列方式來計算的，雖然它更貼近損益表中常見的「底線」數字（即淨利），但往往可能扭曲實際的經濟成果。後者──現金流量──則完全取決於該專案的現金流入與流出，較不易遭到操作或美化，因此通常被視為較真實的

報酬衡量方式。

當企業決定以「會計盈餘」或「現金流量」來估算投資報酬時，第二項重大抉擇與時間點的考量有關。不需要太複雜的財務知識也能理解：同樣金額的盈餘或現金流，越早收到，其價值越高。

其中一個原因是金錢的時間價值，它反映了通貨膨脹對貨幣購買力的影響，以及人類對當期消費普遍高於延後消費的偏好。另一個原因則是風險或不確定性：**企業面對的風險會隨時間累積**，使得第 5 年收到的現金流，從整體上看，比第 1 年收到的現金流更加不確定。

從廣義上來說，估算投資報酬率的方法，反映了企業在上述幾個抉擇上的取向。在光譜的一端，是會計報酬率的計算方式——簡單地將會計盈餘除以企業在某項專案上的投資金額。例如，一個專案若需投資 1 億美元，並在稅後產生 2,000 萬美元的盈餘，其投資報酬率即為 20%。

正如我將在下一章說明，這類會計報酬率可從股東的角度計算（即股東權益報酬率，return on equity），也可從所有資本提供者的角度來衡量（即投入資本報酬率，return on invested capital）。

而在光譜的另一端，則是時間加權的現金流報酬率。這種方法不僅根據專案所產生的實際現金流來計算報酬，還會透過貼現的方式，賦予較早發生的現金流比同額的晚期現金流更高的權重。

這類時間加權的報酬率可用金額表示（即淨現值，net present value，簡稱 NPV），也可用百分比表示（即內部報酬率，internal rate of return，簡稱 IRR）。圖 5-6 彙整了這些方法選擇。

圖 5-6｜投資報酬的衡量方法

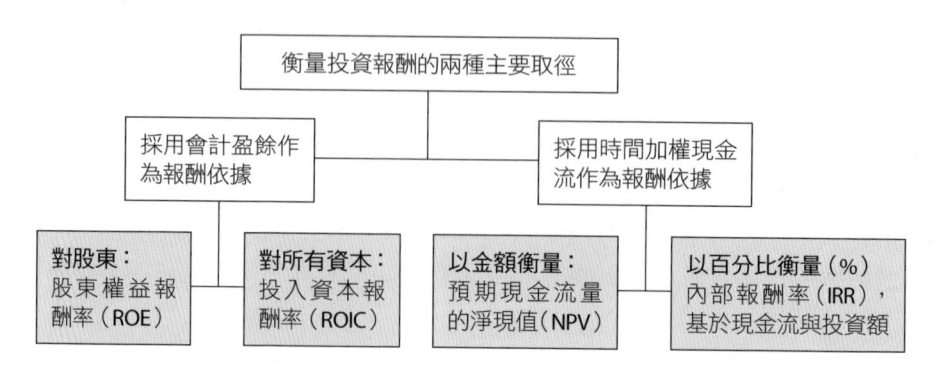

```
                    衡量投資報酬的兩種主要取徑
                    ／                    ＼
        採用會計盈餘作              採用時間加權現金
        為報酬依據                  流作為報酬依據
        ／      ＼                  ／          ＼
對股東：      對所有資本：    以金額衡量：      以百分比衡量（％）
股東權益報    投入資本報      預期現金流量      內部報酬率（IRR），
酬率（ROE）  酬率（ROIC）   的淨現值（NPV）  基於現金流與投資額
```

雖然「淨現值法」（NPV），已經把最低可接受報酬率作為貼現率納入計算，從而得出一個衡量剩餘價值的指標，但使用會計報酬率與內部報酬率（IRR）時，還需額外一步，才能判斷一項投資是好是壞。

根據這些估算方法，只有當投資的股東權益報酬率（ROE）或投入資本報酬率（ROIC）高於其對應的股東權益成本或資本成本，這筆投資才可被視為是值得進行的好投資。

顯然，我在這裡並未解答若干與估算相關的問題，例如：應如何最妥善地衡量投入資本或股東權益？又該如何估計現金流量？這些細節，我會在第 6 章進一步說明。在這過程中，我也希望進一步探討另一個重要問題：當企業從年輕成長期邁入成熟階段時，其所採用的投資報酬率衡量方法，是否會，或是否應該隨之改變？

籌資原理：股本 VS. 債務

隨著籌資的選項日益多元，資產負債表也越趨複雜，企業往往容易忽略一項最根本的事實：所有籌得的資金，最終都必須來自業主（股本）

或債權人（負債）。

無論是一家私人企業，由單一業主提供股本、向銀行借款；或是一家上市公司，透過普通股發行來代表公眾股權，以公司債券作為債務來源，這項原則皆然。事實上，任何企業都可以用一張財務資產負債表來描述其籌資結構，如圖 5-7 所示。

圖 5-7　財務資產負債表

資產		資產	
企業在其營運期間已完成的投資所產生的價值	既有資產	債務	債權人對企業現金流具有契約上的請求權
未來投資機會的預期價值	成長資產	權益	股東擁有剩餘請求權，亦即在其他請求權獲償後取得剩餘現金流

儘管在標題欄位上（資產與負債）與會計資產負債表相似，財務資產負債表所提供的卻是一種前瞻性的企業觀點：企業的價值不僅來自既有投資（即「現有資產」），也包括來自未來成長與投資所能創造的價值（即「成長資產」）。

換言之，在企業生命週期的語境中，**年輕或高成長企業的價值大多來自成長資產（即尚未實現的成長潛力），而成熟企業的價值重心則轉向現有資產**。

在財務資產負債表的另一側，則是股東權益與債務，這兩個概念的定義十分廣泛，足以涵蓋無論是私人企業或公開發行公司的籌資來源。

籌資組合：舉債是把雙面刃

企業財務學所要回答的核心籌資問題是：企業是否應該舉債？如果應該，那麼資金中應有多少比例來自負債？如果你採納企業財務的基本原則——**好的決策應能提升企業價值，壞的決策則會削弱企業價值**——那麼這個問題就可簡化為：舉債是否會增加企業的整體價值？要回答這個問題，就必須比較以負債籌資與以股本籌資所帶來的成本與效益。

雖然完整的權衡討論將留待第 7 章再深入展開，但是我在這一節會先探討其中最實質的核心要素。

從正面來看，以舉債而非募股來籌資的主要優勢，在於多數國家的稅制偏向舉債。企業可以將債務利息列為費用，從應稅所得中扣除；相較之下，支付給股東的現金報酬（不論是現金股利或庫藏股回購），則必須從稅後現金流中支出。這項稅務上的待遇差異，常被視為舉債最大、甚至是唯一的好處。

從負面來看，舉債的最大風險在於：**它提高了企業無法依約償還利息與本金的可能性，進而可能導致破產，縮短企業的存續壽命**。圖 5-8 彙整了這些關鍵的取捨因素。

圖 5-8 ｜舉債 VS. 募股——最大的優勢與風險

最大優勢	最大風險
稅務上的好處：舉債會產生利息支出，而利息可列為稅前費用，進而降低應納稅額。相較之下，股東收到的現金報酬——不論是現金股利或庫藏股回購——都無法抵稅。	**破產或違約風險**：舉債會產生契約義務，企業需按時支付利息與本金。若無法履行，可能導致破產，或企業失去控制權，轉由債權人掌控。
籌資組合的延伸建議：假如企業從舉債中獲得的稅務好處很大，面臨的違約風險又很低，則應選擇提高舉債比例、降低募股比例。相反地，若稅務好處有限、且違約風險偏高，則應傾向降低負債比例，減少舉債。	

雖然關於股債權衡的完整討論將留待第 7 章再來說明，我也會在該章探討某些企業所誤以為的舉債好處，但企業在不同生命週期階段如何取捨股權與債務的輪廓，其實在這裡已可初見端倪。

對於尚未獲利、甚至仍在虧損中的年輕成長型企業來說，舉債所帶來的稅務效益為零或極其有限，因為在沒有應稅所得的情況下，**利息支出雖可扣抵稅負，卻根本無稅可抵**。

要是再考慮破產風險（尤其成長型資產面臨的潛在損失），就不難理解，**年輕企業的資金來源應以股本為主**。隨著企業逐漸邁入成熟、盈餘規模擴大且獲利能力趨穩，其舉債能力也會相對提升，儘管不同產業或企業的借貸條件將有所差異。

企業怎麼獲利，就該怎麼籌資

籌資原理中還有一個經常被企業忽略的次級要素，就是企業應該使用哪一種類型的資金工具來進行籌資。更具體地說，這部分關注的是：當企業選擇舉債時，究竟應該發行公司債，還是向銀行借款？應該選擇長期或短期資金？借入美元還是歐元？採用浮動利率或固定利率？

雖然每一個選擇都可以展開為詳盡而複雜的討論，但若「企業價值極大化」是你的核心目標，那麼你應該預設：**最適合企業的籌資方式，應該和它典型的專案或資產特性相符**。在理想的籌資環境中，企業所籌得資金的現金流出，會跟它營運活動所產生的現金流入同步波動，如圖 5-9 所示。

圖 5-9 ｜企業與股東價值在債務結構匹配下的變化

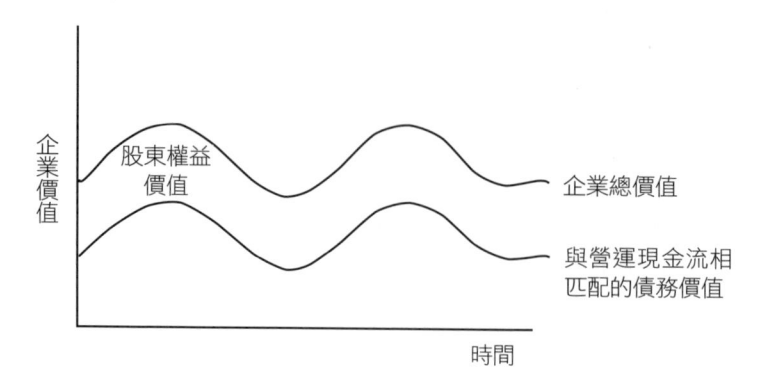

在這張圖裡，企業價值會隨著時間上下波動，但由於債務價值也同步變動，**在企業價值上升時跟著上升，下跌時跟著下跌**，因此，股東權益的價值得以維持穩定。

反之，如果該公司所使用的債務與其資產性質不相匹配，債務價值將不會隨股東權益變動，導致在營運資產價值下滑時，企業面臨違約風險，如圖 5-10 所示。

圖 5-10 ｜企業與股東價值在債務不匹配情況下的變化

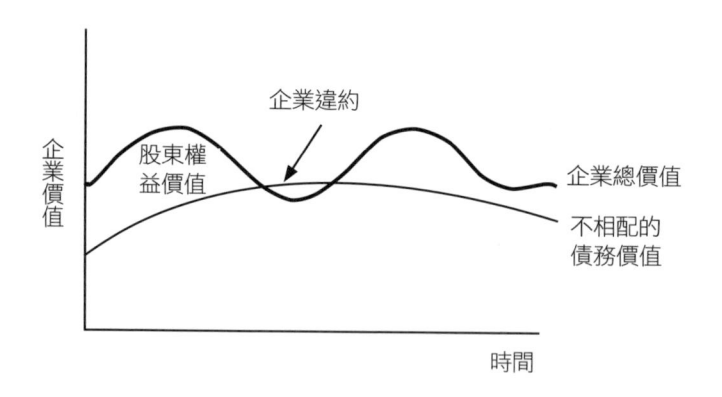

152 ｜企業估值投資

在第 7 章，我會回到「讓債務與資產相互匹配」這個概念，並進一步探討：企業在不同生命週期階段，應如何調整其所採用的籌資類型。

股利原理：

一家經營成功的企業，最終將能把現金返還給投資人（即企業的擁有者）。而在企業財務學中，股利原理關注的問題包括：應該返還多少現金？若為上市公司，又該採取何種形式？

回到圖 5-1 中所列出的企業財務第一原理：當一家以價值極大化為目標的企業，已無法找到報酬率高於「可接受最低報酬率」的投資標的時，就應該將現金返還給投資人。

現金返還：該發多少錢？

在決定企業應返還多少現金給股東之前，有一點值得強調：這項決策應是企業在完成投資與籌資決策之後的最後一步。圖 5-11 勾勒出在依循財務第一原理運作的企業中，現金返還應如何進行。

圖 5-11 ｜ 股利政策作為剩餘現金流量的結果

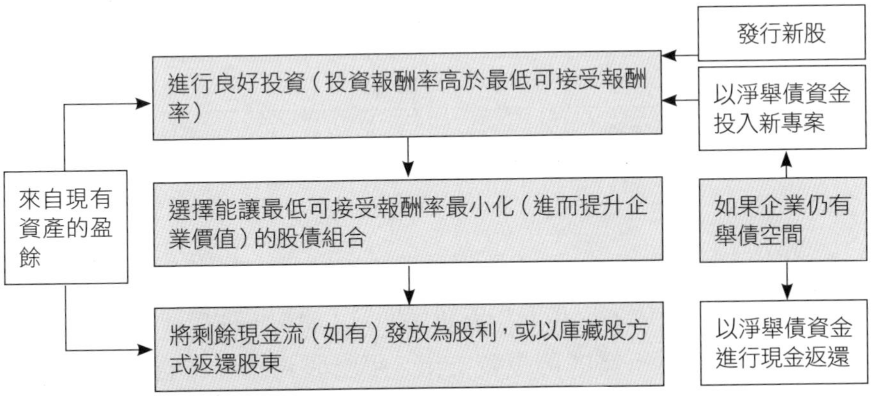

```
                        ┌──────────────┐
                        │  發行新股      │
                        └──────┬───────┘
                               ↓
┌──────────┐    ┌─────────────────────────────┐    ┌──────────────┐
│          │    │ 進行良好投資（投資報酬率高於   │←──│ 以淨舉債資金  │
│          │───→│ 最低可接受報酬率）            │    │ 投入新專案    │
│          │    └──────────────┬──────────────┘    └──────────────┘
│ 來自現有  │                   ↓
│ 資產的盈  │    ┌─────────────────────────────┐    ┌──────────────┐
│ 餘        │───→│ 選擇能讓最低可接受報酬率最小  │    │ 如果企業仍有  │
│          │    │ 化（進而提升企業價值）的股債組合│    │ 舉債空間      │
│          │    └──────────────┬──────────────┘    └──────┬───────┘
│          │                   ↓                           ↓
│          │    ┌─────────────────────────────┐    ┌──────────────┐
│          │───→│ 將剩餘現金流（如有）發放為股利，│    │ 以淨舉債資金  │
│          │    │ 或以庫藏股方式返還股東         │    │ 進行現金返還  │
└──────────┘    └─────────────────────────────┘    └──────────────┘
```

因此，一家企業可用來發放給股東的現金，將取決於權益投資人決定要再投入多少資金——包括是否將現金留存並投入新投資案或併購案，以追求未來成長，以及在應收帳款與存貨上的追加投資，用以支應這些成長型專案。

這筆可返還現金也會反映舉債活動的影響：舉新債會帶來現金流入，而償還舊債則會造成現金流出。我在圖 5-12 中，根據上述影響因素，描繪出企業可返還給股東的現金（或潛在現金股利）的來源與推導方式。

圖 5-12 ｜ 潛在的現金股利（對股東權益的自由現金流量）

潛在現金股利（邏輯上）	潛在現金股利（計算上）
從可分配給股東的收益開始	淨利
扣除	減去
將現金投入未來成長所需的長期資產	資本支出－折舊與攤提
扣除	減去
將現金投入未來成長所需的短期資產	非現金營運資金的變動
加回或扣除（視情況而定）	加上
加回舉新債的現金流入，扣除償還舊債的現金流出	（新借款－償還債務）
得出	等於
股東權益的自由現金流量	股東權益的自由現金流量

即使只是一個初步的現金返還估算值，也可以看出它與企業生命週期之間的關聯。對年輕、成長中的企業而言，淨利可能微薄，甚至為零；如果再考量成長所需的再投資支出，那麼股東權益的自由現金流量

（FCFE）往往為負，企業甚至需要透過增資引入新股本，才能彌補現金缺口。

隨著企業邁向成熟，盈餘轉為正值並持續成長，而再投資需求隨成長趨緩而下降，使自由現金流轉為正值，企業也因此具備返還現金的能力。假如企業選擇不返還現金，那麼現金部位將隨時間累積，形成資金堆積。

至於進入衰退階段的企業，雖然淨利下滑，但因為營運規模縮小，可能透過資產出售（divestitures）補足現金流，進而返還給股東的金額甚至可能高於其帳面淨利。

現金返還：採用什麼形式發放？

假如企業維持私人持有，所有權人有多種方式可自企業提取現金，包括發放高額現金股利，或調高自身薪資等手段。然而對上市公司而言，直到數十年前，多數企業返還現金給股東的唯一方式，就是發放現金股利。

這些股利的發放方式類似債券息票——按固定週期支付（通常為每季或每年）——但不同於債券息票，現金股利會隨時間成長，且不具契約性，股東並無法主張法律請求權。而自1980年代起，美國上市公司逐漸以庫藏股作為現金返還機制，並在許多企業中逐步取代股利地位。企業會將原本預計發給股東的現金，用來回購投資人願意出售的自家股票。

與股利不同的是，庫藏股具有彈性且無固定週期——不像股利那樣按時、穩定發放（通常維持不變，或依預測逐年調整），庫藏股可不定期實施，讓公司得以返還現金，但無須承諾未來持續執行。圖5-13便從企業的角度，呈現發放股利和實施庫藏股兩者之間的主要差異。

圖 5-13 ｜發放股利 VS. 實施庫藏股

股利	庫藏股
黏著性：一旦設定，股利不易調整，且通常只會增加、不會減少。	**靈活性**：庫藏股操作彈性高，即使公告後也可隨時撤回，幾乎不會造成實質後果。
時效性：股利會定期發放，通常為每季或每年一次。	**機動性**：庫藏股不遵循固定時程，可由公司自行決定任意時點執行。
全面性：公司發放的股利會支付給所有股東，不論他們是否實際需要現金。	**選擇性**：現金僅返還給選擇出售股票的股東。

股利 VS. 庫藏股：盈餘規模大且穩定的企業，以及偏好（或需要）穩定、可預測現金流的股東，傾向透過股利發放返還現金；反之，盈餘波動較大或不需要固定現金流的企業與股東，則傾向採取庫藏股方式返還現金。

　　雖然不少學者與從業者對庫藏股抱持鄙視、甚至強烈反對的態度，但我認為，對某些企業而言，**庫藏股提供了一條有別於股利，且往往更為健康的現金返還路徑**。

　　再次回到企業生命週期的架構，我主張：當年輕企業首次出現盈餘現金流時，這些現金流往往波動大且難以預測，此時以庫藏股作為現金返還機制，會比發放股利來得更妥當。

　　隨著企業逐漸邁向成熟，情況可能發生轉變，企業也可能選擇以穩定的現金股利取代庫藏股。

生命週期中的財務綜觀

在企業財務的全貌中，所有企業決策都可歸納為三大面向：投資、籌資與股利政策。這樣的分類，**或許會讓人誤以為三者對所有企業都同等重要，但這個假設並不正確。**

企業在不同生命週期階段，財務決策的重心會隨之轉變。對於新創或初創企業而言，**處於生命週期早期時，投資決策才是關鍵所在**。在這個階段，討論最佳的籌資組合毫無意義（因為它們通常借不到錢），股利政策也無從談起（因為沒有多餘現金可分配）。

對茁壯企業來說，投資原則仍舊主導，因為在專案報酬達到高峰的時期，做出更優異的投資選擇所帶來的回報，遠遠超過透過調整籌資組合，或股利策略所能獲得的效益。

當企業邁入成熟階段，財務重心將轉向籌資決策。這一方面是由於新投資的報酬逐漸下滑，另一方面則是競爭加劇，以及規模效益開始對企業不利。不難理解，成熟企業往往最積極進行資本結構調整（recapitalizations），例如舉債買回庫藏股，或發放現金股利。

而在衰退階段，企業幾乎不再有值得投入的新專案，此時再微調投資政策已無實益。財務決策的**焦點將轉向將現金返還給股東**，其中一項做法就是剝離那些無法再自負盈虧的業務。圖 5-14 中，說明了企業財務重點如何隨著生命週期的演進而轉變。

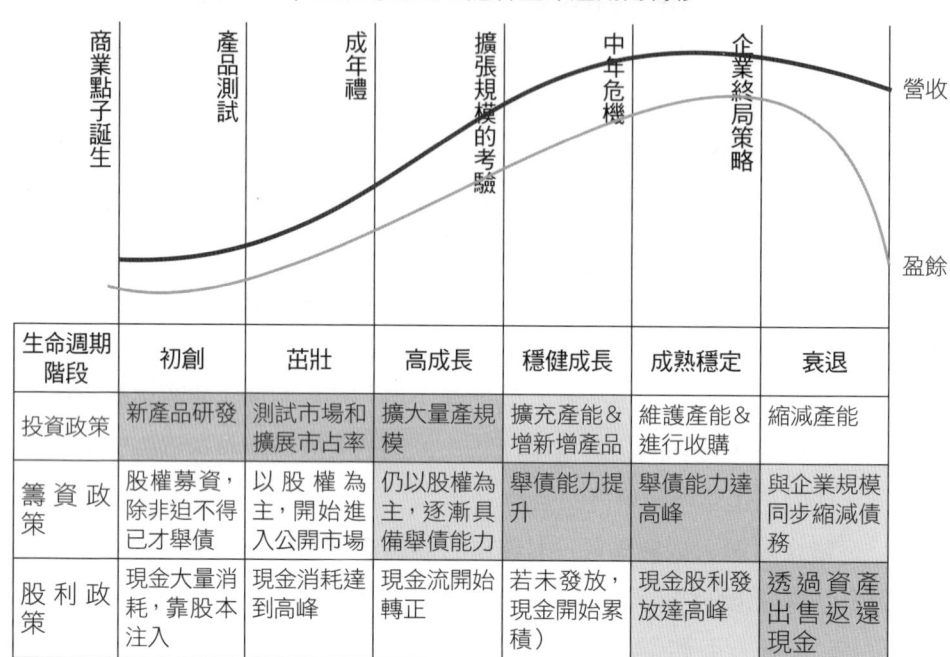

圖 5-14 ｜企業財務重心隨著生命週期而轉移

生命週期階段	初創	茁壯	高成長	穩健成長	成熟穩定	衰退
投資政策	新產品研發	測試市場和擴展市占率	擴大量產規模	擴充產能&增新增產品	維護產能&進行收購	縮減產能
籌資政策	股權募資，除非迫不得已才舉債	以股權為主，開始進入公開市場	仍以股權為主，逐漸具備舉債能力	舉債能力提升	舉債能力達高峰	與企業規模同步縮減債務
股利政策	現金大量消耗，靠股本注入	現金消耗達到高峰	現金流開始轉正	若未發放，現金開始累積	現金股利發放達高峰	透過資產出售返還現金

　　請注意，企業財務的重心雖會隨著生命週期而轉移，但**這並不代表企業可以對非當前重心的其他財務第一原理掉以輕心**。正如我在接下來三章將會說明的，有些企業拒絕「按年紀行事」，採取了與其所處生命週期階段不相符的財務政策。

　　比方說，一家茁壯成長的企業明明擁有發行新股籌資的選項，卻選擇舉債；又比如，一家成熟企業即便本業獲利穩定、可投資機會日益稀少，仍堅持不將現金返還給股東──這些做法都違反了財務的基本原則，遲早都將付出代價。

企業的目標，決定了錢的樣貌

企業財務學提供了企業經營的指引原則，但正如我在本章前段所指出的，這些來自傳統企業財務學的第一原理，奠基於一項基本假設——**企業經營的終極目標，是實現股東價值極大化**。

關於這是否為企業應追求的正確目標，是否應改以其他利害關係人（例如員工或顧客）為出發點，抑或應兼顧所有利害關係人，這種辯論是健康且必要的。雖然我個人認為在各種目標選項中，「股東價值」仍是相對最佳的，但它終究也並非完美無缺。

在本章中，我在企業財務的架構下介紹了投資、籌資與股利三大原理（至少是其最一般化的形式），並說明這些原理在企業生命週期不同階段會有何不同展現。接下來三章，我將逐一詳述這三項原理的內容與應用。

第6章

企業生命週期的投資

在上一章，我把投資原理視為企業財務三大原則中的第一項，而乍看之下，這個原理似乎很簡單。畢竟，一筆好投資是指其報酬率高於最低可接受報酬率——這個報酬門檻會反映該投資的風險，以及為其籌資所使用的融資組合——那麼，衡量這些構成要素又有多困難呢？

答案就在實務中：實際操作時，用來衡量這兩個要素的方法五花八門，並進一步形成了各種不同的投資決策法則。本章將從更深入地探討最低可接受報酬率開始，說明它在企業生命週期各階段的變化，接著分析企業所處的生命週期階段，為何會影響其選擇何種投資決策法則。

最低可接受報酬率

在第 5 章，我主張最低可接受報酬率，應該反映該項投資所涵蓋的風險。但我也指出，風險應該從企業的邊際投資人的角度來衡量，而不是從企業本身的角度。

在這一節，我將探討衡量風險的流程，以及如何將衡量出來的風險指標轉化為最低可接受報酬率。

最低可接受報酬率：資金成本的觀點

為了把「最低可接受報酬率」從抽象概念轉化為具體數值，我會將它重新詮釋為投資的資金成本，也就是資金成本（cost of capital）。

正如我在上一章所提，企業的資金來源只有兩種：股東資金與債務資金，因此，資金成本可以透過股東資金與債務資金成本的加權平均來計算，而加權比例則取決於兩者在資金結構中的占比。圖 6-1 運用了我在上一章介紹的「財務資產負債表」，用以呈現股東資金與債務資金成本所反映的核心意涵。

圖 6-1 ｜ 資金成本——資產負債表的觀點

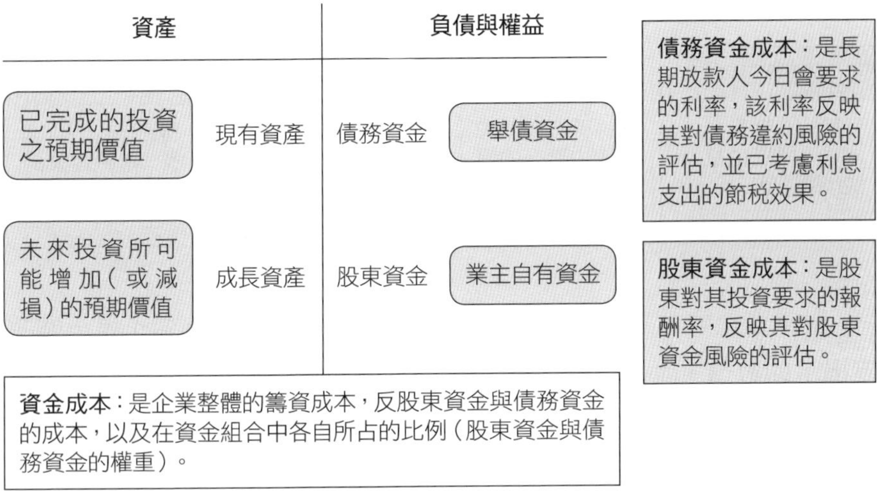

資產		負債與權益	
已完成的投資之預期價值	現有資產	債務資金	舉債資金
未來投資所可能增加（或減損）的預期價值	成長資產	股東資金	業主自有資金

債務資金成本：是長期放款人今日會要求的利率，該利率反映其對債務違約風險的評估，並已考慮利息支出的節稅效果。

股東資金成本：是股東對其投資要求的報酬率，反映其對股東資金風險的評估。

資金成本：是企業整體的籌資成本，反股東資金與債務資金的成本，以及在資金組合中各自所占的比例（股東資金與債務資金的權重）。

　　債務資金成本，通常是兩者中較容易估算的，因為它屬於長期借款成本，只涉及兩個構成要素：第一個構成要素，是貸方根據其對企業違約可能性的認知所收取的信用利差（或稱違約利差，spread）；企業在貸方眼中的信用風險越高，違約利差也就越高。第二個構成要素是稅法對債務的傾斜效應，這通常表現在某種稅務調整上，使債務資金的稅後成本低於實際借款利率。這兩種效應如圖 6-2 所示。

圖 6-2｜債務資金成本（稅前與稅後）

```
┌─────────────────────────────────────────────────────────┐
│              舉債成本（債務）：稅前與稅後                │
└─────────────────────────────────────────────────────────┘

┌──────────────┐   ┌──────────────┐   ┌──────────────┐   ┌──────────────┐
│稅後債務資金成本│   │ 無風險利率³   │   │  違約利差    │   │  （1- 稅率） │
├──────────────┤ = ├──────────────┤ + ├──────────────┤ × ├──────────────┤
│目前的長期借款 │   │可從保證收益的 │   │長期貸方為反映 │   │利息支出可抵 │
│成本，經稅負抵 │   │投資中獲得的報 │   │借款人信用風險 │   │稅，適用企業的│
│減後的淨值。  │   │酬率，計價貨幣 │   │而加收的利差。 │   │邊際稅率。   │
│              │   │依選擇而定。  │   │              │   │              │
└──────────────┘   └──────────────┘   └──────────────┘   └──────────────┘
```

　　股東資金成本則較難估算，因為它和貸款利率不同，**並不是一個明確揭示的數值，而是影響你支付多少股價的關鍵變數**。要估算這個成本，還必須判斷哪一類投資人（比如散戶或機構法人）是該公司的邊際投資人[2]。

　　在不深入探討金融學中各種風險與報酬模型的前提下，我們仍可將一個專案的股東資金成本拆解為三個構成要素，如圖 6-3 所示。

1　譯注：無風險利率（risk-free rate）是指在無違約風險的情況下，投資人可獲得的報酬率，實務上通常以美國國債利率作為代表。

2　作者注：即使股東資金成本未必會被明確揭示，你為每股股票所支付的價格，仍會反映你對該資產風險的預期，以及所要求的報酬率。在預期現金流量不變的情況下，當股東資金成本上升時，你願意支付的股價就會降低。

圖 6-3 ｜股東資金成本

股東資金成本						
股東資金成本	=	無風險利率	+	相對風險衡量值	×	權益風險溢酬
企業需面對的股東資金成本，反映邊際股東對企業風險的認知，以及市場對股權風險的定價。		可從保證收益的投資中獲得的報酬率，以選定計價幣別為準。		相對於市場中平均風險股權投資的風險衡量值，由邊際投資人所認定。		對於投入平均風險股權投資所要求的報酬率溢酬，會依據專案所處地區（國家）而異。

　　如果比較股東資金成本與債務資金成本，你會注意到：債市裡的風險價格，也就是違約利差（default spread），在股市中則被「平均風險投資的風險價格」所取代，即權益風險溢酬（equity risk premium，簡稱 ERP）。

　　這個溢酬，會和一個相對風險衡量值相乘，得到的值便反映了該項股權投資相較於市場平均風險投資的相對風險程度。

影響資金成本的風險

　　在實務操作上，估算債務資金成本與股東資金成本時，需先推估無風險利率（risk-free rate），以及風險溢酬項目：對債務而言，是違約利差（default spread）；對股權而言，則包括相對風險衡量值（relative risk measure）和權益風險溢酬（equity risk premium）。

・無風險利率

　　雖然有些人假定存在一個全球性的無風險利率，或認為該利率在時間上保持不變，但實際上，**無風險利率會隨貨幣種類在同一時間出現差**

異,也會隨時間在同一貨幣下產生變化。

對於這種差異的成因,確實可以寫出許多專論,但不論是跨貨幣還是跨時間,最主要的驅動因素是**預期通貨膨脹**(expected inflation)。預期通貨膨脹率高的貨幣,其無風險利率通常會高於預期通貨膨脹率較低的貨幣;而處於通貨緊縮的貨幣,其無風險利率甚至可能是負值。

實務上,從業人員經常以本幣計價的政府債券利率,作為該貨幣的無風險利率,理由是政府理論上不應對本幣債券違約,因為即使財政再困難,政府仍掌握印鈔權力。

然而,從經驗數據來看,過去 30 年間所有主權違約事件中,有三分之一到一半都發生在本幣計價的債券上。這顯示,如果市場認為存在違約風險,該貨幣的政府債券利率其實不能視為無風險利率。

在圖 6-4 中,我估算了約四十多種貨幣的無風險利率。對於主權信用評等最高的國家(如標準普爾〔S&P〕為 AAA,或穆迪〔Moody's〕為 Aaa),我直接採用其政府債券利率作為無風險利率;而對於評等較低的國家,則由政府債券利率中扣除基於主權評等所推估的「違約利差」(default spread)。

圖 6-4 ｜不同貨幣的利率

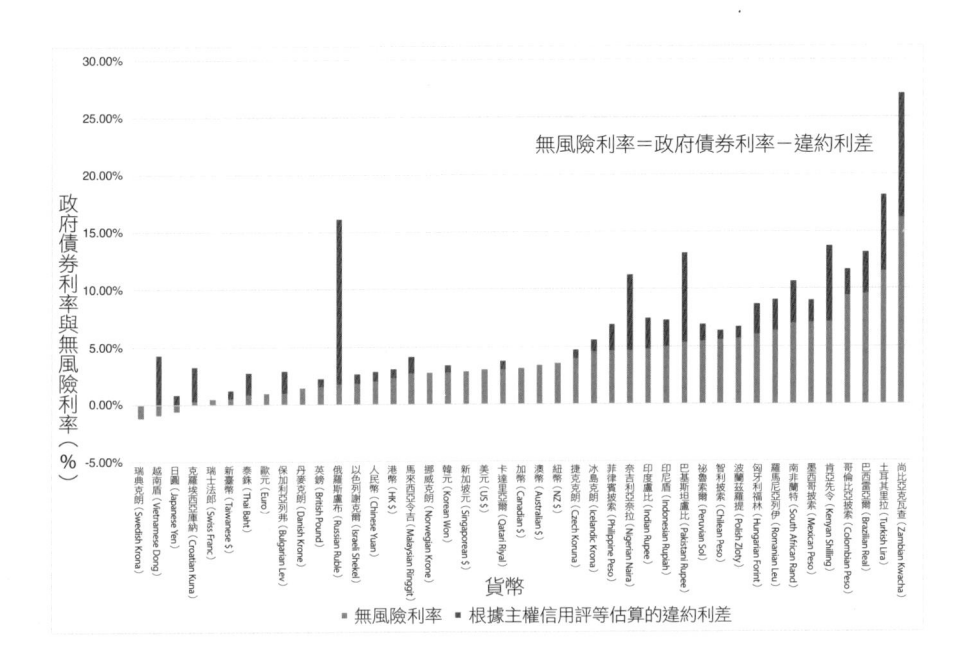

請注意，無風險利率差異的關鍵驅動因素是預期通膨率，因此，若在分析中使用通膨率較高的貨幣，所得到的「最低可接受報酬率」將會較高。要是通膨能夠有效轉嫁至企業獲利，那麼以該貨幣計價的獲利與報酬率也會相對提高。

‧違約利差

債務的違約利差，代表貸方和債券持有人因承擔信用風險，而向企業收取的額外風險溢酬。這並不令人意外，因為當市場恐慌（例如經濟衰退或危機）時，投資人會提高違約利差，在景氣良好時則會調降。

作為衡量信用風險程度的代理變數，我將使用信用評等機構根據財務與質化因素，針對企業所給予的債券評等。圖 6-5 採用的是我在上一

章介紹過的債券評等分級，呈現從 2015 年初到 2022 年初，從 AAA 到高收益債等級之間，違約利差的變化情形。

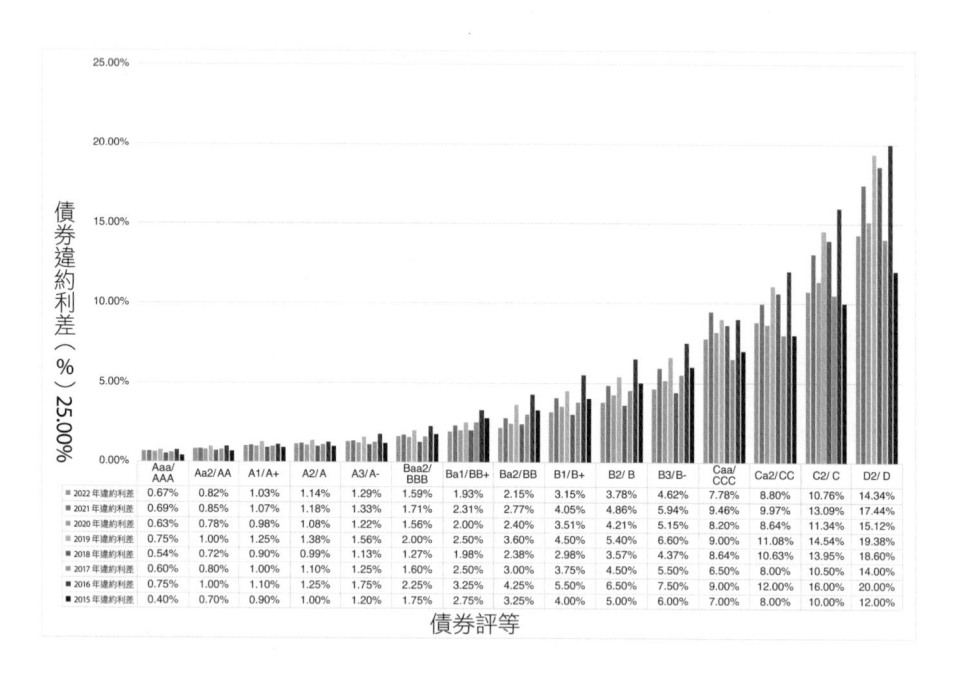

圖 6-5 ｜依債券評等區間劃分的違約利差

債券評等	Aaa/ AAA	Aa2/ AA	A1/ A+	A2/ A	A3/ A-	Baa2/ BBB	Ba1/ BB+	Ba2/ BB	B1/ B+	B2/ B	B3/ B-	Caa/ CCC	Ca2/ CC	C2/ C	D2/ D
2022 年違約利差	0.67%	0.82%	1.03%	1.14%	1.29%	1.59%	1.93%	2.15%	3.15%	3.78%	4.62%	7.78%	8.80%	10.76%	14.34%
2021 年違約利差	0.69%	0.85%	1.07%	1.18%	1.33%	1.71%	2.31%	2.77%	4.05%	4.86%	5.94%	9.46%	9.97%	13.09%	17.44%
2020 年違約利差	0.63%	0.78%	0.98%	1.08%	1.22%	1.56%	2.00%	2.40%	3.51%	4.21%	5.15%	8.20%	8.64%	11.34%	15.12%
2019 年違約利差	0.75%	1.00%	1.25%	1.38%	1.56%	2.00%	2.50%	3.60%	4.50%	5.40%	6.60%	9.00%	11.08%	14.54%	19.38%
2018 年違約利差	0.54%	0.72%	0.90%	0.99%	1.13%	1.27%	1.98%	2.38%	2.98%	3.57%	4.37%	8.64%	10.63%	13.95%	18.60%
2017 年違約利差	0.60%	0.80%	1.00%	1.10%	1.25%	1.60%	2.50%	3.00%	3.75%	4.50%	5.50%	6.50%	8.00%	10.50%	14.00%
2016 年違約利差	0.75%	1.00%	1.10%	1.25%	1.75%	2.25%	3.25%	4.25%	5.50%	6.50%	7.50%	9.00%	12.00%	16.00%	20.00%
2015 年違約利差	0.40%	0.70%	0.90%	1.00%	1.20%	1.75%	2.75%	3.25%	4.00%	5.00%	6.00%	7.00%	8.00%	10.00%	12.00%

正如數據所顯示的，所有債券評等的違約利差都會隨時間明顯變化，而評等越低的債券，其波動幅度通常越大。

· **權益風險溢酬（ERP）**

「股票風險溢酬」是股權市場中對風險的定價——但**與債券市場中能輕易觀察的違約利差不同，權益風險溢酬是一個隱含值**，內建於投資人對股票支付的價格中，而非明確標示的利率。

雖然有些人會回顧歷史，根據股票長期相對於無風險資產所獲得的

超額報酬來估算 ERP，但我更偏好一種前瞻性且動態的方法：從可觀察的股價，與估算出的股票預期現金流中，反推出投資人預期可從股票獲得的內部報酬率（internal rate of return）。再從這個內部報酬率中扣除無風險利率，即可得出隱含的權益風險溢酬。

圖 6-6 中，呈現了從 1960 年至 2022 年 7 月，美國股票市場上這項隱含溢酬的變動情形。

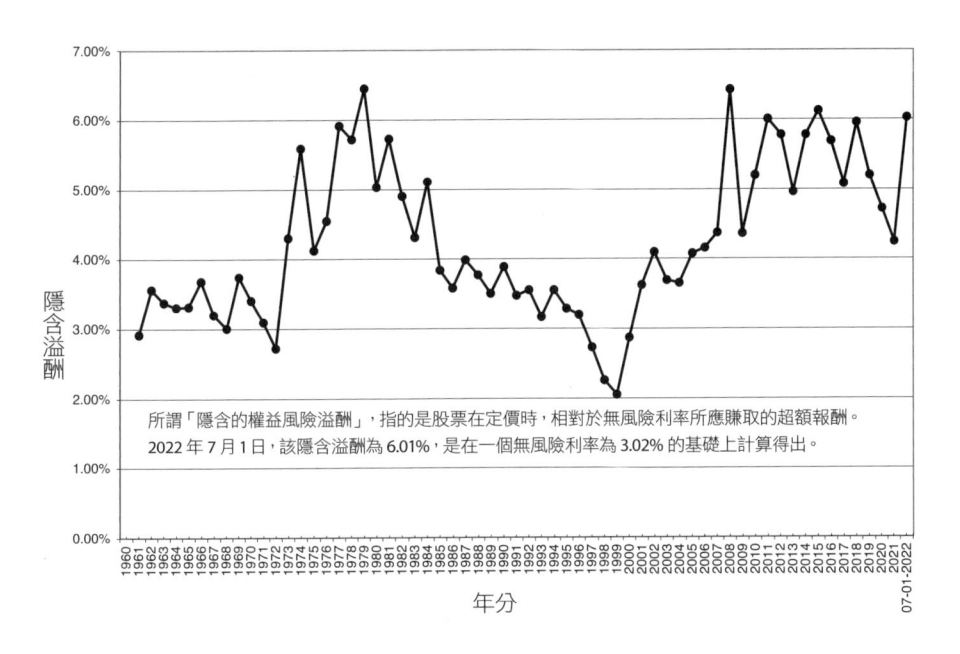

圖 6-6 ｜ 1960-2022 年 7 月，美國股市的隱含權益風險溢酬

所謂「隱含的權益風險溢酬」，指的是股票在定價時，相對於無風險利率所應賺取的超額報酬。
2022 年 7 月 1 日，該隱含溢酬為 6.01%，是在一個無風險利率為 3.02% 的基礎上計算得出。

和違約利差一樣，權益風險溢酬反映的是投資人對市場的恐懼與期待——當經濟前景樂觀、投資人對未來較有信心時，溢酬便會下降；當投資人感到恐慌時，溢酬則會上升。截至 2022 年 7 月 1 日，美國股市的隱含權益風險溢酬大約是 6.00%。

假如把美國視為一個成熟市場,那麼在政治與經濟風險較高的其他地區,權益風險溢酬(ERP)應該更高。圖 6-7 展示了我如何估算這些權益風險溢酬:先以美國的 ERP 為基礎,再加上由各國違約風險所決定的國家風險溢酬。

圖 6-7 | 2022 年 7 月,各國權益風險溢酬

國家	穆迪評等	國家風險溢酬	權益風險溢酬
安道爾	Baa2	2.66%	8.67%
奧地利	Aa1	0.56%	6.57%
比利時	Aa3	0.84%	6.85%
賽普勒斯	Ba1	3.50%	9.51%
丹麥	Aaa	0.00%	6.01%
芬蘭	Aa1	0.56%	6.57%
法國	Aa2	0.69%	6.70%
德國	Aaa	0.00%	6.01%
希臘	Ba3	5.03%	11.04%
根西	Aaa	0.00%	6.01%
冰島	A2	1.18%	7.19%
愛爾蘭	A1	0.99%	7.00%
曼島	Aa3	0.84%	6.85%
義大利	Baa3	3.07%	9.08%
澤西島	Aaa	0.00%	6.01%
列支敦斯登	Aaa	0.00%	6.01%
盧森堡	Aaa	0.00%	6.01%
馬爾他	A2	1.18%	7.19%
荷蘭	Aaa	0.00%	6.01%
挪威	Aaa	0.00%	6.01%
葡萄牙	Baa2	2.66%	8.67%
西班牙	Baa1	2.23%	8.24%
瑞典	Aaa	0.00%	6.01%
瑞士	Aaa	0.00%	6.01%
土耳其	B2	7.69%	13.70%
英國	Aa3	0.84%	6.85%
歐盟及周邊地區		1.16%	7.17%
加拿大	Aaa	0.00%	6.01%
美國	Aaa	0.00%	6.01%
美加		0.00%	6.01%
阿根廷	Ca	16.78%	22.79%
貝里斯	Caa3	13.98%	19.99%
玻利維亞	B2	7.69%	13.70%
巴西	Ba2	4.21%	10.22%
智利	A1	0.99%	7.00%
哥倫比亞	Baa2	2.66%	8.67%
哥斯大黎加	B2	7.69%	13.70%
厄瓜多	Caa3	13.98%	19.99%
薩爾瓦多	Caa3	13.98%	19.99%
瓜地馬拉	Ba1	3.50%	9.51%
宏都拉斯	B1	6.29%	12.30%
墨西哥	Baa1	2.23%	8.24%
尼加拉瓜	B3	9.09%	15.10%
巴拿馬	Baa2	2.66%	8.67%
巴拉圭	Ba1	3.50%	9.51%
祕魯	Baa1	2.23%	8.24%
蘇利南	Caa3	13.98%	19.99%
烏拉圭	Baa2	2.66%	8.67%
委內瑞拉	C	20.40%	26.41%
拉丁美洲		5.20%	11.21%
安哥拉	B3	9.09%	15.10%
貝南	B1	6.29%	12.30%
波札那	A3	1.68%	7.69%
布吉納法索	Caa1	10.48%	16.49%
喀麥隆	B2	7.69%	13.70%
維德角	B3	9.09%	15.10%
剛果民主共和國	Caa1	10.48%	16.49%
剛果共和國	Caa2	12.59%	18.60%
象牙海岸	Ba3	5.03%	11.04%
埃及	B2	7.69%	13.70%
衣索比亞	Caa2	12.59%	18.60%
加彭	Caa1	10.48%	16.49%
迦納	Caa1	10.48%	16.49%
馬利	Caa2	12.59%	18.60%
模里西斯	Baa2	2.66%	8.67%
摩洛哥	Ba1	3.50%	9.51%
莫三比克	Caa2	12.59%	18.60%
納米比亞	B1	6.29%	12.30%
尼日	B3	9.09%	15.10%
奈及利亞	B2	7.69%	13.70%
盧安達	B2	7.69%	13.70%
塞內加爾	Ba3	5.03%	11.04%
南非	Ba2	4.21%	10.22%
史瓦帝尼王國	B3	9.09%	15.10%
尚比亞	B2	7.69%	13.70%
多哥	B3	9.09%	15.10%
突尼西亞	Caa1	10.48%	16.49%
烏干達	B2	7.69%	13.70%
尚比亞	Ca	16.78%	22.79%
非洲		7.36%	13.37%
阿爾巴尼亞	B1	6.29%	12.30%
亞美尼亞	Ba3	5.03%	11.04%
亞塞拜然	Ba2	4.21%	10.22%
白俄羅斯	Ca	16.78%	22.79%
波士尼亞與赫塞哥維納/賽柆波納	B3	9.09%	15.10%
保加利亞	Baa1	2.23%	8.24%
克羅埃西亞	Ba1	3.50%	9.51%
捷克	Aa3	0.84%	6.85%
愛沙尼亞	A1	0.99%	7.00%
喬治亞	Ba2	4.21%	10.22%
匈牙利	Baa2	2.66%	8.67%
哈薩克	Baa2	2.66%	8.67%
吉爾吉斯	B3	9.09%	15.10%
拉脫維亞	A3	1.68%	7.69%
立陶宛	A2	1.18%	7.19%
北馬其頓	Ba3	5.03%	11.04%
摩爾多瓦	B3	9.09%	15.10%
蒙特內哥羅	B1	6.29%	12.30%
波蘭	A2	1.18%	7.19%
羅馬尼亞	Baa3	3.07%	9.08%
俄國	Ca	16.78%	22.79%
塞爾維亞	Ba2	4.21%	10.22%
斯洛伐克	A2	1.18%	7.19%
塔吉克	B3	9.09%	15.10%
烏克蘭	Caa3	13.98%	19.99%
烏茲別克	B1	6.29%	12.30%
東歐及俄國		8.85%	14.86%
阿拉伯聯合大公國	Aa2	0.69%	6.70%
巴林	B2	7.69%	13.70%
伊拉克	Caa1	10.48%	16.49%
以色列	A1	0.99%	7.00%
約旦	B1	6.29%	12.30%
科威特	A1	0.99%	7.00%
黎巴嫩	C	20.40%	26.41%
阿曼	Ba3	5.03%	11.04%
卡達	Aa3	0.84%	6.85%
拉斯海瑪邦	A1	0.99%	7.00%
沙烏地阿拉伯	A1	0.99%	7.00%
沙迦	Baa3	3.07%	9.08%
阿拉伯聯合大公國	Aa2	0.69%	6.70%
中東		2.02%	8.03%
新興前緣市場(無評等)		66.75	6.29%	12.30%
阿爾及利亞		79.25	7.19%
汶萊		66.25	6.29%	12.30%
甘比亞		58.00	12.59%	18.60%
幾內亞		63.50	9.09%	15.10%
幾內亞比索		75.75	2.23%	8.24%
蓋亞那		56.00	13.98%	19.99%
海地		66.25	6.29%	12.30%
伊朗		51.25	16.78%	22.79%
北韓		58.25	12.59%	18.60%
比利瑞亞		71.00	4.21%	10.22%
利比亞		63.25	9.09%	15.10%
馬達加斯加		56.75	13.98%	19.99%
挪威		57.75	12.59%	18.60%
獅子山		54.75	16.78%	22.79%
索馬利亞		52.00	16.78%	22.79%
蘇丹		47.00	20.40%	26.41%
敘利亞		45.25	20.40%	26.41%
葉門		48.25	20.40%	26.41%
辛巴威		60.75	10.48%	16.49%
孟加拉	Ba3	5.03%	11.04%
柬埔寨	B2	7.69%	13.70%
中國	A1	0.99%	7.00%
斐濟	B1	6.29%	12.30%
香港	Aa3	0.84%	6.85%
印度	Baa3	3.07%	9.08%
印尼	Baa2	2.66%	8.67%
日本	A1	0.99%	7.00%
韓國	Aa2	0.69%	6.70%
台灣	Caa3	13.98%	19.99%
澳門	Aa3	0.84%	6.85%
馬來西亞	A3	1.68%	7.69%
馬爾地夫	Caa1	10.48%	16.49%
蒙古	B3	9.09%	15.10%
巴基斯坦	B3	9.09%	15.10%
巴布亞紐幾內亞、簡稱巴紐	B2	7.69%	13.70%
菲律賓	Baa2	2.66%	8.67%
新加坡	Aaa	0.00%	6.01%
索羅門群島	Caa1	10.48%	16.49%
斯里蘭卡	Ca	16.78%	22.79%
臺灣	Aa3	0.84%	6.85%
泰國	Baa1	2.23%	8.24%
越南	Ba3	5.03%	11.04%
亞洲		1.56%	7.57%
澳洲	Aaa	0.00%	6.01%
庫克群島	Caa1	10.48%	16.49%
紐西蘭	Aaa	0.00%	6.01%
紐澳		0.00%	6.01%

由左至右依序為:穆迪評等
國家風險溢酬
權益風險溢酬

一個專案的資金成本,應該反映它實際營運所在的位置——不論是就生產面或營收面而言——而不是以投資該專案的公司註冊所在國為依

據。因此，如果一家美國公司正在評估一項設於印度的專案，在估算該專案的股東資金成本時，應使用 9.08% 的權益風險溢酬（ERP）。

・相對風險衡量值（Beta 值）

構成股東資金成本的最後一個要素，是對企業相對風險的評估——也就是該企業相對於市場中平均風險投資的風險高低。財務分析師通常以 Beta 值[3]來衡量這種相對風險。

與其深入探討其推導過程或適用性，倒不如簡單地將它視為一項相對風險衡量值：當 Beta 值為 1 時，代表一項風險等同於市場平均的股權投資；大於 1 則表示風險高於平均，小於 1 則表示風險低於平均。

一家企業或一個專案的相對風險程度，取決於若干商業決策，這些基本面因素包括：專案所提供的產品或服務，是否屬於消費者可自由裁量的項目（即非必需品），裁量性越高，風險通常越大；專案的固定成本結構，高固定成本會放大經營槓桿，進而提高相對風險；專案或企業的負債程度，債務越多，風險承擔也隨之增加。

圖 6-8 中總結了這些影響相對風險的決定因素。

3　譯注：Beta 係數（通常以符號 β 表示）是用來衡量個別股票相對於整體市場投資組合報酬率波動程度的指標。如果一檔股票的報酬率會隨著市場報酬率同步變動，且幅度相同，則該股票被視為平均風險資產，Beta 值為 1。當 Beta 值大於 1，表示該股票的波動幅度高於市場，屬於高風險資產；若 Beta 值小於 1，則為低風險資產。若 Beta 值為負，則代表該股票的價格走勢與市場整體趨勢呈反向變動。

圖 6-8 ｜相對風險（Beta）的決定因素

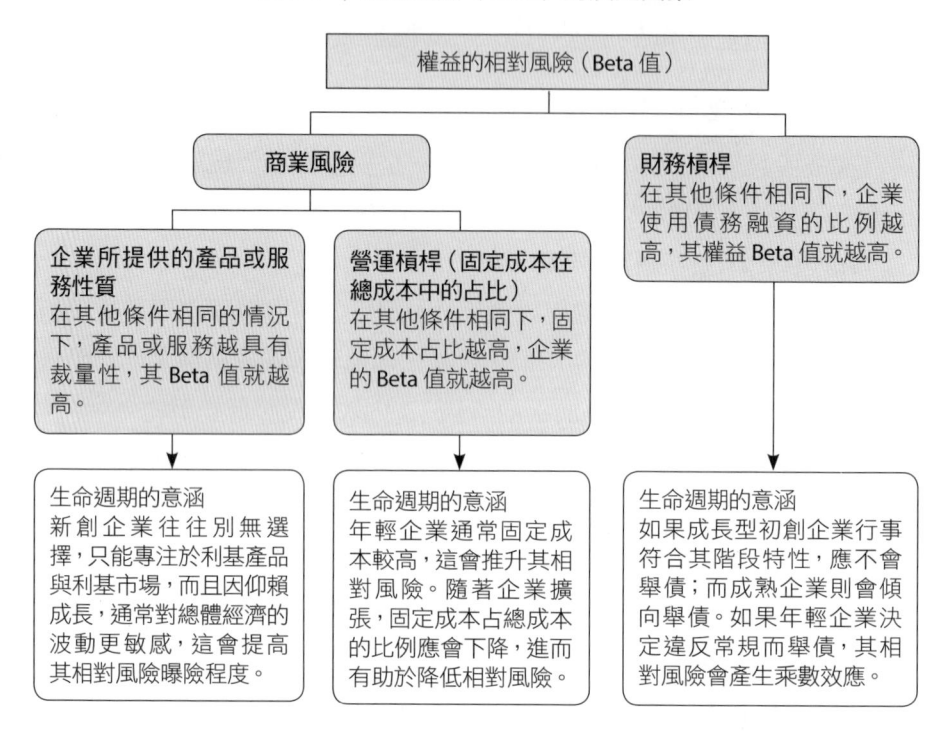

```
                    權益的相對風險（Beta 值）
                    │
        ┌───────────┴───────────┐
        │                       │
     商業風險                 財務槓桿
        │                   在其他條件相同下，企業
        │                   使用債務融資的比例越
        │                   高，其權益 Beta 值就越高。
   ┌────┴────┐
   │         │
企業所提供的產品或服   營運槓桿（固定成本在
務性質              總成本中的占比）
在其他條件相同的情況   在其他條件相同下，固
下，產品或服務越具有   定成本占比越高，企業
裁量性，其 Beta 值就越   的 Beta 值就越高。
高。
```

生命週期的意涵
新創企業往往別無選擇，只能專注於利基產品與利基市場，而且因仰賴成長，通常對總體經濟的波動更敏感，這會提高其相對風險曝險程度。

生命週期的意涵
年輕企業通常固定成本較高，這會推升其相對風險。隨著企業擴張，固定成本占總成本的比例應會下降，進而有助於降低相對風險。

生命週期的意涵
如果成長型初創企業行事符合其階段特性，應不會舉債；而成熟企業則會傾向舉債。如果年輕企業決定違反常規而舉債，其相對風險會產生乘數效應。

　　從相對風險的決定因素來看，便可以理解為何成長初期的企業在商業風險上的曝險程度較高；而成熟企業雖較穩定，但如果運用財務槓桿，那麼就股東資金的角度而言，其相對風險也可能偏高。

　　要衡量相對風險的曝險程度，必須使用一段時間的歷史資料，來源可以是基本面數據（例如營收、盈餘），也可以是市場價格（如果是上市公司）。由於基本面數據發布頻率較低（通常是每季或每年），而且受到

會計平穩化（accounting smoothing）[4] 的影響，多數分析師會選擇以市場價格來估計相對風險。然而，這種做法會衍生出三個問題：

一、如果企業未上市、無市場交易價格，則無法使用這個方法，對於私人企業來說根本無從著手。

二、即使是上市公司，所能估計的也僅是涵蓋整體企業的單一 Beta 值，若把它套用於風險程度不同的個別專案，可能會導致計算出的最低可接受報酬率產生偏誤。

三、以歷史價格估算風險會出現高度雜訊；換言之，**估計結果往往是落在某個範圍內的多個值，而非一個明確的單一數值。**

解決上述三項問題的辦法，是採用該產業中所有上市公司 Beta 值的平均數，作為某一企業或專案的相對風險衡量值。例如，一家科技公司如果打算投資一項娛樂軟體專案，即可使用上市娛樂類股的平均 Beta 值作為該專案的參考指標。

這個方法同樣適用於私人企業與專案的風險估計，且具備額外優勢：將多個可能有誤差的相對風險衡量值加以平均，可得到一個變異程度較低、也更具準確性的估算結果。

生命週期各階段的資金成本

將無風險利率、風險溢酬（權益的權益風險溢酬與債務的違約利差），以及相對風險衡量值彙整後，便能估算出任何企業的股東資金成本與債務資金成本。再根據各項資金在整體融資結構中所占的市值比例

4　譯注：指企業透過合法的會計處理方式，調整盈餘的認列時點或幅度，使財報盈餘表現較穩定、波動較小，這種做法又稱為「盈餘平滑」（income smoothing），其目的在於呈現出企業具有持續穩定獲利的形象。

（而非帳面價值）進行加權，即可得出企業的整體資金成本。

在圖 6-9 中，我便繪製出 2022 年 7 月全球企業的資金成本分布情形（以美元計價）。

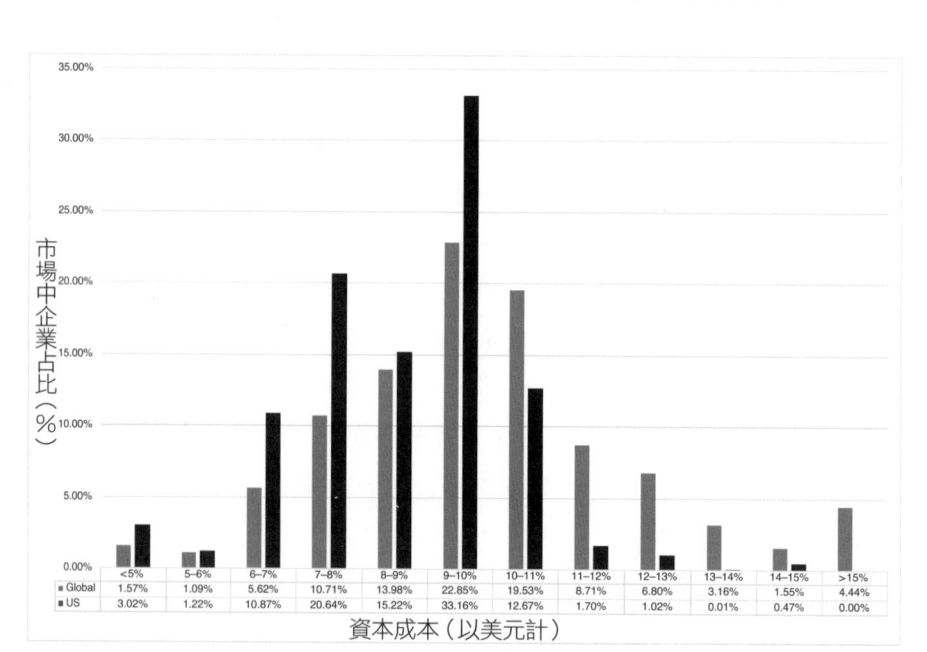

圖 6-9 │ 2022 年 7 月，全球企業資金成本（美元）分布圖

資本成本（以美元計）	<5%	5–6%	6–7%	7–8%	8–9%	9–10%	10–11%	11–12%	12–13%	13–14%	14–15%	>15%
Global	1.57%	1.09%	5.62%	10.71%	13.98%	22.85%	19.53%	8.71%	6.80%	3.16%	1.55%	4.44%
US	3.02%	1.22%	10.87%	20.64%	15.22%	33.16%	12.67%	1.70%	1.02%	0.01%	0.47%	0.00%

這些以美元計價的資金成本，反映了截至 2022 年 7 月 1 日的無風險利率（3.02%），以及當時的權益風險溢酬，如圖 6-6 與圖 6-7 所示。截至 2022 年 7 月，美國企業的美元資金成本中位數是 8.97%，全球企業則是 9.70%。

整體來看，資金成本的分布範圍出乎意料地窄：有 80% 的美國企業，其資金成本落在 6.76% 至 10.24% 之間；而 80% 的全球企業，資金成本則介於 7.20% 至 12.84% 之間（全球企業的資金成本分布較寬，主要是因為

它們對高風險市場的曝險程度較高)。

那麼,企業在生命週期的不同階段,其資金成本是否應有所差異?乍看之下,答案似乎很明確。正如我先前在討論生命週期各階段的不確定性時提到,年輕企業面臨的風險通常高於成熟企業,因此,資金成本應當反映這樣的風險差異,似乎合乎邏輯。

不過,需要更審慎看待的原因在於:**資金成本(至少如前圖所示)只反映了具分散化投資的投資人所感知的風險**。如果年輕企業所面臨的大多數風險是企業特有風險,而其投資人又較不具分散化,那麼計算出來的資金成本可能無法完全反映其真實風險。

在表 6-1 中,我只估算了美國企業資金成本(以排除國家風險的干擾),並依據企業年齡加以分類。這裡使用的「企業年齡」,也是我在第 3 章7 提出的生命週期衡量標準之一。

表 6-1 | 美國企業依年齡十分位數劃分的資金成本(以美元計)

年齡十分位數	平均年齡	資金成本(以美元計)		
		最低四分位數	中位數	最高四分位數
最年輕	5.04	8.73%	9.27%	9.64%
第 2 十分位數	9.43	8.58%	9.20%	9.64%
第 3 十分位數	13.58	8.19%	9.19%	9.77%
第 4 十分位數	18.12	8.13%	9.15%	9.78%
第 5 十分位數	23.49	7.64%	9.12%	9.81%
第 6 十分位數	29.49	8.10%	9.15%	9.70%
第 7 十分位數	38.19	7.81%	9.05%	9.68%
第 8 十分位數	52.48	7.53%	8.94%	9.67%
第 9 十分位數	86.88	6.91%	8.59%	9.24%
最年長	140.22	6.66%	7.03%	8.88%

如果要從這張表格歸納出一項結論,那就是:**企業年齡越高,其資金**

成本越低，其中最年長的十分位數企業，其資金成本中位數僅為 7.03%，明顯低於其他群體。

雖然最年輕企業的資金成本最高，達 9.27%，但這個數值在年齡結構的前 8 個十分位數中變化幅度不大，直到第 9 個十分位數（即倒數第二層），才開始出現明顯下降趨勢。

需要特別注意的是，多數年輕企業尚未公開上市，因此表 6-1 的結論可能無法直接套用於這些公司。對於這類企業而言，其所有人（例如創辦人）通常並未進行投資組合分散，而創投業者則多為局部分散，在此情況下，資金成本會上升，以納入企業特有風險的影響。

作為一項示意練習，為了說明「風險觀點的不同」會導致成本估算的差異，我以總風險（而非僅限於不可分散風險）來計算企業的相對風險衡量值，並根據企業年齡的十分位數，為上市公司重新估算其資金成本，結果列於表 6-2 中。

表 6-2 ｜ 美國企業依年齡十分位數劃分的總風險資金成本（以美元計）

年齡十分位數	企業數量	與市場的關聯性	第1四分位數	中位數	第3四分位數
最年輕	483	28.31%	20.86%	25.31%	28.73%
第2十分位數	674	28.61%	20.64%	25.25%	27.96%
第3十分位數	442	29.11%	19.52%	24.15%	27.75%
第4十分位數	731	29.11%	19.39%	24.01%	27.59%
第5十分位數	611	29.11%	17.85%	23.92%	27.45%
第6十分位數	560	29.28%	18.02%	23.33%	26.93%
第7十分位數	592	29.60%	17.84%	22.25%	26.36%
第8十分位數	621	30.97%	16.89%	20.63%	24.43%
第9十分位數	584	31.77%	12.70%	20.08%	23.01%
最年長	595	33.52%	12.02%	12.70%	21.10%

如你所見，整體而言，所有企業的總風險資金成本皆顯著提高。但若採此種估算方式來評估風險，最年輕與最年長企業之間的資金成本差距也會大幅擴大。

投資決策的法則

我在上一章提過，雖然投資決策可以僅依據會計盈餘或現金流量來判斷，但良好的投資報酬衡量方式，應同時納入現金流的金額與時點兩項因素。

在這一節，我將從會計報酬率談起，說明即使它存在不少局限，在投資分析中仍具有一定的影響力。接著，我會介紹最常見的兩種時間加權報酬法：淨現值（NPV）與內部報酬率（IRR），並說明在企業生命週期的不同階段，應如何在兩者之間作出正確選擇。

最後，我會引入實質選擇權（real options）[5]的觀點，說明年輕企業有時會以此作為依據，取代傳統投資決策法則，儘管這種做法在實務上也可能遭到誤用。

會計報酬率：投資人／資金提供者的不同視角

一個專案或是一家企業的會計報酬率，是將盈餘與投入資本相比所得出的比率，作為衡量該專案成果的會計性指標，其定義也依循會計角度而來。

5　實質選擇權（real options）是指企業在面對不確定性時，擁有彈性調整或延後投資決策的權利，例如延後擴產、退出專案或擴張營運，類似於金融選擇權在投資決策上的應用。

如同企業的其他衡量方式，會計報酬率可分為兩種觀點：一是從權益投資人角度衡量的「股東權益報酬率（Return on Equity，簡稱ROE）」，另一則是從整體資金提供者角度衡量的「投入資本報酬率（Return on Invested Capital，簡稱 ROIC）」。

利用我在說明最低可接受報酬率時所採用的資產負債表觀點，你可以在圖 6-10 中對照這兩種報酬衡量方式的差異。

圖 6-10｜會計報酬率──股東權益 VS. 總資本

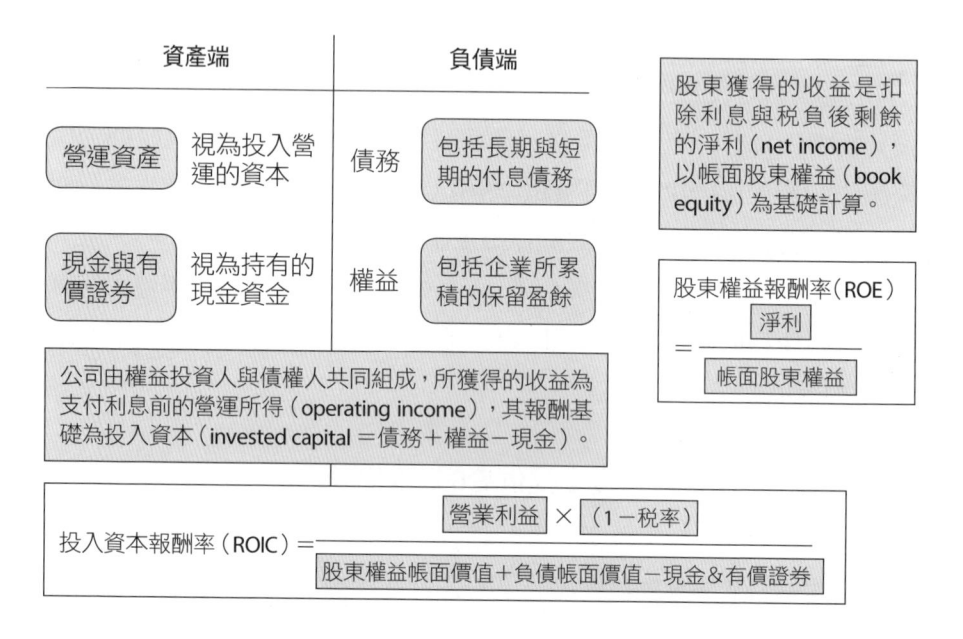

資產端		負債端	
營運資產	視為投入營運的資本	債務	包括長期與短期的付息債務
現金與有價證券	視為持有的現金資金	權益	包括企業所累積的保留盈餘

股東獲得的收益是扣除利息與稅負後剩餘的淨利（net income），以帳面股東權益（book equity）為基礎計算。

$$股東權益報酬率（ROE）= \frac{淨利}{帳面股東權益}$$

公司由權益投資人與債權人共同組成，所獲得的收益為支付利息前的營運所得（operating income），其報酬基礎為投入資本（invested capital＝債務＋權益－現金）。

$$投入資本報酬率（ROIC）= \frac{營業利益 \times （1－稅率）}{股東權益帳面價值＋負債帳面價值－現金 \& 有價證券}$$

從直覺上看，「投入資本報酬率」（ROIC）反應的是企業報酬的品質，而股東權益報酬率（ROE）則會因融資結構中的舉債因素而被放大，納入了財務槓桿的效果。換言之，即使一家企業的專案投入資本報酬率僅為中等水準，若使用了較高比例的債務融資，仍可能呈現較高的股東權益報酬率。

· 衡量上的問題

雖然會計報酬率（無論是 ROE 或 ROIC）計算簡單，且所需數據——盈餘與帳面價值——通常都可從企業財務報表中輕易取得，但它的弱點也正是來自其會計本質。

- 專案或企業的會計盈餘，反映的是會計師根據會計準則所記錄的營收，以及對各類費用的分類結果，這些費用會被歸入營業費用、財務費用或資本支出等不同項目。然而，當費用分類錯誤時，會計盈餘就可能出現嚴重偏差。例如，在 2019 年以前，租賃費用（實質上屬於財務費用）卻被歸類為營業費用；而至今，研發費用依然被列為營業費用，儘管若依據財務學的第一原理，它應視為資本支出。這類錯誤分類會大幅扭曲會計盈餘的真實反映。
- 一項專案的投入資本，通常是根據會計師對該專案投資所記錄的帳面價值來估算。在專案啟動初期，這樣的假設或許尚可接受，但如前所述，假如費用分類錯誤（例如租賃和研發支出沒有正確分類），仍可能導致估算結果產生偏差。此外，隨著專案資產逐漸老化、帳面價值與實際現值（current value）出現偏離，帳面價值作為估算基礎的代表性也將日益降低。
- 最後，在傳統的計算方式下，**投入資本報酬率（ROIC）並未納入貨幣的時間價值**，因為未來年度的盈餘（以及它所代表的報酬）與下一年度的盈餘在計算中被賦予相同的權重。

生命週期各階段的會計報酬率

簡而言之，專案或企業的投入資本報酬率（ROIC）或股東權益報酬率（ROE）等會計報酬率的計算結果，往往與實際的報酬表現存在落差。

為了觀察這種偏離與企業生命週期之間的關聯，我針對 2022 年美國上市企業，按照企業年齡分成十分位數，計算其 ROE 與 ROIC，結果列於表 6-3。

表 6-3 | 2022 年美國企業依年齡分組的會計報酬率

年齡十分位數	平均年齡	投入資本報酬率（ROIC）			股東權益報酬率（ROE）		
		中位數	ROIC 總體值	ROIC 為負比率	中位數	ROE 總體值	ROE 為負比率
最年輕	5.04	-74.99%	7.28%	47.41%	-15.50%	0.43%	73.91%
第 2 十分位	9.43	-57.06%	4.14%	43.92%	-15.96%	-4.21%	67.66%
第 3 十分位	13.58	-27.77%	-5.18%	42.08%	-9.40%	-8.74%	57.01%
第 4 十分位	18.12	-7.40%	11.84%	36.94%	-4.84%	12.42%	51.03%
第 5 十分位	23.49	0.10%	13.64%	28.81%	5.79%	18.23%	37.48%
第 6 十分位	29.49	4.65%	11.38%	27.14%	6.83%	22.74%	34.11%
第 7 十分位	38.19	6.26%	17.81%	24.32%	9.90%	18.64%	28.72%
第 8 十分位	52.48	9.30%	10.24%	19.32%	12.65%	31.45%	19.16%
第 9 十分位	86.88	10.22%	4.72%	18.15%	12.66%	22.04%	16.95%
最年長	140.22	5.18%	7.83%	22.69%	11.84%	15.10%	8.57%

在每個年齡十分位組中，我分別計算了中位數企業的報酬率，以及一項加總型指標：亦即將該組所有企業的總盈餘，除以其總投入資本所得。這個加總指標實際上更接近一種加權平均值，因為組內規模較大的企業，在計算中所占的比重也會較高。請特別注意，年輕企業中報告負投入資本報酬率（ROIC）與負股東權益報酬率（ROE）的比例極高，分別為 47.41% 與 73.91%。

但在我們急著下結論，認為這些企業投資不當之前，值得提醒的是：這裡的會計報酬，是以最近 12 個月的盈餘作為基礎進行計算，而**在企業生命週期的早期階段，出現負盈餘原本就是常態**。

隨著企業逐漸邁向成熟，會計報酬率會顯著改善，報告負報酬的企業比例也會相對減少。有趣的是，儘管最年長企業（位於最頂端十分位）中虧損者比例相對極低，其 ROIC 卻仍出現下滑，可能是因為其業務逐漸失去成長動能與吸引力所致。

現金流量折現法

在投資報酬率的光譜另一端，則是以現金流量為基礎，並透過折現方式將未來現金流量換算為現值的衡量方法，從而反映時間價值的影響。其中，最廣為使用的兩種現金流量折現法指標，是淨現值法（NPV）[6]和內部報酬率（IRR）。

- 「淨現值法」是將一項專案在其整個生命週期中，預期現金流量的現值加總，並以「最低可接受報酬率」（即資金成本）作為折現率。由於啟動或維持專案所需的投入資金會以負的現金流量呈現，因此淨現值法的投資判斷準則十分簡明：假如 NPV 大於零，表示該專案的報酬率超過最低可接受報酬率，是一筆值得投資的案子；反之則不然。

- 「內部報酬率」是使一項專案的所有預期現金流量的現值加總為零的貼現率。這個內部報酬率，可用來與該專案的最低可接受報酬率進行比較：如果 IRR 高於最低可接受報酬率，該專案即為一

6　譯注：淨現值法（Net Present Value, NPV）是一種評估投資價值的方法，其核心原則在於「貨幣具有時間價值」。也就是說，越早收到的現金，其價值越高；而未來的現金流，因為時間遞延與通貨膨脹等因素，其價值需進行折現處理，方能與現在的資金進行合理比較。

項良好投資;若低於最低可接受報酬率,則為不佳的投資選擇。

儘管這兩種方法都建立在同一個基本原則上,也就是以現金流量為基礎,並考量其時間價值,但是兩者之間仍存在一些關鍵差異:

1. **百分比 vs. 絕對值**:第一個差異在於,淨現值(NPV)是一個絕對值,由於以預期現金流量為基礎,NPV 的結果通常是一個具體的金額(例如以美元計價)。因此,即使某個專案所需的初始投資,是另一個專案的 5 倍甚至 10 倍之多,如果它的 NPV 較高,仍代表它能創造更多價值。相較之下,內部報酬率(IRR)是一個百分比指標,往往會偏好資金需求較小的專案,因而可能產生與 NPV 評估結果不一致的排名。

2. **單一值 vs. 多重值**:一個專案只能有一個淨現值(NPV),但若其現金流量在整個期間內出現多次符號變化——例如先為負值、再轉為正值、之後又回到負值——那麼該專案可能會產生多個內部報酬率(IRR)。當 IRR 不只一個時,決策者將陷入判斷困境:若其中一個 IRR 高於最低可接受報酬率(代表值得投資),而另一個低於該門檻(代表不值得投資),則無法明確得出結論。

3. **中期現金流的再投資假設**:雖然 NPV 和 IRR 都屬於時間加權的現金報酬衡量方式,但兩者對於專案中期現金流量的再投資假設存在細微差異。以一個為期 5 年的專案為例,第 1 年至第 4 年的現金流即屬於中期現金流。NPV 法則假設,這些中期現金流將以最低可接受報酬率進行再投資。若該報酬率反映的是市場對同等風險投資的報酬要求,這便是一項相對穩健的假設。相對地,IRR 法則假設這些中期現金流,會以該專案本身的 IRR 進行再投資。這等於隱隱假設了企業未來能不斷找到品質與報酬率皆與當前專案相當的新投資案,才能夠持續維持該 IRR 水準。

雖然許多企業財務學教科書，堅持主張淨現值法（NPV）是最理想的投資評估準則，但一旦將企業生命週期納入考量，這項結論就變得不再絕對，而是充滿彈性與情境依賴。

對茁壯階段的企業來說，通常面臨的是投資機會遠多於可動用資本的情況，此時使用內部報酬率（IRR）做決策較為合理，因為在資金受限下，更應關注單位資本所能創造的報酬率。

而隨著企業進入成熟階段，資本變得充裕，能涵蓋大部分可行專案，此時則更適合轉向淨現值法（NPV），以篩選出真正能為企業創造總體價值的投資案。

實質選擇權法

除了 NPV 與 IRR 之外，還有第三種評估投資案的方法——實質選擇權法。這種方法具有一定爭議性，因為它超越了傳統投資決策準則，但在某些情境下，能夠提供嶄新視角，並改變投資判斷。

它的做法是：仍然先依據傳統方式，為一項專案計算其 NPV 或 IRR，但進一步考慮以下可能性：**即使該專案 NPV 為負，執行此投資仍可能為未來開拓新事業或新市場創造機會**。換言之，這筆負淨現值的初期投資，實際上等同於買下了一項選擇權，讓你在未來得以進行其他潛在高報酬的投資。

圖 6-11 所示，即為這類選擇權架構的現金流量報酬圖。

圖 6-11 ｜ 實質選擇權報酬圖

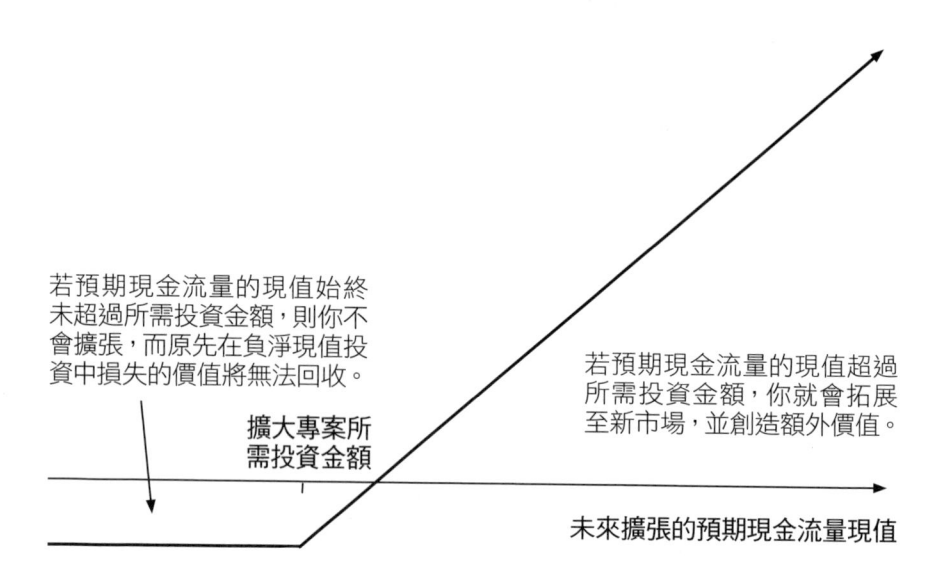

若預期現金流量的現值始終未超過所需投資金額，則你不會擴張，而原先在負淨現值投資中損失的價值將無法回收。

擴大專案所需投資金額

若預期現金流量的現值超過所需投資金額，你就會拓展至新市場，並創造額外價值。

未來擴張的預期現金流量現值

　　實質選擇權法的估值，一向被認為極為困難，因為我用來評價掛牌選擇權的定價模型，並不適用於專案類選擇權的估值：其基礎資產並未交易、選擇權存續期間較長，而且通常都會提前履約，這些特性都與傳統選擇權大相逕庭。

　　然而，即使無法為選擇權準確估值，只要意識到某個專案內含實質選擇權，就能帶來重要洞見，甚至改變決策方向。舉例而言，就算無法為選擇權附加精確數值，我仍知道，當你考慮進入的市場規模龐大，而你對市場規模或自身能否成功打入該市場仍懷有高度不確定性時，這類「擴張選擇權」的價值將是最高的。

　　雖然在企業生命週期的各個階段，都可能會有公司主張採用實質選擇權邏輯，來為財務上不合格的專案（例如 NPV 為負值，或者資本報酬

率低於資金成本等）辯護，但這種方法對年輕企業尤其具有吸引力，特別是那些正準備進軍大型市場的新創公司，因為它們往往正面臨最劇烈的不確定性。

如果你曾在一家年輕公司工作，卻不曾聽過公司在投資決策中提及「實質選擇權」這個詞，請留意，其實有一些與之密切相關的術語存在。一家年輕企業如果做出一項無法通過財務數據檢驗的投資決策，卻主張是基於「策略上的必要性」，本質上就是採取了實質選擇權的思維。

在過去 10 年間，企業經理人與投資人為了打造或併購平台（無論是用戶平台或訂閱平台），投入了數十億美元，背後的隱含邏輯正是：這些平台用戶將成為未來高獲利商業模式的基礎——這同樣是實質選擇權的一種運用。

企業生命週期各階段的投資決策

企業在投資資產、專案或收購時，只有當預期報酬率高於「最低可接受報酬率」時才應執行，這項原則貫穿整個企業生命週期始終適用。然而，正如本章所示，**企業在不同階段面臨的投資挑戰、應用此原則的方式，以及常見的錯誤類型，都會隨著生命週期的推移而有所不同。**

我會從企業在生命週期各階段所面臨的挑戰談起，接著說明它們常犯的錯誤。對於新創公司或早期階段的企業而言，投資分析所面臨的最大挑戰在於：缺乏歷史經驗，產品或服務尚未經市場驗證，導致投資回報的每一項判斷都充滿高度不確定性——從專案壽命的長短，到該期間內的盈餘與現金流量，無一例外。

如果再加上這些企業所評估的每一項投資案往往規模龐大、足以決定企業存亡，我們就不難理解，為何企業在這一階段經常會逃避面對不確定性。它們不願正面估算風險與回報，反而傾向依賴直覺與表層指標

（例如用戶數成長、下載量提升）決定是否投資，並草率援引實質選擇權的說法（例如強調市場規模龐大、變數尚多），卻缺乏嚴謹的分析基礎。

隨著公司進入下一階段，開始建立可行的商業模式，並逐漸了解市場中哪些做法可行、哪些不可行，投資流程也開始走向制度化。話雖如此，**在估計現金流量與確立最低可接受報酬率時，仍存在顯著不確定性**，尤其是對那些已取得創投資金的企業而言。

此外，加上部分年輕企業常抱持一種看法，認為預測現金流以及進行財務分析，會壓抑企業的創造力，便不難理解，為何這個階段的投資決策仍傾向零散且缺乏系統。

在那些選擇進行投資分析的年輕企業中，由於資本相對於投資機會仍極為有限，內部報酬率（IRR）經常被視為主要的評估指標，而且偏好短期專案甚於長期投資——原因在於企業普遍擔心：資金長期被綁定，將加劇對未來的不確定感。

對那些成功邁入高成長階段的企業來說，它們必須體認到，**成功不僅會增加需評估的投資專案數量，這些專案的規模也將遠大於以往**。因此，同樣重要的是要理解：隨著專案規模放大，其報酬率（以百分比衡量）通常會下降——畢竟，要在一筆 100 萬美元的投資案上賺取 50%的報酬，遠比在一項 1 億美元的專案上達到相同報酬率來得容易。

然而，仍有一部分的高成長企業，堅持要求這些大型的投資新案，必須達到過去小型專案所創造的相同內部報酬率。這種思維將導致它們錯失優質投資機會，企業規模也因此難以擴張。

在成熟成長階段，企業可以較為從容地依據過往經驗來預測與分析投資專案，部分原因在於它們過去已執行過類似的專案。然而，當企業規模擴大，想要維持高成長率，往往需積極把握機會、進軍新市場或地理區域。

此時，若投資分析過於僵化——無論是在流程設計上，或依賴過度

簡化的經驗法則——都可能成為企業拓展的障礙。隨著可行的投資機會減少、現金流日益充裕，這類企業的投資重心也可能由內部報酬率（IRR）的百分比指標，轉向以淨現值（NPV）衡量的實質價值創造（以美元計）。在此階段，管理者面臨的一大風險是：為了達成成長目標與擴張規模而出現過度投資的傾向，這往往會導致企業犧牲獲利能力，換取營收與規模的擴張。

對於已邁入成熟穩定階段的企業而言，內部專案的現金流預測多半可仰賴歷史經驗。但**如果企業仍有成長目標，通常會轉向併購作為成長手段**。在併購案中，投資分析的性質與內部專案不同：你所預測的是整家被併公司未來的現金流，而非單一專案，而且這個過程往往涉及額外的成本與效益（synergies），這些都必須納入評估。

假如併購對象是大型的上市公司，從過往的交易歷史來看，買貴的機率往往高於撿到便宜。雖然這確實能「買到成長」，但所付出的代價往往過高。在這個階段，企業還需特別注意另一項風險：在評估來自不同風險層級的投資案時，仍使用單一的「企業資金成本門檻率」（corporate hurdle rate），可能導致低風險業務被迫補貼高風險部門的投資決策。

此外，會計盈餘與現金流的差異在此階段通常會縮小，帳面價值也更有可能貼近實際投入資本的規模，因此會計報酬率可望反映出專案品質的高低。不意外地，這類企業歷來最常使用會計報酬率作為投資評估工具，並延續至今。最後，成熟企業還必須持續警戒那些企圖顛覆現有市場的新進業者——他們往往無所顧忌，甚至沒有任何包袱可言。

對衰退中的企業來說，缺乏成長資產（回顧前文將企業資產分為現有資產與成長資產）通常伴隨著現有專案或資產報酬率的惡化。因此，企業的投資流程會出現反轉：**與其投入新專案、期待未來產生現金流，不如考慮出售部分現有業務**——如果買方願意支付的價格，高於這些業務持續經營所能帶來的價值。

從邏輯上來看，這並不困難，因為評估一項資產出售，只是將傳統的現金流序列顛倒過來：先收到一筆正向現金流（出售收入），再和放棄該資產後所損失的未來現金流進行權衡。

話雖如此，許多企業仍難以面對衰退現實，因為在多數管理者的觀念中，成長被視為正向目標，縮減規模則被誤認為是失敗的象徵。事實上，對這些管理者來說，真正的挑戰在於抵禦各種聲稱能以低成本輕鬆「逆轉衰退」的快速解方。

總結來說，企業在各個生命週期階段的投資流程，如圖 6-12 所示，展現出投資類型與評估技術如何隨時間而變化。

請注意，雖然整體而言，年輕企業通常較依賴內部或有機投資來推動成長[7]，而成熟企業則較常把重心轉向收購，但這項原則仍有不少例外。

舉例來說，蘋果公司是 2022 年 7 月全球市值最高的企業，在過去 10 年大多時間處於成熟階段，卻始終避免陷入「大規模併購」的陷阱。反觀印度一家年輕的食物外送公司 Zomato，雖然其商業模式尚未定型，但在創立初期便已展開數十項收購，多為小型私人科技公司。

---

[7] 譯注：內部成長或有機成長（organic growth），指企業透過提升產能、擴大銷售等自身營運活動來實現成長，而非依靠併購或收購其他公司。

圖 6-12 ｜企業生命週期各階段的投資原則

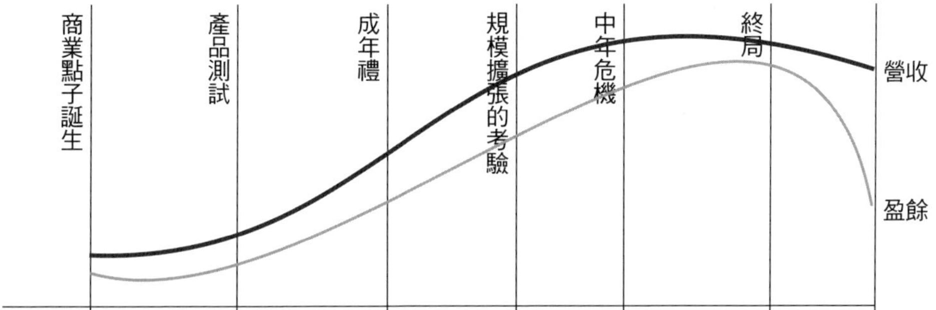

（曲線標示，由左至右：商業點子誕生、產品測試、成年禮、規模擴張的考驗、中年危機、終局；曲線：營收、盈餘）

生命週期階段	初創期	茁壯期	高成長期	穩健成長期	成熟穩定期	衰退期
最大挑戰	無歷史可參考、產品未經市場驗證、資本不足	不確定性高、商業模式仍在發展、資本有限	評估專案變多、規模也比以往更大	新專案可能出現在新市場／新業務	資本過多但投資機會變少	現有投資開始「轉壞」
最常見錯誤	以直覺與感覺決定專案	抵制正式投資分析，拿不確定性當擋箭牌	拒絕「好」的專案，只因百分比報酬率低於過去小專案	投資分析僵化，阻礙新市場進入	所有專案都用同一個最低可接受報酬率，導致風險高低不分的資源錯配	拒絕將資產剝離納入投資分析
投資技術	選擇權模型，完全聚焦上檔空間	內部報酬率（IRR）最大化，以資本報酬效率為導向	獲利指數（NPV÷投資金額百分比）	淨現值法（NPV），因資本限制減緩	投入資本報酬率（ROIC）和超額報酬[8]模型	剝離與清算分析
投資類型	內部投資與聚焦式小規模併購	內部投資與聚焦式小規模併購	併購以維持成長動能			剝離事業體

8　譯注：超額報酬（excess return）是指一個投資組合和某個基準之間的報酬差異，多出（或少於）該基準多少報酬。在此情境下，所謂基準，通常是指無風險報酬率。

在風險中，仍做出企業投資決策

「只投資於那些報酬率高於最低可接受報酬率的專案或資產」，這項建議聽來簡單，實際執行起來卻不容易。最低可接受報酬率，是反映投資風險的一種工具，但正如我在本章所說，要確定哪一類是邊際投資人（其風險觀點將主導風險的衡量方式）或估計對應的風險指標，其實都不容易。

話雖如此，你仍應預期，年輕企業在評估是否投資於新專案時，所使用的最低可接受報酬率，通常會高於年長企業。如果要妥善估算一項投資的預期報酬，就必須預測該投資整個存續期間的盈餘與現金流量，再以最低可接受報酬率作為貼現率，將這些現金流進行時間加權後折現。

進一步而言，我也在本章提供了一種在特定情況下，破例採行報酬率低於門檻的投資路徑，特別是當這些投資能帶來進入龐大市場的機會，且對未來仍存在高度不確定性時。

第7章

貫穿生命週期的籌資原則

企業在籌措資金時，通常可以動用業主的自有資金（股本），或是透過舉債（債務）方式取得。而隨著企業擴張，甚至可能上市，可取得的股本與債務來源也會隨之增加。

在股本方面，創業投資與公開發行股份會補充業主原本的資金；在債務方面，公司債則會成為銀行貸款的補充來源。同時，在舉債結構上的選擇也會變得更多元，包括借款年限、利息支付方式（固定或浮動利率）、可轉換條款，以及所使用的貨幣等。

籌資原則中我們將探討的是，在投資籌資時，應有多少比例來自舉債（如果有的話），以及應選擇哪種最能與企業特性匹配的籌資方式。

債務 VS. 權益的取捨

假如企業面臨募股或是舉債的抉擇，那麼判斷哪種籌資方式對企業更有利的方法，就是**比較舉債相對於募股的成本與效益**。

我會先指出，許多企業之所以選擇舉債，是出於一些我稱之為「**假象**」**的理由**，也就是那些乍看之下似乎合理，實際上卻經不起檢驗的借貸動機。

接著我會轉向光譜另一端，純粹探討財務面的取捨——就是舉債的基本成本與利益——以及它們為什麼會隨著企業生命週期的發展而改變。

最後，我會探討市場摩擦（market frictions）[1]、錯誤定價和扭曲現象，

---

[1] 編按：市場摩擦（*market frictions*），指任何妨礙市場順利交易的因素，比如交易成本、資訊不對等、流動性不足，或法律限制等，都可能讓投資人無法依照理論模型（例如資本資產定價模型）配置理想的市場投資組合。

這些因素可能會使企業的實際舉債程度，在其基本面條件下，高於或低於應有水準，而這類偏離情形會隨著企業所處的生命週期階段而有所不同。

債務 VS. 權益：假象理由

由於是否舉債，是一項攸關企業發展的重要決策，你也許會以為，這樣的抉擇應該根據那些影響企業價值的基本因素來做判斷。雖然這樣的情況確實適用於某些企業，但對許多企業而言，是否選擇舉債或募股，往往還是受到一些我所稱的假象理由所影響——其中有些理由傾向支持舉債，有些則反對。

在支持舉債的論點中，最常見的一個假象理由是：**即使不考慮稅負上的利益，舉債看起來也比募股便宜**。這種判斷通常是根據對「舉債利率」與「股本成本」的比較而來。

從技術面來看，舉債幾乎總是會看起來比募股便宜，但由於一項專案或企業的風險，終究必須由出資者中的某一方承擔，因此，當企業用較便宜的舉債取代較昂貴的股本時，這項轉變會使股本承擔更多風險，進而要求更高的報酬率，如此一來，原本舉債的成本優勢也就被抵銷了。

另一個主張增加舉債的假象理由是：這　做能讓權益投資人獲得更高的「**股東權益報酬率**」——但這種說法，只在專案的報酬率高於舉債利率時才站得住腳；如果以 6%的利率舉債，去投資一個報酬率只有 5%的專案，反而會拉低股東權益報酬率。

而就算一家公司能以低於專案報酬率的利率舉債，所產生的較高股東權益報酬率，也會伴隨更高的股本成本，從而實質上抵銷掉大部分甚至全部的舉債利益。

在反對舉債的論點中，有些企業之所以拒絕借款，是因為他們認為，**舉債會產生利息支出，進而減少可分配給權益投資人的收益**。他們認

為，這會讓投資人處於不利地位，卻忽略了一個事實：由於舉債後所需投入的股本會減少，權益投資人可能不會這麼認為。對上市企業而言，以舉債取代募股會減少流通股數，進而提高每股盈餘（EPS）。

另一個反對舉債的假象理由是，**某些企業甚至認為募股成本比舉債還低**。它們把發放給股東的股利視為成本，因此，對於不發放股利的公司來說，這種觀點形同將募股視為沒有成本的資金來源，卻忽略了股本成本其實還包括了投資人對股價上漲的預期[2]。

在圖 7-1 中，我整理了舉債的各項利益與成本，並解釋為什麼這些理由其實只是假象。

圖 7-1｜債務 vs. 權益──假象理由

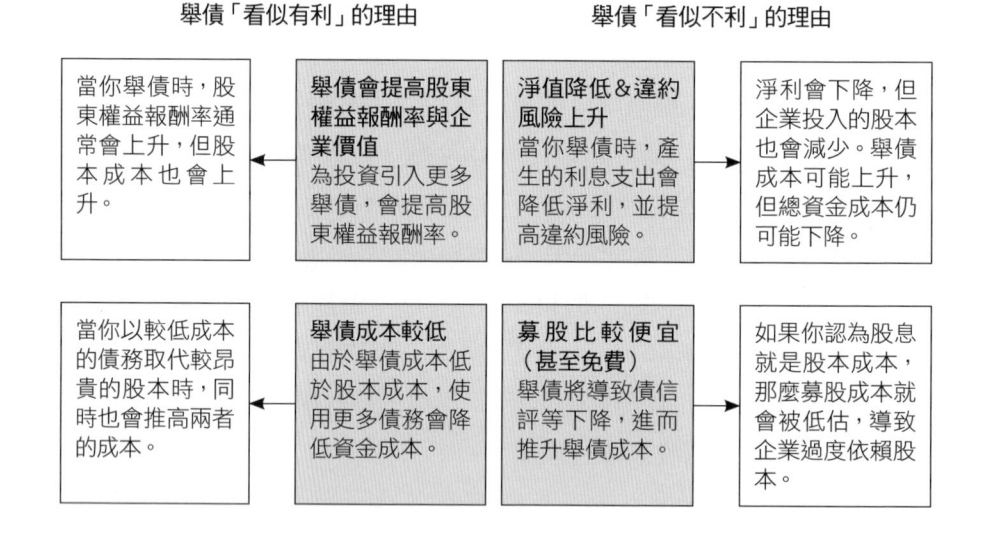

舉債「看似有利」的理由

當你舉債時，股東權益報酬率通常會上升，但股本成本也會上升。	←	**舉債會提高股東權益報酬率與企業價值** 為投資引入更多舉債，會提高股東權益報酬率。
當你以較低成本的債務取代較昂貴的股本時，同時也會推高兩者的成本。	←	**舉債成本較低** 由於舉債成本低於股本成本，使用更多債務會降低資金成本。

舉債「看似不利」的理由

淨值降低＆違約風險上升 當你舉債時，產生的利息支出會降低淨利，並提高違約風險。	→	淨利會下降，但企業投入的股本也會減少。舉債成本可能上升，但總資金成本仍可能下降。
募股比較便宜（甚至免費） 舉債將導致債信評等下降，進而推升舉債成本。	→	如果你認為股息就是股本成本，那麼募股成本就會被低估，導致企業過度依賴股本。

---

[2] 譯注：從投資人的角度來看，現金股利所帶來的是「現金殖利率」（以股利除以股價計算），而股價的上漲則形成「價差收益」，這部分在財務上通常稱為「資本利得」（capital gain）。

這些假象理由在企業生命週期各階段都常被引用，並經常用來解釋企業在不同階段中看似難以理解的籌資選擇。

- 有些年輕企業顯然不適合舉債，卻仍選擇借錢，只因為舉債利率看起來比創投要求的目標報酬率還低。這種假象通常來自債務中包含了股權成分，例如可轉換公司債（convertible debt）[3]，或附帶認股權的創投貸款，這些結構會讓借款利率表面上看起來較低。簡單來說，即便第一印象不錯，8%利率的可轉債或創投貸款，對企業而言可能遠比要求 20% 報酬率的創投資金昂貴得多。
- 在光譜的另一端，**有些家族經營的成熟企業，把股本視為免費或極低成本的資金來源**，因為對資金成本有錯誤認知，而選擇極少甚至完全不舉債，只投入那些幾乎不帶來利潤的投資。這種假象的核心，在於它們認為股息是股本的唯一成本，卻忽略了權益投資人對股價增值的期待也應被納入成本考量。

債務 VS. 權益：財務上的取捨

我在第 6 章說過，**舉債的主要好處是稅務利益，而主要成本則是破產或違約風險所帶來的損失**。

舉債的稅務利益，來自稅法允許企業將利息支出列為可扣除項目，這完全取決於稅制設計[4]。假如政府有意調整，這項利益可能會被限制、甚

---

[3] 譯注：可轉換公司債（convertible debt）是一種公司發行的債券，持有人可依約定的比例或價格，選擇將其轉換為公司股票。它結合了債券的穩定性與股票的成長潛力，兼具債權與股權的特性。

[4] 編按：這種稅務利益在財務學中常被稱為「稅盾」（tax shield），指的是企業因支付利息而減少應稅所得所產生的節稅效果。

至完全取消。然而，在多數國家的現行稅制下，這類稅務利益不但仍然存在，且會隨著公司邊際所得稅率的提高而放大。

簡單來說，一家愛爾蘭公司舉債時，其所享的稅務利益將遠低於一家舉債規模相同的德國公司，因為愛爾蘭的邊際公司稅率是 12%，而德國高達 29.5%。以相同邏輯來看，一家美國公司如果在 2016 年舉債，彼時聯邦層級的公司稅率是 35%，加上州稅後接近 40%；但在 2018 年稅法改革後，聯邦稅率降至 21%，含州稅約為 25%，因此可享的稅務利益也相對減少。

預期的破產成本，取決於企業無法履行對債權人契約義務的機率，以及實際破產時產生的各項成本。這些成本包括直接成本，例如破產程序中產生的無謂損失[5]與法律費用，也包括間接成本，例如當一家企業被市場視為瀕臨破產時，顧客可能停止購買其產品、員工選擇離職、供應商則可能提出更嚴苛的付款條件。這些情況將導致銷售與利潤下滑，進而大幅損害企業價值。

除了上述主因，以舉債取代募股，還涉及一些次要的利益和成本。從正面來看，對某些企業而言，**舉債能促使決策者或管理者在選擇投資專案時更具紀律**，特別是當他們使用的是他人資金時。具體來說，如果他們持續做出劣質的投資決策（例如會虧損，或報酬率低於最低可接受報酬率的專案），那麼舉債越多，企業倒閉的風險就越高，而管理者也可能因

---

[5] 譯注：所謂「無謂損失」（*deadweight loss*，又稱經濟效率損失），是指市場未能達到均衡時，社會總剩餘因此減少的狀況，常見原因包括稅收、補貼或價格管制等市場扭曲。在本書提到的破產情境中，無謂損失則指企業因破產程序所導致的資源浪費，例如資產被迫低價出售、營運中斷，或重組過程中的效率損失，這些損失不會轉化為其他人的收益，因而被視為「無謂」。

此失去職位。

從缺點來看，權益投資人與債權人的利益經常出現分歧：前者傾向於追求具有較大上行潛力（即便風險較高）的投資，而後者則更偏好穩健安全的選擇。這種利益分歧會反映在各種債務契約與限制性條款[6]中，進而對重視財務彈性的企業造成額外成本負擔。

圖 7-2 中，總結了債務與權益在財務面上的各項利弊取捨。

圖 7-2｜債務 VS 權益：財務面的取捨

舉債的正面因素　　　　　　　　　　　**舉債的缺點**

真實的影響因素

利息支出可帶來節稅效果，或降低舉債的稅後成本，使得可分配給權益投資人的現金流提高。	**稅務利益** 企業的利息支出可列為稅前扣除項目，而股本的現金流則無法扣除。	**破產成本** 舉債越多，企業陷入財務困境的可能性就越高。	舉債可能同時提高股本與債務的資金成本，並增加企業失敗的風險。
劣質投資（報酬率低於最低可接受報酬率）會減少。	**紀律工具** 有利息支出壓力，會讓管理階層在專案選擇上更加自律。	**代理成本**[7] 債權人&股東的利益不同，可能產生衝突。	舉債會導致利率上升、條件更嚴格的限制性契約產生。

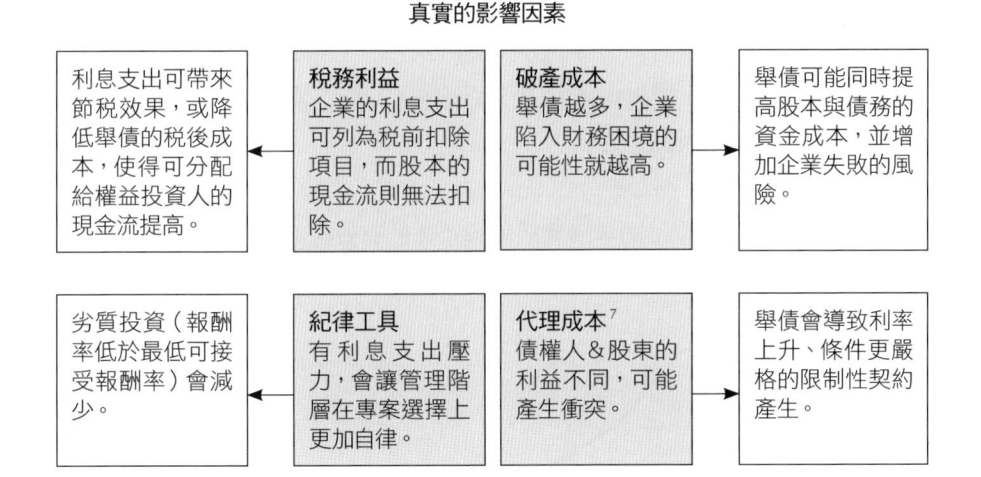

6　譯注：「保護性條款」又稱為「保證契約」，指債權人在借款期間內，限定債務人（企業）所能從事的行為。從債權人的角度是「保護性條款」（debt covenants），從債務人角度來看則是「限制性條款」（restrictive covenants）。

7　譯注：代理成本（Agency cost）是指因委託人與代理人之間目標不一致而產生的經濟成本。在本圖語境中，特指債權人與股東之間的利益衝突：股東可能偏好承擔風險、追求高報酬，而債權人則更重視資金安全。這種分歧可能導致衝突，並帶來監督、協商或限制條款等額外成本。

在接下來的篇幅，我會逐一說明上述各項因素，並探討它們在企業生命週期各階段可能出現的變化。

• **稅務利益**

乍看之下，舉債的好處似乎適用於企業生命週期的各個階段，但這樣的推論忽略了一個顯而易見的重點：要享有舉債帶來的稅務利益——也就是讓利息支出產生節稅效果——**企業必須要有應稅所得。**

正如我在企業生命週期導論中提到的，相較於成熟企業，年輕企業更容易出現虧損，因為它們尚未掌握市場、商業模式尚未成形，而且規模往往太小，無法享受規模經濟的優勢。

為了支持這項論點，我檢視了美國上市公司，將它們依照公司年齡分為十等分，並估計各組中虧損企業的比例，以及該組公司所繳納的平均有效稅率。結果請見圖 7-3。

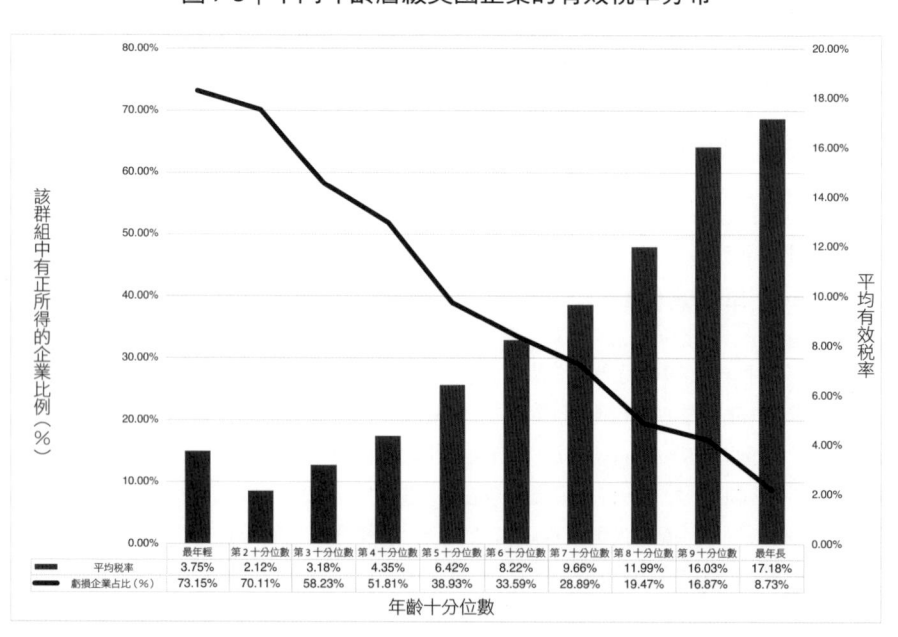

圖 7-3｜不同年齡層級美國企業的有效稅率分布

年齡十分位數	最年輕	第2十分位數	第3十分位數	第4十分位數	第5十分位數	第6十分位數	第7十分位數	第8十分位數	第9十分位數	最年長
平均稅率	3.75%	2.12%	3.18%	4.35%	6.42%	8.22%	9.66%	11.99%	16.03%	17.18%
虧損企業占比(%)	73.15%	70.11%	58.23%	51.81%	38.93%	33.59%	28.89%	19.47%	16.87%	8.73%

可以看到，最年輕的十分位企業當中，有將近四分之三（73.15%）在最近一年公布的財報呈現虧損。平均而言，這些企業繳納的有效稅率是3.75%。

隨著企業年齡增長，獲利企業的比例及其有效稅率也隨之提升，這大致反映出它們更具條件能夠從舉債中獲益。

如果再考慮多數國家稅法中普遍存在的規定——允許將累計虧損結轉至未來年度抵減所得——那麼即使企業開始賺錢，在前幾年內從舉債中獲得稅務利益的能力仍會受到限制。

• 增加紀律

「舉債能促使決策者在挑選專案時更加自律」的觀點並不新穎，早在1980年代，經濟學家麥可・詹森（Michael Jensen）就曾以此解釋，為何部分企業在短時間內大幅提高其負債比率。不過，**這個論點只有在企業的決策者，其利益與誘因與企業的所有者（股東或權益投資人）出現分歧時，才有其意義。**

在企業生命週期的脈絡下（雖然這樣的說法可能略為概括），年輕企業通常由創辦人／業主親自經營，加上創投業者的密切監督，因此幾乎不需要透過舉債來施加紀律壓力。

隨著企業年齡增長，尤其是當企業上市之後，創辦人的持股比例會逐漸被稀釋，而在成熟企業裡，股東與管理層的之間的分離現象也會更加明顯，使舉債具備成為紀律工具的條件。

在表 7-1 中，我檢視了依照年齡分成十分位數的美國上市公司，並評估隨著企業年齡增長，業主持股比例的變化：

表 7-1 ｜ 依照企業年齡分組的內部人士與執行長持股比例

年齡組別	企業數量	平均年齡	機構投資人持股 第1四分位	中位數	平均值	內部人士持股 第1四分位	中位數	平均值
最年輕	499	5.04	10.12%	27.18%	50.27%	1.53%	6.32%	20.85%
第2十分位	522	9.43	10.60%	28.77%	59.74%	2.10%	7.18%	20.50%
第3十分位	577	13.58	8.48%	29.27%	64.36%	1.90%	6.41%	19.51%
第4十分位	718	18.12	8.40%	32.08%	69.69%	1.98%	6.03%	18.16%
第5十分位	488	23.49	11.57%	42.56%	80.69%	1.55%	5.79%	16.44%
第6十分位	652	29.49	16.58%	48.95%	86.52%	1.37%	4.23%	17.73%
第7十分位	578	38.19	17.92%	54.75%	85.35%	1.45%	4.86%	17.82%
第8十分位	606	52.48	30.66%	68.83%	89.27%	1.07%	4.28%	15.52%
第9十分位	581	86.88	31.49%	70.94%	87.95%	0.88%	2.87%	10.36%
最年長	584	140.22	28.30%	67.18%	84.45%	0.67%	2.19%	6.66%
所有企業	6,542	42.24	13.13%	43.94%	79.80%	1.30%	4.96%	16.55%

依照美國證券交易委員會（Securities and Exchange Commission，簡稱SEC）的定義，內部人士包括持股超過 5% 的管理階層、創辦人和大股東。雖然年輕企業的內部人士持股比例確實略高於年長企業，但真正顯著的差異在於機構投資人持股：**年長企業的機構投資人持股比例，超過年輕企業 2.5 倍**。

儘管有少數的機構投資人會積極監督管理層，並對不良決策提出異議，但證據顯示，多數機構投資人傾向「用腳投票」，也就是選擇賣出不看好的公司股票，而非正面與管理層對抗。因此，成熟企業比年輕企業更需要、也更常使用舉債來作為紀律工具。

・**財務危機成本**

確實，任何企業一旦舉債，都會提高違約的可能性，並因此面臨直接成本（例如違約的法律費用）與間接成本（例如顧客、供應商與員工對其

違約風險的反應）。

然而，某些企業的預期財務危機成本會比其他企業更高，這主要是因為有些企業的收入來源波動較大，或是其產品需要長期的服務與維修，導致破產時的間接成本更高。

如果將「預期的財務危機成本」和企業所處的生命週期階段加以連結，我會主張，**相較於年長企業，年輕企業的收入波動性通常更高**；而對企業長期存續能力的擔憂，會在那些仰賴成長驅動價值的企業中，引發更大的漣漪效應（ripple effects）。

在表 7-2 中，我依企業年齡將美國上市公司分為十分位數組別，並觀察其盈餘波動性（以歷年營業利益的標準差除以平均營業利益衡量），以及盈餘的安全緩衝（以營業利益和利息支出的比率衡量）[8]：

---

[8] 譯注：營業收入和利息費用的比率，即利息保障倍數（interest coverage ratios，簡稱 ICR），是評估企業償付利息能力的常用指標。本書所稱的「盈餘的安全緩衝」即指此指標，其計算方式為「稅息前盈餘（EBIT）除以利息費用」。數值越高，表示企業用營業盈餘支付利息的能力越強；若低於 1，則表示其盈餘甚至不足以支應利息，顯示債務壓力偏高。

表 7-2｜營業利益波動程度與利息保障倍數

	企業數量	平均年齡	營業利益波動性 第1四分位	中位數	平均值	利息保障倍數 第1四分位	中位數	平均值
最年輕	499	5.04	0.33	0.78	0.95	1.58	3.34	7.37
第2十分位	522	9.43	0.64	0.97	1.28	1.25	4.13	10.89
第3十分位	577	13.58	0.66	0.96	1.35	1.85	4.68	21.27
第4十分位	718	18.12	0.55	0.85	1.17	1.66	3.89	17.68
第5十分位	488	23.49	0.48	0.76	1.17	171	6.40	17.38
第6十分位	652	29.49	0.38	0.66	1.10	2.71	7.01	30.91
第7十分位	578	38.19	0.40	0.70	1.13	2.79	7.93	22.92
第8十分位	606	52.48	0.32	0.57	0.99	2.90	8.69	23.10
第9十分位	581	86.88	0.25	0.44	0.84	4.15	9.40	22.08
最年長	584	140.22	0.19	0.31	0.57	3.09	6.90	12.79
所有企業	6.542	42.24	0.36	0.66	1.08	2.62	6.73	18.59

年輕企業的「盈餘波動性」高於年長企業，且其「利息保障倍數」比較低，所以盈餘的安全緩衝也相對不足。如果再考慮到舉債一旦違約，可能使企業的成長資產承受風險，這也就說明了，年輕企業面臨的預期財務危機成本高於年長企業，因此應減少舉債行為。

・代理成本

當你借錢給一家公司時，有兩個主要因素會決定你對於權益投資人可能損及你利益的擔憂程度：一是企業資產的組成性質；二是你監督權益投資人如何運用你所提供的資金的能力。

就第一點來說，**當債權人是根據實體資產（例如房地產或是廠房設施）而不是無形資產來放款時**，似乎對代理問題的擔憂會較低。對年輕企業而言，其大部分的價值來自於成長資產，也就是它們未來將展開的投資。因此債權人針對讓權益投資人自由運用其資金的決策上，往往會

更加謹慎。

此外,當年輕企業試驗不同的商業模式,並試著評估市場規模時,債權人往往難以監督企業資金的實際用途。而在持續演變的產業中(例如科技業),這種擔憂更為嚴重,因為債權人對企業的了解遠低於創辦人／權益投資人。

要吸引貸方放款給一家年輕企業,不僅需要大幅提高利率,還必須設下更嚴格的契約條款,債權人通常還必須獲得企業上漲潛力的一部分回報,通常是以股權的形式,才願意承諾出資。我將在下一節說明,這也解釋了為何對年輕企業而言,債務更常設計為可轉換成股權的形式。

生命週期各階段的舉債選項

大致上來說,年輕企業從債務中得到的稅務利益較少,因為它們當中有很多還在虧損狀態。它們也較不需要透過舉債來施加紀律,因為負責經營的往往就是業主本人(例如創辦人與內部人士)。

此外,由於盈餘波動性較高、違約風險更大,年輕企業承擔的預期財務危機成本也相對較高,債權人因此往往提高借款利率,並／或在債務協議中加入更多的限制性條款以保障自身權益。

當債務帶來的利益有限,卻伴隨更大的潛在損害時,可以預期,**年輕企業的舉債程度將遠低於成熟企業**。為了驗證是否如此,我觀察了美國上市企業在 2022 年初的舉債情況,並依年齡分組,列於表 7-3 中。

其中的比重,分別是以公司市值(即債務加股權的市場價值)和會計帳面價值(即債務加帳面股權)為基準計算。

表 7-3｜2022 年美國企業依照年齡分組的債務組合

年齡組別	企業數量	平均年齡	中位數營收成長率	負債比率（以市值計算）			負債比率（以帳面價值計算）		
				第1四分位	中位數	第3四分位	第1四分位	中位數	第3四分位
最年輕	499	5.04	26.90%	0.33%	3.66%	20.43%	1.34%	9.92%	37.14%
第2十分位	522	9.43	27.40%	0.23%	4.93%	20.47%	2.72%	18.49%	46.31%
第3十分位	577	13.58	23.80%	0.17%	3.54%	25.18%	4.84%	23.99%	52.83%
第4十分	718	18.12	21.50%	0.07%	5.03%	21.72%	3.61%	21.47%	46.87%
第5十分位	488	23.49	16.20%	0.00%	5.88%	22.77%	7.96%	27.97%	51.90%
第6十分位	652	29.49	13.40%	0.22%	6.03%	23.25%	7.02%	27.01%	54.55%
第7十分位	578	38.19	12.50%	1.19%	11.55%	32.42%	10.50%	32.04%	55.61%
第8十分位	606	52.48	10.30%	2.63%	16.31%	34.64%	14.11%	38.16%	57.96%
第9十分位	581	86.88	9.27%	7.59%	18.66%	35.05%	18.92%	35.87%	51.81%
最年長	584	140.22	6.89%	11.36%	22.81%	38.35%	22.27%	37.52%	56.07%
所有企業	6,542	42.24	12.90%	0.29%	8.50%	27.85%	7.57%	28.90%	51.58%

　　至少在整體層面上，考慮所涉及的利弊取捨，數據確實支持了我們對結果的預期。以市值或帳面價值衡量，年輕企業的負債比率明顯低於年長企業。

　　在 2022 年，年齡落在最低十分位數的企業，其負債比率中位數分別是 3.66%（以市值計算）和 9.92%（以帳面價值計算）；而年齡落在最高十分位數的企業，其負債比率中位數則分別是 22.81%（以市值計算）和 37.52%（以帳面價值計算）。

債務 vs. 權益：摩擦取捨

　　在傳統企業財務理論中，有關企業應舉債多少的討論，多半是建基於這樣的假設：市場是有效的，債務與權益不僅具有公允定價，且始終可取得。

但在現實世界中，政府與監管機關有時會讓天秤偏向債務或遠離債務，市場也可能在債務與權益的定價上出現錯誤，而企業擁有者則可能高度重視控制權與彈性。

- **政府／監管機構的介入行為：**

要了解政府／監管機構的行動，可以如何改變企業面對債務與權益取捨時的抉擇，我們可以從最簡單的一種情況談起：**政府提供補貼性債務的機會。**

政府經常會以低於市場利率的條件，貸款給其認定為經濟中具有關鍵地位的產業及企業。在美國，這些受扶植的產業隨著時代演變而不同，從冷戰時期的國防工業，到近年來的綠能產業皆屬其例。

在許多新興市場，補貼性債務的好處則常提供給創造就業機會的企業，或是那些被視為國家象徵的企業。例如在巴西，兩家歷史悠久的天然資源企業——巴西石油（Petrobras）與淡水河谷（Vale）——在其成長初期的數十年間，便獲得了補貼性債務的支持。

即使政府不直接補貼債務，也可能透過替企業「擦屁股」來誘使它們借入超過根據基本面所「應該」承擔的債務水準，特別是在企業無法償債時協助其紓困，其理由往往是企業「大到不能倒」，或是其倒閉可能帶來的重大社會成本。

相對地，如果監管機構對企業舉債施加限制——例如對帳面債務設定上限，或規定最低利息保障倍數——那麼企業的實際借款水準也可能低於基本面所支持的合理水準。

- **市場的錯誤定價：**

市場本身也可能對企業在債務與權益間的取捨產生扭曲影響。當市場高估債務（也就是以遠低於違約風險所應反映的水準，設定借貸利率）或低估權益（對企業成長與盈餘的預期過於悲觀），就會導致企業

過度依賴債務。

反之，如果市場低估債務（將利率設定得高於違約風險所應對應的水準），或高估權益（對成長與獲利的預期過於樂觀），那麼企業便可能過度使用權益，未能充分運用債務。

· 內部因素／限制：

除了這些外部因素之外，還有兩個內部因素也會影響企業的舉債決策。第一，創辦人或內部人士為了維持對企業的控制權，通常不願意募股，以免持股被稀釋。第二，企業往往希望保留經營彈性，因此傾向避免舉債，因為債務通常會附帶限制條款與契約約束。

在圖 7-4 中，我歸納了這些來自市場摩擦的取捨因素，它們可能讓企業偏離原本依據純粹財務取捨邏輯所應採取的債務組合。

這些來自內部或外部的摩擦，往往能解釋為什麼企業有時會選擇和它基本面不一致的股債組合。在年輕企業裡，創辦人和業主對控制權的渴望，以及／或補貼性債務的存在，都可能導致企業使用債務，儘管這樣做幾乎無法帶來稅務利益，反而對成長資產構成重大風險。

成熟企業如果重視彈性，或受到監管機構對舉債的限制，可能會拒絕舉債，即使它們的現金流足以負擔債務，且可藉由舉債降低資金成本。這些摩擦也能解釋企業債務使用隨時間變動的現象：當股市繁榮、權益被高估時，企業使用的債務可能偏低；而在股市長期下跌期間，企業則可能出現過度舉債的情況。

圖 7-4｜債務 vs. 權益的摩擦取捨

債務的正面因素

假如持續有稅盾利益，而財務危機成本又變低，你將會借更多錢。	**破產保護** 企業可能因為紓困或其他保護機制而免於違約。
若能取得補貼性債務，等於從舉債中獲得一項額外好處，而權益則無此優勢。	**補貼性債務** 在政府或銀行提供補貼的情況下，債務成本可能被設定在低於「市場利率」的水準，使其變得更便宜。
為了維持對企業的控制權，即使代價高昂、甚至危及企業生存，也仍選擇舉債。	**維持控制權** 發行新股可能會稀釋企業的所有權，並使創辦人與內部人士的控制權面臨風險。

債務的負面因素

債務條款限制 放款人會在借貸契約中加入限制性條款，而借款人往往別無選擇只能接受。	重視彈性的企業，若不願讓放款人對其決策握有否決權，便會拒絕舉債。
權益被高估 創投與公開市場投資人對股權給予過高估值，使得企業能以較低的成本來發行權益資金[9]。	企業會抓住機會，多使用權益資金來支應營運所需。
監管限制 為符合監管機關對最低（帳面）權益的要求，企業可能被迫發行更多權益資金。	對於接近監管最低標準的企業，可能必須增資以維持正常營運。

---

[9] 譯注：當投資人對企業的股權給予過高估值（例如市盈率或股價遠高於基本面），企業便能以較高股價發行新股，換得相同資金，所付出的權益成本相對降低，這對企業來說等同於「便宜」的資金來源。

債務組合：如何承擔合理的風險

透過虛假、財務，或摩擦等不同面向，檢視使用債務取代權益的成本與利益，我們將更有機會建構出有力的分析架構，並用以解釋為何有些企業的舉債程度會低於其他企業。

不過，這些取捨因素本身並不足以導出某一家特定企業最適合的負債比率。換句話說，邊際稅率較高、破產風險較低的企業，確實應該舉債較多——但那是否能指出其，最理想的負債比率是40%還是60%呢？

在這一節，我將介紹一些工具，可用來更具體地估計企業的最適負債比率，並實際應用在處於生命週期不同階段的真實企業上。

加權平均資金成本法

企業財務學的關鍵內容之一，便是找出讓企業價值最大化的資本組合。

當然，你可以主張債務對企業價值的影響微乎其微，但是在一個存在稅負與違約風險的現實世界，這種觀點是站不住腳的[10]。換句話說，如果你同意有些企業舉債過多、有些則過少這個前提，那麼就可以推論出，每家公司應該都存在一組最合適的債務與權益組合——而剩下的問題，只是該如何找出這個最適組合而已。

在此，資金成本可以當作一項最佳化工具：能夠使資金成本達到最低的債務與權益組合，就是該企業應該採用的資本結構，因為實質上這

---

[10] 作者注：默頓‧米勒（Merton Miller）和法蘭科‧莫迪利安尼（Franco Modigliani）曾提出一項極具說服力的命題，認為企業的價值與其資本結構（即舉債與否）無關，但這項命題僅成立於一個沒有稅負與違約風險的理想市場中。一旦引入其中任一項現實條件，結論便會產生根本性的改變。

組結構，便會讓企業價值最大化。圖 7-5 中我以一家公司為假設例子，說明這個推導流程。

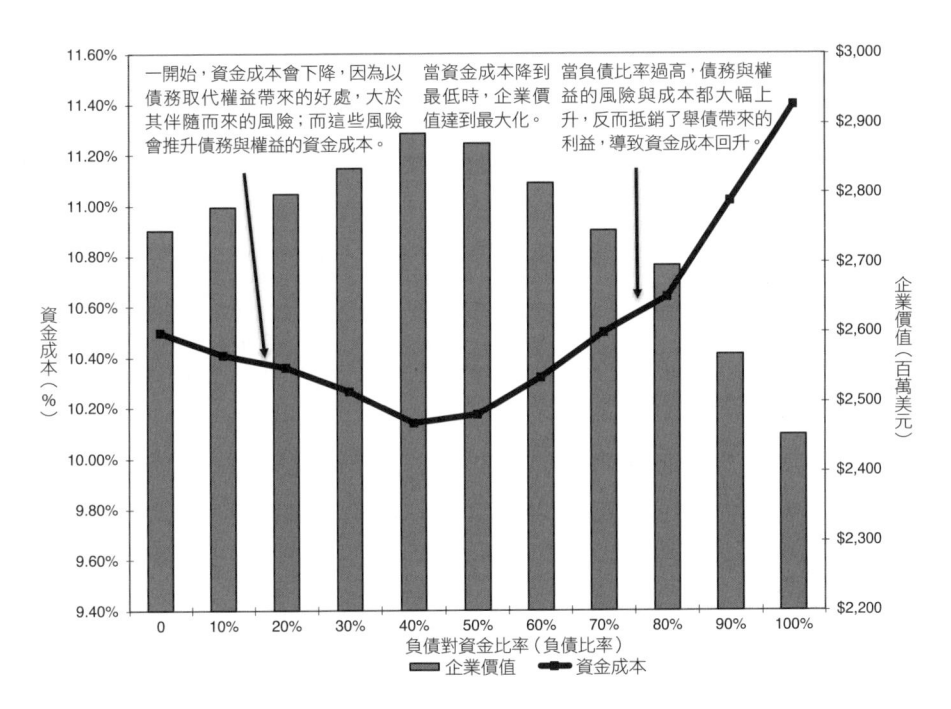

圖 7-5｜負債比率和資金成本

一開始，資金成本會下降，因為以債務取代權益帶來的好處，大於其伴隨而來的風險；而這些風險會推升債務與權益的資金成本。

當資金成本降到最低時，企業價值達到最大化。

當負債比率過高，債務與權益的風險與成本都大幅上升，反而抵銷了舉債帶來的利益，導致資金成本回升。

負債比率	資金成本	企業價值
0	10.90%	$2,600
10%	11.00%	$2,580
20%	11.05%	$2,550
30%	11.15%	$2,530
40%	11.30%	$2,480
50%	11.25%	$2,490
60%	11.10%	$2,550
70%	10.90%	$2,600
80%	10.78%	$2,650
90%	10.43%	$2,780
100%	10.11%	$2,930

不過，如果要將資金成本作為最佳化工具，你必須能將舉債增加所帶來的影響納入考量，因為權益資金成本與債務成本，都可能隨著負債比率的上升而上升——前者因為在公司支付利息之後，權益投資人所承擔的盈餘波動風險會變大，後者則是因為債務增加會提高違約風險。圖 7-6 中呈現了這些影響。

圖 7-6 ｜ 作為最佳化工具的資金成本

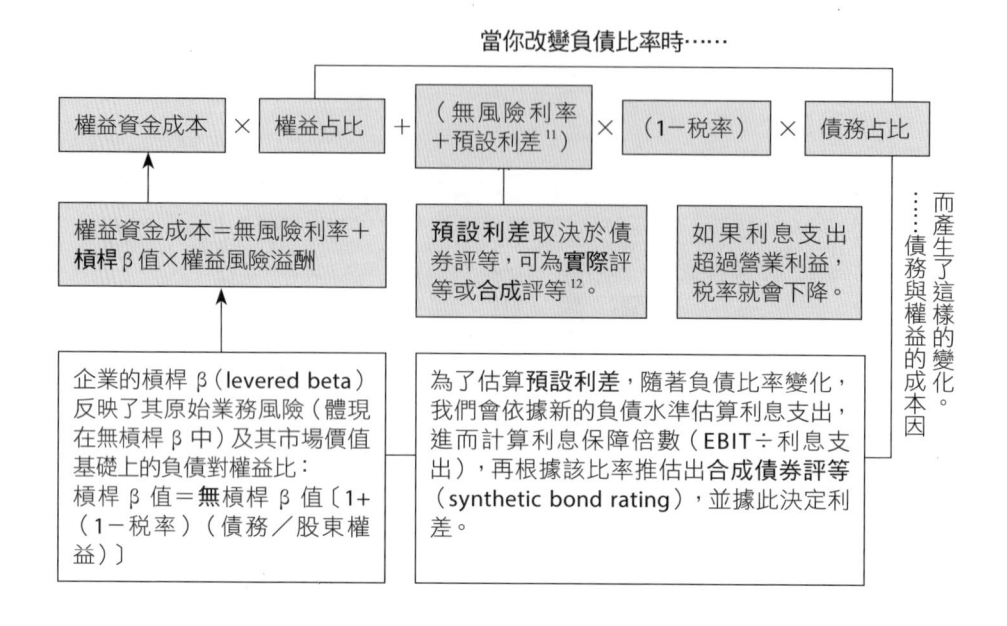

當你改變負債比率時……

權益資金成本 × 權益占比 ＋ （無風險利率＋預設利差[11]） × （1－稅率） × 債務占比

……而產生了這樣的變化。債務與權益的成本因

權益資金成本＝無風險利率＋**槓桿β值**×權益風險溢酬

預設利差取決於債券評等，可為**實際評等**或**合成評等**[12]。

如果利息支出超過營業利益，稅率就會下降。

企業的槓桿β（levered beta）反映了其原始業務風險（體現在無槓桿β中）及其市場價值基礎上的負債對權益比：
槓桿β值＝**無槓桿β值**〔1＋（1－稅率）（債務／股東權益）〕

為了估算**預設利差**，隨著負債比率變化，我們會依據新的負債水準估算利息支出，進而計算利息保障倍數（EBIT÷利息支出），再根據該比率推估出**合成債券評等**（synthetic bond rating），並據此決定利差。

　　雖然傳統的資金成本法，是建立在企業的營業利益不會受到舉債政策影響的假設之上，但若稍作延伸，允許營業利益隨違約風險上升而下滑，那麼最適負債比率，**就不再是讓資金成本降到最低的那個點，而是讓企業價值達到最大化的比率**。

11　譯注：所謂「預設利差」（default spread），是指投資人為了補償債務違約風險所要求的額外利率。舉例來說，如果政府公債的利率是2%，而一間公司發行的公司債利率是5%，那麼這中間的3%就是預設利差，反映市場對該公司違約風險的預期。

12　譯注：合成評等（synthetic rating）是根據企業的財務指標（例如利息保障倍數）推估出的信用評等，用來近似實際的債券評等。這種評等通常是模擬分析用途，不是信用評等機構正式發出的評級。

• **資金成本最佳化：生命週期各階段的舉例**

為了在實務上運用「資金成本法」，我必須在估算不同負債比率下的權益資金成本與債務成本時採取務實作法。不過，只要能接受近似值，這個方法就可以套用於企業生命週期各階段的資金成本估算。

在這一小節，我會先說明我採用的估算流程，並應用該流程，分別對三家公司進行資金成本的估算：（1）Airbnb，一家於 2020 年上市的年輕企業，有極大的成長潛力，商業模式仍在建構階段；（2）Adobe，一家高成長企業，在擴張規模的同時，展現穩定獲利的能力；以及（3）卡夫亨氏（Kraft Heinz），一家擁有悠久的成長與成功歷史的成熟企業。

估計流程

如果要在不同的負債比率下估算資金成本，就需要有一套流程，能用來估算權益資金成本與債務成本，不光是目前的負債水準，也包括每一個假定的負債比率。

要估計權益資金成本，我會回到我們使用的相對風險衡量值（β值），並將其拆解成「營業構面」（取決於公司所從事的業務類型）和「財務構面」（由公司相對於股東權益的舉債程度所決定）。

槓桿 β 值＝無槓桿 β 值〔1＋（1－稅率）（債務／股東權益比）〕

$$\text{Beta}_{\text{Levered}} = \text{Beta}_{\text{Unlevered}} \left[1 + (1 - \text{tax rate}) \left(\frac{\text{Debt}}{\text{Equity}} \right) \right]$$

無槓桿 β 反映的是企業的商業風險，而槓桿 β 則進一步納入了因舉債所產生的額外風險。當企業舉債增加，而其業務組合維持不變時，槓桿 β（即權益 β）就會上升。

在稅前與稅後兩種情境下估算債務成本時，我會先從企業在特定負債比率下所需承擔的債務金額開始，估計在該負債水準下的利息費用，再計算「利息保障倍數」（營業利益除以利息費用），並將此倍數轉換為債券評等與預設利差。

若利息費用低於營業利益，我會使用邊際稅率計算稅後債務成本；若利息費用高於營業利益，則會下調適用稅率，以反映超出營業利益的利息費用無法產生稅負抵減。圖 7-7 中呈現了整個估算流程的各個步驟：

圖 7-7 ｜ 不同負債比率下的資金成本──估計流程

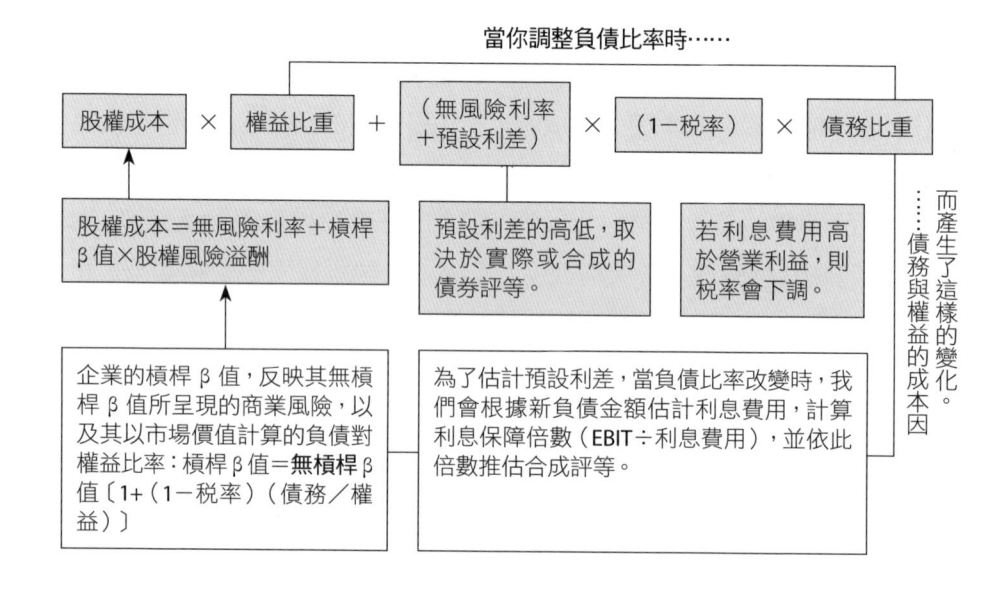

當你調整負債比率時……

股權成本 × 權益比重 ＋ （無風險利率＋預設利差） × （1－稅率） × 債務比重

……而產生了這樣的變化。債務與權益的成本因

股權成本＝無風險利率＋槓桿 β 值×股權風險溢酬

預設利差的高低，取決於實際或合成的債券評等。

若利息費用高於營業利益，則稅率會下調。

企業的槓桿 β 值，反映其無槓桿 β 值所呈現的商業風險，以及其以市場價值計算的負債對權益比率：槓桿 β 值＝**無槓桿 β 值**〔1+（1－稅率）（債務／權益）〕

為了估計預設利差，當負債比率改變時，我們會根據新負債金額估計利息費用，計算利息保障倍數（EBIT÷利息費用），並依此倍數推估合成評等。

我用來估算權益成本與債務成本的方法較為簡化；但如果你希望進行更細緻的計算，可以對槓桿 β 值的計算方式加以調整，並強化債券評等的估算流程。

212 ｜ 企業估值投資

• **最適債務組合：Airbnb、Adobe 與卡夫亨氏**

接下來我將套用上述的資金成本法，來估算 Airbnb、Adobe 和卡夫亨氏，這三家公司的最適債務與權益組合。

為了說明這三家企業在生命週期中的不同階段，我在表 7-4 列出了它們在本書寫作時，最近一個會計年度的年齡、營收成長率和營業利益：

表 7-4 | 三家企業基本面對照表──Airbnb、Adobe 與卡夫亨氏

	Airbnb	Adobe	卡夫亨氏
企業年齡	15	40	153
營收成長率（近 3 年內）	64.07%	20.50%	0.80%
預期營收成長率（未來 2 年）	47.20%	14.30%	−2.96%
2021 年營業利益（百萬美元）	$429	$5,802	$5,222
2019 年營業利益（百萬美元）	$(501)	$3,268	$5,077

顯然，Airbnb 符合年輕企業的特徵，不僅年紀尚輕（成立僅 15 年），也具有高營收成長率，並在 2021 年首度將營業利益轉為正數。

卡夫亨氏則處於另一個極端，成立已有 153 年之久，營收成長趨緩（甚至預期將轉為負值），營業利益也停滯不前。

Adobe 則介於兩者之間，企業年齡是 40 年，儘管規模已大，仍展現出亮眼的營收成長率，並具備創造龐大，且持續成長營業利益的能力。

我運用圖 7-7 所描述的方法，針對每家公司在不同負債比率下（從 0%〔完全無負債〕到整體企業價值的 90%，同樣以市值作為衡量基準）進行資金成本的估計，結果如圖 7-8 所示。

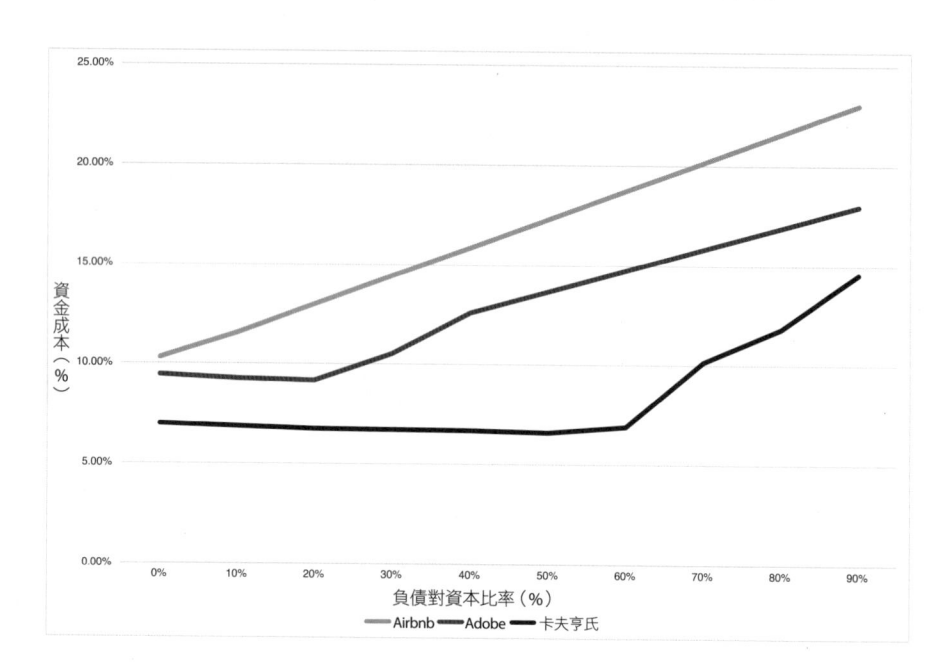

圖 7-8｜最適債務組合──Airbnb、Adobe 與卡夫亨氏

最理想的負債比率，是圖中資金成本最低的比率。如你所見，Airbnb 的資金成本在完全沒有舉債時最低，隨著負債比率提高，資金成本也隨之上升。Adobe 確實具有舉債能力，其資金成本在舉債初期會下降，但當負債比率超過 20% 後便開始上升。對卡夫亨氏而言，隨著債務增加，資金成本持續下降，直到負債比率達到 50% 才開始回升。

圖 7-8 也標示了這三家公司的實際負債比率：Airbnb 和 Adobe 幾乎沒有舉債（負債比率約為 3%），而卡夫亨氏的債務負擔則重得多，占了其企業價值的 31.69%。

• 解釋與涵意

為了理解為什麼不同企業之間的最適債務組合會有所差異，以及這

些差異如何與企業生命週期產生關聯，我觀察了 Airbnb、Adobe 和卡夫亨氏這三家企業的三個變數。其中最沒有顯著差異的是它們的邊際稅率，因為作為有獲利的美國公司，它們所面對的邊際稅率大致相同，約為 25%。

最明顯的差異，在於各家公司營業利益相對於整體企業價值的比重，其中 Airbnb 的營業利益幾乎微不足道，只占企業價值的 0.64%，卡夫亨氏的營業利益則接近企業價值的 8%。

簡單來說，Airbnb 雖然有在賺錢，但獲利極低，低到即使負債比率升高至 10%，都有可能讓公司陷入違約風險。

我也進一步觀察了營業利益的波動程度，採用的是過去 10 年營業利益的變異係數作為衡量指標，但由於 Airbnb 成立時間不長，而且大多數年度的營業利益為負，因此無法計算變異係數；比較 Adobe 與卡夫亨氏，後者的營業利益更為穩定。表 7-5 總結了上述結果：

表 7-5 ｜ 解釋最適負債比率的變數

	Airbnb	Adobe	卡夫亨氏
營業利益（百萬美元）	$429	$5,802	$5,222
企業價值（百萬美元）	$67,045	$173,818	$65,356
稅息前盈餘／企業價值	0.64%	3.34%	7.99%
邊際稅率	25%	25%	25%
營業利益的波動性	無資料	0.70	0.54

一般來說，企業的最適負債比率，會隨著其盈餘能力（相對於企業價值）提升，以及盈餘變得更加穩定與可預測而上升。這兩項因素是企業在逐漸成熟過程中，舉債能力得以提升的主因。

此外，邊際稅率也會產生影響。如果邊際稅率設為零（例如世上某些地區的所採用的稅制），那麼企業在生命週期各階段的最適負債比率，

最終都將趨近於零。

同業評估：財務決策，也有跟風現象

　　對許多企業來說，尋找最合適的債務與權益組合，並非根據企業能從舉債中獲得多少稅務利益，或是衡量這些利益與預期破產成本之間的取捨，而是仰賴**觀察同業企業的舉債行為**。

　　簡單來說，如果你經營的是一家軟體公司，而同業幾乎都不舉債，或僅借貸極少的資金，你也會傾向不舉債，即使你的基本面條件其實顯示你應該借錢。

　　反之，如果你經營的是一家基礎建設公司，而同業普遍負債沉重，那麼你也可能會仿效這種模式，即使你從債務中獲得的稅務利益有限，還得承擔較高的破產風險。

　　這類我稱之為「跟風財務」（me-too finance）的行為——也就是企業根據同產業其他公司的做法，來制定重大財務決策（例如舉債、股利政策，甚至投資）——其根源在於一種信念：對管理者來說，**如果犯錯時，其他公司也犯了同樣的錯，就更容易為自己的決策辯護。**

　　例如，一家因舉債過高而陷入財務困境的基礎建設公司，可以辯稱同業公司也有很高的負債比率；同樣地，軟體公司也可以用「其他同業都不舉債」來解釋自己不願舉債的選擇。

　　以同業為依據所做出的舉債決策，其風險在於管理者必須自行決定哪些公司構成「同業比較群」，並選擇一項衡量債務負擔的指標。例如，你可以將 Adobe 的同業定義為所有軟體公司，或僅限於市值較大的軟體公司；然而，前者的負債比率通常遠低於後者。

　　在衡量債務負擔時，管理者可以採用帳面價值，或市值的負債對資本比，也可以用盈餘或現金流量為基準（例如債務對 EBITDA 比率就是常見指標）。

籌資類型，哪種最適合你？

第 5 章介紹籌資原則時，我曾指出，對企業而言，最合適的籌資類型，應該是能與其資產特性相匹配的類型，而這種配適性（matching）將有助於提升企業價值。

在這一節，我將更深入探討這項籌資配適原則，並說明為何在企業生命週期的不同階段，這項原則會導致企業作出不同的籌資選擇。

配適原則

要在實務上落實籌資的配適原則，企業必須檢視其各項投資／專案，並釐清構成這些投資的關鍵特性，再設法將這些特性納入其籌資設計中。在規畫籌資方案時，有 5 個值得關注的專案要素，構成設計籌資方式的重要依據：

1. 專案期間：

最直觀的配適起點，就是專案的典型持續時間，如果專案屬於長期性質，較合適的融資工具便是長期債務。例如在基礎建設業，專案從啟動到完工往往耗時數年，使用壽命動輒數十年，因此應搭配長期負債。反之，在軟體業，一個典型產品的開發時間僅需數月，生命週期通常也僅 2 到 3 年，此時使用短期債務會更為適當。

2. 現金流量的幣別：

隨著企業的全球化，成本與營收採用多種幣別計價的情形已相當常見。前者通常取決於產品或服務的生產地點，後者則視銷售市場而定。原則上，融資的幣別，應與專案現金流量的幣別相符——如果專案產生的是歐元現金流，就應以歐元舉債；如果產生的是泰銖現金流，則應以泰銖融資。

3. 現金流量的通膨敏感度：

通膨，是影響所有企業的重大因素，且其影響程度會隨時間變化。不

過,通膨對盈餘與現金流量造成的實際影響,取決於企業是否具備將非預期通膨轉嫁出去的能力。

一般而言,有定價能力的企業,其現金流量較能隨通膨變動,通膨升高時現金流也會跟著增加,通膨下降時則會減少。這類企業適合採用浮動利率的債務,因為利率通常也會隨通膨上升或下降。相反地,沒有定價能力的企業在通膨超過預期時會受到擠壓,因為其成本上升,卻無法調高售價來因應。這些企業在舉債時應格外謹慎,如果確實需要借款,也不宜選擇浮動利率債務。

4. 現金流量的預期成長率:

有些專案能夠快速推動,並在啟動後於整個存續期間產生穩定的現金流量;但也有些專案發展較慢,初期現金流量可能偏低、甚至為負,隨時間推進才逐漸轉為正值。

這種現金流量模式,較適合搭配可轉換公司債,因為其中的**轉換選擇權**能讓債券在專案初期維持較低利率,而當專案逐漸成熟後,這些債務可以轉為普通債務來取代。

5. 現金流量的其他影響因素:

如果專案的現金流量受到其他因素影響,那麼將這些因素納入籌資設計,將有助於降低企業風險。例如,對石油公司而言,原油價格是盈餘與現金流量的關鍵驅動因素;若公司發行的債券將票面利率與油價連動設計(例如油價高時利率也高,油價低時利率也低),便能降低違約風險。

圖 7-9 中歸納了各項專案的特徵,以及這些特徵如何反映在籌資特性上。

圖 7-9｜債務設計──與資產配適原則對應

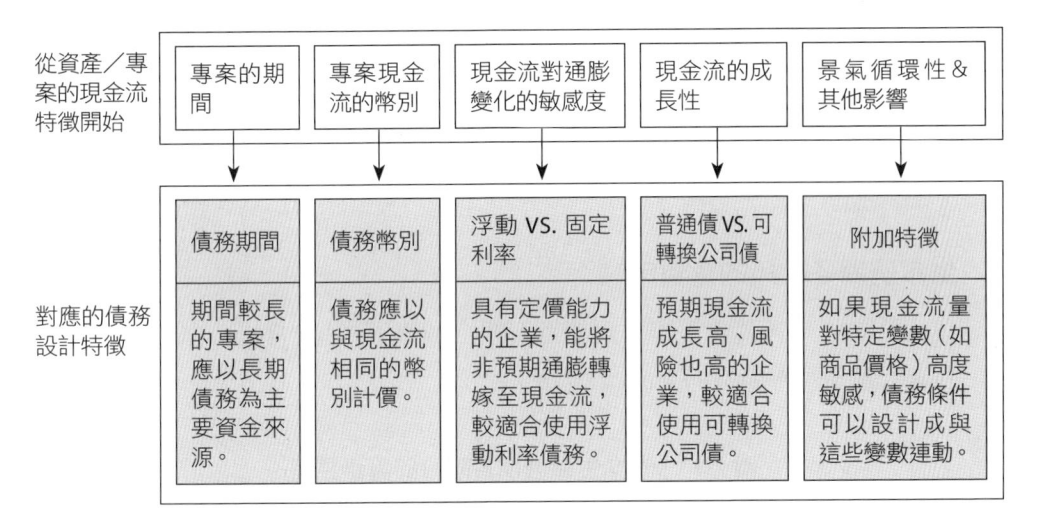

從資產／專案的現金流特徵開始	專案的期間	專案現金流的幣別	現金流對通膨變化的敏感度	現金流的成長性	景氣循環性 & 其他影響
對應的債務設計特徵	**債務期間** 期間較長的專案，應以長期債務為主要資金來源。	**債務幣別** 債務應以與現金流相同的幣別計價。	**浮動 VS. 固定利率** 具有定價能力的企業，能將非預期通膨轉嫁至現金流，較適合使用浮動利率債務。	**普通債 VS. 可轉換公司債** 預期現金流成長高、風險也高的企業，較適合使用可轉換公司債。	**附加特徵** 如果現金流量對特定變數（如商品價格）高度敏感，債務條件可以設計成與這些變數連動。

若想了解配適原則如何在企業生命週期的不同階段發揮作用，進而導致不同的籌資選擇，我們必須意識到：在企業成立初期，獲得資金挹注的通常是**個別專案，但隨著企業成熟並擴大規模，便會逐步累積出一個需要整體籌資的專案組合**。

舉個簡單例子，一家年輕的生技公司，往往只針對一項正在申請核准的藥品展開融資；而一家較為成熟的生技或製藥公司，則通常擁有完整的藥品組合，其中產品各處於不同的審查階段。這兩類公司都可能進行舉債，但前者因為只有單一產品，更有可能採用可轉換公司債，而後者則擁有多項產品組合，更適合使用普通公司債。

實際上，將籌資特徵與專案特性進行配適，有助於企業將風險分攤給資金提供者。當然，這並非天上掉下來的免費午餐，資金提供者會要求相應的報酬：例如在可轉換公司債中，透過轉換成股份的選擇權來補償風險；或是在與大宗商品價格掛鉤的債券中，要求較高的利率作為代

價。

對年輕企業來說，風險對其生存構成明確且迫切的威脅，因此這種風險分攤可能成為成敗的關鍵；對較成熟的企業來說，雖然投資人基礎更為多元，分攤風險所帶來的好處較小，但仍可能在降低違約風險方面獲得實質效益。

生命週期各階段的籌資策略

圖 7-10 中，統整了本章對於籌資組合與籌資類型的討論，並將這些內容對應到企業所處的生命週期階段。

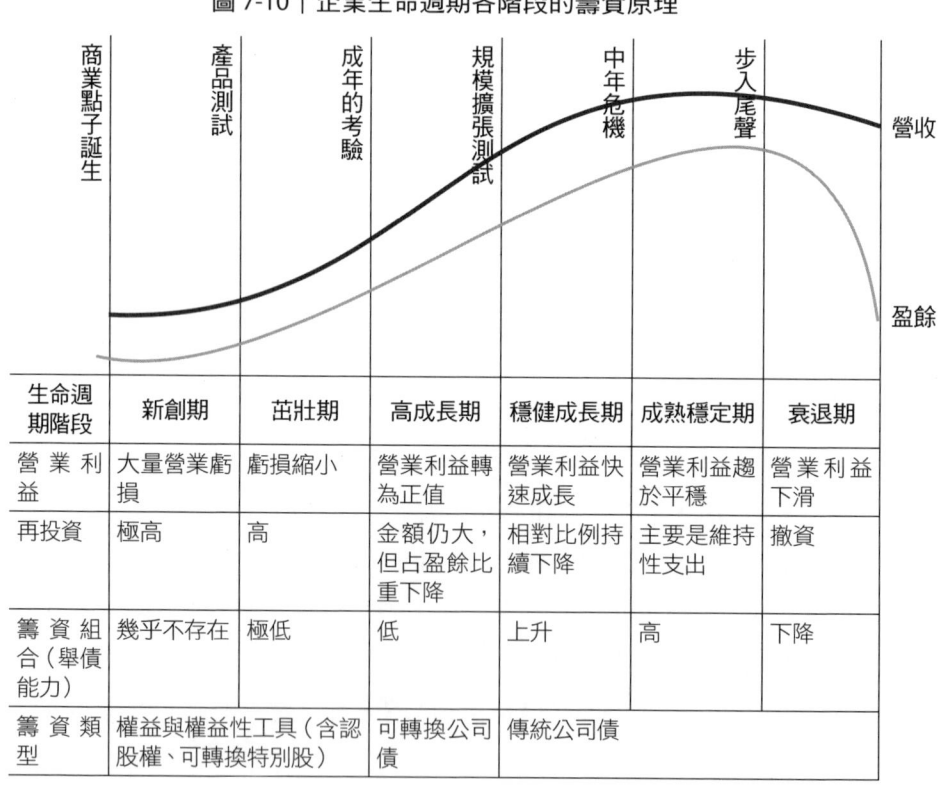

圖 7-10｜企業生命週期各階段的籌資原理

生命週期階段	新創期	茁壯期	高成長期	穩健成長期	成熟穩定期	衰退期
營業利益	大量營業虧損	虧損縮小	營業利益轉為正值	營業利益快速成長	營業利益趨於平穩	營業利益下滑
再投資	極高	高	金額仍大，但占盈餘比重下降	相對比例持續下降	主要是維持性支出	撤資
籌資組合（舉債能力）	幾乎不存在	極低	低	上升	高	下降
籌資類型	權益與權益性工具（含認股權、可轉換特別股）		可轉換公司債	傳統公司債		

生命週期曲線階段標註：商業點子誕生、產品測試、成年的考驗、規模擴張測試、中年危機、步入尾聲；曲線為營收與盈餘。

220｜企業估值投資

在企業的年輕階段，應該避免舉債，或僅有極少的舉債，因為虧損的盈餘加上高度的再投資需求，會同時排除企業舉債的動機與能力。

隨著企業逐漸成熟，盈餘轉為正值（為舉債創造稅務利益的條件），再投資的需求也隨之減少，使得**企業的舉債能力逐步形成，並隨著年齡增長而提高**。

進入衰退階段後，企業在絕對金額上的舉債會隨著規模縮小而下降，但在相對層面上，債務占資本比例仍會維持在高峰。

雖然年輕且仍在虧損的企業，理應主要、甚至完全依靠權益資金籌措營運資金，但有些企業仍選擇舉債。如果如此，它們必須設法在前幾年壓低債務的利息支出，並盡可能讓利息支出與營運成果連動。若將轉換權設計加入具有支付承諾的籌資工具（例如債務與特別股），即可達成這個目標。

隨著企業逐漸成熟，其籌資形式會從可轉換工具轉向普通債務或特別股的發行，但在選擇固定或浮動利率債務時，依然取決於企業是否具備定價能力。

籌資的方式和考量，攸關重大

無論企業規模大小、是否為公開上市公司、年輕或成熟，每家公司都必須決定如何為自身籌措資金。

其中，可能的選項大致分為兩類：其一是**權益資金**，由資金提供者投入資本，換取企業的所有權份額，並享有對剩餘現金流量的請求權；其二是**債務資金**，資金提供者透過契約，取得對現金流的優先請求權，可要求支付利息與本金，但對企業經營決策通常沒有或僅有極為有限的發言權。

對於該舉債多少，許多企業都根據我所稱的「假象理由」來判斷，例

如「債務比權益便宜」──這類說法表面上看似有理，但仔細推敲就站不住腳。

從基本面來看，要回答「該舉債多少」這個問題，必須比較債務帶來的利益（例如利息支出所產生的稅務利益，以及對投資評估流程的紀律效果），與債務的成本（例如較高的風險、預期財務危機成本，以及債權人與股東利益衝突所產生的協調成本）。

一般來說，通常還處於虧損階段的企業，從舉債中獲得的稅務利益相對有限，卻得面臨較高的破產風險與代理成本，因此舉債程度應遠低於較成熟的企業。不過，如果市場或經濟中存在摩擦（例如補貼性債務）和／或市場錯誤定價，也可能改變這項取捨結果。

在討論企業適合採用哪種類型的債務時，我是從一項原則出發的：**讓債務與資產配適**，也就是用長期（或短期）債務支應長期（或短期）資產，並以某一特定貨幣舉債，支應會產生該貨幣現金流的資產。這麼做便能降低違約風險。

第8章

企業生命週期中的股利政策

對一家成功企業來說——如果它找到了能滿足市場需求的產品，以這項產品為主軸發展事業，並將規模擴張至極限——最終的目標就是把這些成功所帶來的部分或全部現金流量，返還給其所有人。

這種現金的返還，在過去數十年間，對上市公司而言主要是以發放股利的形式進行；如今，這類政策已擴展為包括庫藏股等較具彈性的現金返還方式。在本章中，我將探討企業返還現金的能力，以及這種現金返還的形式，如何隨著企業生命週期的不同而有所變化。

現金返還：潛在股利的衡量

一家企業能返還給權益持有人的現金，是**在其他所有債權方的需求都已被滿足之後所剩下的現金**，這已是常識。

話雖如此，關於該如何衡量潛在股利，以及當企業選擇返還多於，或少於這個數字的現金時，會產生什麼後果，仍有許多令人意外的混淆與誤解。在這一節，我會探討這兩個問題的答案。

潛在現金返還的估算

若要評估企業以現金返還給權益持有人的金額，我們先從那些不適用的方法開始談起。

和部分人的看法相反，企業產生的盈餘或淨利（net income）並不是潛在股利，原因有二：第一，盈餘不是現金流量；第二，即使是，它也尚未扣除再投資需求——也就是**為了實現預期的未來成長所需的投資支出**。為了估計潛在股利或現金返還，我會依循一系列步驟：

1. 從權益投資人的會計盈餘（即淨利）開始——並確認這些盈餘已經扣除稅金與利息費用。

2. 為了推算現金流量，先扣除非現金營運資本（working capital，簡稱 WC）的變動，然後加回非現金會計費用（包括但不限於折舊攤銷）。前一項的調整，用意是把應計盈餘（accrual earnings）轉換成現金盈餘，因為應收帳款、存貨與應付帳款（皆屬於營運資本項目），反映了會計記錄的收入與花費，與實際現金流量之間的差距。後一項調整則加回了折舊與攤銷，這類非現金費用雖然降低了會計盈餘，但不影響現金流量。
3. 雖然會計師在計算淨利時，並不將資本支出（即投入於會計上認列為資本資產的支出，如土地、建物與設備）視為費用，但這些支出仍然是現金流出，因此必須將其扣除。在這個過程中，我也將現金收購視為大筆資本支出，並據此調降現金流量。
4. 最後一步，我會將與債務相關的現金流入與流出納入考量。如果你對這麼做的原因感到困惑，請注意：當企業透過舉債來支付部分或大部分資本支出時，會為權益投資人帶來現金流入；償還到期債務則會導致現金流出。因此，負債淨額（net debt）——也就是發行債務減去償還債務的差額——會被加進現金流量中，以計算出最終的剩餘現金流量（residual cash flow）。

圖 8-1 中說明了這些步驟。最終的剩餘現金流量，在考量過稅金、再投資與債務相關的現金流量後，稱為「股東權益自由現金流量」（FCFE），也可以稱為「潛在股利」（potential dividend），代表可返還給股東（shareholders，針對上市公司）或權益持有人（equity owners，針對私人企業）的現金。

圖 8-1 ｜ 潛在股利（FCFE）的估算步驟

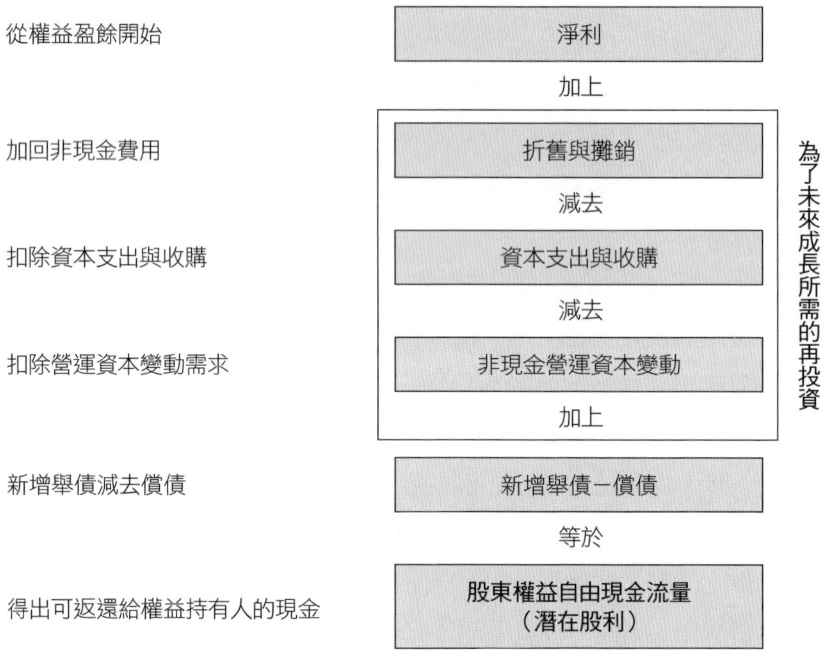

步驟	項目
從權益盈餘開始	淨利
	加上
加回非現金費用	折舊與攤銷
	減去
扣除資本支出與收購	資本支出與收購
	減去
扣除營運資本變動需求	非現金營運資本變動
	加上
新增舉債減去償債	新增舉債－償債
	等於
得出可返還給權益持有人的現金	股東權益自由現金流量（潛在股利）

（為了未來成長所需的再投資）

當評估這項潛在股利指標時，請留意**它可能為負值**，原因可能是企業正在虧損，和／或是其資本支出與投資需求，即使在盈餘為正的情況下，仍高到足以吞噬這些盈餘。

請再次思考 Airbnb、Adobe 和卡夫亨氏這三家公司，我曾在第 7 章用它們當作範例，說明企業在生命週期不同階段的籌資抉擇。我也依照上述的方法，在表 8-1 中，為這三家公司計算出「股東權益自由現金流量」（FCFE）。

表 8-1｜2021 年 Airbnb、Adobe 和卡夫亨氏的股東權益自由現金流量（單位：百萬美元）

	Airbnb	Adobe	卡夫亨氏
淨利	-$352	$4,822	$1,012
＋折舊	$147	$788	$910
－資本支出	$25	$3,030	$905
＋資產剝離	$0	$0	$5,014
－非現金營運資本變動	-$138	-$742	-$406
扣除債務前的股東權益自由現金流量	-$93	$3,322	$6,437
＋新增舉債	$1,979	$0	$3,772
－償債債務	$1,995	$0	$1,960
股東權益自由現金流量	-$109	$3,322	$3,235

　　Airbnb 在 2021 年的營業虧損為 3.52 億美元，雖然當年資本支出不高，且非現金營運成本有所下降，但無論是否納入債務現金流量，其該年度的股東權益自由現金流量仍為負值。

　　Adobe 和卡夫亨氏在 2021 年則都呈現高額、正值的 FCFE，而兩者之間的差異，反映了它們在企業生命週期中所處的位置：**卡夫亨氏在調整規模的過程中，當年度的 FCFE 有很大一部分來自資產剝離。**

　　根據股東權益自由現金流量，我不會預期 Airbnb 會發放股利，或是回購股票，但 Adobe 和卡夫亨氏都有能力返還大筆現金給股東。卡夫亨氏在當年發放了 19.6 億美元的現金股利，Adobe 則選擇回購了近 47 億美元的庫藏股，並未發放任何股利。

　　為了解隨著公司成長，股東權益自由現金流量會如何變化，我回顧了特斯拉（Tesla）短暫但充滿變化的發展歷史——這家公司在不到 20 年的時間內，從新創企業成長為市場巨擘。圖 8-2 中，繪製了特斯拉從 2006 到 2021 年的年度淨利與股東權益自由現金流量。

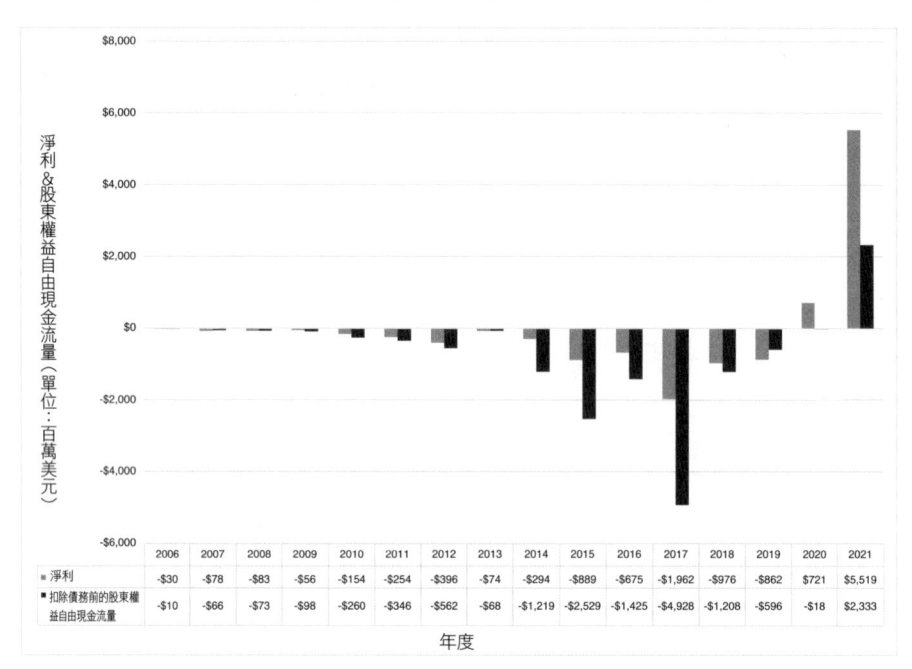

圖 8-2｜2006-2021 年特斯拉的淨利與股東權益自由現金流量（FCFE）

年度	2006	2007	2008	2009	2010	2011	2012	2013	2014	2015	2016	2017	2018	2019	2020	2021
淨利	-$30	-$78	-$83	-$56	-$154	-$254	-$396	-$74	-$294	-$889	-$675	-$1,962	-$976	-$862	$721	$5,519
扣除債務前的股東權益自由現金流量	-$10	-$66	-$73	-$98	-$260	-$346	-$562	-$68	-$1,219	-$2,529	-$1,425	-$4,928	-$1,208	-$596	-$18	$2,333

（單位：百萬美元）

　　特斯拉從 2006 年到 2019 年都持續出現虧損，直到 2020 年才首次轉為獲利，這並不令人意外，儘管該年度的再投資需求，仍使其股東權益自由現金流量維持為負值。

　　到了 2021 年，隨著獲利大幅增長，這家公司終於實現了正值的股東權益自由現金流量（請注意，這些「股東權益自由現金流量」數字尚未納入債務現金流量；而特斯拉在過去 5 年間所舉的債，遠高於償還的金額。若將這些現金流量納入計算，特斯拉的 FCFE 在 2019 年即已轉正）。

生命週期不同階段的潛在股利

　　隨著企業逐漸成熟，其返還現金的能力，以及累積或消耗現金的能

228 ｜ 企業估值投資

力，也會有所變化。

在本節中，我會延續前一節對潛在股利（即股東權益自由現金流量）的定義，探討這些數字如何隨著企業年齡改變，以及這些變化對各階段企業現金餘額所造成的影響。

為了評估「股東權益自由現金流量」在企業生命週期中每個階段的變化，我會將這項估計拆分為三個構成部分。

1. 淨利：

雖然盈餘不等同於現金流量，但以正的盈餘作為起點仍具有參考價值，而且虧損企業顯然較不具備返還現金給權益持有人的能力，相較之下，獲利企業的還款能力更強。在表 8-2 中，我檢視了依照企業年齡分組的美國上市公司淨利表現。

表 8-2 ｜ 2021 年依照企業年齡十分位數分組的美國公司淨利

年齡十分位數	企業數量	平均年齡	淨利 淨利為正的比例(%)	淨利 淨利為負的比例(%)	絕對價值 淨利(百萬美元)	絕對價值 市值(百萬美元)	絕對價值 營收(百萬美元)	相對價值 占市值比例(%)	相對價值 占營收比例
最年輕	499	5.04	26.85%	73.15%	$(55)	$1,126,924	$319,900	0.00%	-0.02%
第 2 十分位數	522	9.43	29.89%	70.11%	$(7,107)	$1,411.921	$234,351	-0.50%	-3.03%
第 3 十分位數	577	13.58	41.77%	58.23%	$(13,783)	$1,676,741	$285,956	-0.82%	-4.82%
第 4 十分位數	718	18.12	48.19%	51.81%	$45,637	$3,648,970	$698,047	1.25%	6.54%
第 5 十分位數	488	23.49	61.07%	38.93%	$237.085	$5,335,170	$1,124,673	4.44%	21.08%
第 6 十分位數	652	29.49	66.41%	33.59%	$141,129	$5,200,863	$1,379,075	2.71%	10.23%
第 7 十分位數	578	38.19	71.11%	28.89%	$168,379	$4,306,529	$1,883,320	3.91%	8.94%
第 8 十分位數	606	52.48	80.53%	19.47%	$441,970	$12,785,577	$3,675,083	3.46%	12.03%

第9十分位數	581	86.88	83.13%	16.87%	$272,575	56,338,688	$3,392,256	4.30%	8.04%
最年長	584	140.22	91.27%	8.73%	$443,447	58,875,169	$4,619,250	5.00%	9.60%
所有企業	6,542	42.24	60.27%	39.73%	$1,746,044	51,632,731	$18,010,220	3.38%	9.69%

如你所見，年齡最小的公司虧損比例，遠高於年資較長的公司，而且這些公司的淨利相對於市值與營收的比例也明顯較小。

2. 再投資：

再投資需求，來自企業對成長的期待，顧名思義，年輕企業對再投資的需求遠高於成熟企業。在表 8-3 裡，我依照企業年齡分組，呈現美國上市企業在再投資方面的表現。

表 8-3｜2021 年依照企業年齡十分位數分組的美國公司再投資情形

年齡十分位數	企業數量	平均年齡	再投資（單位：百萬美元）			占營收比例之再投資（%）		
^	^	^	資本支出淨額	非現金營運資本變動	再投資總額	資本支出淨額占比	非現金營運資本變動占比	再投資總額占比
最年輕	499	5.04	$23,630	58,058	$31,688	7.39%	2.52%	9.91%
第2十分位數	522	9.43	$13,198	$9,176	$22,373	5.63%	3.92%	9.55%
第3十分位數	577	13.58	$16,247	$8,671	$24,918	5.68%	3.03%	8.71%
第4十分位數	718	18.12	$62,010	$8,105	$70,116	8.88%	1.16%	10.04%
第5十分位數	488	23.49	590,396	$19,875	$110,271	8.04%	1.77%	9.80%
第6十分位數	652	29.49	$97,602	$30,451	$128,053	7.08%	2.21%	9.29%
第7十分位數	578	38.19	$109,105	$24,922	$134,027	5.79%	1.32%	7.12%
第8十分位數	606	52.48	$151.139	$51,906	$203,044	4.11%	1.41%	5.52%

第9個十分位數	581	86.88	$135,034	$7,848	$142,882	3.98%	0.23%	4.21%
最年長	584	140.22	$196,861	$14,437	$211,298	4.26%	0.31%	4.57%
所有企業	6,542	42.24	$908,805	$189,037	$1,097,842	5.05%	1.05%	6.10%

就美元金額而言，年長企業的再投資規模遠高於年輕企業，但其中一個原因是，這些年長企業的整體規模也往往較大。

如果用營收作為基準衡量，年齡前5十分位數的公司，其再投資約占營收的10%；而在最年長的3個十分位數中，占比則顯著下降。

3. 負債現金流量：

如同我在上一節提到的，會為權益投資人帶來現金流入，而償還債務則會導致現金流出。在表8-4中，我依照企業年齡分組，檢視了美國上市企業在舉債和償債方面的情況：

表8-4｜2021年依照企業年齡十分位數分組的美國公司債務現金流量

| 年齡十分位數 | 企業數量 | 平均年齡 | 債務現金流量（單位：百萬美元） ||| 債務現金流量占市值比例（%） |||
			新增舉債金額	償還債務金額	舉債—償還後的淨額	新增舉債占比	償還債務占比	舉債—償還淨額占比
最年輕	499	5.04	$84,557	$81,784	$2,773	7.50%	7.26%	0.25%
第2十分位數	522	9.43	$440,923	$407,614	$33,309	31.23%	28.87%	2.36%
第3十分位數	577	13.58	$3,047,999	$3,029,136	$18,863	181.78%	180.66%	1.13%
第4十分位數	718	18.12	$139,534	$129,418	$10,115	3.82%	3.55%	0.28%
第5十分位數	488	23.49	$253,522	$198,831	$54,691	4.75%	3.73%	1.03%
第6十分位數	652	29.49	$2,579,024	$2,532,428	$46,597	49.59%	48.69%	0.90%

第7十分位數	578	38.19	$409,397	$359,079	$50,318	9.51%	8.34%	1.17%
第8十分位數	606	52.48	$1,541,161	$1,500,417	$40,744	12.05%	11.74%	0.32%
第9十分位數	581	86.88	$1,969,257	$2,067,172	$(97,915)	31.07%	32.61%	-1.54%
最年長	584	140.22	$772,170	$932,487	$(160,317)	8.70%	10.51%	-1.8%
所有企業	6,542	42.24	$11,320,471	$11 321.542	$(1,071)	21.93%	21.93%	0.00%

在年齡較高的 8 個分組中（第 3 至第 10 十分位），企業的舉債金額普遍高於償債金額，因而形成現金流入的來源；但在最年長的兩個分組（第 9 與第 10 十分位），償債金額反而高於舉債金額，使這些企業成為現金流出的來源。

如果以市值占比觀察債務現金流量，則並未呈現明確的規律，但整體而言，年輕企業使用債務的比例較低。

把這三個要素納入潛在股利的計算後，你會發現：年輕企業通常面臨虧損或是盈餘非常少，同時具有龐大的再投資需求，且舉債能力有限，這種組合導致這些公司的「股東權益自由現金流量」是負值。

隨著企業逐漸成熟，盈餘能力改善，再投資需求（相對於盈餘）降低，加上舉債能力提升，股東權益自由現金流量也隨之轉為正值，並持續上升。

在表 8-5 中，我檢視了依照企業年齡分組的美國上市企業，其股東權益自由現金流量相對於市值與營收的表現：

表 8-5 | 2021 年依照企業年齡十分位數分組之美國公司股東權益自由現金流量

年齡十分位數	企業數量	平均年齡	股東權益自由現金流量（債務調整前）			股東權益自由現金流量（債務調整後）		
			金額（單位：百萬美元）	為負值的企業比例（%）	占營收比例（%）	金額（百萬美元）	為負值的企業比例（%）	占營收比例（%）
最年輕	499	5.04	$(31,743)	76.15%	-9.92%	$(28,970)	75.75%	-9.06%
第 2 十分位數	522	9.43	$(29,480)	72.99%	-12.58%	$3,828	70.11%	1.63%
第十分位數	577	13.58	$(38,702)	61.53%	45.55%	$(19,839)	62.74%	-6.94%
第 4 十分位數	718	18.12	$(24,478)	55.99%	-3.51%	$(14,363)	56.96%	-2.06%
第 5 十分位數	488	23.49	$126,814	45.08%	11.28%	$181,504	48.77%	16.14%
第 6 十分位數	652	29.49	$13,077	43.87%	0.95%	$59,673	45.55%	4.33%
第 7 十分位數	578	38.19	$34,352	44.64%	1.82%	$84,670	46.89%	4.50%
第 8 十分位數	606	52.48	$238,926	37.95%	6.50%	$279,670	45.38%	7.61%
第 9 十分位數	581	86.88	$129,693	35.46%	3.82%	$31,778	44.75%	0.94%
最年長	584	140.22	$232,149	27.05%	5.03%	$71,832	42.47%	1.56%
所有企業	6,542	42.24	$648,201	48.98%	3.60%	$647,130	52.37%	3.59%

值得留意的是，年輕企業中「股東權益自由現金流量」為負值的比例，遠高於年長企業；整體來說，**年齡最低的的 4 個十分位數，其股東權益自由現金流量都是負值**，而在整個分布中，中段分組的股東權益自由現金流量則達到最高峰。

雖然年齡較高企業的「股東權益自由現金流量」多為正值，但在這些年齡分組之間，並未呈現明確的一致性或趨勢。

企業生命週期中的股利政策　第 8 章　| 233

現金返還：實務做法與影響

在公開發行股票的歷史中，企業如果選擇將現金返還給股東，長期以來主要透過配發現金股利。隨著時間推移，這些配息機制已根深蒂固，我會從說明這些做法開始這一節的內容。

不過，在過去 50 年間，隨著企業將股票回購視為另一種現金返還方式，現金返還的重心逐漸從配息轉向回購，我也會探討這個轉變背後的原因。最後，我還將分析企業隨著年齡增長，返還現金的金額與形式會如何改變。

配息的做法

以配息的形式將現金返還給股東，這種做法由來已久，可以追溯至公開股票市場的起源。最初的目的，可能是將企業的剩餘現金流量返還給所有者，但隨著時間推移，傳統的配息做法變得「黏著」（sticky）──也就是說，一旦開始配息，公司就很難減少或暫停配息，往往會延續前期的配息水準。

你可以在圖 8-3 看到這個現象，我在圖中比較各年度的每股配息與前一年度的每股配息，並統計從 1988 年至 2021 年，美國公司配息高於、等於、或低於前一年度的比例。

圖 8-3 | 1988-2021 年，美國企業配息變動情形

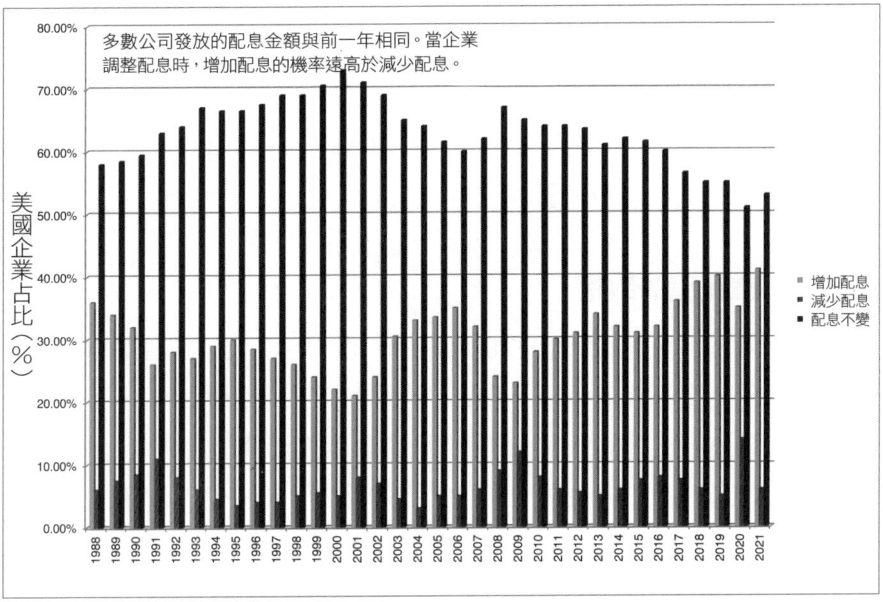

多數公司發放的配息金額與前一年相同。當企業調整配息時，增加配息的機率遠高於減少配息。

資料來源：標普智匯（S&P Capital IQ）

每一年，每股配息維持不變的公司比例都高於增加或減少配息的公司，而在調整配息的公司當中，增加配息的公司也遠多於減少配息的公司。

放眼全球股市，我發現配息政策在世界各地普遍都具有「黏著性」，雖然表現形式略有不同。比方說在拉丁美洲，企業固定不變的通常是配息率（payout ratio，即盈餘中用於配息的比例），而不是每股配息的美元金額。

考量到「股東權益自由現金流量」會隨著時間波動，配息具有黏著性這件事，或許會讓你覺得訝異。不過，這背後有兩個解釋：第一，企業知道「股東權益自由現金流量」時高時低，因此配息金額反映的是經過平

企業生命週期中的股利政策　第 8 章　| 235

滑處理（smoothing）的水準：**在盈餘充沛的年度，企業會發放低於實際可負擔金額的配息，將多餘現金保留作為緩衝**，以便在盈餘和現金流偏低的年分仍能維持配息穩定。

第二，有些投資人偏好穩定的配息政策，甚至願意為了這種穩定性支付溢價。當某家公司吸引到的股東多數屬於這類偏好穩定性的群體時，企業便更有誘因維持穩定配息。

配息 VS. 庫藏股的取捨

從企業的角度來看，配息和庫藏股同樣是將現金返還給股東，對公司整體價值的影響沒有差別。發放的現金會使公司價值下降，而如果企業以舉債資金來支應配息或庫藏股，則會影響其債務組合與資金成本。

如果企業返還的現金超出其可負擔的範圍，無論是以配息還是庫藏股的形式，都可能導致**企業必須放棄原本有能力執行的投資案**。圖 8-4 中，說明了配息和庫藏股對企業的影響。

從公司的角度來看，配息和庫藏股之間最大的差異，在於兩者對現金返還的彈性不同。不像配息一旦承諾就具有黏著性，**庫藏股即使在宣布後仍可撤回**。

配息的黏著性與庫藏股的彈性，會產生一種連帶效應，進而影響企業的配息政策：由於投資人知道企業通常不願意減少配息，他們可能會將「開始配息」或「提高配息」解讀為公司對未來前景有信心、敢於做出長期承諾的正向訊號，並透過推升股價來反映這項預期。相對地，配息一旦減少或暫停，則可能會被投資人視為負面訊號，導致股價下跌[1]。

1 　作者注：有證據支持這個主張：平均而言，當企業宣布增加（或減少）配息時，通常會伴隨股價上漲（或下跌），不過，配息所產生的訊號作用，在過去幾十年似乎已經減弱。

圖 8-4 ｜配息和庫藏股對企業價值的影響

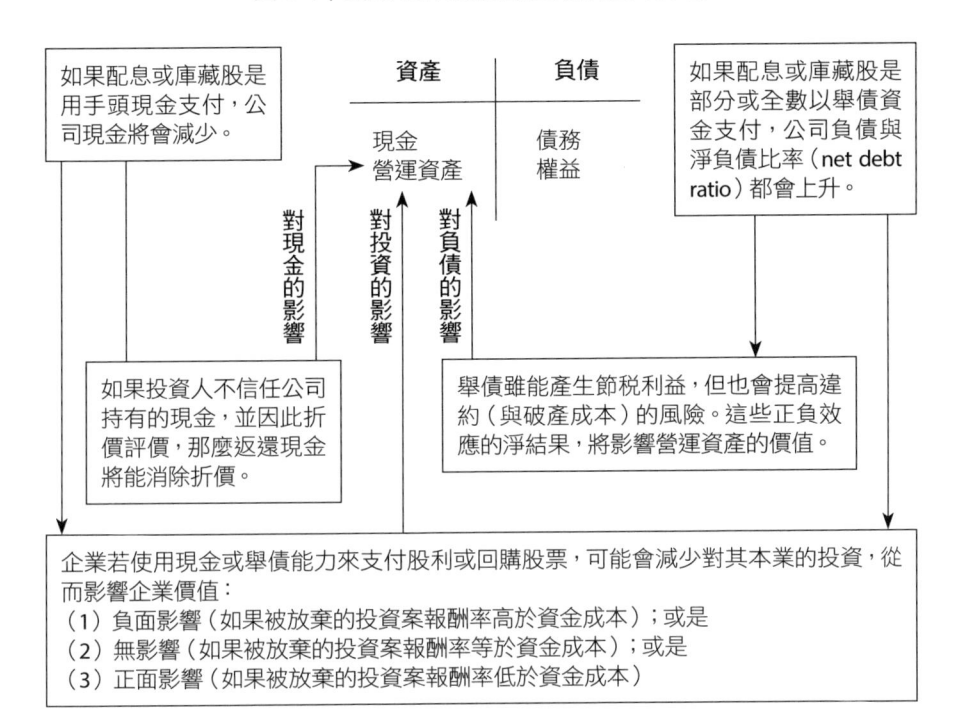

```
如果配息或庫藏股是                  資產      負債             如果配息或庫藏股是
用手頭現金支付，公                                              部分或全數以舉債資
司現金將會減少。                                                金支付，公司負債與
                              現金       債務                  淨負債比率（net debt
                              營運資產    權益                   ratio）都會上升。

                         對     對    對
                         現     投    負
                         金     資    債
                         的     的    的
                         影     影    影
                         響     響    響

  如果投資人不信任公司          舉債雖能產生節稅利益，但也會提高違
  持有的現金，並因此折          約（與破產成本）的風險。這些正負效
  價評價，那麼返還現金          應的淨結果，將影響營運資產的價值。
  將能消除折價。

  企業若使用現金或舉債能力來支付股利或回購股票，可能會減少對其本業的投資，從
  而影響企業價值：
  （1）負面影響（如果被放棄的投資案報酬率高於資金成本）；或是
  （2）無影響（如果被放棄的投資案報酬率等於資金成本）；或是
  （3）正面影響（如果被放棄的投資案報酬率低於資金成本）
```

對企業股東而言，配息與庫藏股會帶來不同的結果。配息時，所有股東都會依其持股比例獲得現金；而庫藏股的現金，則僅發放給那些將股份賣回公司的股東，不會發給選擇繼續持有的股東，因此會產生稅負與控制權方面的影響。

對於當期不需要現金，且投資所得稅率偏高的投資人，相較於配息，他們會更偏好庫藏股；而那些依賴投資帶來穩定現金流的投資人，則傾向偏好配息。

而在配息與庫藏股的取捨中，還有一個最後值得納入考量的因素，就是**公司當前的股價**。

由於庫藏股通常是以當前的市價、甚至以溢價回購，如果企業的股價被高估，仍以當前價格實施庫藏股，將使財富從繼續持股的投資人，轉移到選擇賣出股票的投資人身上。反之，如果公司股價被低估時進行庫藏股，財富就會向相反方向轉移：繼續持股的投資人將受益，而賣出股票的投資人則相對吃虧。

庫藏股的此消彼漲

1981 年時，美國企業幾乎所有返還給股東的現金，都是以配發股利的方式進行，庫藏股則極為罕見。從 1980 年代開始，企業陸續實施庫藏股，而且這股趨勢從未停歇，這點可以從圖 8-5 看出來——在圖中，我繪製了 1988 年至 2021 年間，美國企業整體的股利與庫藏股規模。

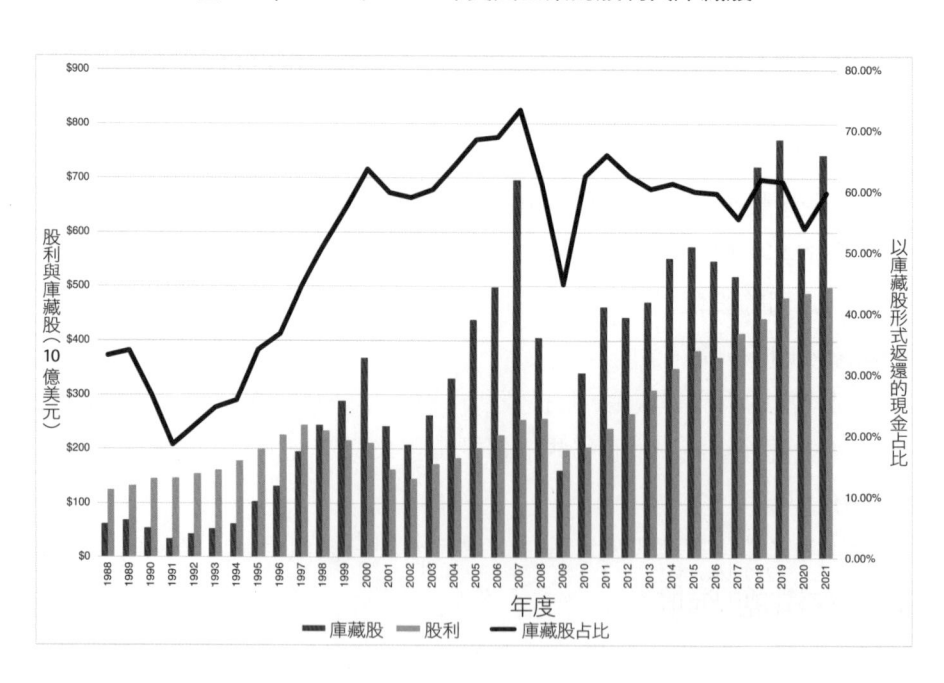

圖 8-5｜1988 年-2021 年美國企業的股利與庫藏股

2021 年，美國企業實施庫藏股的金額將近 7,500 億美元，已大幅超過同年發放的 5,000 億美元股利。最能清楚反映庫藏股興起趨勢的統計數據，是它在整體現金返還中所占的比例——這個比率已從不到 35%，攀升至接近 60%。

雖然從配發股利轉向庫藏股的趨勢，在美國最為明顯，但這其實是一個全球現象，你可以在表 8-6 中看見按區域劃分的現金返還結構，其中區分為配發股利與庫藏股兩種形式。

表 8-6｜2021 年依全球地區劃分的股利與庫藏股

子區域	企業數量	市值（百萬美元）	淨利（百萬美元）	股利（百萬美元）	庫藏股（百萬美元）	股利支付率（%）	現金返還中來自庫藏股的占比（%）	現金支付率（%）
非洲與中東地區	2,356	$4,698,102	$260,259	$138,928	$12,275	53.38%	8.12%	58.10%
澳洲與紐西蘭	1,878	$1,930,982	$77,123	$45,034	$6,579	58.39%	12.75%	66.92%
加拿大	2,937	$3,129,490	$162,432	$65,382	$34,781	40.25%	34.72%	61.66%
中國	7,043	$19,024,215	$1,001,151	$471,821	$50,414	47.13%	9.65%	52.16%
歐盟及其周邊地區	528	$649,262	$99,799	$33,562	$6,155	33.63%	15.50%	39.80%
印度	6,000	$17,098,249	$868,662	$332,208	$132,019	38.24%	28.44%	53.44%
日本	3,982	$3,572,361	$120,717	$35,772	$8,540	29.63%	19.27%	36.71%
拉丁美洲與加勒比地區	3,947	$6,510,572	$448,920	$127,328	$58,088	28.36%	31.33%	41.30%
其他亞洲地區	1,043	$1,724,743	$122,751	$61,399	$17,401	50.02%	22.08%	64.19%
英國	9,408	$7,205,112	$426,861	$160,991	$10,953	37.72%	6.37%	40.28%
美國	1,255	$3,599,149	$193,457	$86,628	$18,861	44.78%	17.88%	54.53%
全球	7,229	$52,446,672	$1,789,714	$591,709	$842,300	33.06%	58.74%	80.12%
	47,607	$121,588,908	$5,571,847	$2,150,763	$1,198,364	38.60%	35.78%	60.11%

你可以看見這股從配發股利轉向庫藏股的趨勢，正在全球其他地區逐漸成形。日本與加拿大的企業，約有三分之一的現金返還以庫藏股形式進行，歐洲企業則緊隨其後，庫藏股占比略高於 28%。就連新興市場的企業也陸續加入，拉丁美洲企業的庫藏股占比是 22.08%，印度企業則為 19.72%。

生命週期不同階段的選擇

假如配息和庫藏股是企業可以用來返還現金給股東的機制，而企業採取何種方式，主要取決於它對庫藏股所帶來彈性的重視程度，以及股東對股利的偏好與否，那麼你會預期，在企業生命週期的不同階段，這些機制的使用方式也會有所差異。

- 在企業生命週期的早期階段，企業可返還給股東的現金較少，而且現金餘額的波動性較高，因此能預期公司較不可能啟動並發放股利。
- 隨著企業年齡增長，有兩股力量會推動企業傾向以配息的形式返還現金。第一，成熟企業通常具有較穩定且可預測的盈餘與現金流量，因此較有能力以配息形式返還更多現金。第二，成熟企業的在外流通股中，有較大比例由機構法人持有，其中有些（例如退休基金）偏好可預測的配息。

為了檢視現金報酬在企業生命週期裡的差異，我在表 8-7 中，將美國上市公司依照年齡劃分為十分位數，並觀察他們在 2021 年是否有發還現金給股東；如果有，則進一步區分是透過配息，還是實施庫藏股。

表 8-7 | 2021 年依年齡十分位分組的美國上市公司現金報酬狀況

年齡十分位數	企業數量	平均年齡	現金返還 有返還現金的比例	現金返還 未返還現金的比例	配息 配息公司占比	配息 未配息公司占比	庫藏股 有實施庫藏股的比例	庫藏股 未實施庫藏股的比例
最年輕	499	5.04	30.66%	69.34%	15.03%	84.97%	23.05%	76.95%
第 2 十分位數	522	9.43	30.27%	69.73%	11.49%	88.51%	26.44%	73.56%
第 3 十分位數	577	13.58	30.85%	69.15%	12.31%	87.69%	27.38%	72.62%
第 4 十分位數	718	18.12	32.31%	67.69%	11.56%	88.44%	28.41%	71.59%
第 5 十分位數	488	23.49	43.24%	56.76%	15.98%	84.02%	38.52%	61.48%
第 6 十分位數	652	29.49	48.16%	51.84%	22.39%	77.61%	41.87%	58.13%
第 7 十分位數	578	38.19	56.92%	43.08%	25.61%	74.39%	49.13%	50.87%
第 8 十分位數	606	52.48	68.15%	31.85%	42.74%	57.26%	57.92%	42.08%
第 9 十分位數	581	86.88	79.69%	20.31%	62.13%	37.87%	63.86%	36.14%
最年長	584	140.22	84.42%	15.58%	74.83%	25.17%	64.38%	35.62%
所有企業	6,542	42.24	46.90%	53.10%	27.10%	72.90%	39.15%	60.85%

　　年輕企業返還現金給股東的可能性，明顯低於年長企業。在最年輕的十分位數中，有超過 69% 的企業沒有返還現金，而在最年長的企業中，這個比例僅為 15.58%。

　　相同的趨勢也出現在配息與庫藏股這兩種形式上，年輕企業透過任何一種方式返還現金的比例都偏低。這些結果是合理的，因為如我在表 8-5 依照企業年齡分組觀察到的，「股東權益自由現金流量」（FCFE）在年輕企業中更常為負值，顯示其並不具備返還現金給股東的能力。

配息的功能失調與後果

我在本章開頭已說明，潛在股利的衡量方式，是企業在滿足所有其他請求權（包括為了未來成長所需的再投資）之後的剩餘現金流量，接著探討企業實際以配息與庫藏股形式返還的現金金額。

在這一節，我將探討實際現金返還金額為何會與潛在股利產生偏離（即使在長期而言亦是如此），以及這種偏離對企業造成的影響。

功能失調的股利政策

在傳統的企業財務理論裡，股利應從剩餘現金流中發放——也就是在支付稅金、滿足再投資需求、償還債務之後，所剩下的現金。然而，有些企業卻把股利視為一項優先承諾，在考慮投資計畫和償債之前就要支付。

在圖 8-6，我對比了兩種觀點：一是「股利為剩餘現金流」——這是傳統財務學的看法；另一則是「股利為優先現金流」——這代表配息機能失調的世界觀。

圖 8-6 | 剩餘現金流 VS. 功能失調的股利政策

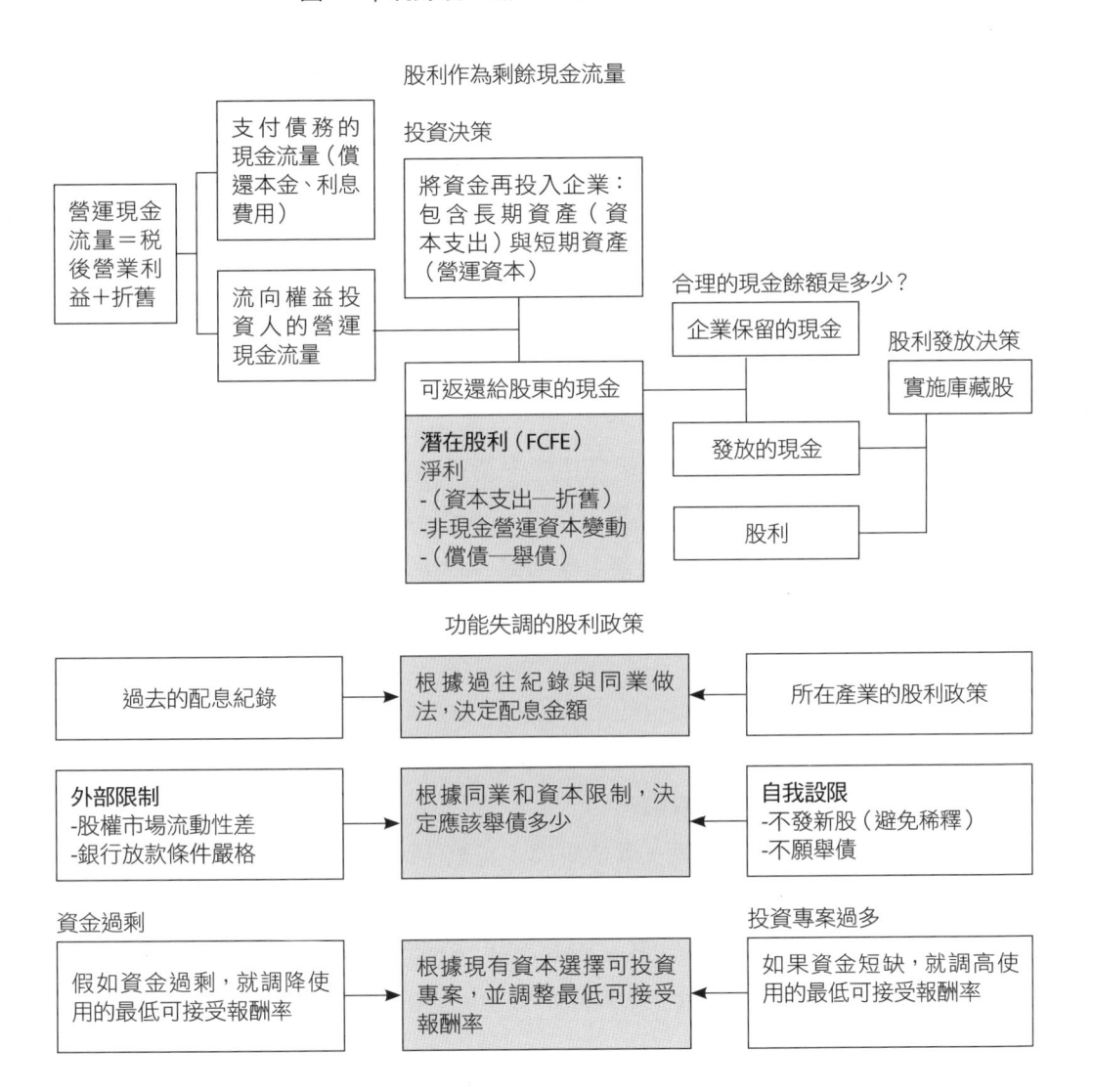

股利作為剩餘現金流量

營運現金流量＝稅後營業利益＋折舊

→ 支付債務的現金流量（償還本金、利息費用）

→ 流向權益投資人的營運現金流量

投資決策
將資金再投入企業：包含長期資產（資本支出）與短期資產（營運資本）

→ 可返還給股東的現金

潛在股利（FCFE）
淨利
-（資本支出—折舊）
-非現金營運資本變動
-（償債—舉債）

合理的現金餘額是多少？
→ 企業保留的現金
→ 發放的現金

股利發放決策
- 實施庫藏股
- 股利

功能失調的股利政策

過去的配息紀錄 → 根據過往紀錄與同業做法，決定配息金額 ← 所在產業的股利政策

外部限制
-股權市場流動性差
-銀行放款條件嚴格
→ 根據同業和資本限制，決定應該舉債多少 ←
自我設限
-不發新股（避免稀釋）
-不願舉債

資金過剩
假如資金過剩，就調降使用的最低可接受報酬率
→ 根據現有資本選擇可投資專案，並調整最低可接受報酬率 ←
投資專案過多
如果資金短缺，就調高使用的最低可接受報酬率

股利政策一旦失調──也就是讓配息決定投資與籌資決策──對某些企業來說，顯然會帶來災難性的後果。如果企業被歷史配息紀錄，或同業慣例所綁架，堅持發放自己根本負擔不起的股利，結果**可能會使舉債規模遠超出償付能力，還得因此錯失原本值得投資的良機**。

　　配息功能失調的形式，會隨著企業所處的生命週期階段而有所不同。在生命週期早期，年輕且仍在成長的企業可能會在「股東權益自由現金流量」為負的情況下，仍然選擇配息或實施庫藏股。

　　這些企業原本就身陷現金流困境，如此一來只會讓情況更加惡化，迫使它們必須籌措新的資金來源──不是透過舉債（進一步危及企業生存），就是透過增資發行新股。

　　隨著企業步入成熟期，配息功能失調可能會呈現另一種樣貌：即使股東權益自由現金流量已經轉為正值、甚至持續成長，企業卻仍然拒絕配息。這種抗拒可能源自企業不願面對自身步入中年的事實，想延續成長企業的定位；也可能是基於與同業比較，而同業普遍也尚未開始發放現金報酬。

　　至於成熟企業，則是有些可能陷入「發放過多現金報酬」的政策困境：要不是在景氣良好的年分做出無法長久維持的配息承諾，就是仰賴實施庫藏股來試圖支撐股價。

　　而在企業進入衰退期、業務規模逐步縮小時，有些公司則可能不願採取如實反映此現實的股利政策。為了呈現「潛在現金報酬」與「實際現金報酬」之間的落差概況，我在圖 8-7 中，將全球所有上市公司，依據其「股東權益自由現金流量」與實際發放的現金報酬（包括配息與庫藏股）加以分組。

圖 8-7｜2021 全球企業的現金報酬和股東權益自由現金流量比較

當企業的「股東權益自由現金流量」（FCFE）為正值，卻沒有發放現金，或發放金額少於 FCFE，將會使現金餘額增加。

當企業的 FCFE 為負值卻仍發放現金，或發放金額高於 FCFE，將會消耗現金。

	FCFE 為正值，未發放現金	發放現金，FCFE 高於（配息＋庫藏股）	現金累積型企業	FCFE 為負值，未發放現金	發放現金，FCFE 低於（配息＋庫藏股）	FCFE 為負值，有發放現金	現金消耗型企業
澳、紐、加	9.45%	9.19%	18.64%	67.71%	3.92%	9.74%	81.37%
已開發歐洲地區	18.01%	22.12%	40.13%	33.30%	7.46%	19.10%	59.86%
新興市場	14.66%	24.29%	38.95%	24.62%	8.25%	28.18%	61.05%
日本	13.93%	36.89%	50.82%	13.59%	7.61%	27.98%	49.18%
美國	10.88%	18.47%	29.35%	35.11%	8.10%	27.44%	70.65%
全球	14.06%	22.77%	36.83%	30.75%	7.61%	24.82%	63.18%

在 2021 年全球 47,606 家上市公司中，有 36.83% 發放的現金低於其 FCFE，另有 63.18 發放的現金高於其 FCFE。

顯然，完全依照剩餘現金流量來決定股利政策、而且每年都將股東權益自由現金流量發還給股東的公司非常少見。至少在 2021 年，返還現金超過 FCFE 的公司，遠比不足的更多。

現金報酬 VS. 現金餘額

企業的「潛在」股利或股東權益自由現金流量，是指在繳稅、再投資與償債之後所剩下的現金。不過，企業並沒有義務要把這些現金返還給股東。如果選擇發還，企業的現金餘額就不會變動。

然而，如果返還的現金報酬超過其 FCFE，企業就必須動用現金餘額，導致當期持有現金減少；反之，若企業選擇不返還現金，或返還金額

低於 FCFE，那麼這個差額就會使現金餘額增加。圖 8-8 中概括了這個現金動態。

圖 8-8 ｜ 股東權益自由現金流量、現金報酬與現金餘額

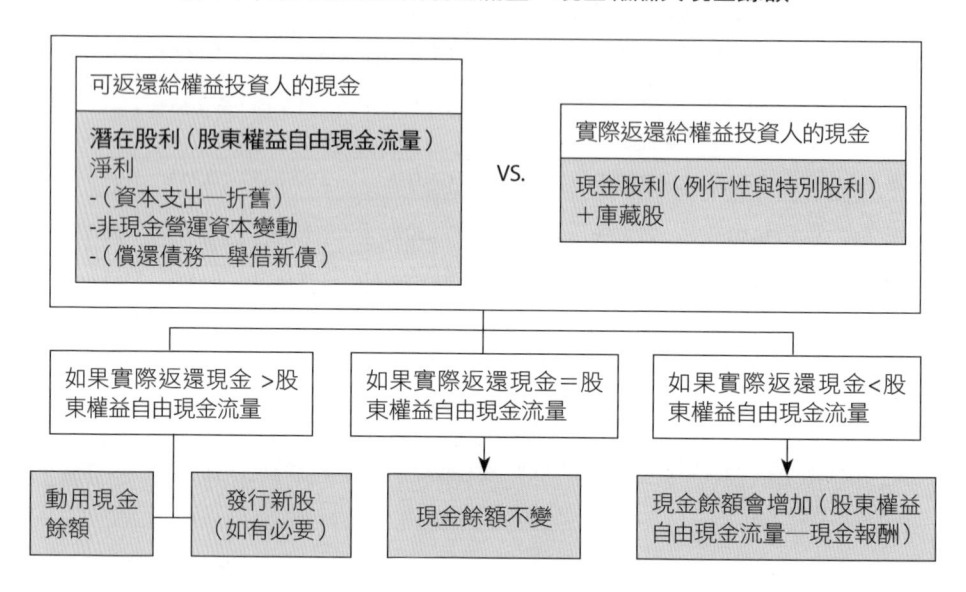

```
┌─────────────────────────────────────────────┐
│  可返還給權益投資人的現金                      │
│  ┌──────────────────────────┐               │
│  │ 潛在股利（股東權益自由現金流量）│           │
│  │ 淨利                       │               │
│  │ -（資本支出—折舊）          │   VS.        │
│  │ -非現金營運資本變動         │               │
│  │ -（償還債務—舉借新債）      │               │
│  └──────────────────────────┘               │
│                                              │
│  實際返還給權益投資人的現金                    │
│  現金股利（例行性與特別股利）                  │
│  ＋庫藏股                                    │
└─────────────────────────────────────────────┘
```

- 如果實際返還現金＞股東權益自由現金流量 → 動用現金餘額／發行新股（如有必要）
- 如果實際返還現金＝股東權益自由現金流量 → 現金餘額不變
- 如果實際返還現金＜股東權益自由現金流量 → 現金餘額會增加（股東權益自由現金流量—現金報酬）

請注意，如果企業的「股東權益自由現金流量」是負值，該企業就會落入實際返還現金（為零）大於應返還金額（為負值）這個類別，而這個差額就必須透過動用現有的現金餘額，或是向外籌資（例如向創投業者，或公開市場的股票投資人募集新股）來填補。

照這個邏輯，你就能理解，為什麼某些企業即使在長期內擁有可觀且為正值的「股東權益自由現金流量」，卻仍選擇不返還現金，從而累積出龐大的現金餘額。

不過，企業累積現金會不會傷害股東權益呢？在最有利於股東的情況下，企業持有大量現金餘額，股東也就間接擁有這些現金的一部分，這應該會反映在較高的股東權益價值或股價上。

反之，在最不利的情況下，企業帳上現金太多，股東可能會擔心管理階層將這筆錢浪費於劣質投資（例如拙劣的專案，或收購時的高價溢價），導致市場對這些企業手中的現金打折定價。

還有第三種正面的可能性：當一家企業在籌資上受到重大限制，又面臨失敗風險時，如果它選擇累積現金，市場反而會給這筆現金溢價，因為這麼做降低了倒閉風險，也緩解了資金壓力。

總之，市場對企業累積現金的反應可能截然不同，端視該企業的投資機會狀況，以及股東對管理當局是否有信心實現這些前景。在圖 8-9，我整理了一項針對美國企業現金餘額的研究結果，焦點在於市場對每家公司帳上 1 美元現金的定價反應。

圖 8-9｜美國企業現金餘額中每 1 美元的市場價值

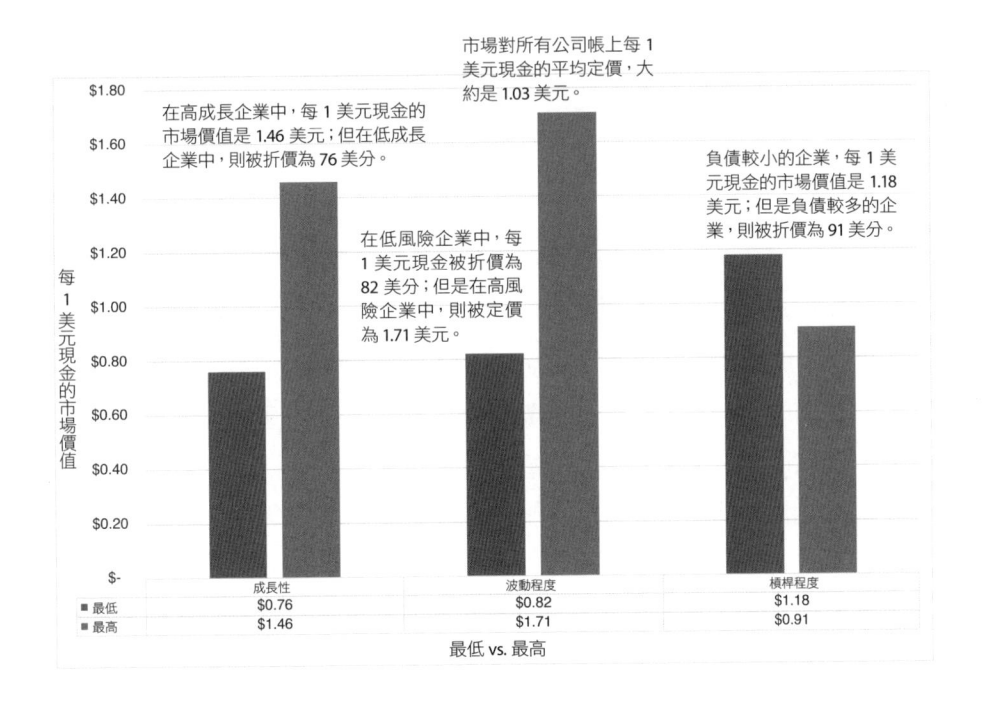

在高成長企業中，每 1 美元現金的市場價值是 1.46 美元；但在低成長企業中，則被折價為 76 美分。

市場對所有公司帳上每 1 美元現金的平均定價，大約是 1.03 美元。

在低風險企業中，每 1 美元現金被折價為 82 美分；但是在高風險企業中，則被定價為 1.71 美元。

負債較小的企業，每 1 美元現金的市場價值是 1.18 美元；但是負債較多的企業，則被折價為 91 美分。

	成長性	波動程度	槓桿程度
最低	$0.76	$0.82	$1.18
最高	$1.46	$1.71	$0.91

最低 vs. 最高

檢視這個流程在企業生命週期各階段的發展，我們可以歸納出：「股東權益自由現金流量」為負值的年輕企業，往往會燒光現金，並不斷需要權益資金的注入。

話雖如此，由於這些公司有良好的成長前景，且風險較高，市場往往傾向正面看待其現金餘額，並對其帳上現金給予溢價（高於面值的價差）。

隨著企業逐漸成熟，其「股東權益自由現金流量」會轉為正值，如果企業選擇不返還現金，現金餘額就會開始累積。假如企業持續維持不返還現金的政策，當成長趨緩、盈餘能力改善時，這些現金餘額的增加將會持續，甚至加速。

隨著時間推移，市場對這些現金餘額的看法會轉為中性，認為每 1 美元的現金大致等同 1 美元的價值——但隨著成長機會越來越少，市場可能開始對這些現金餘額打折。

這將為行動派投資人帶來施壓機會，要求企業返還現金；而一旦企業開始這麼做，只要返還金額超過「股東權益自由現金流量」，現金餘額就會趨於穩定，甚至可能下降。

企業生命週期的股利政策

我在本章探討了企業在生命週期的不同階段，其可返還給股東的現金金額如何隨之變化；**相較於成熟企業，年輕企業可返還的現金通常較少**，我也提供了支持這項看法的實證資訊。

此外，我也探討了配息跟實施庫藏股之間的取捨關係，並指出年輕企業較不願承諾配息，而更傾向以庫藏股的方式返還現金給股東。

圖 8-10 總結了股利政策在企業生命週期中的兩大面向：現金返還的能力與返還方式。

圖 8-10｜企業生命週期不同階段的現金報酬

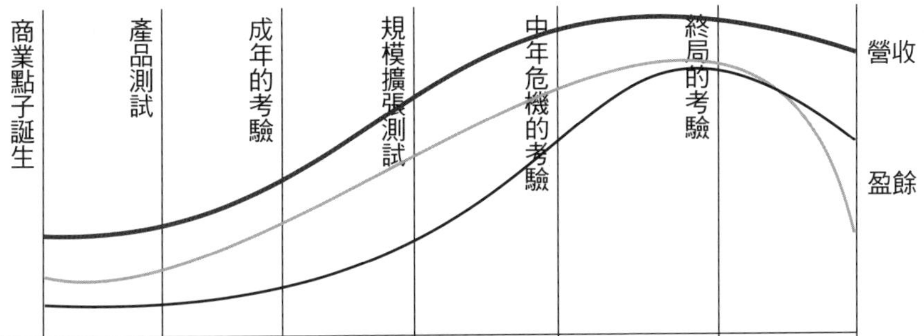

曲線標示（由上而下）：營收、盈餘

階段標示（由左而右）：商業點子誕生、產品測試、成年的考驗、規模擴張測試、中年危機的考驗、終局的考驗

生命週期階段	初創期	茁壯期	高成長期	穩健成長期	成熟穩定期	衰退期
盈餘	淨損龐大	淨損收斂	淨利轉正	淨利快速成長	淨利持平，債務成為變數	淨值下滑
成長所需再投資	非常高	高	規模仍大，但占比縮小	在規模的基礎上持續降低	低	資產剝離（正值的現金流量）
負債現金流量（舉債—償債）	通常無	通常無	如果有債務，為正但金額小	淨負債現金流為正	淨負債現金流為零	淨負債現金流為負
股東權益自由現金流量（潛在現金報酬）	負值	隨成長後可能負值更大	隨著成長趨緩轉為正值	正值且成長快（高於盈餘）	正值且更穩定	正值且高於盈餘
現金流入／流出股東端	募股	自給自足	庫藏股	配息＋庫藏股	清算性配息	

　　檢視企業在生命週期中的股利政策差異，再結合我在前兩章提到的投資與籌資政策的不同，你會發現，**即便都是遵守企業財務學的第一原理，應用在年輕與成熟企業身上，展現出來的結果卻可能截然不同。**

　　了解企業在生命週期的不同階段，應返還給股東多少現金，以及採取何種形式的差異，正是理解為何一體適用的股利政策判斷或管制，往往弊大於利的關鍵。

假如法律規定，所有公司都必須將一部分的盈餘拿來配息，對年長企業的價值影響可能不大，但對年輕企業則可能造成災難性後果，因為這些企業即使帳面盈餘為正，「股東權益自由現金流量」仍可能是負值。

另一個極端是，有人認為實施庫藏股對企業有害，主張企業應將這些現金再投入營運，但對於投資機會相對稀少的成熟或衰退企業而言，這樣的論點並不合理。

股利決策，遠遠不只是現金決策

股利政策，是構成企業財務學的三大原則中最後一項。

在理性的世界裡，企業應在先做出兩項判斷——應投入多少資金回到事業本身（投資政策），以及舉債是否合理（籌資政策）——之後，才決定應返還多少現金給股東。

將配息視為「剩餘現金流量」的概念是合理的，但企業經常忽略這個觀念。有些企業會受到誘惑，先根據歷史經驗或同業慣例，決定要返還多少現金，然後再調整投資與籌資決策來配合這個決策。結果，**企業的股利政策可能會出現功能失調**，像是企業為了支付股利而舉債，超出其可承擔範圍，進而讓企業面臨生存風險。

企業的股利政策，應隨著生命週期的不同階段而有所調整，年輕企業返還給股東的現金會比成熟企業少，並傾向選擇彈性較高的現金報酬政策（例如實施庫藏股），而非僵化的政策（例如配息）。儘管有證據顯示，確實有企業遵循這項原則，但從整體來看，顯然仍有不少的企業違反這項原則行事。

第三部
企業生命週期：估值與定價

第9章

生命週期的估值定價入門

企業財務學中，把企業決策劃分為投資決策、籌資決策與股利決策三類，但這些決策的整體效果會體現在企業的價值上；如果是上市公司，則會反映在其市場價格中。

在本章中，我會先從檢視「內在價值」（intrinsic value，指企業的真正經濟價值）的運作機制開始，接著會以估值時必須回答的基本問題，重新詮釋這些機制。在過程中，我會追溯企業價值的關鍵驅動因素，並主張：**要估計這些驅動因素，你需要一則關於這家企業的敘事**[1]（narrative）。

在本章第二部分，我會探討定價，以及投資人如何為企業定價的過程，並指出定價（price）的驅動因素不僅與價值（value）的驅動因素不同，還可能導致截然不同的結果。在這個過程中，我也會觀察價值與定價這兩個流程，如何隨著企業成長與生命週期的推進而改變。

估值基礎知識

在內在估值（intrinsic valuation）中，我會從一個簡單的命題開始：一項資產的價值，並不是取決於他人主觀認定它值多少，而是該資產「預期現金流量」[2]（expected cash flows）的函數。簡單來說，**現金流量高且可預測的資產，其價值應高於現金流量低且波動大的資產**。

估值機制：未來的錢會怎麼變化？

內在估值的實務操作上，不僅需要處理如何定義現金流量、將風險

1　編按：敘事，指企業未來經營邏輯與假設的連貫說法。
2　編按：根據企業未來可能產生的現金收入，所預估的現金流。

納入估值之中,還必須考量貨幣的時間價值[3]（time value of money）。圖 9-1 中,用一個等式概括了估值的本質。

圖 9-1｜資產的內在價值

時間區間內的預期現金流量
$$價值 = \frac{E(CF_1)}{(1+r)^1} + \frac{E(CF_2)}{(1+r)^2} + \cdots + \frac{E(CF_n)}{(1+r)^n}$$
風險調整折現率（risk-adjusted discount rate, RADR）

說明：
・E（CFt）：第 t 期的預期現金流量
・r：風險調整折現率（risk-adjusted discount rate）

對一項壽命有限（例如 10 年）的資產,我會估計這項資產 10 年的預期現金流量,然後用能反映這些現金流量風險的折現率,將它們折現為現值。但如果將這項原則應用在企業估值上——一般而言是經營中的企業,具體而言則是上市公司——就表示我還得處理另外兩個問題。

・股東權益估值 VS. 企業整體估值：

第一個問題是,在為企業估值時,可以選擇只估算所有權人持分（即股東權益）,或是估算整體企業的價值。

如果選擇前者,我會估算「股東權益自由現金流量」（FCFE）——即在滿足所有其他現金流量請求權後剩餘的部分——並以權益成本將這些現金流量折現。在一家上市公司中,你可以用股利作為衡量股東權益現金流量的指標,或是使用股東權益自由現金流量,也就是在第 8 章提到的潛在股利。

3　編按：指相同金額的金錢在未來的價值,將會因時間折現而遞減。

如果你要估值的是整家公司，我會折現權益投資人與債權人自企業獲得的現金流量——前者是股東權益自由現金流量，後者是本金與利息收入——並以資金成本，將這些償債前現金流量（pre-debt cash flows）折現。圖 9-2 中對照了企業中股東權益價值，與整體企業的價值。

圖 9-2｜股東權益價值 VS. 企業整體價值比較

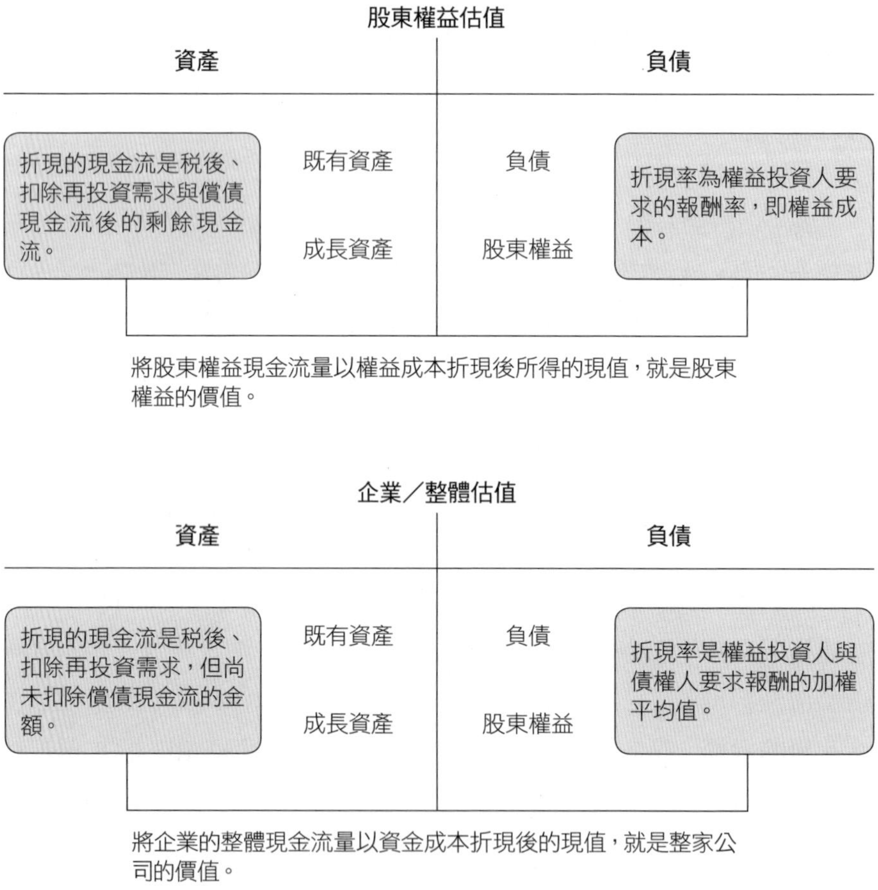

股東權益估值

資產		負債	
折現的現金流是稅後、扣除再投資需求與償債現金流後的剩餘現金流。	既有資產	負債	折現率為權益投資人要求的報酬率，即權益成本。
	成長資產	股東權益	

將股東權益現金流量以權益成本折現後所得的現值，就是股東權益的價值。

企業／整體估值

資產		負債	
折現的現金流是稅後、扣除再投資需求，但尚未扣除償債現金流的金額。	既有資產	負債	折現率是權益投資人與債權人要求報酬的加權平均值。
	成長資產	股東權益	

將企業的整體現金流量以資金成本折現後的現值，就是整家公司的價值。

- **企業的壽命：**

企業能夠透過投資新資產來實現自我更新，因此很難界定其壽命。理論上，一家上市企業可以持續經營數十年、甚至數百年。由於我無法預估如此長期下來的逐年現金流量，因此必須設法為估值程序設下終點。

其中一種估值分析師常用的做法，是假設從未來某個時間點開始，現金流量將以固定的成長率永久成長。這項假設讓我們能以「終值[4]」（terminal value）來估算所有未來現金流量的現值。

如此一來，如圖 9-3 所示，企業的總價值便可拆解為兩部分：一是明確預測期間（explicit forecasting period）內現金流量的折現值，二是該期間末端「終值」的折現值。

圖 9-3｜企業價值

$$\text{企業價值} = \frac{E(\text{現金流}_1)}{(1+r)^1} + \frac{E(\text{現金流}_2)}{(1+r)^2} + \cdots\cdots + \frac{E(\text{現金流}_{n+1})}{(r-gn)(1+r)^n}$$

| 企業的現值 | 明確預測期間（n 年）內預期現金流量的折現值 | 終值的現值：即第 n 年末的企業價值，假設從第 n 年起現金流量永續以固定成長率成長 |

說明：
E (現金流ₜ) 是第 t 年的預期現金流量
r 是折現率
gn 是永續成長率
n 是明確預測期間的最後一年

---

4 編按：終值，指在明確預測期間結束後，假設企業現金流量以固定成長率持續成長所估算出的剩餘價值，常用於折現現金流（DCF）模型中，代表企業未來長期經營所產生的價值。

乍看之下，假設任何企業不管成功程度如何都能永遠存在，似乎並不合理。但我也得為「永續成長假設」（perpetual-growth assumption）辯護一下，並指出：這項假設所產生的估值，大致上與我假設企業只會持續數十年（而非永遠存續）時，所得出的估值相近。

換句話說，如果我預期一家企業能夠長期持續經營，採用永續成長假設所估得的結果通常是合理的。但如果為一家壽命較短的企業估值，那麼我不僅可以，也應該放棄這項假設，並改為估計固定期間的終值來取而代之。

如果我接受這個論點——也就是我應該根據企業的預期現金流量，並將風險、預期成長，與時間因素納入估值考量——那麼我就可以從純粹計算的角度，將企業估值拆分為三組輸入項目。

第一組輸入項目，是企業的**預期現金流量**，這些現金流是扣除稅金，以及為支撐成長而需再投資後所估算出的金額。第二組是**折現率**，它反映了現金流量的風險水準，以及估值當時的市場利率環境。第三組是**終值**（如果有的話），也就是我應該在預測期間結束時賦予企業的剩餘價值。

驅動企業價值的因素：

估值的計算機制有時會掩蓋一個現實：估值所使用的輸入項目，應該反映被估值企業的本身經濟本質。為了充分了解一家企業，並對它估值，我必須估計四組基本輸入項目。

1. 第一組輸入項目，也許是最直觀的一項，是估計**企業從既有投資中產生的現金流量**，這些數據通常來自企業的當期財報。
2. 第二組輸入項目，也是最難處理的一組，著眼於企業現金流量成長的影響，並且評估**這樣的成長會為企業創造多少價值，或者破壞多少價**

值。要理解為什麼成長不見得能提升企業價值，你必須認識到：雖然成長可以讓營收與盈餘隨時間上升，但它也有代價，因為成長必須仰賴再投資，而再投資所需的成本，可能會超過成長所創造的價值，甚至經常如此，導致整體企業價值反而減損。

3. 第三組輸入項目跟風險有關——包括**如何衡量風險，並將風險納入折現率中**，同時也保留一種可能性：企業的風險會隨著時間改變，因此折現率也可以隨之調整。

4. 最後一組輸入項目，和**估值的終點處理**（*closure*）有關。傳統的終值計算，假設現金流量將以固定成長率持續成長，因此這種方法最適合用於企業已進入成熟階段的情況——也就是說，當企業的成長率小於或等於其所處經濟體的成長率時。對於無法假設具有長期存續性的企業，可以選擇為資產估計一個清算價值[5]（*liquidation value*），或是根據現金流量的有限期間，估計一個終值。

圖 9-4 中，整理出了一系列支撐企業估值邏輯的核心問題。

---

5 編按：清算價值，指企業若停止營運並出售所有資產後，扣除債務與費用後可回收的淨值，通常適用於無法持續經營的企業估值情境。

圖 9-4｜企業估值中的關鍵問題

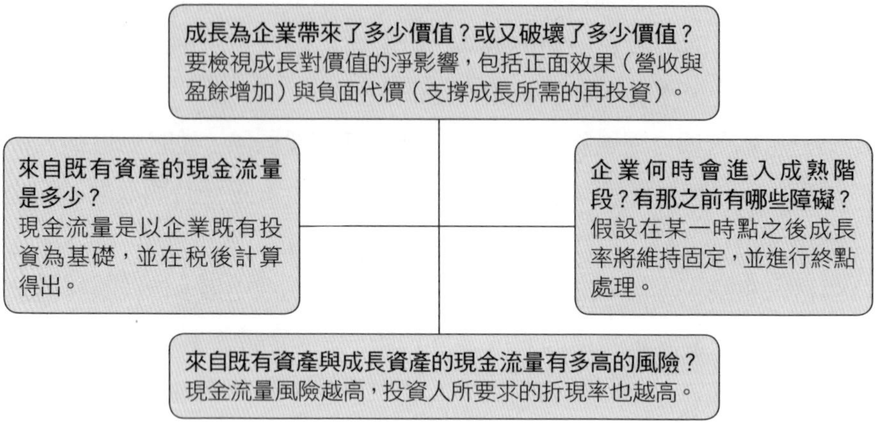

- 成長為企業帶來了多少價值？或又破壞了多少價值？
要檢視成長對價值的淨影響，包括正面效果（營收與盈餘增加）與負面代價（支撐成長所需的再投資）。

- 來自既有資產的現金流量是多少？
現金流量是以企業既有投資為基礎，並在稅後計算得出。

- 企業何時會進入成熟階段？在那之前有哪些障礙？
假設在某一時點之後成長率將維持固定，並進行終點處理。

- 來自既有資產與成長資產的現金流量有多高的風險？
現金流量風險越高，投資人所要求的折現率也越高。

為了明確指出這些問題和我在上一節提出的內在價值等式（intrinsic value equation）之間的關聯，我用圖 9-5 來檢視這兩者之間的連結。

圖 9-5｜內在價值——問題與公式輸入項

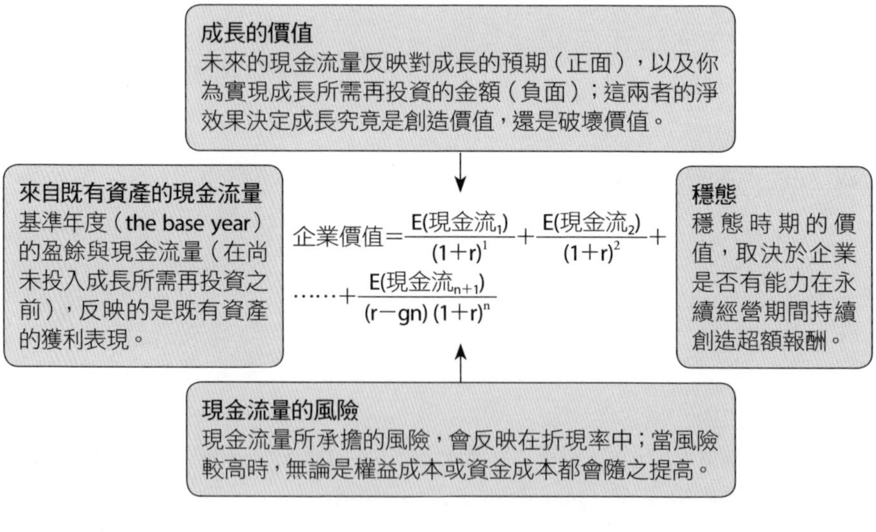

- 成長的價值
未來的現金流量反映對成長的預期（正面），以及你為實現成長所需再投資的金額（負面）；這兩者的淨效果決定成長究竟是創造價值，還是破壞價值。

- 來自既有資產的現金流量
基準年度（the base year）的盈餘與現金流量（在尚未投入成長所需再投資之前），反映的是既有資產的獲利表現。

- 穩態
穩態時期的價值，取決於企業是否有能力在永續經營期間持續創造超額報酬。

- 現金流量的風險
現金流量所承擔的風險，會反映在折現率中；當風險較高時，無論是權益成本或資金成本都會隨之提高。

$$\text{企業價值} = \frac{E(\text{現金流}_1)}{(1+r)^1} + \frac{E(\text{現金流}_2)}{(1+r)^2} + \cdots\cdots + \frac{E(\text{現金流}_{n+1})}{(r-g_n)(1+r)^n}$$

你可以看出，估值依據的輸入項目，反映的是你對一家企業的體質與風險的判斷。我將在下一節進一步延伸這個主題。

估值＝故事＋數字

過去 40 年來，隨著資料取得變得更容易、分析工具也變得更強大，我也見證了許多分析師忽略了估值中一個簡單卻重要的道理：**每一次對企業進行的估值，不論其中充滿多少數字、再怎麼複雜，其實都隱含著一套關於這家企業未來發展的敘事。**

而將這套故事清楚表達出來，是讓估值更具說服力與一致性的一大步。在圖 9-6 中，我將一個好的估值，比喻為連結故事與數字之間的橋梁。

圖 9-6｜估值，故事和數字之間的橋梁

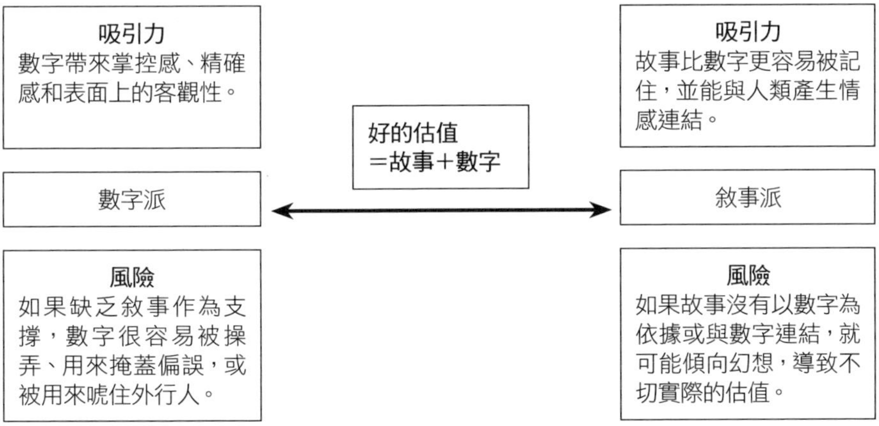

數字派	好的估值 ＝故事＋數字	敘事派
吸引力 數字帶來掌控感、精確感和表面上的客觀性。	↔	**吸引力** 故事比數字更容易被記住，並能與人類產生情感連結。
風險 如果缺乏敘事作為支撐，數字很容易被操弄、用來掩蓋偏誤，或被用來唬住外行人。		**風險** 如果故事沒有以數字為依據或與數字連結，就可能傾向幻想，導致不切實際的估值。

這張圖也揭示了兩種極端估值方式的風險：一種是完全由數字主導，另一種則是過度依賴故事。

在單純由數字驅動的估值中，很容易造出「奇蹟企業」：擁有極高的成長率、豐沛的現金流量、極低的風險——這些特質在現實中幾乎無法實現。事實上，數字可以被操控，使估值反映出分析者本身對該企業的偏見與既定立場，甚至被用來唬住那些不擅長數字的人。

同樣地，在純由敘事驅動的估值中，也極容易模糊現實與幻想的界線——尤其當企業鎖定的市場規模龐大，且宏觀趨勢對其有利時，這種偏離現實的想像就更容易發生。透過把敘事跟數字串連起來，你可以在兩者之間導入紀律：一方面，迫使數字派建立一套能支撐其數字輸入的商業敘事；另一方面，也促使敘事派說明他們的故事如何體現在數字上。

這就帶我們來到另一項附帶成本：分析師現在能夠輕易塞入大量細節，導致估值模型過度複雜，往往難以與敘事建立連結。依我經驗，最好的估值往往簡約而有力，只依賴幾個關鍵輸入項目即可。

事實上，對大部分非金融服務業的公司來說，只需五項輸入項目就能掌握其價值。前三項是：營收成長率、營業利潤率，以及再投資效率（通常估計為每投入 1 美元資本所創造的營收）。

透過這三項輸入，就能將一家企業的商業模式轉化為預期現金流量。另外兩個輸入項目跟風險評估有關：一個是「風險調整折現率」（risk-adjusted discount rate），將營業風險的影響納入估值；一個是失敗機率反映企業無法作為繼續經營單位（going concern）而生存下去的可能性。圖 9-7 中，總結了這五個輸入項目。

圖 9-7｜價值的驅動因素

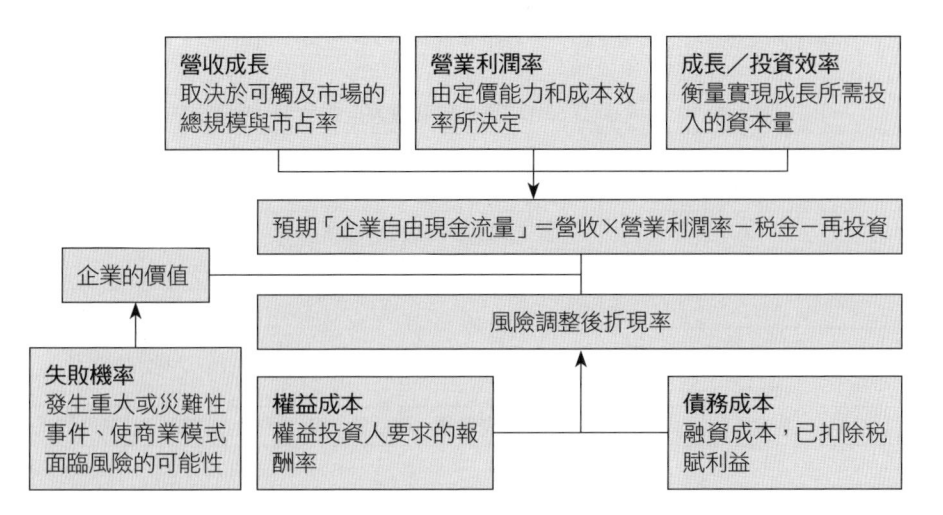

```
┌─────────────┐    ┌─────────────┐    ┌─────────────┐
│ 營收成長     │    │ 營業利潤率   │    │ 成長／投資效率│
│ 取決於可觸及 │    │ 由定價能力和 │    │ 衡量實現成長所│
│ 市場的總規模 │    │ 成本效率所決 │    │ 需投入的資本量│
│ 與市占率     │    │ 定           │    │              │
└──────┬──────┘    └──────┬──────┘    └──────┬──────┘
       │                  │                  │
       └──────────────────┼──────────────────┘
                          ▼
         ┌─────────────────────────────────────┐
         │ 預期「企業自由現金流量」＝營收×營業   │
         │ 利潤率－稅金－再投資                  │
         └─────────────────┬───────────────────┘
┌───────────┐              │
│ 企業的價值 │◄─────────────┤
└─────▲─────┘              ▼
      │         ┌─────────────────────────────┐
      │         │ 風險調整後折現率              │
      │         └─────────────────────────────┘
┌───────────┐    ┌─────────────┐    ┌─────────────┐
│ 失敗機率   │    │ 權益成本     │    │ 債務成本     │
│ 發生重大或 │    │ 權益投資人要 │    │ 融資成本，已 │
│ 災難性事件 │    │ 求的報酬率   │    │ 扣除稅賦利益 │
│ 使商業模式 │    │              │    │              │
│ 面臨風險的 │    │              │    │              │
│ 可能性     │    │              │    │              │
└───────────┘    └─────────────┘    └─────────────┘
```

　　金融服務企業（包括銀行、保險業和支付處理商）雖然擁有一套不同的價值驅動因素，但同樣也能使用輸入項目較少（而非較多）的估值模型來進行評價。

　　採用簡化估值模型的好處之一，便是將敘事轉化為估值輸入項目的過程變得更加簡單。我在圖 9-8 中，整理了企業在不同估值敘事中，會透過哪些輸入項目反映於企業價值。

生命週期的估值定價入門　第 9 章　｜ 263

圖 9-8 ｜估值敘事與輸入項目

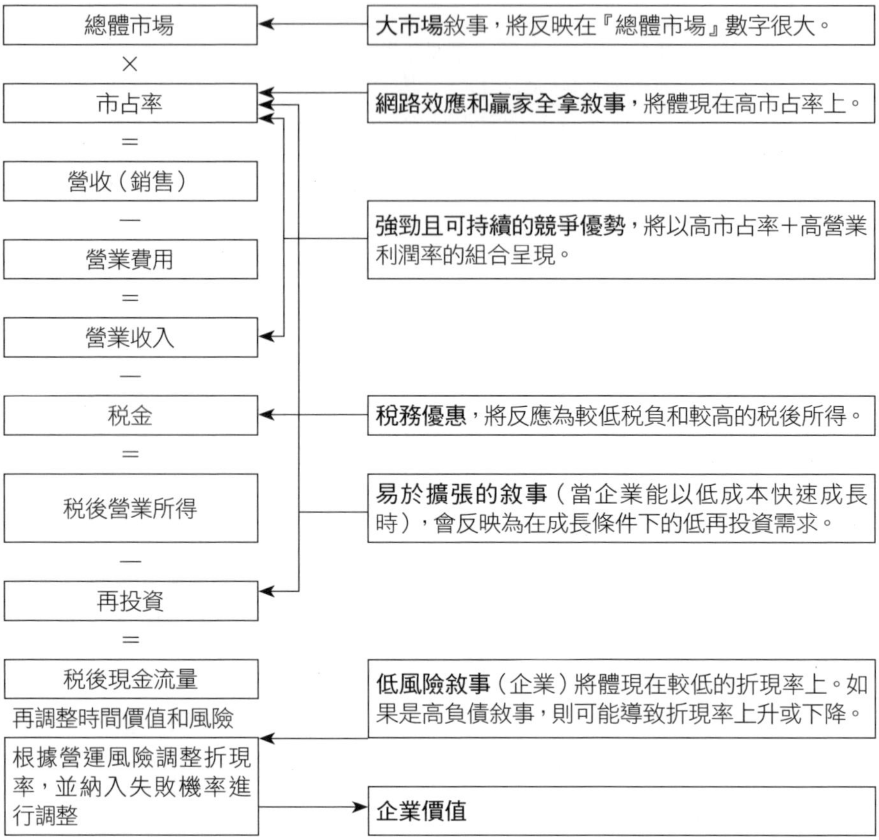

```
        總體市場        ←——  大市場敘事，將反映在『總體市場』數字很大。
           ×
          市占率        ←——  網路效應和贏家全拿敘事，將體現在高市占率上。
           =
        營收（銷售）
           —                 強勁且可持續的競爭優勢，將以高市占率＋高營業
         營業費用       ←——  利潤率的組合呈現。
           =
         營業收入
           —
           稅金         ←——  稅務優惠，將反應為較低稅負和較高的稅後所得。
           =
        稅後營業所得                易於擴張的敘事（當企業能以低成本快速成長
           —          ←——  時），會反映為在成長條件下的低再投資需求。
          再投資
           =
        稅後現金流量         低風險敘事（企業）將體現在較低的折現率上。如
       再調整時間價值和風險  ←—— 果是高負債敘事，則可能導致折現率上升或下降。
     根據營運風險調整折現
     率，並納入失敗機率進   ←——  企業價值
        行調整
```

總之，雖然一份完整的估值看起來好像只是數字的堆砌，但意識到這些數字其實反映了一套企業敘事，並對這套敘事提出合乎常理的提問，正是良好估值不可或缺的環節。

生命週期各階段的企業估值

在一大段鋪陳之後，讓我們來談談，當企業走過生命週期的不同階

段時，估值流程會如何改變，或維持不變。

- **內在價值是常數：**

企業內在價值的概念，也就是將未來預期現金流量折現為現值，是一項無論企業處於生命週期哪個階段都適用的估值原則。

- **現金流量的路徑各不相同：**

對年輕企業來說，通常仍在努力打造商業模式，因此早期現金流量是負值，只有在**接近高成長階段時才會轉為正值**，接著快速成長，最後趨於穩定。成熟企業則更可能一開始就出現正的現金流量，但未來幾年的成長通常會顯著減緩。至於衰退企業，隨著規模日漸縮小，其現金流量也可能逐步減少。

- **對終值的依賴程度會隨著企業而變化：**

我在本章前面提過，一家企業的價值，等於「預測期間內的預期現金流量折現值」，加上「終值的折現值」——這個「終值」是用來估算預測期間之後的現金流量。對年輕企業而言，**初期現金流量通常是負的，只有在後期才會轉為正值並進入成長階段**，因此，其整體價值有相當的比例來自後期的現金流量與終值；相較之下，成熟企業對終值的依賴程度則較低。

確實，隨著企業邁入不同生命階段，它所面臨的估值挑戰也會跟著改變。在接下來四章中，我會聚焦在這些挑戰：第 10 章從茁壯型企業開始，第 11 章探討高成長企業，第 12 章針對成熟企業，最後在第 13 章以衰退企業收尾。

承接「好的估值是故事與數字的橋梁」這個主題，我會主張：「究竟該讓故事還是數字主導估值？」這個問題，也會隨著企業在生命週期中的位置而有所改變。

企業在生命週期的早期階段，可供參考的歷史數據稀少，對其商業模式也仍存有重大疑問，因此**估值主要由「敘事」主導，進而驅動輸入項目與數字。**

隨著企業逐漸成熟，將累積越來越多有關其商業模式成功與否的數據，而**營收成長率、利潤率與再投資等數字，將成為估值的主導因素**，原本主導的敘事則退居次要地位。

我在圖 9-9 中，說明了這種從「敘事」讓位給「數字」的轉變過程，並標示出生命週期各階段的主要敘事驅動因素。

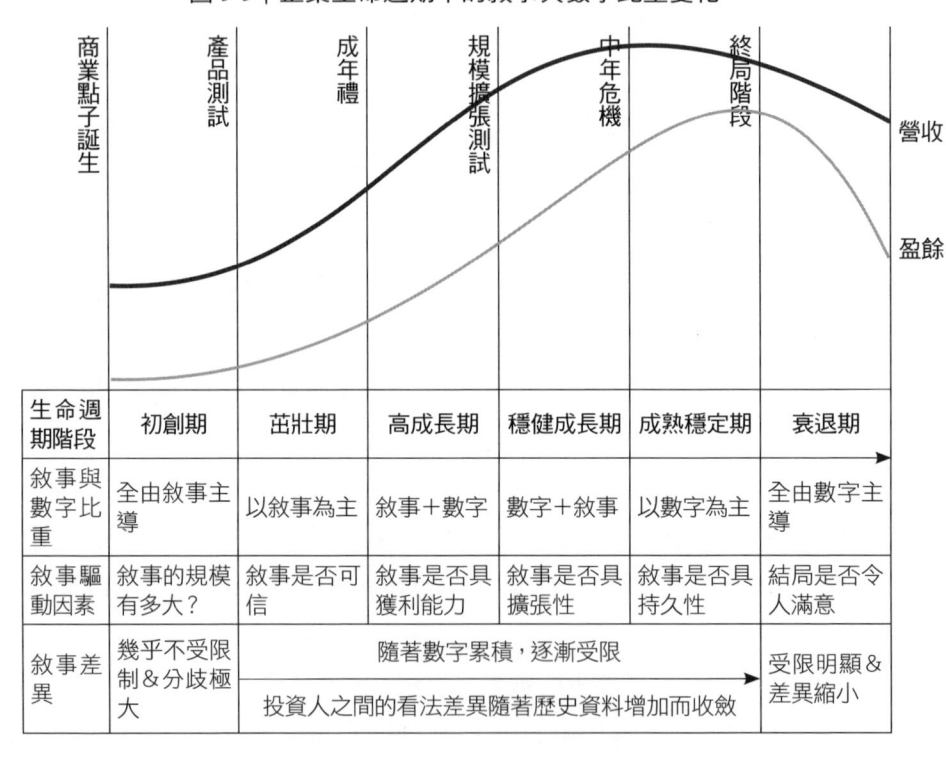

圖 9-9 ｜ 企業生命週期中的敘事與數字比重變化

各階段：商業點子誕生、產品測試、成年禮、規模擴張測試、中年危機、終局階段

曲線：營收、盈餘

生命週期階段	初創期	茁壯期	高成長期	穩健成長期	成熟穩定期	衰退期
敘事與數字比重	全由敘事主導	以敘事為主	敘事＋數字	數字＋敘事	以數字為主	全由數字主導
敘事驅動因素	敘事的規模有多大？	敘事是否可信	敘事是否具獲利能力	敘事是否具擴張性	敘事是否具持久性	結局是否令人滿意
敘事差異	幾乎不受限制＆分歧極大	隨著數字累積，逐漸受限 投資人之間的看法差異隨著歷史資料增加而收斂				受限明顯＆差異縮小

266 ｜ 企業估值投資

值得一提的是，當估值是由敘事所驅動時（這種情況在年輕企業中特別常見），你會發現不同投資人之間對敘事和估值的看法會出現顯著分歧；而當估值轉由數字主導時，這些分歧會明顯收斂，使投資人對企業價值的看法更趨一致。這也部分解釋了為什麼即便市場是理性且有效率的，我們仍應預期：年輕企業的股價波動通常會遠高於成熟企業。

定價基礎知識

在估值企業內在價值時，目標是根據資產的現金流量、成長性和風險特徵，評估出該資產的價值。而在定價時，我會**參考其他投資人對類似或相同資產的出價，來決定我應該為這項資產支付多少。**

這個流程中最棘手的部分，是找出類似或相同的資產，並控制它們之間的差異。

定價 vs. 估值

要比較「內在價值估值」和「定價」的差異，必須先理解兩者背後所依據的流程有何不同。

正如我在上一節所示，「價值」是由現金流量、成長性與風險決定的，而現金流量折現法（discounted-cash-flow）試圖將這些決定因素納入，來估算今日的企業價值。

價格則是由市場的供需所決定。雖然基本面（現金流量、成長性與風險）可能會影響價格，但**市場情緒、價格動能與資產流動性等因素，在定價流程中同樣扮演關鍵角色。**

正如我在接下來的章節中將會說明的，資產的定價是根據其他投資人為類似資產所支付的價格來決定的。圖 9-10 對照整理了「價值」與「價格」之間的差異。

圖 9-10 | 價值 VS.價格

內在價值分析工具
- 現金流量折現法（DCF）
- 內在倍數法（Intrinsic multiples）
- 帳面價值法（Book-value based approaches）
- 超額報酬模型（Excess return models）

「差額」的分析工具
- 行為財務學
- 落差收斂的催化因子

定價工具
- 倍數法與可比公司分析（Multiples and comparables）
- 技術指標與圖形分析
- 擬似現金流量折現法（Pseudo DCF）

考量時間與風險後的現金流量價值 → **內在價值** →價值→ 價值與價格的落差有落差嗎？這個落差會收斂嗎？ ←價格← **由市場供需決定**

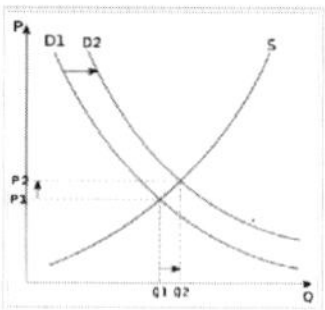

內在價值的驅動因素
-來自既有資產的現金流量
-現金流量的成長性
-成長的品質

「差額」的驅動因素
-資訊落差
-流動性
-公司治理

價格的驅動因素
-市場氛圍與價格動能
-對基本面過度簡化的敘事

　　假如估值流程是由基本面驅動，而定價流程還深受市場氛圍、動能與行為力量的影響，那麼這兩種流程在評價某項資產或一家企業時，是否會得出相同的數值呢？

　　信奉市場效率假說的人會認為答案是肯定的，因為在他們看來，這些行為力量會在市場中相互抵銷，使得估值與定價之間的偏差呈現隨機且無法預測的狀態。

　　至於那些試圖打敗市場的主動投資人，則相信估值與定價之間存在可加以運用的落差──只是根據不同的投資哲學，投資人們對於哪些公司最可能出現這類落差，以及該如何把握，看法相當分歧。我會在本書後續章節探討這些投資哲學的差異，並說明它們在企業生命週期的不同階段裡如何發揮作用。

驅動定價的因素

為了理解為什麼定價流程得出的數字，可能與估值流程的結果大不相同，我檢視了定價驅動因素——也就是即使基本面毫無變化，仍會使價格出現波動的各種力量。

1. **市場氛圍與動能**：驅動價格變動的首要且最強大力量，是市場氛圍與動能。過去的價格走勢會影響未來的價格變化。股票的價格變動，有證據顯示短期內（幾分鐘、幾小時、幾天，甚至幾週）存在正向動能：過去表現良好（或不佳）的股票，往往會持續表現良好（或不佳）。交易者經常利用這股動能來賺取「輕鬆」的獲利——然而問題在於，也有大量證據顯示，隨著時間視野拉長，**動能可能出現逆轉，而且往往難以預測、變化劇烈**。簡單來說，幾週或幾個月內靠動能輕鬆賺取的獲利，可能會在幾天內的一次逆轉中化為烏有。
2. **增量資訊**：資產或企業的價格，也可能受到新聞事件的顯著影響，即使這些消息對驅動價值的基本面幾乎沒有影響、甚至完全無關。有時在企業公布財報時，會出現這種現象——**當公司宣布盈餘略高或略低於市場預期，即便差距微不足道，仍可能引發大量買進或拋售**，導致價格劇烈波動。
3. **從眾思維**：如果你想為動能現象提出合理解釋，那就是市場中存在從眾行為——**交易者不僅行為不理性，而且往往是同步出手**。因此，與有效市場中非理性行為能相互抵消的情況不同，群體的非理性反而會讓價格進一步偏離其內在價值。
4. **流動性與交易便利性**：定價是由交易驅動的，而交易者在意能否輕鬆、低成本地開倉與平倉，也就不足為奇。因此，**流動性在定價流程中扮演的角色，遠比在估值中來得重要**；在估值流程中，流動性最多只會影響貼現率，流動性較差的資產會被套用較高的貼現率。流動性

也與動能相關,因為當市場缺乏流動性時,動能的力量通常會變得更強,買盤(或賣壓)的大幅湧現,會對流動性較差資產的價格產生更劇烈的影響。

在圖 9-11 中,我歸納了定價的驅動因素。

圖 9-11 | 定價的驅動因素

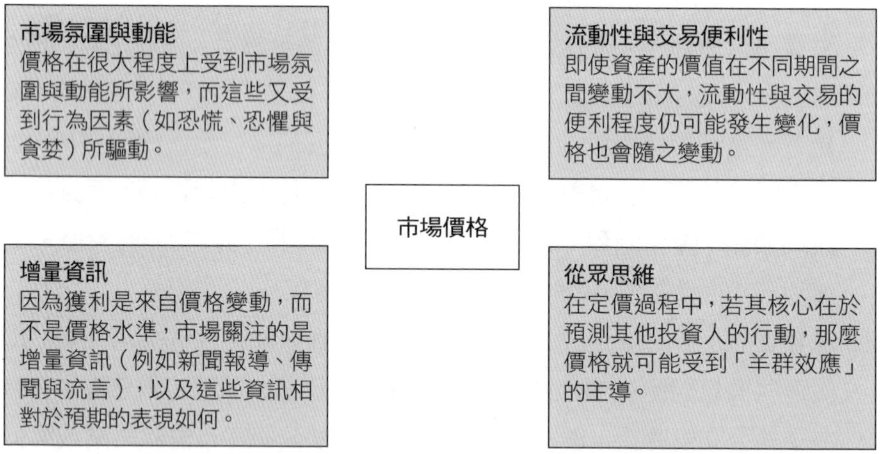

市場氛圍與動能
價格在很大程度上受到市場氛圍與動能所影響,而這些又受到行為因素(如恐慌、恐懼與貪婪)所驅動。

流動性與交易便利性
即使資產的價值在不同期間之間變動不大,流動性與交易的便利程度仍可能發生變化,價格也會隨之變動。

市場價格

增量資訊
因為獲利是來自價格變動,而不是價格水準,市場關注的是增量資訊(例如新聞報導、傳聞與流言),以及這些資訊相對於預期的表現如何。

從眾思維
在定價過程中,若其核心在於預測其他投資人的行動,那麼價格就可能受到「羊群效應」的主導。

過去 50 年來,金融學吸收了心理學的洞見,並因此更加豐富,兩者的融合催生了所謂的「行為金融學」。該領域對理解金融知識的最大貢獻,便是承認定價的兩大驅動力量——供給與需求——是由人類決定的,而人類行為上的偏差特質,確實經常導致價格偏離價值。

定價機制:類似的資產,類似的價格

和內在價值的估值不同,資產的定價是根據市場對類似資產的定價來決定的。潛在買家會參考鄰近地區類似房產的成交價格,來決定應付多少。

同樣地，一位在 2022 年考慮投資保時捷 IPO 的潛在投資人，也會參考其他奢華汽車製造商的市場定價來估計其價格。在上述描述中，已涵蓋相對估值的三個基本步驟：

1. **找出由市場定價的可比資產**，這項任務在實體資產上（例如棒球卡或房地產等）通常比定價股票時更容易完成。
2. **將市價換算成以共同變數表示的標準化價格**，以便彼此比較。在其他條件相同的情況下，面積較小的房屋或公寓，理應賣得比面積較大的住宅便宜。在股票分析中，這種標準化通常是將市場價值換算為營收、盈餘，或帳面價值的倍數。
3. 在比較資產的標準化價值時，**需針對各資產間的差異調整**。再以房屋為例，設施較為新穎的新屋，其定價理應高於一間面積相近但需要整修的老屋。在股票方面，定價差異可歸因於我在現金流量折現估值一節中提到的各項基本面因素。例如，在同一產業中，高成長企業的交易倍數，應高於低成長企業。

多數資產的價格，是透過定價而非估值決定的，這不僅是因為定價所需的資訊通常較少、執行速度也更快，更因為一旦出現定價差異，這些差異往往更可能迅速被市場修正。

要比較相似處不多的資產，可能是一大挑戰。如果你比較同一地點但規模不同的兩棟大樓，在沒有透過計算每坪價格來調整面積差異的前提下，較小的那一棟可能會看起來會比較便宜。

而在比較不同公司的上市股票時，每股價格反映的是**該公司股東權益的總價值與其流通在外股數的綜合結果**。為了比較市場中「類似」的企業，其價值可換算為相對於公司盈餘、帳面價值、營收，或是某些公司或產業特有指標（例如顧客數、訂閱戶數、銷售單位數等）的倍數。

此外，你還需要針對比較所使用的時間點（例如是當年度還是未來某一年的數據），以及選定的同業比較組展開判斷。整個流程如圖 9-12 所示。

圖 9-12｜定價流程

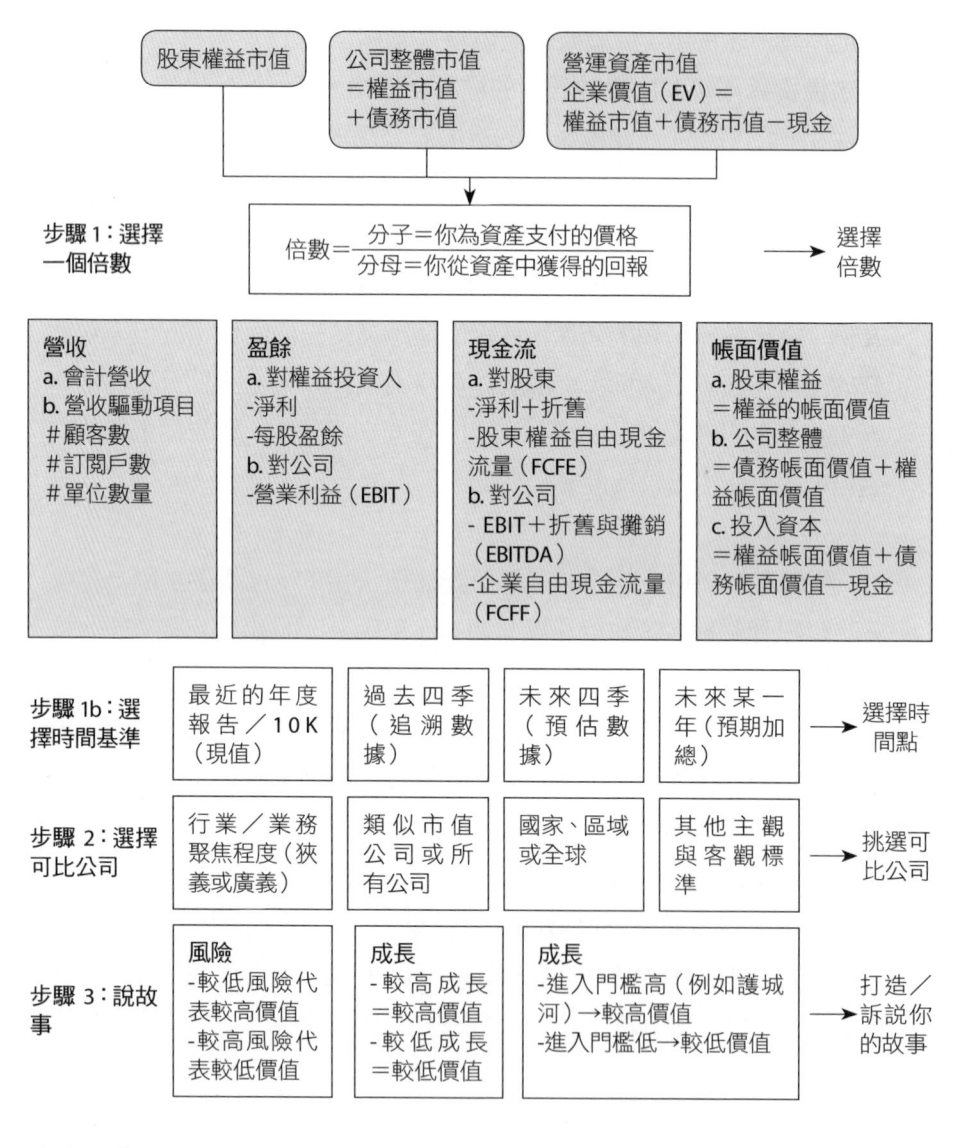

```
┌─────────┐  ┌─────────┐  ┌─────────────┐
│股東權益市值│  │公司整體市值│  │營運資產市值   │
│         │  │＝權益市值 │  │企業價值（EV）＝│
│         │  │＋債務市值 │  │權益市值＋債務市值－現金│
└─────────┘  └─────────┘  └─────────────┘
```

步驟1：選擇一個倍數

$$倍數 = \frac{分子＝你為資產支付的價格}{分母＝你從資產中獲得的回報}$$

→ 選擇倍數

營收	盈餘	現金流	帳面價值
a. 會計營收 b. 營收驅動項目 #顧客數 #訂閱戶數 #單位數量	a. 對權益投資人 -淨利 -每股盈餘 b. 對公司 -營業利益（EBIT）	a. 對股東 -淨利+折舊 -股東權益自由現金流量（FCFE） b. 對公司 - EBIT+折舊與攤銷（EBITDA） -企業自由現金流量（FCFF）	a. 股東權益 ＝權益的帳面價值 b. 公司整體 ＝債務帳面價值+權益帳面價值 c. 投入資本 ＝權益帳面價值+債務帳面價值－現金

步驟1b：選擇時間基準

最近的年度報告／10K（現值）	過去四季（追溯數據）	未來四季（預估數據）	未來某一年（預期加總）

→ 選擇時間點

步驟2：選擇可比公司

行業／業務聚焦程度（狹義或廣義）	類似市值公司或所有公司	國家、區域或全球	其他主觀與客觀標準

→ 挑選可比公司

步驟3：說故事

風險	成長	成長
-較低風險代表較高價值 -較高風險代表較低價值	-較高成長＝較高價值 -較低成長＝較低價值	-進入門檻高（例如護城河）→較高價值 -進入門檻低→較低價值

→ 打造／訴說你的故事

272 ｜ 企業估值投資

再說一次，在衡量盈餘與帳面價值時，既可以從單純權益投資人的角度出發，也可以從包含債務與權益的整體公司角度來看。

因此，每股盈餘與淨利屬於權益投資人的盈餘指標，而營業利益則反映整體公司的盈餘；資產負債表中的股東權益項目，代表權益的帳面價值，而整家企業的帳面價值則包含債務；至於投入資本的帳面價值，則是在此總帳面價值中扣除現金後的數值。

你可以把股東權益市值除以淨利，來估計本益比（P/E ratio，衡量權益投資人為每 1 美元盈餘支付的價格）。也可以將企業價值除以 EBITDA，以評估營業資產相對於營運現金流的市場定價。標準化這些指標的核心理由依然不變：目的是能夠在不同公司之間進行比較。

企業生命週期不同階段的定價

如同估值流程，無論企業處於生命週期的哪一階段，定價流程也遵循相同的步驟。然而，年輕企業所面對的定價問題，可能與成熟企業有所不同，而且在每一個步驟中，都可能出現不同的挑戰：

- **用來縮放倍數的指標：**

在企業的脈絡中，定價的第一步，是將價格依某項指標標準化，常見的選項包括營收、盈餘、帳面價值，與現金流量。然而，能作為縮放指標的變數必須是正值。

對於仍在虧損與消耗現金的年輕企業而言，可用的選項因而受到限制，盈餘與現金流量往往因此被排除。由於帳面價值主要反映既有投資，對年輕企業而言往往數值偏低，使其成為不穩定的定價基礎。因此，難怪營收會成為許多年輕公司的縮放指標。對於尚未產生營收的公司，所使用的指標甚至可能是預期將與未來營收相關的項目，例如用戶數或訂戶數。

隨著公司逐漸成熟並開始獲利，盈餘更常被用作縮放指標，對應的

估值倍數如本益比或 EBITDA 為基礎的企業價值倍數。而對高成長企業而言，成長性也會納入考量，對應的則是本益成長比（PEG ratio）。

在企業進入衰退期，投資人與交易者開始關注資產剝離與清算價值時，帳面價值會更常被作為縮放變數，例如股價淨值比（P/B ratio）與企業價值對投入資本比（EV / Invested Capital）。

• **時間的選擇：**

計算定價倍數時，價格可以被標準化為對應於當年度的數值、標準化後的數值（通常是多年平均值），或是預測的未來數值。例如在計算本益比時，市場價格可以除以當年度的每股盈餘（當期本益比）、過去 5 年平均每股盈餘（標準化本益比）、預測下一年度的每股盈餘（預期本益比），甚至預測 5 年後的每股盈餘。

對成熟企業而言，各種時間基準的選擇通常都可適用，但實務上更常依賴當年度數值或近期的預測值（例如下一年度的營收或盈餘）。對年輕企業而言，特別是在最近一年營收偏低、虧損嚴重的情況下，估值所用的倍數往往會基於預測 5 年甚至 10 年後的數值，至少提供一個可依據的合理估值基礎。

• **建立同業團體：**

要為一家公司定價，你需要找出其他和其類似，且已被市場定價的公司。這對所有公司皆適用，但一般而言，對年輕企業來說執行起來比較困難，原因有二。

第一，許多年輕企業尚未公開上市，雖然你可以參考其創投輪次的估值資料，但這些數據更新頻率較低，也更容易受到估算誤差的影響。隨著企業成熟，找到類似且已定價的公司會相對容易，因為更多同類型公司已在市場上市。

不過在成長階段，企業仍經常面臨難以找到成長性與風險水準相近

對象的困境。至於穩定或衰退階段的企業，尋找可對比公司相對容易，有時甚至可以將其他產業的公司納入比較對象。

• **控制差異：**

定價的最後一個步驟，是掌握同業團體中，各企業在基本面的差異（包括成長率、風險與再投資效率）。同樣地，這項工作對年輕企業而言更具挑戰，因為在這些企業的同業團體中，各項基本面往往差異極大；反觀成熟企業，在成長率與風險等面向上的差距通常較小。

圖 9-13 中，總結出企業在生命週期不同階段的定價流程差異。

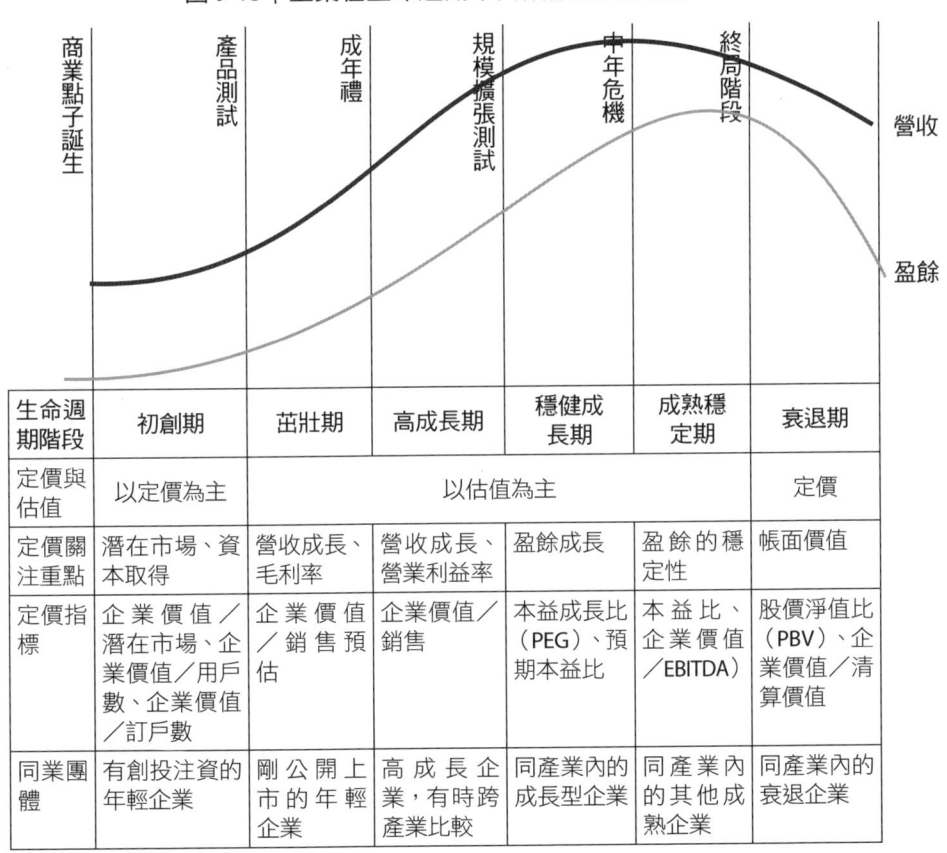

圖 9-13｜企業在生命週期不同階段的定價流程

生命週期階段	初創期	茁壯期	高成長期	穩健成長期	成熟穩定期	衰退期
定價與估值	以定價為主	以估值為主				定價
定價關注重點	潛在市場、資本取得	營收成長、毛利率	營收成長、營業利益率	盈餘成長	盈餘的穩定性	帳面價值
定價指標	企業價值／潛在市場、企業價值／用戶數、企業價值／訂戶數	企業價值／銷售預估	企業價值／銷售	本益成長比（PEG）、預期本益比	本益比、企業價值／EBITDA	股價淨值比（PBV）、企業價值／清算價值
同業團體	有創投注資的年輕企業	剛公開上市的年輕企業	高成長企業，有時跨產業比較	同產業內的成長型企業	同產業內的其他成熟企業	同產業內的衰退企業

生命週期的估值定價入門　第 9 章｜275

總之，跟成熟企業相比，年輕企業的定價難度更高。因此，對年輕企業來說，定價流程在決定其交易價格上的作用，遠大於成熟企業。我將在後續章節中運用這項洞見，來解釋為何交易者偏好年輕企業，而投資人則更傾向於成熟企業。

價格、價值，從此不再搞混

無論企業處於生命週期的哪一階段，其估值本質上都是現金流量、成長與風險的函數計算。但對年輕企業而言，因其商業模式尚未經驗證、經營歷史有限，使得**估值時所面對的挑戰遠高於成熟企業**。如果你把估值視為連接故事與數字的橋梁，那麼對年輕企業來說，估值更多是由故事驅動；而對成熟企業而言，估值則主要依賴數字驅動。

企業的價格和估值不同，它是由市場的供需關係決定的，而市場氛圍、動能以及其他行為因素，則會導致價格與價值產生背離。若要為企業定價，我會先將其價格縮放為某項指標的倍數（例如營收、盈餘、現金流量或帳面價值），再找出已定價的可比企業，最後針對基本面（例如成長性、風險與再投資效率）的差異進一步調整。

再說一次，將這一套定價流程應用在年輕企業身上確實更具挑戰，因為可用的縮放指標較少，也缺乏足夠的可比企業。

接下來的章節，我會先從年輕與成長企業的估值與定價談起，儘管這類企業充滿挑戰；接著轉向成熟企業，涵蓋穩健成長型與穩定成熟型企業；最後則討論如何最有效地為衰退企業估值與定價。

第 **10** 章

新創與茁壯企業的估值與定價

不可否認，為年輕企業估值或定價，確實比為成熟企業估值或定價更有挑戰性。我認為第 9 章所說明的估值與定價模型，本身即具有足夠的彈性，適用於生命週期早期階段的企業，但挑戰主要在估計的過程中。

在本章中，我將提出幾種方法，用以處理年輕企業估值中固有的不確定性，並主張對這些企業估值，將會帶來最高的回報。

估值：是臆測還是分析？

我在上一章中主張，雖然年輕企業的估值流程與成熟企業相比並無不同，企業價值依然來自其預期現金流量、成長性與風險，但這些企業在估計上面臨獨特的挑戰。

許多新創和年輕企業的投資人已經放棄估值，**認為市場規模與商業模式可行性的不確定性過大**，以致估值淪為臆測多於分析。我同意企業在生命週期的這個階段確實充滿不確定性，但我不同意因此就認為估值毫無意義。

在這一節，我將探討如何因應這些估計上的挑戰，以及有哪些補充與強化方式能使年輕企業的估值更為完整。

挑戰：缺乏資訊與營收、未來難以估量

為了理解在為年輕企業估值時會面臨哪些挑戰，我將回頭檢視我在第 9 章提出的四個決定企業價值的核心問題，並探討是哪些因素使這些問題在估值這類企業時變得難以回答。

- 在「既有投資的現金流量」這個問題上，年輕企業通常拿不出什麼數字，因為**它們不是根本沒有營收，就是營收極為有限**，而且

其投資通常也還沒開始產生報酬。由於這些企業仍需支出營運費用以維持運作,因此在進行估值時,通常處於虧損狀態。

- 年輕企業的價值,很大程度上都取決於「未來的成長會增加還是破壞企業的價值?」這個問題,也就是成長對企業價值的貢獻,但**可用來判斷其成長價值關鍵因素的資料卻非常有限。**

- 在衡量風險的問題上,年輕企業風險通常被視為具有高度風險,但由於缺乏價格與盈餘的歷史資料,用於估計風險參數的傳統流程經常無法適用。

- 最後,關於「年輕企業何時會成熟,以及屆時基本面會是什麼樣貌」這個問題,年輕企業的高失敗率意味著,其中有許多企業最終將無法進入成熟階段。

在圖 10-1 中,我總結了年輕企業在估值時所面對的的關鍵問題與挑戰。

圖 10-1 | 年輕企業的估值挑戰

如果企業尚未推出產品/服務,或營運歷史極其有限,就很難判斷其市場規模或潛在獲利能力。企業的整體價值幾乎全仰賴未來成長,但估值幾乎無資料可參考。

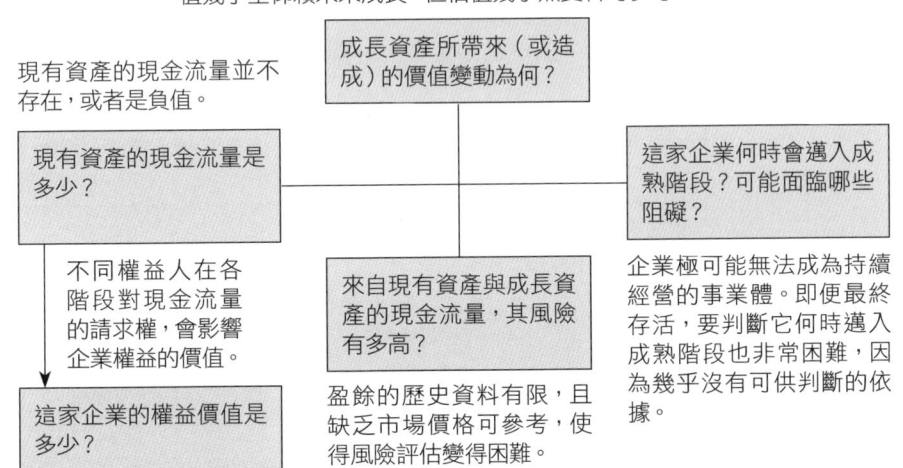

現有資產的現金流量並不存在,或者是負值。

成長資產所帶來(或造成)的價值變動為何?

現有資產的現金流量是多少?

這家企業何時會邁入成熟階段?可能面臨哪些阻礙?

不同權益人在各階段對現金流量的請求權,會影響企業權益的價值。

來自現有資產與成長資產的現金流量,其風險有多高?

企業極可能無法成為持續經營的事業體。即便最終存活,要判斷它何時邁入成熟階段也非常困難,因為幾乎沒有可供判斷的依據。

這家企業的權益價值是多少?

盈餘的歷史資料有限,且缺乏市場價格可參考,使得風險評估變得困難。

總之，未經驗證的商業模式、過往紀錄的缺乏，加上對失敗的擔憂，這三者都使得年輕企業的估值變得極其困難。

抗衡風險的對策

在為年輕企業估值時，我們該如何處理其與生俱來的不確定性？在這一節，我會先檢視創投業者在評估這些尋求資金的年輕企業時，如何設法駕馭這些潛在的風險。

「創投法」的缺陷，將引導我們回歸一種較為傳統的估值方法，但這個方法將經過調整，以便反映年輕企業估值中固有的不確定性。

• **創投法（VC approach）**

在所有投資人團體中，創投業者與年輕企業的接觸最為頻繁，也因此發展出一套估值方法。乍看之下，這套方法似乎能夠回應為年輕企業估值時所面臨的挑戰。

我在第 4 章說明過創投估值流程的步驟：先預估未來某一年的盈餘與營收，再套用定價倍數（如預期本益比或企業價值對銷售額的倍數）來估算該年的價格，最後以目標報酬率將該未來價格折現至現在。

我已在圖 4-3 整理了這些步驟，並在圖 10-2 呈現它的簡化版本。

圖 10-2｜創投遠期定價──圖示簡化

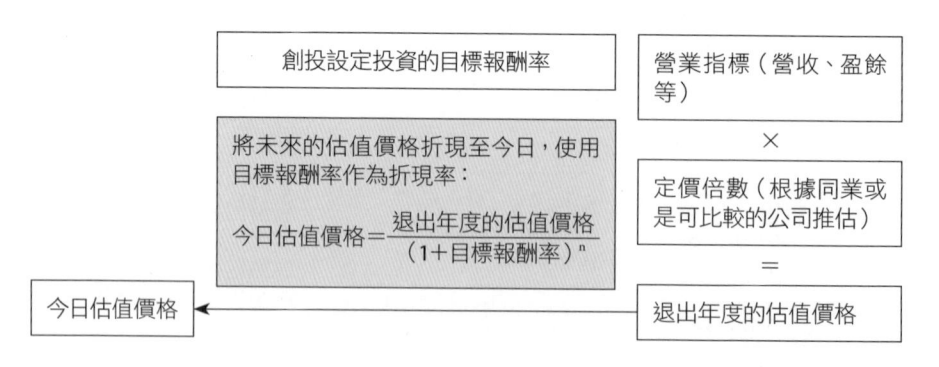

創投設定投資的目標報酬率

營業指標（營收、盈餘等）

×

將未來的估值價格折現至今日，使用目標報酬率作為折現率：

$$今日估值價格 = \frac{退出年度的估值價格}{(1+目標報酬率)^n}$$

定價倍數（根據同業或是可比較的公司推估）

=

今日估值價格 ← 退出年度的估值價格

我也曾指出，雖然創投流程中是以「目標報酬率」作為折現率，但這個報酬率，實際上是個為談判而設的主觀假設，並不真正反映企業的營運風險或失敗風險。表 10-1 中依據企業所處的生命週期階段，整理了創投業者通常要求的目標報酬率。

表 10-1 ｜ 依發展階段區分的創投目標報酬率

發展階段	創投業者的典型目標報酬率
新創階段	50%～70%
第一階段	40%～60%
第二階段	35%～50%
橋接／上市階段	25%～35%

我們要如何知道，這些報酬率已經涵蓋了生存風險呢？除了憑直覺可以理解的推論——也就是，隨著企業在生命週期中逐步成長、失敗風險下降，目標報酬率會隨之降低——我們還可以觀察到，**創投業者在各階段實際獲得的報酬率，其實遠低於這些目標報酬率**。

簡而言之，創投業者在整體投資組合中，對新創企業所獲得的年報酬率，即使在景氣良好的期間，也僅約 15%到 20%，遠低於其原先設定的 50%到 70%目標報酬率。

「創投法」有幾個問題。首先，創投估值法試圖透過縮短預測期間、提前結束對營運細節的估計，以及使用通常根據可比公司當前交易價格得出的倍數，來規避長期營運預測所帶來的重大挑戰。

然而，一家企業在 3 年後市場所使用的盈餘或營收倍數，將取決於該時點之後的現金流量，用這個倍數來推算企業價值，**其結果更像是定價而非估值**。

第二，將目標報酬率當成折現率來折現企業未來價值，這種做法本

身便帶有某種程度的不嚴謹性。雖然目標報酬率理應涵蓋營運風險與失敗風險，但對於這些因素實際上如何被納入該報酬率之中，卻沒有明確的說明。

總之，創投估值與其說是估值，不如說是一種將未來價格以一個任意設定的高折現率折現回來的展望定價，與企業的實際風險毫無關聯。

・內在價值法

若要為一家新創或年輕企業估值，首先必須接受一點：**估值過程中的不確定性，並不會因為否認它或期望它消失而自行消除。**

我不會像創投法那樣，在一個任意短期預測期後就中止估算，並直接套用定價；我會保留完整估值所需的整個時間範圍，並對這段期間內的現金流量做出最佳估計。

步驟1：說個好故事

面對不確定性，如果要尋找可行的估算方式，我建議從一個故事開始，而這個故事應建立在你對該公司所有可認知的基礎上——包括其產品或服務所滿足的需求、它試圖切入的目標市場，以及創辦人的能力。圖10-3中，歸納了幾項有助於建立企業估值故事的背景資訊。

圖 10-3 | 估值故事的背景資訊

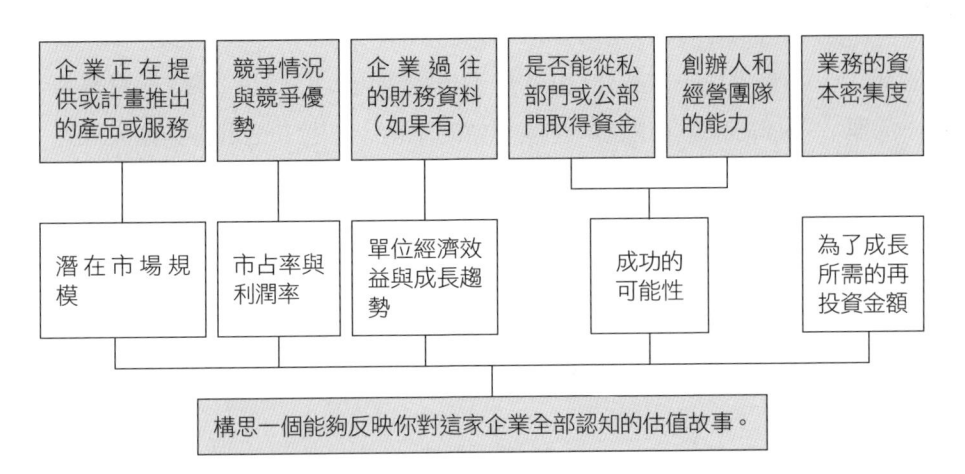

```
┌─────────┐ ┌─────────┐ ┌─────────┐ ┌─────────┐ ┌─────────┐ ┌─────────┐
│企業正在提│ │競爭情況 │ │企業過往 │ │是否能從私│ │創辦人和 │ │業務的資 │
│供或計畫推│ │與競爭優 │ │的財務資料│ │部門或公部│ │經營團隊 │ │本密集度 │
│出的產品或│ │勢       │ │（如果有）│ │門取得資金│ │的能力   │ │         │
│服務     │ │         │ │         │ │         │ │         │ │         │
└────┬────┘ └────┬────┘ └────┬────┘ └────┬────┘ └────┬────┘ └────┬────┘
     │           │           │           │           │           │
┌────┴────┐ ┌────┴────┐ ┌────┴────┐ ┌────┴────┐           ┌────┴────┐
│潛在市場規│ │市占率與 │ │單位經濟效│ │成功的   │           │為了成長 │
│模       │ │利潤率   │ │益與成長趨│ │可能性   │           │所需的再 │
│         │ │         │ │勢       │ │         │           │投資金額 │
└────┬────┘ └────┬────┘ └────┬────┘ └────┬────┘           └────┬────┘
     └───────────┴───────────┴───────────┴─────────────────────┘
                              │
              ┌───────────────┴───────────────┐
              │構思一個能夠反映你對這家企業全部認知的估值故事。│
              └───────────────────────────────┘
```

　　請注意，雖然你的第一個出現的本能反應，可能是去找出過去的財報，因為這是在估值時習慣的做法，但你也不應對以下情況感到意外：公司的歷史非常短，營收金額雖然正在成長，但仍然很小，而且伴隨著大幅虧損。你仍然可以從中了解企業的單位經濟[1]與再投資路徑，這些資訊將有助於你架構估值故事。

　　整體而言，你會發現自己得更依賴整體市場、競爭情況，以及其他走過類似發展路徑企業的歷史資料。

步驟 2：進行 3P 測試（可能？合理？可實現？）

　　在將這個故事轉轉化為估值的輸入項目之前，你應該先暫停一下，

1　譯注：單位經濟（unit economics）是指針對單一「最小營業單位」，衡量其所帶來的營收與變動成本，以評估企業的獲利能力與規模化潛力。不同商業模式下，「單位」的定義可能不同，例如一名使用者、一件商品、一張訂單或一小時的服務等。

評估它是否能通過「3P 測試」（3P test）。

所謂 3P 測試，是檢查這個故事是否具備三個層次的合理性：第一，它是否「可能」（possible），也就是不是脫離現實的幻想；第二，它是否「合理」（plausible），也就是企業想做的事情，在過去是否有其他人做過類似的事；第三，它是否「可實現」（probable），也就是該公司是否至少能在有限規模下，提出其商業模式可行的具體證據。圖 10-4 說明了這三項檢驗。

圖 10-4｜3P 測試：檢驗商業故事的可行性

發生的可能性

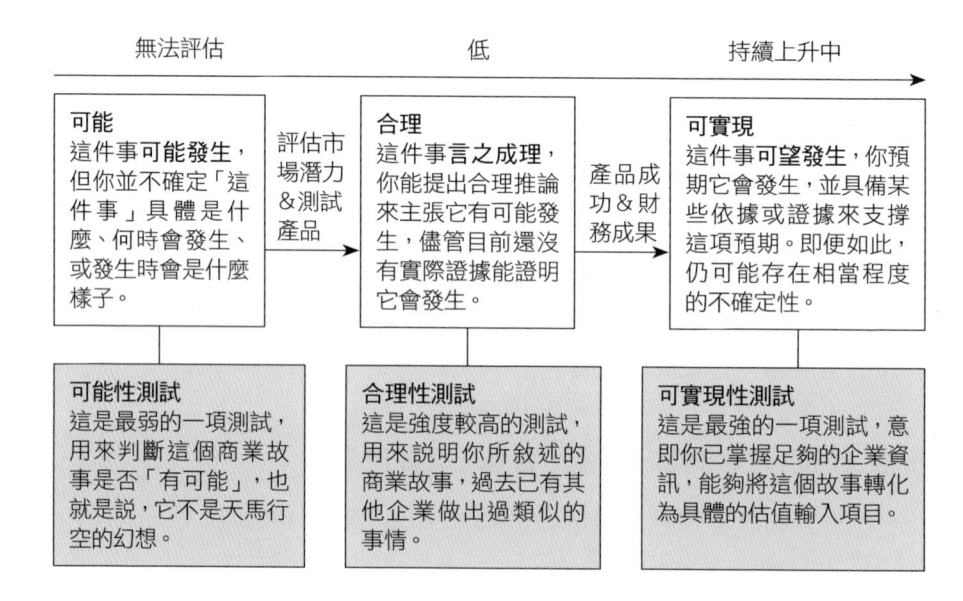

無法評估	低	持續上升中
可能　這件事**可能發生**，但你並不確定「這件事」具體是什麼、何時會發生、或發生時會是什麼樣子。	**合理**　這件事言之成理，你能提出合理推論來主張它有可能發生，儘管目前還沒有實際證據能證明它會發生。	**可實現**　這件事**可望發生**，你預期它會發生，並具備某些依據或證據來支撐這項預期。即便如此，仍可能存在相當程度的不確定性。
可能性測試　這是最弱的一項測試，用來判斷這個商業故事是否「有可能」，也就是說，它不是天馬行空的幻想。	**合理性測試**　這是強度較高的測試，用來說明你所敘述的商業故事，過去已有其他企業做出過類似的事情。	**可實現性測試**　這是最強的一項測試，意即你已掌握足夠的企業資訊，能夠將這個故事轉化為具體的估值輸入項目。

（評估市場潛力＆測試產品　→　產品成功＆財務成果）

當你將一則商業故事套入這些測試時，請留意自己在評估過程中可能帶入的主觀偏見。簡單來說，如果你在尚未評估其可信度之前就愛上了某則商業故事，就可能讓自己誤以為童話般的故事也有機會實現。

步驟3：把估值故事轉化為估值模型的輸入項目

當你已經架構出一家企業的估值故事，下一個任務就是把這個故事轉變成估值模型的輸入項目。

在建立這樣的連結時，維持第 9 章所介紹的那套精簡版模型，將會對你有所助益。在這個模型裡，預期盈餘是根據預測營收與利潤率來估算；再投資的金額，則以相對於營收的整體估值比例來推估；風險則反映在資金成本中（對應營運風險），以及企業無法持續經營的機率（對應失敗風險）。

- **成長**：為年輕企業估值的過程中，首要且或許最艱難的部分是預測未來的營收，而這項預測可以透過兩種途徑來完成。

  第一種是**由上而下法**（top-down approach），你會從預測該公司所瞄準的可觸及市場總量（total addressable market，簡稱 TAM）開始，並考量其產品或服務的吸引力，以及企業是否計畫僅在地經營或擴展至更大規模。

  這個 TAM 指標在估值故事中占有核心地位，特別是在針對年輕科技公司時。接著，你會估計這家公司隨著時間發展所能取得的市占率，同時納入商業經濟條件與競爭態勢的考量。將這兩個輸入項目相乘（可觸及市場 × 市占率），即可得出預測營收。

  第二種是**由下而上法**（the bottom-up approach），是從現有的營收開始，估計其年成長率，並在估算過程中納入創辦人的成長雄心與資金可得性的考量。

  雖然這兩種方法都能推估出預期營收，但應採用哪一種方法，取決於你所要估值的企業類型。對於幾乎沒有或尚未有營收、但擁有高度成長企圖的企業而言，由上而下法往往是唯一可行的選

項；但對於已有實質營收且商業模式較為明確的企業，也可以採用由下而上法。

- **獲利能力**：企業如果要具備價值，就必須找到通往獲利的道路；至於最終能賺取多少報酬，相當程度上取決於其營業利益率在企業成長並邁向穩定過程中的變化。

要估計這個目標利潤率，應從企業的單位經濟著手，其指的是每增加一個邊際單位所能帶來的利潤。像軟體這類產品銷售成本（即直接成本）相對營收較低的企業，在穩定狀態下，通常能取得比鋼鐵或汽車製造這類生產成本高的企業更高的營業利益率。

「單位經濟」這個概念，可以根據不同的單位形式加以調整。對於像網飛這類以訂閱戶為基礎的公司，單位經濟指的是新增一位訂閱戶所帶來的價值，減去獲取該訂閱戶的成本。對於像 Uber 這類以用戶為基礎的公司，則是新增一位乘客的價值減去其取得成本。

預期利潤率的另一個關鍵驅動因素是規模經濟，特別是在銷售與行政費用等其他成本項目上。隨著規模經濟逐步發揮，將在長期內轉化為更高的營業利益率。

- **再投資**：要是沒有限制，企業往往會盡力追求最高的成長率，希望藉由擴張規模來獲得回報，但這樣的成長需要再投資——製造業需投資設備與廠房；製藥業需投入研發支出；科技業則可能透過併購進行再投資[2]。

2　作者注：如果你熟悉估值領域的術語，一家公司的再投資可區分為「淨資本支出」和「營業資本變動」。我在估算再投資時，會將上述兩項整合處理，並納入收購、研發支出，甚至顧客取得成本等項目。

為了讓估值在內部邏輯上保持一致，再投資應與銷售預測連動，銷售成長愈快，就需要投入更多的再投資。能以更高效率推動成長的公司——也就是每投入 1 美元資本就能創造更多營收的企業——其估值應該高於效率較低的公司。

- **風險**：企業在持續經營的情況下，會面臨營運風險——宏觀經濟因素（例如景氣、利率與通膨）可能導致營收與營業利益偏離預期，而這類風險會反映在你用於估值的資金成本之中。年輕企業同時還面臨失敗風險，這類風險則必須另外加以評估。

圖 10-4 中呈現了這個流程的關鍵步驟。

圖 10-4 ｜將故事轉化為估值輸入項目

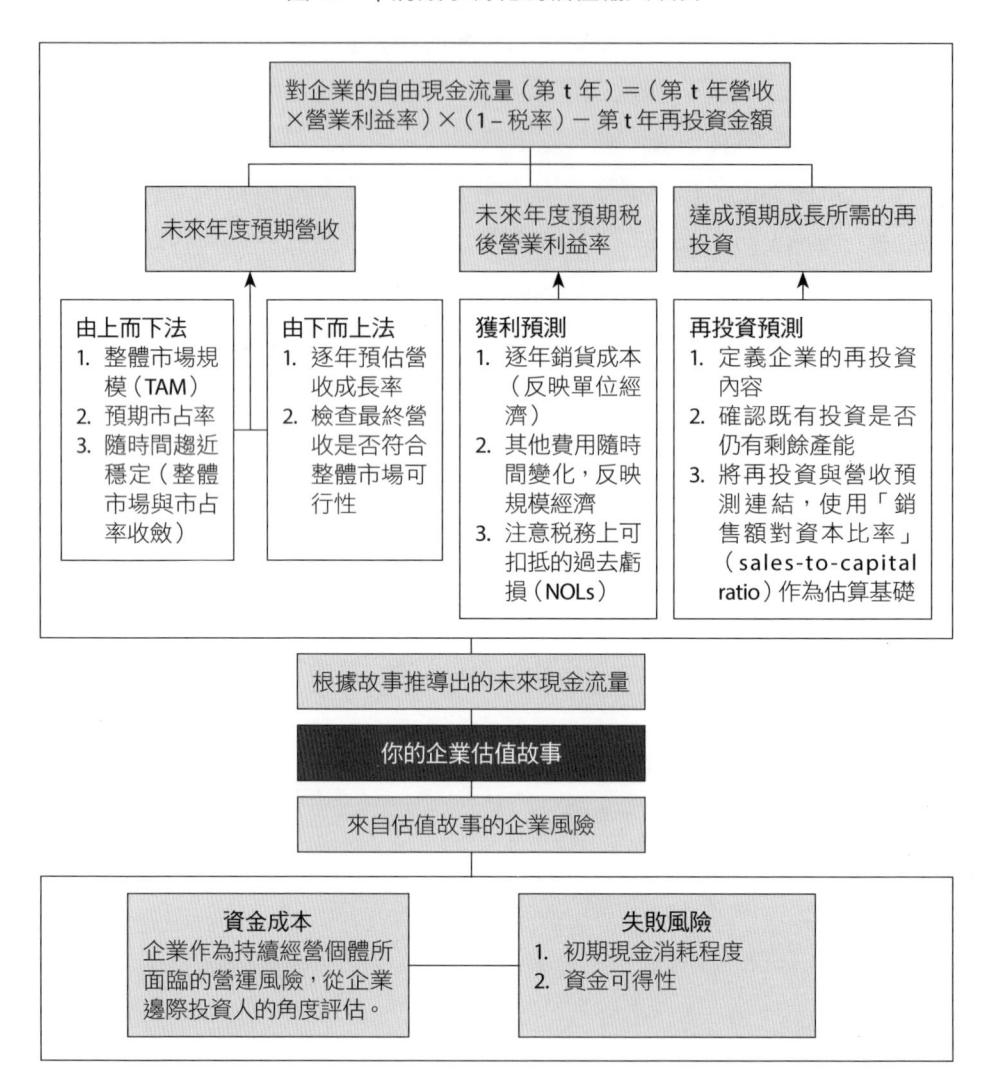

```
對企業的自由現金流量（第 t 年）＝（第 t 年營收
×營業利益率）×（1－稅率）－第 t 年再投資金額
```

┌─────────────────┬─────────────────┬─────────────────┐
│ 未來年度預期營收 │ 未來年度預期稅 │ 達成預期成長所需的再 │
│   │ 後營業利益率   │ 投資   │
└─────────────────┴─────────────────┴─────────────────┘

由上而下法
1. 整體市場規模（TAM）
2. 預期市占率
3. 隨時間趨近穩定（整體市場與市占率收斂）

由下而上法
1. 逐年預估營收成長率
2. 檢查最終營收是否符合整體市場可行性

獲利預測
1. 逐年銷貨成本（反映單位經濟）
2. 其他費用隨時間變化，反映規模經濟
3. 注意稅務上可扣抵的過去虧損（NOLs）

再投資預測
1. 定義企業的再投資內容
2. 確認既有投資是否仍有剩餘產能
3. 將再投資與營收預測連結，使用「銷售額對資本比率」（sales-to-capital ratio）作為估算基礎

根據故事推導出的未來現金流量

你的企業估值故事

來自估值故事的企業風險

資金成本
企業作為持續經營個體所面臨的營運風險，從企業邊際投資人的角度評估。

失敗風險
1. 初期現金消耗程度
2. 資金可得性

步驟 4：為企業估值

當估值故事已轉化為輸入項目後，來自該故事的現金流量與風險調整就會被納入估值模型中，進而導出企業價值。

但有時候，估算出來的數字可能會反映出你的估值故事中存在某些問題。以下是一些可觀察的指標：

- **現金流量的模式**：支撐估值的預期現金流量，將反映你對營收成長、營業利益率和再投資的假設。

  具體來說，對於營收成長快速、但營業利益率為負，且轉正速度緩慢的企業，早期將承受負的盈餘，加上為實現營收成長所需的再投資，也會使現金流量進一步惡化。

  如果負現金流持續時間過長，而穩定階段的營業利益率又偏低（可能因單位經濟疲弱與規模經濟有限），則該資產的當前估值可能為負，或低於所欠債務，最終導致股東權益毫無價值。這代表商業模式存在重大問題，估值時應設定較高的失敗風險。

  對於早期大量燒現金，但預期在預測期間後段可明確轉為正現金流的企業而言，其預測期間內的現金流量折現值仍可能為負，但一個龐大且為正的終值足以將其抵銷。這同樣顯示，該企業的商業模式需要時間與資本才能啟動，而資金的可得性將在企業是否能撐到實現終值的關鍵時刻發揮決定性作用。

- **檢查折現率**：我會把一家年輕企業的總風險區分為營運風險與失敗風險，並僅針對前者來估算資金成本。

  因此，當你在為年輕企業估值時發現其資金成本遠低於創投業者任意設定的目標報酬率，且更接近公開市場中、投資人分散的成熟企業所使用的資金成本時，毋須感到意外。事實上，如果年輕企業的風險大多為公司特有風險，例如新創的生技或製藥公司，其資金成本可能會與成熟的生技或製藥公司相近。

- **失敗風險**：失敗風險是一個輸入項目，用來反映許多年輕企業可能無法存活的機率，可能的原因包括資金耗盡、無法取得新的資

金挹注,或商業模式始終無法轉為獲利。

雖然我們無法藉由水晶球來預測失敗的機率,但你可以參考我在本書先前章節所列舉的資料,這些資料依產業類型與企業年齡分類,整理出不同情境下的失敗率,幫助你做出最佳估計。

- **股東權益估值的補充細節**:從企業價值(透過將自由現金流量以資金成本折現而得)推算到股東權益價值,尤其是每股價值,需要特別注意細節。

除了加上企業當期現金餘額[3],並扣除到期債務之外,還必須根據企業授予創投業者(針對為上市企業)或員工(針對上市公司)的股票選擇權,進而調整股東權益價值[4]。

對於偏使用好限制性股票(restricted stock)作為股票型酬勞工具的企業來說,這項調整則相對簡單,因為你只需將限制性股票單位[5]加總到流通在外股數中,便可計算每股的股東權益價值。

---

[3] 作者注:雖然許多分析師會區分企業的營運現金與超額現金,並認為只有超額現金可以納入企業價值,但我建議,應將現金區分為「閒置現金」與「有效配置的現金」。這類現金通常會投資於具流動性的有價證券(例如國庫券與商業本票),並可賺取合理的報酬率。因此,應該將這類現金納入企業價值。既然多數公司會將大部分現金投資於流動性有價證券,我會建議直接將整體現金餘額納入估值中。

[4] 作者注:要為選擇權估值,必須使用選擇權定價模型。目前被採用的模型很多,而估算出的價值會反映該選擇權未來被行使的機率,並包含一個時間溢價,也就是相較於今天立刻行使選擇權所能取得的現金流量,其價值會更高。

[5] 譯注:雇主會預先授予員工一定數量的限制性股票單位(RSUs),並約定只要員工在公司服務滿一定年限,這些單位便會依照既定時間表逐步歸屬,轉為員工名下的正式股票。這種屬於股票型酬勞的給付方式,稱為「限制性股票單位」(Restricted stock units,簡稱 RSUs)。

在圖 10-5，我歸納了將企業價值轉換為每股股東權益價值的各個步驟，以及針對失敗風險與股票型酬勞所做的調整。

圖 10-5｜從企業價值推算每股股東權益價值

步驟	說明
將預測期間內的自由現金流量，依據你為該企業估出的折現率進行折現。	企業持續經營價值＝預測期間的現金流的價值＋終值的現值
估算預測期末的企業價值（假設未來為永續成長或有限期間成長），並將終值折現至今日。	
根據失敗機率與企業失敗時的殘值，對企業價值進行調整以反映失敗風險。	調整後企業價值（含失敗風險）＝持續經營價值×（維持營運機率）＋失敗時的價值×（失敗機率）
加總現金、流動性有價證券以及其他企業中的少數持股價值（若有）。	企業總價值（含現金＆非營運資產）＝調整後企業價值＋現金＋關聯持股價值（如有）
扣除債務（包括租賃與其他契約義務）及合併報表中的少數股權（如使用合併財報）。	企業中的股東權益價值＝企業總價值－債務義務－合併報表中的少數股權
使用選擇權定價模型，對所有應付的股票選擇權進行估值，並從股東權益中扣除其價值。	普通股股東權益價值＝企業中的股東權益價值－現有選擇權的價值
調整限制性股票單位的流通在外股數（若有），並視歸屬條件與未歸屬部分進行修正。	每股股東權益價值＝普通股股東權益價值／流通在外股數

步驟 5：讓反饋迴路保持通暢

在建立估值故事，並將其轉化為輸入項目與估值結果的過程中，對年輕成長型企業或新創公司而言，特別容易產生盲點，並過度投入自己所建構的故事。因此，作為估值流程的最後一步，**我建議你保持反饋迴**

路的暢通，主動尋求與你想法最不同的人給予意見，這些人有時甚至比你更熟悉你所估值企業的營運細節。

舉例來說，2020 年我在為 Airbnb 的 IPO 估值時，請教了幾位曾身為房東與常客的朋友，希望找出我在 Airbnb 的故事設定與成本架構中可能忽略的問題點。

此外，在估值過程中，你會不斷看到關於該公司或其直接競爭對手的新聞報導，而這些消息有時會改變你對企業所設定的敘事邏輯。2016 年我為 Uber 估值時，加州最高法院裁定該公司必須將司機視為員工，此舉改變了其成本結構與法律責任，並足以促使我重新思考其估值。

在某些情況下，宏觀經濟或政治事件也可能改變企業的敘事設定與其估值。例如，2008 年全球金融危機導致風險資金（例如創投與私募）撤離市場，使所有仍在大量燒現金的年輕企業面臨更高的失敗風險；2022 年俄羅斯入侵烏克蘭的軍事行為，則顛覆了能源產業既有的估值敘事。

- **個案研究──第一部分：為 2021 年 7 月 IPO 的年輕企業 Zomato 估值**

背景介紹

Zomato 是一家印度線上食品外送公司，於 2008 年在德里由迪賓德戈亞爾（Deepinder Goyal）和潘卡吉 查達（Pankaj Chaddah）創立，起因是他們注意到辦公室同事在下載餐廳菜單時遇到了困難。

他們最初的做法很簡單：將當地餐廳菜單的電子檔上傳到自己架設的網站上，起初僅供辦公室同事使用，之後開放給整個德里的使用者。

隨著這項服務愈來愈受歡迎，他們將業務拓展到其他印度的大城市，並於 2010 年將公司更名為 Zomato，並啟用標語「只吃得到好料」。Zomato 的商業模式以媒合平臺為核心，顧客可透過平臺連結餐廳，訂購

外帶或外送餐點，平臺同時也向餐廳提供廣告服務作為營收來源。

在發展過程中，Zomato 從一家幾乎完全仰賴廣告收入的公司，逐漸轉型為越來越專注於食品外送業務的企業。到了 2021 年該公司宣布計畫上市時，其營收主要來自以下四個來源：

1. 食品訂購與外送的交易手續費：Zomato 會從每筆訂單的總金額中，提取約 20% 到 25% 作為自己的收入
2. 廣告收入：上架在 Zomato 平臺的餐廳，會根據顧客瀏覽次數與營收變化，加碼購買廣告，以提高曝光度
3. 訂閱服務：Zomato 有 150 萬名會員，會員支付訂閱費後可獲得折扣與專屬優惠
4. 餐廳原物料供應：透過一項名為「極度純淨」（Hyperpure）的服務，直接向餐廳提供經過品質溯源的食材與肉品

Zomato 在籌備公開發行時，長期以來的成長速度幾乎呈指數型上升，服務的印度城市數量也快速擴張，從 2017 年的 38 座城市，增至 2018 年的 63 座，到了 2021 年更突破 500 座，進一步深入規模較小的都市地區。雖然營收隨之成長，該公司卻始終未曾實現獲利。圖 10-6 總結了 Zomato 的營收成長，與公開發行前的營業虧損狀況。

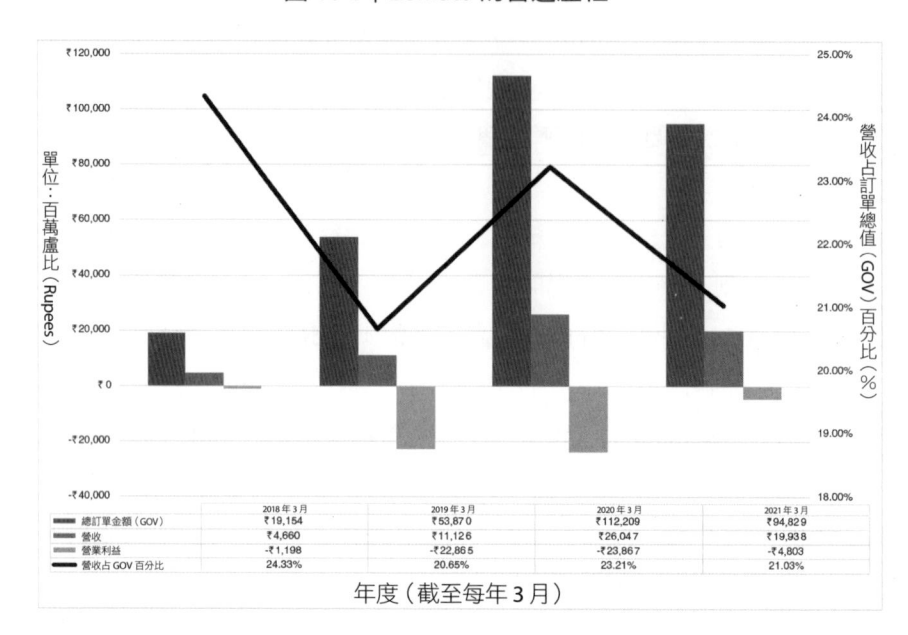

圖 10-6 | Zomato 的營運歷程

	2018 年 3 月	2019 年 3 月	2020 年 3 月	2021 年 3 月
總訂單金額（GOV）	₹19,154	₹53,870	₹112,209	₹94,829
營收	₹4,660	₹11,126	₹26,047	₹19,938
營業利益	-₹1,198	-₹22,865	-₹23,867	-₹4,803
營收占 GOV 百分比	24.33%	20.65%	23.21%	21.03%

單位：百萬盧比（Rupees）
營收占訂單總值（GOV）百分比（%）
年度（截至每年 3 月）

在 2018 年至 2021 年之間，Zomato 的訂單總值成長了將近 7 倍；2020 年到 2021 年之間的下滑，主要是因為新冠疫情期間封城所致。在這段期間，公司也將業務拓展至印度以外地區，其中阿拉伯聯合大公國是它最大的海外市場。

在 2018 年至 2020 年之間，Zomato 表示其營收約占訂單總值的 23% 至 24%；到了 2020 年至 2021 年則下降至 21%。然而，該公司在 IPO 之前，每年都處於虧損狀態。

此外，雖然印度的線上食品外送市場正在成長，但整體規模在 2021 年僅達 42 億美元，相較於美國與中國等市場仍顯得有限。彼時 Zomato 的市占率已接近 40%，其主要競爭對手是 Swiggy（印度最大的外送服務平臺）和 Amazon Food（亞馬遜餐飲外送）。

Zomato 的營收成長，部分來自於其擴張期行的收購案——從 2014 年到 2021 年間，該公司一共展開了 16 項收購。為了支應這段期間的成長，公司依靠創投資金挹注，整體生命週期中共完成 18 輪募資，募得資金達 1,437.5 億印度盧比。

Zomato 在公開發行時的股東結構，反映了這些募資所帶來的股權稀釋效果。創辦人所持股份已低於 10%，剩餘的大部分股份則由外國投資人持有，包括 Uber、支付寶（Alipay）、螞蟻集團（Antfin）與印度控股公司 Info Edge。

Zomato 的故事

在我對 Zomato 的敘事中，隨著印度人民生活日益富裕、網路普及率持續提升，印度的食品外送／餐廳市場將會不斷成長，且最終將由少數幾家業者主導，而 Zomato 將是其中之一。

作為擁有強大單位經濟的媒合平臺，Zomato 的營業利益率將會隨時間推移而持續提升，並且能以相對較少的再投資——其中大部分將以收購的形式進行——來實現成長。

Zomato 的營業風險將屬於中等水準，但由於仍處於虧損狀態，失敗的可能性依然存在。儘管如此，隨著公司在 IPO 後擁有充足的現金緩衝，這項風險將會顯著降低。

輸入值和估值

我所描述的 Zomato，是個格局宏大的敘事，不僅反映了我對這家公司及其業務的觀點，也展現了我對印度經濟未來發展的看法與預期成長路徑。為了將這個故事轉化為估值模型中的輸入值，我將依循一套熟悉的流程：

• **營收**：為了衡量市場潛力，我首先參考表 10-2，將印度的食品外

送市場規模與中國、美國及歐盟的市場進行比較。

表 10-2 | 2021 年食品外送市場比較

	印度	中國	美國	歐盟
經濟整體資料				
2020 年的 GDP（兆美元）	$2.71	$14.70	$20.93	$15.17
人口（百萬人）	1,360	1,430	330	445
人均 GDP（美元）	$1,993	$10,280	$63,424	$34,090
餐廳數量（千家）	1,000	9,000	660	890
食品外送產業相關資訊				
網路覆蓋率（占總人口百分比）	43%	63%	88%	90%
線上食品外送服務用戶數（百萬人）	50.00	450.00	105.00	150.00
2019 年線上食品外送市場規模（百萬美元）	$4,200	$90,000	$21,000	$15,000
2020 年線上食品外送市場規模（百萬美元）	$2,00	$110,000	$49,000	$13,800

印度的食品外送市場規模之所以小於中國和美國，有三個主要原因：

1. 人均所得較低，使印度人可支配所得有限，花在餐廳消費上的金額也較少
2. 數位設備普及率較低，目前只有 43%的印度人口具備數位設備的使用條件
3. 飲食習慣不同，印度人的外食頻率明顯低於中國人

為了估計印度食品外送市場未來的發展，我將根據兩項關鍵因素提出假設：印度經濟的成長（以人均所得變化表示），以及數位可及性的提升。表 10-3 中彙整了在不同假設條件下，印度食品外送市場的潛在規模。

表 10-3｜潛在的印度食品外送市場（單位：百萬美元）

	印度人均 DGP 為中國人均 GDP 的百分比			
	25%	50%	75%	100%
目前的網路可及程度	$5,417	$10,834	$16,250	$21,667
中國水準的網路可及程度	57,936	515,872	$23,809	$31,745
美國水準的網路可及程度	$11,085	$22,171	$33,256	$44,342

簡單來說，就算印度的人均所得和數位普及率達到跟中國消費者相同的水準，印度的食品外送市場仍將遠小於中國市場，這或許反映了印度飲食文化中，外食行為尚未根植於日常習慣的現象。

為了從整體市場推估 Zomato 的營收，我進一步假設了 Zomato 的市占率，以及公司能從訂單總值中提留作為營收的百分比。我認為，線上食品外送產業本身具有網路效應，最終將導致市場集中度提升，而 Zomato 將會是印度市場中的主導業者之一。

在基本情境下，我預估印度線上食品外送的總市場規模，將於 10 年內成長至 250 億美元（約合 2 兆印度盧比），Zomato 將穩定維持 40%的市占率，其營收占訂單總值的比例則將收斂至 22%。

- **營業利益率**：為了估計 Zomato 在穩定狀態下的營業利益率，我會先評估它的單位經濟，觀察一筆典型顧客訂單能為公司帶來多少利潤（詳見圖 10-7）。

圖 10-7 ｜ Zomato 的單位經濟

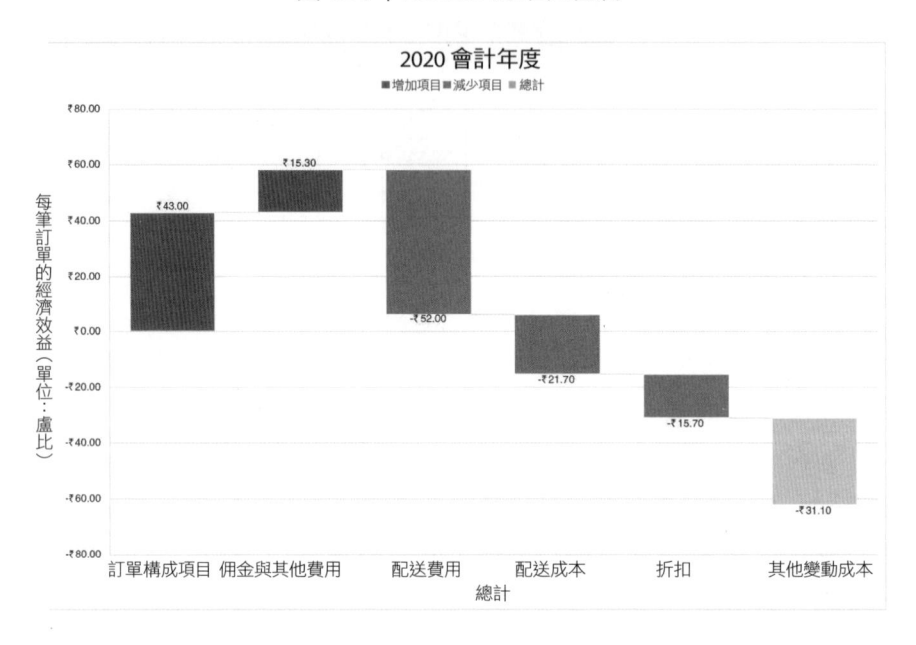

2020 會計年度
■增加項目 ■減少項目 ■總計

每筆訂單的經濟效益（單位：盧比）

訂單構成項目 43.00
佣金與其他費用 15.30
配送費用 -52.00
配送成本 -21.70
折扣 -15.70
其他變動成本 總計 -31.10

　　根據 Zomato 提供的數據，2021 年每筆訂單平均可為公司帶來 20.50 盧比的利潤；相比之下，2020 年每筆訂單則虧損 30.50 盧比。作為一家以用戶為核心的企業，如果根據用戶使用 Zomato 平臺的時間長短來檢視訂單量（詳見表 10-4），Zomato 的表現將更具正面意涵。

表 10-4 ｜ Zomato 平臺使用情形（按用戶分批）

用戶分批年度	相對訂單規模（以起始年度為基準）				
	2017	2018	2019	2020	2021
2017 會計年度用戶	1.00	1.60	2.20	3.00	2.90
2018 會計年度用戶		1.00	2.00	2.70	2.40
2019 會計年度用戶			1.00	1.60	1.10
2020 會計年度用戶				1.00	0.70

請注意，從 2017 年起便持續使用 Zomato 平臺的用戶，其平均下單金額幾乎是 2020 年新用戶的 4 倍。邊際訂單具備強勁獲利能力，加上用戶留在平臺後下單次數逐年增加，這兩項因素結合，使我相信 Zomato 在邁向成熟階段時，將能實現相當高的營業利益率。在基本情境下，我假設 Zomato 的稅前營業利益率，將隨著公司逐步成熟而趨近 35%。

- **再投資**：為了估計 Zomato 為實現預期成長所需的再投資金額，我將假設這家公司會繼續作為一個媒合平臺，且其再投資形式會以收購和技術投入為主。

  在基本情境下，我假設 Zomato 在未來一年內，每投入 1 盧比的資本，將能創造 5 盧比的營收——這主要是受惠於疫情之後的反彈效應。接下來的第二年到第五年，每投入 1 盧比將帶來 3 盧比營收，第六年之後則將穩定在每 1 盧比對應 2.5 盧比的營收。

- **風險**：在營業風險方面，Zomato 將主要仍是一家印度本地企業，它的成敗將高度依賴印度的總體經濟成長，其資金成本也應反映這一風險。

  Zomato 雖然仍處於虧損狀態，但已非一間可能隨時倒閉風險的新創公司。從正面來看，Zomato 的規模、資本可取得性，以及 IPO 後強化的現金部位，都降低了其失敗風險。

  從負面來看，這家公司仍在持續燒現金，未來幾年仍需仰賴籌資才能延續營運。在基本情境下，我把 Zomato 的盧比資金成本設定為早期的 10.25%，並在其邁入穩定期後下修至約 9%，同時設定其失敗率為 10%。

- **其他零星問題**：由於這次對 Zomato 的估值，是為了它首次公開發行（IPO），我會將 IPO 預期募集到的 900 億盧比資金納入其現金餘額中。同時，我也會根據管理層與員工持有的尚未行使股票選

擇權，對股東權益的價值做出調整。

根據以上輸入值，我對 Zomat 進行了 IPO 時的股東權益估值，如圖 10-8 所示。

圖 10-8 ｜ Zomato 在 2021 年 7 月的估值

Zomato						2021 年 7 月
故事						
隨著印度食品外送市場的成長、整體經濟好轉與數位設備更普及，Zomato 將成為極少數幾家主導市場的公司之一。雖然 Amazon Food 仍在市場中具有競爭力，但隨著規模經濟發酵，Zomato 將能實現高營業利益率，並在成長過程中持續透過收購與技術投資進行再投資。由於 IPO 後擁有大量現金餘額，加上取得資金的能力強，它的失敗風險相對較低，其資金成本亦反映印度的國家風險水準。						
假設條件						
	基準年度	翌年（第1年）	第 2-5 年	第 6-10 年	第 10 年後	與故事連結
印度食品外送市場	₹225.000	₹337.500	30.00%	15.27%	₹1.961.979	2021 年市場反彈＋市場成長至第 10 年達 250 億美元
市占率	42.15%	41.72%	→	40.00%	40.00%	Zomato 是印度少數幾家主要業者之一
營收占訂單總值百分比（%）	21.03%	22.00%			22.00%	收入比例穩定於 22%
營收（a）	₹19.937.389	₹30.00%	總市場×市占率×營收占訂單總值（GOV）的比例（%）		₹172.654	2021 年新冠疫情後復甦＋長期市場成長
營業利益率（b）	-24.10%	-10.0%	-10.00% → 35.00%		35.00%	利潤率隨成長而改善
稅率		5.00	25.00%	25.00%	25.00%	印度企業稅率的歷年走勢
再投資（c）	-7.15%	Marginal RoIC=	2.5	3.00	35.42%	再投資以收購與技術為主，支撐成長
資本報酬率		邊際報酬率=	127.01%		12.00%	網絡效益能讓 Zomato 在短期與長期都維持高水準的投資資本報酬率（ROIC）
資金成本（d）	無資料		10.25%→8.97%		8.97%	資金成本反映印度國家風險

	現金流					
	市場總額	市占率	營收	稅後息前盈餘 EBIT(1－t)	再投資	自由現金流量（對公司）
1	₹337,500	41.72%	₹30,974.78	-₹3,097.48	₹2,207.38	-₹5,304.86
2	₹438,750	41.29%	₹39,852.91	₹498.16	₹3,551.25	-₹3,053.09
3	₹570,375	40.86%	₹51,270.19	₹3,293.45	₹4,566.91	-₹1,273.46
4	₹741,488	40.43%	₹65,951.07	₹6,182.91	₹5,872.35	₹310.56
5	₹963,934	40.00%	₹84,826.17	₹11,531.06	₹6,291.70	₹5,239.36
6	₹1,203,471	40.00%	₹105,905.47	₹16,065.01	₹7,026.43	₹9,038.57
7	₹1,440,555	40.00%	₹126,768.85	₹26,253.32	₹6,954.46	₹19,298.86
8	₹1,650,156	40.00%	₹145,213.72	₹38,118.60	₹6,148.29	₹31,970.31
9	₹1,805,271	40.00%	₹158,863.81	₹41,701.75	₹4,550.03	₹37,151.72
10	₹1,881,995	40.00%	₹165,615.52	₹43,474.07	₹2,250.57	₹41,223.50
最後一年	₹1,961,979	40.00%	₹172,654.18	₹45,321.72	₹16,051.44	₹29,270.28

估值			
終值	₹620,133.03		
終值的現值	₹241,972.24		
未來10年現金流的現值	₹56,739.02		
營運資產價值＝	₹298,711.25		
失敗風險調整值	₹14,935.56	失敗機率＝10.00%	
－債務&少數股權	₹1,591.72		
＋現金&其他非營運資產	₹135,959.70	包括IPO募資所得	₹90,000
股東權益價值	₹418,143.67		
－股票選擇權價值	₹73,244.53		
總流通股數	₹7,946.68		
每股價值	₹43.40	發行價格＝₹70.00	

根據我們故事中設定的成長與獲利能力預期，我推估 ZOMATO 的股東權益價值約為 4,180 億盧比（約 54 億美元），換算成每股價值約為 43 盧比。對一家仍在虧損，且過去一年營收不到 200 億盧比的公司而言，這個估值看起來或許偏高，但「前景」與「潛力」本身也具有價值，特別是對 Zomato 這樣一個龐大市場中的領導者更是如此。

不過，這次 IPO 的發行價設定在每股 72 到 76 盧比，對我而言，實在太貴了。

估值的附加與增強

在為新創或非常年輕的企業估值時，難以招架不確定性是非常自然的反應，許多人因此乾脆放棄。雖然我們無法避開不確定性，但我發現有兩種工具可以幫助你用更健康的方式來處理它。

第一種方式，是明確指出每個輸入值中所包含的不確定程度，然後將這些明確的預測納入蒙地卡羅模擬[6]（Monte Carlo simulation）中。

第二種方式則是認識到：不確定性雖然帶來許多負面影響，也同時帶來正面機會，這可以透過選擇權觀點[7]（optionality argument）來理解與運用。

6　譯注：蒙地卡羅模擬（Monte Carlo simulation）是一種透過大量隨機試算，以評估不確定情境下可能結果的數學方法。

7　譯注：選擇權觀點（optionality argument）是指將不確定性視為一種機會來源，就像金融選擇權那樣，企業在未來可視情況決定是否投入資源，因此具有向上潛力。

把不確定性具體化——蒙地卡羅模擬

在傳統估值裡，不論我們對每個變數感到多麼不確定，通常都被要求給出一個「點估計」（point estimate）。因此，我們根據這些單一數值估值時，雖然心裡知道結果存在誤差區間，卻無從判斷這個區間到底有多寬。

有一種方法，不僅能讓分析師將自己在預測中感受到的不確定性納入分析，還能以估值結果的形式，呈現出反映這些不確定性的數值範圍。這種方法就是「蒙地卡羅模擬」。

與點估計不同，這種方法會為估值過程中的每一個參數（例如成長率、市占率、營業利益率、β 值等）建立一個數值分布，而不是單一值。

在每一次模擬中，我會從每個參數的分布中各隨機抽取一個數值，組合成一組獨特的現金流量，據此估算出公司的價值。重複進行多次模擬後，我可以得到估值結果的分布情形，**而這個分布正是反映我在設定輸入項目時所面對的根本不確定性。**

簡而言之，我對輸入值的不確定性感受越高，模擬中產出的估值範圍就會越分散，代表潛在的波動與風險也越大。

蒙地卡羅模擬的步驟如下：

1. **決定「機率型」變數：**

在任何估值分析中，可能會涉及數十個輸入值，其中有些可以預測，有些則無法。從理論上來說，我可以為估值中的每一項輸入變數定義一個機率分布。然而在實務上，這麼做不但耗時，而且未必帶來實質效益，特別是當某些變數對估值的影響極為有限時。

因此，更合理的做法是聚焦於那些對估值影響最大的幾個關鍵變數。以 Zomato 為例，我會把焦點放在三個輸入項目上：印度食品外送市場的整體規模、Zomato 的市占率，以及其營業利益率，因為這三者是決定公司價值的主要關鍵。

2. 為這些變數定義機率分布：

　　這是關鍵的一步，也是整個分析中最困難的部分。一般來說，為了建立這些機率分布，你可以混合運用幾種資訊來源：一是歷史數據（適用於像通膨這種有長期紀錄且資料可信的變數），二是橫斷面數據（cross-sectional data，適用於像營業利益率這類變數，因為在同一時間點，不同公司的數值可能差異很大），三是統計分布（根據我們對這些變數分布特性的了解所建立）。

　　根據不同來源，某些輸入變數的機率分布會相當離散，有些則會連續[8]。

3. 檢查變數之間的相關性：

　　當輸入變數之間存在強烈的相關性（無論是正相關還是負相關）時，你有兩種選擇。第一種是只讓其中一個變數變動，建議優先選擇對估值影響較大的變數。第二種選擇是將這種相關性明確納入模擬模型中；這通常需要更進階的模擬軟體，而且會讓估值過程更為細緻。

4. 執行模擬：

　　在第一次模擬中，我們將從每一個機率分布中抽取一組結果，並且根據這組結果計算估值。這個過程可以重複任意多次，雖然隨著模擬次數增加，每次模擬對估值結果的邊際貢獻會遞減。

　　大多數模擬軟體都允許用戶執行數千次模擬，而增加模擬次數幾乎不會帶來額外成本。在這種情況下，與其模擬次數太少，不如多一些。

---

[8] 譯注：「離散」與「連續」的機率分布，在這裡是指分析師對輸入變數建立機率模型的方式。如果變數來自歷史數據（如過去幾年實際營業利益率），常以有限個數值點建立離散分布；如果變數難以預測，則可能用統計分布（如常態分布）建立連續的模擬範圍。這類分布設定有助於進行蒙地卡羅模擬時反映輸入的不確定性。

好的模擬分析通常會面臨兩個主要障礙。第一個是資訊障礙：要為估值中的每一個輸入變數估計其數值分布並不容易。換句話說，直接假設未來 5 年的營收年成長率是 8%，相對容易；但要具體界定該成長率的分布類型及其參數，則要困難得多。

第二個障礙是運算限制：在個人電腦問世之前，模擬通常太耗時、太耗資源，對一般分析師而言並不實用。不過，這兩項限制近年來已大幅減輕，使模擬分析變得更為可行。

• 個案研究——第二部分：Zomato 的蒙地卡羅模擬

在我們對 Zomato 的基本情境估值中，我對市場規模與獲利能力做出了一些重大假設，而**我幾乎可以確定這些假設全都錯了**——雖然我不知道會錯在哪個方向。

為了展開模擬，我將聚焦於 Zomato 估值中，三個最關鍵的假設：

• 整體市場規模：

Zomato 的估值高度仰賴印度食品外送市場的預期發展。在基本情境中，我預測該市場將成長至約 250 億美元（2 兆盧比），但這是基於對印度經濟成長與數位普及程度的假設，而這些假設可能會錯誤。

在模擬中，我設定市場規模的變動範圍介於 100 億美元（約 7,500 至 8,000 億盧比）到 400 億美元（約 3 兆至 3.2 兆盧比）之間。

• 市占率：

在基本情境中，我假設 Zomato 的市占率會在第 5 年穩定在約 40%，這是基於市場最終將由兩到三家大型業者主導，其餘則是眾多利基型企業的前提。

然而，考量到印度市場的區域多樣性，未來進入穩定期時，市場參與者可能更多，使得 Zomato 的市占率下降至 20%；反之，如果小型業者因

無法達成規模經濟而被淘汰，那麼 Zomato 的市占率則可能提高至 50%。

- **營業利益率：**

我在基本情境中，預測 Zomato 的營業利益率會是 35%，這個預測建構在「現狀持續」的假設之上，亦即外送平臺將持續實現規模經濟，且訂單總值中可保留作為營收的比例維持穩定。

如果有競爭對手選擇積極爭取更高市占率（例如透過折扣或提高對外送員的報價），Zomato 的營業利益率將可能下降，低限估計為 15%；反之，如果 Zomato 能在未來持續維持其廣告業務的穩定性，營業利益率則有機會提升，上限可達 45%。

我將市場規模、市占率與營業利益率的「點估計」改為「機率分布」後，執行了模擬，其結果如圖 10-9 所示。

圖 10-9｜Zomato IPO 估值——模擬結果

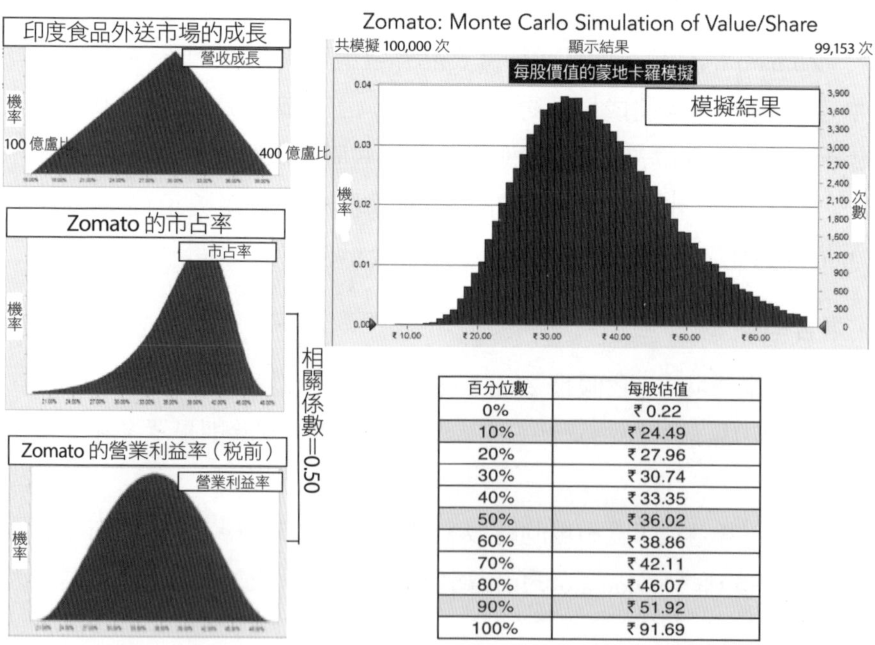

百分位數	每股估值
0%	₹0.22
10%	₹24.49
20%	₹27.96
30%	₹30.74
40%	₹33.35
50%	₹36.02
60%	₹38.86
70%	₹42.11
80%	₹46.07
90%	₹51.92
100%	₹91.69

請注意，當我將輸入值的不確定性轉化為 Zomato 的價值分布後，可以看出每股價值的中位數為 36.02 盧比，但可能的價值範圍非常廣，每股從 0 盧比一直到 91.69 盧比。

如果有人以每股 72 盧，甚至更高的價格投資 Zomato，便將其斷定為投機者或消息不靈通，這樣的否定態度其實是傲慢的。因為確實存在一些「言之成理」的故事，足以支持比這個價格更高的估值。

可選擇性（Optionality）

在為年輕企業估值時，所面臨的不確定性其實潛藏著一種可能的好處──如果一切條件配合順利，企業的產品在市場上獲得比預期更廣泛的接受度，便能借此成功進軍一些目前看似不可行、甚至尚未納入規劃的新業務。

這種「可選擇性」會在你為企業估值時，帶來價值上的溢價，而當不確定性越高，這項溢價也會隨之升高。

其實，「可選擇性」（optionality）這個概念並不新穎，早在 1990 年代網路熱潮的高峰期就曾被用來解釋：為何即使基本面無法支撐，投資人仍願意以高價投資網路公司的決策，依然是合理的。

以後見之明來看，這類說法在當時往往被過度延伸，因為除了少數幾家例外（例如亞馬遜），大多數網路公司並未真正實現這些風險中的上行潛力。

不過，這套「可選擇性」的論點雖曾沉寂數年，近 10 年來又在平臺公司（也就是那些平臺上擁有數百萬甚至上千萬名用戶或訂閱戶的公司）之中重新受到關注。這些公司主張，儘管用戶或訂閱戶難以立即變現、目前僅產生少量營收，但平臺公司應該有能力善用這些用戶基礎，進而拓展至其他事業。

這套論點確實有其合理性，但不能只看平臺的用戶或訂戶數量，還

必須衡量這些用戶的黏著度與使用密度（黏著度越高、使用越頻繁，企業所擁有的「可選擇性」就越高）。

此外，也要評估該公司是否有效累積用戶數據，並將其轉化為切入新市場的競爭優勢——擁有獨特且外部難以取得之數據資源的平臺，將能創造出比其他企業更高的價值。因此，如今有數十家公司都能追蹤你手機或裝置上的「定位數據」，這類資訊的價值就遠低於只有該平臺公司能存取的「使用行為數據」。

• **個案研究——第三部分：Zomato 的可選擇性和「大市場」論點**

Zomato 的平臺有數百萬用戶，假如 Zomato 能向這些用戶提供其他產品或服務，便能進一步提升它的盈餘與企業價值。這正是我在前一節所介紹的「可選擇性」概念。不過，就 Zomato 的情況來說，我會提出一些保留與提醒：

第一，正如我在開頭提過的，相較於用戶僅短暫使用、且收集到的專屬數據有限的平臺，那些**擁有高使用強度與獨門數據的平臺，價值更高**。

Zomato 的平臺雖然在用戶數量方面占有優勢，但在使用密度與專屬數據這兩點上仍顯不足；Zomato 的 App 用戶通常只有在訂餐時才會上線，且其互動大多僅限於訂購與配送流程。如果 Zomato 有意擴大向平臺用戶提供的產品與服務，其新增業務很可能仍與「食品」相關——例如擴展至生鮮雜貨購物——從而創造出一定的可選擇性價值。

第二，即使你相信某項業務具有「可選擇性」，**為這項可選擇性賦予具體數值，仍是投資分析中最困難的任務之一**。雖然確實有選擇權定價模型可用來協助這類估值，但要取得這些模型所需的輸入值——尤其是在可選擇性尚未具體成形之前——往往非常困難。

簡單來說，如果我因為 Zomato 龐大的用戶基礎與可選擇性，而想在我先前估出的內在價值（每股 43 盧比）上額外支付溢價，那麼這個溢價

應該不會太高，因為就用戶特性來看（使用密度不高），它的附加價值有限。

定價的挑戰與對策

我在第 9 章中提到，為一項資產定價時，應該參考市場上類似資產的定價情況。這個原則同樣適用於年輕企業，但我會在接下來這一節說明，在每一步定價過程中，你都會面臨一些挑戰。

挑戰：參考資訊的挑選

無論是為私人企業還是上市公司進行定價，通常都需經過三個步驟：

第一步，將定價標準化為一個可共通比較的指標，常見的選項包括營收、盈餘、現金流量與帳面價值；第二步是找出和被定價企業相似的同業團體，而這個「相似」的程度，就交由分析師自行判斷；第三步則是調整你要定價的公司與其同業團體之間的差異，以做出更合理的比較。

1. 定價的標準化：

要把某個指標當作「縮放基準」（scalar）來使用，這個指標至少必須是正值，而且理想上應與企業價值高度相關。但這項要求在為年輕企業定價時，會大幅限縮可用的選項。

對於尚未產生營收的新創公司來說，沒有任何財務指標可作為縮放基準，因為營收為零，且從 EBITDA 一路到淨利的所有盈餘數字皆為負值。而對於處在生命週期稍後階段、已有實質營收，但仍虧損的企業，唯一能用來縮放的指標通常只有營收。至於那些剛開始獲利、處於轉型初期的公司，雖然已出現正向盈餘，但這些獲利數字與公司價值之間的關聯仍十分薄弱，甚至幾乎無關。

2. 組成同業團體：

如果要以同業作為定價的參考對象，第一步就是找出與你要定價的企業類似的公司，而且這些公司本身必須已經有市場定價。對新創和非常年輕的企業來說，多數「同業公司」往往仍是私人企業，其價格資訊多半來自最近一輪的創投募資——這類資訊不僅可能過時，還可能具誤導性。

即使企業已進入生命週期下一階段、開始掛牌上市，只要你對「相似」的定義太過狹隘，也依然很難找到合適的同業比較組。比如說，如果你將 Uber 定義為一家「共乘公司」，並將同業限制為「其他共乘公司」，那麼在 2019 年，你的樣本數就只有兩家而已（另一家是 Lyft）。

3. 調整差異：

就算你找到了可以用來定價的縮放指標，也成功組成了和你要定價的公司相似、且已有市場定價的同業團體，你仍需進一步釐清，投資人在為這些公司定價時，究竟重視哪些因素，然後設法針對這些關鍵因素的差異做出調整。

簡單來說，為年輕企業定價比為成熟企業定價更具挑戰性，而這些挑戰在我先前討論年輕企業估值時，也曾一一提及。

對策：如何正確妥協、找到依據

為新創和年輕企業定價時，你必須務實地接受一些在為成熟企業定價時，可能會被你拒絕的妥協方案。我會依照前面提出挑戰時的順序，來分類這些務實的選擇：

1. 標準化的定價：

就像我上一節提到的，對於尚未營收或非常年輕的公司來說，沒有任何財務數據可以用來作為縮放指標。此時，一種變通的做法是使用你能觀察到，而且相信能帶領企業走向營收與獲利的營運指標。

正因如此，1990 年代的分析師們，才會將網路公司的市值與網站造訪人次互相連結成比例；而近年來，這也導致許多定價開始以訂閱戶、會員或用戶數作為縮放基礎。

另一個變通方式則是預測公司的財務數據，並以預測值中的關鍵指標——例如未來的營收或盈餘——作為縮放指標，這正是「預期倍數」（forward multiples）的基礎：你今天所支付的價格，是根據你預期該公司未來將達成的營收或盈餘。透過預測，原本很小的營收可以被放大，虧損也能轉為獲利，從而讓定價與縮放更具意義。

2. 組成同業團體：

假如你正為一家仍屬私人持有的新創企業定價，而它的同業團體也都尚未上市，那麼你往往只能退而求其次，依賴這些同業最近一輪創投募資中的定價資訊，儘管這些資料經常有瑕疵、甚至早已過時。

話雖如此，在比較時，並不是所有創投定價都該賦予相同權重：**越接近當下的募資輪次，權重應愈高；資金規模較大的募資輪，通常也比小規模募資更具參考價值**；而來自績效良好創投業者的定價，可信度也應高於那些記錄不明或過往表現不佳的創投。

一旦這家新創企業成為上市公司，我會建議放寬它的事業範圍定義標準，以便納入更多「相似」公司來建立同業團體，即使這代表你需要納入來自其他市場或產業的公司，也值得這麼做。

3. 調整差異之處：

任何定價作業都應該納入對成長率、獲利能力與投資效益差異的比較，年輕企業也不例外。問題在於，除了營收成長率之外，年輕企業的利潤率以及再投資指標，通常都不穩定且欠缺可靠性。

如果你想了解市場如何為這類企業定價，可以運用統計工具，從市場價格與可觀察變數之間找出相關性。舉例來說，2013 年社群媒體公司首次在美國股市掛牌時，最能解釋它們市值差異的變數，就是各自的用

戶數量。

　　以下這段話，清楚說明了「一切都是相對的」這個道理：年輕企業的定價比成熟企業更困難，而估值又比定價更難，因為它看起來更費工夫。在這樣的選擇下，大多數投資人只為年輕企業定價而不是估值，似乎也不令人驚訝。

　　如果定價方式流於膚淺，所採用的縮放指標沒有意義，也缺乏對公司之間在商業模式與最終成功機率等面向上的差異做出調整，你就會在同一產業裡看到大量的定價錯誤。

・個案研究——第四部分：為年輕企業 Zomato 定價

　　Zomato 是印度線上食品外送產業的先鋒，也是該領域中第一家上市的印度公司。只要稍微瀏覽過它的財務數據，就能看出為 Zomato 定價會面臨哪些挑戰。

　　這家公司營收規模不大、營業虧損龐大，在財務數據中，唯一能用來標準化定價的縮放指標，就是營收和毛利。我也可以將市值除以平臺用戶數，來估算每位用戶的價值。

　　在表 10-5，我估算了 Zomato 的這些倍數（multiples），並且和我替 DoorDash（一家總部設於美國、在 2020 年已逐步邁向盈虧平衡的線上食品外送公司）所估得的數據進行比較。

表 10-5 | Zomato 和 DoorDash 的定價比較

	DoorDash（2020 年）	DoorDash（2030 年預測）	Zomato（2020 年）	Zomato（2030 年預測）
市值（百萬美元）	$57,860		$8,600	
企業價值（百萬美元）	$53,640		$7,500	
訂單總值（百萬美元）	$18,897	$72,072	$1,264	$10,038
營收（百萬美元）	$3,601	$9,009	$266	$2,208
毛利（百萬美元）	$1,864	$4,955	$140	$1,325
稅前息前盈餘（百萬美元）	-$412	$1,802	-$64	$773
平臺用戶數（百萬人）	20	50	40	200
	現值	預期值	現值	預期值
企業價值／訂單總值（EV/GOV）	2.84	0.74	5.93	0.75
企業價值／營收（EV/營收倍數）	14.90	5.95	28.20	3.40
企業價值／毛利（EV/毛利倍數）	28.78	10.83	53.57	5.66
每位用戶企業價值（EV／用戶）	2682.00	1072.80	187.50	37.50

　　如果你認為內在價值是主觀的，定價則不是，那麼這張表應該可以打破你的迷思。你可以主張，如果以毛利、營收或訂單總值為基準來進行縮放，Zomato 在 2020 年的定價相較於 DoorDash 確實偏高，**但如果以每位用戶的價值來看，Zomato 則便宜得多。**

　　為了排除成長初期陣痛對定價的干擾，我估計了 10 年後（2030 年）的幾個關鍵數字（從訂單總值、營收、毛利到用戶數量），並將今日的市值與這些預估值進行縮放、算出倍數。

　　根據這些數字，Zomato 以訂單總值作為縮放指標來看，估值尚稱合理；如果以營收與毛利來看，則明顯被低估；至於以每位用戶來衡量，簡

直是超值。我之所以只選了 DoorDash 一家公司來做為比較的同業團體，是因為 DoorDash 是 2021 年時唯一一家公開交易的線上食品外送公司。

由於納入更多公司會讓定價更為合理，我們可以用兩種方式來擴大同業團體的規模。

第一是引入全球尚未上市的食品外送公司，並觀察創投業者如何為它們定價：是根據訂單總值、營收或總收入來衡量，而這些指標可以是當前的數字，也可以是對未來的預測數字。

第二則是將同業團體從線上食品外送公司，擴大至其他科技媒合平臺公司，如此便可將 Uber、Lyft，和 Airbnb 納入比較了。

定價雖有挑戰，但並非無法可解

那些被要求，或被迫為新創及年輕企業估值／定價的投資人與交易者，經常會反覆強調其不確定性過高，導致許多人乾脆放棄這類企業，直接將它們排除在投資標的之外。在本章中，我探討了為年輕企業估值所面臨的挑戰，包括營運歷史有限、財務資料缺乏資訊價值，以及商業模式尚未成熟等問題。

我捨棄了創投常見的處理方式，也就是預測某個關鍵指標（例如營收或盈餘）在一個任意未來時間點的數值，然後將其轉化為定價；相反地，**我改採以故事為主軸的內在價值法**，藉由故事來導出估值所需的輸入值，進而推算企業的價值。

在為年輕企業定價時，許多最常用的縮放指標（例如營收、盈餘與帳面價值）往往為負值，或無法提供有效資訊，因此我探討了其他可行的縮放依據，包括營收的驅動因素（例如用戶或訂戶數量），以及對未來營收與盈餘的預期估計。

最後，雖然將同業團體定義得較為狹窄——只納入在相同產業與市

場中營運的公司,看似更有吸引力;我也指出,如果能放寬對「同業」的定義,並更審慎地控制這些企業間的差異,就能更有效地為年輕企業做出定價。

第 11 章

高成長企業的估值與定價

在第 10 章中，我嘗試解決了為新創企業、年輕成長型企業估值時所將面臨的挑戰，並提出仍可對這些企業估值與定價的方法。

在這些公司當中，有一小部分年輕企業能夠撐過其所面臨的種種困難，並發展出可運作的商業模式，不僅帶來持續成長的營收，也開始產生獲利；對這類公司而言，估值確實會變得稍微容易一些，因為財務報表能提供更多關於商業模式品質的有用資訊，其營運歷史也能透露其風險程度的線索。

在本章，我將探討這些高成長企業，並檢視在為它們估值與定價時最可能出現的問題，並再提出解決方案。

企業生命週期的高成長階段

要理解高成長企業估值時會遭遇的挑戰，可以從觀察企業自尚未產生營收的概念階段、進展為新創公司，再成長為初期企業，最終邁入高成長階段的營運指標變化著手。

在圖 11-1 中，我繪製了營收、盈餘和自由現金流量，橫跨企業生命週期各階段的變化。

雖然這是一種概括，而且有不少例外，但新創企業與概念階段企業幾乎總是沒有營收，或營收低得可以忽略；它們產生營業虧損，並迅速耗盡現金。隨著它們的商業模式逐漸成形，營收將快速成長，虧損也會縮小，**但在企業為了未來成長而進行再投資的情況下，現金仍會持續大量流出。**

至於本章聚焦的高成長企業，至少已找到可行的商業模式，並在規模經濟與商業模式調整的協助下，終於能夠開始實現獲利轉折，儘管一開始的獲利仍然微薄。由於這些企業仍懷抱成長目標，且為了實現成長需要再投資，因此要等到企業自由現金流量轉為正值，將需要更長的時間。

圖 11-1｜企業生命週期早期階段的營運指標

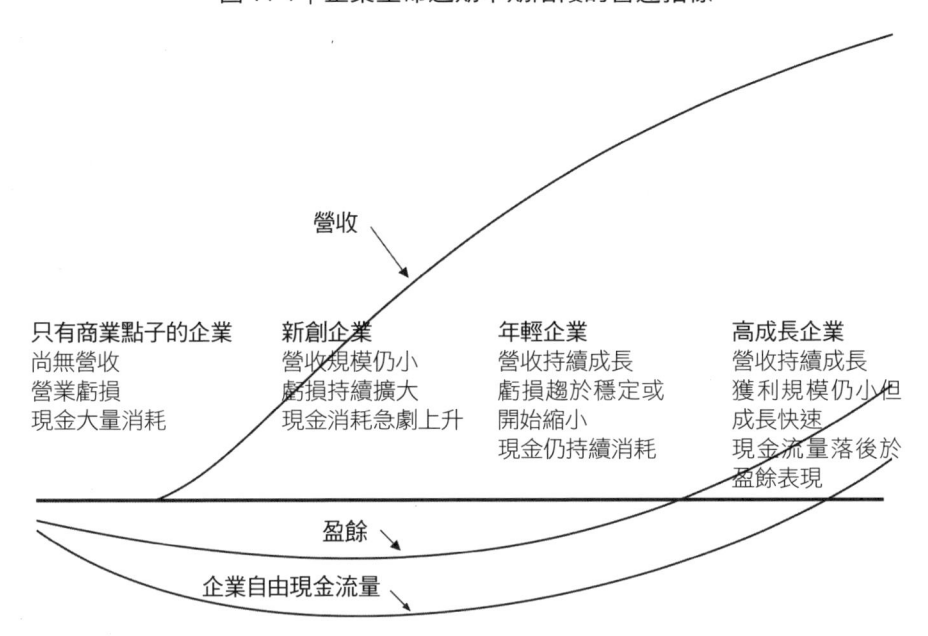

營收

只有商業點子的企業
尚無營收
營業虧損
現金大量消耗

新創企業
營收規模仍小
虧損持續擴大
現金消耗急劇上升

年輕企業
營收持續成長
虧損趨於穩定或開始縮小
現金仍持續消耗

高成長企業
營收持續成長
獲利規模仍小但成長快速
現金流量落後於盈餘表現

盈餘

企業自由現金流量

不難理解為什麼高成長企業會受到特定投資人喜愛，他們之所以受到吸引，不只是因為這些企業已證明具有獲利能力，更因為懷抱著隨著企業持續擴大規模，獲利將大幅成長的想像。

為了把握這股需求，許多高成長企業也會選擇在這個時機進入公開市場；如果運氣好，它們將獲得相對於當前基本面而言，顯得不成比例的市場價值——與成熟企業相比時更是如此。

對某些投資人而言，尤其是傳統價值投資學派的人士，這被視為定價過高的跡象；但正如我會在本章的定價部分說明的，這樣的結論未免過於草率。若要做出合理的評估，就必須更加關注不同企業之間的差異，**特別是在成長性與風險方面的差異。**

高成長企業的估值與定價 第 11 章 ｜ 319

高成長企業的估值

在上一章關於新創企業與年輕企業的估值中，我指出了幾項挑戰，包括缺乏關於經營表現與風險的歷史數據，以及擔憂這些企業可能永遠無法發展出可行的商業模式。

面對高成長企業，其起點相對穩固，因為這些企業已有較多的歷史數據與可行的商業模式。不過，這並不表示高成長企業就容易得出估值，因為雖然有些挑戰，未必是高成長企業獨有，卻在這類公司之中相當常見。

挑戰：藏在報表裡的陷阱

假設你正在為一家高成長企業進行估值——它終於解鎖了獲利的大門，同時營收仍持續以高速成長。這類公司通常已成立超過一、兩年，當你手中已有財務資料時，就可以著手估值。以下是你將面臨的挑戰：

1. 規模效應：

檢視一家公司的歷年營收成長率，包括高成長企業在內，當然是合理的做法；但在將這些成長率作為未來預測依據時，仍需謹慎，因為成長率的百分比數值不僅反映企業的成長潛力，也同樣反映出成長所發生的基礎規模。

為了說明這個觀點，我們來看看特斯拉過去 10 年的營收與營收成長率，如圖 11-2 所示。

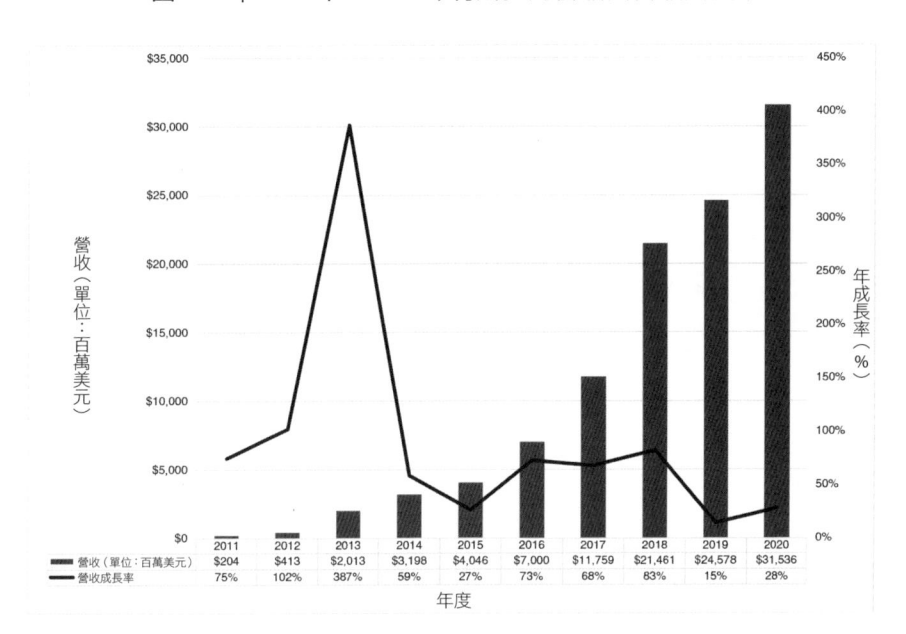

圖 11-2｜2011 年－2020 年特斯拉的營收與營收成長率

年度	2011	2012	2013	2014	2015	2016	2017	2018	2019	2020
營收（單位：百萬美元）	$204	$413	$2,013	$3,198	$4,046	$7,000	$11,759	$21,461	$24,578	$31,536
營收成長率	75%	102%	387%	59%	27%	73%	68%	83%	15%	28%

不可否認，特斯拉在這 10 年間的成長令人驚豔，期間也達成了不俗的複合年成長率。不過，這項成長率之所以會高得驚人，是**因為特斯拉在 2011 年的營收僅有 2.04 億美元，當時的營收甚至翻 3 倍，幾乎都是可以預期的**。

到了 2020 年，特斯拉的營收已達 315.36 億美元，就連對該公司最樂觀的人士，也難以說服他人這家公司將如何讓營收再次翻倍。

2. **變動中的財務數字：**

　　成長企業的一項共同特徵是，其財務報表中的數字常處於變動狀態。不僅最新一年的數字可能與前一年大不相同，甚至在更短的期間內也可能出現劇烈變化。以許多規模較小的高成長企業為例，最近四季的營收與盈餘，往往與最近一個會計年度的營收與盈餘有明顯差異，而該

高成長企業的估值與定價　第 11 章　｜ 321

年度可能也才在幾個月前才結束。

因此，在為這些企業估值時，你必須盡可能取得最新的財務數字。例如，如果你使用的上一份年度報告已經是 6 個月、9 個月、甚至 12 個月前的資料，那麼估值結果可能就會出現偏差。

3. 關於盈餘的疑問：

在成長企業中，既有資產往往只占整體企業價值的一小部分，且很容易被企業為維持與培育成長資產所投入的支出所掩蓋。舉例來說，在我進行現金流量折現估值時有一項標準假設：既有的營業利益可歸因於既有資產，因此可作為評價這些資產的基礎。對任何公司而言，既有的營業利益（或虧損）

都是在扣除銷售、廣告與其他行政費用後才得出的。雖然我假設這些費用與既有資產相關，但這項假設在成長企業中可能並不成立；畢竟，**在成長企業中，銷售團隊可能不太關心推銷現有產品，而更專注於為未來的產品培養顧客群**。如果將所有銷售費用都視為營業費用，我便會低估盈餘，進而低估既有資產的價值。

4. 從私募投資人到上市公司投資人：

雖然絕大部分的新創企業和非常年輕的企業，仍由創辦人與創投業者私人持有，但高成長企業更有可能已完成轉變、成為上市公司，而這在估值的多個面向上都有所助益。

首先，對某些分析師來說，他們唯一能用來估計風險的方法就是根據過去的股價，而上市公司提供了相對風險衡量值（β 值）的估算方式，可用於估值模型中。第二，當你完成對一家上市高成長企業的估值後，便可以將你的估值與其市場價格相比對，並至少確認其中是否存在致命性的錯誤。第三，擁有市場價格能讓估值中尚未解決的環節更容易處理，例如估算員工選擇權的價值（這通常需要價格與波動率作為輸入變數）。

儘管如此，市場價格本身仍可能在高成長企業的估值過程中引發一些問題：

- 高成長企業的股價，**與其說是由基本面所驅動，不如說往往是受市場氛圍與動能等交易力量所主導**。如果把這類股價作為風險衡量或選擇權價值估算的基礎，可能帶來高度風險。雖然我很想維持這個神話──內在價值的估值運算過程，絕不會受到市場價格的干擾──但現實情況是，一旦你為一家高成長企業做出估值，且得到與市場價格差距甚大的結果，便容易產生「調整」輸入變數的誘惑，直到估值結果收斂到價格附近，或至少接近它為止。
- 最後，當高成長企業上市時，原本在首次公開發行前擁有公司所有權的創辦人與創投業者，通常仍會繼續擔任投資人，有時甚至會持有具控制權的股權。要達成這種安排，可能是透過釋出少部分股份給公開市場，或者釋出具較低、甚至無投票權的股份，從而讓創辦人與內部人士持有具有較高投票權的股份。

簡單來說，對高成長企業而言，擁有公開市場的投資人與市場價格，雖然在估值時能提供幫助，但也可能導致我們做出更有偏誤、甚至更扭曲的估值結果。

1. 規模錯位：

我在前文曾比較過「會計資產負債表」和「財務資產負債表」，前者主要聚焦在既有投資上，後者則將成長資產納入整體結構之中，這種對比在成長企業中顯得格外鮮明。

如果這些企業有上市，其市場價值通常遠高於會計（或帳面）價值，因為**市場價值反映了成長資產的價值，而帳面價值則往往未將其納入**。此外，市場價值經常與企業的營運數字（如營收與盈餘）不一致。許多市

值達數億、甚至數十億美元的成長企業，其營收規模可能仍然很小，且盈餘為負。這仍然是因為營運數字所反映的只是企業的既有投資，而這些投資在企業整體價值中可能僅占極小的一部分。

你可以在圖 11-3 中，看到成長企業的共同特徵——包括變動頻繁的財務數字、公私混合的股權結構、市值與營運數據之間的落差、對股權融資的依賴，以及短暫且波動的市場歷史，這些特徵都會對內在估值與相對估值產生影響。

圖 11-3｜成長企業的估值挑戰

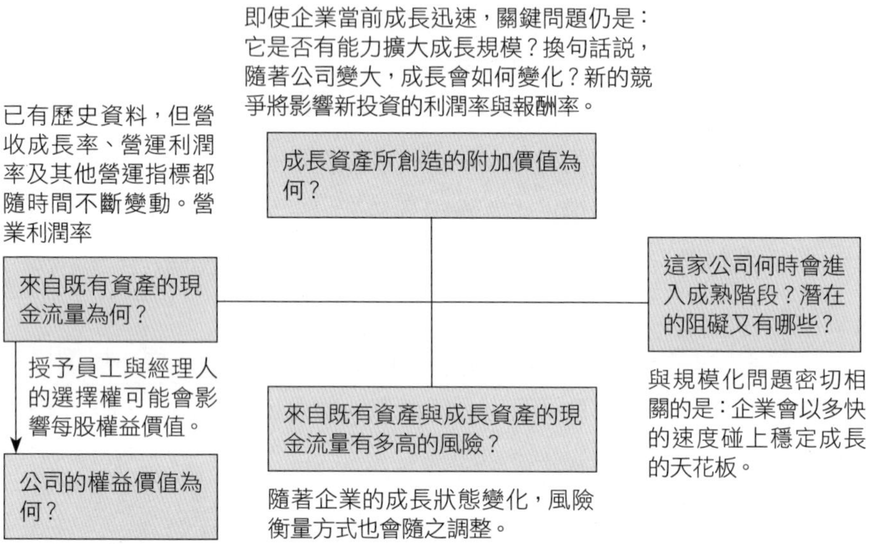

已有歷史資料，但營收成長率、營運利潤率及其他營運指標都隨時間不斷變動。營業利潤率

來自既有資產的現金流量為何？

授予員工與經理人的選擇權可能會影響每股權益價值。

公司的權益價值為何？

即使企業當前成長迅速，關鍵問題仍是：它是否有能力擴大成長規模？換句話說，隨著公司變大，成長會如何變化？新的競爭將影響新投資的利潤率與報酬率。

成長資產所創造的附加價值為何？

來自既有資產與成長資產的現金流量有多高的風險？

隨著企業的成長狀態變化，風險衡量方式也會隨之調整。

這家公司何時會進入成熟階段？潛在的阻礙又有哪些？

與規模化問題密切相關的是：企業會以多快的速度碰上穩定成長的天花板。

對策：還是得說故事

如果一家公司的內在價值，取決於其現金流量與風險特徵，那麼你在為高成長企業估值時所遇到的問題，往往可以追溯到它們在企業生命週期中所處的位置。

在本節中，我將提出幾種因應這些挑戰的方式，延續我為新創企業與年輕成長企業所建立的五個步驟，但針對高成長企業的特殊特性加以調整。

步驟1：說一個故事

在訴說新創與年輕企業的商業故事時，我會將敘事聚焦於各種「潛力」——包括其產品或服務的潛在市場、創辦人的潛在管理能力，以及潛在的資金取得途徑——而非建立在歷史資料之上。這是因為可用的歷史資料非常有限，而且即使有，也缺乏參考價值。

而在高成長企業的故事中，**重點依然是「潛力」，但同時也必須更重視企業的財務歷程與公司治理結構**。在某些情況下，這些紀錄會讓你對公司的前景，例如營收成長與獲利能力更具信心；而在另一些情況下，則可能使你收斂對其故事的想像。

步驟2：進行3P測試（可能發生？合理推論？可望成真？）

雖然3P測試的基本架構在高成長企業中不會改變，但與還處於新創階段的公司相比，如今我們已能掌握更多資訊來做出判斷。

在營收方面，**最關鍵的問題往往出現在你假設營收能夠持續放大規模之時**。雖然管理階層與創辦人可能會毫無節制地預測未來，但你必須帶著懷疑的眼光檢視：這些預測是否根本是幻想（也就是不可能實現），或是否過度樂觀（雖有可能，卻不太可望成真）。

要做出這項判斷，你可以根據成長假設與潛在競爭情況，檢視整體市場規模，以及你賦予該公司的市占率；而在進行這項評估時，也可以參考該公司過往的營收紀錄。

在營業利潤率方面，高成長企業獲利表現的上升趨勢，可能會導致人們對營業利潤率產生過度樂觀的預期。例如，在過去10年間，幾乎所

有高成長企業的營業利潤率（無論其所屬產業為何）都披上了科技公司的外衣，期望能取得科技企業常見的 30%到 40%營業利潤率。

在再投資方面，要想判斷一家公司的再投資是否足以支撐其預期成長，可能相當困難，因為歷史上的再投資數據往往高度波動，且常被以公司股票支付的投資與併購交易所掩蓋。

如果要評估再投資的假設是否合理，你必須重新界定「再投資」的範圍，將併購交易與被錯誤分類的營業費用（如研發支出）納入其中，並隨著公司規模擴張，持續追蹤投入資本的變化。

步驟 3：把估值故事轉化為估值模型的輸入項目

當你為一家高成長企業建立的估值故事已通過 3P 測試，下一步就是將這個故事轉換為估值模型的輸入項目：

- **營收成長率：**

本章我所強調的最大問題之一，就是規模擴張這項因素。如果直接套用過去的成長率作為未來成長率的假設，將會導致估值過高。隨著企業規模擴大，營收成長率勢必會逐漸下降——而如果你的成長預測成真，那麼每一家高成長企業，最終都會變得更大。

為了驗證企業隨規模擴張而成長減緩的情況，有一項研究觀察了高成長企業在首次公開發行後的一段期間內，其營收成長率相對於所屬產業營收成長率的變化，研究結果如圖 11-4 所示。

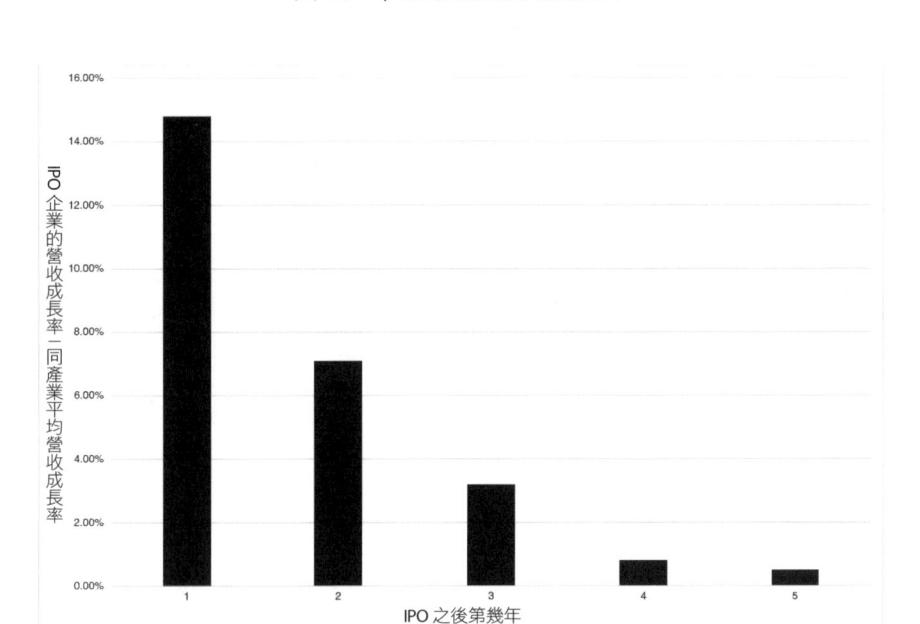

圖 11-4｜上市後的營收成長率

資料來源：安德魯・梅崔克（Andrew Metrick），《創投資金與金融創新》（*Venture Capital and the Finance of Innovation*）

在剛上市時，企業的營收成長率往往遠高於產業的平均值。不過請注意，高成長企業的營收成長率會以多快的速度趨近產業水準：在 IPO 後一年，其營收成長率高出產業平均約 15%，第二年縮小至 7%，第四年只剩下 1%，到了第五年便與產業平均持平。

我並不是說每一家高成長企業都會呈現這樣的走勢；然而整體證據顯示，**能夠長期維持高成長率的企業，是少數中的例外，而非常態。**

至於某家企業的營收成長率會以多快速度下滑，通常可藉由分析該公司的具體條件來判斷，例如其產品或服務所處市場的整體規模、競爭對手的強度，以及產品與管理團隊的品質。如果企業所處市場較大，競

爭較不激烈（或具有一定程度的市場保護），且擁有較優秀的管理團隊，則更可能在較長期間內維持高營收成長率。

我可以運用以下幾項工具，來評估我對個別公司未來營收成長率的假設是否合理：

・營收絕對變化量：

一項簡單的檢驗方法，是計算每一期的營收絕對變化量，而不是單純依賴百分比的成長率。即使是經驗豐富的分析師，也常常低估成長的複利效應，以及在高成長率情境下，營收會隨時間大幅膨脹的程度。在既定成長率下，試算營收的絕對變化量，能為對成長的過度樂觀情緒帶來警醒，是一帖對抗非理性熱情的解藥。

・歷史資料：

逐年檢視該企業過去的營收成長率，應能幫助我們理解，在公司規模變化的過程中，營收成長率曾如何調整。對於具備數理分析能力的讀者而言，這種變化關係中所隱含的線索，也可作為預測未來成長率的依據。

・產業數據：

最後一項工具，是檢視同一產業中較成熟企業的營收成長率，藉此判斷當公司規模擴大之後，成長率可能落在哪個合理區間。

總結來說，所有成長企業的預期營收成長率通常都會隨著時間下降，但各家公司下降的速度不盡相同。

・獲利能力：

如果要從營收推算營業利潤率，我需要預測未來各期的營業利潤率（operating margin）。最簡單且便利的情境是：該企業的當期利益率具有

可持續性，因此可以直接作為未來的預期利潤率。事實上，若為此情況，我甚至可以不必預測營收成長率，而是直接預測營業利益的成長，因為兩者在此情境下等效。

然而，對多數成長企業而言，當期利益率往往會隨時間變動。我們先從最常見的情況談起：當期利潤率為負，或遠低於企業長期可維持的穩定水準。造成這種狀況的原因通常有三種。

第一，**企業在成長初期必須承擔前期固定成本**，其報酬會在後期才透過營收與成長逐步實現。這種情況常見於基礎設施產業，例如能源、電信與有線電視業者。

第二，**是成長相關費用與營業費用混合處理**。我在前文中提到，成長企業的銷售支出往往是為了未來的擴張，而非當期銷售，但這些費用卻與其他營業費用併入計算。隨著企業逐漸成熟，這種現象會減緩，進而推升利潤率與獲利表現。

第三，**是費用支出與營收產生之間存在時間落差**。若今年發生的費用是為了3年後的大幅營收做準備，則當前的盈餘與利潤率自然會偏低。

另一種較少見的情況是：當期利潤率偏高，未來可能下降。這情況多見於高成長企業擁有利基產品，且市場規模小，尚未引起資本充裕的競爭對手注意，因此企業能在「雷達之外」營運，並向被鎖定的客群收取高價。

但隨著企業規模擴大，這樣的條件會改變，利潤率也將下滑。其他情況下，高利潤率可能來自於專利或其他法律保障所帶來的保護效果；一旦這些保護過期，利潤率同樣會下滑。

在上述兩種情境中——無論是低利潤率逐步收斂至較高的目標水準，或是高利潤率下修至可持續的長期水準——你都必須自行判斷兩件事：第一，目標利潤率應設定為多少？第二，目前的利潤率會如何隨時間變動，趨近該目標？

對於第一個問題,通常可以從兩個參考來源找出線索:一是該企業所屬產業的平均營業利潤率;二是該產業中規模更大、經營較穩定企業的利潤率水準。

至於第二個問題的答案,則取決於「當期利潤率與目標利潤率之間的差距」究竟是怎麼產生的。以基礎建設企業為例,這種落差可能反映的是其投資要花多久時間才能投入營運,以及產能要花多久才能完全發揮。

• 再投資:

正如本章所提,根據一家成長企業過往的再投資紀錄來推導未來的再投資假設,是個極具風險的作法。換句話說,直接將最近一年的淨資本支出與營運資本變動,假設為會與營收等比例成長的項目,往往會導致所推估的再投資金額既不切實際,也與我們對企業成長的假設相互矛盾。

由於高成長企業的利潤率經常處於變動狀態,我會延續我對茁壯企業所採用的做法,改以營收變動量與銷售資本比(Sales-to-Capital Ratio)為基礎,估計再投資需求:

$$再投資_t = 營收變動數_t / (銷售/資本)$$

你可以用公司的數據其穩定性通常優於淨資本支出或營運資本的數字)以及產業平均值,來估計銷售/資本比(sales-to-capital ratio)。你也可以在運算中引入「再投資」與「營收變動」之間的時滯,方法是利用未來期間的營收,來推估當期的再投資金額。

對於那些已提前投入未來產能的成長企業來說,它們處於一種不尋常的狀態:在短期內就能實現成長,而不需要大量、甚至完全不需要再

投資。對這些企業，你可以預測產能的使用情況，來判斷暫停投資的時間將持續多久，以及公司何時會需要再次投入資本。在這段「投資暫停期」內，再投資的數字可以非常低，甚至為零，但營收與營業利益仍可能持續健康成長。

• 風險概況：

資金成本的構成要素——β值與權益成本、債務成本，以及負債比率——在成長企業與成熟企業之間基本相同。然而，成長企業的特殊之處在於，其風險概況會隨著時間推移而變化。

為了在估值中維持平衡，關鍵在於根據每一期間的成長與利潤率假設，調整貼現率，使其前後一致。以下是兩項通用原則：**在公司營收成長率達到高峰時，權益成本與債務成本通常也會偏高；但隨著營收成長趨緩、利潤率改善，這些資金成本應隨之下降。**

當盈餘上升、成長率趨緩時，還會出現另一種現象：公司產生的現金流量超過其成長所需的資金，於是可以用來發放股利，或償付債務資金成本。雖然企業並沒有義務得使用這些舉債能力，有些企業也確實選擇不這麼做，但由於舉債帶來的稅務利益，有些企業會選擇增加舉債，導致負債比率隨時間上升。

總之，成長企業的資金成本，幾乎不可能在整個預測期間內維持不變。相反地，它應該根據每一年而有所不同，並且與你對該公司其他變數（如成長與利潤率）的預測保持一致。

在估計風險參數（β值）時，應盡量避免使用成長企業所能提供的有限股價資料——以這些數據來回推的估計值，其標準誤差通常會非常大。你應該改採用與該公司在風險、成長性與現金流特徵相近的其他上市公司，作為估計β值的基準。如果「採用由下而上β值」（即產業平均值，而非回歸推估值）對任何企業都合理有據，那麼對成長型企業來說，

更是如此。

- **穩健成長階段：**

為成長企業估算終值時，你所做的假設會變得格外重要，因為對成長企業而言，終值占其當前整體價值的比重，經常遠高於成熟企業。

那麼，一家高成長企業究竟何時會進入成熟、穩健成長的階段？雖然相比於年輕企業，你掌握的資訊更多一些，但要做出這項判斷依然困難，就像你在看著一位十幾歲的青少年時，就得預測他或她在中年會變成什麼模樣、從事什麼工作一樣。雖然沒有哪兩家企業完全相同，但以下幾項普遍原則仍可作為參考：

- **別拖太久才讓企業進入穩健成長階段**

我在成長企業估值陰暗面的小節提過，分析師經常預設成長企業有很長的高成長期，並用過去的高成長表現來為這種假設辯護。但事實上，**企業規模的擴大與競爭的加劇，往往會迅速壓低成長率**，即使是最具前景的成長企業也不例外。

如果假設成長期超過 10 年，尤其還伴隨高成長率，分析師將難以自圓其說，因為歷史上真正能夠長時間維持高成長的企業極少。在企業尚未穩定立足之前，就把它其視為「例外者」來估值，並不是一種審慎的做法。

- **預設一家公司進入穩健成長階段時，應同時賦予它穩健成長公司的特徵**

為了維持估值的內部一致性，在計算終值時，必須調整公司的特性，以反映穩健成長的狀態。就折現率而言，如前一節所述，應使用較低的股債成本，以及較高的負債比率。至於再投資，關鍵在於穩健成長期間的資本報酬率假設。

雖然部分分析師認為，穩健成長階段的資本報酬率應等於資金成本，但你應為每家公司保留一定的彈性調整空間。一般來說，資本報酬率與資金成本之間的差距，應在穩健成長階段逐漸收斂至可持續的水準（通常低於 4%或 5%）。

步驟 4：為企業估值

成長企業的現金流量特徵（早期為低或負值，後期才提高）將使終值在估值中的占比非常高，可能占了 80%、90%，甚至超過 100%。正如我在第 10 章提到的，當一家成長企業具有高成長率與高再投資需求時，就可能出現超過 100%的情況，導致預測期間有相當長一段時間呈現負的現金流量。

有些分析師據此反對使用現金流量折現法（discounted cash flow valuation），主張高成長階段的假設，終將會被終值的假設掩蓋，但這並不正確。計算終值所用的基準年估值（例如第 5 年或第 10 年的盈餘與現金流量），是高成長階段各項假設的函數。只要改變這些假設，就會大幅影響估值（本該如此）。

步驟 5：讓反饋迴路保持通暢

和我為新創與年輕成長企業估值時一樣，除了讓流程對異議保持開放之外，對於已上市的高成長企業，反饋迴路還多了一個構成要素，那就是市場對這些公司價值的判斷。

當你為一家高成長企業估值時，如果得出與市場價格相去甚遠的結論，無論是高於還是低於市價，都應該停下來思考原因。可行的選項很簡單：

- **你錯了：**

    價格和估值之所以不同，可能是因為你對輸入項目的估計有誤，包括營收成長率、利潤率與再投資，而市場的共識才是正確的。

- **市場錯了：**

    價格與估值之間的落差，可能是因為市場陷入了氛圍與動能之中，將股價推升至無法反映企業內在價值的水準。

- **兩者都錯了，但其中一方錯得比較少：**

    事實是，無論是你還是市場，都沒有能預測未來的水晶球，現在所做的，只是盡力對未來提出最佳估計。事後回頭看，你們當中總會有一方比較接近真相，也希望這一方能因此得到回報。

    如果這段話有什麼教訓，那就是：**當估值偏離市價時，你不能下意識地反應，立刻假設自己是對的**；你也不該認為市場總是對的，否則估算內在價值就會變得毫無意義（因為你可以用逆向工程，把整個流程倒推出市價）。

    在我看來，當估值與市價不同時，最健康的做法，是先假設你可能漏掉了市場看到的某些資訊，但在你審視過資料、做出適當調整後，仍然可能得出與市價不同的估值結果。

> **・個案研究——第一部分：2021年11月，為特斯拉估值**

導言

　　2021年11月，特斯拉正式加入市值破兆美元的稀有企業行列，為其將近10年來幾乎前所未見的成功劃下另一註腳。

這家公司自 2011 年，以一家鎖定豪華汽車市場的茁壯企業起步[1]，期間歷經多次轉型，不僅將版圖擴展至大眾汽車市場，還顛覆了汽車產業的商業模式，並沿途拓展出新事業（例如能源業務）。

儘管包括我在內的許多人曾質疑它是否過於好高騖遠、超出自身能力所及，但特斯拉顯然已在市場上取得成功，如圖 11-5 所示。

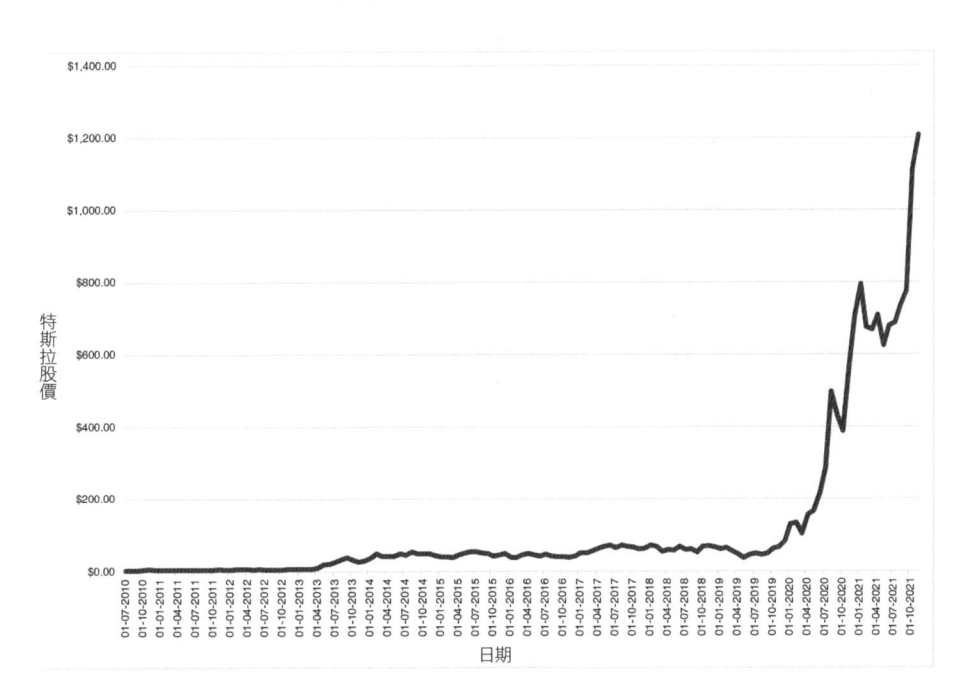

圖 11-5｜特斯拉市值飆升至 1 兆美元的歷程

---

1. 作者注：請參見我在 2013 年對特斯拉的估值分析，當時我是以一家豪華汽車公司來看待它的：Aswath Damodaran,〈Valuation of the Week 1: A Tesla Test〉,*Musings on Markets* 部落格，2013 年 9 月 4 日，網址：https://aswathdamodaran.blogspot.com/2013/09/valuation-of-week-1-tesla-test.html。

雖然以上圖表呈現的是特斯拉股價的飆升，但圖中所嵌入的表格透過列出其市值（以百萬美元計），更生動地呈現了這段上升的歷程。總的來說，這家公司的市值從 2010 年 8 月的 28 億美元，上升至 2021 年 11 月的超過 1 兆美元。在這段過程中，那些在早期就相信特斯拉願景，並持續持有其股票的投資人，也因此大幅獲利。

特斯拉市值最初的上升，是靠著未來願景所驅動的，而批評者當時也不忘指出其微薄的營收與龐大的虧損。不過，這家公司近年的財報反映出它隨著時間逐步建立起真正的實力。在圖 11-6，我列出了特斯拉自 2013 年以來的季度營收、毛利，與營業利益數據。

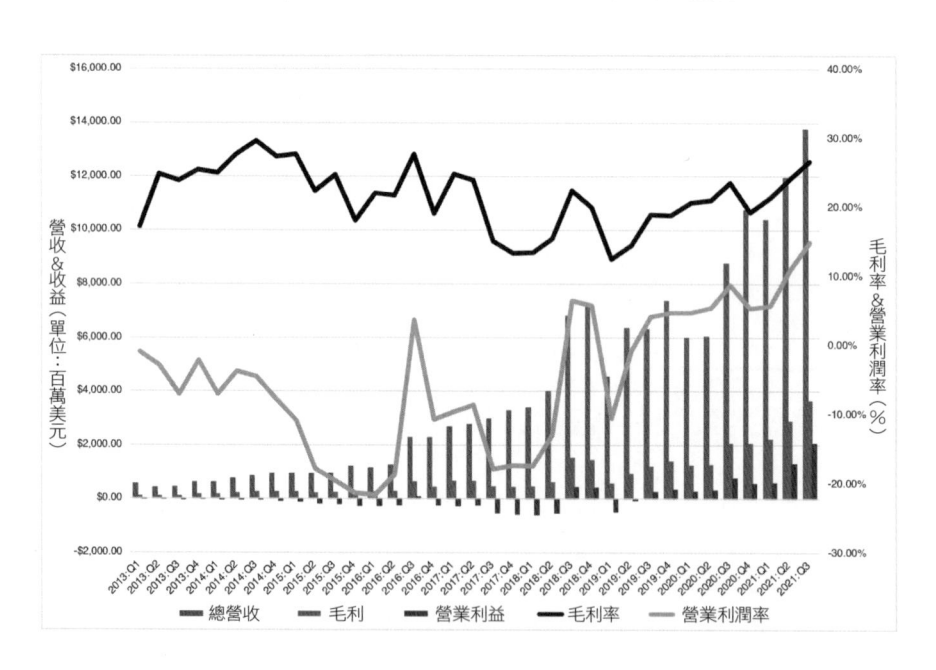

圖 11-6 ｜ 2013 年-2021 年，特斯拉的營收與獲利

特斯拉的季度營收，從上個 10 年初期小到幾乎可以忽略的水準，成長到 2021 年第 3 季時的接近 140 億美元，使其在 2020 年躍升為全球第 20 大汽車公司（以營收計）。

在過去 10 年間，特斯拉大多數年分都出現鉅額虧損，但到了 10 年末，不僅開始出現營業利益，而且利潤狀況健全——2021 年第 3 季的稅前營業利潤率接近 15%。

不斷更新的故事與估值

多年來，我一直試圖在關於特斯拉的兩個極端看法之間尋求平衡，並說出一個能同時反映這家公司優勢與弱點的故事，雖然並非每一次都能成功。而且，毫不令人意外的是，隨著公司本身、其業務，以及整體世界變化，這個故事也不斷演變。

在表 11-1，列出了我分別在 2013 年、2017 年、2019 年，和 2020 年所提出的各版本故事，並附上當年度的年末營收、營業利潤率，以及對股東權益的估值結果。

表 11-1 ｜ 特斯拉的故事（與估值）隨時間的變化

日期	故事內容	目標營收（單位：百萬美元）	目標利潤率	銷售／資本比	資金成本	股東權益價值（單位百萬美元）	市值（單位：百萬美元）	低估或高估的百分比（%）
2013 年 9 月	豪華汽車公司，具有豪華車廠等級的營收與利潤率	$67,000	12.50%	1.41	10.03%	$12,146	$20,496	68.75%
2017 年 8 月	汽車／科技公司，主要聚焦於高檔汽車市場	$93,000	12.00%	2.24	8.83%	$33,904	$57,634	69.99%
2019 年 6 月	高檔汽車／科技公司，兼具一定的大眾市場吸引力，且管理風格難以預測	$105,000	10.00%	2.00	7.87%	$34,389	$31,756	-7.66%
2020 年 1 月	汽車／科技公司，日益受到大眾市場青睞	$128,000	12.00%	3.00	7.00%	$84,236	$102,837	22.08%

你可以看到，隨著時間的推移，我對特斯拉的詮釋變得越來越宏大（無論是我所看見的潛在市場，或是從中可實現的營收）。我也隨之調整了這個故事，以反映特斯拉在再投資效率上的提升——遠優於我在最初那次估值中所假設的典型汽車製造商。

我知道，對某些人而言，故事與估值不斷變動，代表的是一種缺陷——不論是分析能力的不足，還是對內在價值概念的不堅定。但對我來說（也許只是我的一廂情願），**不願意根據情勢調整估值故事與輸入假設，尤其像面對特斯拉這樣充滿曲折變化的公司時，才是真正不可原諒的錯誤**。

不管你在新冠疫情爆發之前，對特斯拉原本抱持什麼樣的看法，都很難否認，這家公司確實受惠於疫情所帶來的經濟變化，而它的故事也因此變得更加宏大。這個故事究竟能有多大，將決定其估值；但在一開始，我不打算直接告訴你我的評估結果，而是想進行一個實驗。

無論你如何訴說特斯拉的故事，最終都必須反映在推動估值的五個輸入項目上：**營收成長**，亦即你對這家公司在穩定狀態下最終營收的預期；**企業獲利能力**，反映你所認定的單位經濟效益，並以稅前營業利潤率呈現；投資效率，用來衡量實現你預估營收所需的投資金額；**營運風險**，納入資金成本的估計；以及**失敗風險**，即公司無法持續經營的可能性，以機率衡量。

如果你願意針對每個輸入項目進行選擇，我會盡可能客觀地列出選項，並邀請你根據自身對這家公司的理解做出判斷。不過，請在選擇的過程中暫時不要打開我最後提供的估值試算表，因為這可能會產生反饋迴路，強化你原有的偏誤。

- **營收成長率**：

我的確認為，特斯拉在走出新冠疫情後，所能實現的營收潛力遠高

於疫情之前。隨著汽車市場日益朝向電動車轉型，特斯拉在這個領域擁有強大的競爭優勢，也有機會成為市場的領導者。如果要了解這對 2032 年的營收可能代表什麼意義，請參見圖 11-7 中的選項。

圖 11-7｜特斯拉在 2032 年的預期營收

2032 年的預期營收

特斯拉在 2021 年 10 月和 2022 年 9 月期間的營收是 468.5 億美元。根據你對特斯拉的既有看法，你認為它在 2032 年的營收會是多少？

1,000 億美元	3,000 億美元	4,000 億美元	6,000 億美元	8,000 億美元	1 兆美元
豪華汽車市場贏家　特斯拉成為全球最大型的高階汽車品牌之一（可與 BMW 相提並論）。	**大眾汽車市場贏家**　特斯拉成為全球最大的大眾汽車品牌之一（可與豐田〔Toyota〕與福斯〔Volkswagen〕相比）。	**大眾汽車市場龍頭**　全球幾乎所有新售出的汽車都是電動車，而特斯拉占有 20% 的市占率。	**凱西‧伍德[1]的預測版本**　特斯拉取得全球汽車市場 25% 的市占率，雖然只花了 5 年（而非 10 年）。	**特斯拉主導市場**　全球幾乎每一輛新車都是電動車，特斯拉擁有三分之一的市占率。	**特斯拉贏者通吃**　幾乎所有汽車都是電動車，而特斯拉市占率達 40%。

在 2020 年，全球所有上市汽車公司的合計營收是 2.33 兆美元，總銷量略高於 7,000 萬輛汽車，其中約有 3% 是電動車。

請注意，如果你的特斯拉故事，仍然主要建立它是一家汽車公司之上，那麼 4,000 億美元的年營收，代表特斯拉在 2032 年必須售出約 1,000 萬輛汽車，是它在 2020 至 2021 年期間銷售數量的 10 倍以上。

如果你認為特斯拉將涉足其他領域，也可以把這些業務帶來的銷售額納入整體營收預估，但請記得，大多數這類新事業的營收潛力都遠低

2　譯注：凱西‧伍德（Cathie Wood）是美國知名金融分析師，外號「科技女股神」。

於汽車本業。

- **企業的獲利能力：**

對我來說，新冠疫情期間最令我驚訝的事之一，就是特斯拉的獲利能力大幅提升，2021 年第 3 季的營業利潤率接近 15%。儘管這個數字仍具波動性，未來可能起伏不定，但看起來，電動車產業的單位經濟效益似乎優於傳統汽車產業，一方面是因為電動車與燃油車在組裝需求上有所不同，另一方面則是因為電池本身就是車輛中占比極高的零組件。

儘管特斯拉擁有先行者優勢，但其利潤率仍將面臨壓力，原因包括：既有汽車製造商與新進業者（例如蔚來、里維安〔Rivian〕等）推出的電動車產品將帶來更多競爭，以及特斯拉為了擴大亞洲市占率，勢必得調降售價，而亞洲的汽車價格通常低於美國與歐洲。圖 11-8 列出了各種關於獲利能力的情境選項。

圖 11-8 ｜ 特斯拉的預期獲利能力

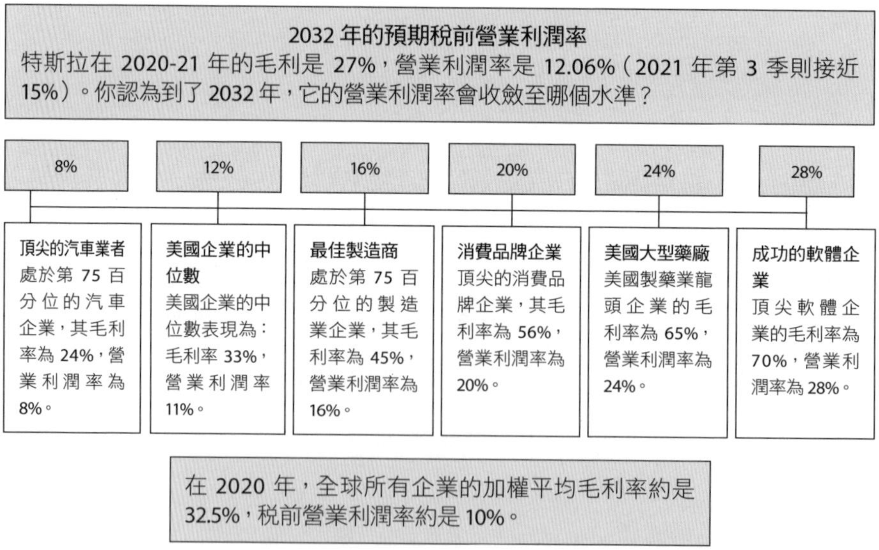

2032 年的預期稅前營業利潤率

特斯拉在 2020-21 年的毛利是 27%，營業利潤率是 12.06%（2021 年第 3 季則接近 15%）。你認為到了 2032 年，它的營業利潤率會收斂至哪個水準？

8%	12%	16%	20%	24%	28%
頂尖的汽車業者 處於第 75 百分位的汽車企業，其毛利率為 24%，營業利潤率為 8%。	**美國企業的中位數** 美國企業的中位數表現為：毛利率 33%，營業利潤率 11%。	**最佳製造商** 處於第 75 百分位的製造業企業，其毛利率為 45%，營業利潤率為 16%。	**消費品牌企業** 頂尖的消費品牌企業，其毛利率為 56%，營業利潤率為 20%。	**美國大型藥廠** 美國製藥業龍頭企業的毛利率為 65%，營業利潤率為 24%。	**成功的軟體企業** 頂尖軟體企業的毛利率為 70%，營業利潤率為 28%。

在 2020 年，全球所有企業的加權平均毛利率約是 32.5%，稅前營業利潤率約是 10%。

在你做出選擇時，請留意：特斯拉在過去 12 個月的毛利率已達 30%，這已接近製造業公司所能達到的毛利率上限。

• **投資效益：**

我第一次為特斯拉估值是在 2013 年，當時它只有一座工廠，位於加州佛利蒙（Fremont），負責生產公司銷售的所有汽車。當時我最擔心的一件事，是特斯拉若想將營收提升至豪華汽車品牌的水準，勢必得對組裝廠進行大規模再投資，而這樣的再投資可能會造成大量現金流出。

接下來幾年，特斯拉不但一次次大幅擴充產能，在內華達州斯托里郡（Storey County）、紐約州水牛城（Buffalo）、中國上海、德國柏林，以及德州奧斯汀（Austin）興建了組裝廠／超級工廠（gigafactories），實際投入的金額也遠低於我當初的預估。

話雖如此，假如你預測特斯拉在 10 年後每年銷售 800 萬、1,000 萬甚至 1,200 萬輛汽車，勢必仍需再投資，以擴充更多產能。我會以「銷售資金比」（sales-to-capital ratio）作為投資效益的代理指標（數值越高，表示投資效率越高），相關選項整理於圖 11-9。

圖 11-9 | 特斯拉的再投資

預期的再投資效益（未來 5 年）

2020 至 2021 年，特斯拉以 278 億美元的投入資本，創造了 468 億美元的營收（也就是每投入 1 美元，就能創造 1.68 美元的營收）。在過去 5 年間，這個比率一路上升，最近約為每投入 1 美元資本，就可產生約 3 美元的營收。那麼你認為，在 2022 到 2026 年之間，特斯拉每投入 1 美元資本，能產生多少營收？

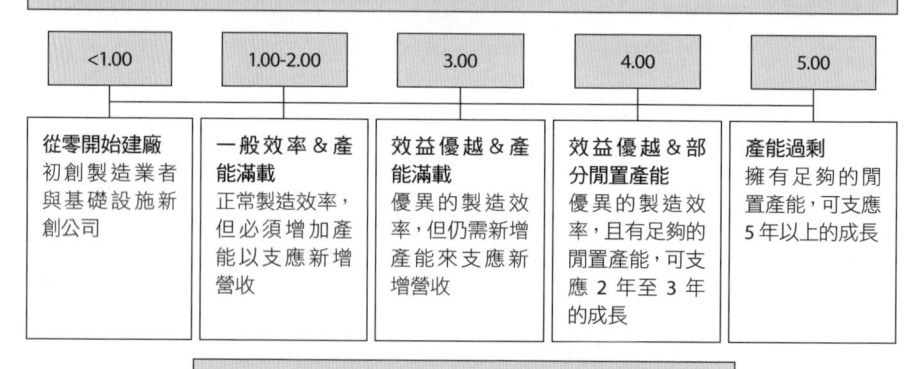

<1.00	1.00-2.00	3.00	4.00	5.00
從零開始建廠 初創製造業者與基礎設施新創公司	**一般效率＆產能滿載** 正常製造效率，但必須增加產能以支應新增營收	**效益優越＆產能滿載** 優異的製造效率，但仍需新增產能來支應新增營收	**效益優越＆部分閒置產能** 優異的製造效率，且有足夠的閒置產能，可支應 2 年至 3 年的成長	**產能過剩** 擁有足夠的閒置產能，可支應 5 年以上的成長

在 2020 年，全球前 25 大汽車公司的平均銷售資金比為 3.25；所有汽車公司的整體平均為 2.53。

如果公司擁有足以支應未來幾年成長的過剩產能，我會在前期允許較高的銷售資金比，但之後會將其調整至較可持續的水準。

- **營運風險與失敗風險：**

截至 2021 年 11 月，無風險利率降到了 1.56%，股票風險溢酬降至 4.62%，而美國企業的資金成本中位數也下滑至約 5.90%。圖 11-10 的資金成本選項，正是依據這些市場現況所設計。

圖 11-10 ｜ 特斯拉的資金成本

資金成本（未來 5 年）
截至 2021 年 11 月，特斯拉幾乎完全以權益資金籌資（99%為權益、1%為債務），其營收來源中有 48%來自美國、21%來自中國、31%來自其他地區。若考慮到將其視為汽車與綠能事業的混合體，該公司的資金成本為 5.88%。

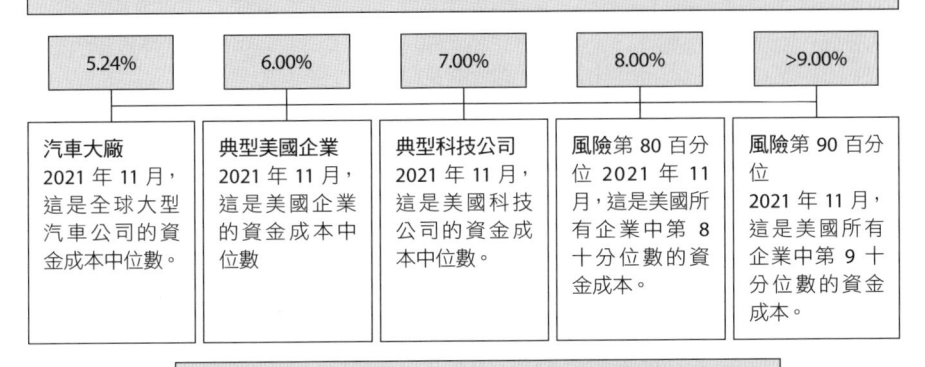

5.24%	6.00%	7.00%	8.00%	>9.00%
汽車大廠 2021 年 11 月，這是全球大型汽車公司的資金成本中位數。	**典型美國企業** 2021 年 11 月，這是美國企業的資金成本中位數。	**典型科技公司** 2021 年 11 月，這是美國科技公司的資金成本中位數。	**風險第 80 百分位** 2021 年 11 月，這是美國所有企業中第 8 十分位數的資金成本。	**風險第 90 百分位** 2021 年 11 月，這是美國所有企業中第 9 十分位數的資金成本。

截至 2021 年 11 月，汽車公司的資金成本中位數是 5.24%（以美元計），全體企業是 5.90%，而科技公司是 7.16%。

　　另一個會影響估值的風險衡量值，是企業失敗的可能性；這個機率在特斯拉的歷史中曾有多次變化——部分是因為過去公司長期虧損，部分則是因為它在 2016 年選擇舉債。做出這項評估時必須留意，特斯拉目前的現金餘額已高於其到期債務，而且公司（至少在目前）已經開始獲利。

　　有鑑於特斯拉與伊隆・馬斯克（Elon Musk）之間密不可分的關係，長久以來人們對特斯拉的一項隱憂，就是馬斯克本人高度難以預測的行為。至於「馬斯克效應」對企業估值的影響，是正面、中性，還是負面，則取決於你對他的主觀看法，如圖 11-11 所示：

圖 11-11 ｜ 馬斯克效應

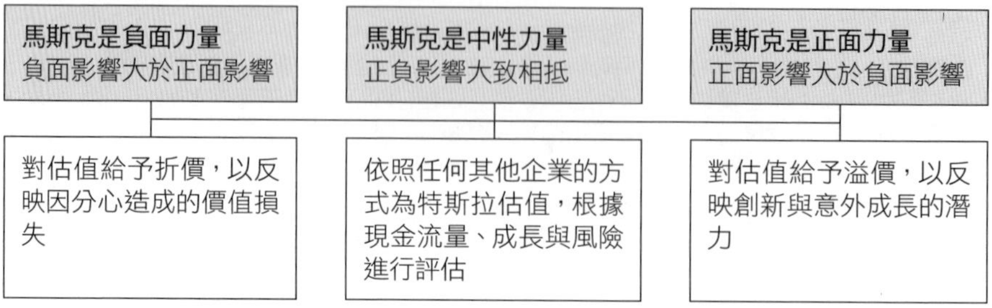

馬斯克是負面力量 負面影響大於正面影響	馬斯克是中性力量 正負影響大致相抵	馬斯克是正面力量 正面影響大於負面影響
對估值給予折價，以反映因分心造成的價值損失	依照任何其他企業的方式為特斯拉估值，根據現金流量、成長與風險進行評估	對估值給予溢價，以反映創新與意外成長的潛力

雖然馬斯克在我這次估值（2021 年 11 月）前的一年半期間，表現得比較收斂，也更專注於經營特斯拉（除了偶爾沉迷於發布加密貨幣的推文之外），但在估值前的最後兩週，他似乎又故態復萌，一方面在 X 平臺（曾經的推特〔Twitter〕），上詢問他的追隨者是否該出售一大筆特斯拉股票，另一方面則與幾位參議員針對「億萬富翁稅」展開隔空筆戰。

我已經做出選擇，在最樂觀的預測中，我設定 2032 年的目標營收約為 4,000 億美元（大約售出 1,000 萬輛汽車，再加上其他副業帶來的收入），營業利潤率為 16%，未來 5 年的銷售資金比是 4.00（這代表特斯拉的獲利能力與投資效率將遠超全球任何一家大型製造業公司）。

假設資金成本是 6%（接近中位數企業水準），而且完全沒有失敗風險，那麼估計公司整體的股東權益價值，將提升至約 6,920 億美元，其中普通股的股東權益價值約為 6,400 億美元，如圖 11-12 所示。

圖 11-12 | 2021 年 11 月為特斯拉估值

特斯拉		
彈性帶來的報酬：邁向汽車主導地位的可行路徑		2021 年 11 月
由於危機讓競爭對手更加負債沉重、動作遲緩，特斯拉將鞏固其在電動車市場的主導地位，並將年產量推升至 1,000 萬輛（2032 年目標），同時也能達成比傳統車廠更高的利潤率，並以其他事業的收入補足汽車業務的穩定期。無風險利率的下降讓資金成本與失敗風險降低；特斯拉的再投資政策更具彈性，也讓它更有效率地創造成長。儘管其他收入來源（如綠能業務、自駕車共乘等）將補充營收，特斯拉的核心仍會是一家電動車公司。		

假設條件

	基準年度	第 1-5 年	第 6-10 年		第 10 年後	與故事的連結
營收（a）	$46,848	35.00%→1.56%			1.56%	電動車市場的成長，以及特斯拉的先行者優勢，有利於公司發展。
營業利潤率（b）	12.06%	12.06%→16.00%			16.00%	持續發揮規模經濟與品牌效應
稅率	11.99%	11.99%→25.00%			25.00%	全球稅率假設
再投資（c）		銷售資金比 = 4.00		再投資報酬率（RIR）= 10.40%		擴產已完成，近期不需要太多再投資。
資本報酬率	17.88%	邊際投資資本報酬率（Marginal ROIC）= 51.66%			15.00%	進入門檻將限制競爭對手。
資金成本（d）		6.00%→6.06%			6.06%	資金成本趨近於一般企業的中位數水準

現金流量

	營收	營業利潤率	息前稅前盈餘（EBIT）	稅後息前稅前盈餘 EBIT(1 − t)	再投資	企業自由現金流量（FCFF）
1	$63,245	12.85%	$ 8,126	$7,151.99	$4,099	$3,053
2	$85,380	13.64%	$ 11,643	$10,247.15	$5,534	$4,713
3	$115,264	14.42%	$ 16,626	$14,632.80	$7,471	$7,162
4	$155,606	15.21%	$ 23,671	$20,833.14	$10,086	$10,748
5	$210,068	16.00%	$ 33,611	$29,581.19	$13,616	$15,966
6	$269,542	16.00%	$ 43,127	$36,833.99	$22,303	$14,531
7	$327,828	16.00%	$ 52,453	$43,434.08	$21,857	$21,577
8	$376,793	16.00%	$ 60,287	$48,352.64	$18,362	$29.991
9	$407,871	16.00%	$ 65,259	$50,642.62	$11,654	$38,988
10	$414,233	16.00%	$ 66,277	$49,708.01	$2,386	$47,322
最後一年	$420.695	16.00%	$ 67,311	$50.483.45	$5,250	$45,233

估值		
終值	$1,005,182	
終值現值	$560,336	
未來10年自由現金流量的現值	$126,354	
營運資產價值＝	$686,690	
調整困境風險整	$0	失敗機率＝0.00%
－債務＆少數股權	$10,158	
＋現金＆其他非營運資產	$16,095	
股東權益價值	$692,627	
－股票選擇權的價值	$51,070	
發行股數	1,123.00	
每股價值	$ 571.29	交易價格＝$1,200.00

放眼全世界，能讓我給出超過 5,000 億美元估值的企業屈指可數，而我之所以願意給特斯拉這樣的估值，幾乎完全是基於一個假設：它能以前所未有的規模成長，同時實現其潛在的高獲利能力。

不過，即便在最樂觀的情境下，我得出的每股價值為 571 美元，依然不到 2021 年 11 月當時市價的一半——當時特斯拉股價已超過每股 1,000 美元，這也讓我得出一個結論：該股價被高估了。

請注意，特斯拉隨後進行了一次「一拆五」的股票分割，使得後續股價與當時價格之間的比較更加複雜[3]。

3　譯注：特斯拉在 2020 年 8 月 31 日進行了一次股票分割，將每 1 股普通股拆分為 5 股（即「一拆五」）。這次分割旨在提高股票的可及性，分割當天的調整後開盤價約為 442 美元。

高成長企業的定價

為高成長企業定價的流程，依循一套熟悉的順序：將價格等比例縮放至一個共同的指標、找出市場上已有定價的可比企業，然後調整彼此之間的差異。在本節中，我將探討為高成長企業定價時會遇到的挑戰，以及克服這些挑戰的方法。

挑戰：令人混淆的同業團體

相較於為新創公司定價，為高成長企業定價的一大好消息是：**你可以選擇的縮放指標變多了。**由於這類企業通常已有可觀的營收與轉正的盈餘，你便有機會計算並使用盈餘倍數來定價。

不過，較大的挑戰會出現在尋找可比的同業企業，以及針對它們之間的差異進而調整時。如果將一家高成長企業納入由較成熟企業組成的同業團體進行比較，而這些成熟企業的成長潛力較低、獲利結構也有所不同，**分析師幾乎總會得出過於高估的結論。**許多人就是在將特斯拉的定價，依據汽車銷量、營收或盈餘，與傳統汽車公司相比之後，得出了這樣的看法。

假如同業團體由其他高成長企業組成——這只有在你所處的產業中有足夠多高成長企業時才可行——你就必須控制整個團體中成長與風險的差異，因為並非所有高成長企業都循相同路徑實現獲利。換句話說，即使你的直覺認為，高成長企業應該以較高的營收或盈餘倍數進行交易，你仍需將這個直覺具體量化為數字。

我在 2021 年 11 月對特斯拉做出內在價值評估時指出，人們在看待這家公司的股票時，往往帶有強烈的預設立場，而這些偏見自然也會反映在定價。

對特斯拉持樂觀態度的人，甚至可能認為其股價被低估，即使與其

他汽車公司相比亦然，只要用今日股價除以 10 年後的預期營收或汽車銷量（這兩個指標往往也被高估），就能得出這樣的結論。

對策：不再盲目高估的做法

雖然在為高成長企業定價時，確實會在尋找同業團體與控制企業間差異方面面臨挑戰，但仍有幾項可行的對策，可以幫助提升定價的準確性。

・預期數字：

第一個對策，是將市場價值等比例縮放至預期的未來營運成果。因此，與其用當前的每股盈餘（EPS）來除以每股價格，你可以改用預期的每股盈餘——例如 5 年後或甚至 10 年後的數值——再將這些「預期倍數」與同業團體比較。使用預期數字會產生什麼效果，可見表 11-2，我在表中分別使用當期與預期本益比，來比較一家高成長企業與其同業中的一家成熟企業。

表 11-2｜比較當期與預期本益比

	每股價格（美元）	當期每股盈餘（EPS）	當期本益比（PE）	預期每股盈餘年複合成長率（未來10年）	第10年預期每股盈餘（美元）	預期本益比（Forward PE）
成熟企業	2.0	2.0	10.000	3.00%	$2.69	7.44
高成長企業	20	0.2	100.000	30.00%	$2.76	7.25

用當期盈餘來看，高成長企業與成熟企業相比，明顯被高估；但如果改用第 10 年的預期每股盈餘計算，兩者的預期本益比其實相當接近。這項分析是建立在一個前提下：每股盈餘的預期成長率已被合理估計；不過這項但書無論你用什麼方法評估這些公司時都同樣適用。

- **成長調整後的倍數指標：**

在比較高成長企業和成熟企業，或是拿多家高成長企業互相比較時，所面臨的關鍵挑戰在於：成長率的差異應該反映在定價倍數的差異上，也就是**成長率較高的公司，其本益比理應更高**。有一種做法可以（至少在表面上）處理這個問題，那就是把成長率納入定價倍數的計算中：

本益成長比（PEG ratio）＝本益比／預期成長率

在上述例子中，成熟企業的本益比是 10，預期成長率是 3%，因此本益成長比是 3.33；而高成長企業的本益比是 100，預期成長率是 30%，其本益成長比同樣也是 3.33。

- **個案研究──第二部分：2021 年 11 月，為特斯拉定價**

在 2021 年 11 月，我一開始先把特斯拉的定價拿來與全球市值排名前 20 大的汽車公司相比。這些數據列於表 11-3 中。

表 11-3 ｜ 2021 年 11 月汽車公司定價

公司	市值（單位：百萬美元）	企業價值（單位：百萬美元）	營收（單位：百萬美元）	EBITDA（單位：百萬美元）	淨利（單位：百萬美元）	企業價值對營收比（EV/營收）	企業價值對息稅折舊攤銷前盈餘比（EV/EBITDA）	本益比（PE）
豐田汽車（TSE:7203）	$248,785	$398,274	$255,641	$41,072	$26,891	1.56	9.70	9.25
福斯集團（XTRA:VOW3）	$142,343	$333,815	$243,016	$32,989	$21,289	1.37	10.12	6.69
梅賽德斯─賓士集團(XTRA:DAI)	$107,839	$234,741	$162,149	$23,199	$16,044	1.45	10.12	6.72
斯泰蘭蒂斯（BIT:STLA）	$63,353	$51,125	$134,751	$16,637	$9,910	0.38	3.07	6.39

福特（NYSE: F）	$68,256	$181,411	$124,192	$8,274	$2,867	1.46	21.93	23.81
上汽集團（SHSE: 600104）	$36,064	$25,641	$119,843	$6,590	$3,745	0.21	3.89	9.63
通用（NYSE: GM）	$79,025	$169,913	$117,330	$17,820	$11,124	1.45	9.53	7.10
本田（TSE: 7267）	$52,485	$97,008	$109,247	$20,081	$8,658	0.89	4.83	6.06
BMW（XTRA: BMW）	$65,783	$169,096	$93,942	$19,161	$13,079	1.80	8.83	5.03
現代（KOSE: A005380）	$37,235	$99,332	$91,666	$6,533	$3,382	1.08	15.21	11.01
日產（TSE: 7201）	$20,250	$69,304	$69,174	$2,840	$(438)	1.00	24.40	N/A
起亞（KOSE: A000270）	$28,695	$21,857	$60,285	$5,558	$3,072	0.36	3.93	9.34
雷諾（ENXTPA: RNO）	$9,995	$58,919	$53,766	$4,509	$(429)	1.10	13.07	NA
特斯拉（NasdaqGS: TSLA）	$1,118,751	$1,112,814	$46,848	$7,267	$3,468	23.75	153.13	322.59
塔塔（BSE: 500570）	$23,264	$34,004	$37,263	$3,220	$(1,273)	0.91	10.56	NA
富豪（OM: VOLCARB）	$21 332	$19,247	$34,158	$3,275	$1,849	0.56	5.88	11.54
鈴木（TSE: 7269）	$22,322	$17,894	$32,424	$3,498	$2,067	0.55	5.12	10.80
馬自達（TSE: 7261）	$5,762	$6,030	$29,815	$1,526	$418	0.20	3.95	13.77
比亞迪（SEHK: 1211）	$96,146	$97,302	$29,810	$2,815	$507	3.26	34.57	189.83
中位數						1.04	9.62	9.34
平均值						2.17	17.57	38.21

請注意，從每一個定價指標來看，特斯拉不僅顯得估值過高，甚至高得離譜──它的交易價格是營收的 23.75 倍、盈餘的 322.59 倍，而汽車

產業的中位數則分別僅為 1.04 倍與 9.34 倍[4]。

我在表 11-4 中，進一步嘗試計算特斯拉與其他汽車公司之間的本益比與本益成長比（PEG ratio），不過由於部分公司缺乏可供估算的盈餘成長率，樣本數有所縮減。

表 11-4 | 2021 年 11 月，汽車產業的本益成長比和預期本益比

公司	市值（百萬美元）	淨利（百萬美元）	本益比	未來 5 年預期淨利成長率	本益成長比（PEG）	第 5 年預期淨利	預期本益比（Forward PE）
BMW（XTRA:BMW）	$65,783	$13,079	5.03	25.40%	0.20	$40,557	1.62
比亞迪（SEHK:1211）	$96,146	$507	189.83	8.98%	21.14	$778	123.49
梅賽德斯—賓士集團（XTRA:DAI）	$107,839	$16,044	6.72	33.70%	0.20	$68,545	1.57
福特（NYSE:F）	$68,256	$2,867	23.81	66.90%	0.36	$37,129	1.84
通用（NYSE:GM）	$79,025	$11,124	7.10	13.20%	0.54	$20,677	3.82
本田（TSE:7267）	$52,485	$8,658	6.06	15.20%	0.40	$17,566	2.99
上汽集團（SHSE:600104）	$36,064	$3,745	9.63	10.50%	0.92	$6,169	5.85
斯泰蘭蒂斯（BIT:STLA）	$63,353	$9,910	6.39	35.30%	0.18	$44,932	1.41
鈴木（TSE:7269）	$22,322	$2,067	10.80	19.70%	0.55	$5,080	4.39
特斯拉（NasdaqGS:TSLA）	$1,118,751	$3,468	322.59	42.80%	7.54	$20,593	54.33

4　譯注：以營收和盈餘為基礎的倍數來看，特斯拉的股價遠高於傳統汽車公司，代表市場對其未來成長性抱有極高期待，否則無法合理解釋如此昂貴的定價。

豐田汽車（TSE: 7203）	$248,785	$26,891	9.25	3.50%	2.64	$31,938	7.79
福斯集團（XTRA: VOW3）	$142,343	$21,289	6.69	15.20%	0.44	$43,193	3.30
中位數			8.18	17.45%	0.49		3.56
平均值			50.33	24.20%	2.92		17.70

　　如果持續將特斯拉納入汽車公司來比較，依然幾乎無法合理解釋其估值，包括比亞迪亦然。不過，如果將定價基礎推算到第 10 年的預期數字，可能會讓高估的情況看起來沒那麼明顯。

　　還有一個最後可考慮的定價選項，那就是**不要將特斯拉拿來與汽車公司比較**，而是和高成長的科技公司相比，理由是特斯拉與其說是一家汽車公司，其實更像一家科技公司，因此投資人也依照這樣的定位來為其定價。

附加與補充議題

　　在本章最後一節，我將探討兩個在高成長企業估值中特別相關的補充主題。

　　第一，我會針對「成長對投資人總是有利」這個觀點提出質疑，並說明如何區分良性成長與破壞價值的成長。

　　第二，我會介紹一些技術，能在估算完企業的內在價值後，用來分析「如果……會怎樣」的假設情境，或是反推出市場可能已經隱含在股價中的預期假設。

成長的價值

　　雖然許多投資人將成長視為絕對的好事，但它其實伴隨著一種取

捨：企業必須在短期內將更多資金投入本身，暫時無法將現金回饋給投資人（例如發放股利或實施庫藏股），以換取未來更高的盈餘。因此，**成長是否能帶來淨效益，會取決於企業投入了多少再投資，以及未來實際能創造多少成長。**

如果要全面評估這項價值，就需要對成長率與再投資金額做出明確假設，不過另一個簡化的方法也很實用：那就是比較「企業從投資中賺得的報酬」與「為這些投資籌資的成本」。

如果你將會計報酬率視為投資報酬的代理變數，並以權益成本與資金成本作為資金的成本衡量方式，就能透過「權益報酬率減去權益成本」，計算對權益投資人的超額報酬；或透過「投入資本報酬率減去資金成本」，計算對所有資金提供者的超額報酬，如圖 11-13 所示。

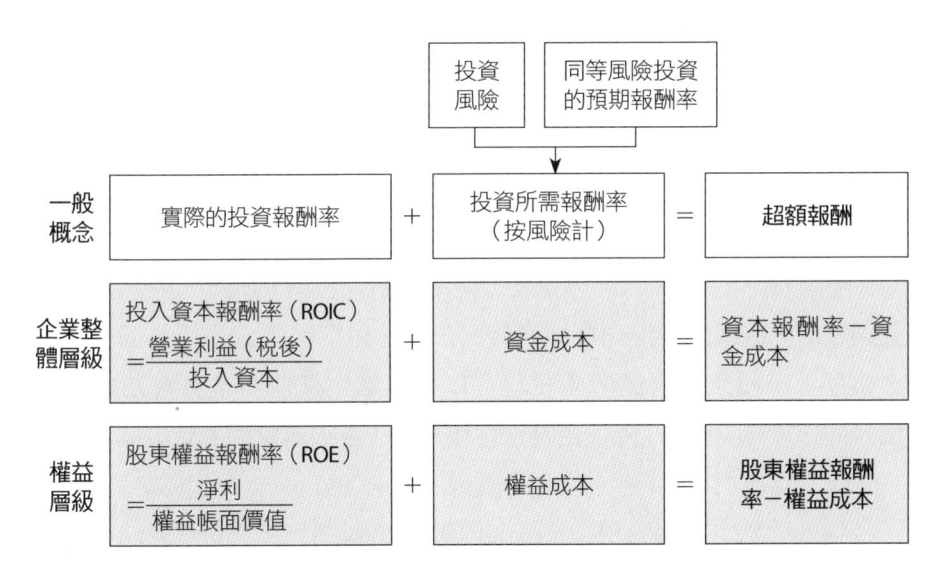

圖 11-13｜來自投資的超額報酬

一般概念	實際的投資報酬率	+	投資所需報酬率（按風險計）	=	**超額報酬**
企業整體層級	投入資本報酬率（ROIC）= 營業利益（稅後） / 投入資本	+	資金成本	=	資本報酬率－資金成本
權益層級	股東權益報酬率（ROE）= 淨利 / 權益帳面價值	+	權益成本	=	**股東權益報酬率－權益成本**

（投資風險、同等風險投資的預期報酬率 → 投資所需報酬率）

接著我運用第 6 章中計算的 2022 年初，全球所有上市公司的會計報

酬率與權益／資金成本，檢視各家公司在超額報酬上的分布情況，如圖11-14所示。

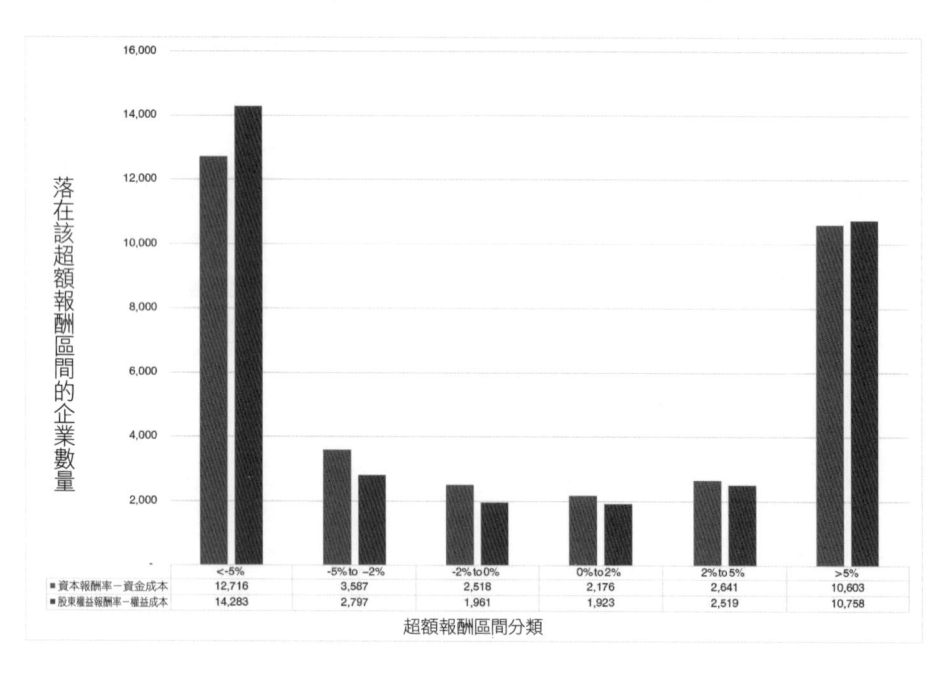

圖 11-14│2021 年全球企業的超額報酬分布

超額報酬區間分類	<-5%	-5% to -2%	-2% to 0%	0% to 2%	2% to 5%	>5%
資本報酬率－資金成本	12,716	3,587	2,518	2,176	2,641	10,603
股東權益報酬率－權益成本	14,283	2,797	1,961	1,923	2,519	10,758

縱軸：落在該超額報酬區間的企業數量

全球有將近 57% 的上市企業，其報酬率低於籌資成本。雖然對某些公司來說，這樣的情況可能只是暫時現象，但對許多企業而言卻早已成為常態。一項無法否認的事實是：**有些產業比其他產業更容易創造價值，而在劣勢產業中，即使企業管理得再好，也很難賺回資金成本。**

以下我運用 2021 年估算的超額報酬（ROIC 減去資金成本），分析了 94 個產業類別的表現，並將中位數超額報酬最高與最低的 10 個產業，列於表 11-5。

表 11-5 | 2021 年全球超額報酬最佳與最差的產業

超額報酬最差產業				
產業類別	公司數量	中位數（投入資本報酬率－加權平均資金成本）	超額報酬（％）	
^	^	^	有超額報酬的比例	無超額報酬的比例
製藥（生技）	1,223	-86.31%	42.27%	57.73%
貴金屬	947	-24.25%	39.92%	60.08%
金屬與礦業	1,706	-21.95%	40.39%	59.61%
航空運輸	151	-12.28%	23.84%	76.16%
飯店／博弈	654	-10.83%	26.30%	73.70%
石油／天然氣（探勘＆開採）	642	-10.74%	46.42%	53.58%
煤炭＆相關能源	206	-8.83%	46.60%	53.40%
餐飲業	385	-8.06%	37.14%	62.86%
娛樂業	734	-7.28%	53.54%	46.46%
油田服務／設備	457	-5.42%	39.39%	60.61%
超額報酬最佳產業				
產業類別	公司數量	中位數（投入資本報酬率－加權平均資金成本）	超額報酬（％）	
^	^	^	有超額報酬的比例	無超額報酬的比例
菸草業	55	13.31%	80.00%	20.00%
零售（建築材料供應）	98	7.12%	78.57%	21.43%
資訊服務	266	6.98%	72.56%	27.44%
電腦服務	1,040	5.35%	69.71%	30.29%
健康照護支援服務	445	4.34%	68.76%	31.24%
家具／居家裝潢	359	3.85%	64.35%	35.65%
醫院／健康照護機構	223	3.40%	66.82%	33.18%
化學品（特殊用途）	898	3.28%	66.70%	33.30%
建材業	449	3.17%	63.25%	36.75%
化學品（多元用途）	71	3.14%	71.83%	28.17%

資料來源：各產業的超額報酬（美國與全球）

假如你檢視那些最糟的產業，會發現有幾個幾乎年年上榜，例如航空業與飯店／博弈業，新冠疫情只是加劇了它們長期以來的結構性問題。航空與飯店產業早就出了問題，至今仍看不到解方。

至於生技公司則可以合理主張，它們被列入表現最差產業，是因為這個領域中有許多年輕企業，距離成功還差一次重大突破；一旦成熟，它們將會類似製藥業，而製藥業的超額報酬確實是正數。

另外，我相信也會有 ESG 倡議者聲稱，化石燃料與採礦產業上榜，是他們推動永續投資的功勞。不過，這些排名其實會隨著石油與大宗商品價格上漲而迅速改變。而且，在 2021 年所有產業中，創造最高超額報酬的，竟然是菸草業，一個怎麼看都與道德無關的行業。

雖然這波科技熱潮確實造就了資訊與電腦服務業的贏家，但從建材到家具再到零售，建築相關產業似乎也找到了讓報酬超越資金成本的經營方式，化學公司亦然。

在那些超額報酬表現最差的產業中，值得注意的是娛樂產業的出現。這個產業過去一直是超額報酬的優等生，但近年來，商業模式遭到新進者顛覆，情況急轉直下。尤其是網飛，它澈底改變了娛樂內容的製作、發行與消費方式，並在過程中使許多老牌業者的價值大幅流失。

儘管過去 20 年來，這種情況在許多產業屢見不鮮，但從超額報酬數據中，仍可看出一些共通的主軸：產業遭到顛覆時，原有企業的報酬幾乎一定會下滑——但這並不代表顛覆者就是最後的贏家。

以汽車運輸業為例，共乘服務雖然重創傳統的計程車與汽車服務業，但 Uber、Lyft、滴滴出行（DiDi）、Grab 和 Ola 這些顛覆者至今仍未脫離虧損。簡單來說，顛覆容易，但要靠顛覆獲利卻非常困難。**顛覆會帶來一批輸家，但未必能造就真正的贏家。**

總結我的發現，我的結論是：在過去 20 年裡，透過經營企業來創造價值其實變得更加困難，而非更加容易。雖然確實有一些公司找到了穩

健經營、持續創造高盈餘的途徑,但大多數企業仍深陷「壕溝戰」——一方面要應對顛覆者的挑戰,另一方面又承受更大的總體經濟風險。

這些都是在替高成長企業估值時必須謹記的教訓,因為**當企業成長快速,但盈餘尚未高於資金成本時,反而可能嚴重侵蝕企業價值**。也正因如此,在評估一家高成長企業時,務必檢視它是否具備真正的競爭優勢,才能對其價值做出更準確的判斷。

損益平衡分析法(Break-Even Analysis)

我曾經提過,在為上市的高成長企業估值時,企業的「價值」與「市場價格」之所以可能出現落差,可能是因為你在輸入假設時出現錯誤,也可能是市場判斷錯誤——而在現實中,很可能是你和市場雙方都有偏誤。

雖然堅信「價值投資」的人,常會將市場視為膚淺、受到從眾心理驅動的產物,但當一家公司的估值與市價出現偏離時,你仍有必要去理解市場背後反映的預期與假設。

要做出這類分析,有兩個方法可以採用:

- 你可以在其他條件都保持不變的情況下,只改變其中一個變數(例如成長率、營收或風險),並**找出該變數達到市價所對應估值的「損益平衡點」**。但這個方法的問題在於,你必須從眾多關鍵輸入假設中,單獨抽出其中一項來分析,結果也因此可能無法反映全貌。
- 如果要更全面地回推出市場的預期,可以挑選估值中兩個、甚至三個最關鍵的輸入變數,並找出各種假設組合,來推算出與市價相符的估值。
- 第三種做法,是回到你當初用來構建估值的故事,看看當故事內

容改變時，估值會隨之如何變化。

我要再次強調，這類分析的目的並不是要說服自己市場是對的、而你是錯的，也不是要得出寬廣到荒謬的估值區間，而是要掌握自己在關鍵輸入項目上有多少容錯的空間。

> **・個案研究——第三部分：特斯拉的損益平衡分析**

我對特斯拉的估值有不少前提與但書，而你也可能能夠建構出另一個故事版本，進而導出不僅高於我的估算結果、甚至高於當前股價的公司價值。反過來，你也可能和一些人一樣，認為我所謂「近年來特斯拉的改善」只是虛幻假象，而我的假設則過於樂觀。

對此我會主張，幾乎所有關於特斯拉的分析歧見，最終都會回到兩個核心問題：第一，這家公司從它所經營的業務中究竟能創造多少營收？第二，作為一家公司，它最終能有多大的獲利能力？

・營收：

我在預估特斯拉的營收時，假設其主要仰賴車輛銷售，一方面是因為這是公司過去的核心業務，另一方面則是因為其他收入來源（例如電池、軟體等）目前規模仍相對有限。

不過，特斯拉也可能即將涉足新的業務領域，開拓出可觀的全新營收來源。電動車產業本身也可能如同科技業，具有「贏者通吃」的特性，而特斯拉最終或許將在該領域取得主導性的市占率。

無論是哪一種情境，對特斯拉持樂觀看法的人，都必須設法將其未來營收推升至高於我預估的 2032 年 4,140 億美元——這個數字已經十分驚人。作為參考，2020 至 2021 年間，全球所有上市汽車公司的總營收約為 2.33 兆美元，如果特斯拉達成上述營收水準，等於占據了全球市場約

六分之一的份額。

- **獲利能力：**

　　特斯拉估值的另一個關鍵驅動因素，是營業利潤率。雖然我預估的 16% 已接近製造業所能達到的最高水準，但特斯拉或許還有幾種方式能取得更高的利潤率。

　　一種可能是進入利潤率遠高於汽車產業的其他業務，例如軟體服務或自動駕駛的共乘平臺。另一種方式，則是藉由技術優勢，在生產端發揮規模經濟的效果──這將需要它的毛利率從目前的不到 30%，持續攀升至更高的水準。

　　你可以自行檢查以上兩點，不過本章前面提到的其他假設（例如再投資和風險），對估值的影響相對較小。我在表 11-6 將特斯拉的普通股股東權益價值，視為目標營收和營業利潤率的函數進行計算。

11-6｜特斯拉的股東權益價值──不同成長／利潤率假設

		今日特斯拉普通股的估計每股股東權益價值 2032 年營收（單位：10 億美元）					
		$200（類似戴姆勒）	$300（類似豐田）	$400（市占率15%）	$600（市占率25%）	$800（市占率30%）	$1,000（市占率40%）
目標營業利潤率	12%	$257	$370	$469	$666	$857	$1,049
	16%	$346	$503	$642	$918	$1,185	$1,455
	20%	$435	$636	$814	$1,169	$1,514	$1,861
	24%	$524	$769	$986	$1,421	$1,842	$2,267
	28%	$613	$902	$1,160	$1,673	$2,170	$2,673

　　陰影區格表示該估值高於特斯拉截至 2021 年 11 月 4 日的公司市值。

　　如你所見，確實有一些途徑可以讓特斯拉達到目前的股價，甚至更

高，但前提是該公司必須進入極為罕見的境地：不僅營收要超越歷史上任何一家公司（不限於汽車產業），還得實現與最大型、最成功科技公司相當的營業利潤率——而這些科技公司本身並未承受大規模製造成本的拖累。

高成長公司的美好幻象

相較於新創公司或極為年輕的企業，高成長公司在估值上理應更容易，因為它們通常擁有更多可用的歷史數據，且其商業模式已被證實可行，具備實際的獲利能力——然而**這種安心感可能只是錯覺**。

這類公司的歷史資料，往往伴隨基本面的轉變，例如：隨著公司規模擴大，營收成長率會逐漸放緩，利潤率則可能從負轉正。對於許多高成長公司而言，已有可參考的市場價格，這固然能讓某些估值計算變得更為簡便，但也可能導致估值出現偏差——因為分析師往往會調整輸入數字，使估值看起來更接近市價。

我的建議是：務必忠實遵循估值流程，從建立一個貼合公司特性與歷史沿革的估值故事出發，審慎檢視你所預測的營收成長數字，確保整體營收不會膨脹至如童話般的誇張水準，並確認你的再投資假設與成長預期相互連動。在為高成長公司估值時，倘若只是機械式地根據歷史趨勢線去推算未來各項估值科目，極可能導致災難性的錯誤。

在定價方面，雖然這類公司可以對照更多衡量市價的倍數指標，高成長企業如果處於主要由成熟企業組成的產業中，通常會顯得估值偏高，這純粹是因為它們擁有比同業團體更高的成長潛力。

第 12 章

成熟企業的估值與定價

一般認為，成熟企業是最容易估值的對象，因為它們擁有悠久的財務歷史，不僅提供了成長與利潤率的詳盡資訊，也有助於形塑驅動公司價值的估值故事。

這在多數情況下是正確的，不過我會在本章指出，成熟企業因為做事方式已趨固定，有時會讓我們掉以輕心，看不見那些能在一夜之間顛覆商業模式的破壞者，或是無視管理者因循慣例而做出不利於長期價值的不當決策。

成熟企業的估值

如果你在估值時只想機械式地根據歷史數據，預測公司未來的現金流量並估算其價值，那麼在企業生命週期中，這種做法最有可能奏效的階段，正是成熟企業。

在這一節中，我會先探討成熟企業的共同特徵，接著說明在估值這類企業時可能遇到的挑戰，以及如何因應這些挑戰，使估值回到正確軌道上。

特徵：滿手現金，要併購、舉債，還是投資？

不同產業的成熟企業之間雖存在明顯差異，但它們仍具有一些共同特徵。本節將探討成熟企業的共同特徵，並分析這些特徵對估值所帶來的影響。

1. 成長率收斂：

在許多公司裡，營收成長率和盈餘成長率之間可能會有顯著落差。

雖然成熟企業的盈餘成長率可能因為經營效率提升而偏高，營收成長率卻較難改變。整體而言，成熟企業的營收成長率將會收斂至經濟的名目成長率（即未扣除通膨的經濟成長率），即便未完全相等，也會逐步

趨近。當營收成長率收斂時，盈餘成長率最終也會跟著趨緩，因為由效率提升所驅動的成長具有時效性。

2. 利潤率穩定：

成熟企業的另一項共同特徵，是它們往往具有穩定的利潤率。不過，**大宗商品和景氣循環企業是例外**，它們的利潤率會隨整體經濟變動而波動，即使這類企業已進入成熟階段，利潤率仍可能大幅起伏。

雖然我會在本書後段將會回頭深入探討這類公司，但即使是這些企業，在整個經濟或商品價格週期內，利潤率通常仍會呈現一定的穩定趨勢。

3. 競爭優勢：

成熟企業彼此之間差異最大的面向，在於它們是否**擁有競爭優勢**，而這些優勢會體現在其投資所產生的超額報酬上。隨著競爭加劇，有些成熟企業的超額報酬**歸零甚至轉為負值**，另一些企業則會仍然保有顯著的競爭優勢（以及超額報酬）。由於企業的價值是由超額報酬所決定，即使成長率趨緩，那些仍保有超額報酬的企業，估值依然能高於失去競爭優勢的企業。

4. 舉債能力：

當公司邁入成熟階段，隨著利潤率和盈餘提升、再投資的需求減少，企業將有更多現金可用於償債。因此，成熟企業的舉債能力理應提升，不過不同企業對這項能力增加的反應差異非常大。

有些企業選擇不使用，或僅使用極少部分舉債能力，繼續維持成長階段所建立的籌資政策；也有些企業反應過度，舉債遠超過它們在當前盈餘與現金流狀況下所能輕鬆負擔的程度；另有一些企業則採取較理性的中間路線，根據改善後的財務狀況適度舉債，同時維持財務穩健。

5. 現金的增長與返還：

隨著盈餘增加、再投資需求下降，**成熟企業從營運中產生的現金往**

往超出其實際所需。若這些公司不調整其舉債或股利政策，現金餘額便會開始累積。公司是否持有過多現金，以及是否應該將這些現金返還給股東，已成為幾乎所有成熟企業都必須面對的標準課題。

6. 無機成長：

對大多數公司來說，從成長企業轉型為成熟企業並不容易，對管理階層來說尤其如此。隨著企業規模擴變大，內部投資機會已無法帶來過去那樣的成長動能，因此也就不難理解，許多成熟企業會尋找能維持高成長的權宜之策。

其中一種做法（雖然代價不菲）是以併購方式取得成長。收購其他公司可以提振營收和盈餘。不過，對規模較大的成熟企業而言，這些併購案也必須達到足夠規模，才能對成長產生實質助益。

最後需要指出的是，**成熟企業未必都是大型企業**。許多小型公司很快就觸及成長的天花板，就此成為小型的成熟企業。不過，有些成長企業在進入穩定成長期之前，確實會經歷較長的成長階段，而這些企業，例如可口可樂和威訊通訊（Verizon），就是經常被我作為典型成熟企業範例的大型公司。

挑戰：看似簡單的估值，也有意外

假如一家公司的內在價值，是把它投資預期產生的現金流量，以風險調整後的折現率折現後所得的現值，那麼**成熟企業的估值理應最簡單，因為其大部分價值都來自已經完成的投資**（既有資產）。

雖然這通常成立，但在這些企業看似穩定的長期歷史下，仍可能潛藏問題。我會將這些挑戰依類別加以拆解說明。

既有資產

我把那些大部分價值來自既有資產的公司，歸類為成熟企業。因此，

對成熟企業來說，正確估算這些資產的價值，比前兩章所分析的企業更加關鍵。

由於為既有資產估值時，估計其所產生的現金流量十分關鍵，因此在為成熟企業估值時，可能會面臨兩項挑戰：

1. **管理盈餘**：

成熟企業通常相當善於運用會計規則中的裁量權來管理盈餘。請注意，這麼做不代表它們一定在作假帳，甚至並不等於欺瞞。但結果是，採取激進會計做法的公司，所呈報的既有資產盈餘，往往會比其他做法保守但基本條件相似的公司高出許多。**如果沒有將會計思維的差異納入考量，可能會高估激進公司所擁有的既有資產價值，並低估保守公司的資產價值。**

2. **管理效率不彰**：

成熟企業通常有悠久且穩定的營運歷史。這段長期歷史可能讓我們誤以為，過去的數字（例如營業利潤率、資本報酬率）是對未來既有資產可產生報酬的合理預估。

然而，**過去的盈餘反映的是公司當時的管理狀況**，如果管理當局未能做出正確的投資或籌資決策，報告盈餘就會低於在更佳或最適當管理之下原可達成的水準。如果管理階層未來可能出現變動，使用報告盈餘來估值，將導致你低估這些既有資產。

總結來說，「成熟企業因為營運歷史悠久，所以其既有資產很容易估值」的觀點，只有在公司管理良好，或是既有管理層牢牢掌權、不太可能更替，而且企業所處產業幾乎不會面臨市場破壞的情況下，才說得通。

成長資產

企業可以透過兩種方式來創造成長資產。一是投資於能產生超額報酬的新資產或專案，這通常被稱為「有機」成長；另一種方式是收購已建

立的事業或公司,藉此縮短成長歷程,這被稱為「無機」或「收購驅動」的成長。

雖然處於生命週期任何階段的企業都能選擇這兩條路徑,但成熟企業採取後者的機率大得多,原因有三:

- 隨著公司日趨成熟,能用來投資的現金越來越多,但相較之下,內部可投資的機會卻越來越少
- 隨著公司規模擴大,所展開的新投資也必須達到相當規模,才能對整體成長產生影響。雖然要找到數十億美元的內部投資專案並不容易,但要尋找同等規模的收購案則相對容易,而且這類收購能夠幾乎立即反映在成長率上
- 第三個理由適用於那些投資與回報之間存在較長時滯的企業。在這類企業中,從新資產的初始投資到實際帶來成長,往往存在時間落差。透過收購,它們實質上是在加速回收投資成果

收購驅動的成長趨勢,對內在價值評估有什麼影響?一般而言,**無機成長的價值遠比有機成長更難估算**。與企業每期展開多筆小型投資的有機成長不同,收購通常規模龐大、發生頻率低且呈現間歇性。一筆數十億美元的收購案可能集中在某一年發生,接下來卻不再出現任何重大投資,直到進行下一筆收購。

由於再投資的金額及其報酬率應同時反映有機與無機成長,因此要為收購導向的企業估計這些數值會更為困難。如果你依慣例採用公司最新財報所揭露的再投資數字,可能會高估(若該期間有重大收購案)或低估(若該期間正好處於兩筆收購案之間的空窗期)其企業價值。

在收購驅動的成長情境中,計算資本報酬率也變得更加困難,部分原因是收購交易會衍生出一些會計項目(例如商譽與收購相關費用),

這些項目不易處理，也難以納入會計報酬的計算中。

在為成熟企業估算折現率時，我會先從相對有利的位置出發，因為眼下能使用的數據更多。多數成熟企業已經上市多年，因此可以取得較長期的歷史股價資料，以及隨時間變化的盈餘波動數據。

這些企業的風險特徵也已趨於穩定，使得相關數據也更為穩定，與前幾章分析的企業（年輕、茁壯或高成長企業）相比，利用歷史數據來估計這一類企業的股東權益風險參數可說更加可靠。

此外，許多成熟企業（至少在美國）會透過發行公司債來籌資，這帶來兩項好處。第一，這些債券通常有市場價格與殖利率可供查詢，可作為計算債務成本的輸入項目。第二，公司債多半附帶債信評等，不僅能提供違約風險的衡量指標，也能用來推估預設利差與債務成本。

然而，在為成熟企業估計折現率時，有三個問題可能會影響結果：

第一個問題是，**成熟企業的債務來自多個來源，導致債務組合相當複雜**。其中包括固定利率與浮動利率債務、不同幣別的借款、優先債與次級債[1]，以及各種到期日的安排等。由於這些債務不僅利率不同，甚至債信評等也可能不同，分析師在計算負債比率與債務成本時，往往需要面對這些複雜性所帶來的挑戰。

第二個問題是，折現率（包括債務成本、權益成本和資金成本）會受到公司的債務與權益組合影響。從當前市場價格資料與債信評等中所取得的估計值，反映的是公司目前的籌資組合——如果這個組合有所改變，就必須重新估計折現率。

---

[1] 譯注：優先債（**Senior Debt**）是指在公司發生財務危機或清算時，具有較高清償順位的債務，通常風險較低、利率也較低。次級債（**Subordinated Debt**）的清償順位低於優先債，僅在優先債權人獲得償還後才能分配，風險較高、利率也較高。

第三個因素，適用於採取收購作為成長路徑的公司：如果收購的是不同業務類型，或風險狀況不同的公司，將可能改變收購方的折現率。

穩定的成長率和終值

如同所有內在價值的估計一樣，對於成熟企業而言，終值仍占整體企業價值的很大一部分，儘管其占比低於年輕企業或高成長企業。

由於成熟企業的成長率，通常接近整體經濟的成長率，終值的計算在這些企業的估值中，看起來會來得更快也更簡單，比起成長型企業要容易得多。雖然這一點通常是正確的，但仍有兩個因素可能導致終值計算失真：

- **成長率穩定，但風險及投資取向不穩定：**

許多成熟企業的成長率，低到足以歸類為穩定成長階段（也就是低於經濟成長率和無風險利率），但估值所需的其他輸入項目卻未必能反映出這樣的成熟度。

例如，一家營收與盈餘成長率皆為 2%的公司，從成長率來看可歸為穩定企業，但如果它的整體風險落在全體公司的第 90 百分位，而且把 90%的稅後營業利益投入再投資，那它就不能被視為穩定企業。

如果要具備可用終值公式估值的穩定成長企業條件，該公司應具備穩定企業的風險輪廓（風險接近市場平均），且在再投資行為上，也應符合穩定企業的特性。

- **把經營低效誤認為常態：**

既有資產的現金流量，以及我根據歷史數據所估得的折現率，會反映公司當前的經營決策。如果企業管理不善，這些現金流可能會偏低，而折現率則可能偏高（相較於同一家公司在不同管理之下的情況）。

假如我在估算終值時，直接套用當前的利潤率、投資報酬率與折現

率,而又未考慮公司經營效率有改善的可能,就等於預設目前的低效率會永遠持續下去,從而導致低估該公司的價值。

總之,要判定一家公司是否已進入穩定成長階段,且可以套用終值公式來估值,並不是件容易的事——即便是對成熟企業而言也是如此。

為成熟企業估值時所面臨的挑戰,源自一項關鍵的顧慮:你目前看到的財務數據,反映的是公司的歷史與現任管理人員的做法;但如果經營方式發生改變,這家公司可能會變得截然不同。一旦真的發生變革,該公司的預期現金流量、成長率與風險特徵也都將隨之改變,如圖 12-1 所示。

圖 12-1 ｜ 成熟企業的估值挑戰

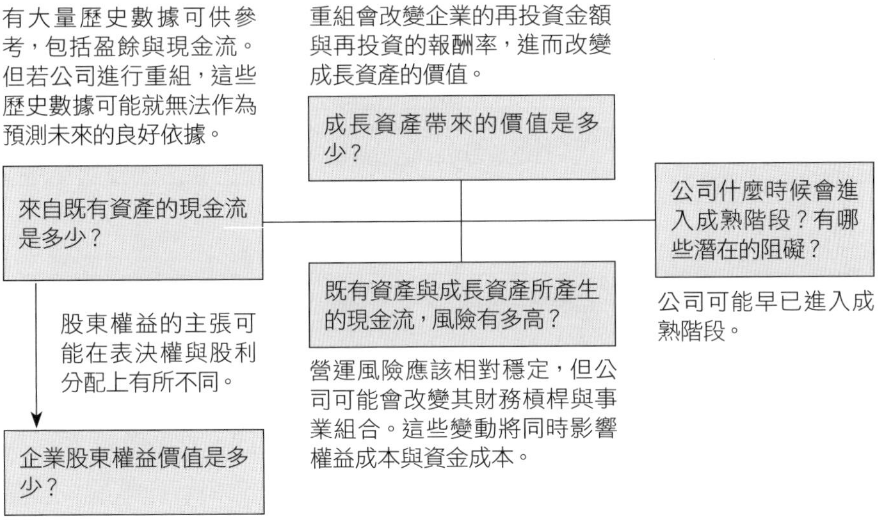

有大量歷史數據可供參考,包括盈餘與現金流。但若公司進行重組,這些歷史數據可能就無法作為預測未來的良好依據。

重組會改變企業的再投資金額與再投資的報酬率,進而改變成長資產的價值。

成長資產帶來的價值是多少?

來自既有資產的現金流是多少?

公司什麼時候會進入成熟階段?有哪些潛在的阻礙?

公司可能早已進入成熟階段。

股東權益的主張可能在表決權與股利分配上有所不同。

既有資產與成長資產所產生的現金流,風險有多高?

營運風險應該相對穩定,但公司可能會改變其財務槓桿與事業組合。這些變動將同時影響權益成本與資金成本。

企業股東權益價值是多少?

本章稍後我會回來討論這張圖表,進一步區分一家公司的維持現狀價值(由現有管理階層經營)與重組後的價值(由不同的經營團隊接手經營)。

對策：著眼於所有潛在變化

為了解決這些挑戰，我將沿用第 10 章與第 11 章中，針對年輕企業與高成長企業所採用的 5 步驟估值架構，只是這次會把重點放在成熟企業上。

步驟 1：說一個故事

對於具有悠久財務歷史與成熟商業模式的企業來說，從數字出發來進行估值，是正確的起點，如圖 12-2 所示。

圖 12-2｜以數據為本的估值故事

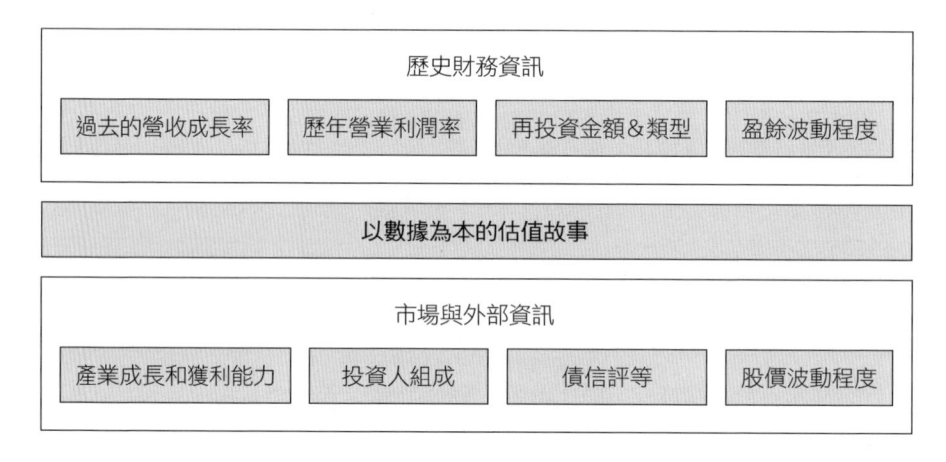

歷史財務資訊			
過去的營收成長率	歷年營業利潤率	再投資金額&類型	盈餘波動程度

以數據為本的估值故事

市場與外部資訊			
產業成長和獲利能力	投資人組成	債信評等	股價波動程度

話雖如此，你仍應找出這個故事中最薄弱的環節，並思考是否有其他更貼近公司未來發展的替代版本。有些故事來自公司管理階層，思索如何讓企業重回成長軌道；也有些來自公司投資人，企圖改變企業的商業模式。

步驟 2：進行 3P 測試（可能發生？合理推論？可望成真？）

如果你為一家成熟企業所編織的故事只是其歷史的延伸，看起來似乎不太需要進行 3P 測試。這在多數情況下是成立的，但有兩個例外。

第一個例外是，當宏觀經濟或監管環境即將出現變化，可能改變企業的商業經濟條件，導致**過往的歷史數據不再適用**。例如，你在替一家長期營收穩定成長、營業利潤率也高的製藥公司估值時，如果假設它未來仍能持續成長並維持高利潤，一旦實施藥價管制，這個假設就會面臨風險。

而對化石燃料公司而言，氣候變遷使其長期的經營前景受到威脅，我們是否能假設其在未來，仍將維持過去一個世紀所見的油價循環，則是個尚未有定論的問題。

步驟 3：將估值故事轉化為估值模型的輸入項目

我將延續第 10 章與第 11 章中，針對年輕企業與高成長企業所採用的邏輯，依序說明如何將估值故事轉化為具體的模型輸入項目。以下順序會從營收成長率開始，接著是獲利能力與再投資，最後則是風險假設。

1. 營收成長率：

在預測成熟企業的營收成長率時，先從過往的歷史成長數據作為起點，確實合情合理，但你還應該納入以下幾點考量：

- 時間範圍：

即使是最成熟的企業，也會有營收成長率高於平均的好年，和低於平均的壞年。因此，在估計營收成長率時，更合理的做法是觀察長期的

複合年均成長率（Compound annual growth rate）[2]，而非僅根據最近一年的表現。

如果你在為一家成熟的大宗商品企業估值，就應該考量目前商品價格處於循環的哪個階段，因為當循環處於高點（或低點）時，盈餘會被放大（或壓縮）。

- **收購與資產剝離對成長率的影響：**

成熟企業在追求成長時，經常會展開收購或資產剝離，你應該拆解分析這些變動對未來營收成長率會產生多大影響。

假如你決定不沿用歷史成長率，來預設成熟企業在未來會有明顯更高或更低的成長率，就必須提出一個有說服力的故事，解釋為什麼這種情況可能發生。

2. 獲利能力：

和營收成長率一樣，在分析成熟企業的營業利潤率時，應先從它的歷史數據著手，再評估是否將出現變化，如果會，會是什麼樣的變化。

對大部分成熟企業來說，最審慎的做法，是假設利潤率將維持在歷史常態水準——例如過去 5 年或 10 年的平均值。這與高成長企業不同，後者可以以規模經濟或商業模式持續優化，作為未來更高利潤率的合理解釋，但對一家長期處於低（高）營業利潤率的成熟企業而言，其未來利潤率將會大幅提升（降低）的主張，並不容易令人信服。

如果你確實主張某家成熟企業的利潤率將出現重大轉變，就必須準

2　譯注：複合年均成長率（Compound Annual Growth Rate，簡稱 CAGR），是指某項數據在一段期間內的「平均每年成長幅度」，假設每年都以相同的比例成長。可用來衡量企業營收、盈餘等在多年間的穩定成長情況。

備充分,以商業模式的改變或市場環境的轉變來說明這種變化的可能原因。

3. 再投資:

企業若要成長,勢必需要進行再投資,這一點對成熟企業與年輕企業同樣適用。然而,正如我在「挑戰」小節所指出,成熟企業經常從內部(或稱「有機」)成長,轉向以收購作為主要的成長手段。

如果要為這類企業估值,你需要判斷這些收購是否能創造價值,而這項評估必須將收購視同資本支出,預測公司未來每年平均將在收購上花費的金額。為完成整體分析,還應將收購對未來年度營收成長率、利潤率預測之影響納入考量,並調整企業的風險狀況,以反映收購所帶來的改變。

4. 風險:

在為成熟企業估值時,評估其資金成本與失敗風險的依據,是一系列可取得的資訊。這包括公司股價在市場上的波動度數據、當前的債信評等,以及用權益與債務市值比重計算出的加權資料,這些都能有效用來計算資金成本。

然而需注意的是,資金成本反映的是企業目前的事業組合與籌資組合,而如果**企業決定調整其中一者,甚至兩者皆改變,資金成本也必須重新估算**。

例如,假如石油企業埃克森美孚(Exxon Mobil)宣布將實施 50 億美元的庫藏股計畫,並投入 150 億美元發展綠能,就會改變其事業組合(因為綠能的風險狀況不同於化石燃料),同時改變籌資組合(因為庫藏股會降低權益),因此必須重新計算資金成本。

總之,在為成熟企業估值時,你應該從它歷史數據中所揭示的成長率、獲利能力、再投資狀況與風險著手,但接著你必須進一步思考:**是否已有或即將出現基本面的變化**,會使你合理地預期,這些估值輸入項目

在未來將發生什麼改變。

步驟4：為企業估值

由於成熟企業的價值主要來自既有投資，因此投資人之間對這部分價值的看法，通常分歧不大。不過，當公司在以下兩個面向做出抉擇時，企業價值的估算會變得更敏感：

- **籌資組合：**

對成熟企業來說，在經營過程中調整股債比例，對企業估值的影響，通常會比年輕或高成長企業更大。原因在於，成熟企業往往具備更高的舉債能力，如果選擇不加以運用，反而可能導致資金成本上升、企業價值下降。

- **現金流量返還：**

茁壯階段與高成長企業，通常無力將現金返還給投資人，對現金的高度需求也讓「應該如何返還現金」或「應保留多少現金餘額」這類問題，無法成為影響估值的核心關鍵。

反之，成熟企業會產生大量正向的現金流量，有餘裕選擇是否將現金返還；如果選擇不這麼做，現金便會在公司內部累積。毫不意外，這類企業往往會成為投資人關注的焦點，這些投資人認為現金應回饋給權益投資人，而非繼續留在公司。

雖然現金本身是一種中性資產──亦即它的存在對企業價值沒有直接影響──但如果現金掌握在你不信任的管理階層手中，就有可能破壞企業價值，使得你對現任管理階層的信任程度，成為估值的一項關鍵輸入項目。

總結來說，當你為一家成熟企業估值時，其估值結果與年輕或高成

長企業相比,更仰賴你對籌資政策與股利政策的假設。進一步而言,如果這些政策是由現任的管理階層所制定,而你認為管理階層可能會發生變動,那麼企業的估值也將隨之改變。

步驟5:讓反饋迴路保持通暢

相較於年輕或成長企業,成熟企業的內在價值通常會更接近其市場價格,部分原因在於其價值大多來自既有資產,而對既有資產的估值通常較少爭議。不過,也有兩個例外情況:

第一,對於正遭受破壞者衝擊的成熟企業來說,如果你的內在價值估計長期高於市場價格,而市場價格卻持續下滑、而非逐步趨近你的估值,那就值得檢視:你是否已充分將破壞所帶來的影響納入估值?

簡言之,市場往往會比公司財務報表更早反映出破壞的衝擊,而這類公司就會成為「價值陷阱」——看起來很便宜,但隨著時間過去只會越來越便宜。

第二,當你為一家成熟企業估值時,若根據它現有的財報來預測現金流量,並納入目前的籌資組合與股利政策——代表你預設現任管理階層的政策不會改變。假如此時有資金充足、能夠取得公司大量持股的激進投資人介入並推動改革,那麼你也應該重新檢視對這家公司的估值。

> • 個案研究——第一部分:2022年9月,為轉型中的成熟企業聯合利華估值

聯合利華(Unilever)是一家歷史悠久的公司,創立於1929年,由荷蘭的瑪琪琳聯合公司(Margarine Unie)與英國的肥皂製造商利華兄弟公司(Lever Brothers)合併而成,這兩家公司在當時都已經營數十年。

從那以後,聯合利華發展成一家跨國企業,旗下擁有多個全球知名的消費品牌。該公司核心業務仍以美妝與個人保養為主,但也已擴展至

食品與居家清潔產品領域。2021 年，聯合利華公告營收為 524.4 億歐元，稅前營業利益為 96.4 億歐元，截至 2022 年年中，其市值接近 900 億歐元。

背景介紹

身為一家成熟企業，聯合利華的財務歷史比起分析師或管理階層的預測，更能說明它的過去走向與未來發展。圖 12-3 呈現了聯合利華從 1998 年到 2021 年的營收與營業利益。

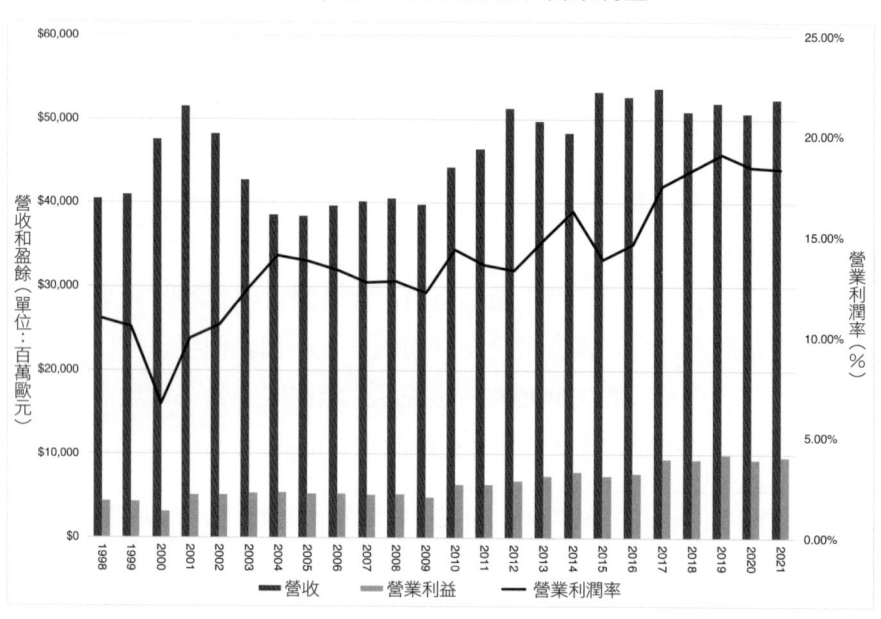

圖 12-3｜聯合利華的營收和營業利益

這些數據有力地說明了聯合利華近年來在成長方面的掙扎：從 1998 年到 2021 年，其營收的複合年均成長率僅為 1.19%。

如果說圖表中有什麼好消息，那就是過去 10 年間，聯合利華的營業利潤率有所改善，從 2001 年至 2010 年的平均 12.62%，提升到 2011 至

2020 年的 15.99%，特別是最近四年，利潤率更達到 18% 至 19% 之間。

在再投資方面，聯合利華進行了幾筆大型收購，包括：2000 年以 243 億美元收購美乃滋製造商頂好牌（Bestfoods）；2018 年以 38 億美元收購飲品製造商好立克（Horlicks）；以及 2016 年以 10 億美元收購刮鬍刀品牌 Dollar Shave Club——此外還有許多小型收購案。

衡量聯合利華收購活躍程度的一個指標，是其帳面上記錄了 215.7 億歐元的商譽，顯示公司在收購時支付了溢價。然而，這些收購顯然未對營收成長帶來明顯貢獻。為了解聯合利華所涉足的三大業務（個人保養、居家照護與食品）的發展趨勢，我將該公司 2019 年至 2021 年的營收與營業收入彙整於表 12-1，並檢視各業務的營業利潤率與成長表現。

表 12-1｜聯合利華各事業部門的營運成果

	營收（百萬歐元）	營業收入（百萬歐元）	2016-21 年營收複合年均成長率	2021 年營業利潤率
美妝＆個人保養	€21,901	€4,742	1.66%	21.65%
居家照護	€10,572	€1,417	1.10%	13.40%
食品＆飲料	€19,971	€3,477	2.38%	17.41%

其中，三大事業的成長率都很低，而且食品事業在 2016 至 2021 年期間持續萎縮。這家公司最賺錢的是美妝和個人保養事業，在 2016 年營業利潤率是 21.66%，獲利能力最落後的則是居家照護事業。

故事和輸入項目

在建構我對聯合利華的估值故事時，我會忠實依據其歷史數據。換句話說，至少在這個版本中，我會假設該公司將持續維持低營收成長率的走勢，同時維持近年來已達成的較高營業利潤率。我也會假設其籌資

政策與股利政策不會有重大改變，因此資金成本在時間上將維持不變。

將這個故事轉化為具體的輸入項目如下：

- **營收成長率**：我假設營收每年成長 2%，這個數值雖然高於歷史成長率，但反映了進行本次估值時較高通膨率的預期。
- **營業利潤率**：我預期聯合利華在下一年度，將能維持 2021 年達到的 18.38% 營業利潤率，並在接下來幾年穩定於 18% 左右。
- **再投資**：由於成長率偏低，公司所需的再投資金額相對也會較少。為了估計這些再投資，我預期將會以幾個小型收購案的形式出現，並假設每投入 1 歐元，可帶來 1.80 歐元的營收。
- **資金成本**：考量聯合利華目前的籌資組合（約 78% 為權益，22% 為債務），以及目前營收的地理分布情況，我估計其以歐元計算的資金成本是 8.97%，並假設此資金成本將永久維持在這個水準3。
- **失敗風險**：有鑑於聯合利華擁有龐大的正值盈餘和充沛的現金儲備，我認為該公司沒有任何倒閉風險。

我用這些輸入項目來為聯合利華估值，如圖 12-4 所示。

3　作者注：在我做出估值時，歐元的無風險利率是 2.1%，而聯合利華的權益風險溢酬則根據其營收來源地區的分布，為 7.20%。

圖 12-4 ｜ 聯合利華的估值

聯合利華						2022 年 9 月
低成長						
聯合利華是一家低成長企業，但其各項業務具備穩健的營業利潤率。預期公司將以低速持續成長，同時維持 2017 年至 2021 年期間所達到的利潤水準。儘管不需大幅再投資，公司仍會持續展開小型收購，並維持現行的籌資組合與股利政策。						
假設						
	基準年度	翌年	第 2-5 年	第 6-10 年	第 10 年後	與故事的連結
營收（a）	€52,444.00	2.0%	2.00% → 2.00%		2.00%	成長潛力有限
營業利潤率（b）	18.38%	18.4%	18.38% → 18.00%		18.00%	利潤率維持在近 5 年達到的水準
稅率	25.00%		25.00% → 25.00%		25.00%	採用全球／美國的邊際稅率
再投資（c）		1.80	1.80 → 1.80		16.67%	維持全球產業平均水準
資本報酬率	14.39%	邊際投入資本報酬率＝	29.36%		12.00%	品牌力強勁
資金成本（d）			8.97% → 8.97%		8.97%	採用目前股債組合與地理分布
現金流量						
	營收	營業利潤率	稅前息前盈餘（EBIT）	稅後息前盈餘 EBIT(1-t)	再投資	企業自由現金流量（FCFF）
1	€53,493	18.38%	€9,830	€7,372	€582	€6,791
2	€54,563	18.30%	€9,985	€7,489	€593	€6,896
3	€55,654	18.26%	€10,164	€7,623	€605	€7,018
4	€56,767	18.23%	€10,346	€7,760	€617	€7,142
5	€57,902	18.19%	€10,531	€7,898	€630	€7,269
6	€59,060	18.15%	€10,720	€8,040	€642	€7,397
7	€60,242	18.11%	€10,911	€8,184	€655	€7,528
8	€61,447	18.08%	€11,107	€8,330	€668	€7,662
9	€62,675	18.04%	€11,305	€8,479	€682	€7,797
10	€63,929	18.00%	€11,507	€8,630	€695	€7,935
最後一年	€65,208	18.00%	€11,737	€8,803	€1,467	€7,336
估值						
終值			€105,317.15			
終值的現值			€44,628.23			
未來 10 年現金流量的現值			€46,626.14			
營運資產價值＝			€91,254.37			
財務困境調整			€0.00		倒閉機率＝0.00%	
－債務＆少數股權			€36,686.00			
＋現金＆其他非營運資產			€7,613.00			
權益價值			€62,181.37			
－權益選擇權價值			$0.00			
流通在外股數			2,569.20			
每股價值			€24.20		股票當時市價＝€45.60	

成熟企業的估值與定價　第 12 章

如你所見，聯合利華的低成長故事雖然顯然言之成理，也符合其歷史紀錄，但由此推導出的每股估值是 24.20 歐元，遠低於截至 2022 年 9 月的股價 45.60 歐元。

成熟企業的定價

在為成熟企業估值，往往會是一路順風，因為你能取得大量歷史數據，並且能確認其商業模式已被驗證可行，而這些優勢在為這類企業定價時同樣派得上用場。

話雖如此，過度依賴歷史數據，並假設會發生「均值回歸」（即變數如利潤率、風險等會回到歷史常態），對不少成熟企業來說可能是危險的，原因可能包括遭遇破壞者的威脅，或管理階層出現變動。

挑戰：資訊充足，卻容易盲目假設

在為成熟企業定價時，你會具備幾項優勢：

第一，該公司在營業指標（如營收與盈餘）與市場價格方面都有長期的歷史數據，有助於了解市場過去如何為這家公司定價。

第二，在多數進入成熟期的產業（例如採礦、大宗商品或消費品）中，通常會有好幾家成熟企業，讓建立同業團體變得相對容易。

第三，雖然市場在企業生命週期的不同階段都可能出現定價錯誤，但隨著企業逐漸成熟，這些錯誤通常會縮小。

你可以依據定價的步驟，將為成熟企業定價時會面臨的挑戰加以分類：

- **縮放市價：**

在對成熟企業進行定價縮放時，我擁有相當多樣的選擇，從營收到

盈餘（營業利益、淨利、每股盈餘 EPS），再到現金流量（EBITDA、淨利加折舊），甚至是帳面價值（股東權益的帳面價值或投資資本）。

雖然選擇多樣是一件好事，但也可能導致偏誤，因為分析師可能會挑選有助於產出其預設結果的縮放指標。

· 建構同業團體：

隨著產業逐漸老化，通常會有越來越多成熟企業在該產業中營運；不過在全球化的影響下，這些公司往往是跨國企業，分別在不同國家註冊，並於不同地區營運。例如，在採礦業中有許多成熟企業，但如下列清單所示，它們分別註冊於不同國家，而且對各地區的風險曝險程度差異甚大。

企業名稱	市值（單位：10 億美元）	註冊國家
必和必拓（BHP）	$132.00	澳洲
中國神華能源（China Shenhua Energy）	$88.00	中國
力拓集團（Rio Tinto）	$87.00	英國
嘉能可（Glencore）	$72.00	瑞士
淡水河谷（Vale）	$60.00	巴西
Nutrien 化肥公司	$50.00	加拿大
英美資源集團（Anglo American）	$44.00	英國
沙烏地礦業公司（Ma'aden）	$44.00	沙烏地阿拉伯
費利浦－麥克莫蘭銅金公司（Freeport-McMoRan）	$43.00	美國
諾里爾斯克鎳公司（Nornickel）	$42.00	俄羅斯

如果在建構同業團體時，你只納入在該公司所屬國家設立登記並交易的公司，那麼在建構真正的同業團體時，你事實上已處於劣勢。將這些公司全數納入同業團體，才是正確的做法，但接下來你也必須設法控制

地域上的差異（包括公司設立的國家與實際營運的地區），才能做出合理的定價比較。

• **比較差異：**

除了控制地理區域的差異之外，在為成熟企業定價時，還有一項更根本的問題值得關注：即使你已經將樣本範圍限定為有獲利的成熟企業，也不能假設所有成熟企業都同樣具備保護其獲利能力的條件。

具體來說，如果一家企業擁有較高的進入障礙與競爭優勢（亦即具備護城河），市場對它的定價應該會高於那些不具備這些優勢的企業。此外，倘若該產業正面臨即將發生或已經發生的破壞，也會動搖該產業中成熟企業的定價，因為原本的歷史常態可能不再適用。

對策：不只使用基礎資訊

在為成熟企業定價時，我經常會善用對這些企業所掌握的額外數據，不過我仍建議對下列三個面向保持謹慎：

• **對抗偏誤：**

儘管你的主觀預設（priors）可能會驅使你這麼做，你仍應避免反覆嘗試各種定價倍數，只為找到一個能得出預期結果的倍數。

要避開這個陷阱最有效的方法，是在查看各種定價倍數的估值結果之前，就先決定好你要採用哪一個倍數。選擇倍數時，應該同時考量傳統慣例（也就是該產業中歷來最常使用的倍數）與商業判斷。

在評估專案品質時，合理的作法是將市值對應到該產業廣泛使用的變數——這也說明了為何零售業常用營收倍數（price-to-sales multiples）、基礎建設業常用 EV/EBITDA 倍數、而金融服務業則傾向使用股價淨值比（price-to-book ratio，簡稱 PBV）。

• **全球化：**

隨著成熟企業之間的競爭越來越呈現全球化態勢，在建立定價所用的同業團體時，也應該同步採取全球化策略。這將要求你：一，在比較盈餘倍數或帳面價值倍數時，排除不同國家間的會計準則差異；二，設法衡量企業在各地營運所面臨的國家風險，並將其納入折現率的估算中。

• **控制競爭護城河和對破壞的曝險程度：**

在比較同業團體裡各企業的定價時，你必須設法衡量它們的競爭優勢。其中一個廣泛使用的替代指標，是企業賺取的投入資本報酬率，這個數值的優點在於容易計算，且不同公司之間具可比性；但缺點是它是會計數字，可能會受到會計準則不一致與會計選擇的影響。另一個可用的替代指標是營業利潤率，特別是在那些競爭優勢會轉化為定價能力與更高利潤率的產業中。

> • **個案研究——第二部分：2022 年 9 月，為聯合利華定價**

導言

為了在 2022 年 9 月為聯合利華進行定價，我搜尋了全球市值超過 100 億美元的個人產品公司（personal products，通常指美妝、保養等個人消費品），共列出 21 家公司。

接著，我為這些公司分別計算了多種定價倍數（包括本益比、股價淨值比、市值對營收比〔EV/Sales〕、企業價值對稅息折舊攤提前盈餘比〔EV/EBITDA〕，以及企業價值對投入資本比〔EV/Invested Capital〕）。其結果如表 12-2 所示。

表 12-2 | 2022 年 9 月全球個人產品公司的定價倍數

企業	所在國家	本益比	股價淨值比（P/B 比）	企業價值對銷售額倍數（EV/Sales）	企業價值對EBITDA倍數	企業價值對投資資金倍數（EV/Inv Cap）	稅前營業利潤率	稅前投資報酬率	預期成長率
寶僑（NYSE: PG）	美國	22.36	7.21	4.42	16.50	5.01	23.31%	26.39%	4.75%
聯合利華（LSE: ULVR）	英國	19.13	5.54	2.47	12.72	2.92	17.50%	20.72%	5.03%
萊雅集團（ENXTPA: OR）	法國	32.44	6.83	5.13	24.56	5.88	19.48%	22.33%	12.00%
利潔時（LSE: RKT）	英國	14.47	4.93	3.89	15.52	3.00	22.85%	17.60%	8.18%
雅詩蘭黛（NYSE: EL）	美國	36.63	15.66	5.15	21.37	9.75	19.99%	37.85%	10.30%
赫力昂（LSE: HLN）	英國	14.64	0.82	3.29	15.55	0.87	19.46%	5.16%	5.49%
高露潔-棕欖（NYSE: CL）	美國	32.37	374.51	3.95	16.66	9.84	20.53%	51.20%	3.21%
金百利克拉克（NYSE: KMB）	美國	23.40	70.46	2.51	14.60	5.44	13.44%	29.19%	5.79%
漢高（XTRA: HEN3）	德國	22.05	1.24	127	10.18	1.22	9.98%	9.55%	3.41%
印度聯合利華（NYSE: PG）	印度	65.54	12.24	10.85	46.20	13.84	22.28%	28.42%	13.90%
丘奇＆德懷特（NYSE: CHD）	美國	24.54	5.39	4.05	18.36	3.64	18.47%	16.60%	5.46%
拜爾斯道夫（XTRA: BEI）	德國	30.52	2.93	2.55	15.75	3.42	13.61%	18.28%	11.80%
花王（TSE: 4452）	日本	27.95	2.64	1.80	11.91	2.68	9.19%	13.65%	6.40%
愛適瑞（OM: ESSITY B）	瑞典	23.95	2.33	1.59	11.87	1.69	8.42%	8.95%	9.97%
資生堂（TSE: 4911）	日本	25.17	3.16	2.08	19.48	2.61	3.48%	4.38%	21.10%
嬌聯（TSE: 8113）	日本	42.20	4.34	2.91	15.65	7.70	13.87%	36.65%	10.70%
高樂氏（NYSE: CLX）	美國	38.39	31.90	2.91	21.98	5.87	10.22%	20.58%	6.59%
聯合印尼（IDX: UNVR）	印尼	28.77	38.71	4.27	19.46	74.20	19.90%	345.46%	3.46%
Dabur India Ltd. (NSEI: DABUR)	印度	57.34	11.92	8.97	44.95	12.44	18.02%	25.00%	9.44%
Godrej Consumer Products Ltd. (NSEI: GODREJCP)	印度	55.11	8.18	7.54	39.97	8.32	17.58%	19.41%	11.00%
雲南貝泰妮生物科技集團（SZSE: 300957）	中國	72.06	14.61	14.54	62.66	75.46	22.76%	118.11%	31.00%

第1四分位數	23.40	3.16	2.51	15.52	2.92	13.44%	16.60%	5.46%
中位數	28.77	6.83	3.89	16.66	5.44	18.02%	20.72%	8.18%
第3四分位數	38.39	14.61	5.13	21.98	9.75	19.99%	29.19%	11.00%
聯合利華 vs.中位數	-33.50%	-18.84%	-36.50%	-23.64%	-46.27%	-2.89%	0.01%	-38.51%

無論使用哪一種倍數指標，聯合利華的數值都低於該產業的中位數，但其被低估的程度因倍數而異；以股價淨值比來看，聯合利華看起來幾乎沒有被低估，但如果看「企業價值／銷售額」和「企業價值／投資資金」這兩個指標，則呈現出明顯的低估狀況。

在最後三欄裡，我特別強調了在比較公司定價時，必須納入控制的三個變數：營業利潤率、資本報酬率，以及預期盈餘成長率。

簡單來說，你應該預期，那些擁有更高利潤率、更高資本報酬率，以及更高盈餘成長率的企業，其交易倍數也會更高。

就利潤率與資本報酬率而言，聯合利華幾乎落在中位數附近，但在盈餘成長率方面則遠低於中位數，這可能正是它的市場定價低於同業團體的原因。

為了衡量聯合利華的低成長率在多大程度上解釋了其較低的定價，我對本產業中各企業的本益比（PE）與預期成長率做了回歸分析[4]：

$$本益比 = 19.30 + 152.65（預期成長率） \quad R^2 = 37.94\%$$
$$\quad\quad\quad (3.77)\quad(3.41)$$

---

4 作者注：如果你對統計知識已經有點生疏，這裡用的是簡單線性回歸。營業利潤率的差異可解釋「企業價值／銷售額」比值變異的38%（也就是 **R-squared** 值）。回歸係數下方括號中的數字則是 t 統計量（t 值若高於2，表示具有統計上的顯著性）。

雖然你可能對這次回歸分析的 R^2 為 38%不太驚豔,但這確實顯示,在這個產業中,成長率較高的公司確實能取得更高的本益比。將分析師預測聯合利華的盈餘成長率 5.03%代入這個回歸公式,可得其預期本益比是 26.98 倍。

聯合利華的預期本益比＝19.30＋152.65（5.30%）＝26.98

聯合利華的本益比是 19.13 倍,整體來看仍顯得被低估了。

估值的附加與增補

對於那些擁有長期獲利紀錄的成熟企業,我最常面對的兩項重大隱憂是:一,產業的破壞性變革可能會顛覆它們既有的商業模式;二,經營高層的人事變動,可能使企業偏離過往的發展軌跡,走上截然不同的路徑。

破壞的陰暗面

在過去 10 到 20 年間,產業破壞現象大幅增加。許多年輕企業與新創公司毫無包袱,帶著全新的商業模式闖入原本穩定且獲利良好的產業,並在過程中顛覆了原有的產業經濟結構。

這些破壞者受到大量關注,我也在第 10 章討論過如何對這些破壞者做出估值與定價──但相較之下,被破壞的一方,也就是那些往往在一夕之間從穩定獲利變得岌岌可危的成熟企業,卻沒有獲得足夠的關注。

我曾在美國看到這樣的例子。當亞馬遜顛覆了零售產業時,實體零售業受到嚴重衝擊;我也見證了傳統計程車業在 Uber 和 Lyft 等共乘平臺出現後的劇烈轉變。因此,如果你要為一家成熟企業估值,明智的做法

是至少審慎考慮該企業可能遭遇破壞的風險。就我的觀察，遭到破壞的企業似乎具備三項共通特徵：

1. 龐大的經濟足跡：

企業被破壞的機率，通常和消費者在該企業花費的金額成正比。照這個邏輯，就不難理解為什麼金融服務業（例如主動式資金管理、財務顧問服務、企業財務）和教育產業會吸引這麼多破壞者，而出版業則成為較不具吸引力的攻擊目標。

2. 低效率的生產與交付機制：

被破壞的企業通常有一個共通特徵，就是營運效率低落，而無論是生產者或消費者，似乎都對現況不滿。消費者不滿，是因為生產者無法回應他們的需求，提供的產品不是品質不佳，就是無法真正滿足需求，卻仍收取高價；另一方面，生產者本身似乎也沒有獲得太多盈餘。

3. 過時的競爭障礙和市場慣性：

你或許會好奇，既然這些企業規模龐大又營運低效，為什麼還能存續這麼久？**它們仰賴的最強大力量，就是市場的慣性**：消費者早已習慣接受現狀。再加上某些原意已不復存在的監管規範或特許執照，如今主要功能反而變成保護現有業者免於被顛覆。此外，產業本身的高進入障礙（例如資本、知識、技術門檻）也進一步強化了這種防護。

假如一家成熟企業所在的產業已經遭遇破壞，或即將面臨破壞，你在估值時，幾乎每一個輸入項目都必須將破壞的影響納入考量，如圖 12-5 所示。

圖 12-5 │ 遭遇破壞威脅下的成熟企業估值

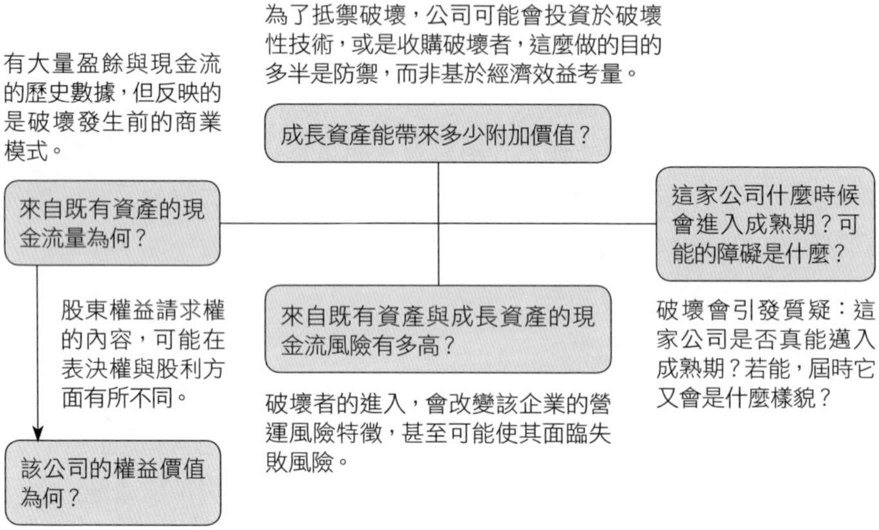

有大量盈餘與現金流的歷史數據，但反映的是破壞發生前的商業模式。

為了抵禦破壞，公司可能會投資於破壞性技術，或是收購破壞者，這麼做的目的多半是防禦，而非基於經濟效益考量。

成長資產能帶來多少附加價值？

來自既有資產的現金流量為何？

這家公司什麼時候會進入成熟期？可能的障礙是什麼？

股東權益請求權的內容，可能在表決權與股利方面有所不同。

來自既有資產與成長資產的現金流風險有多高？

破壞會引發質疑：這家公司是否真能邁入成熟期？若能，屆時它又會是什麼樣貌？

破壞者的進入，會改變該企業的營運風險特徵，甚至可能使其面臨失敗風險。

該公司的權益價值為何？

總之，處於遭到破壞的產業中的成熟企業，可以預期其營業利潤率將會下降、風險上升，從而導致估值下滑。

控制權的價值

一家企業的價值，取決於其管理階層的決策——包括資源要投資在哪裡、該如何為這些投資籌措資金，以及應該返還多少現金給企業的所有人。因此，在我為一家公司進行估值時，無論明示或暗示，我都會對「由誰來經營這家公司」以及「他們會怎麼經營」做出假設。

如果我假設該公司由無能的經理人領導，其企業價值就會遠低於由稱職的管理團隊經營的情況。當被估值的對象是一家已有管理階層的既存公司（無論是非上市或上市企業），我便會面臨一項選擇：我可以根據現任經營團隊來估值，所得到的結果就是「現狀估值」（status quo value）；我也可以假設這家公司交由一組理想的經營團隊來管理，重新估值後得出「理想估值」（optimal value）。**這兩者之間的差額，可以視為該企業的控制權價值**（value of control），如圖 12-6 所示。

圖 12-6｜預期控制權價值

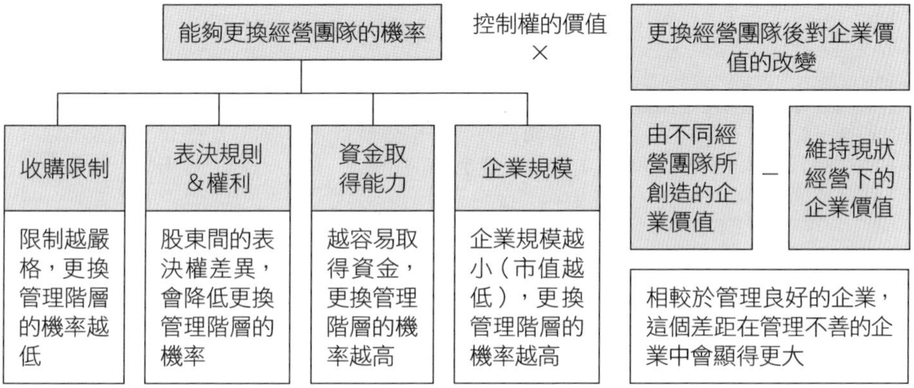

```
            能夠更換經營團隊的機率          控制權的價值     更換經營團隊後對企業價
                                          ×              值的改變
   ┌──────┬──────┬──────┬──────┐      ┌──────────┬──────────┐
   收購限制  表決規則  資金取    企業規模        由不同經    維持現狀
            &權利   得能力                    營團隊所  − 經營下的
                                              創造的企    企業價值
                                              業價值
   限制越嚴  股東間的表 越容易取  企業規模越
   格，更換  決權差異， 得資金，  小（市值越      相較於管理良好的企業，
   管理階層  會降低更換 更換管理  低），更換      這個差距在管理不善的企
   的機率越  管理階層的 階層的機  管理階層的      業中會顯得更大
   低       機率       率越高    機率越高
```

請注意，想要讓這項控制權價值真正發揮作用，必須能夠更換公司的管理階層。而這種變動是否可能，會取決於多項因素，包括股份之間的投票權差異、資金取得管道，以及公司的規模。

假設你能夠更換管理階層，那麼在經營方式上，你可以做出哪些改變來提升企業的價值？我採用估值輸入項目的架構，整理了幾個關於企業經營的重要問題，並著眼於哪些部分可以影響企業價值，如圖 12-7 所示。

圖 12-7 ｜ 改變估值的模板

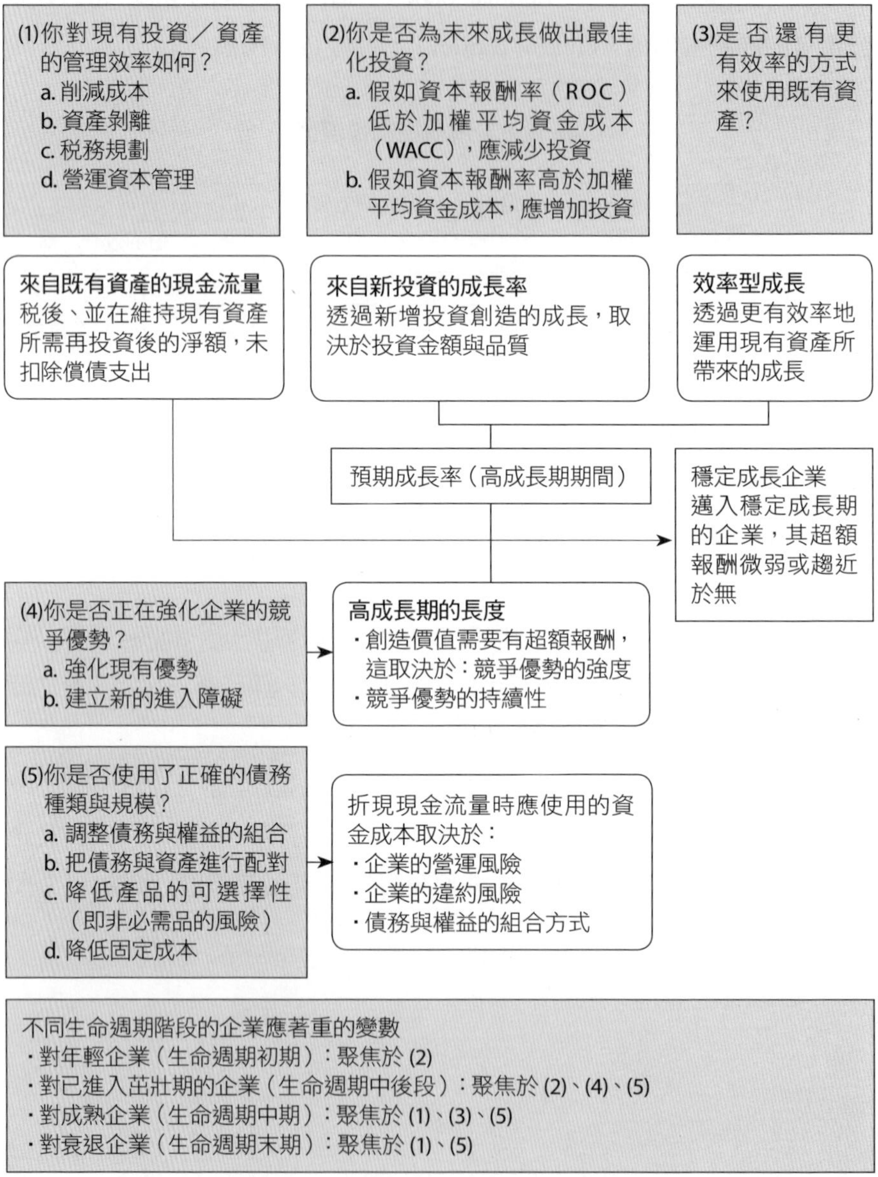

(1) 你對現有投資／資產的管理效率如何？
a. 削減成本
b. 資產剝離
c. 稅務規劃
d. 營運資本管理

(2) 你是否為未來成長做出最佳化投資？
a. 假如資本報酬率（ROC）低於加權平均資金成本（WACC），應減少投資
b. 假如資本報酬率高於加權平均資金成本，應增加投資

(3) 是否還有更有效率的方式來使用既有資產？

來自既有資產的現金流量
稅後、並在維持現有資產所需再投資後的淨額，未扣除償債支出

來自新投資的成長率
透過新增投資創造的成長，取決於投資金額與品質

效率型成長
透過更有效率地運用現有資產所帶來的成長

預期成長率（高成長期期間）

穩定成長企業
邁入穩定成長期的企業，其超額報酬微弱或趨近於無

(4) 你是否正在強化企業的競爭優勢？
a. 強化現有優勢
b. 建立新的進入障礙

高成長期的長度
・創造價值需要有超額報酬，這取決於：競爭優勢的強度
・競爭優勢的持續性

(5) 你是否使用了正確的債務種類與規模？
a. 調整債務與權益的組合
b. 把債務與資產進行配對
c. 降低產品的可選擇性（即非必需品的風險）
d. 降低固定成本

折現現金流量時應使用的資金成本取決於：
・企業的營運風險
・企業的違約風險
・債務與權益的組合方式

不同生命週期階段的企業應著重的變數
・對年輕企業（生命週期初期）：聚焦於 (2)
・對已進入茁壯期的企業（生命週期中後段）：聚焦於 (2)、(4)、(5)
・對成熟企業（生命週期中期）：聚焦於 (1)、(3)、(5)
・對衰退企業（生命週期末期）：聚焦於 (1)、(5)

這項控制權價值適用於企業生命週期的各個階段,但成熟企業更常成為實施此策略的目標,原因有二:成熟企業提升估值的潛力遠高於年輕企業,部分原因是它們擁有更多既有資產,出現低效率與削減成本的可能性也更高;部分則是它們能較容易調整籌資組合,從而降低資金成本。

當你做出這些更動時,回報通常更加立竿見影,不像改善成長性投資,往往需要更長的時間視野與耐心才能見到成效。

回顧前述改變企業價值的步驟,可以明顯看出,不同企業提升價值的路徑各不相同。

管理不佳在不同企業中可能以不同形式出現。如果企業對既有資產的管理不善,提升價值的方式主要是更有效地管理這些資產——讓資產帶來更高的現金流量,實現效率成長;如果企業的投資政策健全,但籌資政策不當,提升價值的方式則主要是改變其債務與權益的組合,從而降低資金成本。

表 12-3 概述了現任管理階層可能存在的問題、可行的修正措施,以及這些修正對企業價值的影響。

表 12-3 | 提升企業價值的方法

潛在問題	現象表現	可行修正	對企業價值的影響
既有資產管理不善	營業利潤率低於同業團體,資本報酬率低於資金成本	更有效地管理既有資產。這可能包括撤資表現不佳的資產	提高既有資產的營業利潤率與資本報酬率 → 提高營業利益效率成長 → 資本報酬率提升的短期內,提高估值
管理階層過於保守(未善用成長機會)	在高成長期間,再投資比率偏低,但資本報酬率很高	增加再投資,就算資本報酬率低於現有水準,只要仍高於資金成本	高成長率與高再投資比率 → 企業價值提高,因為再投資能創造價值了
管理階層過度再投資(投入破壞價值的成長)	高再投資比率,但資本報酬率低於資金成本	降低再投資比率,直到邊際資本報酬率至少等於資金成本	成長率與再投資比率下降 → 企業價值反而提高,因為企業不再破壞價值

管理階層未善用潛在策略優勢	高成長期間短暫或不存在，幾無超額報酬	建立競爭優勢	延長高成長期間，並實現更大超額報酬→提高企業價值
管理階層在債務運用上過於保守	負債比率低於最適水準（或產業平均）	提高舉債比例	較高的負債比率與較低的資金成本→提高企業價值
管理階層過度使用債務	負債比率高於最適水準	降低舉債比例	較低的負債比率與較低的資金成本→提高企業價值
管理階層使用錯誤的籌資方式	資金成本高於應有水準（相對於企業的盈餘能力）	透過資產擔保、掉期、衍生商品或再融資[5]，使負債與資產相匹配	較低的債務成本與資金成本→提高企業價值
持有過多現金，市場不信任管理階層	現金與可交易證券占企業價值比重過高；過去投資紀錄不佳	把現金返還給股東（發放股利或實施庫藏股）	企業價值會因現金支出而下降，但股東可得利益上升，因為市場已將這些現金打了折
投資於無關聯企業	持有大量交叉持股，而這些公司被市場低估	首要步驟是提高交叉持股的資訊透明度；若無效則考慮處分這些持股	出售交叉持股可能會降低企業價值，但若交叉持股被低估，處分所得會使企業價值淨增加

假如一家企業的控制權即將改變，那麼為這家公司做出估值，是相當合理的作法：一次是在由現任管理階層經營的情況下做出估值（現狀估值），另一次則是根據你認為可以，或即將實施、能提升企業價值的改革來估值（理想估值）。

5　譯注：再融資（refinancing）在企業財務中，指企業將原有債務替換為條件不同的新債務，例如以利率更低或期限更長的債務，取代原本的高利率短期債。這類操作可協助企業降低資金成本、延長償債期限，或調整資本結構，以配合其營運與投資策略。再融資常見形式包括發行新債券來償還舊債，或與原始債權人協商修改貸款條件。

• 個案研究──第三部分：為聯合利華進行控制權估值

本章前段為聯合利華估值時，我指出該公司在過去 20 年裡，努力追求更高的成長率，但無論是收購大型還是小型公司，成果都相當有限。隨著時間推移，聯合利華的股東對管理階層日益不滿，而 2022 年對葛蘭素史克（GSK）的併購提案遭拒，更強化了投資人認為公司應該改變的看法。

這股不滿引來了激進投資人入場，其中包括尼爾森・佩茲（Nelson Peltz），他雖然僅持有聯合利華 1.5%的股份，卻迅速進入董事會。儘管佩茲並未明確說明他希望公司做出哪些調整，但回顧他先前投資寶僑（Procter & Gamble）的案例──這家公司在業務性質、歷史沿革與全球布局上都與聯合利華相似──他曾主張簡化管理架構，並將重心從年長品牌轉向更能吸引年輕市場的產品。

佩茲的論點似乎是，聯合利華的產品組合涵蓋品牌過多，且分布於過多的地理區域與事業領域。他認為，若能聚焦在正確的地區，將有助於提升成長性；而若強化以個人保養品這類高營業利潤率的事業為核心，則有望改善整體企業層級的利潤率。

有鑑於聯合利華旗下品牌與事業的複雜程度，加上我對該公司營運細節掌握有限，我在此假設的改變將會較為保守，僅針對公司層級進行調整，並彙整於表 12-4 中。

表 12-4｜聯合利華在 2022 年重組所導致的估值輸入項目變化

估值輸入項目	現狀估值	重組後估值	調整理由
營收成長率	第 1-10 年為 2%	第 1-5 年為 3%，第 6-10 年為 2%	印度與中國的成長更高
營業利潤率（稅前）	18%	20%	更聚焦於（利潤率較高的）個人保養事業
資本營收比（Sales to Capital）	1.80	2.50	減少收購案
資金成本	8.97% → 8.97%	8.00% → 8.00%	最佳化籌資組合

我知道，儘管這些改變在數學上看起來微不足道，但是對聯合利華這樣規模龐大、結構複雜的企業而言，要實現這些改變也得付出極大的努力。如果這些改變得以落實，其對估值的影響將非常可觀，如圖 12-8 所示，其中展示了重組後的估值結果。

圖 12-8 ｜ 2022 年 9 月，聯合利華重組後的估值

聯合利華						2022 年 9 月
			重組後狀況			
聯合利華是一家低成長企業，但各項事業具有穩健的營業利潤率。經過重組後，該公司將能以稍快的速度成長，同時略為提升利潤率（透過剔除低利潤率品牌）。它不需要大量再投資，雖然過程中仍會做出一些小規模收購，並且會維持目前的籌資組合與股利政策不變。							
			假設前提			
	基準年度	翌年	第 2-5 年	第 6-10 年	第 10 年後	與故事的連結
營收（a）	€52,444.00	3.0%	3.00% → 2.00%		2.00%	未來 5 年成長略為上升
營業利潤率（b）	18.38%	20.0%	20.00% → 20.00%		20.00%	聚焦於個人保養產品後，利潤率提升
稅率	25.00%		25.00% → 25.00%		25.00%	採用全球／美國的邊際稅率水準
再投資（c）		2.50	2.50 → 2.50		16.67	維持全球產業平均水準
資本報酬率	14.39%	邊際資本報酬率＝	63.30%		12.00%	品牌強勁
資金成本（d）			8.00% → 8.00%		8.00%	籌資組合優化，導致資金成本下降
			現金流量			
	營收	營業利潤率	息前稅前淨利	稅後息前稅前淨利	再投資	企業自由現金流量（FCFF）
1	€54,017	20.00%	€10.803	€8.103	€629	€7,473
2	€55,638	20.00%	€11,128	€8,346	€648	€7,697
3	€57,307	20.00%	€11,461	€8,596	€668	€7,928
4	€59,026	20.00%	€11.805	€8,854	€688	€8,166
5	€60,797	20.00%	€12,159	€9,120	€708	€8,411
6	€62,499	19.35%	€12.094	€9,070	€681	€8,389
7	€64,124	19.51%	€12,512	€9,384	€650	€8,734
8	€65,663	19.68%	€12,919	€9,690	€616	€9,074
9	€67,108	19.84%	€13,313	€9,984	€578	€9,407
10	€68,450	20.00%	€13,690	€10,267	€537	€9,731
終值年度	€69,819	20.00%	€13,964	€10,473	€1,745	€8.727

估值		
終值	€ 145,456.24	
終值現值	€67,374.38	
未來10年現金流量現值	€ 56,038.13	
營運資產價值＝	€ 123,412.52	
財務困境調整值	€ 0.00	失敗機率＝0.00%
－債務＆少數股權	€ 36,686.00	
＋現金＆其他非營運資產	€7,613.00	
權益價值	€ 94,339.52	
－權益選擇權的價值	€ 0.00	
發行股數	2569.20	
每股價值	€ 36.72	當時的股價＝$45.60

　　我所估計的每股價值，從現狀估值的 24.20 歐元，上升到理想估值的 36.72 歐元——增幅約為三分之一——但仍明顯低於市場價格。

結論：別讓成熟企業淪為價值陷阱

　　當為一家企業估值時，如果你最倚賴的關鍵因素是大量的歷史數據，以及可以從這些資料中建構模型的可識別模式，那麼你應該會發現，成熟企業正是估值的甜蜜點。這類公司往往經過數十年的累積，建立起橫跨多種產品與地理區域的業務，實現穩定的獲利，儘管成長有限。

　　在這些情況下，單靠對過往的延伸推估，可能就足以完成估值，無需對未來成長性、管理品質或競爭優勢進行過多主觀判斷。然而，這樣的流程也可能會誤導你，尤其當企業的經營效率低落，管理階層以慣性而非分析驅動其投資、籌資與股利政策時，更是如此。

　　對於這類企業，你應當評估是否能改變其經營做法，以及這些改變所能帶來的價值提升——這正是激進投資策略的核心。在過去 20 年間，

還出現另一項發展，讓許多在估值成熟企業時過度仰賴歷史資料的人措手不及，那就是破壞者的崛起。它們往往能在極短時間內，澈底改變既有企業的獲利能力與成長特質，把好企業一夕之間變成壞企業。

倘若成熟企業的管理階層忽視這種破壞力，他們將眼睜睜看著自己的商業模式被顛覆；而那些在估值或定價時忽視破壞力量的投資人，則會發現自己誤入「價值陷阱」——這些股票看似便宜，卻只會持續走低。

第13章

衰退企業的
估值與定價

我在前幾章中，檢視並試圖處理企業在不同生命週期階段所面臨的估值挑戰：第 10 章是新創與年輕企業，第 11 章是高成長企業，第 12 章則是成熟企業。本章，我將把焦點轉向企業生命週期的最後階段──衰退階段的估值問題。

在為衰退企業估值時，**所遇到的挑戰大多不是來自技術層面，而是心理層面**。投資人與公司管理階層往往天性樂觀，要他們預設一家企業的未來將步入衰退、甚至可能走向終結，聽起來似乎不太自然；而若是帶著這樣的預期來經營企業，則更像是一種投降。

因此，對這類企業價值造成最大傷害的，往往是管理階層拚命設法讓企業「重返成長」──有時是持續投入大量資金在萎縮或表現不佳的事業上，有時則是藉由收購成長型企業──以及投資人預設這些投資將會帶來報酬的錯誤期待。

衰退企業的估值

在討論成熟企業估值的章節，我曾指出，隨著企業邁入成熟階段，營收成長會逐漸下滑，趨近於整體經濟的成長率，利潤率則會趨於穩定。

雖然管理階層可能不會樂見這些趨勢，畢竟他們更偏好高成長與持續上升的利潤率，但總有一天，這些企業將不得不面對更惡化的趨勢線──當顧客品味改變、市場轉變或技術發展對它們不利時，**營收可能開始萎縮，利潤率也會受到擠壓**。本節將聚焦於這些處於衰退階段的企業，以及如何為它們進行最恰當的估值。

特徵：由盈轉虧的箇中因素

上一章探討成熟企業時，我們檢視了破壞者如何進入產業，以及投資人在估值時如何考量這些破壞帶來的影響──包含營收與盈餘的衰

退，以及由此導致的估值下滑。

在本章，我們先從觀察衰退企業常見的幾項特徵開始，並聚焦於這些特徵對管理階層與投資人所造成的挑戰。對管理階層而言，這些特徵讓經營變得更加困難；對投資人而言，這些特徵會讓估值與定價更加棘手。並非每一家衰退企業都具備所有這些特徵，但它們之間確實有許多共通之處，可歸納出以下幾項普遍現象：

1. **營收停滯或衰退**：一家企業是否正處於衰退，最明顯的訊號或許是，**即使在景氣良好的時期，其營收依然長期無法成長**。營收呈現下滑，或其成長率低於通膨率，都顯示該企業的營運能力疲弱。如果這種營收表現不只出現在個別企業，而是整個產業普遍皆然，那麼問題便不只是出在該公司管理階層，而是反映了整個產業本身的結構性困境。
2. **利潤率縮小或轉為負值**：衰退企業的營收停滯，通常也伴隨著營業利益率的下降，一方面是因為定價能力逐漸喪失，另一方面則是企業為了避免營收進一步下滑，主動降低產品與服務的售價。這兩種因素交互影響，導致企業的營業利益惡化、甚至轉為負值。雖然偶爾會出現獲利飆升的情況，但那通常來自資產出售，或一次性的非經常性收益。
3. **資產剝離**：假如一家衰退企業的特徵之一，是它的既有資產對其他公司而言更具價值——這些公司打算用不同且更有效率的方式來運用這些資產——那麼可以合理推論，資產剝離在衰退企業中會比處在生命週期早期的企業更為常見。如果該企業背負大量債務，為了避免違約或償還債務，資產剝離的動機也會更為強烈。
4. **以收購尋求成長**：這點乍看之下似乎矛盾，但在某些衰退企業中反而更常見到收購行為，其中不少是出於絕望。事實上，在衰退企業中，「防禦性收購」（defensive acquisitions）變得越來越普遍——也就是企

業明知自己出價過高,卻仍選擇收購另一家公司,理由是:如果自己不買,競爭對手就會買。

5. **大舉發放報酬——現金股利與庫藏股**:衰退企業幾乎沒有任何能創造價值的成長性資產,而既有資產可能仍能產生正向現金流,再加上資產剝離也會帶來現金流入。因此,對這類企業(尤其是負債負擔較低的)來說,大舉發放現金股利(有時甚至超過盈餘),以及回購庫藏股,都是合理的做法。
6. **財務槓桿的負面效應**:如果舉債是一把雙面刃,那麼衰退企業往往碰上的是錯誤的那一面。既有資產帶來的盈餘停滯甚至下滑,成長性又有限,難怪部分衰退企業會被債務壓得喘不過氣。請注意,**這些債務往往是在企業生命週期較健康的階段所取得的**,當時的借款條件如今已難以複製。除了難以履行原本的償債義務之外,這些企業在再融資時也會遭遇更大困難,因為放款人會要求更嚴苛的條件。

挑戰:成功翻轉,或苟延殘喘

一家企業的內在價值,是它整個生命週期中預期現金流量的折現值。這項原則本身雖然不變,但在估值衰退企業時,當我試圖預測其現金流量並進行估值,就會面臨一些獨特的挑戰。

就如同前幾章的做法,我會將這些挑戰分別納入以下幾個面向來探討:既有資產、成長資產、風險,以及對穩定成長的假設。

既有資產

在為衰退企業的既有資產估值時,我會預估這些資產未來可帶來的現金流量,並以風險調整後的折現率將其折現回現值。這是標準的估值程序,不過,衰退企業的兩項特徵,可能會讓這個步驟變得更具挑戰性:

1. **盈餘低於資金成本：**

在許多衰退企業裡，**既有資產即使仍具獲利能力，其報酬率也往往低於資金成本**。自然的結果是，將這些資產產生的現金流量，以資金成本作為折現率進行折現後，所得出的價值將低於當初投入在這些資產上的資本。從估值的角度來看，這並不令人意外；只要資產的報酬率未達應有水準，就可能對企業價值造成損害。

2. **資產剝離的影響：**

當既有資產的報酬率低於資金成本時，合理的對應做法，是將這些資產出售或剝離，並期望能找到願意支付高價的買家。然而，資產剝離會造成歷史資料的不連續性，使得未來的預測更為困難。

為了理解資產剝離如何影響過去的數據，不妨設想一家企業在去年年中剝離了相當大一部分資產，那麼**去年的所有營運數據，包括營收、營業利潤率和再投資**，都會受到該剝離事件的影響，這些年度數據同時也包含了剝離前那段期間的營運成果。同樣地，如果風險參數（例如 β 值）是透過過去的股價或報酬率計算，也可能會受到年中資產剝離事件的影響。

從預測角度來看，假如預期某家公司在未來幾年內將剝離大量資產，你除了要確認哪些資產將被剝離，並評估剝離對營收與盈餘的影響之外，還必須估計這些資產預期帶來的處分收益。換句話說，**資產剝離本身不會直接影響企業價值，但你對公司可從中獲得多少現金的預期，將會左右最終估值**。

簡而言之，當既有資產的報酬低於資金成本，就表示公司在繼續經營的前提下，從這些資產中取得的價值，可能會低於直接剝離資產所能獲得的價值，尤其是在買家能將這些資產發揮更大效益的情況下。

成長資產

由於在衰退企業中，成長資產並不被預期創造太多價值，因此它們在估值中通常不會產生顯著影響。雖然這在大多數情況下確實如此，但有兩項變數，可能會對某些個別公司的估值帶來顯著影響：

1. 資產剝離和規模萎縮：

如果一家公司的事業表現變差（也就是投資報酬低於資金成本），明智的管理團隊會試圖縮小企業規模——剝離那些報酬遠低於資金成本的資產。這類資產剝離，至少在可預見的未來，**雖然會導致負的成長率，卻能為企業帶來現金流入**。對於多數習慣分析財務狀況較健全企業的分析師而言，負的成長率加上現金流量高於盈餘的組合儘管令人難以接受，卻正是許多衰退企業的典型特徵。

2. 為了成長在所不惜：

有些衰退公司拒絕承認自己在生命週期所處的階段，仍繼續投資新資產，彷彿它們仍具有成長潛力，結果卻對估值造成反效果。當一家衰退企業持續投入越來越多的資金，用於報酬率預期偏低的新資產或價格過高的收購案，雖然營收可能會上升，但估值卻會隨之下降。

簡單來說，有些衰退企業可能會設法繼續成長，但往往是以犧牲企業價值為代價；也有一些企業會接受自己在生命週期中的位置，選擇逐步縮小規模。極少數幸運的企業或許能成功實現轉型，再度成為成熟或高成長企業。

風險

資金成本是股權成本與債務成本的加權平均值，但在衰退企業中，

為什麼這些數字特別難以估計？關鍵在於其籌資組合持續變動、資產組合不斷轉換，加上市場對其財務困境的擔憂，使得評估風險變得更加複雜。

某些衰退企業的典型做法是大舉發放股利和實施庫藏股，而這會影響你在計算時所使用的整體權益與負債比率。將大量現金回饋給股東，會透過配息降低股東權益的市值，透過庫藏股減少流通在外的股數。如果企業沒有按比例償還債務，負債比率就會上升，進而影響債務成本、權益成本，以及整體資金成本。

許多衰退企業的典型特徵，是剝離部分資產，收購其他資產，有時甚至會進軍新的產業或市場。這表示，**企業的資產／事業組合正在改變，連帶也改變了營業風險與資金成本。**

失去償債能力的風險，會對權益成本與債務成本產生重大影響。隨著違約風險上升，債務成本會隨之提高，有些取得信用評等的公司，其評等甚至會被下調至垃圾等級。如果營業利益低於利息費用，舉債的稅務利益也會隨之消失，導致稅後債務成本承受進一步的上行壓力。

當負債對權益的比率升高，權益投資人會面臨更大的盈餘波動，因此權益成本也應該上升。從估算角度來看，如果分析師是使用回歸 β 值（這種 β 值是在延遲基礎上反映股權風險），可能會遇到一種不尋常的情況：所估算出的權益成本竟然低於稅前債務成本[1]。

總結來說，**衰退企業的資金成本往往是一個持續變動的狀態。**營業風險可能因為企業剝離關鍵事業部位而改變；當企業將現金返還給權益

---

[1] 作者注：回歸 β 值是根據長期的歷史報酬率計算而得。倘若在這段期間內，該公司的狀況仍屬健康（或至少比現在更健康），那麼這個回歸 β 值就會低估公司的真實 β 值。

投資人、償還債務，負債比率也會隨之變動；而失去償債能力及由此帶來的失敗風險，對某些企業而言，則是一項明確且迫在眉睫的威脅。

穩定成長與終值

本書前面幾章已經詳細說明估計終值的標準流程：首先，你要為企業估計一個能夠永久維持的成長率——前提是這個成長率不得高於整體經濟的成長率，通常可由無風險利率作為替代指標。

接著，你需對企業在永續經營下可創造的超額報酬做出合理假設，並根據此數據預估其再投資率。

最後，為終值的計算設定一個貼現率，而這個貼現率中的風險參數，必須能反映企業將趨於穩定的特性。在這方面，衰退企業與陷入償債困境的企業，會帶來特別的估值挑戰。

第一，你必須考量**這家企業可能無法走到穩定成長階段的機率**。許多衰退企業會因違約而倒閉，尤其是在債務負擔沉重的情況下；也有一些企業即使尚未陷入財務困境，仍可能選擇自行清算。

第二，即便一家公司預期能存活到達穩定狀態，它的永久成長率不僅可能遠低於經濟成長率與通膨率，在某些情況下甚至可能為負值。本質上，**這家公司雖會持續存在，但隨著市場萎縮，其規模將會逐步縮小**。

第三，對那些目前盈餘遠低於資金成本、且現任管理階層堅決否認公司現況的衰退企業而言，其永久成長率可能來自於公司持續投入報酬低於資金成本的專案，本質上就是**把企業永久鎖進價值毀滅的狀態中**。

在圖 13-1，我總結了為衰退企業——尤其是為那些背負沉重債務壓力的企業做出估值時，將會面臨的挑戰。

圖 13-1｜為衰退企業估值時的挑戰

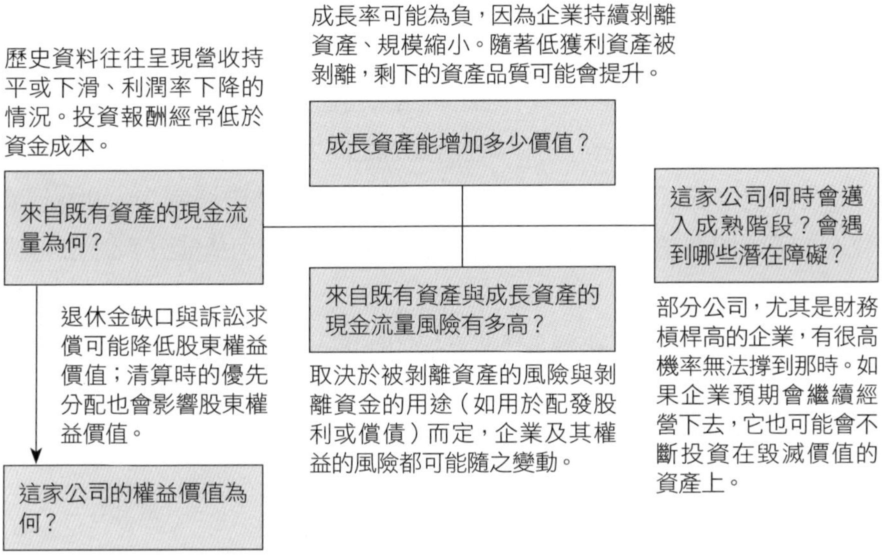

歷史資料往往呈現營收持平或下滑、利潤率下降的情況。投資報酬經常低於資金成本。

成長率可能為負，因為企業持續剝離資產、規模縮小。隨著低獲利資產被剝離，剩下的資產品質可能會提升。

成長資產能增加多少價值？

這家公司何時會邁入成熟階段？會遇到哪些潛在障礙？

來自既有資產的現金流量為何？

來自既有資產與成長資產的現金流量風險有多高？

部分公司，尤其是財務槓桿高的企業，有很高機率無法撐到那時。如果企業預期會繼續經營下去，它也可能會不斷投資在毀滅價值的資產上。

退休金缺口與訴訟求償可能降低股東權益價值；清算時的優先分配也會影響股東權益價值。

取決於被剝離資產的風險與剝離資金的用途（如用於配發股利或償債）而定，企業及其權益的風險都可能隨之變動。

這家公司的權益價值為何？

對策：看清現實，尋找可能性

要為衰退公司估值，必須避開那種套公式的估值模型——這類模型假設盈餘會隨時間持續成長，現金流量也會同步擴大，最終導致企業規模不斷變大、估值也隨之上升。就像針對茁壯、高成長與成熟企業一樣，我會將衰退企業的估值流程拆解為一系列步驟。

步驟1：說一個故事

和生命週期早期企業一樣，為衰退企業估值，也要從一則故事開始——只是**這則故事必須反映公司當下面臨的現實狀況**，其中包括其產品與服務所在市場的萎縮、市場餘下部分的競爭加劇，以及企業是否能持續經營的疑慮。這則故事不太可能是正面或樂觀的，但它應該能讓我們在以下幾個面向上，區分不同的衰退企業：

衰退企業的估值與定價 第13章 ｜ 405

- **市場衰退：**

你的故事必須從診斷問題開始：**究竟是什麼原因導致這家公司的市場或營收出現萎縮？** 在某些案例中，例如菸草業，問題可能出在其產品本身會帶來健康與社會成本，因此面臨來自法律、監管與社會層面的反撲，導致需求下降——至少在年輕消費者之間尤其明顯。

在其他情況下，例如實體零售業，則可能是因為破壞者（比如線上零售商）不斷攫取整體市場的更大份額，使得實體店面所能分到的市場越來越小。

最後，以個別企業來說，營運衰退的原因，可能來自企業在生命週期早期階段曾仰賴的競爭優勢正在消失。舉例來說，一家製藥公司如果仰賴某款受到專利保護的暢銷藥物來推動成長與維持高利潤率，而該藥品的專利即將到期；又或是一家消費品公司，營收與獲利高度集中於單一品牌，而這個品牌逐漸失去對消費者的號召力。

- **管理階層的回應方式：**

你的故事也應該納入你對這家衰退企業的管理階層將如何因應市場衰退的預期，而這些回應大致可分為四種情況。

1. 第一種，可能也是最常見的回應方式，就是**否認**：

管理階層拒絕正視企業正處於衰退，並且把營運疲軟的各種跡象（年度營收的停滯或衰退、利潤率下滑），歸咎於暫時性因素，認為只要這些問題一解決，公司就能回到高成長與穩定利潤的狀態。按照「瘋狂」的定義[2]，這些企業會持續採取過去慣用的投資與籌資策略，即使這些策略早已失效。

---

2 譯注：指重複同樣的行為，卻期待出現不同的結果。

2. 第二種是**孤注一擲**：

　　管理階層使出渾身解數想要扭轉衰退局勢，包括收購其他產業的成長型公司，甚至投資於當初導致公司走向衰退的破壞性技術。舉例來說，許多實體零售商在面對亞馬遜於零售市場中攻城掠地時，最初的反應就是去收購其他線上零售企業，而且往往是用極不合理的溢價進行收購。

3. 第三種是**接受**：

　　管理階層接受公司所處的生命週期階段，並調整財務政策以符合這個現實。這通常意味著停止新的投資、加速資產剝離，以及逐步償還債務，著手縮小企業規模，讓公司更貼近那個日漸縮小的市場。

4. 第四種是**企業再造**：

　　管理階層重新發掘公司當初得以成功的核心能力與競爭優勢，並運用這些基礎打造新的商業模式或進軍新市場，從而為企業開啟新的生命契機。能夠在這條路上成功的公司屈指可數，但當它們成為商學院的個案教材與管理顧問推銷服務的最佳範例時，這些故事就會被一講再講。

• **企業的結局**：

　　你對管理階層將如何因應衰退的看法，會進一步影響你對這家衰退企業最終走向的判斷，而這些結局大致可分為四種可能性。

1. 第一種可能的結果，是企業在新的產業或市場中**重新找回本身定位**，最終的結局便是這家衰退企業得以恢復健康——也許無法再成為高成長企業，但至少能回到成熟企業的階段，儘管其營運指標將會有所不同。
2. 第二種情況，是企業選擇**正視市場的衰退與自身規模的萎縮**，結局可能會是將公司轉型為規模小得多的版本，專注於服務利基市場，雖然

變小了，但擁有更健康的利潤率與現金流量；也可能是選擇有秩序地清算，將剩餘資產出售給能更有效利用它們的買家。
3. 第三種情況是公司**繼續投資不良事業**，無論是透過內部的有機成長專案或是透過收購，最終的結局都將是長期的價值毀滅。如果公司背負著龐大的債務，可能連「長期」都等不到，而是在陷入財務困境後被迫清算。

步驟 2：進行 3P 測試（可能發生？合理推測？可望成真？）

為衰退企業估值時，如果盲目相信管理階層所描述的未來藍圖，很容易就會陷入童話故事的陷阱。那些被管理顧問與專家一再傳頌的企業翻身與重生傳奇，讓許多管理者誤以為，除了講出「企業再造／重生」的故事之外，其餘說法都等同於承認失敗。

你的工作，就是判斷管理階層提出的翻轉策略到底是童話還是合理推測；如果看似合理推測，還要進一步評估，當前這組管理團隊是否真有能力實現這樣的結果（也就是是否可望成真）。

在做出這項評估時，至少要納入以下三項因素：

・企業特定問題 VS. 產業整體問題：

正如我在上一節提過的，企業衰退的原因可能來自公司特定因素（例如競爭優勢消退、專利即將到期），也可能是整個產業的結構性問題（例如菸草產品需求下降）。一般來說，針對公司特定衰退因素規劃翻身策略，要比針對產業整體衰退擬定對策，來得容易許多。

舉例來說，一個逐漸失去吸引力的品牌可以透過改變目標市場和廣告策略來重振；藥廠若能以合理價格取得具有潛力的新藥研發專利，也可能為企業注入新生命。但如果是像菸草這類面臨結構性萎縮的產業，企業要想扭轉營收下滑的趨勢，往往得進入全新的產業，或進行大規模收購，成功機率就低得多。

- **競爭行為：**

　　當某個產業中只有少數企業陷入衰退，大多數企業仍維持健康狀態時，規劃企業翻身策略會相對容易；反之，如果整個產業的大多數公司同時面臨衰退挑戰，則會更難擬定有效的對策。

　　這是因為，陷入衰退的公司往往會看見相似的復甦路徑，而當它們紛紛採取同樣的策略時，便會落入同一條彼此競爭的道路，進而拉低所有公司的成功機率。

　　舉例來說，在線上零售開始顛覆市場的初期，許多實體零售商都認為建立線上零售據點是企業翻身的關鍵；但當它們一窩蜂投入線上平臺建置時，消費者面對這些混亂、服務品質不一的平臺，最終大多選擇了亞馬遜這個提供穩定購物體驗的避風港。

- **管理階層的歷史與能力：**

　　假如你認為某個翻身計畫言之成理，仍需進一步評估該公司是否擁有具備執行此計畫的管理階層與資源（包括資本、基礎建設與人力）。

　　部分評估會涉及對管理團隊過往經歷的檢視──例如是否曾在其他面臨類似困境的公司取得成功，這將成為有利因素──但大多數情況仍需仰賴你的判斷。一般來說，請記住，成功翻身的企業極為罕見，因此，有責任說服你其計畫可行的，是提出該翻身計畫的企業，你無需主動假設它會成功。

　　總之，幾乎每一家你所估值的衰退企業，都會聲稱自己擁有翻身計畫，並能重拾成長動能；但身為投資人，你的職責是判斷該計畫是否可能、合理推測，以及具有實現的可能性。

步驟3：把故事轉換成估值模型的輸入項目

　　在擬定好衰退企業的估值故事後，我們就可以依照前幾章所採用的

相同架構，將故事轉換成估值模型的輸入項目。

由於企業對衰退的反應方式各不相同，而估值輸入項目的設定也會依你對管理階層回應方式（拒絕承認、孤注一擲、接受或企業再造）的預期而有所差異，接下來我會依據這些不同回應，逐一說明其估值輸入項目可能呈現的樣貌。

・營收成長率：

當一家公司處於衰退階段，你可能預期自己所使用的預期營收成長率會反映這種衰退情況，但你所選擇的成長率，還必須與你對管理階層因應衰退方式的判斷一致。

無論管理階層是拒絕承認還是接受衰退事實，**你都應該預期營收成長率將持續為負值，但兩者在處理過程上有顯著差異**。拒絕承認的管理階層，可能未察覺、或不願面對其商業模式正逐漸惡化，因此對於阻止衰退毫無作為。這類企業的營收萎縮會延續既有的歷史軌跡，甚至可能加速惡化。

相較之下，接受企業體質惡化的管理階層，雖然可能無力改變整體的基本經濟結構，卻會嘗試在經濟效益最合理的部分，縮減營收來源以減少損失。

因此，如果有兩家皆面臨衰退的實體零售商，一家處於否認階段，會繼續展店、導致整體營收全面下滑；另一家則會開始關閉最不賺錢的現有門市，或關閉資本占用最高的據點，為企業縮小規模開闢出一條更健康的轉型路徑。

當管理階層的反應是孤注一擲或企業再造時，預期營收成長率可能會是正值，但對企業價值的影響仍大不相同。處於孤注一擲模式的管理階層，可能會選擇以併購方式「買進成長」，尤其當他們願意不計代價時，所支付的價格越高，就能換得越高的成長率。

至於選擇企業再造的管理階層,也會追求營收的正成長,但他們會採取更審慎的策略,仔細評估有哪些新事業與新市場是企業有能力成功切入的。這種成長方式,通常比孤注一擲更慢才能開花結果,但從長期來看,能為企業創造的價值也會高得多。

- **獲利能力:**

在估值時,衰退企業的利潤率通常已處於惡化狀態,而你對未來的假設,同樣會取決於管理階層對這種惡化情況的反應。

如果管理階層處於拒絕承認的狀態,公司經營方式並未出現實質變化,你應該預期未來利潤率將持續下滑。反之,如果管理階層選擇接受現實,並剝離帶來最大虧損(或最少獲利)的資產,公司則有機會穩住、甚至逐步提升利潤率——即使無法立即見效,也能在未來逐漸改善。

若是處於孤注一擲模式的管理階層,他們可能透過併購或高成本的粉飾手法,短暫提振獲利能力,但這種提振代價高昂,而且難以持久。至於選擇企業再造的管理階層,短期內利潤率可能仍會惡化,但從長期來看,利潤率將逐步接近他們所切入的新事業或新市場的水準。

- **再投資:**

在為衰退企業估值時,最大的差異——也可能是決定成敗的關鍵——在於你假設這家公司未來會如何再投資。如果管理階層拒絕承認其衰退狀態,受到慣性與「自動駕駛」式投資規則[3]的驅使,公司可能會以過去在成熟階段慣用的方式繼續再投資,即使營收已在下滑,這將形

---

3 譯注:autopilot investment rules,指的是企業在沒有針對現況重新檢視或調整決策的情況下,自動化地依照過去慣例繼續投資的機制,類似開啟「自動駕駛」,不管環境是否已經改變,仍照舊投入資本。

成一組對企業價值有毒的組合。

如果管理階層選擇接受現況,他們將更可能剝離部分現有事業,而非展開新的投資,導致資本基礎縮減而非擴大。如果由孤注一擲的管理階層主導,則會進行大量再投資,但這些投資缺乏明確目標,唯一目的是讓下一期營收成長與利潤率好看一些。

至於專注企業再造的管理階層,他們也會進行再投資,但這些投資背後有一套邏輯與願景:為了成功進入新市場或新事業領域,因此再投資會更加集中聚焦。

- **風險:**

在風險方面,如果管理階層選擇拒絕承認或接受衰退,企業會維持在原本的事業領域中,因此營業風險變動不大。然而,當管理階層拒絕面對衰退,仍**持續舉債或拒絕償還債務,將大幅提高企業陷入財務困境的風險。**

如果企業選擇走上「企業再造」之路,營業風險會隨著公司進入新事業或新市場而改變,這些風險可能高於,也可能低於原本的業務風險。至於孤注一擲的情況,為了成長而成長的策略會讓營業風險變得無法預測,其變化反映在各種收購案的結果上;此外,倘若這些收購仰賴舉債資金,企業在長期內更可能陷入財務困境。

如你所見,衰退企業的估值輸入項目會有極大的差異,關鍵在於你對該公司管理階層的看法。表 13-1 總結了這些影響。

表 13-1｜依管理階層回應方式區分的衰退企業估值輸入項目

	管理階層面對事業衰退的預期反應			
	拒絕承認	孤注一擲	接受現狀	企業再造
營收成長率	負值	收購或投資帶來的短暫上升	負值	正值，但需要時間才能實現
獲利能力	長期衰退	可能短期提振，但終將回歸長期衰退	短期衰退，之後趨於穩定	短期下滑，但隨新事業的利潤率展現而逐步上升
再投資	持續對既有事業維持現狀	再投資顯著且無法預測（以收購為主）	負值（資產剝離）	既有事業為負，新事業為正
風險	營業風險穩定，但失敗風險上升	營業風險波動，失敗風險上升	營業風險穩定，失敗風險穩定	混合式營業風險（反映新進入事業），若企業再造失敗則有失敗風險

步驟 4：為企業估值

當你釐清管理階層對企業衰退的可能反應，並將這些預期轉化為估值的輸入項目後，公司的現金流量與估值結果，就會反映這些輸入項目的內容。

・拒絕承認的管理階層：

在營收萎縮與利潤率下滑的雙重作用下，將使公司的盈餘與現金流量在長期內持續惡化，最終不是陷入財務困境（股東權益變得毫無價值），就是成為一家經營不善的企業，在**進入終值階段時，股東權益幾乎所剩無幾**。

・接受衰退的管理階層：

營收將縮減，利潤率也會在短期內受到壓縮，之後進入穩定狀態，形成一個終值，反映出規模雖小但體質較為健全的企業；又或者，如果清算能帶來更高的報酬，那麼公司將走向清算價值。

- **孤注一擲的管理階層：**

　　盈餘與現金流量的變動缺乏可預測的模式；無論來自收購所帶來的成長或獲利的短暫激增，是否為估值帶來片刻助益，這些效益終將消退，而且最終會被為實現這些激增所投入的再投資成本所抵銷，造成極具破壞性的價值損耗。

- **試圖實現企業再造的管理階層：**

　　短期內無法擺脫營收萎縮與利潤壓縮的困境；但隨著再造計畫逐步奏效，公司的營收成長率、利潤率與再投資規模也會隨之轉變，逐漸反映其所進入的新事業或新市場所帶來的效益。

步驟5：讓反饋迴路保持通暢

　　你對衰退企業的估值，很大程度上取決於你認為管理階層將如何因應衰退。因此，你所設計的反饋迴路，也應圍繞這方面的反饋來進行調整。

　　在你的估值假設中，如果認為管理階層處於拒絕承認衰退的狀態，那麼高層改組、董事會重整或是新執行長的上任，都可能代表經營策略將與過去切割，此時你應重新評估公司的走向，並判斷新管理團隊將採取哪一種應對路線。

　　如假設為公司由孤注一擲、追求成長不計代價的管理階層主導，那麼一旦有激進投資人加入股東行列，就可能對這種做法產生制衡，甚至促成公司出現轉變。

　　而如果你認為，管理當局會採取理性的路線，不論是接受衰退為不可避免的現實，並在限制下持續經營，或是透過推動公司進入新事業或新市場來進行企業再造，這兩種策略都需長時間才能展現成效，因此始終存在一種風險——投資人可能缺乏信心無法長期持有，而使得這些策

略在尚未開花結果前便被放棄。

此外，**在為衰退企業估值時，也值得追蹤債權人對該公司的看法**；倘若該公司發行的債券有在市場上交易，更可以觀察債券市場如何評估其存續的可能性。

> • 個案研究——第一部分：2022 年 9 月，為衰退企業 Bed Bath & Beyond 估值

如本章前文所述，美國零售業的實體通路領域，充斥著受創與衰退的企業；我選擇 Bed Bath and Beyond（BB&B）作為估值對象，這家公司在 1990 年代聲勢大振，並於接下來的 10 年間表現亮眼，卻在最近 10 年以來迅速崩解。

背景介紹

BB&B 是一家零售商，其定位一直以來都很接近居家用品商店，而非單純的寢具與衛浴用品店。其販售的產品種類繁多，從日常必需品，到各類新奇小物皆涵蓋在內。

BB&B 起源於 1970 年代，一家在紐澤西州專賣亞麻布的小店，隨後逐步擴張，成為全美各大購物中心常見的零售品牌。圖 13-2 中，呈現了自 1992 年（即該公司上市之年）以來的營運表現。

圖 13-2 ｜ BB&B 歷年營運成果

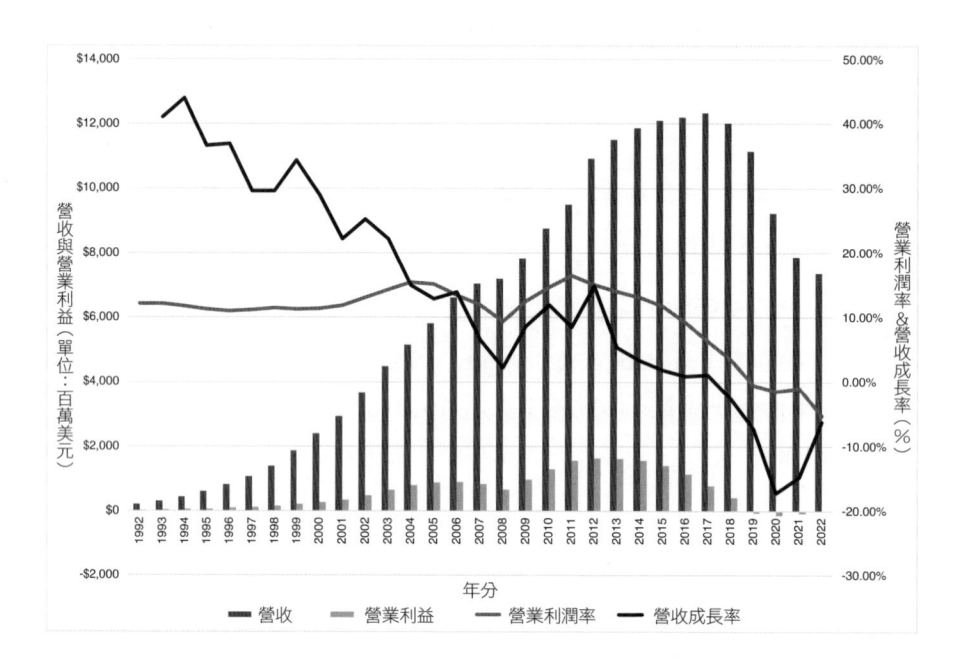

　　上市後的前 10 年，BB&B 的營收大幅成長了 14 倍，從 1992 年的 2.14 億美元增加到 2001 年的 29 億美元以上。儘管成長速度逐漸放緩，接下來的 10 年間營收仍持續攀升，到了 2011 年達到 95 億美元。

　　在這 20 年的成長期間，BB&B 始終維持兩位數的營業利益率，從 1992 年到 2001 年的 11.53%，提升至 2002 年到 2011 年的 13.63%。2011 年後，BB&B 的營收成長率開始下滑，雖然仍維持正成長，但僅為個位數。公司的營收在 2017 年達到高峰，突破 120 億美元。

　　然而接下來 4 年，營收卻出現斷崖式下滑，2021 年時僅剩 78 億美元，而從 2017 年到 2021 年之間，BB&B 每年虧損金額也不斷擴大。雖然將實體零售業的困境歸因於亞馬遜這個破壞者似乎合情合理，但公司的

崩盤顯然不止如此,還反映出顧客品味的**轉變**,以及消費者對其零售模式的倦怠。

估值故事與輸入項目

為了幫 BB&B 估值,我首先評估了該公司的管理階層。

2022 年 7 月,公司撤換了原任執行長馬克・崔頓(Mark Tritton),由蘇・葛夫(Sue Gove)接任,此舉部分是為了回應主要投資人對公司策略「野心過大」的批評。

如果葛夫女士是肩負某種特定任務上任,而且其目標並非立即推動企業再造,而是先讓公司站穩腳步——那麼我會將她的做法,視為已接受企業進入衰退階段。她的行動也呼應這項判斷:2022 年 9 月,公司宣布將再關閉 150 家門市,加上 2020 年與 2021 年已關閉的 240 家,同時裁減 20% 的人力。

在我們為 BB&B 所設定的估值故事中,我預期營收將持續萎縮,但也假設隨著一些獲利能力較差的門市陸續關閉,將會出現通往獲利的契機,儘管利潤率很難恢復到該公司昔日高峰的水準。

如果若被關閉的門市,正好也是資本密集度最高者(例如租賃成本負擔最重),那麼公司的財務壓力將會減輕。在穩定狀態下,我假設這家公司最終會轉型為規模小得多的企業,並在零售市場中找到一個有利可圖的利基。

以下是將這個故事轉換為估值輸入項目的內容:

- **營收成長率/水準**:我假設第 1 年營收下滑 10%,接下來 4 年每年再下滑 5%,直到第 9 年才會逐漸恢復成長,回到正值。由於我預期 BB&B 的營收在未來 8 年將持續萎縮,2032 年的預估營收是 59 億美元,約比 2021 年公司公告的 79 億美元少了三分之一。
- **營業利潤率**:我將假設關閉的門市是獲利最差的,而留下的門市

則都有獲利。我預期這些剩餘門市的營業利潤率，將會收斂至美國零售業的平均水準 5.54%，這遠低於 BB&B 全盛時期的二位數利潤率。

- **再投資**：既然我假設公司將會縮小規模，就不會再進行新的投資。相反地，公司會因資產剝離和門市關閉，產生現金流入，進一步強化營業現金流量，這些資金可以用來回饋股東，或是用於償還債務。
- **風險**：隨著公司關閉門市，我假設其租賃債務會隨之減少，加上公司重新開始獲利，BB&B 的債務負擔將有望降至可控範圍。不過，有鑑於該公司目前的債信評等遠低於垃圾等級，失敗的機率仍然相當高。根據穆迪（Moody's）目前給予的 B1 評等，我估計其失敗機率為 23.74%。[4]
- **穩定狀態／穩定成長**：在我們的故事裡，我確實看見 BB&B 能夠平穩落地——只要它撐過接下來 10 年，便能以較小的規模在零售業中找到一個利基市場，在該市場中維持穩定成長，同時賺取接近成熟零售公司平均水準的資本報酬率。

BB&B 的估值

根據上述輸入項目，我為 BB&B 做出的估值，結果如圖 13-3 所示。

---

[4] 作者注：我習慣使用不同債信評等債券的失敗率數據來評估失敗率；例如，2008 年發行的 B1 評等債券，有大約 23.74%在發行後的 10 年內違約。

圖 13-3 | 2022 年 9 月，BB&B 的估值

BB&B					2022 年 9 月	
\multicolumn{7}{c}{神奇的縮水商店}
\multicolumn{7}{p{16cm}}{BB&B 正處於螺旋式下墜中。未來 10 年，公司關閉那些最資本密集、來客量最少的門市後，營收雖然持續下滑，但營業利潤率將改善，趨近美國實體零售業者的平均利潤率。同時，資產剝離與門市關閉將釋放出現金流，可用來返還股東或償還債務。在預測期結束時，BB&B 將會找到某個小眾市場，雖然公司規模較小，但能以與整體經濟相當的速率成長，並且不再賺取超額報酬。}
\multicolumn{7}{c}{假設條件}
	基準年	翌年	第 2-5 年	第 6-10 年	第 10 年後	與故事的連結
營收（a）	$7,868.00	-10.0%	-5.00% → 3.00%	3.00%	核心業務持續衰退
營業利益率（b）	-1.00%	-1.0%	-1.00% → 5.54%	5.54%	關閉績效最差門市後，利潤率改善，接近美國實體零售業平均
稅率	25.00%		25.00% → 25.00%	25.00%	長期收斂至全球／美國邊際稅率
再投資（c）		2.00	2.00 → 2.00	30.00%	維持目前的水準
資本報酬率	-2.80%	邊際投資資本報酬率＝	-57.31%	10.00%	幾無競爭優勢
資金成本（d）			8.79% → 7.50%	7.50%	資金成本收斂至中位數公司
\multicolumn{7}{c}{現金流量}
	營收	營業利潤率	稅前息前淨利（EBIT）	稅後營業利益 EBIT(1-t)	再投資	企業自由現金流量（FCFF）
1	$7,081.20	-1.00%	-$70.81	-$70.81	$0.00	-$70.81
2	$6,727.14	1.62%	$108.72	$108.72	-$177.03	$285.75
3	$6,390.78	2.92%	$186.89	$186.89	-$168.18	$355.06
4	$6,071.24	4.23%	$256.96	$256.96	-$159.77	$416.73
5	$5,767.68	5.54%	$319.56	$244.23	-$151.78	$396.01
6	$5,571.58	5.54%	$308.69	$231.52	-$98.05	$329.57
7	$5,471.29	5.54%	$303.14	$227.35	-$50.14	$277.50
8	$5,460.35	5.54%	$302.53	$226.90	-$5.47	$232.37
9	$5,536.79	5.54%	$306.77	$230.07	$38.22	$191.85
10	$5,702.90	5.54%	$315.97	$236.98	$83.05	$153.92
最後一年	$5,873.99	5.54%	$325.45	$244.09	$73.23	$170.86
\multicolumn{7}{c}{估值}
終值			$3,796.89			
終值現值			$1,695.10			
未來 10 年現金流量值			$1,644.97			
營運資產價值＝			$3,340.07			
失去償債能力調整			$396.47		失敗機率＝23.74%	

衰退企業的估值與定價　第 13 章

－債務＆少數股權	$3,085.00		
＋現金＆其他非營運資產	$440.00		
權益價值	$298.60		
－股票選擇權價值	$0.00		
股數	92.50		
每股價值	$3.23	當時股價＝8.79 美元	

在我們東山再起的故事裡，BB&B 雖然規模變小，但每股估值是 323 美元，遠低於 2022 年 9 月 14 日當天的市價——每股 8.79 美元。

附帶一提：在這次估值完成後的幾個月內，該公司的財務狀況惡化速度似乎比預期更快，也許是受到利率升高的影響，最終進入破產程序。這提醒我們，對衰退企業而言，「突然中斷經營」或「失敗的風險」始終如影隨形。

衰退公司的定價

為衰退公司定價，就像試圖接住一把下墜的利刃，因為營收衰退、利潤率被壓縮，以及可能失去償債能力的綜合影響，會讓定價的每個面向——從選擇定價倍數到挑選同業公司——都變得困難重重。

挑戰：當企業走下坡，怎麼看出價值？

若要為失去償債能力的企業定價，有三種手法。第一種是維持目前的營業指標（營收、盈餘、帳面價值），並嘗試將市場價格縮放至那些仍具意義的變數（營收與帳面價值）。

第二種是預估未來某一年的營收或盈餘，計算出一個預期倍數，再與其他公司相比較。

第三種，則是將衰退企業的市場價格與其清算價值做連結，設法以

低於清算價值的划算價格買進。

每種手法都有其挑戰，但考量這些公司可能走上的路徑千差萬別，也就不難理解了。

• **縮放市價至當期營運指標：**

請考慮使用當期的營收或盈餘倍數，來對衰退企業定價。如果這些企業在其所屬產業中屬於異類（例如整體產業仍以健康企業為主，而它們是少數正在衰退的公司），那麼這種定價方式的結果將可預期：衰退公司會看起來如此便宜，便是因為其交易倍數遠低於產業其他企業。

如果要做出合理的比較，你必須深入檢視風險、營收成長率與預期獲利能力，隨時間推移的差異。如果整個產業都處於衰退中，則必須進一步控管各家公司的衰退程度差異。

• **縮放市價至未來營運指標：**

當你採用展望性的定價指標時，問題將會轉向企業可能失去償債能力的風險。為了解其中原因，請假設你正在估值的一家公司正面臨嚴重財務困境：營收停滯、盈餘為負，且債務沉重。你預測該公司未來有望轉虧為盈，並預估 5 年後的 EBITDA 是 1.5 億美元，且公司將恢復健康狀態，屆時可依據目前產業中健康企業的水準，以約 6 倍 EBITDA 的倍數交易。如此一來，該公司的預期估值為 9 億美元。

但這裡有個前提：**這種估值只有在假設公司一定會好轉，且未來毫無違約風險的情況下才成立。**如果公司在未來 5 年內仍存在重大風險或潛在危機，你就必須調降這個估值。

• **縮放市價至清算價值：**

在將市場價格與清算價值相互比較時，問題通常出在清算價值的估算方式。如果你像許多人一樣，使用資產的帳面價值作為清算價值的替

代指標，那麼當你看到衰退企業時，覺得它們物超所值也就不足為奇。然而，對一間衰退企業而言，由於基本營運面表現不佳，因此潛在買家才往往不願意以帳面價值作為支付清算價值的依據。

在這三種狀況下，衰退企業乍看之下經常會顯得被低估——特別是當定價沒有控制各家企業的差異，或忽略了失去償債能力的風險時，更是如此。

對策：從衰退本質調整變數

那麼，定價時是否有辦法調整，以涵蓋衰退或失去償債能力的公司呢？我認為有可能，雖然具體的調整方式會有所不同，取決於所要定價的衰退公司本身，以及它所屬的產業。

縮放變數

在為衰退企業縮放價格時，你可以選擇使用該公司在持續經營狀態下仍能產出的營業數字（例如營收、盈餘等）作為縮放指標；也可以用來對照你認為若要重建這些資產所需的替代成本，或這些資產在出售時能實現的清算價值。

1. 帳面價值：

對於已經建立規模龐大實體資產基礎的衰退企業來說，將其市場價值（代表投資人估計該公司價值的數字）與帳面價值（表示會計師估計公司投入資產的金額）進行縮放，是合理的做法。

在做出此項評估時，你可以選擇採用股東權益版本，也就是將市場價值對應於股東權益的帳面價值；或者，也可以將公司的企業價值（包含淨債務）對應於投入資本的帳面價值（即股東權益的帳面價值加上淨債務的帳面價值）。

帳面價值的問題在於，它是一個會計數字，而**對於老化企業來說，這**

個數字會反映出長期以來會計作為或不作為的累積效果。

2. 替代成本：

在第一種方法的變體中，你可以估算假如有人試圖複製這家企業的既有資產，所需的成本為何，作為替代成本的衡量基準，並將企業價值對應於這個替代成本。

這其中隱含的邏輯是：如果能以低於替代成本的市場價值買下某家公司，那就是筆划算的交易；但**這個理由只有在該衰退企業所屬的產業仍然健康且具有獲利能力時才成立**。如果整個產業本身都在衰退，那麼一家企業的市值低於其替代成本，其實無法提供太多有意義的資訊。

3. 預期營業數字：

還有第三個選項——這一個你應該已相當熟悉，因為我在處理新創與高成長企業時也採用了這個方法：與其把衰退企業的市場價值縮放至當前的營業數字，你可以選擇改以對其未來營運的估計值作為縮放依據。如果你相信這家衰退企業有機會穩定下來、甚至扭轉營運狀況，且市場也已在其價格中反映出這樣的預期，那麼這種做法就可能是可行的。

同業團體

在為你的衰退企業建立比較基準的同業團體時，你可以參考整個產業中的所有公司——不過要注意，乍看之下，你的公司可能會顯得很便宜——或者，你也可以在同一產業中，挑選一組同樣處於衰退階段的公司作為比較對象。

1. 其他衰退公司：

在為一家陷入困境的公司估值時，你或許可以找出一群處於衰退和／或財務困境中的同產業公司，並觀察市場願意為它們支付多少價格。例如，你可以透過觀察其他陷入困境的電信公司，其企業價值對銷售額

（或帳面資本）的交易倍數，來估算一家問題電信公司的價值。

儘管這種方法具有潛力，但它僅在整個產業中同時有許多公司陷入財務困境時才有效。此外，在將企業歸類為「是否衰退」時，**你也可能面臨將衰退程度不同的公司混為一談的風險**，而財務困境則更進一步增加了不確定性。

2. 同產業的健康公司：

如果你要估值的企業正處於衰退和／或財務困境之中，而其所屬產業卻充斥著經營與財務狀況皆良好的公司，那麼你別無選擇，只能建立一個營運與財務狀況遠優於該企業的同業團體。

從表面上看，如果使用營收、盈餘或帳面價值的倍數來比較，你的公司相較於同業團體可能顯得非常便宜，然而這是由於各家公司財務體質差異所致。因此，你也應蒐集這些同業公司在營運面上的數據，包括營收成長、獲利能力和再投資狀況，因為你需要據以控除這些差異的影響。

排除差異影響

如果你所比較的同業團體，主要由經營狀況良好的公司組成，那麼在尚未排除下列差異之前，無論你採用哪一種縮放指標來衡量，這家衰退企業的價值都會顯得非常便宜：

1. 營運表現：

營收萎縮與營業利潤率下滑，會拉低公司的市場定價。你至少應該考量營收成長與營業利潤率的差異，在同業團體的市場定價中所產生的影響。

2. 財務困境：

跟健康公司相比，衰退公司更容易暴露於財務困境風險之下，而財務困境可能導致被迫清算，對權益投資人造成不利後果，因此你應該預

期其市場定價會反映這一點。雖然衡量財務困境的影響相對棘手，但如果你能取得同業團體中各家公司的債信評等，便可試著估算較低的債信評等會如何轉化為較低的股權定價。

3. **管理階層：**

在探討內在價值的章節中，我曾將我們的估值結果，與管理階層對衰退的態度相互連結。如果市場參與者將管理階層的反應納入考量，那麼對衰退採取否認態度的管理階層，其企業定價應會低於那些願意正視現況的公司；而採取孤注一擲策略的管理階層，其定價也應會低於目標明確、具重建企圖的公司。

儘管判斷管理階層態度並不容易，但你由此可以理解，為何當一家衰退企業更換了新任管理階層時，其市場定價往往會因此出現顯著變化。

> **・個案研究——第二部分：為衰退企業 BB&B 定價**

在為 BB&B 定價時，我首先必須承認，我在 2022 年 9 月所面臨的限制。

第一，就當時的營運數字而言，我唯一能用來作為縮放指標的只有營收，因為該公司在 2021 年就已出現虧損（營業利益與淨利皆為負值）。

第二，我檢視了美國 96 家市值超過 1 億美元的上市零售公司（BB&B 在 2022 年 9 月的市值約為 7 億美元），發現其中許多公司的利潤率遠優於 BB&B，而分析師也預期這些公司將有更穩健的營收成長，如表 13-2 所示：

表 13-2 | 2022 年 9 月，BB&B 和美國零售業比較

	市值（百萬美元）	企業價值（百萬美元）	本益比	企業價值／營收倍數（EV/Sales）	未來 2 年營收成長率	2021 年營業利潤率
平均值			11.70	1.26	5.98%	8.69%
第 1 四分位數			5.13	0.60	0.67%	5.42%
中位數			7.25	0.97	3.85%	8.22%
第 3 四分位數			17.22	1.74	9.78%	12.03%
BB&B	$698	$3,867	無法計算	0.52	-12.70%	-5.24%

毫不意外，有鑑於 BB&B 在 2021 年出現營運虧損，而且投資人預期其未來兩年營收將縮減 12.7%，該公司目前的企業價值／營收倍數為 0.52，僅約為其營收的一半，明顯低於典型零售公司約 0.97 倍營收的交易水準。

為了至少能初步排除差異帶來的影響，我針對零售公司「企業價值／營收倍數」，及其預期營收成長率和營業利潤率之間的關係，做出了回歸分析，結果如下：

企業價值／營收倍數＝0.39＋1.82 預期營收成長率＋7.63 營業利潤率
　　　　　　　　　　(2.83) (1.53)　　　　　　　　(7.44)

本回歸的決定係數（R^2）是 39.4%，其中營收成長率變數僅具邊際顯著性，因此結果具有一定的局限性，但仍可看出：營收成長率和／或營業利潤率較高的公司，往往以明顯更高的營收倍數進行交易。如果以此回歸模型來為 BB&B 定價，我估算其企業價值／營收倍數是-0.2410：

企業價值／營收倍數＝0.39＋1.82（－.127）＋7.63（－.0524）＝－0.2410

根據市場對其他零售公司的定價水準，以及 BB&B 糟糕的營運指標，市場實際上已清楚傳達出一個訊息：**這家公司無法作為持續經營的企業存續下去。**

對 BB&B 抱持樂觀態度的人，或許會主張這樣的定價並不公平，應該用預期的未來營收成長與利潤率取代當前數值。這樣的看法確實有其道理，但即使你改用預期未來數據來為 BB&B 定價，仍然必須針對失敗風險進行調整。

估值的附加與補充

為了完整討論衰退企業的估值問題，我將進一步探討兩種補充方式。

首先，我會檢視將企業視為多個部分做出估值的方法，因為將衰退企業拆分重組，常被視為解決問題與釋放價值的可行選項。

其次，我會探討清算估值，因為對某些衰退企業而言，這可能是唯一可行的終局。

最後，我也將討論一種特殊情況：當企業同時面臨營運虧損與大量到期債務，處於深度財務困境時，**其股東權益與其說是對預期現金流量的請求權，更像是一種對企業的買權**（call option）。

個別事業加總估值法（SOTP）

折現現金流量估值（Discounted Cash Flow Valuation）的一大特點，是具備可加性。換句話說，如果你要估值的一家公司同時經營三項業務，你可以選擇將三個事業的現金流量加總後，以加權平均的折現率做出整體估值；也可以分別針對三項業務，以各自的現金流量與折現率單獨估值，最後再將三者相加。

理論上，無論你採用哪一種方式，最終應得出相同的公司總價值。在這裡，我將前者稱為「總額估值」（aggregated valuation），後者稱為「個別部估值」（disaggregated valuation），並進一步探討兩者的差異。

如果你以往接觸的估值案例大多是總額估值，這其實有兩個原因可以解釋為什麼它成為主流做法。投資人持有的是整家公司的股東權益，不是拆分後的個別事業。

舉例來說，當你買進奇異公司（GE）的股票時，買的是整體公司，而不是奇異航空（GE Aircraft Engines）或奇異融資（GE Capital）；同樣地，當你買進可口可樂的股票時，買的是這家全球性公司，而不是它在印度的營運事業。也正因如此，**估值實務多半以總額估值為基礎**：你會檢視公司在各地區與各業務的營收與現金流量，並以反映這些地區與業務權重的折現率進行估值。

同時，大部分的資訊揭露都是以整體企業為單位，例如奇異與可口可樂所公布的財務報表（包括損益表、資產負債表與現金流量表）均涵蓋整家公司的數據。雖然近年來曾有一些改善揭露品質的嘗試，針對事業部門與地理區域層級提供更多資訊，但這類資料通常只出現在財報附註中，內容零碎且不完整，而各公司與各國之間的揭露標準也存在顯著差異。

不過，在某些情況下，你可能會希望針對企業的各個部分分別作出估值：

- **基本面差異**：對於跨事業和跨國經營的企業來說，針對個別事業或地理區域估值的優勢之一在於，你可以為每一部分分別設定不同的風險、現金流量與成長特性，而不必硬是為整家公司套用一組加權後的整體假設。
- **成長率的差異**：如果同一家公司中，某些事業或地區的成長速度

明顯快於其他部分,就很難透過總額估值充分反映這些成長差異。例如,一個由下而上估算的 β 值,原本代表公司各項業務的加權平均,但隨著部分事業成長速度較快,這個 β 值也必須隨時間進行調整。

- **交易需求**:在某些情況下,你必須針對公司的部分業務而非整體公司進行估值,因為該部分即將被出售或分拆,因而需要專屬的估值結果。當你所估值的公司正處於即將拆分的階段,這類需求就會變得特別迫切。
- **管理需求**:在公司內部,針對各個事業部門分別進行估值是合理的作法,不僅能用來追蹤各部門管理者的績效表現,也有助於進一步提升營運成效。

最後,如果你好奇清算估值和個別事業加總估值法之間有何差異,關鍵區別在於:個別資產是要出售(例如清算情況),還是被視為持續經營中的事業(例如在 SOTP 中的設定)。

在清算估值中,公司是將資產出售給其他買家,由買家自行運用這些資產,而你賦予資產的價值,反映的是市場願意支付的價格,也就是一種定價。在持續經營的情境下,這些事業將繼續運作,因此你必須估算其內在價值的構成要素——包括成長、現金流量與風險——並據此導出估值結果。

個別事業加總估值法:步驟與拆分基準

採用個別事業加總估值法為一家公司估值時,起點是決定要拆分出來的事業單位或部分,前提則是你必須能取得足以為這些部分做出估值的資訊。

由於許多公司會依部門細分其營運指標(例如營收、營業利益、甚至

資產），這樣的分類方式常被用作加總估值的基礎。不過，如果資訊取得無礙，也可以依據地理區域、用戶類型、甚至客戶群進行拆分。在個別事業加總估值法中，你會針對公司每一個子事業的內在價值分別估算，然後將所有估值結果加總。

就流程順序而言，表 13-3 總結了個別事業加總估值法的各個步驟，並將每個步驟與總額估值中對應的做法加以比較。

表 13-3｜個別事業加總估值法 VS.總額估值步驟比較

步驟	總額估值	個別事業加總估值法
說一個故事	根據整家公司的營運組合與既有管理團隊，建立一個屬於整體公司的故事。	為公司每一個事業部門建立各自的故事，根據該部門的營運特性與獨立管理狀況撰寫。
進行 3P 測試	檢查這個故事是否可能、合理且可能成真。	分別檢查每個事業部門的故事是否可能、合理且可能成真。
為企業估值	將故事轉化為估值輸入項目，並據此估算整家公司的總體價值。	將每個事業部門的故事轉化為估值輸入項目，並個別進行估值，再將所有估值加總，並扣除未分攤成本所帶來的價值拖累[5]。
計算股東權益價值	加總現金與交叉持股，並扣除淨負債。	加總現金與交叉持股，並扣除淨負債。

可以看出，企業最終的估值差異可能來自兩個來源：其一，是能否針對企業不同部分的風險、成長與現金流特徵加以區分；其二，則是是否假設每個部分都有獨立的管理團隊，這些團隊可能會做出與公司整體管理階層不同的決策，進而帶來不同的價值表現。

5　作者注：當你為一家多元事業公司估值時，會發現有些成本（例如總務、企業總部支出等）未分攤至各部門，這些成本的現值需納入考量，並從估值中扣除其造成的「價值拖累」（value drag）。

如果你認為由後者（公司統一管理階層）主導時會導致營運效率低落，而這些低效率將在前者（各部門獨立管理）主導時消除或改善，那麼你透過個別事業加總估值法（SOTP）算出的估值就會高於整體合併估值，並可作為主張將公司拆分為個別事業的論據。

個別事業加總定價法：若將 SOTP 拿來定價

在採用 SOTP 定價法時，你依然會遵循標準的定價流程——從選擇定價倍數開始，找出市場上已有定價的可比較公司，並將你的企業與同業團體比較，同時調整不同公司之間的差異——但這些步驟將針對公司每一個部分**分別**進行，而非僅針對整體公司進行一次。

表 13-4 總結了這項定價流程，並比較 SOTP 定價與整體公司定價在各步驟上的不同。

表 13-4｜個別事業加總定價法 VS.整體公司定價法的步驟比較

步驟	整體公司定價（Company Pricing）	個別事業加總定價法（SOTP Pricing）
選擇定價倍數	選擇用來定價的縮放指標（比如營收、盈餘等），並估算該公司的定價倍數。	為公司中的每一個部分分別選擇縮放指標（比如營收、盈餘等），保留針對不同部分採用不同指標的彈性。
尋找同業團體	尋找其他在市場上交易，且在估值基本面（風險、成長、現金流量）上與你的公司類似的企業。	對公司中的每一個部分，分別尋找在估值基本面上與該部分類似的其他上市公司。
排除差異影響	調整你的公司與同業團體之間在估值基本面上的差異。	調整你所估的公司部分，與該部分所對應同業團體之間在基本面上的差異。
為公司定價	套用基於同業團體所推估的定價倍數至你的縮放指標，以估算整體公司價值。	將同業團體的定價倍數套用至各部分所選用的縮放指標，然後加總各部分的定價結果。

如果你已經將所有費用妥善分配至公司的各個部分，那麼個別事業加總定價法與整體公司定價法之間的估值總額差異，可能來自兩個主要

原因。

首先，在 SOTP 定價中，你可以針對不同的事業部分選擇不同的縮放指標（例如有些部分使用營收、有些使用 EBITDA、還有些使用帳面價值），並搭配與該部分最相符的同業團體，這種靈活性有時能帶來更精確的定價結果。

第二，**市場可能因為不信任公司的控股架構或管理階層，而對整體公司相較於其個別部分的估值給予折價**。這種所謂的「企業集團折價」（conglomerate discount），根據研究估計，幅度約在 7%至 15%之間，幾乎全都是基於將整體公司定價與 SOTP 定價相互比較後得出的結果，而且這些比較通常缺乏對關鍵差異的有效控制。

清算估值

如我在本章前文所提，對某些衰退企業而言，其最終結局不是作為持續經營的企業存續下去，而是進入清算程序。

一家公司的清算價值，是指其資產在市場上出售（通常是在壓力下變現）所能取得的總價值，扣除交易成本，與法律費用之後的淨額。雖然有部分市場參與者專注於清算估值，並將其與內在價值估值與定價方法相對照，但請注意，**清算估值其實是定價的一種子類型，而非獨立的估值方法**。

簡單來說，如果你要估計每項資產的清算價值，你必須判斷今日市場上，投資人對這類資產願意支付的價格，也就是參考類似資產的市場定價——這讓清算估值本質上是一種定價練習。

如果你因此好奇，為什麼清算定價會與傳統公司定價（即將整體公司與同業團體比較的方式）產生不同的結果，主要原因有三：

- 第一，當你為一家公司定價時，預設的情境是它作為持續經營企

業存在，並具有未來成長與投資的潛力；而**清算定價則著眼於公司持有資產本身的市場定價**。當企業的持續經營價值受到威脅時，將各項資產個別出售給出價最高的買家，所能累積取得的現金收入，有時反而可能更高。
- 第二，清算，尤其是在強制清算的情況下（例如債務即將到期或企業面臨財務困境）——往往會導致資產以折價出售，因為**潛在買家知道你急需現金，從而趁勢壓低價格以撿便宜**。
- 第三，清算可能會為公司帶來稅務上的影響，特別是在出售那些帳面價值極低甚至接近於零的老舊資產時，會產生可課稅的資本利得，進而衍生稅負。

對大多數財務狀況健全的企業而言，持續經營的估值通常會高於清算價值。好比對成長型企業來說，由於清算估值僅著眼於現有資產（畢竟你無法出售尚未投入的投資與專案），因此相較於涵蓋成長潛力的持續經營估值，清算價值會顯得更低。

隨著企業邁向成熟，未將成長資產納入考量對清算價值的影響會逐漸降低，但如果這家公司是一家經營良好的企業——也就是說，其報酬率高於資金成本——則持續經營的估值通常仍會優於清算估值。

當投資的超額報酬逐漸消失，公司清算價值就會開始接近其持續經營價值。但需要注意的是，清算價值仍可能因資產流動性不足與潛在稅負而遭到折價。

至於衰退企業，確實可能出現這樣的情況：如果企業持續經營但其報酬低於資金成本，那麼**繼續經營所創造的價值，可能還不如將資產逐一出售給願意出最高價的買家**。當企業資產之間存在業務上的高度連結，無法單獨切割時，清算價值的估算就會變得相當複雜。

舉例來說，如果你試圖為迪士尼（Disney）這樣的公司估算清算價

值,你將得面對無窮無盡的挑戰,因為其廣播、電影與主題樂園等事業彼此緊密相連,難以分開估值。此外,當清算需要迅速執行時,這類資產通常難以獲得市場公允價值,只能以折價出售作為加速交易的代價。

需要特別留意的是,把資產的帳面價值當作清算價值,幾乎從來都不恰當。大多數陷入財務困境的公司,其資產所創造的報酬通常低於標準水準,清算價值反映的是資產的實際獲利能力,而非當初的購置成本(帳面價值即為扣除折舊後的原始成本記錄)。

把失去償債能力的股東權益,視為選擇權

當你投資一家企業的股東權益時,大致等同對其懷抱著希望、預期這家公司能夠持續經營,為你帶來現金流量。正是基於這樣的觀點,我們才會依據企業的現金流量、成長率與風險,來估算其內在價值。

隨著企業逐漸老化,其持續經營的前景與價值也會衰退;如果這家公司在營運過程中有借款,其營運資產的價值可能會下降到低於未償債務的水準。在內在價值的架構中,這表示你的股東權益一文不值——而**只要你將股東權益視為對持續經營企業的請求權,這個結論就是合理的**。

從契約的角度來看,在一家上市公司裡,股東權益是一種剩餘請求權:權益投資人只能對公司在滿足其他財務請求權人(比如債權人、優先股股東等)之後剩下的現金流量提出請求。如果公司進入清算程序,這個原則仍然適用:公司必須先償還所有未清債務與其他財務請求,剩餘資產才能分配給股東。

如果公司整體價值低於尚未償還的債務,「有限責任」原則會保護權益投資人,使他們的損失不會超過原先投入的資金。簡單來說,**上市公司的股東權益價值不可能低於零**,這讓持有深陷財務困境企業股份的投資人處於某種特殊的情況:在最糟的情況下,他們最多只會損失購入股

票所花的金額；但如果企業設法復甦，使其持續經營價值超過負債總額，則這些投資人便有機會享有無上限的報酬空間。

這樣的報酬結構——虧損有限但獲利潛力無限，且隨公司價值上升而等比例放大——使得這類企業的股東權益具備買權的特徵。其資產價值對應的是標的資產的價值，而到期債務則相當於履約價，如圖 13-4 所示。

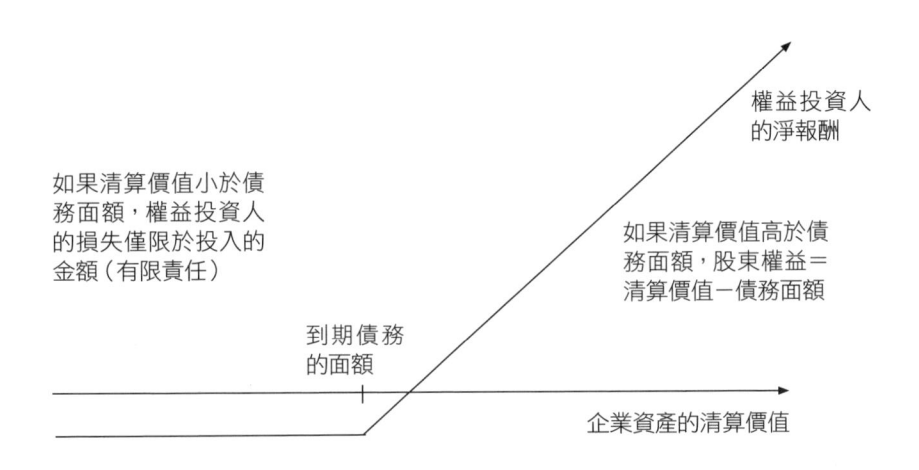

圖 13-4｜股東權益視為企業買權的報酬結構

如果清算價值小於債務面額，權益投資人的損失僅限於投入的金額（有限責任）

到期債務的面額

權益投資人的淨報酬

如果清算價值高於債務面額，股東權益＝清算價值－債務面額

企業資產的清算價值

用選擇權的視角來看待失去償債能力的股東權益，其最大價值其實不在於估值本身（因為套用選擇權定價模型來估算這類股東權益，可能相當複雜），而在於它對這些企業中的權益投資人所帶來的啟示與影響。

1. **財務狀況極差的股東權益：**

　　如果你將股東權益視為一種買權，其標的為一家尚有未償債務的企業，那麼即便公司整體價值已大幅低於未償債務的面額，**只要距離債務到期日尚有一段時間，這項權益仍可能具有價值。**

儘管在投資人、會計師與分析師眼中，這家公司看起來財務狀況岌岌可危，其股東權益卻不見得毫無價值。事實上，就如同那些深度價外的交易型選擇權仍具有市場價值——因為在剩餘有效期間內，標的資產仍可能上漲至高於履約價——股東權益也會因具備「時間溢價」而保有價值：這段時間指的是債券尚未到期的期間；而這項權益的價值則來自一種可能性，也就是**資產價值可能在債券到期前回升，超過債務面額**。

2. 把風險當盟友：

當你投資於一家持續經營企業的股東權益時，風險上升會導致企業價值下降，因為內在價值估算中的折現率會因此上升。然而，當一家公司陷入財務困境，其股東權益轉變為一種選擇權時，風險反而會轉為投資人的助力。

背後原因，既簡單又直觀：投資人最大的損失，不過是購入股票所支付的金額；而當資產價值已經低於未償債務時，提高其波動性（也就是風險）只會增加資產價值回升、創造報酬的機會。

3. 債權／股權的代理問題：

把股東權益視為選擇權的觀點，也有助於我們理解，為什麼權益投資人與債權人會對企業的最佳經營方式出現分歧，而且當公司營運惡化、舉債程度升高時，這種分歧會進一步加劇。

如果完全由權益投資人主導，這類企業往往會傾向押注高風險、低成功機率的投資標的，因為只要這些投資奏效，權益投資人就能大幅獲利；倘若失敗，他們原本面對的就是資產價值低於債務的情況。因此，債權人面對深陷困境的公司時，絕不能置身事外，而應積極參與公司的營運決策。

總之，當一家企業幾乎沒有成長前景、背負沉重債務，而且資產風險高、回報率又難以追上資金成本時，你就更可能會將這家公司的股東權益視為一種選擇權。而這些特徵，正是你可能會在企業生命週期進入衰

退階段時看到的現象。

結論：衰退的不穩定，與初創有得比

在第 10 章，我曾指出年輕企業難以估值的原因，其中以基準年度財務不穩、商業模式尚未確立，以及高度失敗風險最為關鍵。而在本章探討衰退企業——特別是那些背負沉重債務的公司時，**我發現我們面對的其實是同一組問題，只不過成因不同。**

首先，雖然衰退企業往往擁有長期的財務紀錄，但如果企業本身的經營體質惡化，則無法假設營運指標會回到過去的水準。

其次，管理階層對衰退的因應方式——從否認、接受、孤注一擲，到尋求轉型，會導致結果差異極大，也因此為公司未來的走向增添高度不確定性。

第三，當經營狀況持續惡化，又承擔大量債務時，公司將更容易陷入財務困境與違約風險。

和年輕企業一樣，應對這些挑戰的方法，不在於機械式的估值模型，而在於你是否能做出審慎判斷：這家企業衰退的原因是什麼（可能是公司特有問題，也可能是整個產業的困境）？管理階層會做出什麼樣的回應？以及你是否認為，這些回應足以扭轉公司的命運？

這些判斷將決定你會如何對這家公司及其股東權益做出估值，也會影響你在與同業比較時，如何為這家公司定價。

第四部
企業生命週期：投資哲學與策略

第14章

投資哲學入門：
企業生命週期概觀

我們都曾夢想成為超級投資人，也有人為了這個目標投入了太多的時間與資源。儘管付出諸多努力，大多數人最後仍無法超越「平均」的表現。

即便如此，我們仍不斷嘗試，希望有朝一日能接近投資界的傳奇——成為下一個華倫・巴菲特（Warren Buffett）、喬治・索羅斯（George Soros）或彼得・林區（Peter Lynch）。

當你深入研究這些超級投資人的成功之道，很快就會發現，他們對市場如何運作（或失靈）各有不同見解，實踐成功投資的方式與模式也不盡相同；但他們有一個共同點：都堅守一套投資理念，而這些理念正好反映出他們的個性，以及對市場的信念。

在本章，我將從定義「什麼是投資哲學」開始，並說明它與投資策略與流程有何不同，接著運用這個定義，介紹投資人所奉行的各種投資哲學。我也將試著將投資哲學與企業生命週期建立連結，**說明你所選擇的投資哲學，會決定你在生命週期的哪個階段尋找投資標的**——有些投資人偏好尋找年輕或成長型企業，另一些則專注於在成熟或衰退企業中挖掘低估機會。

什麼是投資哲學？

投資哲學是一套有系統的思考方式，用來看待市場如何運作（以及有時為何會失靈），並說明你相信哪些特定的錯誤，會一再出現在投資人的行為中。

為什麼投資哲學需要假設投資人會犯錯？因為**大多數主動投資策略的設計，都是為了利用部分或全部投資人在股票定價時所犯的錯誤**。而這些錯誤，其根源其實來自更深層的人類行為假設——當這些行為在市場上表現為定價錯誤時，你就有機會加以利用、從中獲利。

本節中，我會說明投資哲學的組成要素，從對市場的基本信念開始，進而探討這些信念如何轉化為行為，再檢視投資人可以如何利用這些行為，最後則連結到每個人的個性特質。

步驟1：辨識市場中的人類行為（或非理性行為）

每一種投資哲學的背後，都奠基於對人類行為的一種看法。事實上，傳統金融學與估值理論的一大弱點，就是對人類行為著墨太少。

傳統的財務理論並不假設所有投資人都是理性的，但它確實假設非理性行為是隨機發生的，而且會彼此抵銷：也就是說，對每一位過度從眾的投資人（順勢投資人），都被假設對應著一位做出相反操作的投資人（逆勢投資人），而他們對價格產生的拉扯力量，最終會讓價格達到理性水準。

雖然這項假設在極長期來看或許合理，但對短期而言，這種假設很可能不切實際。長期以來對「理性投資人」假設持懷疑態度的金融學術界與實務界人士，發展出金融學的一個分支，稱為**行為金融學**（behavioral finance），這門學科結合了心理學、社會學與金融學，試圖解釋兩件事：一是為什麼投資人會做出特定行為，二是這些行為對投資策略會產生什麼結果。

不意外地，每一種投資哲學都始於一種對市場非理性行為的看法，而這些非理性行為，最終會為眼光更敏銳的投資人帶來獲利。

為了說明市場非理性行為的多樣性，請考量以下例子：

- **個人行為 VS. 群體行為的不當：**

如果投資人的錯誤是來自個別的非理性行為，那麼這些錯誤更有可能在所有投資人之間相互抵銷、平均化。事實上，正如我在前言中指出的，這正是「效率市場」假說背後的假設，而不是那個更值得懷疑的假

設——也就是所有投資人都是理性的。

然而，如果投資人之所以行為失當，是因為他們周遭的人也在行為失當，這就會產生**群體效應**，而這樣的不當行為就更有可能對市場價格造成影響——甚至可能成為可供利用來獲利的機會。

- **學習速度的相關錯誤：**

當市場被迫對新興事業、出人意料的總體經濟或政治發展，或是新型投資商品做出定價時，投資人必須先對這些現象有所學習，才能正確將其定價。

在一個理性的市場中，這種學習會幾乎立刻發生，即使過程中可能出現一些錯誤。但如果市場的學習速度太慢，那麼在學習過程中就會出現定價錯誤——儘管針對市場究竟會將其高估還是低估，目前仍有爭議。

- **對資訊的反應：**

市場的功能之一，是將新資訊——不論是總體經濟層面的，還是來自企業本身的資訊——所帶來的影響納入價格之中。因此，當一家公司公告盈餘，或宣布計畫收購另一家公司時，投資人必須判斷這些資訊將如何影響公司的未來盈餘與風險，並據此重新為其股份定價。

對於投資人在做出這些調整時可能出現的不當行為，存在兩種截然不同的看法。第一種看法認為，投資人對消息反應過度，導致在利多消息下將價格推得過高，在利空消息下又將價格壓得過低。第二種看法則認為，投資人反應不足，在利多消息下價格推升幅度過小，在利空消息下壓低幅度也不夠。

- **處理不確定性：**

不確定性，是商業和投資不可或缺的一部分，但投資人往往以不健

康（甚至非理性）的方式來因應。

有些人會否認不確定性的存在，實質上在分析中將它抹除，只因為他們不安於面對它。有些人則因不確定性而陷入癱瘓狀態，發現自己無法採取任何行動。還有些人選擇迴避，直接把不確定性過高的投資標的從可選清單中剔除。

雖然這些行為在情感層面都可以理解，但有時會導致市場產生定價錯誤，進而讓更能坦然面對不確定性的投資人得以從中獲利。

- **框架效應：**

行為金融學清楚揭示，投資人行為上的偏誤，可能源自「框架偏誤」（framing bias）——這是一種認知偏誤，指的是投資決策會受到「選項呈現方式」的影響。

舉例來說，如果投資人接收到大量關於某項投資標的正面資訊，卻幾乎未看到相關負面資訊，他們將會比在看到關於相同投資，但聚焦於強調潛在風險的呈現方式時，更傾向投資這個標的。

行為金融學先驅丹尼爾・康納曼（Daniel Kahneman）與阿莫斯・特沃斯基（Amos Tversky）提出了「損失規避」（loss aversion）的概念，指出**投資人在面對投資時，對虧損的敏感度高於同等幅度的獲利。**他們主張，這就是為什麼投資人往往會對賠錢的投資標的抱持過久、不願認賠出場的原因。

以上並非市場不當行為的完整清單，但每一種投資哲學，都必須從對人性弱點的某種看法開始。

步驟 2：從市場不當行為到市場錯誤

除非市場的不當行為，最終會反映為你可以加以利用的錯誤定價，否則它就無法構成投資哲學的基礎。在發展投資哲學的第二個步驟中，

你必須進一步說明，你認為市場具有的這些不當行為，將會如何具體表現為市場的錯誤定價。

舉例來說，假設你認為市場對新資訊反應過度，那麼你就必須推論，這種反應過度，是將更容易出現在與個別公司相關的事件（例如盈餘公告或收購宣佈），還是出現在整體市場或宏觀層面的資訊（例如通膨意外升高，或經濟疲軟的報告）？

如果是前者，那是否具備某些特質的公司（例如規模較小、分析師關注度較低、流動性較差）的過度反應程度，將會比其他公司更明顯？又如果你認為市場的不當行為來自學習速度太慢，那你應該思考的是：這種學習遲緩是否在面對新的投資商品或新的商業模式時會更加嚴重？不同的市場環境之下，學習所需的時間是否也會有所差異？

要在多數市場中利用錯誤定價，你就必須修正所觀察到的錯誤；而若要建立一套完善、一體的投資哲學，你就必須對兩件事懷抱信念：**這個錯誤定價為何會被修正，以及這個修正何時會發生。**

在某些情況下，你或許能找到方法，在今天鎖定一個錯誤定價，並在未來確保獲利——這就是所謂的套利。但在大多數情況下，價格若要被修正，必須仰賴某種「催化劑」（catalyst）。

如果你擁有足夠的資本，你或許就能成為這個催化劑，就像某些激進型對沖基金或投資人，會主動出擊，針對錯誤定價的投資標的發起行動。假如你無法親自扮演催化劑的角色，那你就得仰賴外部力量——而在一套架構完善的投資哲學中，這些外部力量應該要被清楚辨識出來。雖然所有的主動型投資哲學都假設市場會犯錯，但它們在「市場的錯誤最可能出現在哪裡」以及「這些錯誤會持續多久」的看法上，仍有所差異。

有些投資哲學認為，市場在大多數情況下是正確的，但當個別公司釋出新的關鍵資訊時，市場會出現過度反應——好消息出來時漲過頭，

壞消息出來時跌過頭。

也有其他基於以下信念的投資哲學：市場在整體層面也可能出錯——整個市場可能被低估，也可能被高估——而某些投資人（例如共同基金經理人）比其他人更容易犯下這類錯誤。

還有一些投資哲學則假設，儘管市場在為資訊充足的股票定價方面表現良好（例如有財務報表、分析師報告，與財經媒體關注的公司），但對於缺乏這些資訊的股票，市場將會系統性地出現錯誤定價。

步驟3：發展投資戰術與策略

當你建立了投資哲學之後，接下來就必須根據這套核心哲學，制定相應的投資策略。

舉例來說，想想我在上一節提到的對市場反應過度的不同看法：可能會有兩位投資人都認為市場會出現反應過度，但其中一位認為這種情況較常出現在公司層面的資訊上，另一位則認為較常發生在宏觀經濟新聞方面。

第一位投資人相信，市場會對公司新聞反應過度，因此可能會發展出一套策略：在出現大幅負面的盈餘驚奇後（即實際公告盈餘遠低於預期）買進股票，而在正面的盈餘驚奇出現後賣出股票。

第二位投資人則相信，市場會在回應宏觀經濟新聞時犯錯，因而會選擇在出現意料之外的壞消息（或好消息）時，立即買進（或賣出）股票，甚至可能針對整體市場指數進行操作。

值得注意的是，**同一套投資哲學可以衍生出多種投資策略**。比如，如果你相信投資人一向高估成長資產的價值、低估既有資產的價值，這樣的信念可能會反映在多種不同策略上，從採取買進低本益比股票的被動策略，到購買被低估公司，並試圖透過資產清算來實現價值的激進策略都有可能。換句話說，實際可用的投資策略數量，會遠遠多於投資哲學

投資哲學入門：企業生命週期概觀　第14章　｜　447

本身的數量。

步驟4：測試適合度

理論上，你可以檢視各種投資哲學，挑出過去產生最多贏家的那一套，然後照單全收——很多投資人確實也這麼做。但他們通常很快就會發現，即使這套「贏家哲學」曾締造過輝煌戰績，實際操作起來，卻未必能帶來他們所預期的報酬。

畢竟，關於華倫・巴菲特的書比歷史上任何投資人都多，但我敢打賭，這些讀者當中有不少人嘗試重現他的投資哲學與策略，卻無法複製他的成功。原因之一是：**每一種投資哲學的成功，不僅仰賴對方法的盲目複製，還需要一組相符的人格特質。**

巴菲特奉行的老派價值投資哲學，需要高度的耐心，因為成功往往意味著長期持有乏人問津的公司股票，以及能抵擋來自同儕的壓力。如果一個投資人天性急躁，又容易被群眾觀點左右，起初即使走上巴菲特的投資路徑，也不可能堅持到底。

再舉一例：你或許認同一種投資哲學，認為最有效鎖住利潤的方法，是買進經營不善的公司，然後對其施加壓力迫使其改變——這正是卡爾・艾康（Carl Icahn）或比爾・艾克曼（Bill Ackman）這類激進投資人採取的路徑。但如果你沒有數億美元的可動用資金，那麼這套哲學對你來說，恐怕也不會奏效。

儘管價值投資或順勢交易的擁護者聲稱各自的方法才是最理想的，但事實是，世上並不存在一套適用所有投資人的「最佳」投資哲學——只有最適合你的那一套。

如果你的終極目標是成為一位成功的投資人，那麼你或許該少花點時間研究巴菲特或彼得・林區的投資邏輯，多花點時間來了解你自己。

為什麼你需要投資哲學？

大部分投資人並沒有投資哲學，許多資產經理人和專業投資顧問也是如此。他們往往採用某些近期對其他投資人有效的投資策略，但當這些策略失效時，又會轉而放棄。

你或許會問：「既然這樣也行，那我為什麼還需要投資哲學？」答案其實很簡單：如果沒有一套投資哲學作為根基，你很容易會隨著某位擁護者的推銷話術或某個看似成功的近期案例，在不同的投資策略之間反覆跳來跳去。這麼做會對你的投資組合帶來三項負面後果：

- 如果你缺乏方向指引或一套核心信念，就很容易成為江湖術士或投資騙徒的獵物——這些人個個都聲稱，自己找到了能打敗市場的神奇策略。
- 當你在各種策略之間來回更換，就勢必要調整你的投資組合，這會導致高昂的交易成本與稅負增加。
- 某套策略也許對某些投資人有效，但基於你的投資目標、風險承受度與個人特質，可能完全不適合你。結果不只是你的投資組合績效可能跑輸市場，更可能讓你壓力大到得胃潰瘍、甚至更糟。

當你對自己的核心投資信念有堅定的認知，就能更掌握自己的投資命運。你不僅能排除那些不符合你市場觀點的策略，還能依照自身需求調整出適合的投資策略。此外，你也將更能從全局視角，理解各種策略之間真正的差異與共通之處。

在我看來，大部分的投資組合經理人——包括許多自稱擁有深厚投資哲學的人——其實都缺乏核心的投資哲學。**他們把投資策略誤當作哲學，將模仿他人錯認為是真正的信念。**不出所料，他們的過去績效也反

映了這項缺失：投資組合交易過度、周轉率[1]過高，投資決策缺乏一致性。

為投資哲學分類

由於投資哲學並非本書的核心，我不會列出一長串投資哲學清單，逐一說明細節與成功條件，而是會檢視幾種投資哲學的主要類別，並將它們與企業生命週期緊密連結起來。

市場擇時 vs. 選股

投資哲學最廣泛的分類方式，是根據它們是否建立在判斷整體市場時機，或尋找被錯誤定價的個別資產之上。前者可歸類為**市場擇時**（market timing）哲學，後者則可視為**選股**（security selection）哲學。

不過，在這兩大類當中，各自又分化出許多對市場看法截然不同的支派。

先從「市場擇時」談起。雖然我們多半只在股票市場的語境中思考市場擇時，但其實你可以把這個概念擴展到更廣泛的市場領域——像是貨幣市場、大宗商品市場、債券市場，甚至房地產市場。

「選股」這一類的投資哲學，其選項範圍更為廣泛，從圖表與技術指標、基本面（比如盈餘、現金流量或成長性）到資訊面（比如盈餘公告、併購消息）都涵蓋在內。

---

[1] 譯注：基金的周轉率（Portfolio Turnover）是衡量基金經理人買賣持股頻率的指標，通常指一年內交易金額占基金平均資產淨值的百分比。周轉率越高，代表操作越頻繁，可能產生較高的交易成本。

「市場擇時」對所有人來說都有強大的吸引力，因為一旦時機抓得準，報酬非常可觀。但也正因為如此，想要成功非常困難。經常有太多投資人試圖擇時進出市場，而要持續成功，幾乎難上加難。

　　不過，如果你決定要挑選個別證券或資產，那麼你要怎麼判斷該根據什麼標準來選？是依據線圖、基本面，還是成長潛力？答案正如你將在下一節看到的，不只取決於你對市場的看法與你認為哪些方法有效，也取決於你的個人特質。

　　那麼，這兩類投資哲學，跟企業生命週期有什麼關聯呢？雖然整體市場會經歷漲跌的循環，所有股票都會受到影響，但是對處於生命週期不同階段的企業來說，影響程度其實有所差異。

　　一般來說，當**市場態勢高漲、投資人積極尋找高風險標的時，年輕企業受益最大**，因為它們本身風險最高、對資金的需求也最大。反之，**當市場走跌、風險資金退場時，成熟企業更能在價值上維持穩定表現**，因為投資人會偏好安全資產。

　　假如你擅長市場擇時操作，還能進一步放大擇時策略的效果：當你預期市場將上漲時，提前把持股從成熟企業轉向年輕企業；如果預期市場將下跌，則反向操作，從年輕企業轉回成熟企業。

　　正如我在第 3 章所指出，不同產業常被拿來作為企業生命週期的代表（例如科技產業代表年輕企業、公用事業代表成熟企業）；而「產業輪動」策略──根據市場循環階段轉換投資產業──正是一種市場擇時與企業生命週期之間相互作用的例子。

投資 vs. 交易

　　在討論投資時，你常會聽到人們提到「價值」與「價格」，彷彿這兩個詞可以互換使用，但實際上並不相同。價值（value），正如我在第 9 章提到的，是由現金流量、成長性與風險──也就是基本面──所驅動；

而價格（price）則由市場的供需決定，其中也會反映出市場氛圍、動能，以及各種行為因素的影響。

人們常常混淆價值與價格的定義，而這種混淆正是為什麼當不同立場的投資人試圖討論「一檔股票值多少」時，對話總是無法成立的根本原因。

這兩者的差異，會直接反映在你操作市場的方式上──我暫且將它們稱為「定價遊戲」與「估值遊戲」。在表14-1中，我將進一步比較這兩者的不同之處。

表14-1 | 投資 VS.交易

	定價遊戲	估值遊戲
基本哲學	價格是唯一可當作依據並採取行動的具體數字。沒有人知道資產的真正價值，而估算它也沒什麼用	每一項資產都有一個公允價值或真正價值。你可以估計這個價值（即使有誤差），而價格最終會向價值靠攏
操作方式	你試圖預測價格在接下來一段期間內的走勢，並提前佈局以搭上這波動能。要贏得這場遊戲，你的判斷方向必須對大於錯，並在市場風向轉變前成功脫手	你試圖估算資產的價值，若其價格低於（高於）價值，就買進（賣出）該資產。要贏得這場遊戲，你必須大致判斷準確（相對於價值），而市場價格終將回歸這個價值
關鍵驅動因素	價格由供需決定，而供需又受到市場氛圍與動能的影響	價值由現金流量、成長性和風險決定
資訊的影響	任何能改變市場情緒的新增資訊（新聞、事件、傳聞），即使對長期價值沒有實質影響，也能改變價格	只有那些實質改變現金流量、成長或風險的資訊，才會影響價值
操作工具	1. 技術指標 2. 價格線圖 3. 交易倍數與可比公司 4. 投資人心理學	1. 比率分析 2. 現金流量折現估值 3. 超額報酬模型
時間視野	可以極短期（幾分鐘）至中短期（幾週至幾個月）	長期
關鍵能力	領先市場察覺市場氛圍或動能的變化	在不確定條件下，具備「估值」資產的能力

關鍵人格特質	1. 對過去價格無感 2. 反應快速 3. 賭徒直覺	1. 對「價值」的信念 2. 耐心 3. 不被同儕壓力動搖
最大風險	動能可能迅速反轉，幾小時內抹去數月報酬	即使你的「估值」正確，價格可能也不會向價值靠攏
額外優勢	若有大量資金與跟隨者，有能力推動價格變化	有潛力成為讓價格回歸價值的催化因素。
最易誤入歧途者	那些以為自己是在根據「價值」進行交易的交易者	那些以為自己能與市場理性對話的價值投資人

當你玩的是定價遊戲，你就是交易者；當你玩的是估值遊戲，你就是投資人。我這麼說並不是在評斷誰優誰劣，因為和某些人不同，我並不認為交易者膚淺，或在市場運作中扮演的角色比投資人不重要。畢竟，一位靠交易賺進百萬美元的人，能拿這筆錢買的東西，跟靠投資賺進同樣金額的人是一樣的。

最終，究竟哪一種化身（價格導向或價值導向）比較適合你，不僅取決於你對操作工具的熟悉程度，也取決於你的個人特質。

以我們的經驗來看，天生沒耐心、容易受到同儕壓力影響的人，幾乎不可能成為成功的價值型投資人；而過度理性、做決策前總是得事事權衡的人，也無法成為成功的交易者。

有些人可能會覺得，這種黑白分明的世界觀太過極端。畢竟，為什麼不能保留一些灰色地帶——讓交易者也關心價值，讓投資人也思考定價流程呢？這樣的想法聽起來很誘人，但通常行不通，理由有二。

第一，很多自稱是混合型投資人的人，其實根本不是——他們只是打著價值名號的交易者，把價值當成順勢操作的擋箭牌；或者那些聲稱自己尊重市場的投資人，卻只在市場還走在「正確方向」時才尊重它。

第二，在不熟悉的領域玩遊戲是有風險的：當交易者自以為懂得估值，反而會破壞自己的交易效果；而當投資人自信自己能夠在市場中進

出自如，也可能會造成同樣的問題。

一個健康的市場，需要投資人與交易者兩者之間的適當平衡。一個只有投資人、沒有交易者的市場，將失去流動性；一個只有交易者、沒有投資人的市場，將失去價值的重心。諷刺的是，這兩群人其實彼此依存。

交易與市場動能會讓價格偏離價值，創造出價值投資人可以撿便宜的機會；而在投資人撿便宜的過程中，又帶來價格修正與動能轉向，讓交易者有機可乘。

在企業生命週期的每一階段，確實都同時存在交易者與投資人，但隨著企業逐漸成熟，兩者的比例會發生變化。若要了解原因，請回想第 9 章，我在那裡指出，與年輕企業相比，成熟企業在定價與估值上都比較容易。

對年輕企業而言，其商業模式在各個層面都充滿不確定性，加上缺乏歷史資料，願意嘗試估值的人寥寥可數，這使得這個領域幾乎完全落入交易者的天下。

隨著企業邁向成熟，不確定性降低，投資人較可能加入估值與投資的行列，而交易者可能會逐步退出，因為股價波動減少、交易機會也隨之變少。

交易：動能、資訊和套利

如果說交易的本質，是要利用市場氛圍、動能與市場的過度反應，那麼你可以清楚看到，有許多不同的投資哲學都可歸類於「交易」之下。

在本節，我將逐一檢視這些子類別，同時如同以往，試圖將它們與企業生命週期建立連結。

- **動能交易**（Momentum Trading）

動能（momentum）在市場中是一股不可忽視的力量，因為過去的價

格趨勢往往會延續下去——但同時也可能出現顯著的反轉。

自從市場誕生以來，就有交易者嘗試從過去的價格趨勢中挖掘資訊，手法包括運用價格指標（例如相對強弱指標 RSI），或是依靠價格走勢圖來判斷方向。

儘管學術界與許多實務派金融人士，一向對於「價格走勢可預測」的概念抱持懷疑態度，但顯然仍有部分交易者熟練掌握這種玩法，足以穩定獲利。雖然我們接受「動能交易法[2]」是一種可行的投資哲學，但仍值得注意的是：要長期守住動能交易帶來的獲利，其實相當困難。原因在於金融市場中的價格走勢模式，存在許多互相矛盾的研究證據。

針對歷史價格（尤其是股票市場）的研究，雖然多數支持價格具有可循的趨勢模式，卻同時也發現彼此衝突的結果：

如果你將「短期」定義為從幾分鐘、幾小時到幾天的範圍，確實有證據顯示存在微弱的正相關，也就是價格會持續沿著同一方向移動。這種相關性小到難以依賴預測來進行交易獲利，但這並未阻止投資人嘗試，尤其是在擁有數據和高效能電腦作為後盾的情況下[3]。

如果把「短期」延長到幾週而不是幾天，似乎有一些證據顯示價格會反轉。換句話說，上個月表現良好的股票，在下個月表現變差的可能性較高，而上個月表現最差的股票，在下個月反彈的可能性較高。這種現象通

2　譯注：動能交易（Momentum Trading）是指投資人認為股票的價格動能具有延續性——近期上漲的股票未來仍可能上漲，近期下跌的股票未來仍可能下跌——因此順勢操作，以期從持續的趨勢中獲利。

3　作者注：在上個 10 年中期，高頻交易（high-frequency trading）曾一度成為市場關注焦點，當時機構投資人利用強大的電腦運算能力與即時數據展開大規模交易。不過，隨著競爭交易者在數據與運算能力上的差距逐漸縮小，這些交易者的獲利很快就不再可觀。

常被歸因於市場的反應過度——也就是說，過去一個月上漲（下跌）最多的股票，通常是市場對其利多（利空）消息反應過度的結果。價格的反轉則反映市場正在修正這些反應。

以「中期」來看（定義為數月，甚至長達一年），價格走勢似乎又傾向出現正向的序列相關（serial correlation）。納拉辛汗・賈各迪西（Narasimhan Jegadeesh）和謝里丹・蒂曼（Sheridan Titman）提出了所謂「價格動能」（price momentum）的證據，指出在幾個月的時間範圍內，股價確實存在趨勢——過去 6 個月上漲的股票往往會持續上漲；過去 6 個月下跌的股票則往往持續下跌。

1945 年至 2008 年之間，如果你根據過去一年的股價表現，將股票依表現分為十分位數，買進表現最好的前十分位數股票並持有一年，其年報酬率會比持有表現最差的後十分位數股票高出 16.5%。進一步提升這項策略吸引力的是，高動能股票的風險（以價格波動度衡量）還低於低動能股票。

當「長期」被定義為數年期間時，報酬率會出現顯著的負相關，顯示市場在很長的時間尺度上傾向自我反轉。尤金・法馬（Eugene Fama）檢視了 1941 年至 1985 年的股票 5 年期報酬率，並提出支持這種現象的證據——他發現，5 年期報酬率的序列相關性，比 1 年期更為負向，且相較於大型股，小型股的序列負相關程度更高。

當時間範圍不同，動能（正相關）和價格反轉（負相關）之間的拉鋸，也說明了為何根據價格進行的交易方式，從來就不是單一化的。

根據上一節所提出的論點——幾乎所有年輕企業的市場活動都來自交易者而非投資人——我會預期，如果市場動能確實存在，年輕企業的動能會比成熟企業更強，而當動能出現反轉時，年輕企業的反轉幅度也會更劇烈。因此，年輕企業的股價劇烈波動，不只是反映其商業模式本身的不確定性，也因為其股東結構以交易者為主，使得波動被進一步放

大。

• 資訊交易（Information-Based Trading）

有些交易者專注於圍繞資訊的發布展開交易，尤其是像盈餘報告或收購公告這類資訊，目的是要利用他們所認為的錯誤——無論是市場預期的錯誤，或是市場對這些公告反應的錯誤。針對後者，評估市場效率最簡單的方式，就是觀察市場在多快、多充分的情況下，根據新資訊所帶來的價值變動，做出合理的重新評價。

每當有新的資訊傳入市場，且對構成價值的任一輸入項目——現金流量、成長率或風險——產生正面影響時，資產價值應會上升。在一個有效率的市場中，資產價格將對這些新資訊即時且大致正確地做出調整，如圖 14-1 所示。

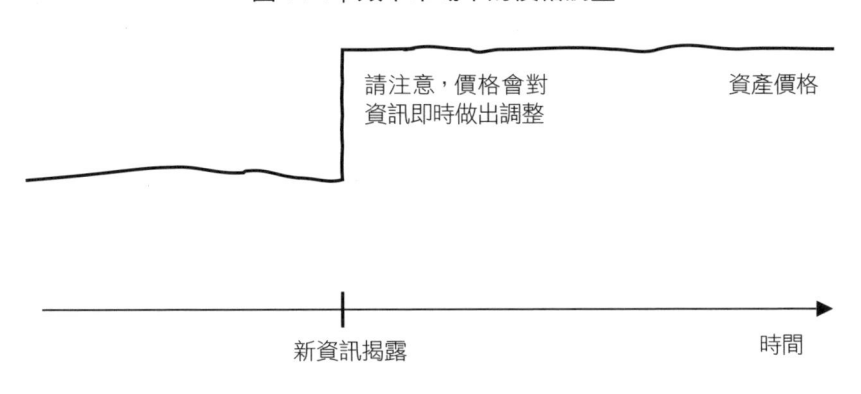

圖 14-1｜效率市場中的價格調整

請注意，價格會對資訊即時做出調整　　　　資產價格

新資訊揭露　　　　　　　時間

假如投資人對資訊如何影響資產價值的評估速度較慢，價格的調整也會隨之變慢。在圖 14-2 中，我展示了一項資產的價格因應新資訊緩慢調整的情形。資訊發布之後，價格才逐步上漲，這反映出市場的學習速度偏慢。

圖 14-2 ｜慢學市場中的價格調整

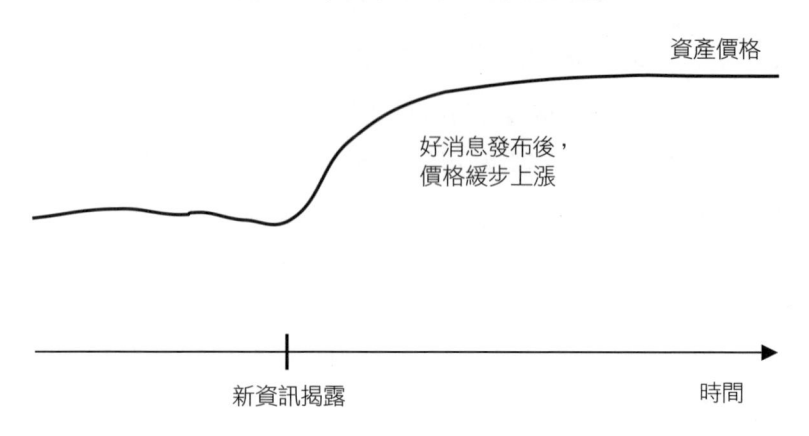

好消息發布後，
價格緩步上漲

資產價格

新資訊揭露　　　　　　　時間

　　市場也可能即時對新資訊做出調整，卻高估了該資訊對價值的影響。這種情況下，資產價格會因正面資訊而漲過頭，或因負面資訊而跌過頭。圖 14-3 顯示，在這樣的情況下，價格在初步反應之後，會出現向相反方向漂移的現象。

圖 14-3 ｜市場反應過度時的價格調整

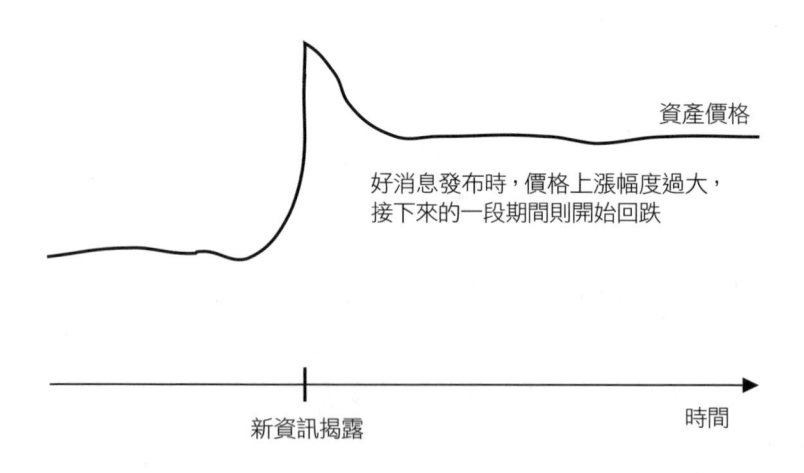

資產價格

好消息發布時，價格上漲幅度過大，
接下來的一段期間則開始回跌

新資訊揭露　　　　　　　時間

研究顯示，究竟哪一種市場行為（反應不足或反應過度）較為常見，結論並不一致。舉例來說，圖 14-4 中呈現了市場對盈餘意外[4]（earnings surprises）的價格反應，並依照盈餘意外的幅度分為數個等級，從「最負向盈餘報告」（第 1 組）到「最正向盈餘報告」（第 10 組）。

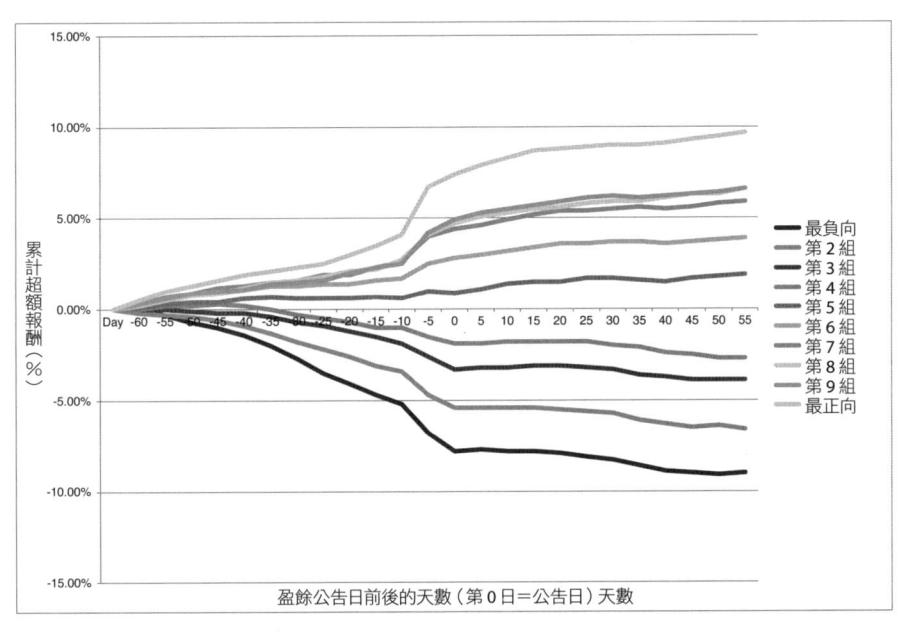

圖 14-4｜盈餘公告前後的超額報酬

資料來源：克雷格・尼可斯（D. Craig Nichols）和詹姆斯・華倫（James Wahlen）

這張圖所呈現的證據，與多數盈餘公告研究中的發現一致。公告盈

4　譯注：盈餘意外（earnings surprise）是指公司實際公布的盈餘數字，與市場預期有明顯差異，可能為正向（優於預期）或負向（低於預期），常被用來解讀市場對財報的反應是否過度或不足。

投資哲學入門：企業生命週期概觀　第 14 章　｜ 459

餘會向金融市場清楚傳達有價值的資訊；在正面盈餘公告發布前後，會出現正的超額報酬（累計異常報酬），而在負面公告發布前後，則會出現負的超額報酬。

有一些證據顯示，在公告盈餘的前幾天，價格就會出現和公告內容一致的走勢。也就是說，**如果將要公布的是正面消息，股價往往會在公告前幾天開始上漲；如果是負面消息，則會提前下跌**。這種現象可以被視為報告發布前的內線交易（insider trading）或預知交易[5]（prescient trading）所導致的結果。

另外有部分證據顯示，在盈餘公告後的數天內，價格會出現持續變動。圖 14-5 中單獨呈現了盈餘公告發表後的價格反應，便可看出這種影響。

因此，正面（負面）的盈餘報告會在公告當日引發市場的正面（負面）反應，並在公告後的數日甚至數週內，帶來正（負）值的超額報酬。

簡單來說，這張圖表提供的證據，可分別用來支持不同的交易觀點。

對那些相信可以根據價格動能，在盈餘公告前搶先交易而獲利的投資人而言，圖 14-4 盈餘公告前的價格趨勢提供了實證支持；對另一些交易者來說，盈餘公告後價格持續漂移的現象，則是支持「市場學習速度緩慢」這一觀點的證據，也為一種特定交易策略提供依據：在極為正面的盈餘報告公布後買進個股，在極為負面的盈餘報告公布後放空個股。

5　譯注：預知交易（**prescient trading**）指的是投資人在消息尚未公開前，憑藉經驗、分析或間接線索，提前進場並正確押中方向的交易行為，未必涉及違法，但反映市場可能存在資訊不對稱。

圖 14-5 ｜ 盈餘公告後的超額報酬

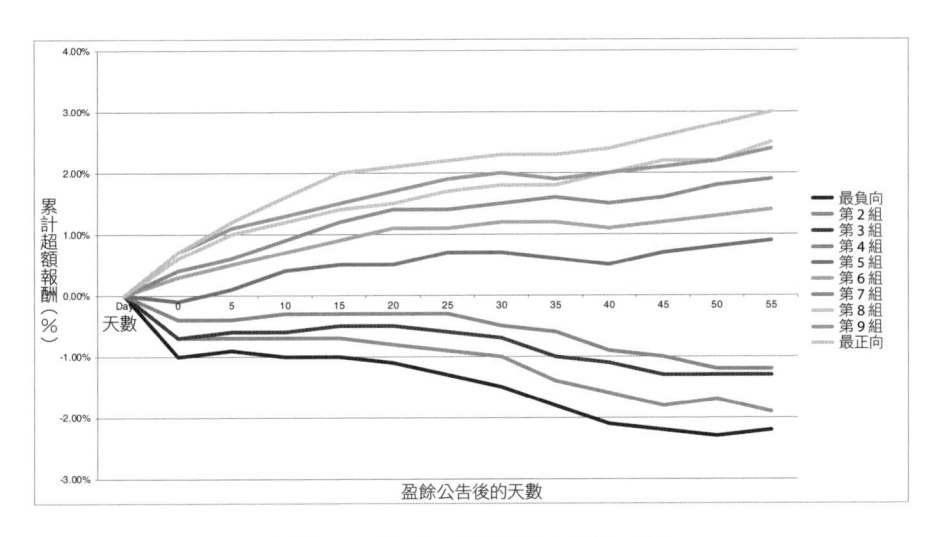

資料來源：克雷格‧尼可斯和詹姆斯‧華倫

　　資訊交易和企業生命週期有什麼關聯？我會主張，**我在所有公司中觀察到的市場學習錯誤，在年輕企業身上可能比成熟企業更嚴重**。針對市場對盈餘公告反應的研究指出，盈餘公告發布後的價格漂移，在小型企業身上比大型企業更明顯，尤其是那些對未來盈餘的不確定性更高、機構法人持股比例較低的公司。

　　雖然這可能只是巧合，但年輕企業往往具有以下特徵：市值較小、未來盈餘的不確定性較高，且較少受到機構法人持有。

•**套利交易**（Arbitrage Trading）

套利可說是投資界的聖杯[6]，因為它讓交易者無需投入資金、不必承擔風險，卻能穩賺不賠。換句話說，它就是投資人夢寐以求的終極印鈔機，而套利可以出現三種形式：

第一種是**純套利**（pure arbitrage），也就是在完全不承擔任何風險的情況下，賺取超過無風險利率的報酬。

要讓純套利成為可能，必須有兩項現金流量完全相同的資產，在同一時間點卻擁有不同的市場價格，而且在未來某個確定的時間點，它們的價值必然會收斂。這類套利最常出現在衍生性金融商品市場（例如選擇權與期貨）以及部分債券市場中。

第二種是**近似套利**（near arbitrage），指的是兩項現金流量相同或近似的資產，在市場上卻以不同價格交易，但這類套利沒有價格收斂的保證，而且在促使價格收斂的過程中存在重大限制。

第三種是**投機套利**（speculative arbitrage），嚴格來說，其實稱不上是真正的套利。這類策略是投資人針對他們認為被錯誤定價、且相似（但不完全相同）的資產進行操作：買進相對便宜的一項，賣出相對昂貴的一項。如果判斷正確，兩者價差應會隨時間縮小，從而帶來獲利。我認為，各式各樣的對沖基金大致都屬於這一類。

無論是哪一種類型的套利交易，其重點都偏向短期操作而非長期投資，而且比起投資，更仰賴執行效率（迅速完成交易、控制成本）與定價能力。

雖然套利和保證獲利的夢想驅動了許多投資與交易行為，但在實務

6　譯注：比喻許多投資人不斷追求、但實際上難以真正實現的理想目標。

中，要真正找到套利機會卻非常困難。許多看似套利的交易，其實往往並非如此，原因包括以下幾點：

1. **虛假的一致性：**

若要進行套利，理想狀況是將兩個現金流完全相同的投資標的，在同一時間以不同價格交易。然而在實務中，許多人退而求其次，只找「相似」或「接近」的投資標的，而非真正相同。儘管這些標的之間的差異可能很小，卻仍足以合理解釋價格差異的存在。

2. **無法交易：**

如果你想從兩個你認為完全相同，但價格不同的投資標的中套利，前提是你必須「能夠」同時交易這兩個標的。這可以解釋，為何某些在新興市場會有雙重上市的公司，其股票在本國與海外市場的價格會有所不同——特別是當海外上市的股票無法轉換為本國股票時。

3. **交易成本：**

有些套利機會看似存在——即相同資產在不同市場上以不同價格交易——但若要進行套利操作，其交易成本（包括手續費與對價格造成的衝擊）可能高到足以吞噬掉原本觀察到的價差。

追求套利的過程中，有一個更隱微的副作用，就是讓這些尋找套利機會的人，成為詐騙的首要目標。從查爾斯・龐茲（Charles Ponzi）到伯尼・馬多夫（Bernie Madoff），歷來的投資詐騙都有一個共同特徵：向投資人承諾，他們可以在不承擔任何風險的情況下，獲得高於無風險利率的保證報酬。

套利獲利與企業生命週期之間的關係相當複雜。年輕企業的知名度較低、流動性較弱，因此其交易證券上出現套利機會的可能性也比較高。然而，由於交易這些證券時，所面臨的交易成本較高（如買賣價差與價格衝擊），也可能導致這些機會更難轉化為實際獲利。

不過，如果有些投資人能針對這類股票，創造出成本或資訊上的優

勢，相對於市場其他參與者，他們或許仍有機會從中獲取套利利潤。

投資：價值 VS. 成長

投資建立在一個基本假設上：你可以為個別資產做出估值，並在資產價格與價值出現偏離時加以利用，最終**在價格與價值的落差消失時獲利**。

請注意，這個定義本身並未偏向年輕或成熟企業、成長型或成熟型公司。但在實務上，多數投資人會傾向其中一類，因而被歸類為「價值型投資人」或「成長型投資人」。

至少在表面上，沒有哪種投資哲學的著作比價值投資更多，也沒有哪種投資哲學擁有更多追隨者，主要有兩個原因。第一，關於投資成功的學術研究（我將在第 16 章提出證據）似乎支持這項論點：在過去近百年的美國股市中，價值投資的表現大幅優於其競爭對手——成長投資。

第二，在那些能長期穩定獲利的投資人當中，有極大比例來自價值投資這個陣營。雖然我會在第 16 章中進一步探討，價值投資的成功是否真如其支持者所宣稱的那樣壓倒性，但在本章，我將先奠定基礎，界定我所理解的價值投資。

有人認為，價值投資人重視「價值」，而成長投資人則不然，這種說法顯然荒謬。真正的差別在於——兩者如何定義價值，以及他們從哪裡尋找價值。根據我在本書中介紹的「財務資產負債表」概念，也就是把企業價值拆分為既有資產與成長資產，圖 14-6 呈現了價值型與成長型投資人的差異。

圖 14-6｜價值投資 VS. 成長投資

在價值投資中，你關注的，是既有資產中的便宜貨與被低估的公司，你認為自己掌握了更精準估值的資料，而且市場很可能會錯估既有資產的價格。

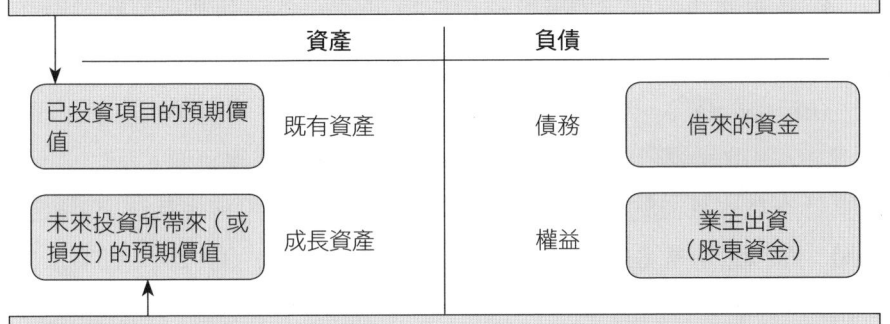

資產		負債	
已投資項目的預期價值	既有資產	債務	借來的資金
未來投資所帶來（或損失）的預期價值	成長資產	權益	業主出資（股東資金）

在成長投資中，你關注的，是成長資產中的便宜貨與被低估的公司，你認為即使在估值時會面臨更多不確定性與偏差，但正是這種不確定性，讓市場更容易錯估成長資產的價格。

簡單來說，價值投資和成長投資的差異，不在於一方在乎價值、另一方則否，而是在於投資人認為企業的「估值誤差[7]」出在哪個部分。

價值投資人相信，他們的工具與資料更適合找出既有資產的估值錯誤，這種信念使他們聚焦於較成熟的企業，其大部分價值來自過去已完成的投資。

反之，成長投資人承認，要為成長資產估值更困難、更不精確，但他們主張，正因為如此，成長資產更可能遭到市場錯估。

這項區別，也讓這兩種投資哲學直接連結到企業生命週期：**價值投資人偏好成熟企業**，因為它們的價值大多來自既有資產；而**成長投資人**

7　譯注：估值誤差（value error），是指市場對企業某部分價值的錯誤判斷或定價偏差，通常是價值投資或成長投資策略試圖捕捉並加以利用的機會來源。

則偏好較年輕的企業,因為這類企業的價值主要來自成長資產。

行動派投資 VS. 被動投資

從最廣義的角度來看,投資哲學也可以分成行動派策略和被動策略。

在被動策略裡,你投資某檔個股或公司,然後等待投資回報。假如策略成功,這項報酬來自市場認清,並修正其原先的錯誤定價。因此,一位購買低本益比且盈餘穩定股票的投資組合經理人,可被視為採取半被動策略;而指數型基金經理人,基本上買進指數中的所有股票,則屬於完全被動策略。

相對地,行動派策略指的是投資人買入公司股份後,主動介入公司經營,以期提升其價值。創業投資人可歸類為行動派投資人,因為他們不僅投資於具有潛力的年輕企業,也會積極參與企業的營運決策。部分擁有充足資本的投資人,甚至會將這種行動派哲學延伸至上市公司,透過大規模持股所帶來的影響力,試圖改變公司的經營方式。

我應該趕緊釐清「行動派投資」(activist investing)與「主動投資」(active investing)之間的差異。用通俗的說法來說,「主動投資」泛指任何試圖打敗大盤的策略,做法通常是將資金導向被低估的資產類別,或是個別股票／資產。

因此,**任何試圖透過選股來擊敗市場的投資人,都被視為主動投資人**。而主動投資人本身也可能採取不同的策略——可能是被動策略,也可能是行動派策略。

最後,行動派投資與企業所處的生命週期階段之間,也存在一個關聯。就如我先前提到,創投業者在投資新創或非常年輕的企業時,幾乎從來不是被動投資人,理由有很多。

首先,他們對公司經營的投入,往往是關鍵,能夠協助企業把一個點

子轉化為產品,再把產品發展為一套商業模式。其次,由於創投業者的報酬取決於能否在有利條件下順利退出投資——他們會試圖引導公司朝著有助於退出時提高估值的路徑前進。

舉例來說,假如創投業者認為,一家以用戶為基礎的公司在退場時,用戶數越多能獲得越高的估值,他們可能會推動公司優先擴大用戶數,而非建立完整的商業模式。

最後,由於創投業者的持股很容易在後續多輪募資中被稀釋,他們通常會在投資契約中設計保護條款,防止持股遭到稀釋。隨著企業逐漸成熟,這類行動派的介入傾向會減弱,特別是當公司的股東結構越來越以機構法人與被動投資人為主時。

假使多數機構投資人如果不認同一家公司的經營方式,往往會「用腳投票」——也就是賣出持股,轉往其他標的。當企業進入衰退階段時,行動派的介入又可能重新增強,因為投資人會試圖改變公司的營運方向——有些情況是直接將公司收購並自行改革,另一些情況則是施壓公司進行清算或分拆。

投資哲學的脈絡

我們可以從圖 14-7 所示的投資流程,來檢視各種投資哲學之間的差異。

圖 14-7｜投資流程

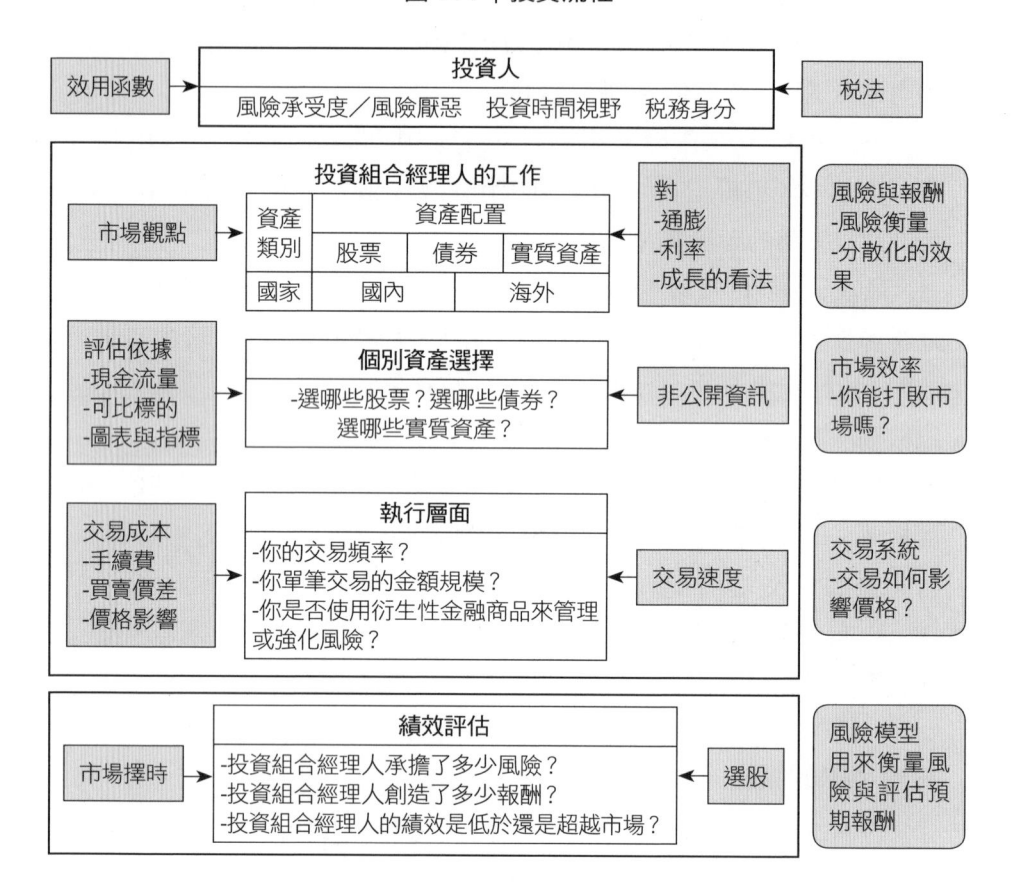

```
┌─────────┐      ┌──────────────────────────────────────────┐      ┌─────────┐
│ 效用函數 │─────▶│              投資人                       │◀─────│  稅法   │
└─────────┘      │ 風險承受度／風險厭惡  投資時間視野  稅務身分 │      └─────────┘
                 └──────────────────────────────────────────┘
```

投資組合經理人的工作

資產類別	資產配置		
	股票	債券	實質資產
國家	國內	海外	

- 市場觀點 → 資產配置
- 對：通膨、利率、成長的看法
- 風險與報酬：風險衡量、分散化的效果

個別資產選擇
- 選哪些股票？選哪些債券？
- 選哪些實質資產？

- 評估依據：現金流量、可比標的、圖表與指標
- 非公開資訊
- 市場效率：你能打敗市場嗎？

執行層面
- 你的交易頻率？
- 你單筆交易的金額規模？
- 你是否使用衍生性金融商品來管理或強化風險？

- 交易成本：手續費、買賣價差、價格影響
- 交易速度
- 交易系統：交易如何影響價格？

績效評估
- 投資組合經理人承擔了多少風險？
- 投資組合經理人創造了多少報酬？
- 投資組合經理人的績效是低於還是超越市場？

- 市場擇時
- 選股
- 風險模型用來衡量風險與評估預期報酬

　　如你所見，投資流程的起點，是對投資人的評估——如果你是在管理自己的資金，那麼投資人就是你自己——以及了解這位投資人願意承擔多少風險、投資組合的時間視野，以及其稅務身分。

　　建立投資組合的流程分成三步驟（未必會按照圖中所示順序進行）：

1. 「資產配置」會決定要將多少資金配置到不同的資產類別與區域

2. 「個別資產選擇」則是在每一類資產中，挑選具體的投資標的
3. 「執行」則是關於交易選擇與交易成本的考量

　　這個流程的最後一個環節（儘管某些主動投資人會刻意迴避）是評估績效：你要將投資組合實際獲得的報酬，與在既定風險水準與實際市場表現之下，原本應該獲得的報酬進行比較。

　　我前面大略對比的各種投資哲學，其實全都能納入這個投資流程中加以定位。市場擇時策略主要會影響「資產配置」的決策，因為當你強烈認為某個資產類別（例如股票、房地產等）被低估（或高估）時，就會調整投資組合，使其偏向（或迴避）該資產類別。

　　各類型的選股策略——無論是技術分析、基本面分析，或依賴非公開資訊——則全都集中在「個別資產選擇」這一環節。

　　你也可以主張，有些策略並不是建基於對市場效率的宏大願景，而是圍繞在「執行」階段，設計來捕捉資產在市場中短暫定價錯誤的機會（例如套利策略）。這類機會型策略之所以成功與否，很大程度上取決於是否能快速執行交易以掌握價格錯誤，以及是否能有效壓低交易成本。圖 14-8 說明了在建構投資組合的流程中，不同投資哲學會對應到哪一個階段。

圖 14-8 │ 投資哲學與投資流程

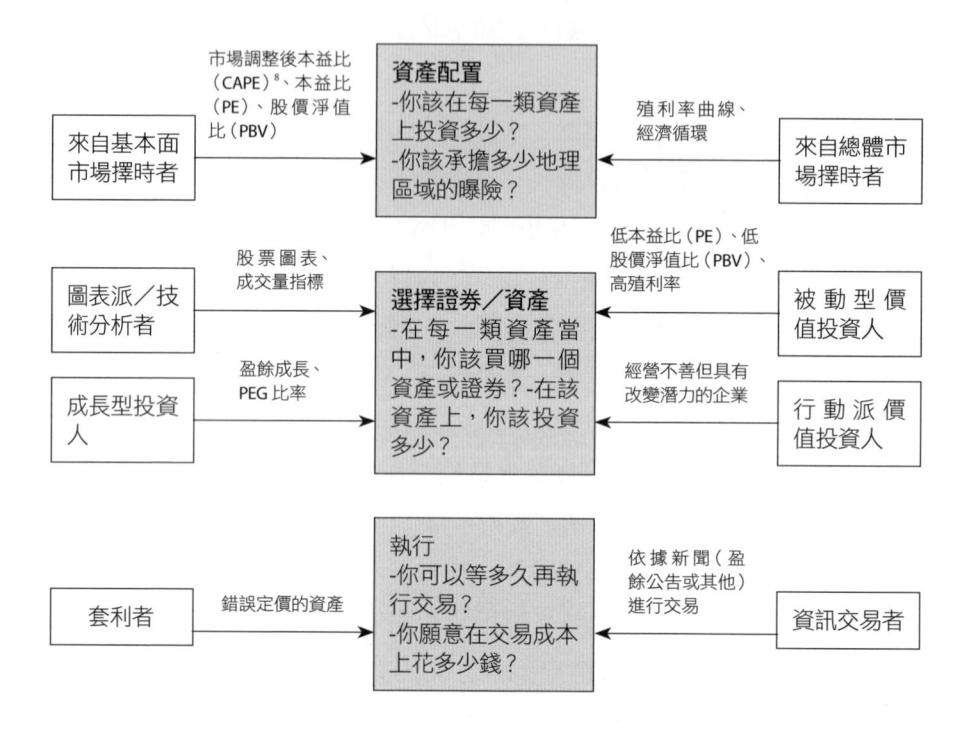

```
來自基本面            市場調整後本益比
市場擇時者     ──→   (CAPE)⁸、本益比      ┌─────────────┐       殖利率曲線、      來自總體市
                    (PE)、股價淨值        │  資產配置     │       經濟循環         場擇時者
                    比(PBV)              │ -你該在每一類資產│ ←──
                                        │  上投資多少？   │
                                        │ -你該承擔多少地理│
                                        │  區域的曝險？   │
                                        └─────────────┘

圖表派／技        股票圖表、       ┌─────────────┐       低本益比(PE)、低
術分析者     ──→  成交量指標       │ 選擇證券／資產 │       股價淨值比(PBV)、    被動型價
                                │ -在每一類資產當 │ ←──   高殖利率             值投資人
                                │  中，你該買哪一個│
成長型投資         盈餘成長、      │  資產或證券？-在│       經營不善但具有       行動派價
人          ──→  PEG 比率       │  該資產上，你該 │ ←──   改變潛力的企業       值投資人
                                │  投資多少？    │
                                └─────────────┘

                                ┌─────────────┐
                                │  執行        │
                                │ -你可以等多久再│       依據新聞(盈
套利者      ──→  錯誤定價的資產   │  執行交易？   │ ←──   餘公告或其他)       資訊交易者
                                │ -你願意在交易成│       進行交易
                                │  本上花多少錢？│
                                └─────────────┘
```

投資哲學最迷人的面向之一，就是對市場互相矛盾的觀點可以共存。

有些市場擇時者會根據價格動能交易（表示他們相信投資人從資訊中學習的速度偏慢），而另一些擇時者則採取逆勢操作（因為他們相信

8　譯注：調整後本益比（Cyclically Adjusted Price-to-Earnings ratio，CAPE）是一種衡量股市估值的指標，由羅伯‧席勒（Robert Shiller）提出。它是以過去 10 年的平均盈餘（經通膨調整）為分母來計算的本益比，藉此平滑景氣循環對盈餘的影響，更能反映市場的長期估值水準。

市場會反應過度）。

在根據基本面選股的投資人當中，也同樣存在這種對立：價值投資人購買價值股，是因為他們相信市場對成長的定價過高；成長投資人則以完全相反的理由購買成長股。

對某些人來說，這些矛盾的投資衝動看似不理性，但這種多元反而有益，甚至可能正是讓市場維持平衡的關鍵。

此外，也有些持相互矛盾投資哲學的投資人之所以能在市場中共存，是因為他們的時間視野、風險觀點，或稅賦狀況不同。例如，免稅的投資人可能會認為高股利股票具有吸引力，而須課稅的投資人卻可能因為股利適用一般稅率，而對這些股票敬而遠之。

投資哲學與企業生命週期

呼應前面介紹的投資哲學，我現在可以把它跟企業生命週期連結起來，說明不同生命週期階段的投資人，如何在「交易」與「投資」之間做出選擇，以及在各自的投資取向中，又會偏好哪一類型的股票。

根據前一節的分類，再疊加各階段企業的特徵，我得出了以下結論：

1. **價格 VS. 價值：**

如果說估值的過程是由基本面驅動，而定價的過程則由市場的供需所主導，那麼兩者之間的差距，就會反映出價格與價值的落差。雖然這種落差在企業生命週期的每個階段都可能存在，但我預期，**在年輕企業身上，這個落差會更大、也更為劇烈波動**，因為這些企業充滿不確定性、缺乏可用的歷史數據（即使有也不可靠），而且投資人之間對其估值故事的看法差異極大。

2. **投資 VS. 交易：**

在第 10 章我提過，許多投資人會避免為年輕企業估值，理由是對其

商業模式和未來預測存在過多不確定性，不值得費心。毫不意外地，他們幾乎完全將這類公司拱手讓給交易者，**其中有些人正是從這些企業劇烈的價格波動中獲利**。隨著企業逐漸成熟、財務數據開始具體化，投資人就更有可能開始參與進來，使股東結構中的投資人與交易者之間，出現較為平衡的局面。

3. 交易的重心：

企業生命週期的每一階段，都有交易者參與市場，但他們的交易依據會隨著階段而有所改變。對於新創企業與非常年輕的公司，價格主要由創投業者設定，而這個定價幾乎完全仰賴其他創投業者過去如何為這些公司，或者與它們高度相似的公司定價——也就是依靠市場動能。

在這些公司剛上市公開交易時，交易仍大多受到動能驅動，這也解釋了為什麼研究發現，相較於成熟企業，動能在成長企業中的影響力更為顯著。當這些公司持續在公開市場中運作，市場價格趨於穩定，交易的焦點便會轉向資訊事件。分析師會投入大量資源預測盈餘報告中的數據，而交易者則會選擇在報告公布之前或之後展開交易操作。

至於成熟企業，由於市場本身或資訊發布帶來的驚喜有限，交易者則會在各市場之間尋找微小的定價錯誤，作為套利的機會。

4. 投資的重心：

把投資劃分為「成長型」與「價值型」，本身就顯示出它和企業生命週期之間的密切關聯。成長型投資，會將尋找被低估標的的焦點放在較年輕的企業，因為這些企業的估值很大一部分來自於未來的成長潛力。而價值型投資的目標則以成熟企業為主，因為投資人關注的是市場是否低估了這些企業的既有資產。在第 15 與第 16 章中，我將進一步探討這

種區分，並主張這種自我篩選[9]的傾向，可能反而會限制這兩種投資哲學的發展空間。

5. **行動派投資人 VS. 躺椅型投資人：**

在投資領域中，我探討了被動的「躺椅型」投資（armchair investing）——也就是尋找被低估的標的、買進，然後期待市場最終修正價格——以及行動派投資之間的對比。行動派投資人不只希望加快市場修正的速度，還試圖實際改變公司的經營方式。

對照企業生命週期，如果在新創或非常年輕的企業中採取躺椅型投資，風險極高，因為創辦人通常需要明確的指導與外部監督。隨著企業逐漸成熟、上市，躺椅型投資人才較可能介入，這時可仰賴資訊揭露規範與完善的公司治理制度來約束管理階層的行為。等到企業進入衰退期，如我在第 13 章所說，對行動派投資人的需求將再次升高，因為拒絕承認現實或鋌而走險的管理階層，可能會對投資人的財富造成嚴重傷害。

6. **被動 VS. 主動：**

如果你認同這個前提：在市場存在摩擦與不確定性的情況下，能把這些特性轉化為競爭優勢，就會讓主動投資更有機會帶來報酬，那麼也就能合情合理地推論，主動投資在企業生命週期的兩端——也就是非常年輕的公司和快速衰退的公司——比起穩定且成熟的企業更有機會獲利，因為市場對後者的商業模式及未來發展已有較多共識。

在圖 14-9，我探討了企業生命週期各階段中，投資哲學如何隨之改

9　譯注：自我篩選偏誤（**self-selection bias**）指的是觀察對象自行選擇是否進入某一組別，導致樣本無法隨機抽樣，進而產生偏誤。在投資脈絡中，這種偏誤會讓某些特定特質的投資人或公司集中於特定策略或階段，進而影響結果的代表性與解釋力。

變。

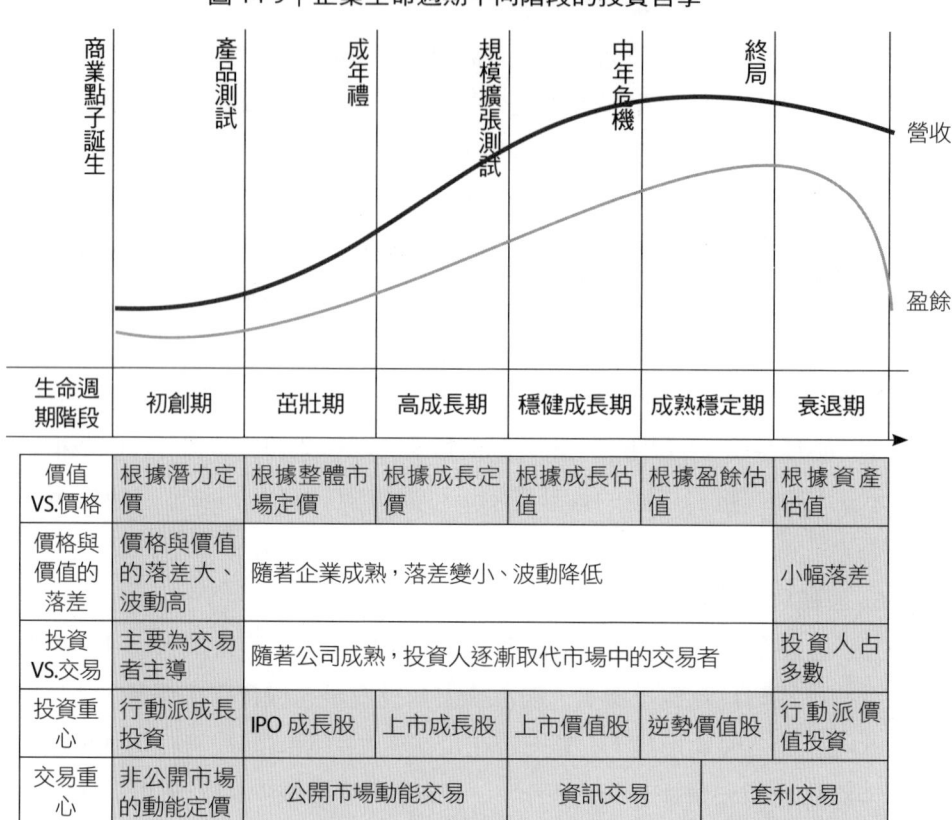

圖 14-9｜企業生命週期不同階段的投資哲學

生命週期階段	初創期	茁壯期	高成長期	穩健成長期	成熟穩定期	衰退期
價值 VS.價格	根據潛力定價	根據整體市場定價	根據成長定價	根據成長估值	根據盈餘估值	根據資產估值
價格與價值的落差	價格與價值的落差大、波動高	隨著企業成熟，落差變小、波動降低			小幅落差
投資 VS.交易	主要為交易者主導	隨著公司成熟，投資人逐漸取代市場中的交易者			投資人占多數
投資重心	行動派成長投資	IPO成長股	上市成長股	上市價值股	逆勢價值股	行動派價值投資
交易重心	非公開市場的動能定價	公開市場動能交易		資訊交易	套利交易	

　　如你所見，在年輕企業裡，更常見由交易主導市場行為，而這些交易多半是由動能驅動。隨著企業逐漸成熟，開始會有一部分投資人嘗試對這些企業做出估值並投入資金，而交易的重心也會轉向圍繞重大訊息公告而進行的操作。

　　至於行動派投資（即投資人主動參與企業經營改變），在企業生命

週期的兩端最可能獲得最大的回報：在早期，創投業者會對年輕企業創辦人施加壓力；在企業衰退時期，私募基金與行動派投資人則會推動公司展開資產剝離、清算或分拆重組。

結論：投資哲學沒有最佳解，但有最適解

投資哲學的核心，是一套關於市場與投資人的信念體系，它決定你認為投資報酬會從哪裡而來，並據此驅動你所採取的投資策略。在這個廣義的架構中，選擇極其多樣，從光譜一端的技術分析與圖表解讀，到另一端依據大量數據的量化投資皆涵蓋在內。

雖然沒有一種放諸四海皆準、適合所有人的最佳投資哲學，但你總能找到最適合自己的那一種。一旦找到契合你的哲學，你也會在企業生命週期中找到偏好的棲身之處：有些投資哲學會引導你關注年輕與高速成長的企業，而另一些則會促使你聚焦於成熟甚至衰退階段的企業。

第15章

投資年輕企業

在企業財務與估值評估的章節中，我曾指出，不確定性是年輕企業的一項特徵，而再多的美好期待或再精密的建模，都無法消除這種不確定性。對某些投資人而言，這種不確定性是投資這類企業的阻礙；但對另一些人來說，它則是一種號召，帶來上行潛力，並吸引他們投資其中。

在本章中，我將從那些投資於最年輕企業（多數尚未上市）的投資人談起，也就是創投業者，並探討創投投資的成功與失敗歷史。接著，我將檢視創投業者在公開市場上的對應投資人，他們押注於成長型企業，希望能藉由投資或交易獲得報酬，並評估他們的成功與失敗歷程。針對這兩類投資人，我都將運用前幾章對年輕與成長企業的理解，建立一套通往成功的查核清單。

創投業者

對新創和非常年輕的企業來說，是創投業者協助創辦人打造事業，提供資金作為交換，換取這些公司的部分所有權。我在第 4 章中曾指出，創投業者在企業從點子階段邁向成功獲利的轉型過程中扮演關鍵角色，但他們能否從這些投資中，獲得與所承擔風險相稱的報酬？

在本節中，我將首先主張，**創投業者其實更像是交易者而非投資人**，參與的是一場定價遊戲，接著再探討這場遊戲中的贏家與輸家。

定價遊戲

從第 9 章與第 14 章中我提出的「價格與價值之別」作為起點，我主張創投業者（VCs）不是在對企業估值，而是在對企業定價。這與其說是對創投業者行為的批評，不如說是對現實的承認。

事實上，定價不僅是你對創投業者應有的期待，它更是區分頂尖創投業者與一般創投業者的核心所在。

早先在第 10 章中，我們在探討創投估值方法時就已看出這種分野；當時我指出，該方法更接近定價，而非估值，所使用的折現率其實只是任意設定的「目標報酬率」。而實際上，當創投業者為企業定價時，他們會考量以下幾個面向：

1. **同一家公司最近的定價：**

定價遊戲最陽春的版本，是指一家私人企業的潛在或既有投資人，會參考前一輪募資中其他投資人為該公司設定的價格，來判斷自己是否獲得合理的定價。以 Uber 為例，在 2016 年 6 月，沙烏地主權基金（Saudi sovereign fund）投資該公司 35 億美元，並將其定價為 625 億美元，那麼接近該日期進場的其他投資人，就可能以這個價格作為合理定價的基準。

這種做法潛藏諸多風險，其中之一就是定價錯誤的可能性：當新的投資人對公司高估或低估時，這個錯誤會沿著定價鏈[1]擴散，導致之後的定價也產生偏差。簡單來說，一輪高估或低估，就可能衍生出更多輪的高估或低估。

2. **「類似」私人企業的定價：**

比起上述流程稍微擴大一些的版本，是創投業者會參考投資人對「同一產業」內**類似**公司所支付的價格——其中對於何謂「類似」或「相同」企業，自然牽涉眾多主觀判斷——再將該價格依營收（如果無營收，則改以該領域常見的共同指標，例如用戶數、訂閱戶、下載量等）縮放，進而為自己的公司定價。

以共乘產業為例，在 2016 年，你可以根據 Uber 最近一筆交易對 Lyft

---

1 譯注：定價鏈（pricing chain）是作者的比喻性用語，指不同輪次投資人，參考前一輪價格的連續性過程。

做出定價，並將 Uber 的公司定價按營收比例（或服務乘客數量）縮放後，套用到 Lyft 身上。

3. 參考上市公司定價，調整私人企業定價：

在極少數情況下，如果一家私人企業已具備足夠的營運基礎（例如有營收、甚至已有盈餘），而且所處產業中有可供比較的上市公司，創投業者便可使用這些上市公司的定價作為依據，來為該私人企業定價。

舉例來說，如果一間私人企業屬於遊戲產業，營收是 1 億美元，而該產業的上市公司被以其 2.5 倍營收的價格交易，則該企業的估計定價為 2.5 億美元。不過，這種定價假設該公司具備流動性（如同上市公司可於市場中自由交易），且其投資人能透過投資組合分散風險。因此，我們通常需要套用一個因缺乏流動性與多元化而產生的折價幅度，但這個幅度（例如 20%、30%或更高）在實務上既難以估算，也很難正當化。

參與定價遊戲的，不僅僅是創投業者。大部分公開市場的投資人（包括許多自稱是價值投資者的人）同樣也在玩定價遊戲，儘管他們所使用的是歷史較悠久的定價指標（從本益比〔P/E〕到企業價值對稅息折舊攤銷前盈餘〔EV/EBITDA〕），且擁有更多可比的上市公司樣本。

若將這種定價遊戲套用到創投投資上，所出現的挑戰主要都是統計上的問題：

- **樣本數太少：**

如果你的定價是根據其他對私人企業的投資作為依據，那麼作為創投業者，你所能運用的樣本數量，通常會比公開市場的投資人少得多。

以 2021 年為例，如果你是投資上市石油公司的投資人，在做出相對價值或定價判斷時，可以參考美國市場上 351 家上市公司，甚至全球範圍內多達 1,029 家的上市公司。而一位為共乘公司定價的創投業者，全球可參考的樣本數則不到 10 家。

- **更新頻率低：**

　樣本數量低落的問題，會因另一項事實而更加惡化：與上市公司不同，上市公司的股票交易頻繁，樣本中的大多數公司價格幾乎都有持續被更新；而私人企業的交易則十分稀少，且時間間隔甚久。

　在許多方面，創投業者的定價方式更接近房地產的定價：你必須依據近期售出的類似物件來定價，而不是像傳統股票那樣隨時由市場報價。

- **交易不透明：**

　第三個讓創投定價變得更為複雜的問題，是交易的不透明性。與公開市場的股票不同，上市公司的每一股代表相同的權益主張，其總市值可以用股價乘以流通在外股數來計算。

　然而，從創投投資所購得的一部分股權推估整體權益價值，往往非常複雜。為什麼呢？正如我在第 10 章所提，**每一輪募資的創投投資，結構設計都不盡相同，內含各式各樣的選擇權**，有些設計用於提供保護（防止股權在未來融資輪中遭到稀釋），有些則用於創造機會（允許未來以有利價格增資）。

定價遊戲的結果

　如果創投業者是透過定價來評估企業價值，而這些定價往往是基於樣本數量少、更新頻率低，且難以解讀的資料，那麼可以預期將會產生以下結果：

- **創投業者的定價估計存在較多雜訊（誤差）：**

　以 2016 年為例，如果你是根據當時 Uber、滴滴與 Grab 的定價來估算 Lyft 的價格，那麼你的估計值將會伴隨較大的不確定區間，而且出錯

的機率也相對更高。

- **創投業者的定價會更具主觀性：**

創投業者可以自行選擇要比較的公司，並經常運用裁量來調整資料更新頻率低與股權投資結構複雜所帶來的問題。雖然這聽起來像是在重述前一點的批評，但這也讓偏誤更容易滲入整個定價流程。

因此，不意外地，創投業者的投資報酬並不完全相同──尤其是在尚未實現的部位上，較積極的創投業者，相較於那些較保守的業者，往往會回報出「較高」的報酬。

- **定價將落後於市場變化：**

眾所皆知，流入創投產業的資金會隨時間起伏波動──在市場上行時，交易筆數增加；在市場下行時，交易則減少。當市場出現劇烈修正（如網路泡沫破裂之後的情況），交易甚至可能陷入停滯，使得重新定價變得困難、甚至根本無法進行。

如果創投業者延後重新定價，直到市場交易回升才調整估值，那麼從年輕企業價格下跌的時間點，到這些跌價反映在創投業者投資報酬中的時間點之間，將出現顯著的滯後現象。

- **定價會出現反饋迴路：**

由於創投業者的定價是根據樣本數量少且交易頻率低的資料，因此很容易受到反饋迴路的影響：也就是，**一筆定價錯誤（無論是高估還是低估）的交易**，可能會引發更多後續的錯誤定價交易。假如價格螺旋[2]出現，無論方向為何，其波動幅度都將更為劇烈。

- **會有時間視野的問題：**

流動性不足與樣本數量少，不僅妨礙了創投業者為其持股定價，也

對定價遊戲本身設下了限制。與公開市場投資不同，在公開市場中，定價遊戲可以在幾分鐘內、甚至在幾秒內就完成，因為標的具備高度流動性；但在私募市場中，定價則需要更多耐心，而且公司越年輕，所需的耐心就越多。

換句話說，想在創投的定價遊戲中勝出，你可能必須先進場投資一家新創企業，然後等待時機，直到你把這家公司培育起來，並找到願意以更高價格收購它的人。

最後還有一點值得一提。雖然我常把創投市場與公開市場分開討論，彷彿這兩個市場由不同物種的人組成，但它們其實是緊密相連的。畢竟，創投業者必須規劃投資的退出策略，無論是透過首次公開發行，或是把公司出售給一家上市公司；而只要公開市場感冒了，創投市場就會得肺炎──儘管診斷結果可能要過一段時間才會浮現。

創投業者的報酬：贏家與輸家

創投業者獲得的報酬率是否高於其他投資人？而這些較高的報酬，是否足以補償他們在投資中承擔的額外風險？在檢視這項論點的實證結果之前，有必要先指出其中的一個薄弱環節──也就是**報酬的衡量方式**。

和公開市場的投資不同，公開市場中尚未實現的報酬是根據市場上交易股票的可觀察價格計算而來，並且通常可以較順利地轉化為已實現

2　譯注：在總體經濟學中，價格螺旋（price spiral）常用來解釋薪資與物價之間相互推升的連鎖效應。而在本書中，作者使用「價格螺旋」一詞，指的是創投業者對年輕企業一次錯誤的高估或低估，可能引發後續多輪定價朝同一方向持續偏離，使價格不斷被推高或壓低，形成反覆強化的循環。

報酬;但創投基金的未實現報酬則是基於估計值,而這些估計又往往來自其他創投業者對同一領域中企業所進行的不透明投資,而且難以變現。因此,**創投基金的未實現報酬不僅存在估計誤差,也可能受到偏誤影響,因此應該被視為比已實現報酬更不可靠的數字。**

在釐清這些限制條件之後,我們來看看研究顯示了什麼結果:

1. **創投業者的平均績效,優於公開市場主動投資人的平均績效:**

創投業者和公開市場投資人同樣都在參與定價遊戲,而後者擁有更多、品質更高的數據作為優勢。但從長期來看,創投業者所實現的報酬率似乎優於公開市場投資人,如圖 15-1 所示。

圖 15-1 | 2002 年-2021 年美國創投、私募股權和公開市場股權的報酬率

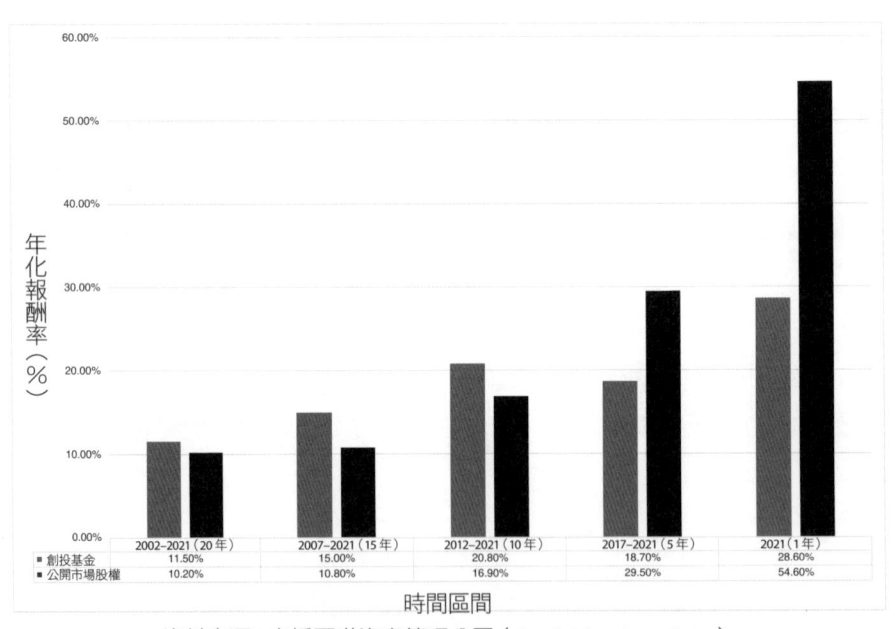

時間區間	2002–2021(20年)	2007–2021(15年)	2012–2021(10年)	2017–2021(5年)	2021(1年)
創投基金	11.50%	15.00%	20.80%	18.70%	28.60%
公開市場股權	10.20%	10.80%	16.90%	29.50%	54.60%

資料來源:康橋匯世資產管理公司(Cambridge Associates)

以上都是原始報酬率,我也理解你必須根據風險做出調整,但是創

投投資中最大的風險——失敗風險——其實已經反映在長期報酬率之中。正如你所見，創投業者在長期（10 年、15 年和 20 年）期間的平均報酬率略高，但在較短期的區間內，表現則不如公開市場股權投資人。

而即便從長期來看，創投投資中獲得的額外報酬（例如 20 年期平均每年多出 1.3%，或 15 年期每年多出 4.20%），是否足以補償創投所承擔的額外風險，至今仍無定論。

2. 創投的報酬高度偏斜：

創投的特性在於，即使是最成功的創投業者，在其投資組合中也會有相當大比例——甚至可能超過一半——的投資案是虧損的；但他們押中的幾個大贏家，所帶來的報酬足以彌補所有虧損，甚至還有盈餘。

圖 15-2 顯示的是 2004 年至 2013 年間，投資於企業早期階段的創投業者，其報酬分布的情況。

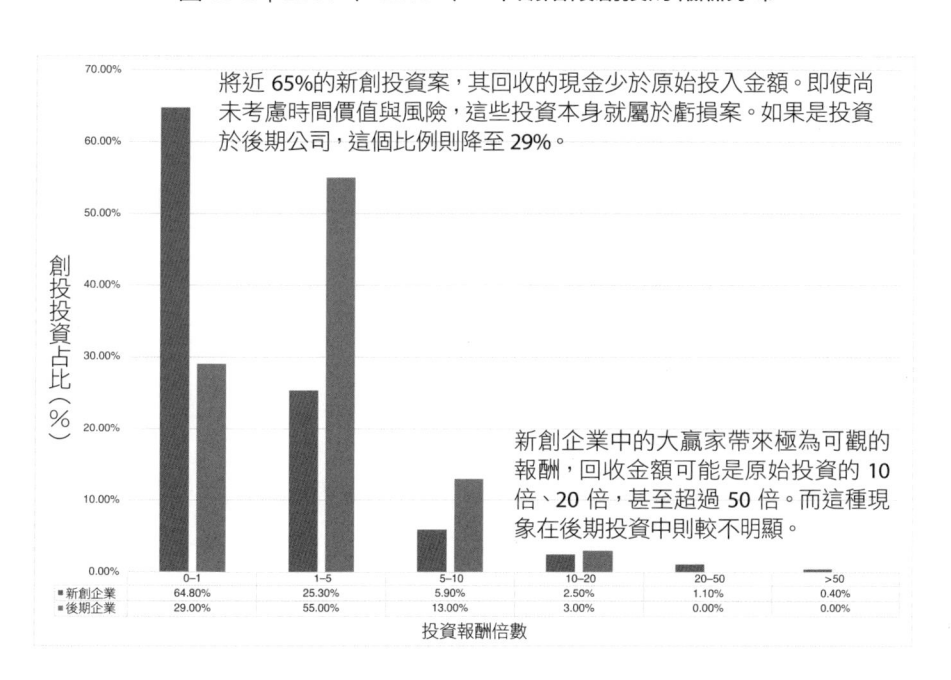

圖 15-2 ｜ 2004 年–2013 年，早期階段創投的報酬分布

將近 65%的新創投資案，其回收的現金少於原始投入金額。即使尚未考慮時間價值與風險，這些投資本身就屬於虧損案。如果是投資於後期公司，這個比例則降至 29%。

新創企業中的大贏家帶來極為可觀的報酬，回收金額可能是原始投資的 10 倍、20 倍，甚至超過 50 倍。而這種現象在後期投資中則較不明顯。

投資報酬倍數	0–1	1–5	5–10	10–20	20–50	>50
新創企業	64.80%	25.30%	5.90%	2.50%	1.10%	0.40%
後期企業	29.00%	55.00%	13.00%	3.00%	0.00%	0.00%

創投投資占比（%）

雖然這些報酬率數據只涵蓋單一的 10 年期間，但它們仍足以呈現創投投資報酬的本質。如果要理解隨著企業年齡增長，這種報酬分布如何改變，可以比較企業早期階段的創投報酬率，與投資於後期企業的創投業者所獲得的報酬：後者的虧損案較少，但在成功投資案上的上行潛力也相對較低。

3. 頂尖創投業者具有持久力：

最成功的創投業者不僅能創造出高於公開市場頂尖投資人的報酬率，整體而言，在創投產業中也展現出更高的一致性，因為這些頂尖創投業者能在更長時間內持續產生優異報酬。這顯示，**相較於公開市場投資人，創投業者在這場投資遊戲中擁有更持久的競爭優勢**。

我該如何調和這個看似矛盾的現象？一方面我們指出，創投的定價遊戲本質上更容易出現錯誤與雜訊；另一方面，創投業者似乎又能從中獲利？

我認為，正是因為為創投投資定價與從中獲利本身極具挑戰性，才使得創投業者整體上有機會賺取超額報酬，而頂尖創投業者也正因能夠駕馭這些挑戰，從同業中脫穎而出。

具體來說，創投產業中的佼佼者，通常會在以下三個面向展現出色能力：

1. 他們（相對而言）更擅長定價：

對創投投資標的的定價，在不同投資人之間可能有極大差異；雖然這些定價無疑全都是估計值，因此也都存在誤差，但其中有些人的估計比其他人更接近實際價值。

在定價遊戲中，即使只擁有些微的優勢，隨著時間推移，仍可能帶來顯著的長期優勢；在這個層面上，成功會進一步強化自身，並形成持續性。一家新創公司甚至可能為了吸引某位成功的創投業者加入，而提供

較有利的定價條件，因為他們可以藉此吸引更多投資人跟進。

2. 他們對所投資的公司有更大的影響力：

和公開市場的投資人不一樣，後者大多只能觀察公司的營運指標，卻無法實際介入改變，而創投業者則能在所投資的公司中扮演更積極的角色。

從非正式地給予管理階層建議，到擔任董事會成員等更正式的職位，協助公司決定應專注於哪些指標、如何改善這些指標，以及如何（以及何時）將其轉化為可實現的報酬（例如透過 IPO 或將公司出售）。

3. 他們更擅長掌握時機：

定價遊戲的關鍵在於擇時，而創投的定價遊戲更是如此。要取得成功，創投業者不僅必須選對進場時機，**更關鍵的是選對退場時機**。最成功的創投業者擅長掌握市場氛圍與動能，並精準判斷投資的進出時點。

所以，如果你是創投基金的投資人，你當然應該同時檢視已實現報酬與未實現報酬，但你也應該進一步了解該基金是如何衡量這些未實現報酬的，以及它的報酬如何產生。

假如一筆已實現的報酬，主要仰賴單一筆大額成功投資，相比於那些來自較長時間、多筆成功投資累積的報酬，前者對投資能力的展現顯然較為薄弱。畢竟，想在公開市場中區分運氣與實力已非易事，那麼在創投產業中要做到這一點，更是難上加難。

成功的關鍵因素

雖然創投無法保證獲得高報酬，但確實有部分創投投資人成功賺取了極為亮眼的報酬。他們究竟有何過人之處？而你又能如何分享他們的成功？以下幾項似乎就是關鍵所在：

1. 擅長判斷故事：

我在第 10 章曾指出，對新創企業和非常年輕的公司估值時，真正驅

動估值的並不是過去的財務數字,而是故事。如果你是年輕企業的投資人,不僅要擅長評估創辦人所講述的故事,並讓這些故事經得起 3P 測試,你也必須為這家公司建立你自己的敘事觀點,作為投資決策的基礎。

2. **擅長評估管理階層／創辦人:**

在一家年輕公司裡,你完全仰賴創辦人和管理團隊來實現估值所建構的故事。而讓頂尖的創投業者脫穎而出的關鍵之一,就是他們具備精準判斷創辦人是否具備落實這個估值故事的能力與可信度。

3. **隨著公司成長,積極保護自身投資:**

當公司逐漸茁壯並吸引更多新資金進場時,身為創投業者,你必須設法保護自己在公司中的持股比例,避免因為新一輪資金的引入而被稀釋。

4. **擅長評估失敗風險:**

大部分小型私人企業最終會以失敗收場,原因通常是產品或服務無法吸引足夠的市場關注,或是管理不當。優秀的創投業者似乎具備某種判斷力,能夠辨識出那些將創意與管理團隊組合得較為穩當、成功機率更高的企業,儘管這也並不保證每一次都能成功。

5. **明智地分散賭注:**

話雖如此,創投投資的失敗率仍然偏高,因此,如何分散賭注就成了關鍵。你所參與的募資階段越早——例如種子輪——投資組合的多元化就越重要。

身為成功的創投業者,你的投資組合將是高風險的,而且通常不夠分散,會在幾家小型、波動劇烈的企業中持有大量股份,這些企業往往還集中在同一個產業或產業群中。結論是,創投的成功不只仰賴你評估企業故事與創辦人能力的眼光,同樣也取決於你的交易技巧——是否能掌握市場氛圍與動能,並精準擇時進出場。

成長投資與交易：公開市場股票

公開市場的成長型投資人，會運用代理指標和篩選條件，尋找那些被市場低估的高成長股。選擇在首次公開發行時投資，目的是捕捉股票上市後上漲所帶來的超額報酬；也有人設計投資策略，鎖定那些預期營收或盈餘將出現高速成長的公司；另外還有投資人採取更細緻的策略，專門在價格合理的情況下才買進成長股。

首次公開發行（IPO）

我在第 4 章曾探討私人企業的上市流程，並指出市場對由投資銀行主導 IPO 流程的不滿，正逐漸為改革鋪路。話雖如此，年輕與成長型企業仍是最常透過這一流程上市，而部分公開市場投資人，則嘗試藉由上市過程中的市場摩擦與錯誤來打敗大盤。

上市日及其後效應

在由投資銀行主導的 IPO 中，銀行家的部分動機來自他們對發行公司提供的發行價擔保，因此會有意將公司定價壓低，而且這種壓低通常是公開進行的。我在圖 15-3 中，依據公司股票在上市當日的表現，檢視 IPO 普遍存在的低估定價現象。

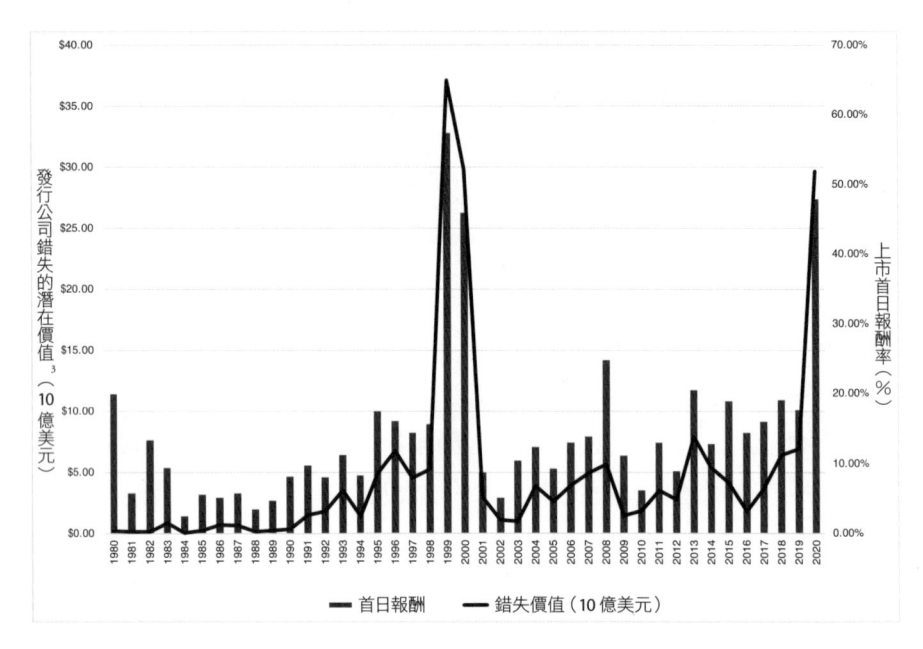

圖 15-3 ｜ 美國 IPO 上市首日的報酬情況

可以看到，在每一個年度，上市當日股價的平均變動百分比都是明顯的正值。由於發行價格的折讓，對創辦人與創投業者而言，等同於錯失的募資金額（即「留在桌上的錢」）[4]，因此我也一併估算了這些損失所代表的美元金額。

儘管在公司 IPO 之前搶先交易是否能帶來報酬仍有疑問，但在掛牌上市當天，以及接下來幾天內執行交易，是否還有獲利空間？由於股票

3　譯注：原文是「left on the table」，意指 IPO 定價過低所導致的潛在價值損失。
4　譯注：「留在桌上的錢」（leave money on the table）是金融術語，專指 IPO 市場中的「折價發行」現象，即承銷商（投資銀行）將發行價格訂得過低，使得企業在上市時實際募得的資金少於原本可以籌得的金額，這些差額就是留在桌上的錢。

490 ｜ 企業估值投資

剛掛牌的頭幾天，買賣雙方大多是試圖利用短期價格波動來獲利的交易者，而非評估企業長期價值的投資人，因此你可以預期，在這段期間內，「市場動能」會是主導股價變化的主要驅動力。話雖如此，目前幾乎沒有研究顯示，在公司掛牌期間進行大量交易，能持續帶來穩定報酬。

IPO 之後的報酬率

儘管有充分證據顯示，首次公開發行的股票在上市當日通常會出現顯著漲幅，但並不清楚這些股票在接下來幾年，是否仍是值得投資的標的。提姆・洛格倫（Tim Loughran）與傑・瑞特（Jay Ritter）追蹤了 5,821 檔 IPO 案，分析其在上市後 5 年的報酬率，並與非發行公司（未公開發行股票的企業）的報酬率進行比較，如圖 15-4 所示。

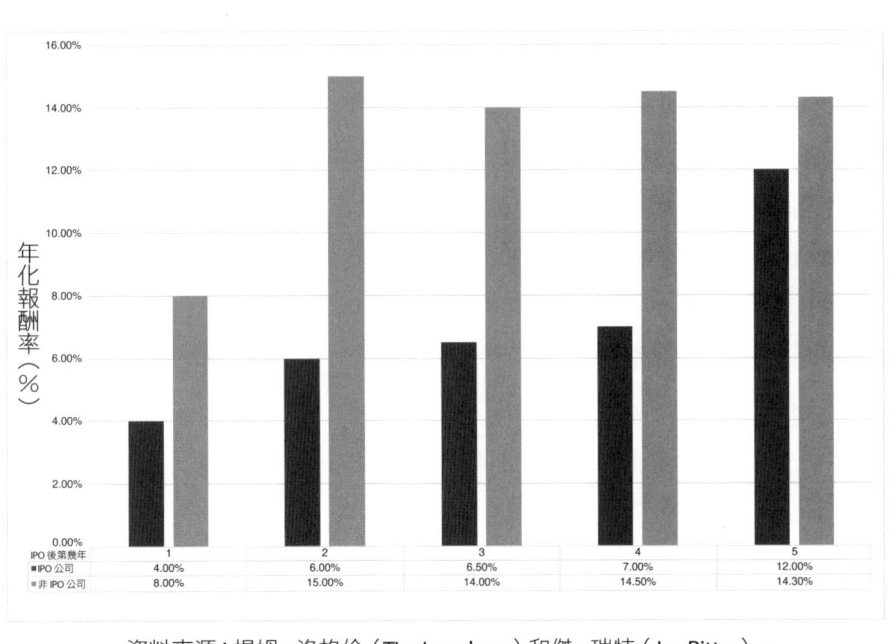

圖 15-4 ｜ IPO 之後的報酬率

IPO 後第幾年	1	2	3	4	5
IPO 公司	4.00%	6.00%	6.50%	7.00%	12.00%
非 IPO 公司	8.00%	15.00%	14.00%	14.50%	14.30%

資料來源：提姆・洛格倫（Tim Loughran）和傑・瑞特（Jay Ritter）。

值得注意的是，IPO 公司的表現始終遜於未發行股票的公司，而且在發行後的最初幾年表現最為糟糕。雖然這種現象在規模較大的 IPO 中不那麼明顯，但仍然存在。換句話說，IPO 的主要報酬，通常落在上市當日持有股票的人身上，而不是長期持有的投資人手中。我在圖 15-5 中更新了這項研究，檢視 1980 年至 2019 年間的所有 IPO，以及它們在 IPO 後 3 年的報酬率表現。

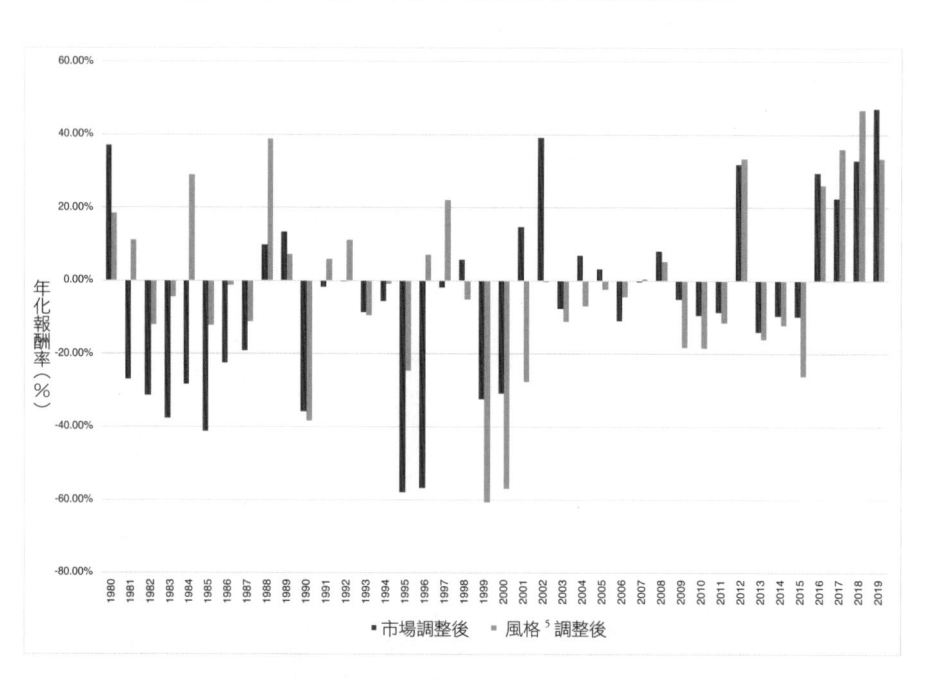

圖 15-5｜IPO 後 3 年的市場調整與風險調整報酬率

5　譯注：「風格」在此通常是指投資風格，比如成長型、價值型，與風險或市值調整相關。

就像我先前引用的研究一樣，這項研究同樣指出：在上市日以發行價買進 IPO 並長期持有，並不是一項成功的投資策略。以年化報酬率來看，這類投資平均每年比整體市場少賺 6.45%，比成長型指數基金少賺 3.45%。

投資策略

既然有證據顯示 IPO 存在低估定價現象，而發行後幾年的表現又低於市場平均，那麼是否還能建立從 IPO 中獲利的投資策略呢？在本節中，我將探討三種可能的方式。

第一種是採取全面出擊的策略，參與每一檔 IPO，期望從上市當日的股價跳漲中獲利（如前述研究所示）。第二種則是動能投資的變形策略，在市場火熱時搭上 IPO 潮流，在市場低迷時則避開。最後一種策略，則是盡力精挑細選，只投資那些最有機會帶來回報的 IPO 案。

- **強硬策略：投資每一個 IPO：**

雖然有大量證據顯示，IPO 的發行價平均而言是被低估的，但關於投資人是否真的能利用這些定價錯誤與市場摩擦獲利，證據就沒那麼明確了。這種異常現象，可以透過交易成本與發行流程的細節來解釋。

如果 IPO 的發行價在平均上被低估，那麼顯而易見的投資策略，就是參與大量 IPO 認購，並根據分配結果建立一個投資組合。不過，這種分配機制裡藏有一個陷阱，可能會讓你無法從 IPO 折價中獲得超額報酬。

當投資人申購 IPO 新股[6]時，實際能分配到的股數，會取決於這檔 IPO 是否被低估，以及低估的幅度。如果定價嚴重偏低，你通常只能分到所申購股數的一小部分；反之，如果定價合理甚至偏高，則幾乎可以分到全部的申購股數。如此一來，你的投資組合就會對價格偏低的新股配

置不足，卻對價格偏高的新股配置過多。

那麼，有沒有辦法可以在這場新股配售遊戲中勝出呢？理論上有兩種策略可供採用，但都無法保證成功。

第一種，是成為偏向性的配售制度的受益者，也就是當投資銀行分配價格被低估的新股時，讓你拿到超出申購比例的配額。

第二種是反向操作，在 IPO 股票剛上市時就進行放空[7]（sell short），期望能從接下來幾個月的價格下跌中獲利。不過，這項策略的風險在於，這些股票的價格往往受到市場氛圍與動能驅動，在修正出現之前，可能會長時間被嚴重高估。

- **順勢乘浪：只投資熱絡時期的 IPO：**

IPO 的數量會隨整體市場起伏波動，而發行數量與壓低定價的程度也常呈現同步變化。有些時期市場充斥大量 IPO 案件，且普遍存在明顯的折價發行；另一些時期則幾乎沒有 IPO，連帶壓低定價的情況也大幅減少。

我在第 4 章（圖 4-9）曾展示過這種 IPO 市場的起伏波動，並比較了 1990 年代末期的榮景———當時企業以極快的速度上市——與 2001 年 IPO 幾乎停擺的冷清局面。因此，「順勢乘浪」這項策略指的就是：在

---

6 譯注：美股的 IPO 發行制度，通常由承銷商（例如高盛、摩根大通等投資銀行）與發行公司共同決定新股分配對象。IPO 認購門檻高，起跳金額通常達百萬美元，主要由投資銀行的大型機構客戶參與。相較之下，台灣的新股認購採用抽籤制度，投資人可透過券商以相對低額資金參與新股抽籤，中籤後再繳納認購款項。

7 譯注：「放空」（sell short）是一種預期股價下跌時的交易策略，投資人先向券商借入股票並賣出，待股價下跌後再買回同樣股數歸還，以賺取買賣之間的價差。這種策略的風險較高，萬一股價不跌反漲，損失可能無上限。

IPO 市場火熱時進場，趁著大量發行與顯著折價獲利；而在市場淡季時，則應避開 IPO 投資。這個策略實際上是一種動能投資策略，其風險也與之類似。

首先，雖然這個策略在整個「熱市」期間平均來看確實能產生報酬，但你能否賺錢，很大程度取決於**你是否能及早察覺 IPO 市場開始轉熱**（如果進場太晚，報酬可能因此減損），以及是否能及時看出熱市的結束（因為處於熱市尾聲的 IPO 最容易失敗）。

其次，任何時期的 IPO 往往集中在特定產業。例如，1999 年大多數 IPO 都來自年輕的科技與電信公司。假如只投資這些 IPO，會導致你的投資組合在市場熱絡期間缺乏分散性，並過度集中於當時正熱門的某個產業。

- **有鑑別力的 IPO 投資人：**

如果說 IPO 投資策略中最大的風險，就是你可能會買到被高估的股票（不論是因為你分配到全部的高估 IPO 股數，還是因為你正處於 IPO 熱潮的尾聲），那麼在策略中納入估值考量，也許可以幫助你避開部分風險。

因此，與其在所有時間點或所有熱市中投入每一檔 IPO，你可以只挑選那些最有可能被低估的 IPO 來投資。

這麼做，會需要在上市前投入時間與資源，閱讀公開說明書和其他公開文件，並運用內在價值法或相對估值法來對公司做出估值。接著，你會根據分析得到的估值結果，決定哪些 IPO 值得投資、哪些應該避開。這個策略有兩個潛在的陷阱。

第一點，你必須具備相當嫻熟的估值與定價能力，因為為一家即將上市的公司做出估值或定價，通常遠比分析一間已上市公司來得困難。雖然準備上市的公司必須揭露財務狀況以及計畫如何運用這次募得的資

金，但這類公司往往是年輕的高成長企業。就如我在第 10 章與第 11 章提過的，為這類公司估值，需要具備能將「故事」與「數字」融合的綜合能力，而這種能力本身就不容易具備。

第二點，就像我在前一節提到的，IPO 市場本身具有循環性，在市場冷清的時期，定價偏低的 IPO 案件會少得可憐。因此，你的任務最後可能不是找出「被低估」的 IPO，而是從中挑出「最不被高估」的幾個，並想好在股價修正前的退場策略。

成長型投資

假如你是投資組合經理人，面對的是數以千計的股票選項，那麼建立投資組合最有效的方式，可能是先設定篩選條件，再從中挑選出符合條件的個股。換言之，你會尋找那些預期未來盈餘能以高成長率持續成長的公司，並假設這樣的成長終將反映在更高的報酬上。

在評估成長性時，你可以參考過去的成長紀錄（也就是歷史成長率），或是對未來的成長預期；前者比較容易取得，後者則具有前瞻性優勢。

歷史成長率

只要公司有歷史財務數據，就能輕易估算其過去的成長率：如果還在虧損，就看營收成長率；如果已經開始獲利，則看盈餘成長率。

對尋找成長股的投資人來說，這些歷史成長率經常被當作篩選條件。然而，過去的成長率真的是未來成長的好指標嗎？雖然許多投資人會拿過去的成長率來預測未來，但這種做法存在 3 個問題：

- **歷史數據有限：**

要估計過去的成長率，前提是必須有財務歷史紀錄，但對於某些成

長極快的企業來說，尤其是生命週期仍處於早期階段的高成長企業，可用的歷史資料往往很有限；即使有，也未必提供實質有用的資訊。

而對那些確實具備完整財務歷史的企業而言，你所估算出的成長率，仍會隨著你選取的時間區間、所參考的營運指標（比如營收、營業利益、淨利或每股盈餘），甚至是平均計算方式（算術平均與幾何平均，可能會產生截然不同的結果）而有所不同。

• 預測指標中有雜訊：

在一份 1962 年探討過去成長率和未來成長率關係的研究中，伊恩‧利托（Ian Little）創造了「亂七八糟成長」（higgledy piggledy growth）這個詞，因為他發現：**在某一期間成長迅速的企業，在下一期間持續高速成長的證據非常稀少**。他進行了一系列不同期間的盈餘成長率相關性分析，結果經常發現兩個期間呈現負相關，而整體平均相關係數接近於零（0.02）。

如果說對一般公司而言，過去盈餘成長率本就不是未來成長的可靠指標，那對小型企業更是如此。小型企業的成長率通常比市場上其他公司波動更劇烈。圖 15-6 呈現了依市值分類的美國企業，在不同連續期間（5 年、3 年與 1 年）中盈餘成長率的相關係數。

圖 15-6｜依市值分類的盈餘成長率時間相關係數

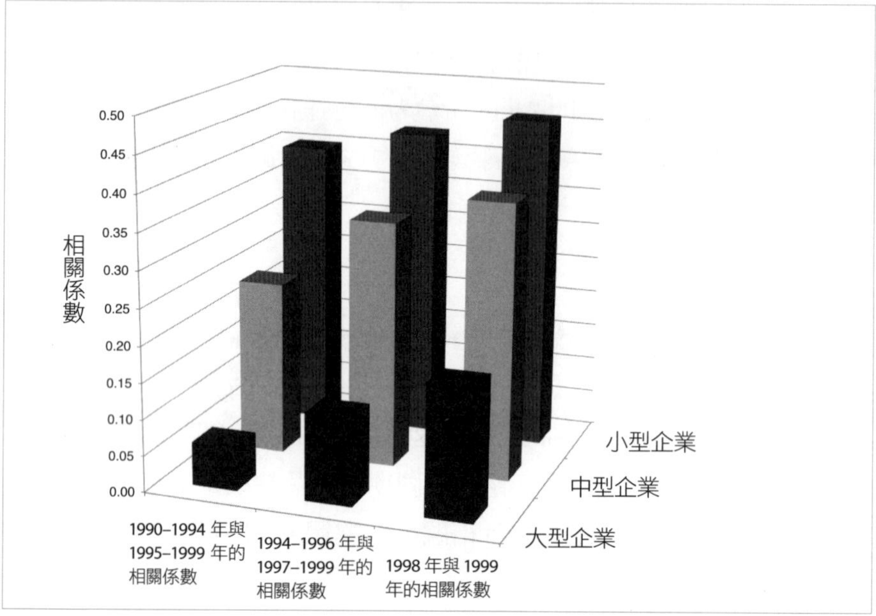

資料來源：標普智匯（S&P Capital IQ）

　　雖然整體而言，1 年期盈餘成長率的相關係數通常高於 3 年期與 5 年期，但在所有期間中，小型企業的相關係數始終低於中型與大型企業。這表示，在預測這些公司的未來成長時，尤其是盈餘成長率，更應對歷史成長數據的解讀保持謹慎態度。

・**均值回歸的問題：**

　　遠高於產業平均的公司，通常會隨著時間推移，出現成長率下降、逐步趨近市場或產業平均值的情況。這種現象由大衛・卓曼（David Dreman）與艾瑞克・拉夫金（Eric Lufkin）所記錄，他們追蹤了投資組合形成後，盈餘成長率最高與最低的公司，長達 5 年。雖然在投資組合建

立當年,盈餘成長率最高的企業,其平均成長率比最低成長率組別高出約20%,但到了第5年,兩者之間的差距幾乎已經消失。

如果你別無選擇,只能使用過去的成長率作為預測指標,那麼營收成長率通常會比盈餘成長率更持久,也更具可預測性。這是因為,會計政策對盈餘的影響遠大於對營收的影響。換句話說,**在預測未來成長時,歷史營收成長率要比歷史盈餘成長率更有參考價值。**

總結來說,過去的成長率並不是未來成長的可靠指標,而且據我所知,並沒有任何證據顯示,投資於歷史成長率較高的公司能帶來顯著的報酬。事實上,如果這些企業的成長出現均值回歸,而你又為它們支付了高額溢價,那麼你的投資組合很可能會蒙受損失。

預期盈餘成長率

說到底,企業價值是由未來的成長所決定,而非過去的成長。因此,與其根據歷史成長率選股,不如聚焦於預期成長率較高的公司,看似更加合理。不過這裡同樣會遇到實務上的挑戰。

在一個動輒擁有數百、甚至上千檔股票的市場裡,你不可能為每家公司逐一估算未來的成長率。相對地,你得依賴分析師對各家公司的預期成長率預測。如今,大多數投資人都能取得這類資訊,因此你也可以選擇買進那些預期盈餘成長率較高的股票。

然而,如果這項策略要帶來高報酬,必須同時滿足兩個條件:第一,分析師必須具備良好的長期盈餘成長率預測能力;第二,市場價格尚未反映這些成長預期。因為一旦成長性已被市場定價,你所建立的高成長企業投資組合將無法產生超額報酬。

不過,這兩個條件在實證上都不太站得住腳。就預測能力而言,分析師往往高估企業的成長率,而且這些預測誤差在長期預測中不僅幅度大,而且追蹤同一家公司分析師之間的預測也高度相關。事實上,有些

研究顯示，只用時間序列模型套用歷史成長率，在預測長期成長時的表現，往往不亞於、甚至優於分析師的預測。

至於成長的定價，歷史上市場更常見的是對成長過度定價而非低估，尤其在整體市場盈餘高速成長的時期更是如此。

成長投資人的績效紀錄

在評估投資於高成長企業的投資人，是否能獲得超越大盤的報酬時，必須先從一項似乎與肯定答案相矛盾的發現談起。

由於預期盈餘成長率與本益比之間存在相關性，成長率越高的公司，通常其本益比也越高，因此，檢驗成長投資策略的一個簡單方式，是根據本益比來分類股票，然後觀察各類股票的報酬表現。

在圖 15-7 中，我檢視了從 1951 年到 2021 年間，買入低益本比（即高本益比）股票與高益本比（即低本益比）投資組合之年報酬率差異[8]。

8　作者注：將股票依據益本比（EP，亦即每股盈餘除以股價）而非本益比（PE，股價除以每股盈餘）來分類，其中一個原因是為了避免將虧損企業排除在樣本之外。舉例來說，假如某家公司的股價為 10 美元，每股盈餘為-0.50 美元，其本益比將「無法計算」或「不具意義」，但其益本比為-5%（每股盈餘÷股價），仍然可以計算並納入分析使用。

圖 15-7｜1951 年-2021 年依益本比分組的美股年報酬率

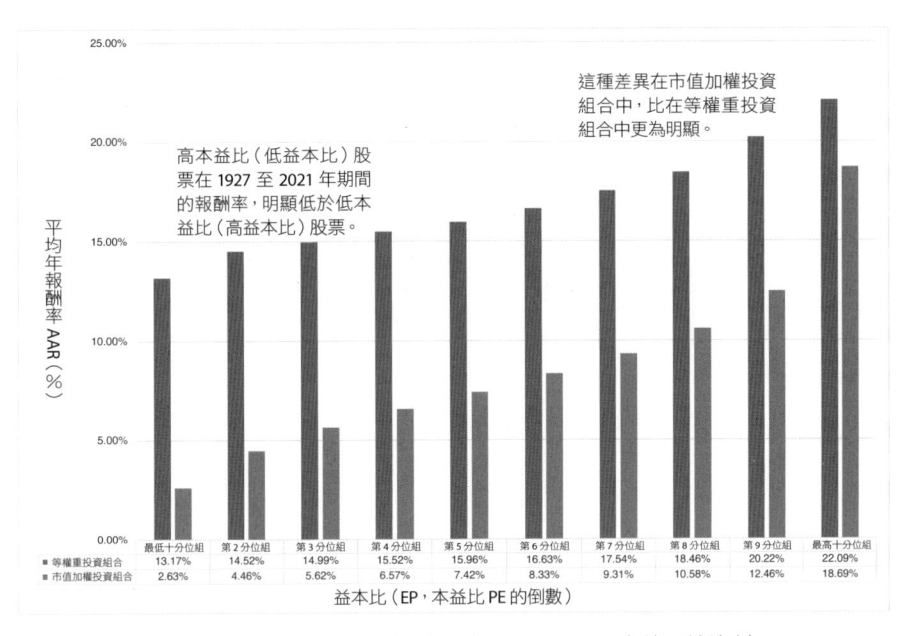

	最低十分位組	第2分位組	第3分位組	第4分位組	第5分位組	第6分位組	第7分位組	第8分位組	第9分位組	最高十分位組
等權重投資組合	13.17%	14.52%	14.99%	15.52%	15.96%	16.63%	17.54%	18.46%	20.22%	22.09%
市值加權投資組合	2.63%	4.46%	5.62%	6.57%	7.42%	8.33%	9.31%	10.58%	12.46%	18.69%

益本比（EP，本益比 PE 的倒數）

高本益比（低益本比）股票在 1927 至 2021 年期間的報酬率，明顯低於低本益比（高益本比）股票。

這種差異在市值加權投資組合中，比在等權重投資組合中更為明顯。

資料來源：來自肯尼斯‧法蘭屈（Kenneth French）的原始資料

　　無論是在等權加權或是市值加權的基礎下，低益本比（高本益比）股票的報酬率都落後於高益本比（低本益比）股票。

　　看到這麼差的績效，你或許會好奇，這樣的投資策略究竟哪裡吸引投資人？答案在於市場循環。在某些時間段，高本益比股票的報酬確實曾經優於低本益比股票。舉例來說，如圖 15-8 所示，高本益比股票相對於低本益比股票的報酬表現，似乎與盈餘成長率之間存在某種關聯。

圖 15-8 ｜成長型投資的報酬率與盈餘成長水準

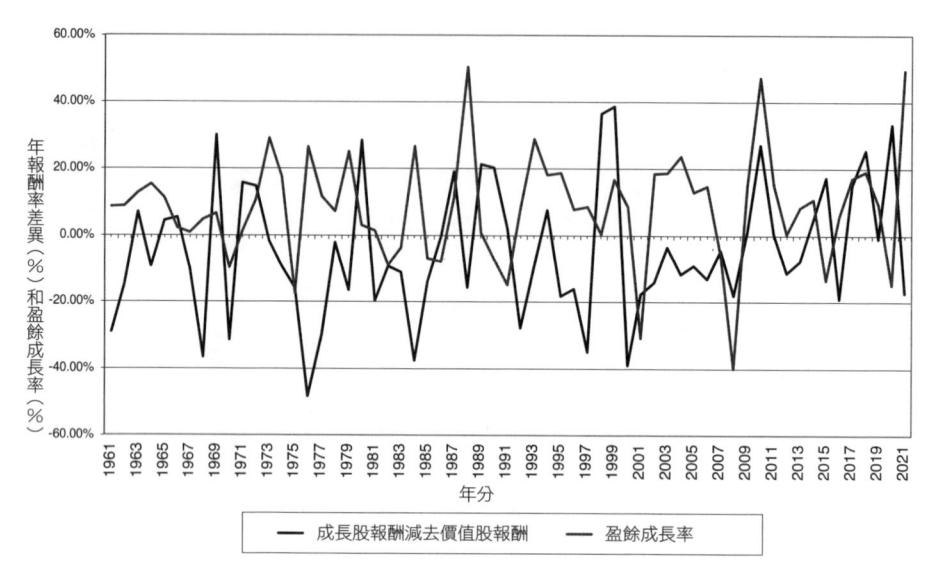

資料來源：來自肯尼斯．法蘭屈（Kenneth French）與標準普爾（S&P）的原始資料

我衡量成長投資與價值投資的相對績效，是為了觀察兩組投資組合的報酬率差異：一組是本益比處於最高十分位的股票組合（代表成長股），另一組是本益比處於最低十分位的股票組合（代表價值股）。因此，若為正值，表示該年高本益比股票的報酬率優於低本益比股票。

在盈餘成長率較低的年分，成長型投資的表現通常較佳，這或許是因為當成長稀缺時，成長股變得相對更有吸引力[9]。反之，當市場上的企

---

[9] 作者注：雖然成長股的報酬表現與盈餘成長之間的相關性在統計上達顯著水準，但其實相關係數只有約 6%，這表示這項策略在長期內「或許」能帶來報酬，但在過程中仍可能經歷許多買對與買錯的起伏波動。

業普遍都有高盈餘成長時，投資人似乎就不太願意為成長支付溢價。

當殖利率曲線（yield curve）呈現走平或倒掛時，成長型投資的表現通常較佳；反之，當收益率曲線明顯上升時，價值型投資的表現則會更好。

圖 15-9 顯示了殖利率曲線斜率和成長型投資績效之間的關係，其中曲線斜率以美國 10 年期公債殖利率，減去 3 個月期國庫券殖利率作為代理變數，而成長型投資的表現，則以本益比最高與最低十分位股票的年報酬率差異來衡量。

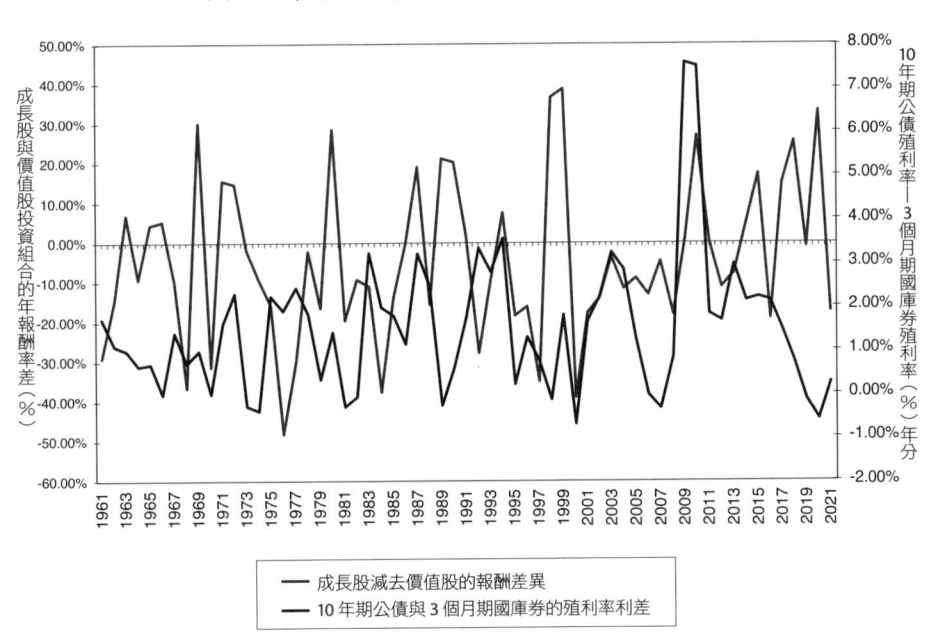

圖 15-9 ｜ 成長型投資報酬與殖利率曲線之關係

資料來源：來自肯尼斯・法蘭屈（Kenneth French）與美國聯準會（Federal Reserve）的原始資料

同樣地，雖然兩者之間的關聯性不強，但仍有證據顯示，高本益比股

票在殖利率曲線明顯上升的期間（通常是未來經濟成長強勁的前兆），表現會優於殖利率曲線走平或倒掛的時期。

然而，有關成長投資策略最有意思的證據，出現在「有多少主動型資金經理人，能夠打敗其所對應的指數」這個問題上。與其各自對應的指數相比，主動型成長投資人打敗成長型指數的比例，似乎比主動型價值投資人打敗價值型指數的比例還要高。

柏頓・墨基爾（Burton Malkiel）在 1995 年一篇關於共同基金的論文中，提供了更多這方面的證據。他指出，在 1981 年到 1995 年之間，主動管理的價值型基金，平均每年的報酬率只比主動管理的成長型基金高出 16 個基點。但在同期，價值型指數基金的表現，卻比成長型指數基金高出 47 個基點。這當中的 31 個基點差異，他歸因於主動型成長基金經理人，相對於價值型基金經理人，能夠創造出更高的附加價值。

成長股交易策略

我在第 14 章曾討論過價格動能策略：投資人會買進近期股價漲幅最大的股票，並預期這股動能會延續到未來。

你也可以用類似的邏輯，建立以盈餘動能為基礎的策略——也就是**觀察盈餘成長率的「變化幅度」，而不是絕對的成長率本身**——挑選那些具有強勁盈餘動能的股票，搭乘這股動能推升的股價。

舉例來說，一家企業公布的盈餘成長率，如果從 10% 提高到 15%，將會比另一家成長率停留在 20% 不變的公司，更受到青睞。

儘管有些策略是純粹根據盈餘成長率來判斷，但大多數策略其實是根據盈餘是否優於分析師預期來操作。事實上，有一種動能策略就是：買進那些分析師上調盈餘預測的股票，期待股價會跟著這些盈餘上修而上漲。

證據：如果只買進分析師預期盈餘成長的公司？

在美國，多項研究指出，利用分析師上調盈餘預測的資訊，有機會賺取超額報酬。丹·吉瓦利（Dan Givoly）與約瑟夫·拉康尼夏克（Josef Lakonishok）是最早研究這個現象的學者，他們根據盈餘預測的修正幅度，在三個產業中，建立了由 49 檔股票組成的投資組合，發現那些獲得最多正向修正的股票，在接下來 4 個月內可帶來 4.7% 的超額報酬。

尤金·哈金斯（Eugene Hawkins）、史丹利·錢伯倫（Stanley Chamberlin）和韋恩·丹尼爾（Wayne Daniel）則報告指出，根據 I/B/E/S[10] 資料庫，挑選出預測盈餘向上修正幅度最大的 20 檔股票，其投資組合的年化報酬率可達 14%，遠高於同期指數僅有的 7%。

另一份由瑞克·庫柏（Rick Cooper）、席奧多·戴伊（Theodore Day）和克雷格·路易士（Craig Lewis）的研究發現，多數超額報酬集中於財測修正前後幾週：修正前一週平均報酬是 1.27%，修正後一週則是 1.12%。他們也指出，如果分析師被歸類為「領導者」——根據其預測的即時性、影響力與準確性——這些修正對成交量與價格的影響也會更大。

2001 年，約翰·卡普斯塔夫（John Capstaff）、克里希納·保迪雅（Krishna Paudyal）和威廉·里斯（William Rees）將研究拓展至其他國家，發現若買進盈餘預測上修幅度最大的股票，則可在英國賺取 4.7%、在法國賺取 2%，在德國賺取 3.3% 的超額報酬。

---

10 譯注：I/B/E/S（Institutional Brokers' Estimate System）是美國最重要的分析師盈餘預測資料庫之一。在美國，分析師的財測報告往往對股價具有關鍵影響，因此相關研究經常納入分析師預測的資料並進行分析。I/B/E/S 提供包括每股盈餘（EPS）在內的平均預測值，以及各家分析師的個別預測與變動紀錄，預測期間涵蓋從單季至 5 年不等。

隨著研究人員深入探討盈餘修正數據，一些有趣的現象逐漸浮現：

第一，和市場共識差距較大的預測修正（forecast revisions）——也就是**較大膽的財測**——對股價的影響較大，而且通常比那些貼近主流的修正更為準確。然而，大膽的財測修正並不常見，因為多數分析師傾向從眾，針對同一檔股票，往往會做出方向一致、幅度相近的盈餘修正。

第二，修正的時機很重要，**越早調整盈餘預測的分析師，對股價的影響也越大**；相較之下，越晚修正的分析師，影響力則較小。

第三，任職於**大型銀行或券商的分析師，其盈餘修正對股價的影響通常更大**，可能是因為這些分析師的報告觸及面更廣，曝光度也更高。

總結來說，有研究證據顯示，分析師上調盈餘預測的公司，確實能順勢帶動股價動能、創造較高報酬。不過，在考量交易成本和交易摩擦[11]之後，這些報酬究竟能保留多少，仍是個未解的問題。

潛在易犯錯誤

依賴盈餘財測修正投資的策略，存在一項限制，就是它倚賴金融市場裡兩個最脆弱的環節：來自企業的盈餘報告，以及分析師對這些盈餘的預測。

近年來，我越來越意識到，企業不只具備管理盈餘的能力，還能透過可議的會計手法操控盈餘。同時我也發現，分析師的預測往往帶有偏誤，部分原因是他們和所追蹤的企業關係過於密切。

就算超額報酬持續存在，你仍需要思考這些報酬最初為何會出現。

---

11 譯注：「交易摩擦」（trading frictions）指的是交易過程中除稅費與手續費以外的各種成本和障礙，例如買賣價差、流動性不足、成交延遲與資訊不對稱等，會進一步侵蝕投資報酬。

只要分析師能影響他們客戶的交易決策，那麼在他們修正盈餘預測時，就有可能對股價產生影響。他們越有影響力，對價格的衝擊也就越大。但問題是，**這種影響是否具有持續性**？

　　如果要從這套策略中賺取更高報酬，有一個做法是辨識出關鍵分析師，根據這些分析師的財測修正來建立投資策略，而非依賴所有分析師的共識預測。聚焦於影響力較大的分析師，並針對較大膽且及時的修正交易，會有較高的成功機率。最後，你應該要理解，盈餘財測修正是一種短期策略，其超額報酬通常只在幾週到幾個月的投資期間內出現，且幅度不大。

　　市場對企業盈餘報告和分析師預測日漸質疑，對這類策略而言並非好兆頭。雖然單憑財測修正或盈餘驚喜，難以打造出報酬豐厚的投資組合，但這些資訊仍能強化其他較長期的篩選策略。

　　如果要從這項策略中爭取更高報酬，你可以嘗試找出既具獨立性又有影響力的關鍵分析師，並根據他們的財測修正建立投資策略，而不是依賴所有分析師的共識預測。

以合理價格投資成長股（GARP 策略）

　　許多成長型投資人，對於購買高本益比股票的策略感到退卻，並主張他們的核心任務是尋找那些成長潛力高，但價格仍被低估的股票。為了找出這類標的，他們發展出幾種策略，會同時考量「預期成長率」與「當前股價水準」。

　　在本節中，我將探討其中兩種策略：一是買進本益比低於預期成長率的股票；二是買進本益比與成長率的比值偏低的股票，也就是所謂的「本益成長比」（PEG ratio）策略。

本益比低於成長率

最簡單的一種 GARP 策略，是**買進本益比低於預期成長率的股票**。

比如，一檔股票的本益比如果是 12 倍，但預期成長率只有 8%，就會被視為高估；反之，如果另一檔股票的本益比是 40 倍，卻有 50%的預期成長率，則會被視為低估。這項策略的優點在於簡單明確，但也存在不少風險，原因有好幾個：

- **利率的影響：**

由於成長會在未來創造盈餘，因此在利率較低時（使未來現金流的現值較高），任何給定的成長率所創造的價值也會相對較大。因此也就不難理解，當利率處於高檔時，採用這項策略的投資組合經理人，往往會發現更多價格被低估的股票，並在利率普遍偏高的新興市場中，發掘到許多看似便宜的股票。

要說明利率對本益比與成長率關係的影響，最佳方式是將「本益比低於預期成長率的企業占比」視為美國長期國債利率的函數來觀察。

1981 年，美國國庫券利率一度達到 12%，當時超過 65%的企業，其本益比低於預期成長率。1991 年，當利率降至約 8%，這類企業的占比也降至約 45%。到了 1990 年代末，長期國債利率進一步降至 5%，該占比下降至約 25%；而到了 2021 年，當國債利率跌破 2%時，只有約 10%的企業以低於預期成長率的本益比交易。

- **成長率的估計：**

當你將這項策略應用於龐大的股票市場時，別無選擇，只能使用分析師對預期成長率的估計，通常以多位分析師的共識值（consensus estimates）為準。在這種情況下，你必須留意，不同分析師之間的成長率估計不僅在品質上存在差異，也可能在可比性方面有所不同——包括預

測的時間點與時間視野等因素。

本益成長比（PEG）

相較於直接比較本益比與預期成長率的高低，另一種更具彈性的做法，是觀察兩者的比值，也就是**本益比除以預期成長率，稱為本益成長比**（PEG ratio）。這項比率已被許多追蹤成長型企業的分析師與投資組合經理人廣泛採用。

$$本益成長比 = \frac{本益比}{預期成長率}$$

例如，一家本益比為 40 倍、預期成長率為 50% 的公司，其本益成長比為 0.80。有些人認為，只有本益成長比低於 1 的股票才值得投資，不過這樣的策略，其實與將本益比與預期成長率直接比較並無不同。

其中一致的要求是，**本益成長比計算中所使用的成長率，必須為每股盈餘的成長率**。由於本益比有多種定義，該選用哪一種本益比來計算 PEG 比率，取決於預期成長率的計算基礎。

如果預期的每股盈餘成長率是根據最近一年的盈餘（當期盈餘）推算，則應使用當期本益比；如果是根據過去盈餘推算，則應使用歷史本益比。

至於預期本益比（forward PE ratio），通常不建議納入計算，因為可能會造成對成長的重複計算[12]。

為了維持估值過程中的一致性，PEG 比率應以相同的成長預估基準

12　作者注：假如預期盈餘因為下一年的高成長率而水漲船高，而這個高成長又進一步墊高了未來 5 年的成長率，那你算出來的本益成長比就會被低估。

來計算樣本中的所有公司；例如，不應對部分公司使用 5 年成長率，對其他公司則使用 1 年成長率。確保一致性的方法之一，便是統一所有公司成長率的資料來源。

舉例來說，I/B/E/S 和 Zacks 這類資料庫提供大多數美國企業未來 5 年每股盈餘的分析師一致預測值。不過，許多使用 PEG 比率的分析師仍偏好採用短期盈餘成長率作為計算基礎。

分析師如何使用本益成長比？本益成長比低的股票，通常被視為便宜貨，因為你為成長所付出的代價較低。本益成長比被視為一項對成長中立的衡量指標，可以用來比較預期成長率不同的股票。

摩根士丹利（Morgan Stanley）1998 年的一項研究發現，買進本益成長比較低的股票，其報酬率顯著高於標普 500 指數（S&P 500）。該研究檢視了 1986 年 1 月到 1998 年 3 月期間，每年美國與加拿大證券交易所市值最大的 1,000 檔股票，並根據本益成長比將它們分成十分位數。

研究團隊從中發現，在這段期間，本益成長比最低的 100 檔股票，其年報酬率為 18.7%，遠高於市場整體約 16.8% 的水準。雖然研究未進行風險調整，但研究者主張，就算考量風險，這兩者之間的差距仍遠超過風險所能解釋的幅度。

我更新了這項研究，檢視 1991 年至 2021 年期間這項策略的表現。我在每年年底根據本益成長比建立五個投資組合，並檢視隔年的報酬率。圖 15-10 彙整了依本益成長比分類的平均年報酬率，在 1991–1996、1997–2001、2002–2011，以及 2012–2021 等四個時間區間的表現。

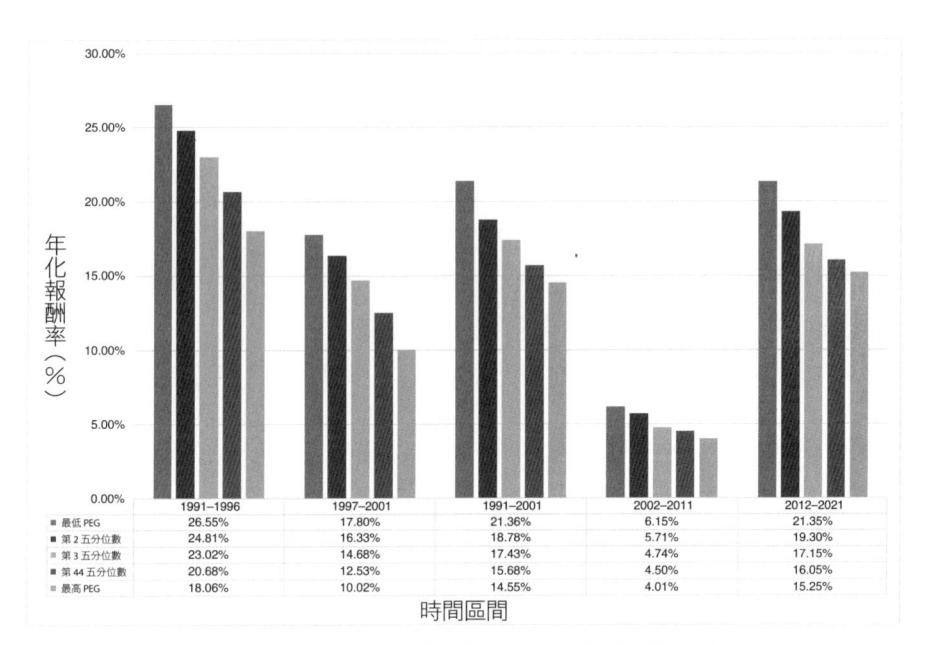

圖 15-10 ｜依照本益成長比分類的美股報酬率

	1991–1996	1997–2001	1991–2001	2002–2011	2012–2021
最低 PEG	26.55%	17.80%	21.36%	6.15%	21.35%
第 2 五分位數	24.81%	16.33%	18.78%	5.71%	19.30%
第 3 五分位數	23.02%	14.68%	17.43%	4.74%	17.15%
第 44 五分位數	20.68%	12.53%	15.68%	4.50%	16.05%
最高 PEG	18.06%	10.02%	14.55%	4.01%	15.25%

資料來源：Value Line 上市投資研究與金融出版公司

在所有研究涵蓋的時間區間內，投資「低」本益成長比股票的策略，所產生的平均報酬率，**在未經風險調整的情況下**，普遍比「高」本益成長比的投資組合高出約 2%至 3%。

儘管乍看之下，這個超額報酬很有吸引力，但是本益成長比的買股策略有個缺陷、甚至可能是致命的疏失，那就是**它未對風險作出調整**。

只要簡單檢視本益成長比的驅動因素，就會發現高風險股票理應以較低的本益成長比進行交易。簡單來說，低本益成長比股票的高報酬，

很可能完全來自於其較高的風險水準，因此這些報酬只是**公允報酬**[13]，而非真正的超額報酬[14]。

高成長篩選法的成功決定因素

整體經驗研究顯示，篩選效果對成長股而言，遠不如價值股。雖然在某些景氣循環期間，成長股篩選法（例如低本益成長比或高本益比）能創造出超額報酬，但如果觀察較長期間，這些策略的表現仍會被價值股篩選法（例如低本益比或低股價淨值比）超越。

從我們的觀點來看，這類策略是否成功，取決於三個關鍵因素：

• **更準確的成長率估計：**

由於成長是這類公司估值的關鍵面向，如果能更準確地預估未來成長率，將能提高成功的機率。假如你是只追蹤少數幾家公司的成長型投資人，也許可以親自估算成長率。只要你的預測比整體市場更準確，就有可能獲得報酬。如果你沒有資源替數百家公司估算成長率，則應比較各種資料來源，並找出在歷史表現上最具可信度的資訊。

• **長期時間視野：**

雖然長期的時間視野能提高你的投資勝算，但如果投資對象是年輕企業與成長型公司，這一點就顯得更為關鍵。原因如我在第 14 章所說，高成長股的交易中，有更高比例來自追逐市場氛圍與動能的交易者，而

13　譯注：公允報酬（fair return）是指與風險水準相符、合理可期的報酬率。如果資產風險較高，預期的公允報酬也應較高。

14　譯注：超額報酬（excess return）是指超過公允報酬的部分，也就是扣除風險後真正多賺的報酬，常用來衡量主動投資策略的表現。

非真正的投資人。這些交易者可能會讓被低估或高估的股票，在短期內變得更加偏離其內在價值。

• **宏觀預測能力：**

在面對較長的循環期間時，成長股篩選法通常特別有效；但也有些循環期間，這類策略反而事與願違。如果你能掌握這些循環的時機點，不論是盈餘循環，還是整體經濟成長的循環，都能大幅提升你的報酬表現。由於這些循環往往與整體市場表現相關，歸根究柢，這取決於你是否具備市場擇時的能力。

如你所見，若想在成長型企業中成功投資，需要付出極大的努力。而這也不令人意外：至少在短期內，從成長股中勝出的最大贏家，往往是那些掌握動能及其變化的交易者。

結論：投資成長企業的報酬與風險

想成功投資高成長企業，所需的技能與心理素質，與投資成熟企業截然不同。

第一，在成長企業中，你必須**勇於面對不確定性**，盡可能為未來做出最佳估計，並且清楚明白，事後回顧時你可能會出錯（有時甚至錯得離譜）。

第二，即使你對一家成長企業的整體評估是正確的，也必須具備足夠的耐心與強韌的心理素質，因為其股價可能長時間偏離你所估計的價值。

第三，你對總體經濟的曝險將會更高，如果你具備預測市場利率與經濟成長趨勢的能力，就有機會進一步提高投資報酬率。

如果你願意承擔投資成長企業所需的這些更高門檻條件，主動投資

的確看來能帶來報酬。這方面的證據，在企業生命週期最早期的投資階段最為明確——創投業者平均而言能夠創造高報酬，而其中最成功的一群人甚至能持續創造高報酬。

至於在成長企業上的公開市場投資人，整體表現雖然相對遜色，但即使在這個族群中，也有一些證據顯示：主動投資所帶來的益處，仍大於投資成熟企業時的效果。

第16章

投資中年企業

許多投資人在被問到自己的投資哲學時，都將自己定位為價值型投資人，但什麼是價值投資呢？

在本章，我會先處理這個問題，並主張：**價值型投資人其實有多種形式。**

有些價值型投資人會依據特定的篩選標準，找出他們認為價格被低估的股票，並長期持有；也有些價值型投資人相信，最佳的投資機會來自拋售潮之後，並認為買進時機正是在股價下跌之際；還有一些人則主張，投資成功的關鍵在於找出經營良好、由有能力的管理階層主導的企業，並長期持有這些公司。

這些投資人似乎有個共通點，那就是**他們大多在成熟企業中尋找便宜貨**，而評估價值投資的成敗，從某個層面來說，也就是評估投資成熟企業的成敗。

價值投資的種種變體

我在第 14 章已提出我對價值投資的定義，並以財務資產負債表為工具，將其與成長投資相互對照。

具體來說，我主張價值型投資人認為，他們發現市場錯誤的最佳機會，來自市場對既有資產（而非成長資產）的錯誤估值，因此，應將重點放在企業的現有投資上。光是這個定義，就已足以解釋為什麼價值投資在尋找便宜貨時，會如此聚焦於成熟企業。

話雖如此，就我所見，在實務上，價值投資有三種變體，每一種都基於不同的觀點，來判斷市場對哪種類型的成熟企業定價錯誤：

1. **篩選派：**

這一派的投資人認為，成熟企業——尤其是那些盈餘穩定、現金流量充沛的企業——經常因為「無趣且可預測」而遭投資人低估。在這種

做法最簡化的版本中，他們會利用本益比或股價淨值比等定價倍數，在市場中篩選出最便宜的股票，並投資於本益比或股價淨值比偏低的個股。

這種策略的延伸版本，則不僅僅依據低定價倍數來篩選，還會加上低風險與高獲利能力等條件，以尋找被低估的標的。隨著我們可取得的公司資料越來越豐富、越來越容易取得，被動價值型投資人所採用的篩選條件也相應擴展，並納入其中部分新數據。

2. **逆向操作派：**

逆向操作的價值型投資人預設，大多數成熟企業基本上已獲得市場的公允估值，但在重大資訊公布（如盈餘報告、管理階層變動等）之後，市場可能會因為對這些消息反應過度，進而出現錯誤估值。因此，成熟企業在壞消息（好消息）公布後，會變得便宜（昂貴），對逆向操作投資人而言，就成了具吸引力的買進（賣出）時機。

3. **買進並持有派：**

價值投資第三種路線的擁護者認為，經營良好的企業，如果由優秀的管理階層領導，從長期來看將能跑贏市場。因此，這項策略成功的關鍵就在於找到這些優質公司，而一旦找到，就應買進並長期持有。

這些做法彼此並不互斥，有些投資人會將它們加以融合運用。

雖然班傑明·葛拉漢（Ben Graham）屬於第一類，並由此發展出一長串篩選條件來尋找便宜貨，但巴菲特在他每年寫給股東的信中主張，良好的價值投資雖然以尋找便宜為起點，但還必須進一步建立在其他標準之上，例如優秀的管理階層，以及堅實的護城河或競爭優勢。

無論好壞，過去幾十年來價值投資的實務發展，已使它與投資成熟企業緊密連結；也因此，本章對價值投資優缺點的探討，在某種程度上也就是對投資成熟企業的探討。

價值投資的論點

儘管各式各樣的投資人，對自身投資方法展現出的高度信心早已屢見不鮮，但我們的經驗是，價值型投資人不只是充滿信心，而是幾乎毫無懷疑地相信，他們的投資方法最終必將勝出。

要了解這種信念從何而來，我們得回顧過去一個世紀以來的價值投資發展歷程，其中有兩條路線交會：一條根植於故事與實務經驗，另一條則建立於數據與學術研究；兩者的結合，為價值投資帶來其他投資哲學無法比擬的力量。

以故事為本

在股市剛起步時，投資人都面臨兩個問題。第一，當時幾乎沒有資訊揭露的要求，投資人只能憑手邊有限的公司資訊、甚至依賴傳聞與故事。第二，當時的投資人更熟悉債券定價而非股票，因此便借用債券的定價方法來評估股票，進而衍生出支付股利的做法（作為息票的替代）。

這並不是說，當時價值投資的先驅尚未問世；最早與價值投資有關的故事，是在經歷大蕭條的重創之後出現的，當時已有少數投資人，例如伯納德・巴魯克（Bernard Baruch），設法保住、甚至增長了自己的財富。然而，直到巴魯克的年輕同事葛拉漢，才為現代價值投資奠定了基礎。

葛拉漢在 1934 年出版的《證券分析》（*Security Analysis*）一書中，正式系統化他對買進股票與投資的看法，並在書中提出他對投資的定義：「透過深入分析，能保全本金，並獲得適當報酬的投資。」

1938 年，約翰・伯爾・威廉斯（John Burr Williams）發表《投資估值理論》（*The Theory of Investment Value*），引介了現值與折現現金流量估值的概念。葛拉漢後來又出版了《智慧型股票投資人》（*The Intelligent*

Investor）一書，進一步闡述他更成熟的價值投資哲學，並提出一套建構於可觀察數值之上的篩選條件清單，用以找出被低估的股票。

雖然葛拉漢是成功的投資人，並將他許多著作中的理念付諸實踐，但他對價值投資更深遠的貢獻，來自他在哥倫比亞大學（Columbia University）擔任教師的時期。他的多位學生後來都成為傳奇人物，其中之一——華倫・巴菲特——更幾乎成了價值投資的化身。

巴菲特曾創立一家投資合夥公司，但他在 1969 年——正當這家公司表現良好之際——主動將其解散。他當時主張，與其為了找到投資標的而扭曲自己的投資哲學，他寧可選擇不投資。

巴菲特在 1969 年 5 月寫給合夥人的最後一封信中所說的話，比起其他所有言論，更奠定了他在價值投資界的地位。他寫道：「我實在看不到有什麼投資標的，能帶來任何讓我有機會再創佳績的合理希望；而且，我對拿別人的錢到處碰運氣、期待哪天能走運，一點興趣都沒有。」

他確實給了合夥人一個選項，可以接收一家當時陷入困境的紡織公司——波克夏・海瑟威（Berkshire Hathaway）的股份。接下來的發展，正如大家所說，已是舉世皆知的故事：波克夏逐漸轉型為一家保險公司，其架構內含一檔封閉式共同基金，投資於上市公司與部分私人企業，由巴菲特親自主導經營。

儘管巴菲特始終不吝於讚美葛拉漢，但他的價值投資方法與葛拉漢不同——他更願意納入定性因素（比如管理階層品質與競爭優勢），也更積極參與他所投資公司的營運。

如果你在 1965 年或不久之後投資波克夏，並持有至今，你現在將擁有驚人的財富，如圖 16-1 所示。

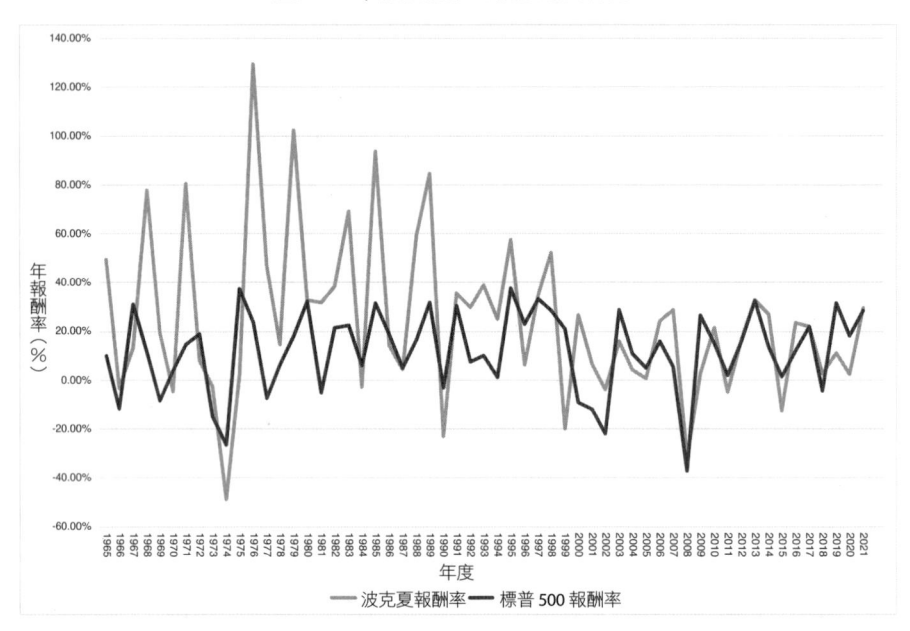

圖 16-1 ｜波克夏・海瑟威的故事

資料來源：波克夏・海瑟威 2019 年年報（2022 年更新版本）

　　以上數字本身便足以說明一切，你甚至無需依賴任何統計顯著性的衡量指標，也能得出結論：這不僅是異常優異的表現，更不是運氣或巧合所能解釋。

　　波克夏・海瑟威創造的年複合報酬率，是標普 500 指數的兩倍，且具有高度的一致性，在 57 年中有 38 年的表現超越該指數（誠然，近 20 年來的報酬率看起來平凡得多，我會在本章稍後回頭探討這段期間的表現）。

　　在這段歷程中，巴菲特證明了自己是價值投資的傑出代言人，**不僅因為他創造出令人驚豔的報酬率，更因為他具備以平實、親切的語言，向股東解釋價值投資核心理念的能力**。他每年寫給股東的信，不僅淺顯易懂，更富有吸引力。

1978 年，查理·蒙格（Charlie Munger）加入巴菲特的夥伴行列，他對投資的睿語警句，同樣引起廣大投資人關注，並被完整收錄於《窮查理的普通常識》（*Poor Charlie's Almanack*）一書中。

當然，也有其他投資人成功傳承並實踐價值投資精神，我並無意貶抑他們的貢獻。但我們今日對價值投資的認知，在很大程度上就是奠基於葛拉漢與巴菲特的教誨——這一點怎麼強調都不為過。

巴菲特的傳奇，不僅因為 1969 年那封合夥人信而更加熠熠生輝，也因為他一路以來挑選企業的故事廣為流傳。即便是剛入門的價值型投資人，也大多聽過他 1963 年投資美國運通（American Express）的故事。當時，美國運通因捲入一家聲名狼藉的沙拉油公司所引發的災難性貸款事件而股價暴跌，巴菲特趁勢買進，不久之後便將這筆投資翻倍。

從數字下手

不得不說，價值投資之所以有如此深遠的影響力，不僅來自那些偉大的價值型投資人及其傳奇事蹟，更來自「數字」的助力——諷刺的是，這部分貢獻竟來自價值型投資人一向不甚尊重的學術界人士。

要理解這項貢獻，我們得回溯至 1960 年代，那時現代金融作為一門學科正逐漸成形，其核心信念之一，是**市場在多數時間內是有效率的**。事實上，價值型投資人所不屑的資本資產定價模型（Capital Asset Pricing Model，簡稱 CAPM），也正是在 1964 年提出，而在接下來的 15 年中，金融學者致力於驗證這套模型。令他們失望的是，該模型不僅存在明顯弱點，在預估某些類別股票的報酬率時更經常出錯。

1981 年，魯爾夫·班茲（Rolf Banz）發表了一篇論文，指出在以資本資產定價模型調整風險之後，小型公司（以市值衡量）的報酬率將遠高於大型公司。此後整個 1980 年代，研究人員陸續發現其他公司特徵，也似乎與「超額」報酬有系統性關聯——即便主流理論認為這不該發生。

值得一提的是，這些系統性偏差在早期被稱為「異常現象」（anomalies），而非「市場無效率」，暗示問題並非出在市場定價錯誤，而是研究人員對風險的衡量有誤。

　　1992 年，經濟學家尤金・法馬（Eugene Fama）和肯尼斯・法蘭屈（Kenneth French）在一篇研究中整合了所有這些公司特徵，並顛覆了既有的研究順序：他們不是探討 β 值、公司規模或獲利能力是否影響報酬率，而是**從股票報酬率出發，反過來尋找最能解釋公司之間報酬差異的關鍵特徵**。

　　他們的結論指出，有兩個變數——市值（公司規模）和帳面市價比[1]可以解釋 1963 年至 1990 年間股票報酬的大部分變異，而其他變數不是被這兩者所涵蓋，就是在解釋差異時僅扮演邊緣角色。

　　對長期以帳面價值（book value）作為關鍵衡量指標的價值型投資人而言，這項研究可說是對他們數十年努力的一大肯定。事實上，「報酬率與帳面市價比之間的關係」，至今仍是所有推介價值投資論述中的核心內容。

　　法蘭屈已更新並公開了 Fama–French 三因子模型（Fama–French Factors）[2]的相關資料，使我們得以將報酬率與股價淨值比之間的關聯延

1　譯注：如同「益本比」是「本益比」的倒數，「帳面市價比」（book to market ratio）也是「股價淨值比」（price to book ratio）的倒數。法蘭屈的研究使用「帳面市價比」來衡量報酬與價值之間的關係，但作者在本書的其他章節中則採用更常見的「股價淨值比」作為對應指標。兩者雖為倒數關係，但在使用上仍應明確區分。

2　譯注：Fama–French 三因子模型（Fama–French Factors）可用來解釋股票報酬率差異。該模型在資本資產定價模型（CAPM）的基礎上，新增了兩個因子：公司規模（Size）與帳面市價比（Book-to-Market），其中帳面市價比常被視為衡量價值股的關鍵指標，因此這項研究結果被視為對價值投資的一大實證支持。

伸至 2021 年，如圖 16-2 所示。

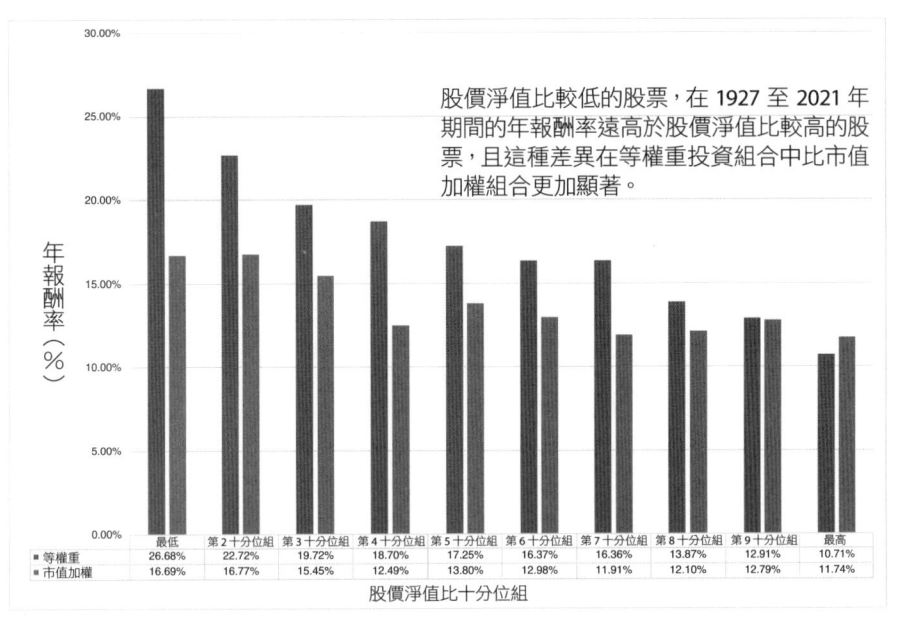

圖 16-2 | 1927 年-2021 年股價淨值比十分位組別的報酬率

股價淨值比較低的股票，在 1927 至 2021 年期間的年報酬率遠高於股價淨值比較高的股票，且這種差異在等權重投資組合中比市值加權組合更加顯著。

股價淨值比十分位組	最低	第2十分位組	第3十分位組	第4十分位組	第5十分位組	第6十分位組	第7十分位組	第8十分位組	第9十分位組	最高
等權重	26.68%	22.72%	19.72%	18.70%	17.25%	16.37%	16.36%	13.87%	12.91%	10.71%
市值加權	16.69%	16.77%	15.45%	12.49%	13.80%	12.98%	11.91%	12.10%	12.79%	11.74%

資料來源：肯尼斯・法蘭屈（Kenneth French）

這項研究成果，不僅多次在美國股市中被重現，還有證據顯示，在全球許多其他市場，股價淨值比較低的股票也能獲得溢酬報酬。

艾洛伊・迪姆森（Elroy Dimson）、保羅・馬胥（Paul Marsh）與邁克・史坦頓（Mike Staunton）在他們每年發布的全球市場報酬更新中指出，所謂的價值溢酬（即股價淨值比低的股票相對於市場所得的溢酬），在他們研究涵蓋超過一個世紀、共 24 個國家的樣本中，有 16 國呈現正值；而在全球層面上，這類股票平均每年可產生 1.8%的超額報酬率。

雖然價值型投資人總是迅速援引這些學術研究作為價值投資的支持

證據，但他們不常承認一個事實，那就是**在研究學界內部，對於這些價值溢酬存在的原因，其實存在明顯的分歧**：

1. **價值溢酬是「被忽略風險」的替代衡量指標：**

法馬和法蘭屈在 1992 年的論文中主張，以低股價淨值比進行交易的公司更可能處於財務困境，而現有的風險報酬模型並未能充分捕捉這類風險。他們認為，這些研究成果**與其說是對價值投資的背書，不如說是反映出某些尚未被模型納入的風險**——這些風險可能不會出現在短期報酬率或傳統的風險與報酬模型中，但最終將會浮現，並解釋超額報酬的來源。

簡單來說，在他們的觀點裡，價值型投資人表面上似乎打敗了市場，直到這些未被察覺的風險出現，使他們的投資組合遭到重估下修。

2. **價值溢酬是市場無效率的訊號：**

在 1980 年代，隨著行為財務學逐漸興起，學術界也開始更願意接受、甚至樂於擁抱這樣的觀念：市場會出現系統性的錯誤，而那些較不容易受行為偏誤影響的投資人，有機會從這些錯誤中獲利。

對這些研究者而言，發現股價淨值比較低的股票會帶來較高報酬，促使他們發展出一系列理論，說明投資人的非理性行為如何導致這類報酬出現。

正是第二種觀點進一步強化了價值型投資人一貫的看法：他們之所以能勝過市場上的其他人、獲得的超額報酬，正是其耐心與縝密研究的回報——換言之，在這個充斥著幼稚且衝動交易者的世界裡，他們才是真正理性的「大人」。

在先前幾章談到企業估值時，我曾指出，估值是一座連接故事與數字之間的橋梁；而最優秀、最具價值的企業，往往同時兼具強而有力的

故事與札實的數字——極為罕見的組合。

在投資哲學的領域中，價值投資也擁有這種獨特的優勢組合——一方面有價值型投資人與其成功經歷的故事作為支撐，另一方面也有數據顯示，相較於其他投資哲學，價值投資表現更加優異。

因此，當被問及自己的投資哲學時，許多投資人都會自稱為「價值型投資人」，這不僅是因為這種投資哲學有出色的過往績效，也因為它擁有來自學術界與知識社群的理論支持。

價值投資的反對聲浪

對某些價值型投資人來說，圖 16-2 顯示自 1926 年以來，在美國市場中股價淨值比低的股票，年報酬率平均比股價淨值比高的股票高出 5%，這對他們來說已足以證明，價值投資法已經在投資領域中勝出——但這段看似亮麗的歷史，其實潛藏著需要進一步檢視的瑕疵。

波動的價值溢酬

在圖 16-3 中，我檢視了價值溢酬逐年的變動情形，也就是以股價淨值比劃分為十分位後，最低（價值股）與最高（成長股）十分位之間的年報酬率差距。

圖 16-3｜1927 年-2021 年價值股（最低股價淨值比十分位）和成長股（最高股價淨值比十分位）的年報酬率

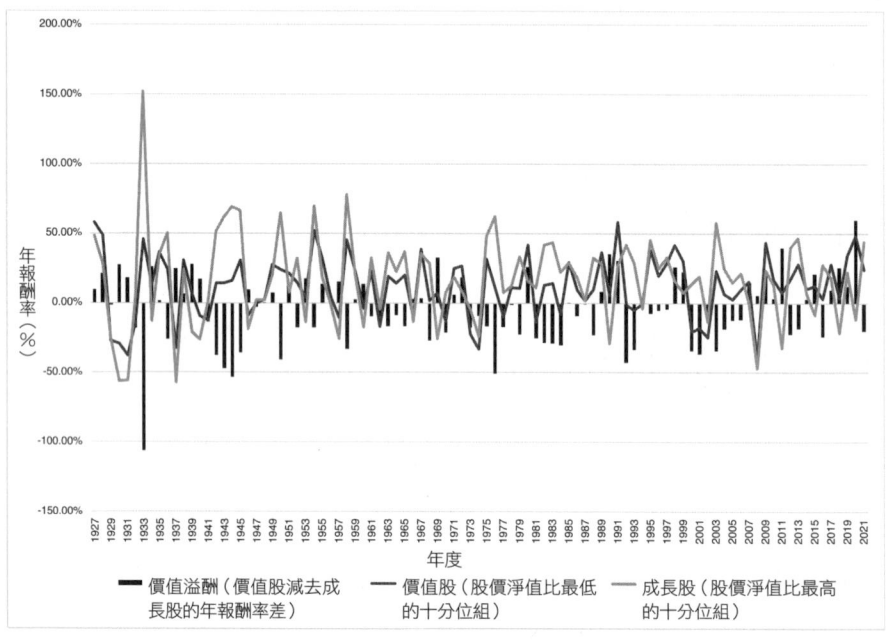

資料來源：肯尼斯・法蘭屈（Kenneth French）

雖然在 1926 年至 2021 年期間，「股價淨值比較低的股票」平均而言，確實創造了比「股價淨值比較高的股票」更高的年報酬率，但請注意，這段期間的表現存在顯著波動，而在這 95 年中，有 45 年是「股價淨值比較高的股票」的報酬率更高。

事實上，在價值投資風光鼎盛的年代，成長投資人曾提出一項頗具說服力的主張：只要能掌握價值與成長之間的循環時機，他們仍有機會成為成功的成長投資人。

簡單來說，價值股（至少根據股價淨值比這個指標）整體報酬率較成長股更高，這項事實其實掩蓋了另一個現實：即使在二十世紀，也曾有

不少時期是成長股的表現較佳。不僅如此，成長股不但有近一半的時間表現優於價值股，歷史上甚至曾連續多年勝出。

主動型價值投資的報酬

對大多數價值投資的擁護者而言，單純買進「低本益比」或「低股價淨值比」的股票，並不算是真正的價值投資。事實上，多數價值型投資人會主張，雖然可以從這些股票著手，但價值投資真正的報酬來自進一步的分析，包括納入其他量化篩選條件（例如葛拉漢的做法），以及／或是定性標準（例如巴菲特注重的優秀管理團隊與護城河）。

如果我們將這種做法稱為「主動型價值投資」，那麼價值投資的真正考驗就在於，投資者能否透過遵循價值投資的原則與實務來選股，創造出超越「價值型指數基金」的報酬率？

這裡的「價值型指數基金」，是指投資於低股價淨值比或低本益比股票所組成的指數型基金。根據這樣的定義，判斷價值投資是否有效的證據，其實比單看整體績效表現來得薄弱，儘管證據的力道仍會因所採用的價值投資策略而有所差異。

• 篩選派

自從葛拉漢提出篩選便宜股的架構以來，著眼於這些篩選條件，是否真的能帶來良好報酬率的研究，早已屢見不鮮。

亨利·奧本海默（Henry Oppenheimer）就曾以葛拉漢的篩選條件，分析 1970 年至 1983 年間的股票報酬率，並發現這些股票的平均年報酬率高達 29.4%，而同期市場指數的年報酬率僅為 11.5%。其他在相似期間進行的研究，也得出類似結論：這些篩選方法確實能選出高報酬的股票。

然而，這些研究都存在兩個根本性的問題：

第一個問題在於，**這類價值篩選方法始終離不開「低本益比」與「低**

股價淨值比」這兩項條件。我們早已知道，這類股票在過去一個世紀以來的大部分時間中，的確能帶來明顯優於市場平均的報酬率。但這些研究卻未能說明，葛拉漢提出的十幾個（甚至更多）額外篩選條件，是否真的對報酬率有顯著貢獻。

第二個問題是，投資哲學的終極考驗，不在於這些策略在紙上看起來是否可行，而在於**實際運用這些策略的投資人，是否真的能在投資組合上賺到錢**。從紙上談兵走向實務操作，當中變數重重，而且事實上要找到能夠單靠篩選法、長期穩定打敗大盤的投資人，實屬罕見。

簡單來說，你該停下來想想，在學術界的紙上談兵中，用價值投資法賺錢似乎輕而易舉，從那數百篇分析選股因子與 Alpha（超額報酬）[3]關聯的論文就可見一斑；然而對那些必須實際交出報酬的實務操作者而言，情況卻困難得多。

• 逆向操作派

逆向投資的早期證據，來自觀察輸家股票——也就是在前一段期間內跌幅最大的股票——並記錄如果你買進這些股票，會獲得怎樣的報酬率。最早的研究之一在 1980 年代中期發表，其中繪製了圖 16-4 這張引人注目的圖表，用以支持「輸家股票才是投資贏家」的論點。

---

3 譯注：Alpha（α）是投資術語，用來衡量某項投資在調整風險後所實現的超額報酬，即超出基準市場報酬率的部分。在這裡，「Alpha」指的就是透過特定選股因子或策略所試圖賺取的額外報酬。

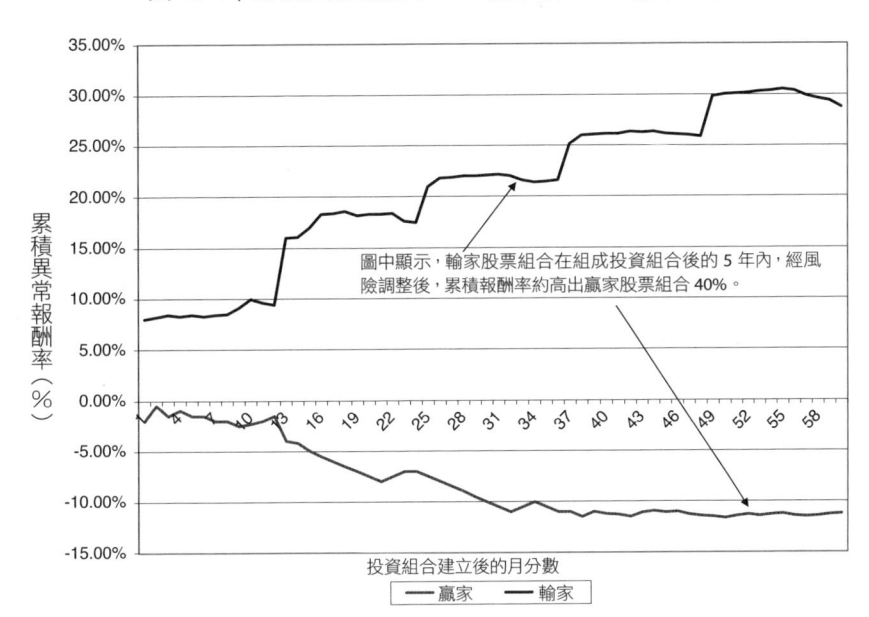

圖 16-4 | 累積異常報酬率——贏家股票 vs. 輸家股票

圖中顯示，輸家股票組合在組成投資組合後的 5 年內，經風險調整後，累積報酬率約高出贏家股票組合 40%。

輸家股票（定義是過去一年跌幅最大的個股）所實現的報酬率，幾乎比贏家股票（過去一年漲幅最大的個股）高了將近 45%。不過，在你根據這項研究就貿然開始買進輸家股票之前，請留意後續研究指出的兩項缺陷。

第一，這項研究中的許多輸家股票，每股價格低於 1 美元，在納入交易成本後，買進這些股票的報酬率會大幅縮水。第二，另一份研究則提出應該買進贏家股票的主張，並以圖 16-5 作為佐證。

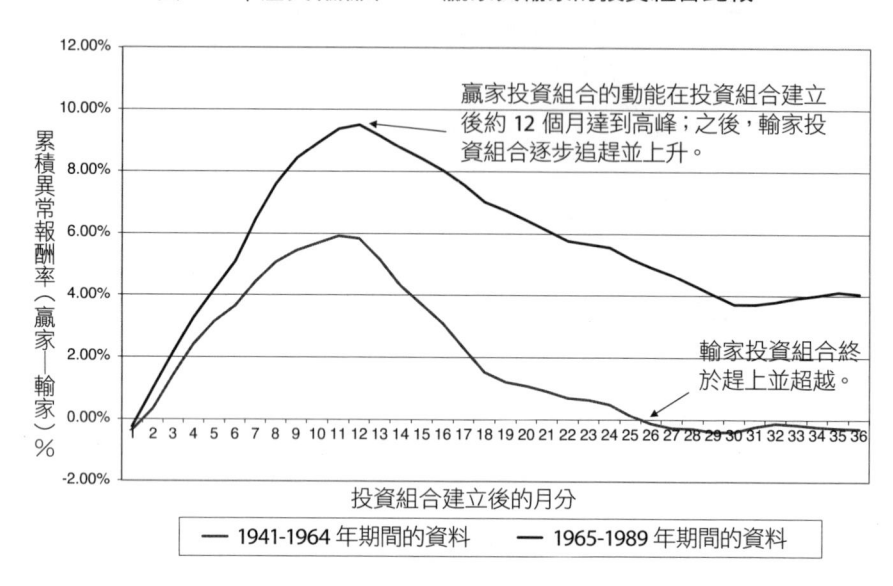

圖 16-5｜差異報酬率——贏家與輸家的投資組合比較

贏家投資組合的動能在投資組合建立後約 12 個月達到高峰；之後，輸家投資組合逐步追趕並上升。

輸家投資組合終於趕上並超越。

投資組合建立後的月分

— 1941-1964 年期間的資料　　— 1965-1989 年期間的資料

請注意，在這兩段被檢視的時間裡，投資組合建立後的前 12 個月，贏家股票仍持續表現優異，儘管這些超額報酬在之後幾個月就會逐漸消退。

簡單來說，如果你投資了輸家股票，卻在中途失去信心或耐性、過早賣出，那麼這套輸家股票策略就不會帶來報酬。

• 價值指數化投資人

許多價值型投資人可能會對把「指數化價值投資人」歸類進這一派感到反感，但無法否認的是，資金確實不斷流入那些帶有傾向性配置的指數型基金，而這些配置傾向，往往反映了歷史上的價值因子（例如低股價淨值比、小型股、低波動性）。

這類基金的銷售說法通常是：由於你採取了因子傾向，除了有機會獲得更高的報酬，也能讓你的風險（以標準差衡量）產生更大的「效益」

（報酬）；換言之，追求的不是絕對更高的報酬率，而是「每一單位風險帶來的報酬比率」更高。

這項做法的成效仍有待觀察。就我個人看法，所謂的「傾向型指數基金」本身就是個矛盾名詞，這類基金比較適合被歸類為「極簡價值型基金」，它們試圖將投資活動降到最低，以壓低投資成本。

有關主動型價值投資失敗的最有力統計數據，來自那些自稱奉行此法的共同基金經理人的投資績效。最早的共同基金研究，則將基金整體視為一個群體來觀察，並得出結論：**整體而言，這些基金都輸給了大盤**。

後續的研究則進一步按照類別（例如小型股與大型股、價值型與成長型）將基金分類，並檢視各類別中的基金經理人，相較於該類別的指數型基金，是否有更好的表現。然而，這些研究中沒有一項發現價值型基金經理人比成長型基金經理人更容易打敗同類型的指數基準。

值得注意的是，當價值型投資人被要求為他們「提升投資價值的能力」辯護時，幾乎從不引用這些研究結果（部分原因是，其中缺乏能夠支撐其立場的證據），而是轉而以華倫・巴菲特作為支持價值投資的代表人物。

巴菲特在過去幾十年的成功確實毋庸置疑，但我們不妨思考：在今天還不斷以他的名字來為價值投資背書，是否反而更像是價值投資式微的表徵，而不是它依然強盛的證據。

價值投資的失落 10 年？

從我對價值投資過去一世紀的分析來看，你也許會批評我是在對整體成功紀錄吹毛求疵，但在我看來，過去這 10 年（2010 年至 2019 年）對價值投資的考驗，可說前所未見。要了解這段期間究竟有多麼異常，只要看看以 10 年為單位比較的低股價淨值比與高股價淨值比股票的報酬率，如表 16-1 所示。

表 16-1 | 價值股 VS.成長股：按 10 年劃分的美股表現，1930 年-2019 年

	最低股價淨值比	最高股價淨值比	差距	最低本益比	最高本益比	差距
1930–39	6.04%	4.27%	1.77%	無資料	無資料	無資料
1940–49	22.96%	7.43%	15.53%	無資料	無資料	無資料
1950–59	25.06%	20.92%	4.14%	34.33%	19.16%	15.17%
1960–69	13.23%	9.57%	3.66%	15.27%	9.79%	5.48%
1970–79	17.05%	3.89%	13.16%	14.83%	2.28%	12.54%
1980–89	24.48%	12.94%	11.54%	18.38%	14.46%	3.92%
1990–99	20.17%	21.88%	1.71%	21.61%	22.03%	0.41%
2000–09	8.59%	0.49%	9.08%	13.84%	0.61%	13.23%
2010–19	11.27%	16.67%	5.39%	11.35%	17.09%	5.75%

資料來源：肯尼斯・法蘭屈（Kenneth French）

儘管在 1990 年代，網路熱潮確實讓成長股打敗了價值股，但雙方表現其實不大，而且大多集中在該年代最後幾年才拉開差距。反觀 2010 年至 2019 年這段期間，價值股與成長股的對決幾乎無須比拚，成長股在 10 年中的 7 年大幅勝出。

更糟的是，主動的價值型投資人——至少是那些管理共同基金的人——竟然還能讓自己的績效，比那些本身就表現不佳的指數更差。

我不打算引用風險報酬模型或學術研究來支持這項主張，並因此引發投資組合理論的激辯，而是改採一種更簡單，但或許更有效的比較方式。標準普爾指數提供的一項關鍵衡量指標，是 SPIVA，在這項指標中，該指數會比較各類型基金經理人的報酬率，對照反映該類基金的指數（例如價值基金比對價值指數、成長基金比對成長指數），並報告每一類別中，有多少比例的基金經理人打敗了指數。

在圖 16-6，我呈現了 2005 年至 2019 年期間，依不同市值分類（大型、中型、小型）的價值型基金經理人 SPIVA 衡量結果。

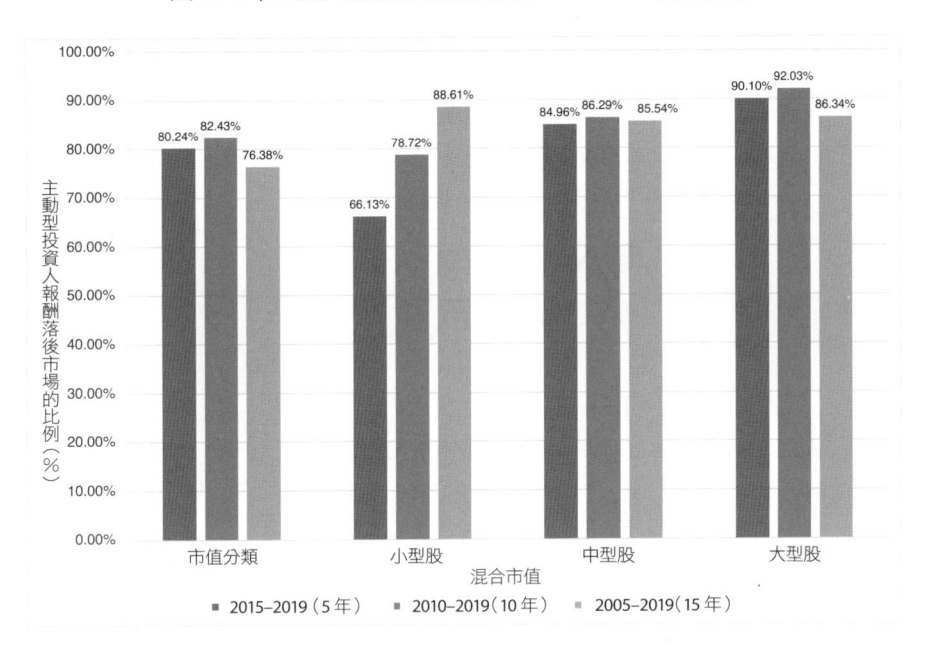

圖 16-6 ｜ 主動型價值投資的報酬──SPIVA 衡量指標

主動型投資人報酬落後市場的比例（％）

混合市值	市值分類	小型股	中型股	大型股
2015–2019（5 年）	80.24%	66.13%	84.96%	90.10%
2010–2019（10 年）	82.43%	78.72%	86.29%	92.03%
2005–2019（15 年）	76.38%	88.61%	85.54%	86.34%

簡單來說，大部分價值型基金經理人在扣除費用後的淨報酬率，都無法打敗價值指數。即使不計入費用，績效低於指數的基金經理人比例仍遠高於 50%。

傳奇的價值型投資人，在這 10 年間也失去了光芒，就連巴菲特的選股表現也僅達到平均水準。他放棄了長期奉行的原則，例如以帳面價值作為內在價值的估算基礎，以及絕不進行庫藏股的做法──無論出於正當或不正當的理由。

市場對於巴菲特選股能力的評價也有所下調，其中最具代表性的指標，正是一項帶有巴菲特親自背書的數字：波克夏近年來的股價淨值比，如圖 16-7 所示。

圖 16-7 ｜波克夏的巴菲特溢酬

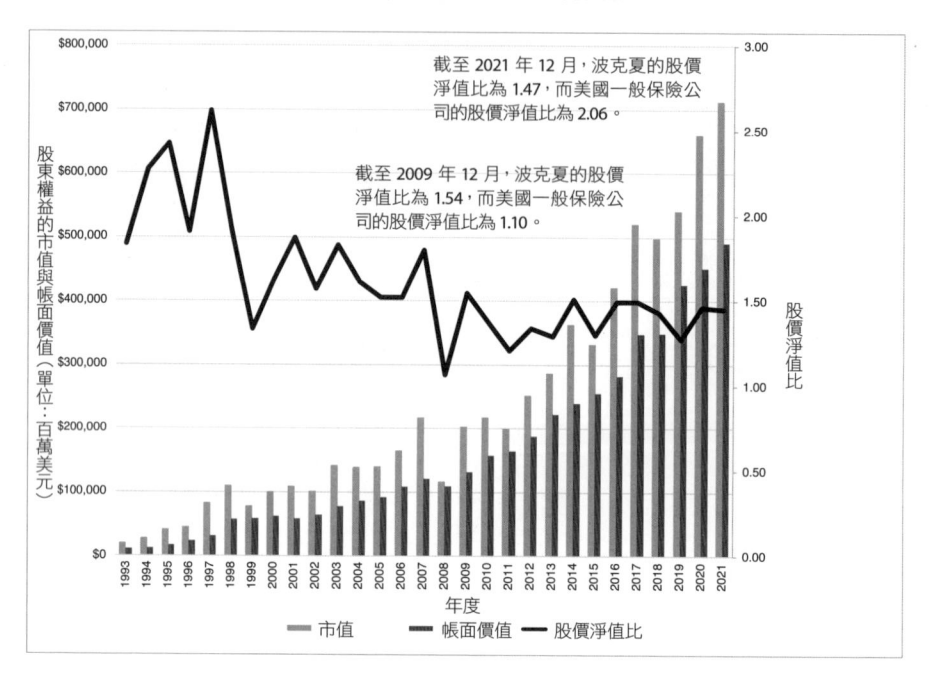

由於波克夏的資產主要投資於上市公司股票，而這些投資在整個期間皆以市價入帳，因此，投資人願意支付超過帳面價值的溢價，有一部分可以視為「選股溢酬」。

不過，因為波克夏同時涉足保險業，這部分溢價也可能與其保險事業的存在有關，因此我將波克夏的股價淨值比和美國一般上市保險公司的平均水準做了比較。

在 2010 年初，波克夏的股價淨值比為 1.54 倍，明顯高於美國保險產業的平均值 1.10 倍；10 年後，截至 2021 年底，波克夏的股價淨值比下降至 1.47 倍，反而低於美國保險業平均的 2.06 倍。

對於那些時常關注巴菲特新聞的人而言，這種「巴菲特溢酬」的消失

或許令人費解——畢竟他至今仍被視為投資界的傳奇人物，也普遍被認為是波克夏所有重大決策的主導者，從 2017 年投資蘋果，到近年參與雲端資料儲存公司 Snowflake 的 IPO 等。

但我認為，市場的態度已變得不再那麼感性，而是更為務實地評估兩件事：巴菲特目前的選股能力（他現在可能比以往任何時候，都更接近一位「普通投資人」），以及以他如今的高齡，很可能已不再是波克夏實際主導選股的人。

解釋與藉口

試圖釐清過去 10 年來價值投資的問題，不只單單是對過去的解釋，因為你所採用的理由，將決定你是否將繼續堅守傳統的價值投資規則、調整這些規則以反映新的現實，或是澈底拋棄它們、另尋新的投資方法。

我從價值型投資人那裡，聽過四種對這 10 年失利的解釋，以下我會根據它們對價值投資實務的影響程度，從最無害到最嚴重的順序列出。

1. 這只是過渡階段！

診斷	即便在上世紀的輝煌時期，低本益比與低股價淨值比的股票，也曾有過一段長時間的相對劣勢（例如 1990 年代），當時它們的表現落後於高本益比與高股價淨值比的股票。但當那些時期過去之後，價值股便重新回到投資領域的領導地位。過去 10 年就是另一段這類的異常時期，而如同過往的異常，這次也終將結束。
處方	保持耐心。只要時間夠長，價值投資終將帶來優異報酬。

2. 都是聯準會的錯！

診斷	從 2008 年金融危機開始，直到最近 10 年，全球各國的中央銀行在市場中扮演的角色變得更加積極。聯準會與其他央行不僅讓利率長期維持在低於基本面所支持的水準，也為冒險行為提供了保護，犧牲的則是採取保守策略的投資人。
處方	央行不可能永遠讓利率維持在低檔，即使是央行，也沒有足夠資源無限期地救援承擔風險的投資人。最終，這個體系將會崩解，造成貨幣貶值、政府預算爆炸，以及通膨與利率飆升。當這一切發生時，價值型投資人會發現自己的損失比其他投資人小得多。

3. 投資世界變平了！

診斷	1949 年，當葛拉漢列出條件來篩選優質投資標的時，投資人為了識別股票，需要仰賴當時多數人無法取得或缺乏耐性去使用的資料與工具。彼時所有數據都來自逐頁研讀企業年報，而當時的年報往往採用彼此差異極大的會計準則；各項財務比率必須用計算尺或紙筆計算；公司分類與排序也全靠手動完成。即使到了 1980 年代，資料與強大分析工具的取得，仍是專業投資經理人的專屬權利，因此構成競爭優勢。隨著資料日益容易取得、會計準則日漸標準化，投資人要想從財報中計算比率（本益比、股價淨值比、負債比率等），並用篩選條件找出便宜股票的競爭優勢，已大幅縮小。
處方	若要重新建立競爭優勢，價值型投資人必須更有創意，要不是發展出新的定性選股條件，就得設法超越財報資訊，或是運用新方法來處理公開資料，發掘遭到低估的股票。

4. 全球經濟已經轉向！

診斷	這樣說或許有點老套，但如今的經濟實力，已經轉移到那些更具全球化特質的企業身上——這些公司建立在科技與龐大的用戶平臺之上，使得許多過往的價值投資信條如今已派不上用場。
處方	價值投資派必須與時俱進，適應這個新經濟環境，少看一點資產負債表，多一點評估價值的彈性。簡單來說，投資人可能必須離開他們最熟悉也最偏好的棲息地——也就是企業生命週期中，擁有實體資產基礎的成熟企業——才能找到真正的價值所在。

當我傾聽不同立場的價值型投資人意見時，我尚未聽到對於這套投

資哲學問題的任何明確共識，但他們思維上的轉變已相當明顯。隨著績效落後的時間越拖越長，並相信這只是過渡時期、只要耐心等待就能苦盡甘來的價值型投資人已越來越少。

許多投資人仍把表現不佳的原因歸咎於聯準會（以及其他央行），雖然我同意他們的看法：央行確實越權干預、扭曲了市場運作，但我也認為，這種信念如今反而成了一個方便的藉口，讓他們無須正視價值投資最核心的真正問題。

我從沒朝聖過波克夏的股東大會，也不認為自己是價值型投資的信徒；在我看來，價值型投資的困境已根深蒂固，並可追溯至三個重要的發展：

1. **逐漸僵化：**

從葛拉漢出版《證券分析》以來的數十年間，價值型投資逐漸發展出一套毫無彈性的投資規則。有些規則反映了價值型投資的歷史（例如以流動比率與速動比率作為篩選條件），有些則是過時的舊觀念，還有一些規則甚至顯得頑固保守。

舉例來說，價值型投資始終堅持一種看法：相對於市值，缺乏大量有形資產的公司屬於「廉價」標的，而**正是這種觀點，讓許多價值型投資人在過去 30 年間錯過了科技股**。同樣地，價值型投資對配息的高度關注，也讓擁護者的資金集中在公用事業、金融服務，與老牌消費品公司，忽略了轉向庫藏股來返還現金的新創與成長型企業。

2. **日漸儀式化：**

價值型投資的各種儀式早已根深蒂固，從每年朝聖般前往奧瑪哈參

加波克夏股東會[4]，到宣稱如果你沒讀過葛拉漢的《智慧型股票投資人》和《證券分析》，你的投資教育就不算完整，再到幾乎不容置疑地相信凡是巴菲特或蒙格說的話，一定都是正確的。

3. 自以為是：

雖然各類型的投資人都相信自己的「投資方式」能帶來報酬，但某些價值型投資人似乎覺得，自己理當獲得高報酬，因為他們遵循了所有規則與儀式。事實上，他們視那些偏離這套劇本的投資人為膚淺的投機者，並堅信這些人「從長期來看」終將失敗。

簡單來說，價值型投資——至少在某些擁護者的實踐中——已不再是投資哲學，而是一種信仰，**他們不只把其他投資方式視為錯誤的做法，更認為那些方式應該受到懲罰。**

好公司 VS. 好投資

價值型投資有句格言：管理很重要，因此投資於管理良好的公司將帶來良好報酬。正是這樣的信念，讓許多價值型投資人傾向買進那些具備優秀管理團隊、財務穩健的成熟企業，並避開那些管理不佳、財務基礎薄弱的公司。

我將在本節說明，這種觀點其實並不成立，並指出其中被忽略的重要變數——市場為這家公司賦予的價格。

4　譯注：奧瑪哈（Omaha）是巴菲特的家鄉，也是波克夏每年舉辦股東大會的地點。

什麼是「好」公司？

我們先來探討，一家公司要具備哪些條件，才算是一家「好公司」？

背後判斷標準有很多，但每一種都有其潛在問題。你可以從獲利能力著手，認為更賺錢的企業比賺得少的企業更優秀，但如果這家企業屬於資本密集產業（所產生的獲利相對於投入資本偏低），或是經營風險很高的產業，那這項標準就不適用了，因為你總是得擔心哪天風險會爆發。

你也可以觀察成長性——但如我在本書前面提過的，成長可能是好事，也可能是壞事或中性事件，一家公司即便擁有高成長率，也可能正在破壞價值。

對我來說，**衡量企業品質最好的指標，是它是否擁有高超額報酬率**，也就是它的資本報酬率是否遠高於資金成本。把一家公司的超額報酬——無論是在好或壞的情境下——全都歸因於管理階層其實非常危險。

所謂的「好」或「壞」，可能只是反映了公司邁入成熟階段的結果，也可能來自其既有的進入障礙，或是宏觀環境中的其他因素（例如匯率波動、國家風險，或大宗商品價格的劇烈變動）。好的管理階層，會務實地評估公司目前處於企業生命週期的哪一階段，並依此做出調整與因應。

正如我們在本書前面關於企業財務的章節所說，一家企業的未來取決於三大類決策：**投資決策**（將有限資源投資在哪些地方）、**籌資決策**（舉債的金額與形式）和**股利政策**（透過何種形式，將多少現金回饋給公司所有人）。

對年輕且正在成長的企業來說，「好的」管理重點在於優化投資決策——也就是找出並投入能帶來高度成長的投資案——同時避免舉債與配息。

當企業邁入成熟階段時，「好的」管理則會轉向防守，致力於保護品牌聲譽與特許經營價值不受競爭侵蝕，並透過籌資與配息決策來調整公司價值。

　　如果企業已進入衰退期，「好的」管理重點就是引導公司逐步清算，不僅要避免再做任何新增投資，還要設法處分現有投資，讓公司安全撤出。

　　我評估管理品質的方法，是針對同一家公司做兩次估值：一次基於現有管理階層的情況（即維持現狀），另一次則假設由全新的（而且更優秀的）管理階層接手經營。

期望值遊戲

　　現在我們對「好公司」與「優秀管理階層」已有了可行的定義，接下來我們來談談什麼是「好的投資」。要讓一家公司成為好的投資標的，關鍵在於它的交易價格必須合理，亦即能正確反映其業務性質與管理特徵。

　　如果一家公司本身非常優秀、擁有稱職的管理階層，市場也將這家公司視為極為傑出、由卓越管理者領導的企業，**這樣的公司反而是壞的投資標的**。

　　反之，如果一家公司不但經營不善，所處產業也不具吸引力（例如經常賺不到資金成本），但市場給它的定價比它實際狀況還要更糟，那麼**這家公司反而可能是好的投資標的**。

　　說穿了，投資的本質在於以低於其內在價值的價格買進一家公司。而如果要展開投資評估，就必須將市場對該公司未來表現的預期納入考量，因為這些預期會反映在市場的定價中。

　　我在圖 16-8 中，運用第 9 章介紹的估值與定價流程，說明身為投資人，你對一家公司的期望，應與市場對這家公司的期望相互比較。

圖 16-8 ｜ 好（壞）公司 VS. 好（壞）投資

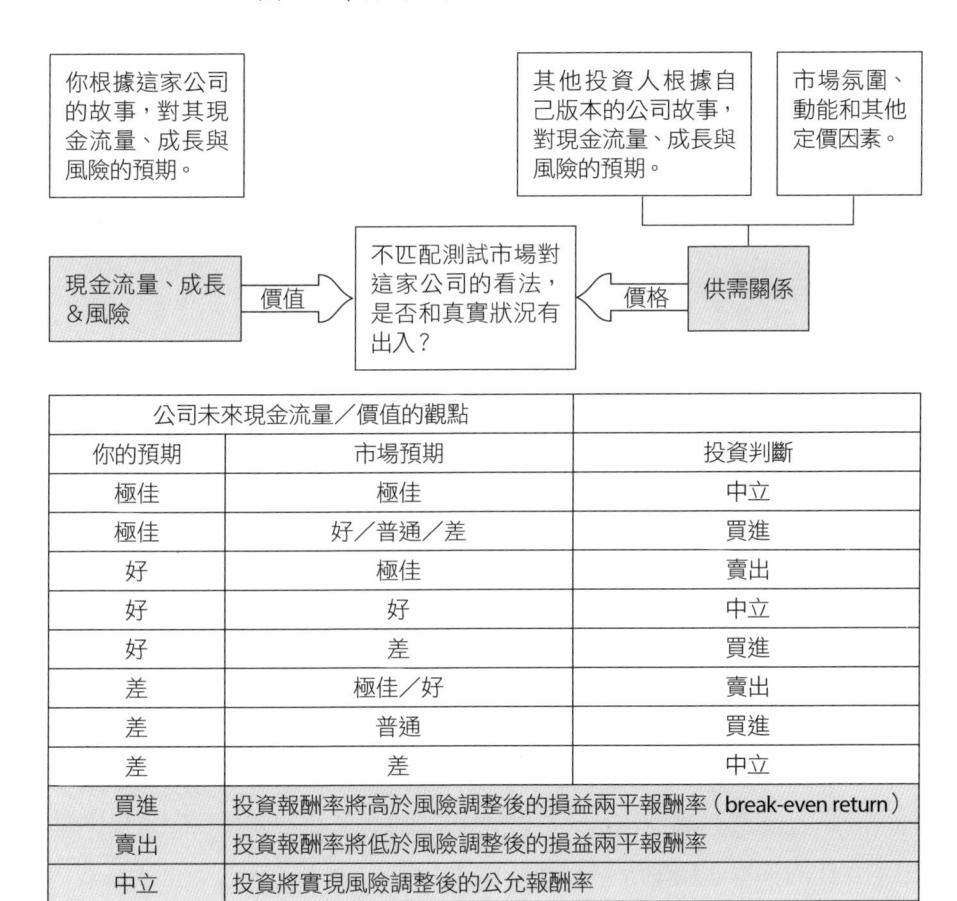

```
┌─────────────┐           ┌─────────────┐  ┌─────────────┐
│你根據這家公司│           │其他投資人根據│  │市場氛圍、   │
│的故事，對其現│           │己版本的公司故│  │動能和其他   │
│金流量、成長與│           │事，對現金流量│  │定價因素。   │
│風險的預期。  │           │、成長與風險的│  │             │
│             │           │預期。        │  │             │
└─────────────┘           └─────────────┘  └─────────────┘
       │                         │                │
       ▼                         └────────┬───────┘
┌──────────┐      ┌──────────────┐       ▼
│現金流量、 │ 價值 │不匹配測試市場對│ 價格 ┌────────┐
│成長      │ ──▶ │這家公司的看法，│ ◀── │供需關係│
│&風險     │      │是否和真實狀況有│      └────────┘
└──────────┘      │出入？         │
                  └──────────────┘
```

公司未來現金流量／價值的觀點		
你的預期	市場預期	投資判斷
極佳	極佳	中立
極佳	好／普通／差	買進
好	極佳	賣出
好	好	中立
好	差	買進
差	極佳／好	賣出
差	普通	買進
差	差	中立
買進	投資報酬率將高於風險調整後的損益兩平報酬率（break-even return）	
賣出	投資報酬率將低於風險調整後的損益兩平報酬率	
中立	投資將實現風險調整後的公允報酬率	

　　如你所見，根據你對一家公司的預期是否與市場的預期一致，可能產生的結果範圍非常廣。在所有情境下，當你的預期與市場的預期一致時，無論公司是劣質、普通、優質，或卓越，該項投資將屬於中性投資，因為市場會根據這些期望來定價，使公司實現公允報酬率。

　　假如你預期一家公司的經營會比市場預期得更好，而且成果也將優

投資中年企業　第16章　｜ 541

於市場預期，那麼你就具備了一項好投資的條件，因為該公司的定價將被低估，因此更有機會實現超額報酬。

假如你預期一家公司的管理表現較差，營運成果也將低於市場預期，那麼該公司的定價則被高估了，買進這類股票將導致低於市場水準的報酬率。

說穿了，投資是一場期望值的遊戲。**要是期望設得太高，即使是卓越的公司也難以達成**，最終反而可能成為未必值得投資的標的。

錯誤定價的篩選實務

如果你認真思考上一節的內容，就會明白為什麼像本益比、企業價值倍數（EV/EBITDA）這類倍數，以及針對便宜股票的篩選條件，會如此深植於投資實務之中。

實際上，要成為成功的投資人，你必須能辨識市場的錯誤定價——例如某家公司無論在事業或管理上都表現優異，卻被市場以普通、甚至低水準公司的水準定價，那就該成為你的買進標的。

在這項任務之下，讓我們來看看如何運用倍數來篩選，我將以本益比為例，說明這套篩選流程。從非常基本的估值模型開始，你可以回推出本益比的基本面驅動因素，如圖 16-9 所示。

圖 16-9 ｜本益比的基本面決定因素

```
從簡單的股利折現模型（dividend discount model，簡稱 DDM）開始
                     預期下一年度每股股利
每股權益價值 = ─────────────────────
                    （權益成本─預期成長率）
```

```
              兩邊同時除以每股盈餘（EPS）
每股權益價值                        配發率（Payout Ratio）
─────────── = 本益比（PE）= ──────────────────────
 每股盈餘                         （權益成本─預期成長率）
配發率 = 每股股利／每股盈餘
```

```
本益比 = f（配發率、權益成本、預期成長率）
成長率越高 → 本益比越高風險越高
（即權益成本越高）→ 本益比越低股東權益報酬率越高
（代表配發率越高）→ 本益比越高
```

　　接下來呢？這個等式將本益比與三個變數連結起來：成長、風險（透過權益成本衡量），以及成長的品質（以配發率或股東權益報酬率表示）。

　　把這些變數的數值代入等式後，你很快會發現：成長低、風險高、股東權益報酬率極低的公司，其本益比理應偏低；而成長高、風險低、股東權益報酬率穩健的公司，理應以較高本益比交易。

　　如果你正在尋找價格與公司基本面不符的優質投資標的，就該**篩選本益比低、成長率高、權益成本低，且股東權益報酬率高的股票**。透過這種方法來拆解其他定價倍數後，我彙整出了幾種倍數指標，以及代表便宜公司與昂貴公司的篩選條件與定價錯置情形，如表 16-2 所示。

表 16-2 | 錯置倍數和錯誤定價

倍數	便宜公司	昂貴公司
本益比（PE）	低本益比 高成長率 權益風險低 配發率高	高本益比 低成長率 權益風險高 配發率低
本益成長比（PEG）	低本益成長比 低成長率 權益風險低 配發率高	高本益成長比 高成長率 權益風險高 配發率低
股價淨值比（PBV）	低股價淨值比 高成長率 權益風險低 股東權益報酬率高	高股價淨值比 低成長率 權益風險高 股東權益報酬率低
企業價值／投資資本 （EV/Invested Capital）	低 EV/IC 高成長率 營運風險低 投資資本報酬率高	高 EV/IC 低成長率 營運風險高 投資資本報酬率低
企業價值／營收（EV/ Sales）	低企業價值／營收 高成長率 營運風險 營業利潤率高	高企業價值／營收 低成長率 營運風險高 營業利潤率低
企業價值／息稅折 舊攤銷前盈餘（EV/ EBITDA）	低企業價值倍數 高成長率 營運風險低 稅率低	高企業價值倍數 低成長率 營運風險高 稅率高

　　如果你好奇「權益風險」與「營運風險」的差異，答案其實很簡單。營運風險反映的是企業所經營業務本身的風險，而權益風險則是這種營運風險經由財務槓桿放大後的結果；前者以資金成本（加權平均資金成本）來衡量，後者則體現在權益成本之中。

投資的教訓

　　區分好公司和壞公司並不難，判斷公司是否管理得當則稍微複雜一

些，但最困難的，是釐清哪些公司才是好的投資標的。

好公司通常在成長市場中具備強大的競爭優勢，其成果（高利潤率、高資本報酬率）正反映了這些優勢。而在管理得當的公司中，投資、籌資與股利決策皆會以提升公司價值為目標——因此，我們可能會看到某些好公司管理並不最理想，而某些壞公司則由管理得當的團隊營運。

好的投資，前提是你能以低於公司價值的價格買進，這個價值則是基於其事業體質與管理階層所判斷得出。因此，卓越公司如果股價過高，仍可能成為壞的投資標的；而表現不佳的公司，如果價格被低估，也可能成為好的投資標的。

誠然，要是能選擇，我們當然都希望以便宜價格買進具備優秀管理階層的卓越企業，但凡事皆優的公司往往會吸引眾多投資人目光，導致價格被推升，使得這種理想情況難以實現。

相比之下，我願意接受一個更務實的結局：只要價格合理，我會買進一家處於劣勢產業、由平庸管理階層主導的公司；如果價格不合理，就算是超級明星企業，我也會選擇避開。

表 16-3 彙整了在投資決策中，從企業本業品質與管理階層的表現，以及市場定價三者交互分析後所可能出現的各種組合。

表 16-3 ｜事業、管理與市場——投資決策

公司的事業	公司的管理階層	公司定價	投資決策
好（具備強大競爭優勢、處於成長市場）	好（能優化投資、籌資與股利決策）	好（價格＜價值）	積極買進
好（具備強大競爭優勢、處於成長市場）	壞（投資、籌資與股利決策低於最佳水準）	好（價格＜價值）	買進，並期盼管理階層更替
壞（缺乏競爭優勢、市場停滯或萎縮）	好（能優化投資、籌資與股利決策）	好（價格＜價值）	買進，並祈禱管理階層不要被換掉
壞（缺乏競爭優勢、市場停滯或萎縮）	壞（投資、籌資與股利決策低於最佳水準）	好（價格＜價值）	買進，期盼管理更替，並祈禱公司活得下去

好（具備強大競爭優勢、處於成長市場）	好（能優化投資、籌資與股利決策）	壞（價格＞價值）	欣賞但不買進
好（具備強大競爭優勢、處於成長市場）	（投資、籌資與股利決策低於最佳水準）	壞（價格＞價值）	等待管理階層更替
壞（缺乏競爭優勢，市場停滯或萎縮）	好（能優化投資、籌資與股利決策）	壞（價格＞價值）	賣出
壞（缺乏競爭優勢，市場停滯或萎縮）	壞（投資、籌資與股利決策低於最佳水準）	壞（價格＞價值）	果斷賣出

價值型投資的新典範

我認為，要讓價值型投資重新回歸其根本精神，並找回過去的有效性，就必須做出根本性的改變。其中有些改變聽起來可能會像異端邪說，尤其是對那些已花費數十年深耕價值型投資的人而言。

1. **清楚區分價值與價格：**

雖然有些市場評論者與投資人，會將「價值」與「價格」交替使用，但這兩者其實來自完全不同的評估流程，所需的工具與分析方法也截然不同。

正如我在第 9 章提過的，價值是現金流量、成長率與風險的函數，任何沒有明確預測現金流量，也未調整風險的內在價值估值模型，都是缺乏核心要素的估值方法。價格則是由市場的供需關係決定，受市場氛圍與動能所驅動；當你要為資產定價時，做法是觀察市場如何為其他類似資產定價。

令我驚訝的是，竟然**有那麼多價值型投資人，把內在價值估值視為一種投機行為**，反而完全依賴定價倍數（例如本益比、股價淨值比等）進行分析。畢竟，企業的價值來自未來現金流量，以及你對這些現金流量的不確定性感受，這點應該無庸置疑。

的確，在內在價值估值中，你必須預測未來現金流量並調整風險，這

兩項作業都可能出錯。但我實在不明白，為什麼有些投資人認為，使用定價倍數或捷徑，就能讓這些錯誤或不確定性消失？

2. **不要逃避，正面迎戰不確定性：**

許多價值型投資人視不確定性為「壞」的東西，並認為應該盡可能避免，也正因為這樣的觀念，使他們遠離成長型企業（這類企業需要面對預測未來的挑戰），而傾向投資擁有實體資產的成熟公司。

但事實是，**不確定性是投資的基本特徵，而非缺陷**，它始終存在──即使是在最成熟、最穩健的公司身上（雖然程度較低）。我先前已探討過不確定性如何隨著企業生命週期變化而展現其不同樣貌，指出它的強度與類型會隨著企業的成長階段而轉變。

的確，當你為穩定市場中的成熟公司估值時，不確定性會比較小。然而如果你想找出市場定價錯誤的機會，往往得在未來高度不確定的公司中下手──這些公司可能是年輕企業、陷入財務困境的企業，或是受到總體經濟環境挑戰的企業。

事實上，幾乎每一項內在價值的構成，都受不確定性影響，無論其來源是來自個別企業（微觀）還是總體經濟（宏觀）。要應對這種不確定性，價值型投資人必須擴充自己的工具箱，引入基本的統計工具，例如機率分布、決策樹、以及蒙地卡羅模擬等方法。

3. **安全邊際不能取代風險衡量指標：**

我知道，許多價值型投資人對傳統的風險報酬模型不以為然，但內在價值評估並不要求你必須效忠 β 值或現代投資組合理論。事實上，如果你不喜歡 β 值，內在價值評估完全具有足夠的彈性，允許你改用自己偏好的風險衡量方式，無論是根據盈餘、負債、還是會計比率。

對於那些主張「安全邊際[5]」是更佳風險指標的價值型投資人，我有必要強調一點：**安全邊際，只有在企業估值完成之後才會發揮作用。**要做出估值，就必須先衡量風險。在實際應用上，安全邊際會帶來取捨，也就是說，你為了避免某一種投資錯誤，往往會選擇承擔另一種錯誤，如圖 16-10 所示。

圖 16-10｜安全邊際的取捨

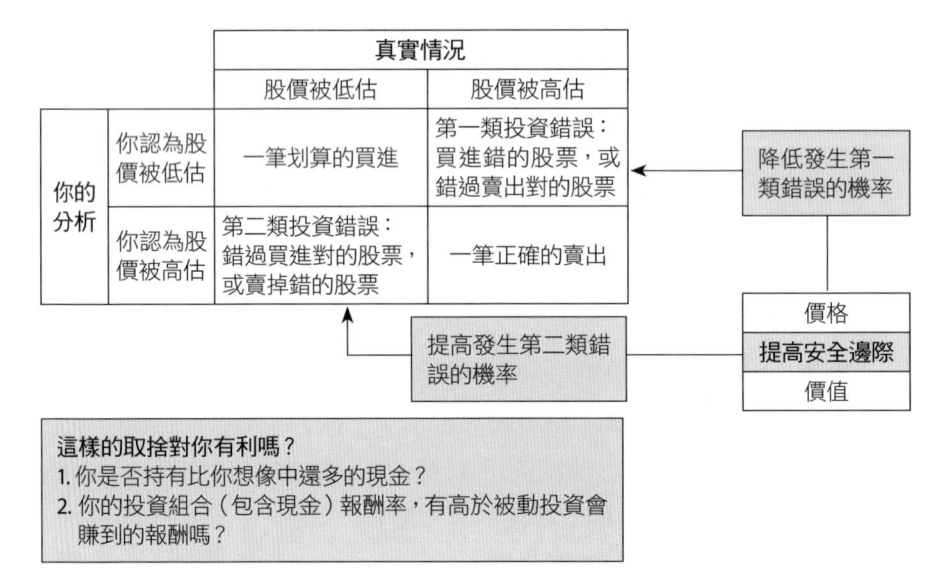

		真實情況	
		股價被低估	股價被高估
你的分析	你認為股價被低估	一筆划算的買進	第一類投資錯誤：買進錯的股票，或錯過賣出對的股票
	你認為股價被高估	第二類投資錯誤：錯過買進對的股票，或賣掉錯的股票	一筆正確的賣出

降低發生第一類錯誤的機率

提高發生第二類錯誤的機率

價格
提高安全邊際
價值

這樣的取捨對你有利嗎？
1. 你是否持有比你想像中還多的現金？
2. 你的投資組合（包含現金）報酬率，有高於被動投資會賺到的報酬嗎？

5　譯注：安全邊際（margin of safety，簡稱 MOS）是由葛拉漢所提出，並由巴菲特推廣的重要投資概念，指的是企業內在價值與市場價格之間所保留的緩衝空間。巴菲特曾強調：「真正的投資，是評估價格與價值之間的關係；若未考慮這層關係，便稱不上是投資，而只是投機。」

安全邊際是否帶來淨正面效益，主要取決於價值型投資人是否有本錢挑剔。判斷安全邊際是否設定得過高，有個簡單的指標，那就是投資組合中現金部位是否過高──如果太高，就代表你的標準設得太嚴格，導致通過篩選的股票太少。

4. 不要全盤相信會計數字的表面意義：

價值型投資向來著重會計數字，盈餘與帳面價值一直是投資策略的核心，這點無可否認。但現在我們應該比過去幾十年更加審慎看待這些數字，原因有幾個。

首先，許多企業如今更積極操弄會計遊戲，利用估計損益表[6]（pro forma income statements）讓財報數字向有利方向傾斜。其次，隨著經濟重心從製造業轉向科技與服務業，會計準則難以與時俱進。實際上，研發費用的會計處理方式，使得科技公司與製藥公司的帳面價值被低估了。

5. 你可以選股，同時也能分散投資：

雖然不是所有價值型投資人都這麼認為，但令人驚訝的是，有不少人似乎把集中式投資組合視為優質價值型投資的標誌，並主張若將押注分散在太多股票上，將會稀釋你的上行潛力。

所謂「你只能擇一選股或分散投資」是個錯誤的二分法，因為沒有理由不能同時做到這兩件事。畢竟，你有數千檔上市股票可供挑選，而分散投資所需的，只是將資金從最好的 1 檔或 5 檔股票，改為投入最佳的 20 檔、30 檔、甚至 40 檔股票。

分散投資的理論基礎，是假設任何一項投資，即使你研究得再透澈、論據再充分，仍存在報酬的不確定性──可能是你在估值時遺漏了某個

---

6 譯注：估計損益表（pro forma income statement），是企業依自身假設或調整項目編製的非正式財報，用來呈現調整後的盈餘狀況。

關鍵因素，或是市場最終未修正其錯誤估價。在圖 16-11 中，我將這兩種不確定性——也就是對「價值」本身的判斷，以及「價格／價值差距是否會收斂」的預期——用來說明集中投資與分散投資之間的選擇。

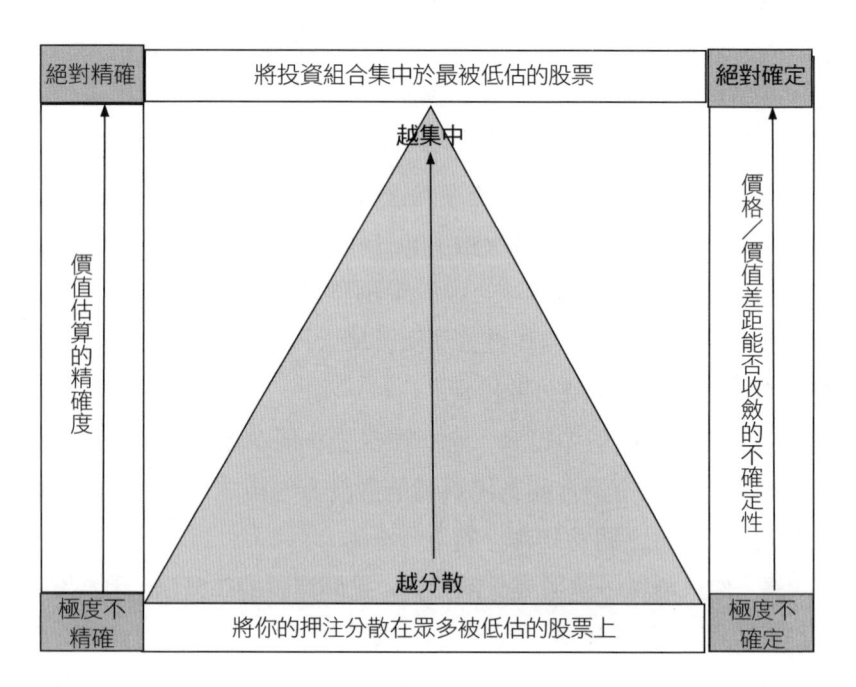

圖 16-11 ｜集中式投資組合 VS. 分散式投資組合

絕對精確	將投資組合集中於最被低估的股票	絕對確定
價值估算的精確度	越集中 ↑ ↓ 越分散	價格／價值差距能否收斂的不確定性
極度不精確	將你的押注分散在眾多被低估的股票上	極度不確定

我認為，價值型投資人如果假設只要做足功課、專注於成熟企業，就能得到精確的估值，這個前提本身就站不住腳；而假設市場會及時修正這些錯誤，則更是根基不穩。在一個就連最成熟企業都可能面臨商業模式被顛覆、市場動能又因被動型交易而被放大的世界裡，持有高度集中的投資組合，不過是有勇無謀的做法。

6. **別認為因為自己富有美德，就應該獲得回報：**

投資不是演道德劇，也沒有什麼「道德正確」的賺錢方式。投資與投

機的界線非常模糊,而且在很大程度上取決於旁觀者的觀點。如果認定某種投資哲學優於其他做法,不僅是傲慢的表現,也是在向市場遞出讓你跌跤的邀請函。

選擇當一名價值型投資人,是一種個人選擇,但這不應該妨礙你尊重其他投資人,或借用他們的工具來提升自己的報酬率。用開放的心態看待其他投資人的做法、理解他們的投資哲學,能讓價值型投資人從中汲取養分,進而強化本身的投資成果。

結論:價值投資,需擁抱更多不確定

當投資人被要求選出一套投資哲學時,往往會傾向價值型投資,不只是因為它對市場的詮釋方式具有吸引力,也因為它曾在市場上創下的亮眼成功紀錄。

雖然在二十世紀大多數時期,這種優勢幾乎無庸置疑,當時低本益比/股價淨值比股票的報酬率,顯著高於高本益比/股價淨值比的股票,但近10年來,就連最死忠的價值型投資人也開始動搖信念。

儘管會有人認為,這段績效低迷只是短暫現象,或是央行干預過度所致。我則認為,**價值型投資已經失去了它的優勢**,部分原因在於它仰賴的衡量方式與指標,隨著時間推移已不再具備原有意義。

另一部分原因,則是全球經濟環境發生改變,並對市場帶來連鎖衝擊。如果要重新找回自我,價值型投資必須克服對不確定性的排斥,更願意擴大「價值」的定義,不只納入那些可計量、具體的現有資產,也應包含對無形資產與成長資產的投資。

第17章

投資衰退、處於困境的企業

對許多人來說，投資身處衰退期的企業聽起來很違反直覺。畢竟，當你預期一家企業將未來營收將會衰退、利潤率將停滯甚至萎縮，而且陷入困境的風險確實存在，有時甚至迫在眉睫時，買下這家公司的股份，又能圖得什麼好處呢？

我將在本章說明，儘管有這些不利因素，衰退企業有時仍可能是值得投資的標的，原因有不少。

第一個原因是，**企業面臨的問題或許是可以解決的**，而一旦成功挽救，該企業就可能重新找回大部分的價值。這正是私募股權投資人收購時所訴求的潛力——他們會針對經營績效不佳的企業進行重整（restructuring）。

第二，**有些企業的清算價值或分拆後的價值，可能高於其作為持續經營事業的價值**，而具備資源與影響力、能在企業內部推動這類改變的投資人，或許能從中獲利。

第三，**市場可能錯誤定價了這家公司的權益或債務**，而交易者可能有機會從這類錯誤定價中獲利。

私募股權和行動派投資人：是否需要整頓？

廣義來說，私募股權（private equity）是指投資於私人持有且未上市企業的權益資金，因此也涵蓋創投——這部分我已在探討投資年輕企業的章節中討論過。

在這一節，我們將聚焦於私募股權中的一個分支：專門投資於成熟與衰退企業（其中許多為上市公司）的私募基金。這類投資人往往與這些企業的現任管理階層合作，我也將延續第 4 章中對私募股權的初步介紹，進一步說明這類策略。

這些私募投資人投入資金的目的是：將這些公司私有化（從市場下

市)、解決其存在的問題,然後再透過重新上市[1]實現退場。

生命週期的連結

要理解私募股權如何運作,讓我們先從許多人認為的自然發展順序談起:當一間年輕企業邁向成熟,它會從私人企業過渡為上市公司,隨著時間推進,其所有權結構也會產生變化,從最初由創辦人與內部人士掌控的大股東結構,逐漸轉變為主要由公開市場投資人所持有,而這些投資人中有許多是機構法人。在圖 17-1,我呈現了企業隨著年齡增長,所有權結構轉變的過程。

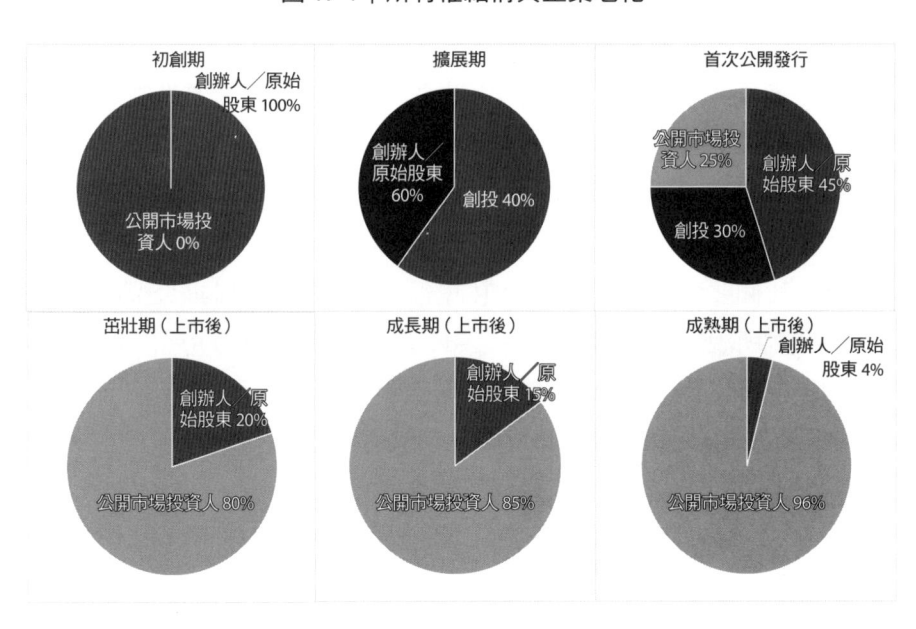

圖 17-1 | 所有權結構與企業老化

初創期:創辦人／原始股東 100%、公開市場投資人 0%
擴展期:創辦人／原始股東 60%、創投 40%
首次公開發行:創辦人／原始股東 45%、創投 30%、公開市場投資人 25%
茁壯期(上市後):創辦人／原始股東 20%、公開市場投資人 80%
成長期(上市後):創辦人／原始股東 15%、公開市場投資人 85%
成熟期(上市後):創辦人／原始股東 4%、公開市場投資人 96%

---

1 譯注:「重新上市」是私募股權常見的退出機制之一,意指將原已私有化的公司再次公開上市,並透過將持股賣給市場投資人來實現獲利與退場。

隨著創辦人對公司的持股與控制權隨時間逐漸式微，經營上市公司的管理階層（即 managers）與擁有這家公司的股東（即 shareholders）之間的分離也會日益加劇。

這種公司治理的斷裂現象存在於所有公司中，但在成長階段通常不太會成為問題，因為創辦人／業主本身就是管理階層的一部分，當時投資機會眾多，籌資與股利決策的重要性也相對較低。

然而，**當企業邁入成熟期的後段，尤其是在衰退階段，管理階層與所有權分離的情況更可能導致企業運作失衡**。我已在第 13 章說明過，當一家衰退企業的管理階層選擇否認現實，或在絕望中做出決策時，將嚴重破壞企業價值。

在第 4 章，我曾說明私募股權的運作流程，並建立了收購與退場的時間軸（見圖 4-16）。我當時指出，私募股權的角色，首先是找出那些營運方式失衡或運作不良的企業，接著取得對這些企業的實質控制權。

在某些情況下，企業如果能轉為私人公司，可能可以更快速且用更低廉的成本完成所需的調整，而這種私有化轉型所需的資金，有時會高到必須依賴舉債、甚至可能導致過高的舉債比例。

當這三個要素——收購、高槓桿債務[2]，以及私有化同時出現時，就形成了我們所說的槓桿收購（leveraged buyouts，簡稱 LBO）現象。

如果收購的最終目標是改變企業的經營方式，並消除那些源自惰性，或管理階層與所有權分離所造成的效率低落，那麼行動派投資的目標也是相同的，但在執行策略上有幾個關鍵差異。

首先，**行動派投資人通常只會取得企業的一小部分股份，而不是整**

2　譯注：高槓桿債務（high debt load）指的是企業以大量舉債來進行收購或營運的情況，通常伴隨高負債比與沉重利息負擔。

間公司，並藉由這些持股推動他們認為能提升企業價值的改革。由於公司仍維持上市狀態，行動派投資人必須透過代理權爭奪戰和取得董事會席次，以實現他們的目標。

雖然私募股權（不包括創投形式）與行動派投資人，理論上可以鎖定企業生命週期中任何階段的公司，但他們創造價值的方式，往往會使他們自然而然將目標集中在成熟與衰退企業的收購上。

首先，透過舉債來創造價值是收購策略中的關鍵元素，也常見於許多行動派投資人的議程中，而這樣的做法**仰賴企業擁有正的現金流量**；相比之下，成熟與衰退企業比成長企業更有可能具備這項條件。

其次，雖然企業在生命週期的每個階段，都可能存在經營效率不彰的問題，但能夠快速帶來報酬的改善，多半是針對既有投資所做出的調整，這也會使收購與行動派投資傾向聚焦在逐漸老化的企業身上。

私募股權與行動派投資的趨勢

私募股權——至少以其標準形式來說，也就是投資人入股或收購上市公司，並試圖改變其經營方式——一直都是市場的一部分。

然而，以機構型態出現的私募股權是較晚近的現象，並於 1980 年代迎來爆炸性的成長，當時如 KKR 集團、黑石集團（Blackstone）與凱雷集團（Carlyle Group）等公司，鎖定大型、備受矚目的上市公司進行槓桿收購。雖然這三大機構至今仍是私募股權領域的主要參與者，但近年來，整個產業的影響力已顯著擴展與深化。

為了觀察私募股權在收購領域的成長情況，我在圖 17-2 中檢視了美國上市公司槓桿收購的美元總額隨時間的變化。當然，這只是整個私募股權交易領域中的一個子集合。

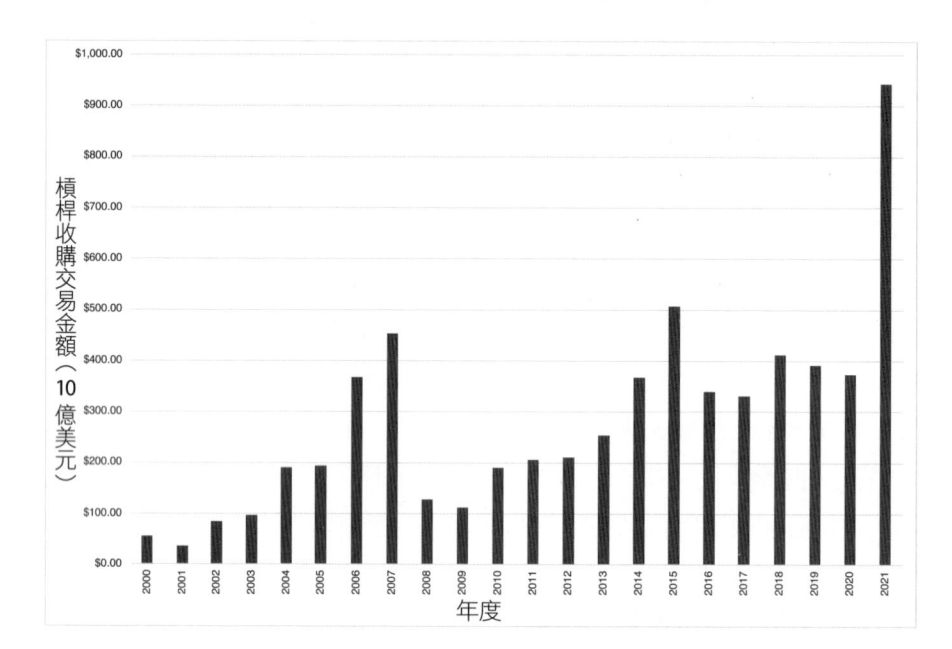

圖 17-2｜2000 年-2021 年，歷年槓桿收購金額

在 2021 年，美國的槓桿收購投資金額接近 9,000 億美元——這個數字雖然規模龐大，但其實僅反映了私募股權公司所投資資金的一小部分。

舉例來說，私募股權公司越來越常將目標鎖定在私人企業，尤其是許多由家族持有的企業，理由和他們收購上市公司、進行重整的動機相同。如果將上市公司與私人企業的交易都納入計算，2021 年美國的私募股權交易總筆數接近 8,600 筆，總交易金額高達 1.2 兆美元。

在過去 10 年間，典型的私募交易樣貌也發生了變化，越來越多規模較大的公司成為目標，而私募交易的參與者數量也大幅增加。表 17-1 中，列出了截至 2022 年初的前 10 大收購型私募股權基金。

表 17-1 | 2021 年規模最大的收購型私募股權基金

私募機構	總部所在地	募資金額（百萬美元）
KKR	紐約	$126,508
黑石	紐約	$82,457
殷拓集團（EQT）	斯德哥爾摩	$57,287
CVC 資本合夥公司（CVC Capital Partners）	盧森堡	$55,414
Thoma Bravo	舊金山	$50,257
凱雷集團	華盛頓特區	$48,441
泛大西洋投資（General Atlantic）	紐約	$44,832
Clearlake Capital Group	加州聖塔莫尼卡（Santa Monica）	$42,350
赫爾曼&弗里德曼（Hellman & Friedman）	舊金山	$40,925
洞見創投（Insight Partners）	紐約	$40,131

其中有兩點值得注意，第一，這些私募股權機構所能動用的資金規模極為可觀；第二，這些公司中有些本身就已是上市企業——包括規模最大的兩家：KKR 和黑石。

這些私募機構當中，有些除了收購之外，也會擔任行動派投資人的角色，推動上市公司展開改革（無論是營運面或資本結構面），只是並未將這些公司完全收購並轉為私人企業。

此外，還有其他行動派投資人補充其陣容，例如卡爾·艾康（Carl Icahn）和比爾·艾克曼（Bill Ackman），他們會針對具體改革目標來鎖定企業。

雖然行動派投資最初主要聚焦於美國企業，但隨著時間演進，它已逐漸全球化。如圖 17-3 所示，我在圖中呈現了每年被行動派投資人鎖定的全球企業數量，以及其中屬於非美國企業的比例。

圖 17-3｜歷年被行動派投資人鎖定的企業數量

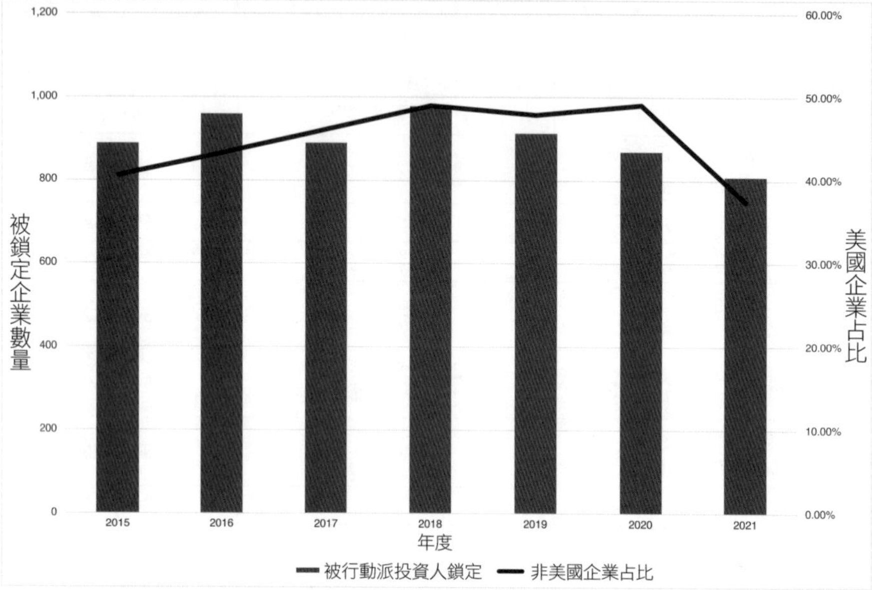

資料來源：Insightia（2022）

正如我在接下來的章節中將展示的，行動派投資人為了促使管理階層做出改變，已發展出更加高明、複雜的施壓手段，而管理階層也逐漸學會如何更有效地反制這些行動派投資人。簡而言之，行動派投資正在邁向成熟！

收購與行動派投資的適合目標

如果行動派投資人希望透過改變企業經營方式來獲取報酬，他們就應該將矛頭對準管理不善的公司。

不論是機構型還是個人型的行動派投資人，的確大多遵循這樣的劇本，將目標鎖定在獲利能力較差、相對於同業報酬率偏低的公司上。但

相比之下，私募股權投資似乎有著不同的關注重點。

讓我們先從既有研究著手，來看看在公開市場中被鎖定收購的典型公司有哪些特徵。從 1980 年代起，學界就開始針對槓桿收購（LBO）的目標公司展開研究，目的是要挖掘這類收購交易背後的主要動機。雖然這些研究尚未形成壓倒性的共識，但這些被收購鎖定的企業，似乎確實具備幾項共通的特質：

1. **自由現金流量：**

由於許多收購案是透過舉債來資助，因此收購目標公司最常見的特徵之一，就是**擁有來自營運活動的大量、正值自由現金流量**，可用來支付利息並償還債務。這一點並不令人意外。

2. **市價低廉：**

雖然收購的目標可能是整頓一家經營不善的公司，之後再以更高的價格轉售回市場，但如果私募股權公司能以低價收購標的企業，就能提高實現高報酬的機率。

在槓桿收購中，標的公司通常是以較低的定價倍數進行交易，而其中最常被使用的衡量指標之一，就是企業價值對息稅折舊攤銷前盈餘（EV／EBITDA）的倍數。由於企業在市場上長期表現不佳之後，股價往往會變得便宜，因此許多被收購的公司，在收購前的幾年間，其績效表現都遜於同業團體。

3. **營業改善的潛力：**

要衡量一家企業的營運改善潛力，有一個簡單但有缺陷的作法，就是將該公司的營業利潤率或投資資本報酬率（ROIC）與同業團體比較。目前已有證據支持這樣的觀點：**在獲利能力與投資報酬表現上落後於同業的公司，更有可能成為收購標的**。

在 1980 年代和 1990 年代初期，正值收購熱潮的早期階段，私募股權

公司與標的企業的管理階層，在交易中經常處於對立面，許多收購案也屬於惡意收購[3]。

後續研究顯示，無論在槓桿收購的流程或標的選擇上都出現了變化，並發現標的公司的管理階層在收購過程中，開始與私募股權基金展開合作。

而針對行動派投資人所鎖定的標的企業類型研究顯示，在動機與目標的選擇上，投資人似乎有越來越高的共識。

不過，不同的研究結果仍會有所差異，這取決於你觀察的是行動派對沖基金[4]，還是個別行動派投資人：有一項針對 2001 年至 2005 年間，888 起由行動派對沖基金發起的行動所做的研究發現，其典型的標的公司具有以下特徵：這些企業多為中小型市值公司、具備高於市場平均水準的流動性、以低本益比與低股價淨值比進行交易，並且具有獲利能力與穩健的現金流量，此外，這些公司的執行長薪酬通常高於同業公司的水準。

另一份針對行動派對沖基金動機的研究指出，他們最主要的動機，是公司被低估的定價，相關證據如圖 17-4 所示。

---

[3] 譯注：惡意收購（hostile acquisitions），又稱敵意收購，指的是收購方在未經標的公司董事會同意的情況下，透過公開要約或其他手段，強行收購該公司股份的行為。

[4] 譯注：對沖基金（hedge fund）是一種由專業經理人操作、以追求絕對報酬為目標的投資基金，投資策略靈活，常透過多空操作、槓桿、與衍生性商品來獲利，風險與報酬波動較大，通常僅對高資產淨值的合格投資人開放。與之相較，私募股權基金則通常專注於投資未上市公司或收購企業，持有期間較長，並積極參與企業經營，以提升企業價值後再出售獲利。

圖 17-4｜收購目標選擇背後的動機

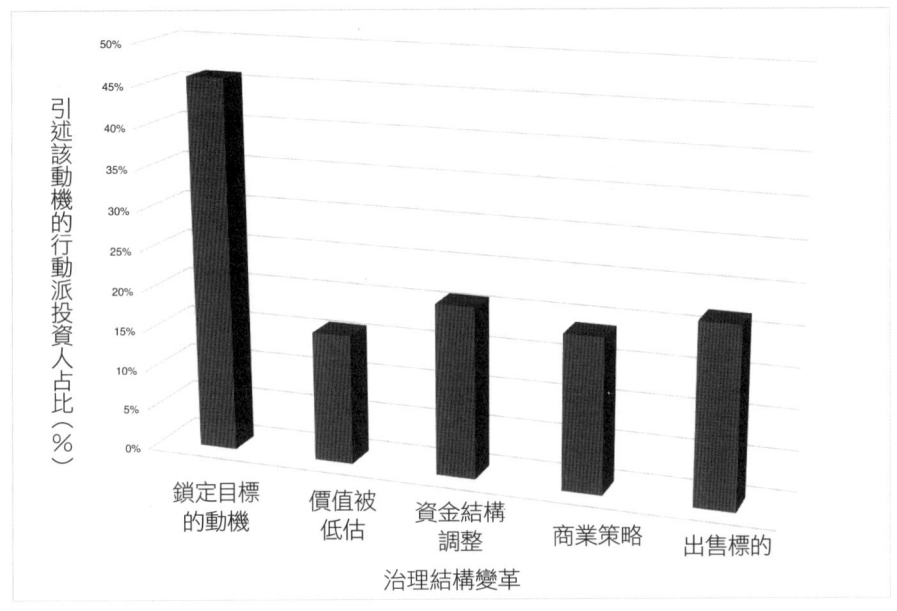

[圖表：長條圖，Y軸為「引述該動機的行動派投資人占比（%）」，範圍0%-50%。各動機的占比約為：鎖定目標的動機 約46%；價值被低估 約14%；資金結構調整 約17%；商業策略 約14%；出售標的 約15%。X軸下方標註「治理結構變革」]

資料來源：Brav, Jiang 與 Kim（2010）；部分公司引述超過一項動機。

　　總結來說，典型的行動派對沖基金的行為，與其說像是在尋找管理不善企業的行動派投資人，倒不如說更像被動型價值型投資人，專注於尋找被低估的公司。相比之下，行動派個人投資人則更有可能鎖定經營不善的企業，並推動其改變。

　　雖然行動派投資在各個產業與市值等級的公司中皆有出現，但我們應該可以預期，它會更集中於那些進入成熟階段、企業面臨成長困難、面臨利潤率下滑壓力的產業，以及市值較小的公司──因為在這些公司中，取得大量股權的成本相對較低，推動改革的成功機率也較高。表17-2 中提供了近年來依產業與市值分類、被行動派投資人鎖定的企業分布。

表 17-2 | 2018 年-2021 年，行動派投資標的（依產業與市值分類）

行動派投資標的（依產業分類）			
產業別	2018	2019	2020
基礎材料	9%	11%	9%
通訊服務	3%	4%	3%
非必需消費品	16%	15%	13%
必須消費品	5%	6%	4%
能源	6%	5%	4%
金融服務	11%	12%	13%
投資型基金	3%	5%	5%
醫療保健	10%	10%	10%
工業	17%	14%	18%
房地產	5%	4%	5%
科技	11%	12%	12%
公用事業	3%	3%	4%
行動派投資標的（依市值分類）			
	2018	2019	2020
大型股（超過 100 億美元）	23%	21%	27%
中型股（20 億～100 億美元）	17%	18%	16%
小型股（2.5 億～20 億美元）	23%	24%	25%
微型股（5,000 萬～2.5 億美元）	18%	19%	18%
奈米股（5,000 萬美元以下）	18%	18%	14%

這些數字令人意外，因為被鎖定的標的公司橫跨多個產業，而且市值較大的公司數量多得出奇。

私募業者和行動派投資人，對標的公司做了什麼？

讓我們從收購談起，來檢視私募業者在將標的公司下市之後，對它們做出了哪些改變。這些證據恐怕既無法讓私募的擁護者滿意，也無法讓批評者開心。

早期針對收購的研究指出，價值創造主要來自舉債（進而帶來節稅效果）以及營運改善；但後續的研究結果則更為分歧，尤其在營運改善的方面上。

• **資產調度：**

批評者指控私募業者是資產剝離者，會透過出售標的公司的資產，並切斷其後續投資，將企業掏空。雖然這種情況在某些收購案中確實發生過，但至少從整體數據來看，並沒有太多證據支持這類掠奪式行為。

相關研究顯示，被私募業者收購的公司，其資本支出僅出現些微下降，並未明顯削減研發或其他投資支出。與其說私募業者是從標的公司抽走資金、壓縮規模，更準確的說法是，他們傾向將資金自非核心業務重新部署，轉投入核心或新興業務。

• **獲利能力：**

如果私募業者鎖定的是營運效率不佳的公司，而其推動的改革確實改善了營運效率，那麼你應該可以預期，在完成收購後，標的公司的營運指標（例如營業利潤率）會出現改善。對槓桿收購的早期研究確實發現，有證據顯示標的公司在被收購後，營業獲利能力有所提升，如表17-3 所示：

表 17-3 ｜ 收購公司營業收入與營業利潤率的變動百分比

年度區間	營業收入變動幅度 收購公司	營業收入變動幅度 產業調整後	營業利益率變動幅度 收購公司	營業利益率變動幅度 產業調整後
收購前第 2 年至第 1 年的變化	11.40%	-1.20%	-1.70%	-1.90%
收購前 1 年至收購後 1 年的變化	15.60%	-2.70%	7.10%	12.40%
收購前 1 年至收購後 2 年的變化	30.70%	0.70%	11.90%	23.30%
收購前 1 年至收購後 3 年的變化	42.00%	24.10%	19.30%	34.80%

資料來源：Kaplan（1989），以 1980 年-1986 年間的 48 件收購案為樣本。

這份研究檢視了 1980 年至 1986 年間的 48 件收購案，並發現被收購的公司在收購後 3 年間，營業利益和營業利益率的百分比增幅，明顯高於產業整體表現。不過，這項證據在後來的研究中也受到質疑。

其他研究發現，這些被收購公司在營運指標上的表現，與同產業的基準公司相比，其實差異不大。2014 年有一份研究分析了 1990 年至 2006 年間完成的 192 件收購案，發現被收購公司的營運表現，與未被收購的基準公司不相上下、甚至落後；而這些被收購公司所創造的價值，大多來自於提高財務槓桿。

- **財務槓桿：**

由於許多收購案的資金來源高度仰賴舉債，標的公司在完成收購後，債務負擔通常會大幅上升，如表 17-4 所示：

表 17-4｜收購公司的債務資產比率

年度	過剩現金流 LBO 平均	過剩現金流 LBO 中位數	現金短缺 LBO 平均	現金短缺 LBO 中位數	所有收購案 平均	所有收購案 中位數
收購前第 2 年	45.30%	40.00%	48.80%	41.70%	47.50%	41.00%
收購前第 1 年	41.30%	40.80%	46.80%	44.10%	44.70%	43.20%
收購當年	73.10%	69.50%	75.80%	77.50%	74.80%	75.40%
收購後第 1 年	74.80%	69.60%	76.70%	78.70%	76.00%	77.60%
收購後第 2 年	80.00%	76.00%	84.50%	77.60%	82.70%	77.50%

資料來源：Cohn, Mills, and Towery（2014），基於 1995 年至 2007 年間 317 件收購案的研究。

請注意，收購當年的負債比率躍升是意料中的事，但收購後幾年的負債比率依然維持在高水位，這再次推翻了大家普遍以為，收購完成後的企業會在幾年內儘速償債的觀點。

這些新增的債務能帶來稅務利益，而槓桿收購所創造的價值中，有

相當大一部分來自這些稅務利益。但這也會提高標的公司發生財務困境的風險，以及違約的可能性。

- **配息與現金返還：**

收購本身，便代表在收購發生之前的公司股東能獲得一筆可觀的現金返還。但有些人擔心，私募投資人在接管標的公司後，會立即付給自己高額配息[5]。不過證據顯示，這類特殊配息仍屬罕見。

一項針對 1993 年至 2009 年間 788 家私募收購標的公司的研究發現，僅在 42 件案例中，發生過發放特殊配息給私募投資人的情形。

總之，在大部分收購案中，私募投資人確實兌現了改革的承諾，但主要是在資本結構方面，透過提高舉債以取得稅務利益，而不是透過營運改善來創造價值。

如果這些投資人能從讓公司重新上市中獲得最豐厚的報酬，那麼我們就有理由相信，許多收購案的報酬，與其說來自企業本身的實質改革，不如說**有很大一部分是來自精準掌握交易時機**。

讓我們接著討論「行動派投資」。這種投資策略的本質，是挑戰現任管理階層，但具體來說，是在哪些面向上提出挑戰？成功率又如何？一項於 2013 年發表的研究，分析了 2000 年至 2007 年間共 1,164 起行動派投資活動，詳實記錄了行動派投資人對公司所提出的各項要求，以及每項訴求的成功率（請參表 17-5）：

---

5 譯注：私募投資人在完成收購後，如果立刻支付高額配息，雖然對投資人本身有利，卻可能削弱公司的資本結構與償債能力，並提高違約風險，因此常被外界視為犧牲企業長期價值以換取短期利益的行為。

表 17-5 ｜ 行動派投資人的訴求與成功率

行動派投資訴求	發動次數	占樣本比例（%）	成功率（%）
策略與營運調整			
將公司出售第三方	159	31.55%	32.08%
營運重組	69	13.69%	34.78%
轉為非上市公司（下市）	52	10.52%	40.38%
資本結構與股利政策			
增加配息與庫藏股回購	78	15.48%	16.67%
提高債負債比重	22	4.37%	31.82%
併購活動			
退出已宣布的併購案	63	12.50%	28.57%
公司治理			
撤換執行長，或讓執行長不再兼任董事長	27	5.36%	18.52%
降低高階主管薪酬	20	3.97%	15.00%
提高資訊揭露程度	14	2.78%	35.71%

　　如你所見，行動派投資人提出的要求，涵蓋從營運調整到資訊揭露等各種面向，而各項要求的成功率也有顯著差異。此外，這份研究還揭露了一些關於行動派投資的有趣事實：

1. 行動派投資的失敗率非常高，有三分之二的行動派投資人會在對標的公司提出任何正式要求之前就選擇退出。
2. 在那些堅持推動改革的行動派投資人當中，僅有不到 20%會要求取得董事會席次，約有 10%會以發動委託書爭奪戰作為威脅，但真正付諸行動的僅占 7%。
3. 行動派投資人若成功推動，並對管理階層提出要求，在以下幾項行動中成功率最高（括號中為各項行動的成功率）：要求標的公司轉為非上市公司（41%）、出售公司（32%）、重組營運效率低落的業務

（35%），或是增加資訊揭露（36%）。而成功率最低的則是要求提高配息／實施庫藏股（17%）、撤換執行長（19%），或調整高階主管薪酬（15%）。整體而言，行動派投資人向管理階層提出各項訴求的平均成功率，約為 29%。

這份研究也發現，行動派對沖基金對標的公司的持股中位數約為 7%，在善意或敵意的行動中差異不大。因此，大多數行動派對沖基金都是以相對較小的持股比例，嘗試促使管理階層改變經營做法；他們的平均持股期間大約為兩年，但中位數則低得多（約 250 天）。

跟收購一樣，如果我們檢視那些曾被行動派投資人鎖定，有時甚至被其掌握控制權的公司，便可以將他們所推動的改變，依其可能帶來的價值提升效果，歸納為四大類：

• **資產調度與營運績效**：

在這方面的證據不一，會因所檢視的行動派投資人類型與時間範圍而異。當標的企業被行動派投資人入股後，資產剝離的確有所增加，但並不顯著。有研究顯示，如果標的是被個別行動派投資人鎖定，其資本報酬率與其他獲利能力指標，相較於同業團體將會有明顯改善；但如果標的是被對沖基金型的行動派投資人鎖定，則未見同樣的獲利能力提升。

• **資本結構**：

在財務槓桿方面，被行動派對沖基金鎖定的公司，其負債比率通常會中度上升（約 10%），但這個增幅不算顯著，而且在統計上也不具顯著性。的確有一小部分企業在被行動派投資人鎖定後，財務槓桿被大幅提高，但「行動派投資人會過度舉債」這項普遍觀點，在整體樣本中並未獲

得支持。

另有一項研究指出了令人擔憂的現象——至少對這些標的公司的債券持有人而言——即在公司被行動派投資人鎖定的幾年內,債券價格平均下跌約 3%至 5%,且債信評等遭調降的可能性也隨之升高。

・股利政策:

被行動派投資人鎖定的公司,通常會提高股利配發,並將更多現金返還給股東。這類現金返還占盈餘的比例,平均將上升約 10%至 20%。

・公司治理:

行動派投資人對標的公司最大的影響,在公司治理層面。被其鎖定的公司,執行長遭撤換的可能性明顯上升,相較於投資人介入前一年,提升了 5.5%。此外,這些公司的執行長薪酬經常在行動派投資人介入後下降,且其報酬與績效之間的連動性也更加強化。

總之,私募投資人確實會在他們鎖定的公司中推動改變,但許多人似乎在改變尚未真正實現時,就已選擇妥協或提早退場。只有少數行動派投資人擁有足夠的資源與毅力,能夠持續與現任管理階層周旋,進而在企業中實現實質改變。

私募業者和行動派投資人賺得的報酬率很高嗎?

在針對收購與行動派投資人所做的這段鋪陳之後,你或許會開始好奇:私募業者與行動派投資人,是否真的能賺得比公開市場的投資人更高的報酬率?

・私募股權的績效

為了檢視私募業者整體而言能否為其投資人帶來超額報酬,我參考

了私募投資的年報酬率，並與公開市場股票的報酬率比較，如圖 17-5 所示。

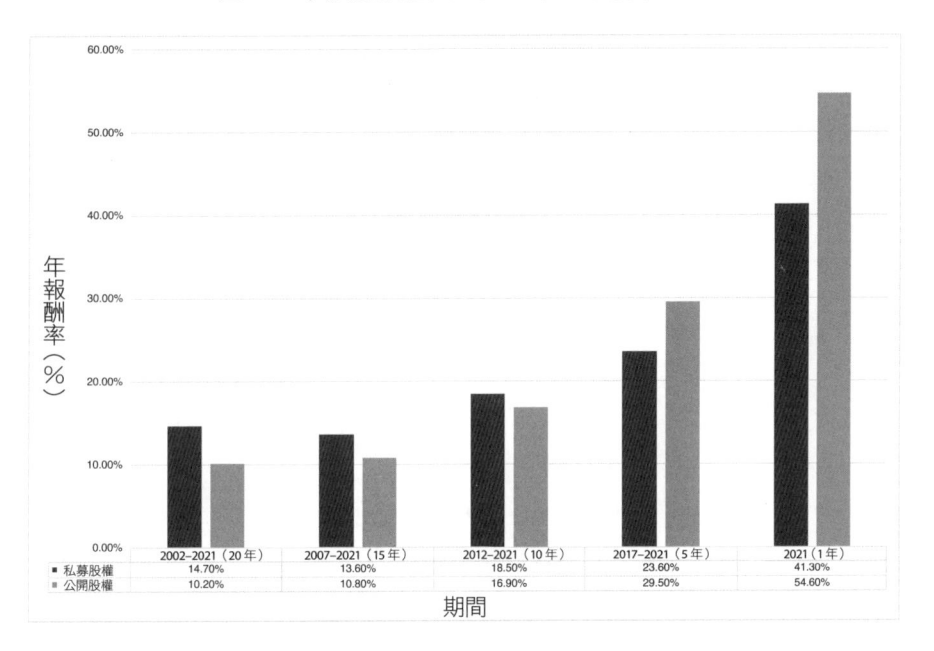

圖 17-5｜私募股權與公開股權的報酬率比較

期間	私募股權	公開股權
2002–2021（20 年）	14.70%	10.20%
2007–2021（15 年）	13.60%	10.80%
2012–2021（10 年）	18.50%	16.90%
2017–2021（5 年）	23.60%	29.50%
2021（1 年）	41.30%	54.60%

如你所見，私募股權在較長期間內的績效（例如 10 到 20 年）優於公開市場，但在近幾年輸給了它。

事實上，有證據顯示，私募投資人在早期可能取得的任何超額報酬率，隨著私募產業變得日益擁擠與競爭，這些超額報酬已經被逐漸侵蝕。一項 2015 年針對收購基金報酬率的研究進一步強化了這項結論。

該研究指出，雖然 2005 年以前收購基金的報酬率，平均比公開市場的股權基金高出近 3%至 4%，但這些超額報酬此後逐漸消失，使私募股權的績效與公開市場看齊。

你可以在圖 17-6 中看見這種效應，該圖描繪了私募相對於標普 500

指數的超額報酬（alphas 值）。

圖 17-6｜1993 年-2015 年，私募股權相對標普 500 指數的超額報酬（Alphas）

資料來源：Brown and Kaplan, 2019

當然，這裡談的是所有的私募投資人，而就像創投領域一樣，表現最好的私募股權基金可能確實優於平均水準，且表現也比平均更穩定。

研究再一次指出，雖然在 2000 年以前的資料中，私募投資人確實展

6　譯注：PME（Public Market Equivalent，公開市場等價）是一種用來評估私募股權基金績效的衡量方式，透過比較私募基金的現金流與假設這些現金流投資在公開市場指數（如標普 500）所能獲得的報酬，來判斷私募基金是否創造超額報酬。PME 值高於 1 表示私募基金表現優於公開市場，低於 1 則表示落後。

現出持續性的跡象,也就是贏家持續領先,但這種持續性自 2000 年以後大致上已不復存在。

在評估私募股權報酬時,也值得留意一點:這些報酬率是根據其投資組合中「未上市」投資的帳面估值計算而來的,因此就像創投業者所報告的報酬率一樣,採信這些數字時應保持謹慎。

• 行動派投資人的績效

整體來看,關於行動派投資人能否賺錢的證據各有說法,結果也會隨著研究對象是哪一類行動派投資人,以及報酬率的衡量方式不同而有所差異。

行動派共同基金似乎是所有行動派投資類型中,從其介入行動中獲得報酬最低的類型,對標的公司的公司治理、經營績效或股價幾乎沒有帶來明顯改變。市場似乎也察覺到這一點,有研究檢視了委託書爭奪戰（proxy fight）,發現當**行動派機構投資人提出相關提案時,股價幾乎沒有反應,或者反應非常微弱**。

相較之下,行動派對沖基金似乎能賺取可觀的超額報酬,其年化報酬率介 7%至 8%之間、甚至可達 20%以上。個人的行動派投資人的表現則落在中間,報酬率高於機構投資人,但低於對沖基金。

雖然對沖基金和個人的行動派投資人整體而言能賺取正向的平均超額報酬,但這些報酬的波動性相當高,而且超額報酬的幅度對於所採用的基準指標與風險調整方式十分敏感。換句話說,行動派投資人在其介入行動中經常遭遇挫敗,這類投資所帶來的報酬既無法保證,也難以預測。

鎖定適合的公司、收購這些公司的股票、要求董事會席次,以及發動委託書爭奪戰,這些行動派操作都非常燒錢,因此投資在標的公司的報酬率必須高於這些行動派操作的成本才合理。

雖然我前面提到的研究都未將這些成本納入考量，但有一份研究估算，平均每家公司的行動派投資活動成本約為 1,071 萬美元——若**將這些成本一併計算，行動派投資的淨報酬率幾乎趨近於零。**

行動派投資人的平均報酬率也掩蓋了一個關鍵事實：報酬的分布極度傾斜，最亮眼的正報酬主要由排名在前四分位數的行動派投資人獲得；而中位數的行動派投資人很可能只是打平，特別是在計入行動成本之後更是如此。無論你是否認為行動派投資是一種超額報酬的來源，假如你是某家上市公司的股東，那麼行動派投資人進入你的股東名單，對你來說是個好消息，因為**在他們宣布發動收購後，股價會大幅上漲，而且通常還會持續上揚。**

圖 17-7 摘自一份關於行動派投資報酬率的研究，該研究衡量了標的公司在收到行動派投資人發動行動（通常是向美國證券交易委員會〔SEC〕提交 13D 報告）後，股價的反應情形[7]。

7　譯注：13D 報告是指當投資人（包括機構或個人）持有美國上市公司超過 5%的股份，且該持股具有意圖影響公司經營或控制權時，依規定必須向美國證券交易委員會（SEC）提交的公開申報文件。

圖 17-7｜收購公告前後的超額報酬

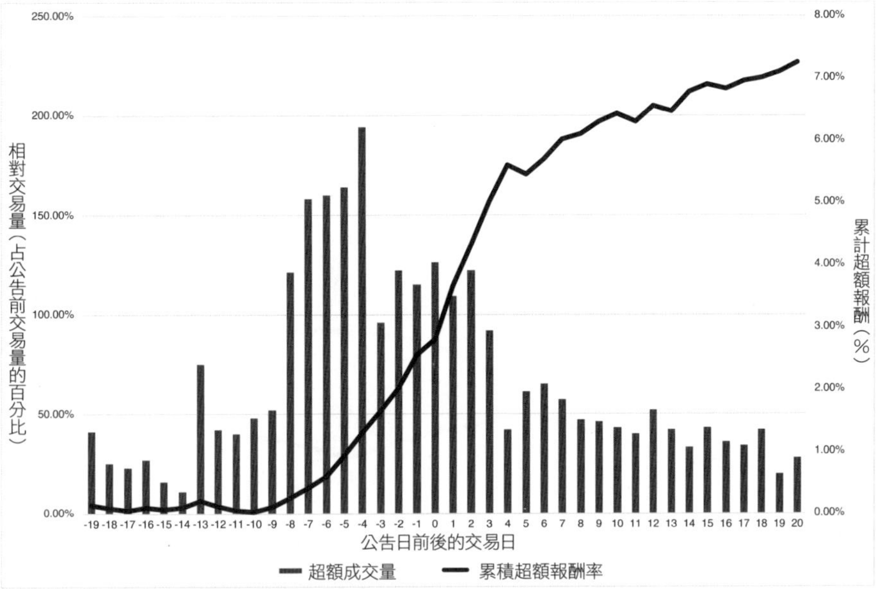

請注意，股價不僅會在提交 13D 報告的當天——也就是市場真正得知行動派投資活動的時間點——出現跳升，在該日的前後幾天也都持續上漲；在提交日之前的漲勢，可能暗示有內線交易發生，而之後的漲勢則可能來自動能交易的影響。

在同一篇研究中，研究人員比較了行動派對沖基金的報酬率、所有對沖基金的報酬率，以及整體公開市場股票的報酬率，藉此檢視行動派投資的投資成果。其比較結果如圖 17-8 所示。

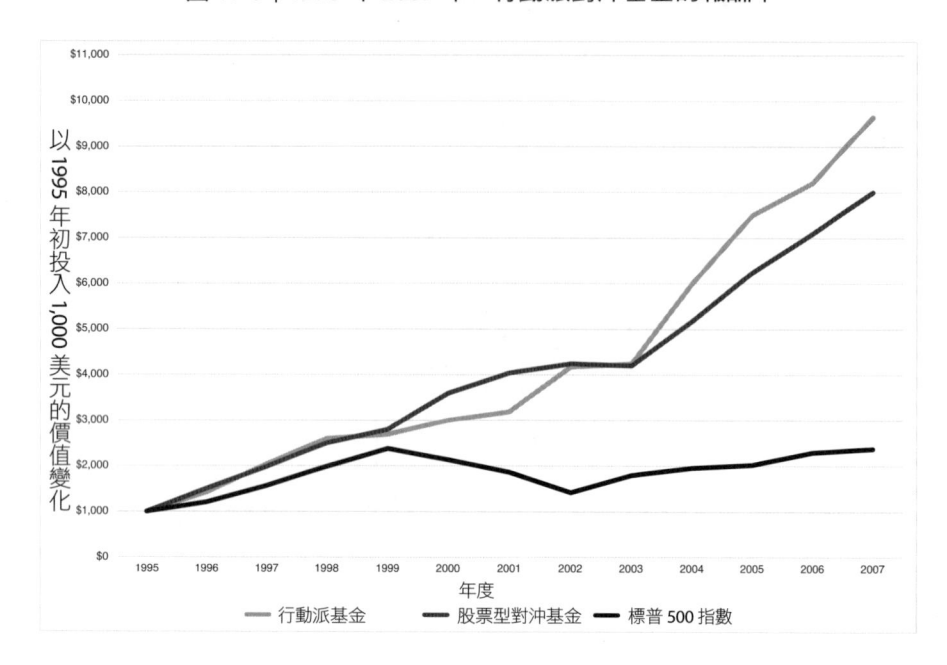

圖 17-8 | 1995 年-2007 年，行動派對沖基金的報酬率

投資行動派對沖基金的累積報酬率，優於整體對沖基金，而公開市場的報酬率則落後於這兩者。

最後要補充的是，和創投產業一樣，最頂尖的行動派投資人所賺取的報酬率高於平均，而且能穩定維持這樣的績效。

一項針對 2008 年至 2014 年間行動派投資活動的研究指出，那些因具備影響力與專業能力，並因此建立聲譽的對沖基金——特別是他們不僅能鎖定合適公司，還有足夠耐力迫使企業做出改變——在他們鎖定新標的時，對股價的影響力更大，從中獲得的報酬率也更高。

禿鷹投資

私募與行動派投資人聚焦於改變其標的公司的經營方式，而這樣的

目標也讓他們更常將目光投向成熟或正在衰退的企業。

不過，也有另一群投資人同樣被這類公司吸引，動機卻截然不同。這些投資人並不試圖改變公司如何營運或籌資，而是尋找那些在他們看來「假如清算或分拆，其價值會更高」的企業，並設法藉由推動這些行動來獲利。

什麼是禿鷹投資？

禿鷹投資（Vulture Investing）的形式多樣，但其共通特徵是：偏好投資或交易那些正處於衰退或財務困境中的公司，並相信這類投資能帶來良好的風險調整後報酬率。以下是幾種常見的禿鷹投資人類型。

1. 清算者：

在第 13 章，我對衰退和財務困難企業估值時曾指出，有些企業在由拒絕面對現實的管理階層經營下，其繼續經營價值可能低於其資產的清算價值。有些投資人看準了這種價值落差，將這些公司列為收購目標，並在收購完成後立即清算。

如果他們的初步判斷正確——也就是公司清算價值高於繼續經營價值，而且能以低於清算所得的價格收購該公司，他們就能賺取這兩者之間的價差。不過，想實現這項策略仍面臨三大挑戰。

第一，他們對「繼續經營價值低於清算價值」的初步判斷可能是錯的。第二，即便判斷正確，在收購過程中也可能因推高股價而吃掉全部的潛在利潤。第三，清算作業既費時又費錢，如果清算延遲太久，或為求變現而接受過大的折價，也可能會讓原本的超額報酬化為烏有。

2. 分拆專家：

分拆專家的出發點和清算者一樣——也就是認為這些標的公司不應該繼續作為經營中企業存在——但他們的目標不是清算資產，而是將公司分拆、拆解或分割，使其轉為多個較小的單位，各自繼續營運。

這種做法要能成功，不只仰賴是否鎖定了正確的公司，還需要精準判斷應該採取哪種分割方式：是分拆（spin-off）、分立（split-off）[8]還是資產剝離（divestiture）。

3. 交易者：

這群禿鷹投資人包括那些人——他們認為即使衰退企業前景黯淡，在企業進入衰退或財務困境期間，仍有機會透過交易來獲利。在某些情況下，這種獲利來自對破產法律程序與相關企業重整流程的理解，並能夠搶先市場反應，根據這些發展提前布局，不論是股票還是債券交易。

在其他情況下，則是透過判斷衰退企業所發行的不同證券之間的相對錯價來獲利。比如，如果一家衰退企業同時流通著股票、債券與可轉換公司債，你或許可以評估這些證券的定價，針對被低估者建立多頭部位、對被高估者建立空頭部位，從而建立近乎無風險的交易策略。

禿鷹投資的趨勢

如果要衡量有多少投資人走的是清算這條路，可以從檢視所有企業清算案件開始，但其中有許多是破產導致的被動清算，並由法院主導清算的時機與程序。

真正構成清算投資核心的，是那些自願清算的公司——也就是那些主動選擇清算資產，而非因法律訴訟或債權人壓力而被迫清算的企業。可以合理推論，這類清算的盛衰會隨著整體清算活動的多寡而波動。

8　譯注：分立（split-off）是企業分割的一種形式，母公司讓部分股東選擇交回原公司的股份，換取新分立公司的股份，該部分股東將不再持有母公司股份，達成公司分拆與股東結構重整。這與「分拆」（spin-off）不同，分拆是將新公司股份按比例分配給所有原股東。

至於分拆與股權置換，相關統計資料較為明確，圖 17-9 中整理了從 2008 年至 2021 年間，各年度的企業分拆數量。

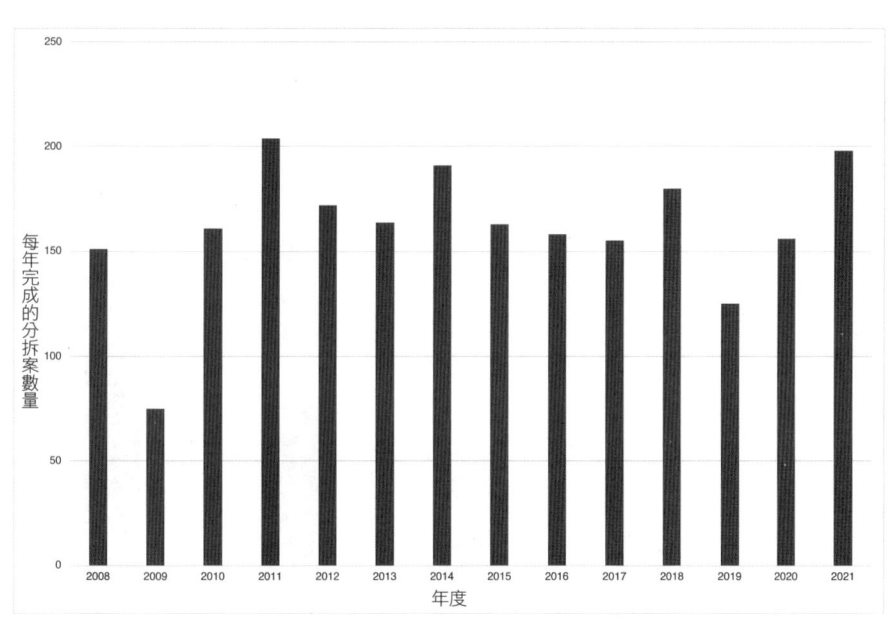

圖 17-9 ｜ 2008 年-2021 年，全球企業分拆數量（按年度統計）

近年參與分拆的企業名單中，不乏高知名度公司，其分拆動機各不相同。

有些公司，例如奧馳亞集團（Altria Group）將旗下食品部門（卡夫亨氏）分拆，是出於對某一事業（菸草）可能牽連另一事業的顧慮。另一些公司，例如惠普（HP），則是在面臨成長與獲利挑戰之際，試圖重拾成長的途徑。還有部分公司，例如戴爾（Dell），則是希望藉由分拆事業（此例中為雲端運算公司威睿 VMware），讓該業務能獲得投資人更高的估值。

在交易方面,投資人會買進或放空陷入財務困境公司所發行的債務與股票,這類證券的市場——尤其是債券市場——在過去幾年間大幅成長。除了原本就處於困境的公司債券之外,新發行的高收益債也補充了市場供給。圖 17-10 呈現了各年度低評等公司債的不同構成項目。

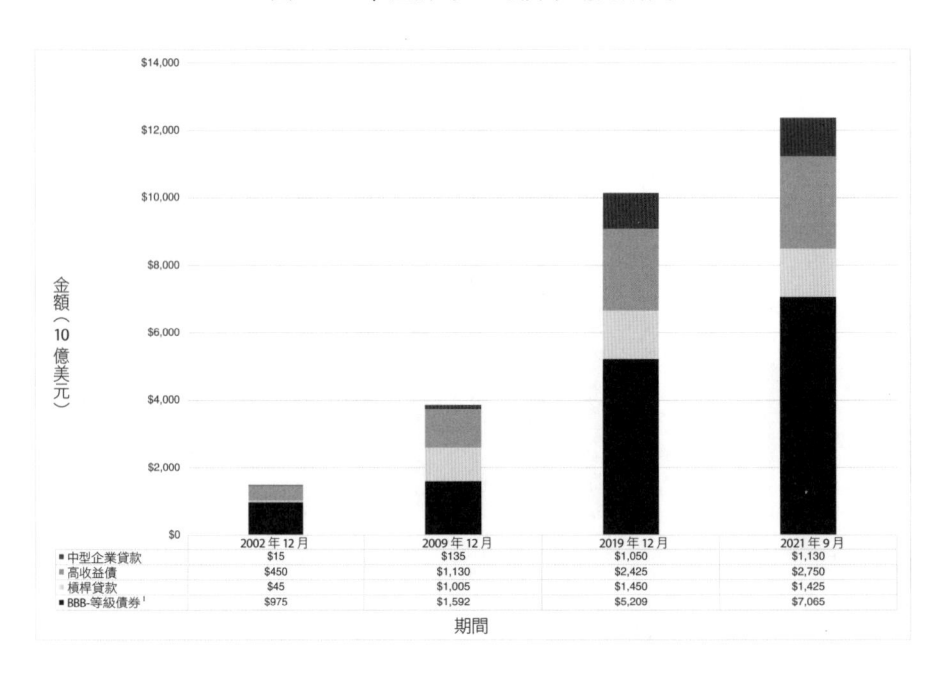

圖 17-10｜低評等公司債市場的成長

期間	2002 年 12 月	2009 年 12 月	2019 年 12 月	2021 年 9 月
中型企業貸款	$15	$135	$1,050	$1,130
高收益債	$450	$1,130	$2,425	$2,750
槓桿貸款	$45	$1,005	$1,450	$1,425
BBB-等級債券	$975	$1,592	$5,209	$7,065

金額(10 億美元)

由於不良債券的潛在交易市場持續擴大,專門投資於該市場的基金規模也隨之成長。圖 17-11 總結了 2000 年至 2020 年間,不良債券基金的

9　譯注:債券信用評等達 BBB-級(含)以上,屬於投資等級債券;低於 BBB-級者則被歸類為非投資等級債券(又稱高收益債券),其風險與收益水準通常較高。

資產管理規模（assets under management，簡稱 AUM）。

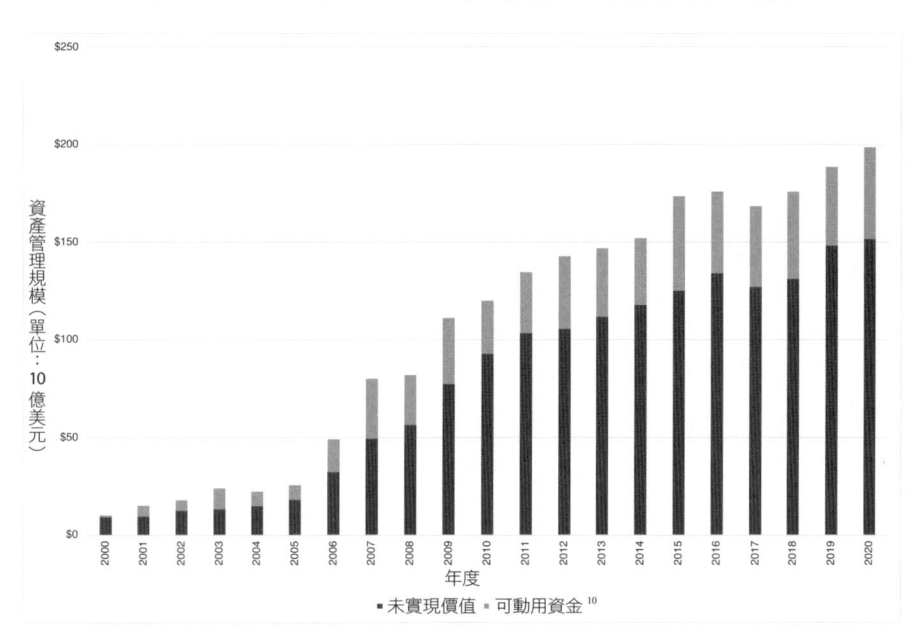

圖 17-11 ｜ 2000 年-2020 年，不良債券基金的資產管理規模

總結來說，無論是哪一種形式的禿鷹投資，在過去 10 年皆呈現成長趨勢，但參與者的背景多元，所追求的最終目標也各不相同。

獲利的方法

按照企業生命週期的順序，我曾提到，投資新創與非常年輕企業的過程很少是被動的，創投投資人除了提供資金之外，還必須在企業努力

---

10 譯注：可動用資金（Dry Powder），指已募集但尚未投入投資、可隨時部署的資金，通常保留用於等待更具吸引力的投資機會，或因應市場波動時的資金調度需求。

建立可行商業模式的過程中，提供支持與建議。

隨著企業生命週期推進，越來越多公司成為上市公司，投資便能變得較為被動，例如找出被低估的股票，買進並長期持有。

然而，在企業進入衰退階段時，這些投資策略又再次變得更具行動性，因為無論是私募基金希望在營運或資金結構上推動的改變，還是「禿鷹」投資人的清算與分拆，如果投資人不主動行使其影響力，這些改變將難以實現。

・清算（自願）

如果你的最終目標是清算一家企業，理由是你認為其清算價值高於繼續經營的價值，那麼在你取得這家公司控制權之後，就需要依照特定的步驟進行。首先，必須由董事會同意清算；一旦獲得同意，就會指派一位清算人。清算人通常具有代表公司的合法權力，負責在市場上出售資產，換取現金或等價物。

資產變現後，清算人會依照債務的清償優先順序分配，從最優先的債務開始償還，其次是次級債和夾層融資[11]，剩餘的現金則歸屬於權益投資人。

要從這個策略中獲利，關鍵在於依序掌握以下幾點。

第一，在你收購標的公司時，必須確保你的出價不會高於其清算價值——這雖然是顯而易見的前提，但在實務上往往難以達成。

第二，與清算相關的各項成本，包括為了加快資產變現可能需讓出

11　譯注：夾層融資（mezzanine financing）是一種介於債務與權益之間的混合型融資工具，常見於槓桿收購（LBO）等交易中。它通常由私募資金提供，可採取無擔保債務形式，也可能是具備特定優先權的股權工具（比如優先股），在清償順序上優先於普通股，但低於傳統債務。

的折扣,以及應繳稅負,都必須有效控制,才能留下足夠的超額利潤。

最後,當標的公司的資產本身流動性較高,且其市場價值遠低於資產的清算價值時,清算型投資成功的機率也會相對提高。

・分拆與分割

針對衰退企業,投資人採取的另一種行動,是推動公司將部分或大部分業務單位分拆出去,或是將整家公司拆分為數個部分,期待這些行動能揭示被低估的隱藏價值。

為了釐清「分拆」(spin-off)、「股權置換」(split-off)與「公司分割」(split-up)三者之間的選擇,我將說明它們的共同之處,以及彼此之間的差異:

1. **分拆**:在分拆中,母公司會將其業務的一部分(例如某個子公司或特定地區業務)獨立出來,設立一間具備獨立治理架構的新公司。母公司的股東會按其原持股比例,獲得該分拆公司相對應的股份。
2. **股權置換**:股權置換在程序上與分拆類似,都是母公司將其部分業務(例如子公司、特定區域業務等)獨立出去,成立一間擁有該業務的獨立公司。不過,母公司的股東會被賦予選擇權,可以將他們所持有的母公司股份交換為新成立子公司的股份,或者選擇繼續持有母公司的股份。
3. **公司分割**:在公司分割中,母公司會被拆分為兩家或更多的新公司,原本的母公司隨之清算,其股東則會獲得這些新成立公司的股份。

簡單來說,分拆、股權置換公司分割三者之間最顯著的差異,在於交易完成後母公司股東所擁有的股權結構,以及這些交易所引發的稅務影響。

透過分拆、股權置換或公司分割將一家公司拆分，其所帶來的好處可能涵蓋多個層面：

1. **市場錯誤：**

公司進行拆分的最基本理由，就是市場錯誤地將整體公司的價值評估得低於各個事業單位價值總和。

2. **遭牽連的部門：**

公司的某個事業部門可能背負著龐大的實際、預期，或潛在負債，這些負債嚴重到足以拖累整間公司的整體估值。這就是菸草公司將非菸草事業分拆出去的主要原因，因為面對吸菸者提起的訴訟，他們可能得支付數十億美元的賠償金。同樣地，如果一家公司擁有一家受高度監管或限制的子公司，這些規範與限制可能會波及到其他事業部門，導致整體獲利能力下降。

3. **效率的觀點：**

在 1960 和 1970 年代，基於一個假設：企業集團相較於規模較小的競爭對手，具有顯著優勢，部分公司從一開始就橫跨多種事業。然而過去 30 年的研究指出，這種樂觀其實錯得離譜——**企業集團往往比競爭對手效率更低，獲得的報酬率與利潤率也較低。**

如果一家多角化經營的公司，營運績效落後於競爭者，可能是因為管理層分身乏術，無法兼顧所有事業，或因為事業單位之間存在交叉補貼。這種情況下，將公司拆解為個別事業單位，有望提升效率、增加獲利，並提高整體企業價值。

4. **簡化的觀點：**

多角化經營的公司不僅更難管理，也更難估值。像是奇異與聯合技術（United Technologies）這類公司，旗下各事業單位在風險、現金流與成長性方面往往差異極大，將這些事業整併為一個整體估值，過程會非常繁瑣。

在景氣好的時候，投資人可能會忽略估值上的複雜性，選擇信任管理階層，給予這些多角化公司較高的估值；但在景氣低迷時，投資人就不會這麼寬容，反而會懲罰這些複雜企業，並給予較低的估值。如果將這些公司拆解為較容易估值的小型單位，可能會讓投資人願意付出更高的價格，尤其是在面臨「市場危機」的情況下。

5. **稅務考量：**

當稅法制度變得複雜時，企業有時可以透過拆分公司來降低稅負。舉例來說，假設美國政府規定，美國企業在全球任何地區所賺取的所有收入，都必須依其產生當年度的美國公司稅率課稅（而不是依照現行法規，僅對匯回美國的利潤課稅）。像是奇異與可口可樂這類有大量海外收入，且當地稅率較低的跨國企業，便可能透過拆分公司為獨立的美國本土實體與國際事業單位，並讓這些新公司擁有不同的股東、經理人與公司治理架構，藉此達到節稅目的。

另一方面，公司拆分也會產生一些成本：

1. **失去規模經濟的好處：**

把多個事業整合為一家更大的公司，往往能產生成本節約的效果。例如，一群消費性產品事業若整併為單一單位，就能共享廣告與通路成本。如果把這些事業分拆，這類成本節省的效果就會消失。

2. **取得資金的管道減少（而且成本提高）：**

在外部資本市場（股票或債券市場）尚未成熟或處於壓力之下時，將多個事業整合成一家綜合企業，可以改善資金的取得。來自現金充裕事業單位的多餘現金流，可用來支應現金不足單位的再投資需求。

3. **失去綜效：**

在某些多角化經營的企業中，各個事業單位之間能夠互相帶動、相輔相成，使整體的價值大於各部分價值的總和。將公司拆分後，這類綜

效可能隨之消失。

總之,是否該將公司拆分成多個單位,取決於這樣做的正面效益是否足以超過其帶來的負面影響。

- **失去償債能力與破產**

若要建立以失去償債能力與破產為核心的投資策略,你必須了解企業陷入財務困境的事件流程,如圖 17-12 所示。

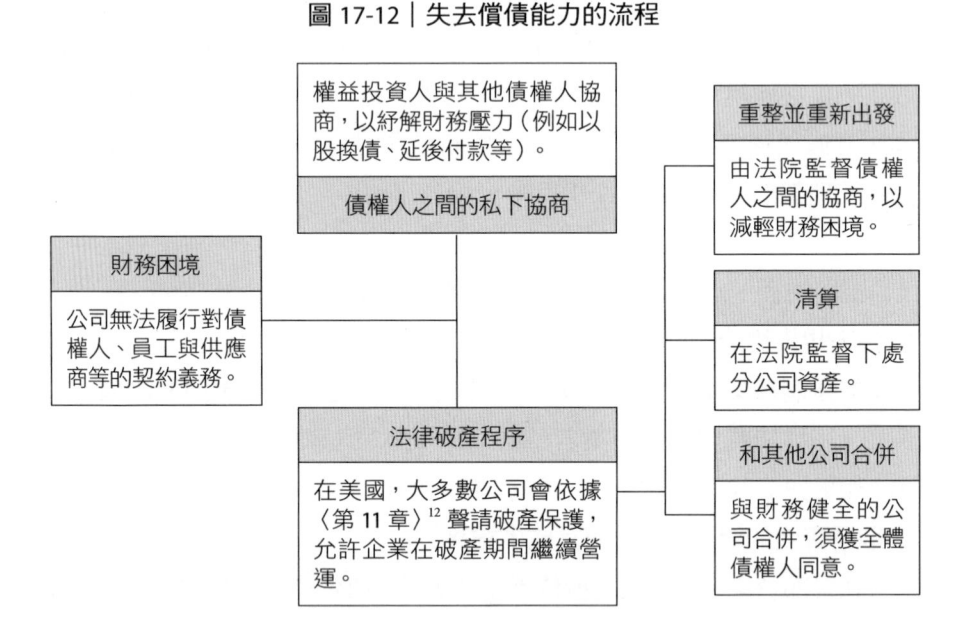

圖 17-12｜失去償債能力的流程

```
                    ┌──────────────────────┐
                    │ 權益投資人與其他債權人協 │
                    │ 商,以紓解財務壓力(例如以│
                    │ 股換債、延後付款等)。   │
                    ├──────────────────────┤        ┌──────────────┐
                    │  債權人之間的私下協商    │        │ 重整並重新出發 │
                    └──────────┬───────────┘        ├──────────────┤
                               │                     │ 由法院監督債權 │
┌──────────────┐              │                     │ 人之間的協商,以│
│  財務困境     │              │                     │ 減輕財務困境。 │
├──────────────┤              │                     └──────────────┘
│ 公司無法履行對債│              │                     ┌──────────────┐
│ 權人、員工與供應├──────────────┤                     │    清算       │
│ 商等的契約義務。│              │                     ├──────────────┤
└──────────────┘              │                     │ 在法院監督下處 │
                               │                     │ 分公司資產。   │
                    ┌──────────┴───────────┐         └──────────────┘
                    │     法律破產程序       │         ┌──────────────┐
                    ├──────────────────────┤         │ 和其他公司合併 │
                    │ 在美國,大多數公司會依據 │         ├──────────────┤
                    │〈第 11 章〉[12] 聲請破產保護,│      │ 與財務健全的公 │
                    │ 允許企業在破產期間繼續營 │         │ 司合併,須獲全體│
                    │ 運。                  │         │ 債權人同意。   │
                    └──────────────────────┘         └──────────────┘
```

---

12 譯注:此處指《美國破產法》第 11 章(Chapter 11 of the U.S. Bankruptcy Code),是美國企業破產重整中最常使用的一種法定程序。

對陷入財務困境的公司來說，最不痛苦的路徑，是在沒有法院介入的情況下，透過財務重整（financial restructuring）來解決問題，無論是透過私下協商（private workout），或是作為一家上市公司重整。

如果重整未能奏效，公司就必須依據《美國破產法》（U.S. Bankruptcy Code）聲請破產，可能是根據〈第 7 章〉（Chapter 7，須停止營運）或〈第 11 章〉（Chapter 11，可繼續營運，享有法律保護但需受法院監督）。

雖然〈第 7 章〉之後通常會進入清算程序，但如果公司是根據〈第 11 章〉聲請破產，則有三種可能的出場策略：

1. 清算：

破產程序下的清算，在結構上與自願清算類似，但存在兩個潛在的重要差異。第一，清算人由破產法庭指派，並向法院負責，而非由董事會或權益投資人任命。第二，由法院主導的清算往往成本更高，清算成本對清償所得的侵蝕程度也更大。

2. 重組：

在聲請破產之後，公司各類請求權人可能會嘗試重整其請求權，以紓解財務困境，否則就必須面對法院主導的清算壓力。任何提出的重整計畫，都須經由債權人、債券持有人與股東表決通過，並獲得法院認可。最終，即使表決未通過，只要法院認定該計畫對債權人與股東具有公平性，也可逕自批准。

3. 合併：

雖然僅適用於部分情況，第三種選項是與一家財務穩健的公司合併，藉此緩解原公司已經出現或即將面臨的財務困境，並促使其脫離破產程序。

在這樣的架構下，投資人有四種可能的途徑可以用來創造超額報

酬：

1. **恢復營運：**

　　對失去償債能力的公司來說，最無痛的擺脫破產方式，是重新恢復營運獲利、甚至重拾成長動能。在某些情況下，這樣的復甦可能來自整體經濟好轉，或產業的景氣循環；在另一些情況，則可能來自公司自身的改革，成功扭轉營運表現。如果投資人預期該公司營運將回溫，而這項預測正確，無論持有的是其債券或股票，都將從中獲利。

2. **清算／合併價值：**

　　如果營運復甦已無可能，投資人仍可能從失去償債能力的公司中獲利，例如當清算所得遠高於原先預期，或有潛在買家願意支付溢價收購該公司。

3. **在重組中獨賺：**

　　無論是私下協商或法院監督下的重組，債權都會被重新安排，其中部分請求權人將以犧牲他人為代價而受益。如果你本身是請求權人，並能設法成為重組中的受益者，就有機會從你的請求權中獲利。

4. **市場錯誤定價：**

　　當公司根據〈第 11 章〉聲請破產時，它在市場上發行的證券仍可持續交易，投資人對這些證券所給予的價格，反映的是他們對公司未來財務困境如何發展的預期。

　　如果市場在價格判斷上出現錯誤，交易者便可藉此套利，例如買進被低估的證券，或放空被高估的證券。在某些情況下，交易者甚至能鎖定這些錯誤定價，實現保證獲利，也就是所謂的套利行為。

禿鷹投資的報酬

　　隨著越來越多人開始關注對衰退與失去償債能力企業的投資，投入這類市場的基金數量也逐漸增加，因此我們有必要探問：這類投資人的

報酬率究竟是優於市場、與市場持平,還是落後於市場?

針對這個問題的研究大致可分為兩類:第一類是分析公司在宣布或實施清算與分拆等事件前後,其股價的表現;第二類則是檢視專注投資於失去償債能力企業的投資人,實際獲得的報酬率。

以第一類研究為例,這類研究會追蹤並記錄股價對事件的反應,例如圖 17-13 所示的案例,研究人員分析的是公司在 2010 年至 2016 年間實施分拆時,股價如何反應。

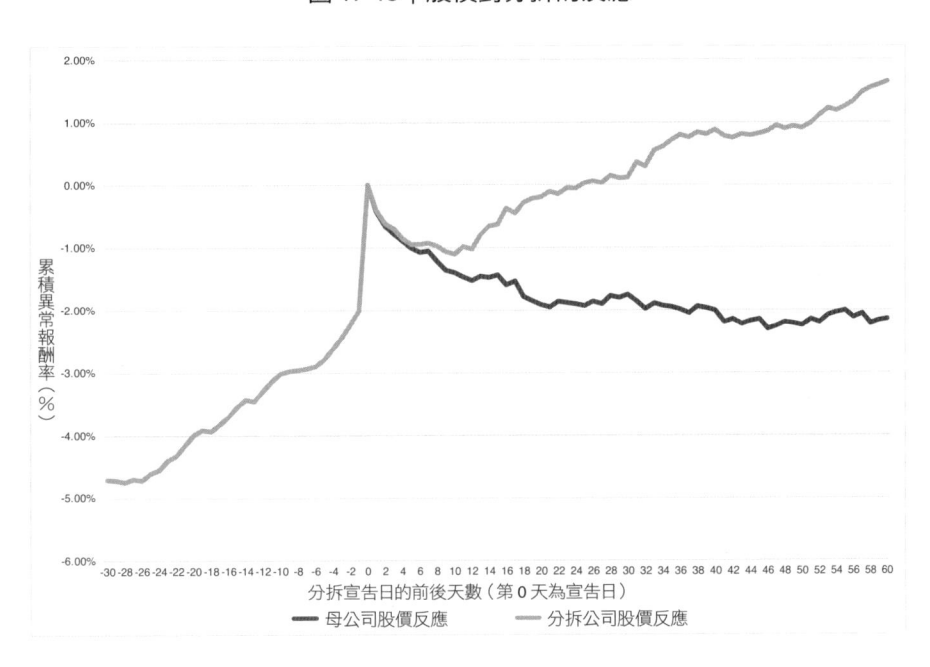

圖 17-13｜股價對分拆的反應

結果好壞參半,分拆出去的公司股價上漲,但母公司股價下跌,讓母公司的股東雖然獲得分拆公司的股份,整體卻只是打平而已。

另一個例子則來自一份研究,探討失去償債能力企業在開始陷入財務困境後,其股票與債券價格的表現,如圖 17-14 所示。

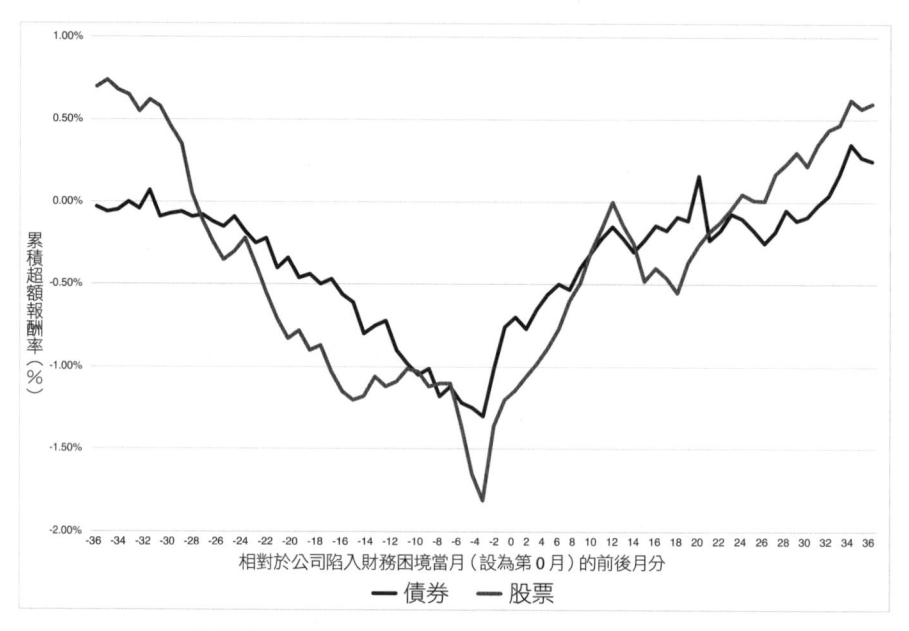

圖 17-14 ｜ 股票與債券價格：財務困境初現時的表現

資料來源：Avramov, Chordia, Jostova 與 Philipov (2022)

　　令人毫不意外的是，陷入最嚴重財務困境的企業，其股票與債券價格通常會在困境出現之前就開始下跌，但之後也會反彈，報酬率幾乎追上那些財務狀況最穩健企業的表現。對長期投資人來說，這或許無關痛癢，但對於能精準掌握進出時機的交易者而言，這提供了獲利的機會基礎。

　　第二類研究則著眼於專注投資財務困境企業的投資人，觀察他們相較於整體市場，以及投資財務健全企業的投資人，能否創造更高報酬。

　　圖 17-15 中比較了專門投資於困境債務的對沖基金，在不同時期所產生的報酬率，並與公司債對沖基金與股票對沖基金的報酬率對照。

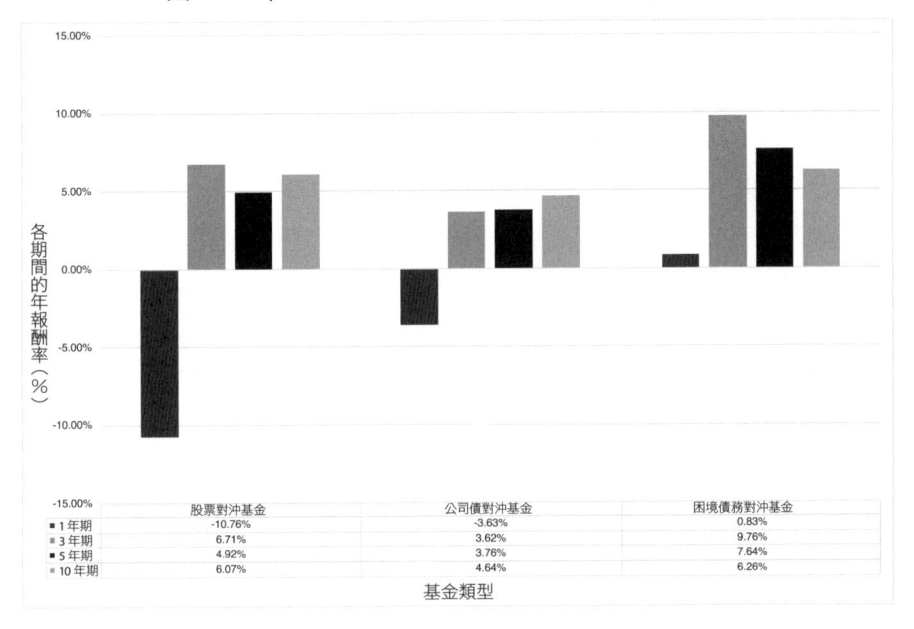

圖 17-15 | 2012 年-2022 年，投資困境企業的報酬率

基金類型	股票對沖基金	公司債對沖基金	困境債務對沖基金
1 年期	-10.76%	-3.63%	0.83%
3 年期	6.71%	3.62%	9.76%
5 年期	4.92%	3.76%	7.64%
10 年期	6.07%	4.64%	6.26%

你可以看見，結果顯示，至少就平均而言，投資失去償債能力公司債務的對沖基金，績效優於股票對沖基金與公司債對沖基金，儘管隨著觀察期間拉長，這項優勢會逐漸縮小。

結論：化廢墟為價值的方法

衰退中的企業，尤其是陷入財務困境的衰退企業，看起來或許不具吸引力，但對某些投資人來說，依然可能是值得投資的標的。

在本章中，我探討了活躍於這個領域的投資人，首先是私募股權基金，他們會瞄準價格低廉但需要整頓的公司，將其收購、整頓，然後再次公開上市。另一類非常相似的角色是行動派投資人，他們會買入這些公

司的股份，對管理階層施加壓力，要求改變公司的經營方式。

對於這兩類投資人，我都提供了證據，顯示整體而言，他們確實能賺取超額報酬，但這些報酬隨時間遞減，且通常只有這些投資人群體中一小部分頂尖成員能夠真正獲利。在本章的第二部分，我聚焦那些雖然同樣鎖定衰退與財務困境企業、但最終目標不同的投資人。

首先是清算者，他們的目的是收購企業，因為相信企業清算後或是將各事業單位分拆變賣後的總價值，會高於公司繼續營運的價值。

最後，我也探討了陷入財務困境與破產程序的企業，以及那些試圖利用破產過程中的定價錯誤或市場摩擦來獲利的交易者。

從投資角度來看，關於這類投資人是否能賺錢的證據仍呈現好壞參半的結果，通常只有在法律領域具備優勢的一小群投資人，才能取得超額報酬，而這些企業最後也往往會進入清算程序。

第五部
企業生命週期：綜觀全局

第 18 章

管理學入門：
企業生命週期總覽

如果要提到我在檢視企業生命週期不同面向的過程中，應該要浮現在腦海中的主軸，那就是——沒有單一模式可以通用於所有企業。

在談論企業財務的幾章中，我指出，企業不僅營運重心會隨著生命週期演進而改變，它在投資、籌資與股利政策上的決策方式，也會隨之調整。

在估值的章節裡，我說明你在估值時所面臨的挑戰，會隨著估值對象從年輕企業轉向成熟、甚至衰退企業而有所不同。

而在投資相關章節中，我則探討了不同投資人如何根據自己對市場錯誤與修正機制的理解，鎖定處於生命週期不同階段的企業作為投資標的。

在本章，我將探討企業在生命週期不同階段所面臨的管理挑戰，並主張「良好管理」的標準，會隨著企業處於年輕、成熟或衰退階段而有所不同。

我也會進一步檢視「管理錯配」（management mismatch）的情況——亦即**管理階層的能力與他們所管理的企業所需的能力並不相符**。在說明這些錯配發生的可能原因之後，我將深入探討一個公司治理的核心問題：這樣的錯配能否被修正？如果可以，又該如何著手修正？

橫跨生命週期階段的管理

在本節中，我將從探討企業高階管理階層（特別是執行長）所扮演的多重職能與角色開始，接著分析當公司在生命週期中演進時，這些職能與角色的重要性會如何變化。

這將成為我主張的基礎：儘管外界對「卓越執行長」存在許多神話與迷思，但**其實並沒有一體適用的執行長典範**。最適合一間公司的執行長，應該反映該公司所處的獨特位置，以及它在從企業初生到衰老的整個生

命週期光譜中所處的階段。

管理者要做什麼？

　　管理者在企業裡究竟負責哪些工作？考量到創立、發展與經營一家企業所涉及的任務繁多，這份清單再冗長應該也不令人意外。不過，我會將這些管理職責概括歸類為幾個主要類別：

1. 說故事的人：

　　正如我在第 9 章所說，每一家企業都是圍繞著一個故事建立起來的，而這個故事不僅驅動企業的估值，有時甚至影響其市場定價。

　　這個故事固然根植於公司的產品與所瞄準的市場，但構思並講述這個故事給投資人、員工與消費者聽，則是高階管理者的職責。顯而易見，這項工作在企業生命週期中的重要性會隨階段而變化——在生命週期的起點與終點，這項任務尤其關鍵。

2. 企業管理者：

　　管理企業當然是高階管理者的本分，但這項職責橫跨不同階段，涵蓋的範圍十分廣泛——從為年輕企業建立商業模式，為高成長企業尋求擴張的方法，為成熟企業捍衛其既有模式，到企業進入衰退階段時，設法縮減規模、調整模式。

3. 眾人的領袖：

　　組織由人組成，這些人包括供應商、員工和顧客，而帶領這些人，正是高階管理者的責任。不過，隨著企業走過不同生命週期階段，領導的內涵也會隨之轉變。

　　企業初創階段，仍在摸索商業模式並面臨失敗風險時，領導者應以願景與方向激勵人心；當企業成長並邁向成熟階段，則應建立一套能留住員工的企業文化，對抗競爭對手的挖角；當企業進入衰退、不得不裁員與縮編時，領導者應盡可能以人性化的方式進行，力求讓企業「軟著

陸」（soft landing），不致重創整體士氣。

4. 企業的大眾形象：

無論好壞，執行長都是公司面對投資人、監管單位，和其他外部利害關係人時的大眾形象，而這個角色會隨著企業在生命週期中的階段而有明顯變化。

面對投資人時，高階管理者需為年輕企業構築願景／故事，是吸引新資金的關鍵；對成熟企業，尤其是上市公司而言，管理階層與機構投資人的互動則著重於管理預期、詮釋經營成果。至於面對監管單位與政治人物，高階管理者有時需要採取防禦立場（當公司成為監管焦點、必須回應質疑時），有時則需主動出擊，針對競爭對手發動攻勢。

5. 擬定接班計畫的人：

高階管理者的最後一項職責經常被忽略，卻可能是延長企業生命週期的關鍵——**為接班做好準備，讓新的管理團隊在交棒時刻來臨時，早已蓄勢待發**。顯而易見，隨著高階主管年齡漸長，建立接班計畫的重要性也隨之提高；而對正處於生命週期轉折點、即將邁入下一階段的企業而言，這項責任更是至關重要。

總之，雖然高階主管所扮演的角色和需履行的職責繁多，但隨著企業在生命週期中推進，應該著重的角色與職能也會隨之變化。當你試圖為一家公司尋找合適的高階主管時，能否理解隨著企業年齡增長，高階主管在當下應該發揮哪些職能，正是關鍵所在。

管理者有多重要？

商學院百年來的正規教育，一直建立在這樣的前提之上：管理者至關重要，企業能否成功，往往取決於是否擁有優秀的高階管理者。

雖然我並不否認這項基本假設，但管理得當所帶來的效果，在不同

公司之間可能有強弱差異,而這取決於四項關鍵因素:

1. **宏觀 VS.微觀:**

   如果企業的營運表現主要受到宏觀經濟因素(例如利率或大宗商品價格)變動所驅動,那麼由誰來經營這家公司,影響其實不會太大;相反地,如果企業的成敗取決於內部的特定決策,例如該生產哪些產品、如何為產品定價、應該在哪些市場銷售,那麼管理階層的影響就會大得多。

   因此,相較於大宗商品公司,管理階層對消費品公司的影響力更為關鍵,因為後者的成功高度仰賴管理決策。

2. **企業生命週期:**

   雖然有以偏概全之虞,但管理階層的重要性,在新創公司與非常年輕的企業上更為顯著,因為這些公司不僅要實現願景,還得從零開始打造事業。

   相較之下,成熟企業往往已具備強大的競爭優勢與穩健的財務體質,管理工作有時近似於「自動駕駛」。然而當企業步入衰退期,管理又會變得至關重要,因為如果管理階層對衰退抱持否認態度,或是在絕境中做出孤注一擲的決策,都可能讓股東付出極高代價。

3. **競爭優勢:**

   企業所擁有的競爭優勢,其本質也會影響管理階層的重要性。在擁有歷史悠久、根基穩固競爭優勢的企業中,管理者多半扮演的是守成的角色;而在那些必須不斷重新塑造競爭優勢的企業裡,管理的角色則更加關鍵。

   雖然我並非低估可口可樂或沙烏地阿美(Aramco)[1]管理階層所面對的挑戰,但相較之下,像好市多(Costco)這類身處高度競爭、面臨產業顛覆風險的企業,或是輝達(NVIDIA)這類必須持續探索與維持技術優勢的半導體公司,其管理挑戰更為艱鉅。

4. 轉變時刻：

當企業處於關鍵的轉變階段時，管理階層的重要性會更加突顯——例如，新創公司首次尋求創投資金、企業即將公開發行股票之前，或成熟／衰退企業即將重組之際——在這些時刻，管理階層的決策往往對成敗具有關鍵影響，而投資人對公司的反應，也常受到他們對管理階層信任程度的左右。

5. 上行潛力與下行風險：

評估企業管理階層的重要性，還有一個最後的標準——**他們所處的產業類型，其成功關鍵是掌握上行潛力，還是防範下行風險**。前者偏重於把握機會，後者則著重於風險控管。對年輕企業而言，前者通常占主導地位；但隨著企業邁向成熟，後者的重要性則會逐步上升。

總之，管理始終重要，但其重要程度因企業而異，而企業所處的生命週期階段正是關鍵影響因素之一。

卓越執行長的神話

世上究竟是否存在一套造就卓越執行長的特質？為了回答這個問題，我參考了兩個對「卓越執行長」這個概念高度關注、並投注大量時間推動此觀念的機構：一個來自學術界，另一個來自實務界。

第一個機構是哈佛商學院，在那裡，每一位進入 MBA 課程的學生都被視為準執行長，即使現實是，真正的執行長職位遠不足以容納他們的集體雄心。

1　譯注：沙烏地阿美（Saudi Aramco）是「沙烏地阿拉伯國家石油公司」的簡稱，名字源自早年有美國石油公司的入股，當時稱為「阿拉伯—美國石油公司」。

多年來，《哈佛商業評論》（*Harvard Business Review*）發表了多篇文章，探討最成功執行長所具備的特質，其中一篇發表於 2017 年的文章指出，他們普遍具備以下四項特質：迅速且堅定地做出決策；能與員工及外部世界建立具影響力的互動；積極主動地因應情勢變化；以及穩健地交付成果。

第二個機構，是顧問公司麥肯錫（McKinsey），由於有許多麥肯錫顧問後來成為客戶公司的執行長，因此有人形容它是「執行長製造廠」。在一篇文章中，麥肯錫列出了最成功執行長的心態與實踐做法，如圖 18-1 所示。

圖 18-1 ｜ 麥肯錫整理之執行長的心態與實踐做法

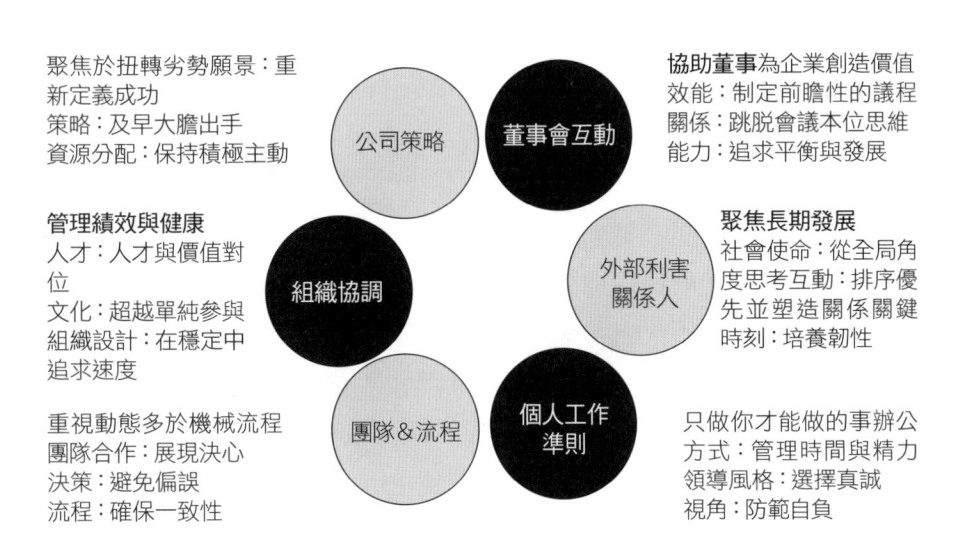

聚焦於扭轉劣勢願景：重新定義成功
策略：及早大膽出手
資源分配：保持積極主動

管理績效與健康
人才：人才與價值對位
文化：超越單純參與
組織設計：在穩定中追求速度

重視動態多於機械流程
團隊合作：展現決心
決策：避免偏誤
流程：確保一致性

公司策略 / 董事會互動 / 組織協調 / 外部利害關係人 / 團隊&流程 / 個人工作準則

協助董事為企業創造價值
效能：制定前瞻性的議程
關係：跳脫會議本位思維
能力：追求平衡與發展

聚焦長期發展
社會使命：從全局角度思考互動
排序優先並塑造關係關鍵時刻：培養韌性

只做你才能做的事辦公方式：管理時間與精力
領導風格：選擇真誠
視角：防範自負

由於這些組織在形塑大眾觀感方面具有強大影響力，我們也就不難理解，為什麼多數人會深信世上確實存在一套可套用於各家公司、描述卓越執行長的模板，而董事會在尋找新任執行長時，理應依循這個模

板。

成功執行長的相關書籍和電影，也進一步助長了這種觀點。想想華倫‧巴菲特、傑克‧威爾許（Jack Welch）和史蒂夫‧賈伯斯（Steve Jobs），三人風格迥異，卻在商業文獻與流行文化中都被神化為卓越執行長。

許多描寫巴菲特的書籍，與其說是傳記，不如說是聖徒傳，畢竟作者本身多半對他景仰不已。然而，將他奉為神明，反而對他並非好事。奇異的殞落雖讓傑克‧威爾許的光環略有褪色，但在他的巔峰時期，他被視為所有執行長應該效法的對象。

至於賈伯斯，那個創新、敢於冒險的顛覆者形象，不僅來自關於他的書籍，也來自電影對他的描繪——這些電影多半略過了他在 1980 年代首次擔任蘋果創辦人兼執行長時所經歷的崎嶇歷程。

那套適用所有公司的「卓越執行長模板」的問題在於，它經不起仔細檢視。即使你完全接受《哈佛商業評論》和麥肯錫對執行長成功的標準，也仍有四個根本性的問題或缺漏。

1. **選擇性與軼事類的證據：**

即使所有成功的執行長都具備《哈佛商業評論》與麥肯錫文章中列出的那些特質，也不代表所有、甚至大多數具備這些特質的人，都能成為成功的執行長。那麼，是否有某個關鍵因素，讓其中一部分人得以脫穎而出？如果有，那是什麼？這當中顯然存在選擇性偏誤，而在這個偏誤未被釐清之前，那套模板就難以令人信服。

2. **全是正面特質：**

我覺得奇怪的是，成功執行長的特質清單上竟然沒有列出任何值得質疑的特質，尤其已有證據顯示，「過度自信」似乎是執行長普遍具備的特質，而正是這份過度自信，讓他們得以果斷行動，並採取長期視角。

當這些賭注——往往是在機率極不利的情況下押下的——成功奏效

時,決策者會被視為成功人士;但當結果不如預期,他們的決策就會被打入失敗的歷史灰燼。簡而言之,或許真正最能把成功執行長的各種特質連結在一起的,正是運氣——而這恰恰是哈佛商學院與麥肯錫無法教授或傳承的東西。

3. **規則中的例外:**

顯然有些成功的執行長不僅不具備清單上列出的許多特質,甚至還展現出相反的特質。假如你認為特斯拉的執行長伊隆・馬斯克(Elon Musk)與賽富時(Salesforce)的執行長馬克・貝尼奧夫(Marc Benioff)是卓越執行長,那麼他們究竟具備多少符合《哈佛商業評論》與麥肯錫標準的特質?

4. **有缺憾的成功:**

最後,即使那些被雜誌報導為成功典範的執行長,在人生中也都曾面對失敗,或是在事後回顧中,看著自己留下的功績遭人質疑。

賈伯斯在蘋果的第一次執行長任期就以失敗告終——他在設計上的傲慢,以及拒絕承認錯誤的固執,幾乎讓公司走向破產——直到他第二次回鍋擔任執行長,才上演了一場傳奇性的逆轉。傑克・威爾許在奇異的成功,雖然在他任內廣受讚譽,但也為他離職後幾年公司接連的失敗埋下了伏筆,使得人們事後開始重新審視他的執掌期間。

雖然對管理學者與顧問來說,推銷「卓越執行長」這種單一模型或許有其目的,但現實要複雜得多。事實上,成功的執行長之間幾乎沒有什麼共通點,他們的背景與風格各式各樣,就連最成功的執行長,也都有其缺點與失敗經歷。

最合適的執行長:透過企業生命週期觀點

我認為,關於「什麼造就卓越執行長」的討論之所以有誤,原因其實

很簡單：沒有一套放諸四海皆準、適用於所有企業的卓越執行長模板。要理解其中的道理，有個方法是：觀察企業在歷經生命週期各階段──從初創（出生）、邁入成熟（中年），直到進入衰退（老年）──在經營管理上所面對的挑戰如何轉變。

在生命週期的每一個階段，企業的經營重點會發生變化，而高階管理者在這些階段中為了帶來成功所需具備的特質，也會隨之不同。在企業生命週期的早期階段，當公司仍在努力尋找一個能回應未被滿足需求的商業構想時，所需要的，是一位具備願景的執行長──能夠跳脫框架思考，並有能力讓員工與投資人投入並追隨他的願景。

歷史經驗顯示，在將一個商業構想轉化為具體產品或服務的過程中，務實往往勝過純粹的願景，因為要把一家以構想為主的公司轉變為真正的事業，就必須在設計、製造與行銷上做出妥協。

隨著公司所提供的產品／服務逐漸成形，「打造事業的能力」會成為核心重點──必須設立生產設施，建構供應鏈──這些都是事業成功的關鍵，儘管明顯不如推銷願景那樣令人振奮。

一旦最初的構想已轉化為商業上的成功，接下來為了持續擴大規模，可能需要延伸現有的產品線，或拓展至新的地理市場。在這個階段，一位具備機會主義思維、反應迅速的執行長，將能發揮關鍵作用。

當企業步入中年後期，當務之急將從開拓新市場，轉為守住既有市占率。我將這個階段稱為企業的「壕溝戰」（trench warfare）時期，在這個階段，執行長的首要任務是鞏固護城河，而不是開發新產品。

對一家公司而言，最困難的階段是衰退，因為企業將進入解構過程，出售或關閉其各個組成部門。負責這個過程的人，注定只能帶來痛苦，還必須面對伴隨而來的負面輿論。

我在圖 18-2 中整理出企業在不同生命週期階段的樣貌，包含各階段達成經營與管理成功的關鍵，以及最適合該階段的執行長類型。

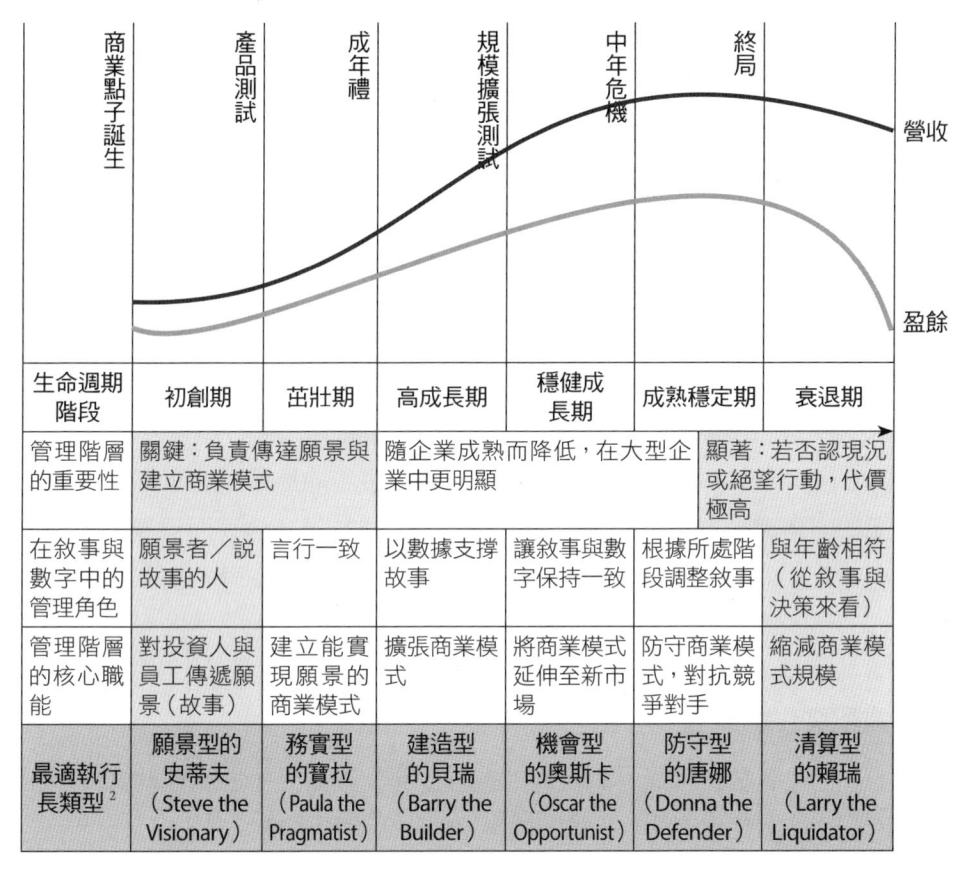

圖 18-2｜適合企業的執行長——橫跨企業生命週期

生命週期階段	初創期	茁壯期	高成長期	穩健成長期	成熟穩定期	衰退期
管理階層的重要性	關鍵：負責傳達願景與建立商業模式		隨企業成熟而降低，在大型企業中更明顯		顯著：若否認現況或絕望行動，代價極高	
在敘事與數字中的管理角色	願景者／說故事的人	言行一致	以數據支撐故事	讓敘事與數字保持一致	根據所處階段調整敘事	與年齡相符（從敘事與決策來看）
管理階層的核心職能	對投資人與員工傳遞願景（故事）	建立能實現願景的商業模式	擴張商業模式	將商業模式延伸至新市場	防守商業模式，對抗競爭對手	縮減商業模式規模
最適執行長類型[2]	願景型的史帝夫（Steve the Visionary）	務實型的寶拉（Paula the Pragmatist）	建造型的貝瑞（Barry the Builder）	機會型的奧斯卡（Oscar the Opportunist）	防守型的唐娜（Donna the Defender）	清算型的賴瑞（Larry the Liquidator）

企業生命週期階段（由左至右）：商業點子誕生、產品測試、成年禮、規模擴張測試、中年危機、終局。曲線：營收、盈餘。

一位在年輕企業中表現卓越的執行長，擅長塑造公司故事，並藉此

2　譯注：圖中所列的「願景型的史帝夫」、「務實型的寶拉」、「建造型的貝瑞」等名稱，並非指特定真實人物，而是作者用來代表不同領導風格的象徵性代稱。這些名稱運用了英文字首押韻（比如 Steve the Visionary）的修辭方式，目的是幫助讀者記憶與理解每一類型執行長在企業生命週期中的定位與角色特質。

說服投資人願意承擔風險、投入資金，同時激勵員工追隨其願景——但這樣的能力，到了成熟企業反而可能不再適用。因為在成熟企業中，成功的執行長所需的能力，往往來自於保護既有競爭優勢，以及對抗競爭對手與監管機構的防守策略。

管理階層與企業錯配

如果一家公司最合適的管理方式，應當能反映其價值驅動因素與所處的企業生命週期階段，那麼就有理由相信，即使某個管理團隊廣受好評，仍可能出現管理階層與企業本身不相匹配的情況。

在本節中，我將先探討導致這類錯配發生的原因，接著分析這些錯配如何隨著企業（與執行長）年齡增長與成為上市公司而浮現，以及這些錯配對持續維持私有、和／或屬於家族企業的公司，會造成哪些影響。

錯配發生的原因

管理者是否可能具備足夠的能力，卻仍與他們所要管理的公司不相匹配？答案是肯定的。造成這類錯配的原因有很多種：

1. **管理階層及／或公司老化：**

企業跟管理者都會隨時間老化，而在這個過程中，他們也會發生改變。對企業而言，正如我先前所提，當企業從新創邁向成長與成熟階段，經營重心也會從建立商業模式，轉為鞏固商業模式，風險承擔程度也會逐漸降低。

對高階管理者來說，年齡增長也會帶來自身的變化。研究顯示，隨著年齡增長，管理者通常較不傾向（或較無意願）承擔風險，或投入可能削弱現有產品的創新。

在少數情況下，如果執行長與企業能以相同步調改變，那麼即使公司從新創走到衰退，也可能由同一組管理團隊持續領導，且不會降低效率。但更常見的情況是，企業與管理者的老化速度與風險偏好改變步調不一致，因而產生錯配。

有一項研究進一步佐證這個觀點：該研究探討企業價值與執行長任期之間的關聯性，發現當執行長任期較長時，企業價值平均會在前 10 年逐步上升，約在第 12 年達到高峰，之後則開始下滑。

2. **企業變動，管理停滯：**

更微妙的情況，是企業在某一時點與執行長高度匹配、合作無間，但隨著企業在生命週期中演變，執行長卻未能隨之調整。

企業生命週期的推進，可能來自內部結構的轉變，例如商業模式的演化；也可能源自外部力量對整體產業的衝擊，使一家原本成熟且可預測的企業，變成高風險、逐步衰退的事業。

雅虎（Yahoo!）是其中一個明顯的例子，這家早期搜尋引擎的先驅，其創辦人楊致遠（Jerry Yang）與大衛・費羅（David Filo），曾被讚譽為極具遠見的成功人物，卻在 10 年間隨著谷歌（Google）顛覆產業而淪為被視為失敗的象徵。

類似情況也出現在本世紀初的眾多實體零售業者身上——這些公司擁有根基穩固、聲譽良好的管理者，但當亞馬遜（Amazon）徹底改變零售產業時，它們卻陷入困境，無所適從。

3. **雇用錯誤：**

在為即將卸任的高階管理者尋找接班人時，董事會往往會尋找他們認為能妥善領導公司的主管，但這當中也可能出現誤判——如果董事會聘用了一位曾在其他公司擔任執行長且表現出色的人選，但那家公司所處的生命週期階段與本公司截然不同，就有可能導致錯配。

我認為 Uber 在 2017 年沒有聘用傑夫・伊梅特（Jeff Immelt）擔任執

行長的決定，進而成功避開了一場災難。即使你認為他先前在奇異擔任執行長期間的表現值得肯定——這一點本身就有爭議——他仍不是 Uber 執行長的合適人選。因為無論從哪個層面來看，Uber 和奇異都是兩家截然不同的公司，不僅僅是因為企業年齡不同而已。

4. **重生豪賭：**

在某些情況下，董事會會刻意任用一位與公司錯配的執行長，期待這位執行長的特質能夠轉化企業體質。這類情況常見於成熟或衰退中的公司，希望透過延攬一位具備願景的執行長，讓企業得以「重生成長型公司」。

雖然這種想要重拾青春的衝動可以理解，但這場賭注成功的機率不高，最終常常讓執行長聲譽受損、公司處境更加惡化。這正是雅虎在 2012 年延攬瑪麗莎・梅爾（Marissa Mayer）出任執行長的背景，當時董事會希望她能將在 Google 的成功經驗帶入雅虎，然而這場實驗對雅虎與梅爾女士而言，最終都以失敗告終。

無論情況為何，執行長與公司之間的錯配始終是個問題，只是其後果可能輕微，也可能嚴重，如圖 18-3 所示。

圖 18-3｜企業／執行長錯配與對企業價值的影響

CEO 與公司錯配：可能後果		
良性情境	**中度情境**	**惡性情境**
錯配的執行長意識到不適任，並尋求一位合夥人或共同執行長來補位。	錯配的執行長雖然最終被替換，但是在造成損害之後才被撤換，延遲處理導致損害擴大。	錯配的執行長未被約束或質疑，持續採取具有破壞性的行動。

←─────── 對企業價值的影響 ───────→

輕微甚至無影響　　　　　　　　　　　　嚴重甚至災難性影響

在影響最輕微的情況下，錯配的執行長能察覺自身與公司的不適任之處，放下自我，並找來一位具備公司所需能力的夥伴或共同執行長來補位、互補長短。

在我看來，賈伯斯兩次擔任蘋果執行長的最大差異，在於他第二次回鍋時選擇提姆·庫克（Tim Cook）擔任營運長，並願意將營運權限下放。在第一次任期中，他讓自己的願景無拘無束，幾乎毀了整個蘋果；而在第二次任期中，則帶領公司完成了史上最令人驚艷的企業轉型。

簡而言之，賈伯斯持續發揮他的願景能力，而庫克則確保這些願景能真正化為具體產品落地實現。在影響最嚴重的情況下，嚴重錯配的執行長之所以能牢牢把持職位，可能是因為董事會已形同橡皮圖章[3]，也可能是因為投票規則（例如具備不同投票權的股份）使現任者穩固權位，使得他們能無人制衡地持續採取破壞性的經營作法，最終導致公司走向崩潰。

至於影響程度介於兩者之間的情況，則可能是在激進投資人與大量股東的施壓下，董事會最終做出撤換執行長的決定——但這樣的改變通常是在企業已遭受一定、甚至相當程度的損害之後才發生。

錯配的類型

當你回顧企業與管理階層錯配的各種成因時，就不難理解，為什麼這類錯配可能發生在企業生命週期的每一個階段——從年輕到衰退——以及各種類型的公司中，無論是私有企業、家族企業，還是上市公司。

---

[3] 譯注：橡皮圖章（Rubber stamp）通常用來形容某些在法理上擁有決策權的人或機構，實際上卻僅在形式上行使職權，對提交的提案缺乏實質審查或否決能力，僅扮演象徵性批准的角色，以維持程序上的合法性與形式正當性。

• **橫跨生命週期階段**

　　在企業生命週期的每一個階段，都可能出現高階管理者無力因應所面對挑戰的情況。而能夠及早察覺這些潛在問題，將有助於他們更有效地處理隨之而來的錯配。

1. **新創與年輕企業**：對新創和年輕企業來說，錯配情況相當常見，因為無論是創辦人／管理者，或是企業本身，通常都**缺乏足夠的歷史紀錄**，難以驗證彼此是否合適、是否具備長期成功的基礎。

• **純粹主義創辦人：**

　　第一種常見的錯配情況，發生在新創企業由一位純粹主義的創辦人領導時，這類創辦人拒絕改變或調整原先規劃的產品或服務，以因應市場或商業需求。在科技公司中，這類問題有時源自創辦人本身具有技術背景，他們的目標變成打造「完美」的軟體或硬體產品，而非「夠好」的產品——那種能滿足顧客需求、也更容易圍繞其建立商業模式的產品。

• **控制執念的創辦人：**

　　新創和年輕企業需要現金流，才能將商業構想轉化為產品，並進一步建立商業模式，但他們往往缺乏舉債能力。因此，成功通常仰賴創辦人釋出部分股權，以換取投資人的資金。如果創辦人過度執著於維持對公司的絕對控制，可能會選擇以不當方式籌資，或乾脆讓公司資金匱乏，最終為了控制權而犧牲企業的發展潛力。

• **對打造事業缺乏興趣或能力的創辦人：**

　　一旦商業點子被轉化為消費者想要的產品或服務，管理階層接下來就必須投入於建立能夠交付該產品的商業模式。這項工作往往需要面對繁瑣、例行的執行任務，並且必須高度關注細節，而這並不是所有創辦人都願意投入時間或具備能力勝任的事。如果缺乏能負責打造事業的人

選，企業將無法順利將產品或服務推向市場、實現商業化。

2. **高成長企業**：在高成長階段，真正的考驗在於：一家原本只在小規模下運作良好的企業，是否能夠擴張規模，以及擴張的幅度有多大。而**有些創辦人無論是在「能不能擴張」或「擴張多少」這兩方面，都可能過度高估自己，導致誤判。**

- **不惜代價擴張規模：**

  在某些公司裡，管理者過度專注於推動營收成長，以致這種成長衝動成為所有商業決策的主導因素。這類公司確實能實現成長目標，但往往是以犧牲獲利途徑為代價，並投入鉅資進行收購或開發新產品。

- **拒絕擴張規模：**

  另一個極端是，管理者過度執著於讓盈餘與現金流轉為正值，反而錯失擴張事業、創造價值的機會，因為擴張可能意味著要承受更長時間的虧損或現金流為負。

3. **穩健成長企業**：在穩健成長企業，企業的成長率會開始放緩，但如果管理者具備機會主義思維，仍有可能實現高成長。在這個階段，**管理者必須在營收成長與獲利能力之間做出取捨**，因為高成長有時伴隨的是較低的獲利率，而這將對企業價值產生正面或負面的影響。

- **追求規模勝過獲利：**

  由於穩健成長企業往往是在歷經高成長階段後才進入此一階段，而在高成長時期，成長始終被置於獲利之上，這些企業的高階管理者有時會持續陷於這樣的思維模式之中。結果就是，他們可能對新專案或大型

併購案投入過多資金（超出合理程度），讓公司呈現「成長過多、獲利過少」的失衡狀態。

- **追求過去的成功模式：**

    處於高速成長階段時，通常面臨的情況是投資機會多於可支配資金、幾乎沒有負債，也不會將現金回饋給投資人。隨著企業進入穩健成長階段，這些條件會隨之改變——盈餘的提升不僅帶來舉債能力，也使企業具備回饋股東現金（無論是透過現金股利或庫藏股）的條件。然而，有些企業的管理者會抗拒這些變化，選擇既不舉債、也不發放現金，因為這和他們過去的成功經驗不謀而合。

4. **成熟穩定企業**：對於處於成熟且穩定階段的企業而言，高階管理者最明智且審慎的路徑，是**接受較低的成長率，同時鞏固並強化護城河**（即競爭優勢），以確保企業能持續創造獲利。

- **成長的幻覺：**

    雖然對大多數成熟企業而言，**低成長率是可以預期的結果，但有些企業的高階管理者卻渴望重返高成長時期**，並據此採取行動。由於缺乏足以顯著推升成長的內部投資案，他們會轉而尋求收購機會，且傾向追求規模愈大的交易。這麼做會啟動一個惡性循環，使得「收購溢價過高」從偶發現象變成常態，而這些錯誤也將隨時間不斷擴大，代價越來越高昂。

- **帝國建立者：**

    在某些公司裡，高階管理者越來越熱衷於建立帝國，而不是打造可行且具獲利能力的企業。這種情況尤其常見於那些任期已久、又牢牢掌

控董事會的執行長身上，他們往往一心想擴張公司的規模（無論是以營收還是員工人數衡量），不惜任何代價。

1970 年代，查爾斯・布魯多恩（Charles Bluhdorn）正是透過這種模式大舉收購，把海灣西部公司（Gulf and Western）轉型為一個企業集團。有些人在回顧傑克・威爾許任內主導奇異的轉變時，也質疑他究竟是在推動企業再造，還是在擴建一座帝國。

- **對護城河的誤判與忽視：**

如果一家成熟企業的價值關鍵在於其護城河或競爭優勢，該企業的管理階層就應該清楚掌握這些優勢、持續追蹤其變化，並加以維護。如果高階管理者誤判了企業的護城河——例如錯把品牌名稱當作競爭優勢，而真正的優勢其實是規模經濟——那麼他們的決策行為也會反映出這種誤判，最終可能讓真正的競爭優勢暴露在風險之中。

5. **衰退企業**：在本書關於衰退企業的估值與投資的幾個章節中，我曾指出：即使企業的衰退已無可避免，且跡象明顯，管理階層仍經常難以接受這個現實。結果就是，這些企業的高階管理者可能會走上許多失衡失序的經營路線，而整間公司也將被拖著走上這條路。

- **拒絕承認：**

當衰退企業的管理階層拒絕接受衰退已成定局，將營收與利潤率的下滑歸咎於特殊情勢、總體經濟發展或單純運氣不好時，他們的決策也會反映這種否認心態，繼續沿用過去的投資、籌資與股利政策。如果這樣的管理團隊持續掌權，企業終將無法再逃避現實，但在那之前，勢必還會有更多資金被投入這個已不具投資價值的事業中，徒然浪費。

- **孤注一擲：**

 管理階層可能清楚知道事業正在走向衰退，但仍可能受到金錢或名聲的驅使，選擇進行成功機率極低的豪賭，希望能搏得一次翻身的機會。這類行動多半讓企業的所有人（股東）蒙受損失，但若賭注成功，管理者就可能一舉成名，成為業界明星（還會被冠上「企業逆轉專家」的頭銜），進而提升自己在其他公司求職或跳槽時的價碼。

- **不惜一切代價存活：**

 在某些衰退的企業裡，高階管理者認為，比起企業是否健康存續，「能不能活下來」才是最優先的目標，並據此做出決策。在這樣的過程中，他們往往造就出「殭屍公司」或「行屍走肉」般的企業——雖然苟延殘喘地存活下來，卻是一家逐漸喪失價值的劣質企業。

- **壓縮生命週期的影響**

 我在第 3 章提過，每家公司都會經歷初創、成長、衰退的過程，但其進展速度會因所處產業而異。更具體地說，**進入某個產業所需的資本門檻越高，現有參與者（包括生產者與顧客）的慣性越大**，企業從創立走到成熟成長階段所需的時間就越長——但相同的力量也會反向發揮作用，使企業能維持成熟狀態更久、步入衰退的速度更慢。

 我也在第 3 章指出，我主張近幾十年來企業的生命週期已被壓縮，特別是在科技公司方面，這種現象在市場與整體經濟中都明顯可見。

 二十世紀的卓越企業，往往歷經數十年才逐步成長，期間需投入鉅額基礎建設資本，擴張也經常延遲許久；它們在成熟階段停留的時間很長，靠著穩定的現金流量維持營運，之後才邁入冗長且多半平緩的衰退期。

 例如：西爾斯（Sears）與奇異在時代與環境的力量終於追上它們之

前，已成功運作近百年；而通用（GM）與福特（Ford）則花了 30 年建立產能、調整產品線，才得以享受成功的果實。

反觀雅虎，這家公司創立於 1994 年，到了本世紀初市值即突破 1,000 億美元，但它稱霸市場的時間僅僅數年，隨後就被橫空出世的谷歌顛覆並擊潰，最後於 2017 年被威訊通信（Verizon）收購。

我認為，這種壓縮的生命週期，會對管理階層的組合錯誤帶來影響。在二十世紀，以長生命週期為特色的企業，公司與管理者都會隨著時間一同成熟，讓交接與轉換較能自然發生。

舉例來說，我們可以看看二十世紀的企業巨擘福特（Ford）在公司治理上的發展。亨利・福特（Henry Ford）自 1906 年起擔任福特的執行長，一直到 1945 年。他的願景是讓汽車變得人人買得起，而他推出的 T 型車也成為福特成功的關鍵推力。

不過，在福特任期結束時（1945 年），他的管理風格已經與公司的發展脫節。對福特來說，時間與死亡自然解決了這個問題，他的孫子亨利・福特二世（Henry Ford II）接任之後，在往後幾十年內成為這家公司的更佳守護者。簡單來說，**當一家公司能存續百年，時間自然會處理掉組合錯誤與繼任問題。**

反觀黑莓（Blackberry），這家公司崛起之快、站穩高峰的時間之短，以及當其他企業進入智慧型手機市場後，它的下滑速度之快，形成強烈對比。

該公司共同創辦人邁克・拉札里迪斯（Mike Lazaridis）在 1992 年延攬吉姆・巴爾利斯（Jim Balsillie）擔任執行長，引領公司前進。兩人聯手創造了黑莓的高速成功，也因此在當時獲得了外界對其管理能力的高度讚譽；但當公司急轉直下時，他們也被同樣一群人譏諷與批評。等到 2012 年公司高層終於更換人選時，外界普遍認為，這項改變已經「為時已晚，效果有限」。

這種壓縮的生命週期，以及它可能帶來的管理階層「錯配」，如圖 18-4 所示。

圖 18-4｜壓縮企業生命週期與管理階層錯配

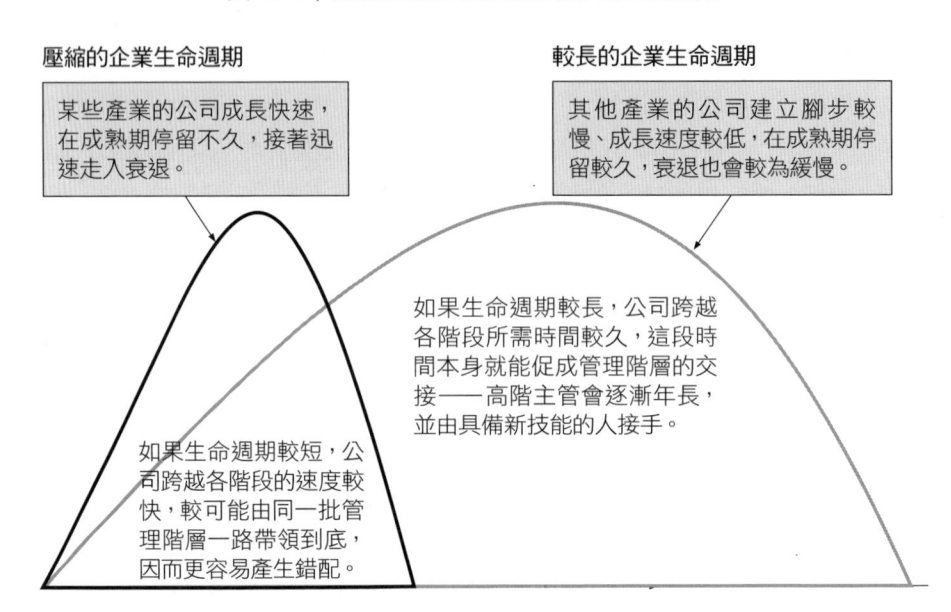

壓縮的企業生命週期

某些產業的公司成長快速，在成熟期停留不久，接著迅速走入衰退。

如果生命週期較短，公司跨越各階段的速度較快，較可能由同一批管理階層一路帶領到底，因而更容易產生錯配。

較長的企業生命週期

其他產業的公司建立腳步較慢、成長速度較低，在成熟期停留較久，衰退也會較為緩慢。

如果生命週期較長，公司跨越各階段所需時間較久，這段時間本身就能促成管理階層的交接——高階主管會逐漸年長，並由具備新技能的人接手。

簡單來說，科技公司的老化速度就像狗的年齡，一家成立 20 年的科技公司，往往就像一家商業模式老舊、正面臨顛覆威脅的百年製造企業。在我看來，未來 10 年將出現更多源自企業生命週期被壓縮所引發的衝突。

假如我是撰寫個案研究的作者，我不會急著寫出成功科技公司執行長的個案或書籍，因為**這些執行長在幾年內，很可能就會變成失敗案例的主角。**

如何修正錯配的問題

我知道公司治理涵蓋許多細節，從董事會應如何架構，到誰可以在年度股東會上投票，但在我看來，公司治理的核心，在於**企業的所有人（股東）是否擁有權力，能在管理階層與公司需求錯配時予以撤換**。

在本節中，我將探討企業（無論是私營或上市）更換管理階層的過程，並檢視這個過程對不同生命週期階段的企業，會產生哪些影響。

撤換管理階層的流程

當高階管理階層與公司錯配時，最直接的解決方案，就是更換管理階層；但這件事不一定會發生——我會在下一節探討哪些變數會左右是否進行更換——而即使確定要撤換，這個流程也未必簡單或及時。

1. 私人企業：

當一家私人企業出現管理階層錯配的情況，而企業的所有人同時也是管理者時，處境將會非常棘手。這種情況在新創與非常年輕的公司尚未上市之前，以及家族企業中都很常見。

雖然「擁有者－經營者」的角色重疊，有時會讓人事更替無法發生，但無論是由創辦人經營的公司，或是家族持有企業，都還是存在更換管理階層的可能機制。在創辦人主導的企業中，變革有時來自創投業者或持股的外部投資人，他們會運用所持股份，撤換創辦人兼任的經營者。

有一項針對新創企業創辦人被撤換的研究指出，在 1995 年至 2008 年間成立並獲得創投支持的 11,929 家新創公司中，至少有 15% 的企業在這段期間內曾撤換過一位創辦人。

對家族經營的企業而言，更替管理階層的動力通常來自家族內部——當企業表現不佳時，家族成員可能會決定撤換現任的家族經營者，改由其他家族成員或外部專業人士接任。

2. 上市企業：

　　公司一旦上市，管理階層的人事異動就必須經由董事會進行。只要董事會成員是由現任管理階層所指派，就會天然傾向於維持現有的管理團隊。然而，當公司在市場表現和股價表現都持續不佳時，要求撤換管理階層的壓力就會升高，而一旦壓力達到臨界點，董事會就會決定撤換經營團隊。

　　衡量市場中公司治理起伏的一項指標，是被董事會撤換的執行長人數。圖 18-5 顯示了標準普爾 1500 指數成分股公司中，自 1993 年至 2018 年間的相關統計數據。

圖 18-5｜1993 年-2018 年，標普 1500 指數公司中遭強制撤換的執行長人數

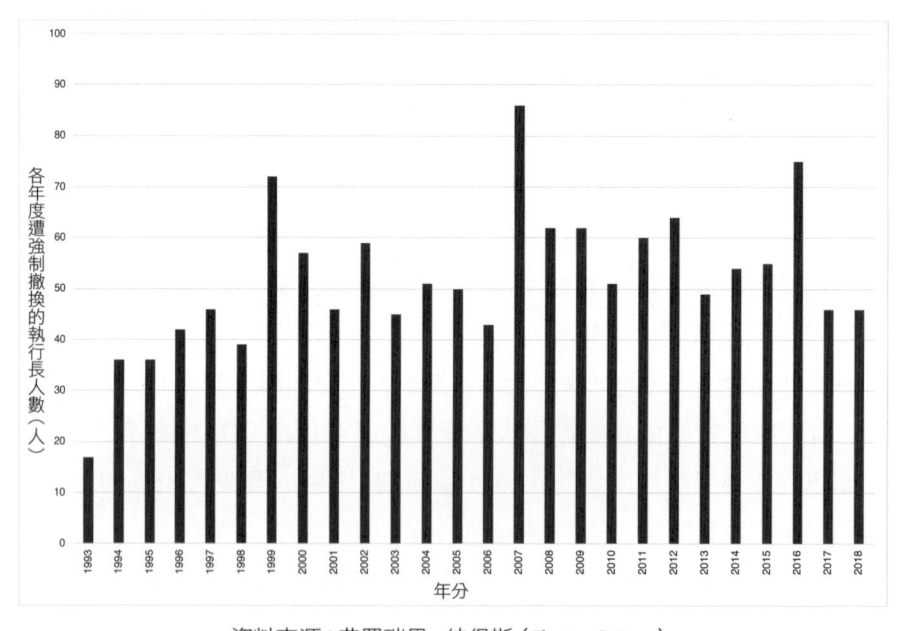

資料來源：弗羅瑞恩・彼得斯（Florian Peters）

如你所見，被強制撤換（或解僱）的執行長人數會隨時間變化，而高峰出現在 2007 年。話雖如此，即使在高峰年度，被強制撤換的人數仍然偏低，顯示大多數公司都有強大的力量，使現任管理者得以留任。我將在下一節檢視這些力量。

撤換管理者：促進因素與挑戰

當管理者與公司實際所需的技能組合錯誤時，為什麼有些公司能盡快進行人事調整，有些則進展緩慢，還有一些始終不願撤換呢？

在本節中，我將探討這個問題，從推動管理者更替的促進因素，以及阻礙變革的反作用力量切入，並進一步說明，為什麼這兩種力量（促進與挑戰）會隨著企業生命週期的不同階段而有所變化。

- **撤換高階管理者的促進因素**

即便公司內部普遍認為應該撤換高階管理者，如果要真正發生變革，仍需要有促進因素的出現。正是這些促進因素是否存在，決定了為什麼企業在某些生命週期階段，比起其他階段，更有可能發生管理階層的更替。

對新創公司與非常年輕的私人企業而言，促使管理階層變動的關鍵，通常是一位或一群具有切身利益的創投業者——也就是在這家公司投入了大量資金的投資人——他們認為現有的管理階層（通常是一位或多位創辦人）缺乏經營公司的能力。

對於剛上市不久、仍處於早期階段的茁壯企業而言，推動管理階層變動的力量通常來自公司的內部投資人——也就是那些擁有大量股份的股東，這些股份可能是上市前持有的，也可能是在公開發行時取得的。

在高成長企業中，撤換管理者的行動通常是由具行動派傾向、且持股比重較高的個人投資人或機構法人率先推動。一方面，持股比例必須

夠高，意見才會受到重視；另一方面，行動派投資人也必須設法說服其他股東加入撤換行列。這類行動是否能成功，很大程度上取決於公司在擴張規模上的成效：擴張不順利，施加管理壓力的力道就會更強。

在穩健成長企業中，促成撤換的因素有時來自自然的交接，例如現任執行長退休或過世。雖然多數新任執行長會依循前任執行長鋪設的路線，受到由前任挑選的董事會成員與僵化企業文化的限制，但也有少數人會把接班的過渡期視為重新設定方向的契機。

以 2013 年史蒂夫・鮑爾默（Steve Ballmer）退休、由薩帝亞・納德拉（Satya Nadella）接任微軟執行長為例，當時很少人預期微軟會在商業模式與業務組合上出現重大轉變，但納德拉推動的改革，讓微軟踏上了一條全新且更具獲利潛力的道路。

對上市的成熟企業來說，促成撤換的因素通常是行動派投資人與對沖基金，這往往是他們對企業營運表現和股價表現失望的反應。他們所推動的變革，通常包括對新投資案（特別是收購）施加更多限制、在資本結構中提高舉債比例，以及要求將更多現金回饋給股東。

對衰退企業來說，私募股權業者成為推動撤換的促進因素，他們會主張買下這些企業並讓其下市，同時進行營運與財務上的調整。在某些案例中，他們的目標是清算公司資產（如果資產的清算價值高於繼續經營的整體價值）；在其他案例中，則可能推動將公司分拆或分割，如果他們認為個別事業的價值高於整體公司。

・撤換高階管理者的挑戰

即使普遍都認為，管理階層及其所管理的企業之間是錯配，公司內部仍存在強烈的偏誤，傾向留任現任管理者。

在本節中，我將先探討在撤換管理者一事上，所有企業普遍存在的制度性限制，接著再檢視企業層級的限制因素——這些限制會隨著企業

在生命週期中的階段轉變而有所不同。

1. 制度上的限制：

撤換高階管理階層的第一種挑戰，來自制度面的限制，這類限制會影響所有上市公司（雖然影響程度各異）。其中一些限制可以追溯至「籌措資金挑戰」──也就是難以取得發動撤換所需的資本──另一些則和「各國對惡意併購的法律限制」有關，還有一些則源於「組織慣性」。

2. 資金限制：

撤換高階管理階層最快、有時也是最具決定性的方式，是籌措資金以收購一家管理不善的公司，而這個流程中只要有任何限制，都可能阻礙換人的進行。

在資本市場（包含股市和債市）尚未充分發展的經濟體中，管理階層遭撤換的情況較為罕見，這點並不令人意外；事實上，在上個世紀的大部分時間裡，歐洲企業仰賴銀行貸款，且缺乏活躍的公司債市場，讓許多管理不善的公司至少在某種程度上得以倖免於高層更替。

整體來看，我會主張：當金融市場更開放、更多類型的投資人（而非僅限於具備良好信用的大型企業）都能取得資金時，管理不善的公司更可能出現管理階層的更替。

資金限制的影響非常顯著，對市值較大的公司所提供的保護，遠高於市值較小的公司；而由於年輕企業的市值通常小於成熟企業，這類限制更可能拖慢或阻止後者更替管理階層。

3. 政府對收購案和股東投票的限制：

在許多國家，政府往往站在現任管理階層那一邊，使得撤換管理階層變得更加困難。某些國家對惡意收購與行動派投資設下限制、甚至全面禁止。在其他國家，限制則體現在股東的投票權上，例如將投票權與持股期間綁定，讓持股時間較長的股東，其投票影響力大於新進股東。

雖然這些規定的立意是希望促進更長遠的決策觀點，但至少在上市

公司中，實際效果卻是偏向維持現任管理階層的地位。

　　資本和政府施加的限制會阻礙管理階層的撤換，這也解釋了為什麼某些地區的企業比其他地區更少發生撤換，或為什麼某些時期的撤換頻率較低。這些限制也說明了，為什麼企業在生命週期的早期階段——當時仍是私營且規模通常較小——比較容易出現管理階層的更替，而在進入成熟並成為上市公司之後，撤換反而不容易發生。

4. 企業層級的限制：

　　有些公司裡的現任管理階層，即使與公司的需求極度錯配，卻仍能透過公司本身所採取的行動來規避股東壓力，藉此扭曲公司治理的遊戲規則。這類保護措施可能包括：修改公司章程、設計複雜的交叉持股架構、創造擁有不同投票權的股權種類，以及內部人士大量持股等形式。

　　不過，這些阻礙變革的挑戰，會隨公司本身與所在地區而有所差異。正如我在下一節所要說明的，妨礙撤換管理階層的限制類型，會隨著企業所處的生命週期階段而改變，而這也正是公司治理改革常常以失敗告終的主因。針對成熟企業設計的治理改革，即使能鬆動管理階層的位子，套用在年輕企業上可能就幫不上什麼忙。

　　最後，有些企業推動利害關係人財富極大化和 ESG[4]，反而讓股東更難在這些公司撤換管理階層。所謂利害關係人財富，要求管理階層對所

4　譯注：ESG 是環境保護（Environmental）、社會責任（Social）及公司治理（Governance）的縮寫，原為評估企業永續經營與社會責任的重要指標。不過，在本段中，作者批評 ESG 框架將公司治理的對象擴大為所有利害關係人，導致股東難以有效監督管理階層，削弱了傳統公司治理的機制。

有利害關係人負責（從員工、債權人到整個社會），**這種責任分散的結果，就是讓管理階層對任何人都不需真正負責。**

至於 ESG，你或許會納悶：這個名詞裡明明就有「治理」（Governance），怎麼還會削弱公司治理？那是因為 ESG 所說的「治理」，已經被擴大為對所有利害關係人都要交代。

・撤換的可能性

解決管理階層與公司錯配問題的方法，就是撤換管理階層，而這個過程除了需要促成改變的推力，還必須克服市場層級與公司層級的阻力。對管理階層與投資人而言，一個相當實務的問題是：能否在實際發生撤換之前，就預先評估出某家公司撤換管理階層的可能性？

一種具有前景的統計方法，是對數機率模型（logit）或常態機率模型（probit），透過比較那些曾經發生管理階層變動的公司，與那些未曾發生變動的公司之特徵差異，來估算未來發生變動的機率。

研究人員已運用這類模型，針對惡意併購與強制撤換執行長的案例做出分析，以找出最可能發生這些事件的公司具備哪些特徵。對惡意併購的研究指出以下幾點：

1. 在最早一批透過比較分析來評估企業遭到併購可能性的論文中，克里希納 帕勒普（Krishna Palepu）於 1986 年的研究指出，相較於未被鎖定的企業，被收購的標的公司**通常規模較小，且投資效率較差。**
2. 在後來的一篇論文中，大衛・諾斯（David North）於 2001 年指出，內部人士或管理階層持股較低的公司，更可能成為併購的標的。不過，這兩篇論文都未特別聚焦於惡意收購。羅賓・納托（Robin Nuttall）在 1999 年的研究發現，惡意收購的標的公司，其**股價淨值比通常低於其他公司**；查理・威爾（Charlie Weir）在 1997 年則補充指出，這些被惡

意收購的標的公司,其**投資資本報酬率也偏低**。

3. 最後,李‧平克維茲(Lee Pinkowitz)在 2003 年的研究中發現,並無證據支持傳統看法,即擁有大量現金餘額的企業更容易成為惡意收購的標的。

總結來說,惡意收購的標的企業通常規模較小,以較低的帳面價值倍數交易,而且其投資所賺取的報酬率也相對偏低。近年來,研究人員也開始探討哪些情況下最可能發生強制撤換執行長的情形。

第一個因素是股價和盈餘表現:當公司表現不如同業或低於市場預期時,被強制撤換執行長的可能性會上升。管理不善的一種具體表現,是在收購案上出價過高,而有研究顯示,出價過高的收購企業,其執行長比沒有進行這類收購案的執行長,更有可能遭到撤換。

第二個因素,是董事會結構:當董事會規模較小、成員多為外部董事,且執行長未兼任董事長時,被強制撤換的可能性會提高。

第三個相關因素是公司的股權結構:當機構法人持股比例較高、內部人士持股比例較低時,強制撤換執行長的情況較常發生。而在較依賴股票市場籌措新資金的公司中,這類撤換情況也會更頻繁出現。

最後一個因素是產業結構:在競爭較激烈的產業裡,執行長被撤換的機率會更高。

總之,那些會強制撤換執行長的公司,通常和惡意收購的標的公司有一些共同特徵——管理和經營不善——但它們往往擁有更有效率的董事會,以及更具行動力的投資人,能夠不靠將公司交給惡意收購者,就直接達成撤換管理階層的目的。

生命週期不同階段的公司治理

既然企業管理階層與公司需求之間的錯配,是推動撤換管理階層的

核心動因,而公司治理則是決定是否會發生撤換的制度架構。接下來我們就來看看,企業在生命週期各個階段中,公司治理是如何逐步形成與演變的。

・新創與年輕企業(上市前)

企業總是由創辦人開啟,創辦人與公司內部其他人之間的衝突,數十年來一直存在;但在今日壓縮的企業生命週期下,這些衝突變得更加激烈,問題也被放大。尤其是,針對身兼執行長的創辦人所做的研究,呈現出兩種截然不同的結果。

第一個發現是,在企業的早期階段,創辦人執行長不論是主動辭職或被迫離職,其比例都遠高於那些已經較為穩定的企業。第二個發現則是,能夠一路帶領公司茁壯、邁向成熟並成功上市的創辦人執行長,其根基通常比成熟企業裡的執行長更加穩固。

為了理解第一種現象(也就是年輕企業的創辦人執行長高撤換率),我再次引用哈佛商學院創業學教授諾姆・華瑟曼(Noam Wasserman)的研究成果,他長期專注於這個主題。他蒐集了許多年輕企業(其中許多尚未上市)高階管理階層更動的資料後發現,**這些公司的執行長中,將近有 30%會在創立後幾年內被撤換,通常發生在開發新產品或進行新一輪融資的階段。**

這種現象,很大一部分是由持股比重高的創投業者主導,他們在公司內部推動撤換行動。不過也有部分案例是創辦人自願卸任,對此,華瑟曼提出「創業者的兩難」這個概念來解釋:創辦人必須在兩種選擇間取捨——是要保有對一家價值不高但由自己掌舵的公司擁有完全控制權,還是願意交出部分控制權,換取公司價值大幅成長、由他人領導的發展路線。

在企業生命週期的脈絡中,創辦人或資金提供者通常會意識到,當

公司邁入下一階段時，企業需要的是不同技能的領導者，因此，企業會在組織頂層尋找能夠帶領公司前進的接班人。

•年輕與成長中的上市公司

當私人企業轉為上市公司時，如果創辦人成功撐過創投業者的「清洗」，通常會在企業公開上市時繼續掌舵。相較於成熟企業的執行長，他們往往被視為明星人物——這種現象雖然可以理解，但在某些情況下，可能會演變成一種危險的「創辦人崇拜」：創辦人被視為不可挑戰的存在，任何質疑其權威的舉動都會被認為是不對的，也因此讓這類企業更難撤換管理階層。

這整個流程，已經因為某些人試圖改寫遊戲規則、阻止這類挑戰，而更加扭曲。在美國，1980年之前，同一家公司的股份擁有不同投票權，是非常罕見的安排；但如今，這樣的設計已經成為常態，而非例外，尤其是在科技公司中更是如此，如圖 18-6 所示。

在 2021 年，將近半數的科技公司在上市時採用了雙重股權結構，也就是發行擁有不同投票權的股份，**賦予這些公司的管理階層更大的權力來抵禦治理上的挑戰**。對於生命週期被壓縮的企業而言，這似乎是一個特別糟糕的做法。正如我先前指出的，這類企業更可能產生創辦人執行長與公司之間的錯配，而且是更早發生，而非更晚發生。

在我看來，未來 10 年將出現更多這類衝突，其根源正是企業生命週期的壓縮。我一直主張，投資年輕科技公司時，投資的其實是關於這家公司的「故事」，而不是根據數字所推演出的預測。

圖 18-6 ｜ 1980 年-2021 年間 IPO 中的雙重股權公司

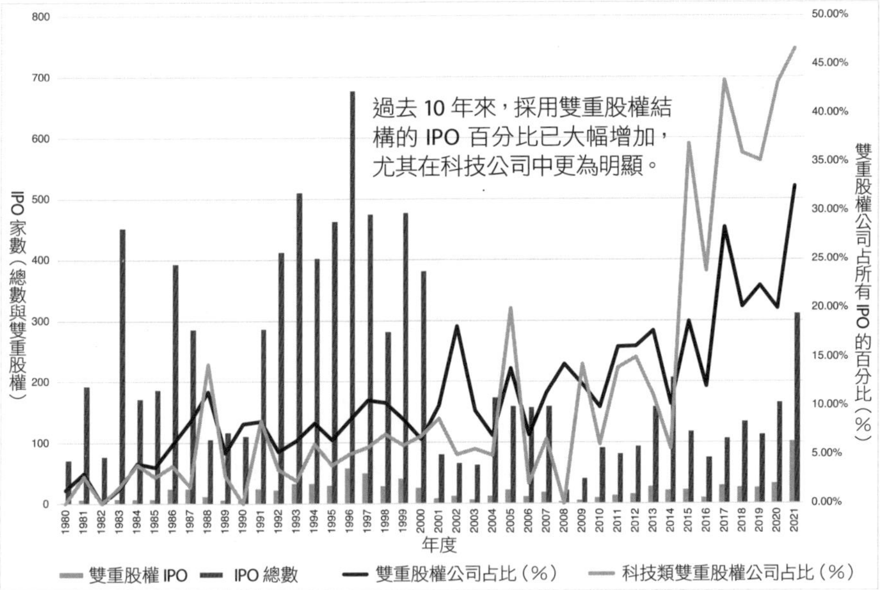

過去 10 年來，採用雙重股權結構的 IPO 百分比已大幅增加，尤其在科技公司中更為明顯。

資料來源：傑‧瑞特（Jay Ritter）

　　壓縮的企業生命週期，所導致的執行長與公司錯配的可能性，加上設有投票權與非投票權股的股權結構所帶來的黏著性（讓現任執行長更難被撤換），都會為估值帶來額外的不確定性。

　　簡而言之，當你評估一家年輕企業的故事價值時，你同時也在評估這家公司管理階層實現該故事的能力，而你還必須留意：如果你對現任管理階層的判斷是錯的，那麼你可能仍得承受他們所做的決策帶來的影響。**當年輕企業轉變為穩健成長企業時，身兼大股東的管理階層，往往成為撤換管理階層的重大阻力。**

　　以甲骨文（Oracle）為例，創辦人執行長賴瑞‧艾利森（Larry Ellison）即使在公司邁入成熟、成為穩健成長企業之後，仍持有將近 25% 的流通

管理學入門：企業生命週期總覽　第 18 章 ｜ 627

股。憑藉如此高比例的持股,他能有效阻擋惡意收購者與行動派投資人。

此外,當穩健成長企業走到十字路口,需要在「推動更多成長(進一步加碼投資)」與「展現成熟姿態(提高舉債與回饋現金)」之間做出選擇時,公司內部投資人常會對未來方向出現分歧,使得在是否更換管理階層一事上難以達成共識。

穩健成長企業還會因過去在營運成長與高報酬表現上的成功,而獲得額外保護,讓股東更傾向順從管理階層的決策。

・成熟的上市公司

在成熟企業中撤換管理階層向來困難,其中最主要的挑戰來自公司的股權結構:企業的股份多由機構法人持有,而內部人士與個人股東的持股比例較低。

多數機構法人股東採取被動立場,當他們認為公司管理不善時,通常會「用腳投票[5]」(也就是賣出持股),而不是積極挑戰現任管理階層及其決策。結果就是,**他們多半會選擇順從,大多時候在投票上支持管理階層。**

讓這類公司更難發生變革的另一個因素,是許多成熟企業會修改公司章程,加入交錯董事改選條款(staggered board elections),使得每年僅

---

[5] 作者注:R. Parrino、R.W. Sias 與 L.T. Starks 在〈Voting with Their Feet: Institutional Ownership Changes around Forced CEO Turnover〉(發表於 *Journal of Financial Economics*,2003 年 4 月,第 68 卷第 1 期,第 3–46 頁)一文中發現,在強制撤換執行長的前一年,機構法人整體的持股比例大約會下滑 12%,而個人投資人的持股則會增加。消息較靈通、對選股更為謹慎的機構投資人,在這段期間更有可能選擇賣出持股。

有部分董事席次可被更換；此外，還會加入超高門檻條款，要求更高比例的贊成票才能通過重大變更。不論這些章程修改背後的動機為何，最終都會讓這些企業更難以更動管理階層。

話雖如此，撤換高階管理者的可能性在過去幾十年間反而上升，原因有好幾個。第一，私募與對沖基金如今所掌控的資金，比三、四十年前龐大得多，讓他們更容易鎖定更多企業作為撤換對象，甚至包含規模更大的公司。

第二，科技進步與資訊分享，讓推動撤換變得更容易。例如，所謂的「委託書爭奪戰」（proxy solicitation fight），是指挑戰管理階層的投資人試圖取得足夠的委託書投票權，以便更換管理階層，如今這類爭奪戰大多可在線上進行，投資人能直接接觸到股東。同樣地，投資人也能運用社群媒體，挑戰管理階層的敘事，並提出對立說法。

還有一股力量也在發揮作用，進一步開放了企業控制權的市場，那就是全球化。當一家公司的投資人基礎變得更具全球性，你會發現，**這些企業原本不會面臨來自本地市場投資人的質疑與挑戰，如今卻得面對全球投資人的提問與壓力。**

在歐洲，在歐盟成立之前，多數企業的投資人都來自其公司註冊所在的本國，因此對管理階層的挑戰並不常見。但隨著這些公司的投資人基礎日益歐洲化，確實可以觀察到挑戰管理階層的情況變得更加普遍；德國（法國）的投資人，對於質疑與挑戰法國（德國）企業的管理階層，似乎也不再有所顧忌。

・衰退與困境中的上市企業

在衰退企業裡，即使為了求生存而迫切需要更換高階管理階層，仍面臨兩大重大障礙。

第一個障礙在於新任管理階層所帶來改革的本質，因為「衰退」通常

意味著裁員與關閉營運據點，而這些改變會對利害關係人團體與社會造成附帶成本。難怪在許多以商業為主題的好萊塢電影中，最大反派角色經常是主導槓桿收購的私募股權投資人。

要改變衰退企業的營運方式，困難不在於改革本身，而在於改革的包裝與呈現，因為這些改革往往會為企業的利害關係人（例如員工與供應商）或整體社會帶來痛苦。因此，這正是私募股權公司——這類企業中常見的改革推動者——傾向買下陷入衰退的上市公司，並設法將其轉為非上市公司的原因之一，因為**一旦成為私人企業，這些改革將較少受到外界審視，也較少引發反彈**。近年來，私募股權業者更將觸角從上市企業，延伸至他們認為受限或有改革需求的私人企業。

第二個改革障礙在於，當企業陷入衰退，特別是同時伴隨財務困境時，會使企業深陷法律程序之中，進而拖慢改革進程。當公司宣布破產並進入《破產法》第 11 章程序時，雖然為自己爭取了一段時間，但法律制度也隨之成為改革過程的一部分，因為**一旦進入破產程序，任何改革措施都必須獲得法院批准**。

假如破產程序本身過於冗長且成本高昂，改革將失去經濟意義，這些企業就只能自求多福，耗盡原本可以更有效利用的資源與資本。事實上，想在這類公司推動改革的投資人會面臨一場耐力考驗，只有真正有耐性的投資人才能留下來。

• 家族持有與家族控制的企業

在世上許多地方，企業即便已經上市，仍由家族集團掌控。只要這些企業的高階管理者是家族成員，就特別容易出現企業與執行長的組合錯誤，尤其當家族的第二代或第三代進入管理階層，以及／或家族進入全新事業領域時，這種錯配問題更為明顯。

要了解企業生命週期的結構在家族集團企業中如何發揮作用，必須

記住：家族集團經常控制橫跨多個產業的企業，運作方式雖類似大型企業集團，但法律結構上仍屬個別公司。因此，**家族集團不僅可能，更經常同時控制處於企業生命週期不同階段的多家公司**，從一端的年輕成長企業，到另一端的衰退企業都有。

事實上，家族集團之所以能在資本市場尚未發展成熟的經濟體中生存並茁壯，其中一個原因就是他們有能力將成熟與衰退企業產生的現金，用來補貼成長企業的資本需求。

然而，當家族集團旗下的企業上市後，這種集團內部的資本市場就變得更難平衡，因為這些資金轉移需要取得股東同意。由於家族集團企業普遍存在公司治理薄弱的問題（而非例外），因此也就不難想像，在這類企業中，那些較為成熟、具備現金創造能力的公司，很可能會被迫投資於同集團內較為年輕、尚在成長階段的公司。

有研究針對家族集團企業的執行長更替做出分析，結果並不令人意外。一項研究調查了 4,601 位企業執行長，並根據他們是家族成員執行長還是外部執行長加以分類，並發現前者被強制撤換的情況明顯較少。換句話說，**家族成員擔任執行長時，比較不容易被撤換，而且更有可能繼續留任，直到找到繼任者為止，而這位繼任者通常也是家族成員。**

這樣的現象，對於企業延續性而言或許是好消息，但如果企業與執行長之間出現組合錯誤，那就是壞消息，因為在錯配問題被解決之前，這樣的錯誤將持續對公司造成長期破壞。

那麼，家族集團該如何因應這類錯配呢？這類錯配問題的可能性正在上升，因為破壞性變革正使某些原本成熟或成長中的企業轉為衰退企業，而資金也正流向綠能與科技領域的新事業。

首先，家族內部的權力必須更加分散，從集中的家族領袖轉向由家族委員會掌權，以納入更廣泛的觀點——這些觀點正是家族旗下企業，在生命週期不同階段取得成功所需要的。其次，家族必須認真重新評估集

團內各家公司在生命週期中的位置，特別要密切關注那些正從一個階段邁向另一階段、經歷轉型中的企業。

如果高階管理職位僅限家族成員擔任，家族面臨的挑戰將是，是否能找到具備適當特質的人選，來經營橫跨不同生命週期階段的各種企業。

舉例來說，許多家族集團因科技產業的成長潛力而投入其中，這時的限制因素，可能是能否在家族內部找到一位具有願景、擅長講述企業故事的人？如果這樣的人選不存在，問題將轉為：這個家族是否願意延攬外部人士，並給予其足夠的空間，來經營這家正值成長階段的企業？

最後，如果家族成員擔任執行長，卻與其所領導的企業產生錯配，家族必須有決心讓這位成員交出權力，即使這麼做勢必會引發家族內部的緊張與爭執。

要解釋為什麼家族控股在某些情況下有助於企業發展，在另一些情況下卻可能造成傷害，我們可以再次借助企業生命週期的概念。在生命週期中需要耐心與穩健經營的階段，家族成員擔任執行長可能有助於提升企業價值，因為他或她更傾向於思考企業價值的長期影響，而非短期獲利或股價表現。

但反過來說，若企業正從成長期過渡至成熟期，或從成熟期邁入衰退期，而執行長卻是根基深厚、難以撼動的家族成員，且不具備足夠的適應能力來調整其管理方式，對企業價值反而會造成損害。

因此，那些主要由前述穩健企業組成的家族集團，通常會以溢價交易；而若家族集團旗下企業過度集中於受破壞衝擊或新興產業，則可能會因此受到拖累。

在那些雖然已上市，但仍由家族控股的企業中，**抵制變革的主要手段是採用更複雜的持股結構，包括金字塔式持股與交叉持股**。在金字塔式持股結構中，投資人透過對一家公司的控制權，進而建立對其他公司

的控制權;而在交叉持股結構中,企業彼此互相持有股份,讓集團的控股股東即便持股比例低於50%,仍能掌控旗下所有公司。

上述兩種結構,都會讓撤換高階管理者變得更加困難。1980與1990年代,大多數日本的經連會[6]和韓國財閥都採取交叉持股結構,使這些企業的管理階層得以免於股東壓力的干擾。

企業生命週期和高階管理者更替:總結

在本章中,我探討了企業為何會出現錯配情況、是哪些因素推動企業更換高階管理者,以及在執行這些更替時可能會遇到哪些挑戰。對於每一個主題,我都指出,不同企業之間存在差異,而**企業所處的生命週期階段,是導致這些差異的關鍵因素**。

圖18-7整合了企業在生命週期各階段更換管理階層時,所面臨的促發因素與挑戰。

---

6 譯注:經連會(keiretsu)是日文「系列(系列企業)」的音譯,泛指日本企業間透過股權、融資與長期業務往來所形成的鬆散企業聯盟。經連會通常分為「橫向經連會」(以銀行為核心,涵蓋多種產業)與「縱向經連會」(如汽車製造業與其供應商的垂直整合體系),成員彼此持股、互相貸款,並共享資源與展開策略性合作。這種結構常見於日本的大型企業集團,例如三菱、住友、與日立集團等。

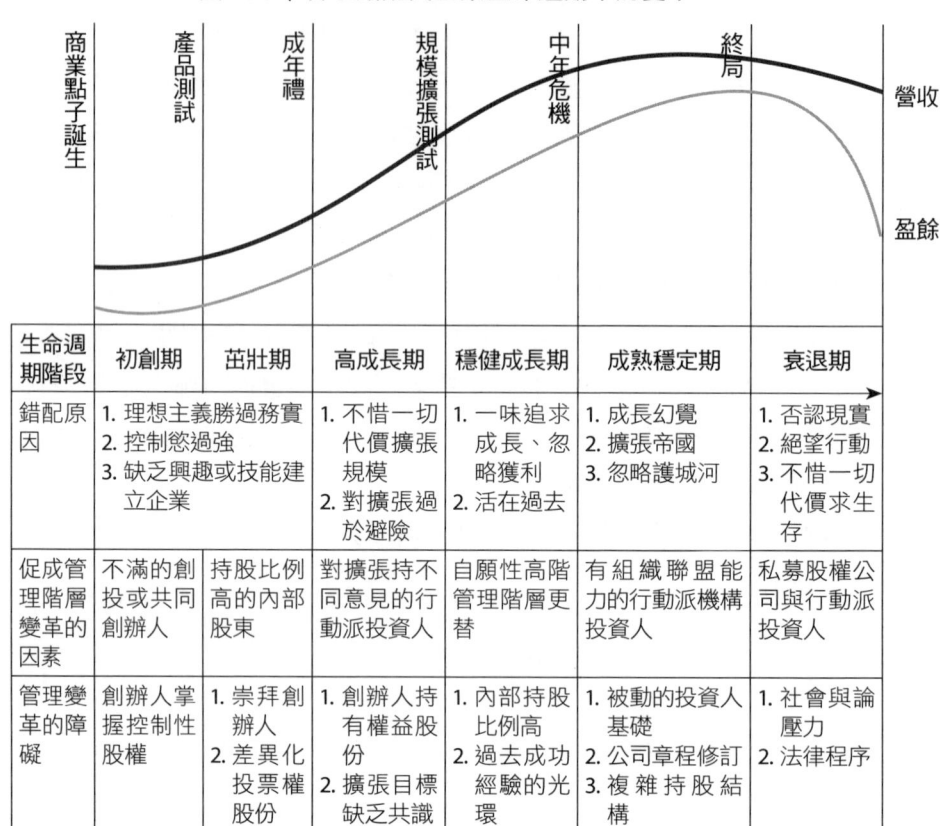

圖 18-7 ｜管理錯配與企業生命週期中的變革

商業點子誕生　產品測試　成年禮　規模擴張測試　中年危機　終局　營收　盈餘

生命週期階段	初創期	茁壯期	高成長期	穩健成長期	成熟穩定期	衰退期
錯配原因	1. 理想主義勝過務實 2. 控制慾過強 3. 缺乏興趣或技能建立企業	1. 不惜一切代價擴張規模 2. 對擴張過於避險	1. 一味追求成長、忽略獲利 2. 活在過去	1. 成長幻覺 2. 擴張帝國 3. 忽略護城河	1. 否認現實 2. 絕望行動 3. 不惜一切代價求生存
促成管理階層變革的因素	不滿的創投或共同創辦人	持股比例高的內部股東	對擴張持不同意見的行動派投資人	自願性高階管理階層更替	有組織聯盟能力的行動派機構投資人	私募股權公司與行動派投資人
管理變革的障礙	創辦人掌握控制性股權	1. 崇拜創辦人 2. 差異化投票權股份	1. 創辦人持有權益股份 2. 擴張目標缺乏共識	1. 內部持股比例高 2. 過去成功經驗的光環	1. 被動的投資人基礎 2. 公司章程修訂 3. 複雜持股結構	1. 社會輿論壓力 2. 法律程序

　　如你所見，隨著企業與管理者一同變老，為公司找到合適的高階管理者是一項持續進行的任務。雖然這在企業生命週期的每一個階段都很重要，但最關鍵的時刻，往往出現在兩端——一端是新創與年輕企業，另一端則是衰退與陷入困境的企業。

結論：卓越的管理，是順應生命週期的管理

卓越的管理者沒有放諸四海皆準的模板，因為隨著企業從新創走向成熟，最終進入衰退階段，管理者所扮演的角色與其關鍵職能也會隨之改變。

在初期階段，執行長會依據他們的說故事（傳達願景）能力與打造事業的本事來評斷；隨著企業邁向成熟，他們更可能被評估的，是守住競爭優勢（護城河）與兌現財務目標的能力。因此，**什麼樣的執行長才是合適人選，將取決於企業當下所處的生命週期階段。**

我在前文中提到，即使管理階層本身具備能力與條件，仍可能因時間推移而與企業出現錯配：這可能是因為企業與管理者本身都經歷了變化，也可能是董事會在選擇接替人選時判斷失誤，或是因為宏觀經濟環境的變化，導致企業面臨不同的風險曝險組合。

這種管理階層與企業之間的錯配倘若持續存在，將對企業的成長與獲利能力造成負面影響，在極端情況下甚至可能導致企業失敗。修正這種錯配的過程，正是公司治理的核心所在；我也分析了當企業處於不同生命週期階段時，推動管理階層更替的促進因素與障礙會如何改變。

第 **19** 章

對抗老化：
上行潛力與下行風險

如果要為本書提出某個中心思想，那就是：**對多數企業而言，回應老化最好的方式，是接受它正在發生，並讓公司的經營方式反映出這種老化**。我將在本章主張，從企業擁有者或股東的角度來看，這樣的策略不僅提供了最高的成功機率，也帶來最佳的風險／報酬權衡。

話雖如此，仍有許多因素會驅使企業選擇對抗老化，而這樣的抗老行動有時也確實奏效。其中一些原因根植於心理層面：縮小企業會被視為失敗，而擴張則被視為成功；另一些則與管理階層的誘因有關，因為當他們在低成功機率但高報酬潛力的賭注上孤注一擲時，如果成功了，他們可望獲得極大的上行潛力，而即使失敗，損失的也是他人的資金。

在本章中，我將探討企業用來阻止甚至逆轉老化過程的各種路徑，從表面的改頭換面，到澈底革新的商業模式，並分析那些成功企業所具備的共通特質。為了提供更完整與平衡的視角，我也會檢視那些嘗試這些改變卻以失敗告終的企業，探討它們的結局，包括急遽衰敗、瞬間崩解，或變成苟延殘喘的殭屍企業。

敞開心胸，接受老化

在前幾章中，我探討過隨著企業逐漸老化，經營重心會發生改變，從該在哪裡投資、投資多少，轉為該用債務還是權益來籌資，以及是否該返還、又該返還多少現金給股東。

如果一家公司願意接受老化，管理階層就會配合其在企業生命週期中的位置，調整投資、融資與股利決策，以反映企業的年齡狀態——即使這可能代表企業成長緩慢、停滯，甚至衰退，在某些情況下，也可能走向終結。

為了成長而成長，或為了生存而生存，對任何企業來說，都不是理想的終局。

接受老化的劇本

一家公司如果要優雅地步入老年，其管理階層必須從接受公司已經老化這件事開始，並重新定義對於公司成敗的衡量方式。簡單來說，如果將高成長視為成功的必要條件，那麼成熟甚至進入衰退階段的企業，就會不惜一切代價設法對抗命運、追求成長。

這正是我在第 18 章提出的主張：對成熟或衰退企業而言，其最高管理階層與執行長必須帶來一種截然不同的企業心態，這種心態比起生命週期較早階段的企業所需的心態，更少野心，更加腳踏實地。

只要管理階層與企業所處生命週期的階段相匹配，接下來的劇本就會依序展開：

1. **相符的故事：**

   如果高階管理者的角色之一，是為其所掌管的公司建立並傳遞一個企業故事，那麼選擇接受老化的管理階層所講述的企業故事，將會反映公司在生命週期中的所在位置。

   對一間成熟企業而言，這個故事會描述低成長的狀態，或許會對未來的利潤率與報酬率抱持樂觀期待；而對一間衰退企業而言，這個故事則會是企業因應市場萎縮，主動縮減資產規模並變得更小的過程。

2. **相符的投資政策：**

   一個立基於現實的企業故事，只有在管理階層的實際行動展現出他們對該故事的信念時，才具有可信度。因此，當成熟企業的管理階層講述一個「成熟企業的故事」時，唯有避開大型併購或對新事業的投資，這個故事才站得住腳。同樣地，那些訴說成長故事的管理者，如果拒絕擴張規模所需的投資，即使這些投資在財務上合理，也會削弱其故事的可信度。

3. **相符的籌資與現金返還：**

在探討籌資和股利政策的章節中，我曾指出，隨著企業老化，這兩項政策也會隨之轉變：從早期階段的不舉債，過渡到成熟階段的增加舉債；以及從年輕階段仰賴權益資金挹注，過渡到成熟階段的大規模股利發放與實施庫藏股。

一個接受企業老化的管理階層，將會依照這個劇本行事：在經營年輕成長企業時會避免舉債，或僅在別無選擇時才舉債；在企業邁入成熟階段後，則會提高舉債水位，同時實施庫藏股，將現金返還給股東，就像成熟企業的管理階層那樣。

4. **對故事買單的投資人：**

在第 14 到第 17 章中，我探討了偏好風險與成長特性不同的投資人，會如何選擇處於企業生命週期不同階段的公司。**當企業對自己在生命週期中的位置保持坦然，它們通常會吸引理念相近的投資人**，這將有助於企業持續維持合理且一致的經營政策。

事實上，這類企業將會排斥那些偏好與其生命週期階段所能提供價值不相符的投資人——即使這麼做可能導致短期內股價下跌。相反地，那些為了吸引資金，而尋求本身無法滿足其期望的投資人之企業，往往是在為未來的失敗與摩擦埋下伏筆。

例如，年輕的成長型企業如果刻意吸引偏好現金股利的投資人，或是成熟企業吸引追求高盈餘成長的投資人，都會在公司與投資人之間製造壓力，導致雙方的處境變得更糟。

簡單來說，當管理階層願意接受其所管理的公司在企業生命週期中的位置時，無論在營運還是財務決策上，都不會操之過急或過度擴張。他們不會對成長與獲利表現做出過高承諾，而是會尋找那些對公司所能實現的成果感到滿意、甚至願意為此支付溢價的投資人族群。

為什麼接受老化這麼難？

接受一家公司在企業生命週期中的所處位置，能讓管理變得更簡單，也更不容易犯錯，然而對許多企業而言，這樣的接受仍難以實現，因為他們的管理階層在擬定計畫與採取行動時，往往與企業實際所處的生命週期階段脫節。

造成這種脫節的原因有很多：

1. **無趣感：**

毋庸置疑，掌舵一家成長中的公司，遠比掌管一家成熟或衰退企業來得令人興奮。就像飛蛾撲火一般，成熟甚至衰退企業的管理者，也常被成長所帶來的刺激與熱度所吸引。

2. **希望：**

人類與生俱來就傾向樂觀，總抱持著情況會好轉的希望，而許多成熟與衰退企業的管理階層也相信，他們只是遭逢外部環境或特殊事件的短暫受害者。他們往往相信轉機就在眼前，足以讓他們逆轉情勢，或至少讓企業的老化進程暫停下來。

3. **管理階層的誘因：**

在上市公司，尤其是處於成熟或衰退階段的公司，管理階層的誘因與利益往往與股東不盡相同。如果其薪酬與盈餘或營收的絕對數值，或這些數字的成長幅度綁定在一起，管理階層就會有動機去追求成長，即使這樣的成長代價過高，最終會讓股東蒙受損失。

4. **同業團體的壓力：**

即使管理階層能克服前述各種接受現實的障礙，如果想持續走在接受企業現況的經營路線上，仍會面臨另一層挑戰，特別是當他們所屬產業中的多數競爭者仍在積極追求成長時更是如此。

當管理階層對營收成長不再懷抱野心，並縮減對事業的再投資規

模，他們所經營的公司就會在同業團體中顯得格格不入。隨便一位分析師都可能將高成長等同於高估值，進而將這類成長落後的企業貼上負面標籤，而採信這種邏輯的投資人則可能壓低公司股價，進一步對公司施壓，要求其跟上同業腳步。

最後，商業世界存在一套生態系統，會對那些接受自己已進入成熟或衰退階段的公司施加壓力，迫使它們改變觀點。雖然這麼說可能顯得有些悲觀，但我仍要指出，**管理顧問與銀行家所賺取的諮詢費中，有很大一部分來自於他們能說服企業，相信自己可以逆轉老化過程，並促使企業據此採取行動**。

接受老化的範例

那些能接受自己在企業生命週期中的所處位置，並據此做出經營決策的企業——尤其是在成熟或衰退階段——實在少之又少，這正好證明了在企業界，反對接受老化的力量有多強大。

換句話說，即使某些產業已出現明確、無可否認的衰退跡象，個別企業仍抱持成長的企圖——儘管這樣的成長從未真正實現。

其中一個違反這種普遍趨勢的例子，是俄羅斯鋼鐵公司北方鋼鐵（Severstal）。面對全球鋼鐵產業獲利能力的崩跌，該公司在 2011 年至 2016 年期間，剝離了大部分非俄國本土的資產，轉型為規模較小但獲利能力更強的企業，如圖 19-1 所示。

圖 19-1｜北方鋼鐵的營收、營業利益和營業利潤率

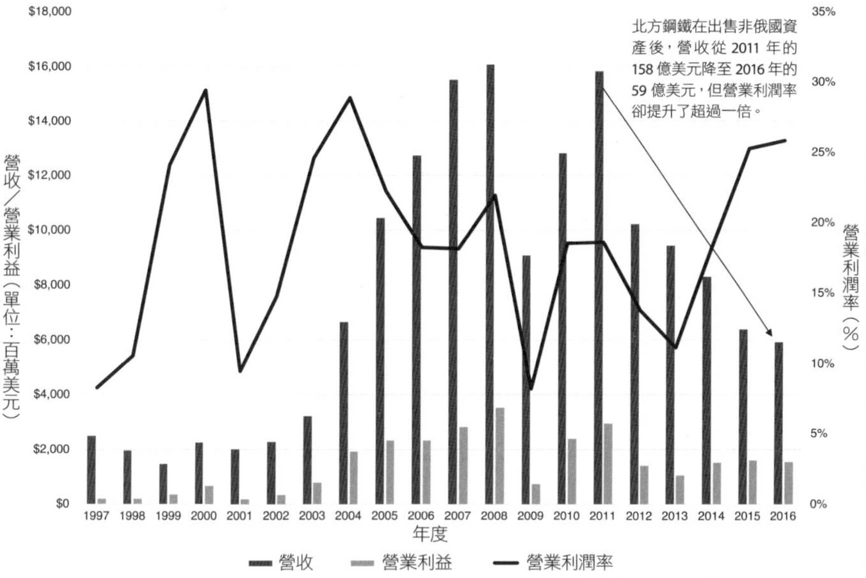

北方鋼鐵在出售非俄國資產後，營收從 2011 年的 158 億美元降至 2016 年的 59 億美元，但營業利潤率卻提升了超過一倍。

如你所見，在 2011 年至 2016 年期間，隨著北方鋼鐵出售了大部分非俄國本土的營運業務，營收縮減了超過 60%，只剩下明顯更具獲利能力的本土市場。最終結果是，北方鋼鐵透過這些行動，**轉變為一家規模雖小得多，但獲利能力更強，也更有價值的公司**。

對大部分公司來說，接受老化往往是在嘗試過更具雄心的計畫、試圖重拾成長與逆轉老化之後，才會發生。奇異正是一個典型例子，說明管理階層得付出多大的代價，才會走向接受現實的那一步。

這家公司在進入二十一世紀時，擁有輝煌的過去與成功歷史。然而，在本世紀的大部分時間裡，奇異一直在努力讓旗下橫跨多個地區的多元業務取得成功，卻屢屢受挫。

2001 年，傑夫‧伊梅特從傳奇前任執行長傑克‧威爾許手中接下奇

異的領導棒。威爾許是將奇異打造為企業巨獸的關鍵人物，而伊梅特則承受著不小的壓力，不僅得維持這家龐大企業的完整，更要延續威爾許所開創的併購與成長路徑。

到了 2017 年伊梅特卸任時，奇異已明顯走向崩潰邊緣，但這家公司仍又歷經兩任執行長與 3 年的經營困境，才正式宣布將分拆自身業務，轉型為一家規模更小的公司。

接受老化的決定性因素

若要理解北方鋼鐵為何能如此迅速地回應鋼鐵市場的經濟變化，而奇異卻花了數十年之久，值得進一步探討的是：究竟哪些因素決定了一家公司是否能快速走向接受現實的階段，以及能否據此果斷採取行動。

1. 是否有切身之痛：

能夠迅速因應外部環境變化的企業，往往具備一個共通特徵：**它們不是私人企業，就是家族持有的企業；即使是上市公司，其管理階層通常也持有相當比例的公司股份。**

以北方鋼鐵為例，該公司在 2011 年至 2016 年期間由亞歷謝・莫爾達紹夫（Alexey Mordashov）個人持有多數股權，並掌控公司經營決策。相比之下，奇異的股東結構主要由機構法人組成，高階管理階層所持有的流通股比例極低。

2. 營運困境要夠久：

當公司出現營運表現不佳的情況時，許多管理階層的第一反應，往往是將原因歸咎於特殊事件或宏觀經濟環境，並選擇繼續沿用既有且曾經有效的商業實務。但隨著營運困境持續多年，這類藉口就越來越難以為繼，真相終究會浮上檯面。

3. 要有投資人施壓：

對於那些已進入成熟或衰退階段、但管理階層仍拒絕承認現況的公

司而言，若有投資人施壓要求改變，往往能加速其接受現實的過程。也正因如此，市場中有行動派投資人的存在是一件好事——他們會質疑管理階層，並要求其負起責任。

由於這項原則正是公司治理的核心，因此在公司治理健全的市場中，相較於治理薄弱、甚至完全缺乏治理機制的市場，更不容易出現那些拒絕根據本身企業年齡行事的公司。

4. **市場氛圍與動能：**

在市場情緒高漲、股價上揚的好時期，企業往往會覺得自己資源充裕，即使身為一家成熟或衰退企業，為了追求成長而投入不良投資，其代價也可能被市場忽視。然而，當市場氛圍轉變、股價下跌時，這種緩衝很快就會消失，企業的弱點與限制也就更容易被揭露出來。

5. **舉債的運用與管道：**

在 1980 年代，第一波槓桿收購[1]（leveraged buyouts）席捲市場時，經濟學家麥可・詹森（Michael Jensen）曾主張，對某些企業而言，舉債可以發揮約束力的效果。雖然他並未明確提到企業生命週期，但他的觀點是：**成熟與衰退階段企業的管理階層，在做投資決策時會比以往更有紀律。**

言下之意是，他認為當這些企業提高舉債、承擔起契約上必須償付的利息負擔時，管理階層就更不可能任意擴張、投入那些本質上是不良的投資標的。

---

[1] 譯注：槓桿收購（leveraged buyout，簡稱 LBO）是指以大量舉債資金來收購一間公司的交易模式，通常由私人股權公司進行，並以被收購公司的資產作為擔保還款。1980 年代為此類交易首次大量出現的時期，因此被稱為第一波槓桿收購浪潮。

總之，當公司已進入成熟或衰退階段，而管理階層對企業沒有太多切身利害關係，又缺乏來自投資人的改革壓力時，這些公司很可能會拒絕按照其企業年齡行事。它們會像成長型企業那樣繼續投資，不僅讓股東越來越貧困，還會白白耗盡本可由年輕、具成長潛力的企業更有效運用的資金。

對抗老化的方法

反對企業接受老化現實的力量極為強大，因此也就不難理解，為何多數面臨成熟或衰退階段的企業，會試圖設法阻止老化、甚至逆轉年齡趨勢。在某些案例裡，它們確實成功了，不僅為股東帶來可觀報酬，也讓高階管理者聲名大噪；但在另一些案例中，企業則以崩解收場，將多年累積的價值一舉摧毀。

刷新、翻新，與重生

對抗老化雖然困難，但至少在企業生命週期裡，這是可能實現的。

在本節中，我將探討企業為了逆轉老化所採取的各種行動，首先是「刷新」（renewals），指的是企業試圖修補既有事業，使其重新恢復成長；接著是「翻新」（revamps），即企業將事業延伸至新市場與新產品；最後是「重生」（rebirths），指企業澈底改變其事業架構，期望能重新啟動企業的生命週期時鐘。

我必須承認，「刷新」、「翻新」與「重生」之間的界線往往模糊，而某些企業行動——例如併購——可能同時落入多個類別。一家公司起初可能只是採取了刷新或翻新的行動，但隨著時間推移，也可能最終走向重生。

- **刷新**

在一場「刷新」行動中，企業大致保留原有的事業架構，即便這些事業已步入成熟、甚至開始衰退，但會透過改革來促使其重返成長，至少是在短期內達成成長目標。「刷新」屬於企業可採取的各種逆齡行動中最為溫和的一類，其好處是若行動失敗，所帶來的代價相對較小。

- **刷新的行動**

這類型的行動涵蓋範圍很廣，從僅止於表面、對實質內容影響不大的形式改變，一直到更具體的調整，例如改變產品的製造方式、行銷策略，甚至改變顧客對產品的認知。

1. 企業改名：

企業有時會因各種原因更改名稱，而當這種改名是為了改變大眾對公司的觀感，或是為了拓展市場版圖時，便可歸類為一種「刷新」行動。

由於企業通常投入大量資源來建立品牌辨識度，放棄一個已廣為人知的名稱，顯然需要付出不小的代價；但在某些情況下，改名所帶來的效益可能足以超越這些成本。

- **拓展或更新產品組合：**

當企業的名稱限制了其產品與服務的市場空間，而改名能有助於拓展市場時，這樣的改名就有其合理性。其中一個例子是波士頓雞肉（Boston Chicken），這家公司將原本僅供應雞肉的速食產品線擴展至多種其他食品，為了反映其產品組合的多樣化，便將名稱改為波士頓市場（Boston Market）。

- **有毒的關聯：**

有時候，企業名稱可能因媒體報導或公司本身的行為而染上負面形象，這種「毒性」會削弱公司經營事業的能力。舉例來說，全球最大的菸

草公司菲利普莫里斯（Philip Morris）將名稱改為奧馳亞（Altria），部分原因就是希望藉由改名，降低與致癌產品的連結，以及淡化外界對其曾經隱瞞吸菸危害事實的負面印象。

同樣地，這或許也部分說明了為什麼臉書（Facebook）──這個全球最具知名度的企業名稱之一──在歷經多年負面新聞後，決定將名稱改為 Meta。

•**熱門產業：**

在 1990 年代的網路熱潮期間，以及近 10 年社群媒體的蓬勃發展中，許多企業透過改名來重新包裝自己向投資人與消費者所講述的企業故事，藉此讓公司看起來像是熱門產業的一員。

有研究發現，1990 年代只要公司名稱中加上「.com」，即便實際營運毫無變化，其股價也會因改名而大幅飆升。

2. 策略性的改造：

「策略」這個詞本身帶有模糊性，在我看來，它經常被用來為那些無法用數字合理化的決策辯護。儘管如此，指引公司在投資、融資與股利政策上做出選擇的那套藍圖，本質上仍屬於策略層面；而藍圖的改變，通常也意味著公司做出這些決策的依據將有所轉變。

對於一些面臨低成長前景的公司來說，改變未來的第一步，往往是向投資人與消費者清楚呈現其計畫進行的改革藍圖。外界的反應，很大程度上取決於提出這些改革構想的管理階層是否具備可信度，而若是由新任執行長與管理團隊來宣示改革，通常比原有管理團隊更具說服力。

例如在 2013 年，阿爾卡特－朗訊（Alcatel-Lucent）任命米歇爾・康柏（Michel Combes）為新任執行長後宣布，將公司重心從電信設備轉向網路與寬頻產品，消息一出，股價立即上漲了 7%。

3. **重塑行銷與品牌：**

在某些案例裡，企業重返成長的契機，來自於用不同的方式行銷既有產品或服務，期望能讓現有顧客購買更多，或吸引新的顧客加入。這種做法較常見於消費性產品公司，尤其是在品牌名稱與消費者對產品的觀感——而非產品與競爭對手之間實質差異——決定市占率與成敗的情況下。

這套策略曾成功應用於 Abercrombie & Fitch（A&F），這家公司原本是一間銷售戶外裝備的品牌，但在 1990 年代透過極具效果的行銷操作，成功轉型為年輕人逛商場時的熱門品牌。

4. **重新設計產品：**

對某些品牌老化的企業來說，成長回升的關鍵在於重新設計其產品與服務，讓它們能吸引不同的顧客族群。這正是樂高（Lego）在 2003 年所走的路線。

當時樂高的核心產品在公司成立以來大多未曾改變，但它開始推出以電影為主題的產品套裝——例如《星際大戰》（*Star Wars*）、漫威（Marvel）英雄電影，以及自家的樂高電影等——也開發針對遊戲愛好者的版本，例如樂高 Minecraft 等，藉此為品牌注入新生命。

為求平衡，也值得一提的是，可口可樂在 1985 年也曾走上相似的路線，推出「新可口可樂」（New Coke），結果卻導致災難性的後果。

• 刷新的報酬

多數面臨成長趨緩的企業，通常都會擬定刷新計畫。雖然其中有些企業確實成功了，但也有許多案例即使投入數百萬、甚至數十億美元，最終仍收效甚微。我會主張，刷新計畫能否成功，以及成功的程度，取決於以下幾個關鍵因素：

1. 表面改革 VS. 實質改變：

企業如果只做出表面改革，例如更改公司名稱，的確可能對投資人觀感產生短期影響，但在我看來，這類影響終將隨時間消退。

好比 1990 年代末期，有些公司只要在名稱中加上「.com」，股價便會飆升；但到了 2001 年網路泡沫破裂時，這些漲幅幾乎全數蒸發。像阿爾卡特－朗訊這類透過宣布策略改革計畫，而引發股價正面反應的情況，若最終沒有落實與該計畫一致的營運改革，不僅先前的股價上漲會逐漸回吐，管理階層的可信度也會受損，進而削弱其未來推動改革的能力。

2. 股價導向 VS. 營運導向：

相關觀察顯示，許多正在推動刷新計畫的上市公司，其重點與其說是落實營運上的實質改變，以提升成長與企業價值，**倒不如說是致力於說服投資人：變革即將發生，且這些變革將會帶來價值提升。**

雖然我理解投資人為何需要參與整體刷新過程，但一項刷新計畫若能更扎實地建立在能真正創造價值的營運改變之上，企業重返成長的機率就會更高。

3. 個別行為 VS. 從眾行為：

在某些案例裡，刷新的動力來自於某間正面臨困境的個別企業，而其所處的產業整體仍表現良好；但在其他情況下，這是整體產業的集體性問題，許多甚至大多數公司同時遭遇營運挑戰。

當問題是公司特有，而非整個產業普遍現象時，刷新計畫會比較容易規劃，原因很簡單：**如果同一產業中有許多公司同時面臨成長放緩，它們所構思出的刷新策略往往會大同小異**，這便會削弱最終成效。

例如，當亞馬遜顛覆零售業時，多數實體零售商的刷新計畫幾乎如出一轍——通常包括削減現有門市成本、加強發展線上零售——結果反而稀釋了各自的效益。刷新計畫的重要啟示是：如果你的策略具備原創

性、有別於他人，並且建立在公司自身獨特優勢之上，成功的可能性將會大幅提高。

4. 老顧客 VS. 新顧客：

出於對吸引新顧客的強烈渴望，企業有時會做出讓既有顧客感到疏離的改變，最終為公司帶來淨負面的影響。例如，美國服飾公司 Gap 在 1990 年代面臨成長放緩時，決定重塑品牌，以吸引年輕且更具時尚感的客群，但在這個過程中，卻流失了原本構成其核心市場的老顧客。

整體而言，那些導致企業核心市場出現轉變的刷新計畫，相較於以核心市場為基礎所制定的刷新策略，其風險往往更高。

· **翻新**

在企業為對抗老化而採取的一連串行動中，「翻新」所需的變革幅度比「刷新」更大。這一點並不令人意外，因為若翻新成功，雖然執行成本較高，但所帶來的正面報酬也往往更可觀。

在本節中，我將探討那些正逐步邁入成熟或衰退階段的企業，可以採取哪些方式來進行自我翻新。

· **翻新的行動**

在一場「翻新」行動中，**企業會透過引進新產品來強化其產品組合，或從現有市場擴展至全新的市場**。在某些案例裡，這也可能包含改變商業模式，藉此在原有產品與服務的基礎上創造更佳的營運成果，甚至帶動更高的成長率。

1. 新產品／服務：

當一家公司因競爭或產業顛覆而面臨成長停滯，有時可以透過擴充產品或服務內容，重新找回成長的道路。

例如，隨著報業失去原本仰賴的廣告收入，轉而被線上廣告商攫取，

《紐約時報》（*The New York Times*）則憑藉自身優勢打造出線上內容平臺，成功找到存續甚至成長的模式。

Lululemon 的嘗試仍在進行中——這家公司原本受惠於女性運動服飾市場的成長，但隨著競爭加劇，成長趨緩，Lululemon 目前正試圖透過推出男女皆宜的休閒服飾，重新定位自身。

2. 新市場：

對某些企業來說，重拾成長的關鍵在於為其產品開拓新市場，無論是為既有產品找到新的顧客族群，或是在新的地理區域實現擴張。

前者的例子是美國食品製造商 Goya。在 1980 年代之前，該公司主要服務美籍西班牙裔市場，後來透過更積極地將產品行銷給非西班牙裔顧客，成功帶動了成長。

後者的範例是印度的巴賈吉汽車（Bajaj Auto），該家公司原本專注於在本土市場銷售速克達，後來藉由全球化擴展到其他地區，進一步延續了其成長動能。

3. 新商業模式：

在某些情況下，企業可以透過調整用來製造與銷售產品或服務的商業模式，來改變本身的成長軌跡。以 Adobe 為例，這家歷史悠久的軟體公司在 2013 年將其原本採用的一次性銷售與更新模式，轉變為訂閱制模式。這項轉型不僅讓 Adobe 重拾成長動能，也使其營收變得更加穩定。

值得注意的是，這些翻新選項並非互斥關係；一家公司可以同時推出新產品、拓展新市場，以及／或採用新的商業模式——只不過一次嘗試太多方向，仍存在過度分散的風險。

• 翻新的報酬

翻新能帶來報酬嗎？這個問題的答案，同樣取決於翻新的本質，以及

企業在實施翻新時，能否有效發揮自身的競爭優勢。不妨回顧上一節提到的那些成功案例，思考它們之間有哪些共通之處。

1. 雖然大多數其他報業嘗試轉型線上都以失敗告終，《紐約時報》卻成功打入線上市場，原因在於其內容建立在無可匹敵的優勢之上——包括遍布全球的記者團隊、擁有大量讀者的專欄評論家，甚至連益智內容（例如填字遊戲與 Wordle 等線上猜字遊戲）也成為吸引力的一部分。相較之下，多數地方性與全國性報社這些年來為了削減成本，大幅壓縮原創內容，導致它們在線上幾乎沒有什麼能吸引讀者的東西。
2. Goya 在 1980 年代成功擴大市場，是因為它在美國市場是少數具有代表性的西班牙食品製造商之一，而且在其核心市場擁有高度的品牌辨識度。簡單來說，由於 Goya 的血統純正，消費者之所以更傾向購買 Goya 的罐裝黑豆，而不是湯廚（Campbell）或卡夫（Kraft）推出的類似產品，正是因為 Goya 所代表的品牌背景與文化血統所帶來的信任感。
3. 對巴賈吉汽車來說，位於印度的製造廠具備較低的成本結構，使它在競爭中占有優勢，特別是在面對義大利或日本的速克達製造商時更是如此。這也說明了為何巴賈吉能夠在全球市場迅速搶下市占率。
4. 對 Adobe 來說，訂閱制之所以能迅速受到市場接受，是因為其軟體原本就已在市場上占據主導地位，而旗下產品（例如 Photoshop、Acrobat 等）也大幅受益於整體使用者行為往線上的轉變。

這裡值得記取的教訓是：當企業規劃翻新行動時，必須從評估自身的護城河（即競爭優勢）與既有強項開始，並在開發新產品／服務、進軍新市場，或打造新商業模式的過程中，設法善用這些優勢。

許多企業和投資人在評估成長計畫時常犯的一個錯誤，是**過度關注**

企業所鎖定的市場規模，而忽略了公司本身是否具備能夠實際搶下該市場份額的獨特優勢。這個教訓在當前人工智慧（AI）成為熱門話題、每家公司都聲稱正開闢 AI 獲利之道的情況下，更顯得值得牢記。

• 重生

在「刷新」中，企業試圖運用既有的產品與商業模式，透過品牌重塑與重新設計產品來開拓新的成長機會；在「翻新」中，企業則走得更遠，靠新產品與服務、新市場及新商業模式來推動成長；而在「重生」中，企業則是澈底改造自身，轉型為一家全新的公司，其事業可能與原本的業務大相逕庭。

• 重生的誘惑

中文有句老話：「生老病死。」這是對人類現實的一種提醒，但畢竟不太能振奮人心，也難怪許多人總想逃離這套規律。幾乎所有宗教都提供一種可能的解方：來世的存在，而且往往與你是否遵循該宗教戒律巧妙綁定。

對於即將步入生命週期終點的企業來說，這條路顯然行不通，畢竟並不存在什麼企業天堂（除非你把登上哈佛個案研究當成一種升天），或企業地獄（雖然破產法庭可能非常接近）。

另一個選項則是重生或轉世，也就是企業成功重新定義自身。畢竟，許多經歷重生的故事都讓我深受鼓舞——比方說從運動員轉型為成功企業家的名人，或從演員變成總統的傳奇人物。就這一點來說，企業其實比個人更具優勢，因為企業作為法律實體，能在保有法人身分的同時，徹底改造自己、重新出發。

有些企業成功打破了企業生命週期的宿命，擊退衰退，重生成為成功的事業。我想到兩個例子：IBM 在 1980 年代從巔峰滑落，卻在 1990

年代重獲新生，成為一家健康且有獲利能力的公司；蘋果則從 1997 年的低潮一路反彈，在 2012 年登上全球市值第一的寶座。

當我想到這些企業與其他類似案例時，值得注意的是——光是我能夠一一舉出它們的名字，就說明這些企業是少數的例外，而不是普遍現象。

儘管這樣的現實令人警醒，深入剖析這些成功故事依然很有價值，不只是為了理解它們為何能夠成功，也有助於我建立一套前瞻性的標準，未來在投資時派得上用場。

・成功重生的要素

在開始之前，我必須坦承，我對這個題目的探討抱持著一點不安。首先，我不是企業歷史學家，也不是企業策略專家，因此我很清楚，當我試圖列出「重生」的標準時，勢必會有遺漏。

其次，我對於從軼事式的證據中歸納重大結論這件事，一向持保留態度，因為這麼做非常容易導致錯誤的判斷。儘管如此，我仍在那些成功實現重生的企業故事中，觀察到一些共通的因素：

1. **接受舊招不再管用：**

   企業若想實現重生，必須先承認一個事實——那些**曾經帶來成功的舊方法，如今已經不再有效**。正如我在本章前面提過的，這種認知既不容易，也無法一蹴可幾；而一家企業的歷史越悠久、根基越深，要達成這種接受所需的時間通常也越長。

   以 IBM 為例，在 1980 年代晚期，該公司歷經數位執行長，幾乎將「否認現實」發展成一門藝術，差點讓公司走向邊緣化。真正的接受，也不能只是口頭說說而已，還必須伴隨具體行動，證明公司確實願意捨棄過往的一大部分。

2. 改變的推動者：

這句話聽起來老套，但改變確實得從高層開始。IBM 的重生，其實是從 1993 年由路易斯・葛斯納（Lou Gerstner）出任執行長後才真正展開；而在蘋果，帶來轉變的推動者顯然是賈伯斯——這位曾因缺乏經營重點，而在 10 年前被蘋果趕走的人，於 1997 年回鍋擔任執行長。

如果說每一次改變都必須仰賴外部人士來推動，未免過於簡化，因為也有些企業的內部老將，即便在公司待了一輩子，仍願意打破舊局、重新出發。不過可以確定的是，這些推動改變的人通常都不是畏首畏尾之輩，他們已準備好挑戰現狀、推翻現有體制。

3. 改變的計畫：

指出現行方法已不再奏效固然重要，但如果缺乏一項新的使命與明確重點，這樣的認知就毫無意義。在 IBM，葛斯納上任初期就改變了整家公司（包括員工）的心態，而考量到 IBM 過往做法有多根深蒂固，這確實是一項非凡成就。

來自菸草公司 RJR 納貝斯克（RJR Nabisco）的他，不僅帶來了顧客導向的思維，也展現出願意放下 IBM 過去錯誤的態度（還有人記得 OS/2[2] 嗎？），這讓他得以重塑現代版的 IBM。

至於賈伯斯，他讓蘋果員工震驚的是，他竟然與一向勢不兩立的微軟達成和解——作為條件，微軟投入 1.5 億美元現金，並承諾持續為 Mac 開發 Office 軟體，而賈伯斯則實質上給了微軟一張「免責卡」，讓微軟可以借鑑 Mac 作業系統來更新 Windows。

賈伯斯正是利用這段協議所換得的喘息空間，把蘋果重新定位為一

---

2 譯注：OS/2 是 IBM 與微軟在 1980 年代合作開發的作業系統，原本預期會取代 MS-DOS，但因雙方分歧與 Windows 的崛起而失敗，成為 IBM 歷史上的一項重大失策。

家娛樂公司，而不再只是電腦公司。接下來的故事，就如同人們所說的——歷史自此展開。

4. 根據公司的優勢來打造：

如果說刷新、翻新和重生之間有什麼共同主軸，那就是企業在嘗試自我再造、轉型為全新事業時，必須根據自身的優勢來打造。

微軟在納德拉的帶領下，能夠成功跨足雲端產業，背後推動力正是微軟軟體工程師的技術專長；同樣地，蘋果在賈伯斯主政時期智慧型手機業務的成功，也建立在該公司在設計能力與專有作業系統方面的強項之上。

5. 重新改造既有事業：

在許多公司裡，重生意味著必須放棄既有產品事業所帶來的營收與盈餘，而負責這些事業的人勢必會提出反對，主張「蠶食效應[3]」是新事業進展緩慢的原因。

正是這種行為，讓克雷頓‧克里斯汀生（Clayton Christensen）主張，產業中的破壞幾乎總是來自沒有包袱的新進者，而不是產業中規模最大、最成功的參與者。重生如果要成功，關鍵在於負責轉型的決策者必須具備「破壞者心態」，並且有一位能夠保護他們、不讓他們受到既有事業負責人強烈反彈所干擾的執行長。

6. 運氣：

儘管我很樂意將企業重生的成功歸功於卓越的能力，並將失敗歸因於管理不善，但不可否認的是，成功重生的 X 因素[4]之一就是運氣。

3　譯注：蠶食效應（cannibalization），指企業推出新產品時，該產品搶走了自家既有產品的顧客或銷售量，導致整體營收未必提升、甚至可能下滑的現象。

4　譯注：X 因素（X factor），指難以具體量化、但對結果有關鍵影響的因素。

葛斯納運氣不錯，因為他是在 1990 年代推動 IBM 改革，那是整體經濟高度成長的 10 年，對科技公司而言尤其如此。賈伯斯的運氣則來自競爭對手的無能——他們過度執著於既有的營運模式（音樂公司依賴 CD 銷售音樂、手機公司把手機當作市話的延伸），對蘋果的創新要不是完全沒反應，就是反應太慢。

我很確定這不是一份完整的清單，裡面一定遺漏了一些項目，但它可以作為起點。那些陷入價值陷阱、甚至注定成為行屍走肉的企業，只要能找到重生之路，就有機會變成絕佳的投資標的；1993 年買進 IBM 股票，或 1997 年買進蘋果股票的投資人，都因這些企業的重生而大賺一筆。

你也可以把這當作一項投資練習：列出股價長期停滯的企業清單，檢查它們是否具備重生的必要條件——是否已接受舊方法已經失效（而且在投資、籌資與股利決策上，已有實質證據作為佐證）、是否有新的推動者（新的高階管理者）、是否已經轉移經營重心（並已採取具體行動）。

至於最後一項——運氣——就無法評估了，不過你也可以參考星座運勢，或看看杯底茶葉渣的形狀，說不定能幫你做出正確的選擇。

重生失敗：急遽下跌、暴斃與殭屍企業

對每一家進入成熟或衰退階段的企業而言，夢想都是能找到一條刷新、翻新或重生之路；但為了實現這個夢想所採取的種種行動，有時卻可能導致惡夢般的結局——企業從原本的營運軌道劇烈下墜，甚至在某些案例中被迫關門大吉。

在本節中，我將探討企業面臨的這些「壞結局」，以及解釋為什麼有些企業比其他企業更容易走向這樣的命運。

• **急遽下跌**

有些企業原本看似擁有長期且穩定獲利的前景,卻突然急轉直下,從成長期或成熟期迅速滑落至衰退狀態。導致企業急遽陷落的原因有很多種,其中有些相對容易防範,有些則難以抵擋。

1. **個人主導:**

假如一家企業是圍繞某個具有人格特質的創辦人執行長建立,例如這位領導者既是公司對外的門面人物,又在所有重大決策中扮演主導角色,那麼這家公司就暴露在一種風險之下:**一旦失去這個人,公司的價值可能會下降,有些情況甚至無法挽救。**

我對投資特斯拉的顧慮一直在於此,這家公司是由一位特定的個人打造與培育而成,公司利益與執行長的利益緊密相連,因此,任何看好這家公司的股東,其實是在同時押注特斯拉與伊隆‧馬斯克。

反觀微軟的比爾‧蓋茲與亞馬遜的傑夫‧貝佐斯,他們雖然也是極具代表性的領導者,但他們建立了市值數兆美元的企業,也打造出能在他們離開後繼續運作的專業管理團隊。

在小型企業中,尤其是那些圍繞個人服務建立的公司,這種情況被稱為「關鍵人物效應」(key person effect),這類企業的價值往往取決於該關鍵人物是否還在。

2. **政治關係:**

這個世界某些地區,一家企業最強的競爭優勢之一,可能就是它的政治關係,可藉此取得營運執照,或取得擴張與併購的批准。當這些關係是與當權者建立時,更能被用來推升企業的成長與獲利能力。但這裡有個警訊:**一旦企業被認定是靠與特定政治勢力的關係才得以順利經營,那麼假如政權更替或者這層關係弱化,公司就可能面臨風險。**

以滴滴、阿里巴巴與騰訊為例,這些在中國營運的大型、極為成功的

企業，長期以來估值之所以高，正是基於中國政府對它們抱持友善、給予支持與補貼的預期。然而在過去幾年來，中國政府從盟友轉為對手，這些公司的營運指標與市場估值也隨即急遽下跌。

3. 成功太過集中（產品、地區、顧客）：

有一些大型且非常成功的企業，其營運表現與市場成功可以追溯至一、兩項產品，或是少數幾個非常大型的顧客。這種集中性或許能降低行銷成本，並帶來較可預測的營收與獲利，但只**要這些關鍵產品或顧客遭遇威脅**，就可能導致獲利能力與企業價值急遽下跌。以我身為蘋果股東為例，我會擔心蘋果的企業價值過度依賴單一產品 iPhone，使它暴露在崩盤風險之中。

4. 事業中斷：

企業急遽下跌的前三個因素多半是自找的，但也有一些外部力量，會讓營收大幅衰退，我可以大致將這些力量歸類為「事業中斷」（disruption）。

舉例來說，想想 2008 年紐約計程車業的營收，當時計程車幾乎壟斷了汽車載客服務。一張紐約市營業用的黃牌計程車牌照（medallion）要價超過 150 萬美元，持有者之所以認為這價格合理，是因為這行業有高度的進入門檻。但當 Uber、Lyft 和其他共乘平臺出現，整個計程車業瞬間被澈底重創，黃牌牌照的市價也跌至不到 15 萬美元。

5. 天災：

在人類歷史的大部分時期，企業面臨的最大威脅來自天災——像是洪水、火災與颶風，往往會摧毀原本蓬勃發展的企業。隨著保險與風險管理工具日益精密，有些人以為這些風險早已是過去式，但 2020 年的新冠疫情，以及進而導致的封城再次提醒我們，這類風險依然存在。

多數在疫情期間營運趨緩的企業，或許可以期待疫情過後逐步復甦，但有些企業，例如郵輪業者，所受的打擊可能會持續很長一段時間。

顯然，企業確實可以針對前面提到的前三種風險因素採取具體行動，以降低急遽下跌的風險。他們可以不再依賴單一領導者，轉而建立高階管理團隊；避免與政治光譜中的任何一方走得太近；並讓產品組合與顧客基礎更加多元化。不過，在這個過程中，他們可能必須在短期內犧牲部分獲利，有時甚至是相當可觀的獲利。

對於天災或難以預料的破壞，企業或許無法做太多防範，但仍可以透過打造更具韌性的商業模式來提升抵禦力。請注意，當營收毫無預警地急遽下滑時，那些固定成本高、負債又重的企業所面臨的風險最大。如果能建立更具彈性的成本結構，讓成本隨著營收下滑而迅速縮減，將有助於企業撐過重大衝擊。

• 暴斃

企業在高成長或成熟階段，會不會突然暴斃？這種情況不常見，但確實可能發生，而造成這種災難的事件，可能來自企業內部，也可能源於宏觀層面的發展，或是兩者交互作用的結果。

企業失敗屢見不鮮，但在大多數情況下，這些失敗通常是因為核心業務長期衰退，或因為過度舉債、追求速成所導致。而「暴斃型」企業的特徵，在於**他們的失敗往往發生在企業生命週期的成長階段或成熟階段**。

我可以至少指出導致企業暴斃的三個原因，儘管我相信一定還有其他我沒列出來的因素：

1. **處於訴訟中的被告險境：**

過去這幾十年來，我曾多次指出，一家正值成長、獲利良好，且市場高度評價其業務的公司，若面臨一樁大規模訴訟，對其主要資產提出求償，或指控其銷售的產品與服務對消費者與社會造成重大損害，都有可能一夕之間失去一切。

以石綿為例，這是一種輕量建材產品，但長期接觸會導致癌症，其相關訴訟曾讓全球石綿龍頭約翰曼菲爾公司（Johns Manville）於 1981 年宣告破產。在菸草與製藥產業中，訴訟成本已是家常便飯，因此這些產業的企業往往會在商業模式中預先納入這類風險，或試圖加以對沖。

2. 監管行動：

在金融服務與電信產業，企業必須獲得監管機關的核准，才能持續營運；一旦違反監管規範或限制，後果不僅是遭受處分、甚至可能被勒令停業。在 2008 年金融危機期間，有些銀行因為監管資本[5]（regulatory capital）不足，無法繼續營運，遭到強制關閉，或被迫與其他銀行合併。

3. 詐欺與犯罪行為：

企業暴斃的第三個原因，是詐欺行為，無論是法律層面的詐欺還是會計上的詐欺，指的是企業多年來持續誤導甚至欺騙投資人與消費者，而這些謊言最終東窗事發。想想安隆（Enron）在 1990 年代的惡劣行徑，這家公司曾經市值高達 700 億美元，但在醜聞爆發後，迅速變成一間沒有資產、沒有業務的空殼公司。

企業如何預防暴斃？一個顯而易見的方法，是在限制條件中預留安全緩衝區，讓企業能夠撐過突如其來的衝擊。在銀行業的情境中，經歷 2008 年金融危機之後，審慎經營的銀行已意識到：如果資本水位僅勉強達到監管最低要求，將會讓銀行暴露於暴斃風險之中。

5　譯注：監管資本（regulatory capital）是指銀行依據監理機關規定，為吸收潛在損失所需保留的最低資本水準，通常與資本適足率（capital adequacy ratio，例如 BIS 比率）相關。這些資本須來自銀行自有資金（例如普通股與保留盈餘），而非依賴存戶的存款。

還有一個所有企業都應該牢記的教訓是：**在商業決策中納入「良善企業公民」的約束條件，確實能帶來好處**。簡單地說，有些投資就算能獲利、能創造價值，公司也應該選擇不去做，因為那樣的投資會讓公司逼近合法與非法、正確與錯誤之間的模糊邊界。

• 殭屍企業

雖然我把企業比擬成人類，在生命週期上有許多相似之處，但兩者之間有一個關鍵差異：人類終究會死，不管他們多麼努力想要延續生命；而企業則不同，就算商業模式早已失效，它們依然能苟延殘喘地存活下來，成為商業世界裡的行屍走肉，並對那些對它們有利害關係，或和它們走得最近的人造成傷害。

我在本書中陸續提過這類公司，以及管理階層和投資人的誘因如何讓它們在商業模式死亡後仍繼續營運。簡單回顧一下，它們通常具有以下幾項特徵：

1. **商業模式已然失效：**

公司的商業模式已經走到盡頭，至於導致失效的原因，則因公司而異，可能是管理不當、競爭激烈、宏觀經濟衝擊，或單純是運氣不好。無論原因為何，局勢出現逆轉的希望極為渺茫，更遑論東山再起。其警訊顯而易見，包括營收大幅萎縮、利潤率下滑，以及在新事業、新產品或新投資上的接連失敗。

2. **管理階層根深蒂固，且拒絕面對現實：**

這些公司的管理者，往往一副有能力力挽狂瀾的樣子，不斷砸下更多資金彌補虧損，推出新產品與新服務，聲稱自己找到了企業的不老之泉。他們之所以能繼續撐住，往往是因為公司治理薄弱甚至形同虛設，有時則是因為家族企業的背景，使得這些管理者難以被取代。

3. 幫凶形成的生態系統：

那些拒絕面對現實的管理者，還會獲得一整套幫凶生態系統的助攻——顧問賣他們回春妙方來賺取顧問費、銀行家靠他們鋌而走險的籌資方案賺錢、記者則可能出於無知，或單純因為沒有比一家掙扎求生的企業更有話題性而不斷報導。

4. 有資源可以揮霍：

雖然幾乎所有衰退企業都具備上述三個特徵，但殭屍企業之所以與眾不同，是因為**它們手上還握有足以繼續空轉的資源，並且基於法律、監管或稅務上的理由，被迫繼續營運下去**。這些可用資源可能來自手頭現金、政府提供的救命繩，又或者來自早已失去理智的資本市場。

對投資人來說，投資一家殭屍企業的最大挑戰在於：你無法假設公司管理階層會採取理性的行動——例如做出良好的投資決策、以恰當的債務與權益組合進行籌資，並將不需要的現金返還給股東。

就像我在第 13 章提過的，要務實評估這類公司的價值，你必須預設管理階層有時會做出反常的行為：把資金投入成功機率極低但可能報酬很高的標的（像是買樂透），用奇特的債權與股權組合來籌資（反正企業已經在空轉，也不太在乎會拖誰下水），並且不把閒置現金分配給股東。

如果將這些行為納入估值考量，這類企業的估值自然會更低，而折價的幅度則取決於幾項因素：管理階層與所有權之間的距離（使用別人的錢更容易破壞價值）、管理階層破壞價值的能力（取決於他們可動用的現金或資本，而企業越大，這個能力越強），以及外界對他們的約束力（例如契約條款、限制條件，或行動派投資人的監督）。

在極端情況下，如果管理階層的破壞衝動沒有任何約束，又擁有充裕的時間，他們最終可能會徹底抹去整家公司的全部價值。對價值型投資人而言，這類公司往往是「價值陷阱」——在幾乎所有價值投資的衡

量指標下都顯得便宜,但最終從未兌現承諾的報酬,因為管理階層每一步都在暗中破壞投資計畫。

2011 年 12 月,我寫了一篇有關黑莓(當時公司名稱仍為 Research in Motion)的文章,主張它應該接受現實,認清自己不可能成為智慧型手機市場中的主流競爭者,並安於扮演一個利基參與者的角色。

當時黑莓的市值是 73 億美元,我在文章中主張,黑莓應該放棄推出新的平板電腦或手機產品,改回只推出一款機型(我稱之為「無趣黑莓」〔Blackberry Boring〕),專門鎖定那些高度戒備的企業客戶(這類公司不希望員工用手機上臉書或玩遊戲)。我也建議黑莓擬定一個 5 年的清算計畫,逐步將現金返還給股東。

當時有人批評我有病、過於悲觀,但 3 年後我再次檢視黑莓,發現它的市值已降至 53 億美元。在那篇文章發表後的 3 年間,公司在研發上花了 43 億美元,年營收卻從 2011 年至 2012 年的 184 億美元降到 2014 至 2015 年的 41 億美元,營業利益也從 2011 年至 2012 年的 18.5 億美元,變成 2014 至 2015 年營業虧損 27 億美元。

黑莓的新機型或許在技術上很出色,但智慧型手機市場早已變天,一支手機的競爭力,取決於它能夠連接的應用程式、和周邊配件所構成的生態系統。如果說黑莓在 2011 年就已經無法在作業系統上與蘋果和谷歌一較高下,那麼到了 2015 年這點更是不爭的事實──那時這兩家巨頭,光是用零用錢就能買下黑莓(蘋果的剩餘現金是 1,630 億美元,谷歌是 630 億美元,而黑莓的企業價值僅 41 億美元)。

也許我漏看了什麼,但我實在看不出黑莓在智慧型手機的隧道盡頭還有任何曙光。到了 2015 年,在我看來,黑莓的選項甚至比 2011 年時還要更少,連小眾市場的路線看起來都已經走不通。事實上,如果要將公司剩下的價值變現,我只看見兩條路。

第一,是寄望有財力雄厚的策略型買家,看中黑莓的某些技術價值,

進而收購這家公司。第二則是更激進的想法：在這個世界裡，像臉書、推特和 LinkedIn 這類社群媒體公司擁有龐大市值，每位用戶大約能為公司帶來 100 美元的市值增量，黑莓或許可以考慮把自己重新包裝成一家社群媒體公司，創立一個「黑莓俱樂部」，讓那些擁有黑莓機的用戶持續保持聯繫。

總之，殭屍企業活得越久，問題就會變得越嚴重，能選擇的路也會越來越少。

做出你的抉擇

身為企業的管理者，你必須打的是手中那副牌，而不是你夢想中的那副牌——這種自律，正是優秀管理的核心。

如果你夠幸運，正好掌管一家競爭優勢強、處於成長市場的高成長企業，當然會比經營一家處於衰退產業、競爭優勢所剩無幾又背負沉重債務的公司，更容易取得營運上的成功。這個常識性的洞見，帶來以下幾項啟示：

・衡量管理品質：

在財務分析的訓練中，我學會從財務報表中擷取數據，計算營運指標與比率（例如營收成長率、營業利潤率，以及投資資本報酬率），並利用這些指標，不僅僅判斷企業的營運成果，也評估其管理品質。

值得強調的是，管理品質並不體現在這些比率的水準高低，而是體現在管理階層的存在與作為將如何改變這些比率。有些企業擁有天賦的競爭優勢，例如能夠取得低成本的天然資源，或是擁有百年品牌知名度，在這些企業中，管理階層對成功的貢獻可能微乎其微，甚至可能弊大於利。

相對地，有些企業幾乎沒有競爭優勢，在成熟市場中苦苦掙扎，努力賺取足以打平資金成本的報酬，此時，一個優秀的管理團隊可能還能勉力爭取一點點超額報酬。有個簡化的做法，是把一家公司的利潤率或報酬率，拿來跟產業平均值比較，但這種方法相當粗糙，因為它假設同一產業內的所有公司都具有相同特徵。

- **靠故事做結論的風險：**

數十年來，最成功的企業與最重大的商業失敗，始終是研究人員鍾愛的研究對象，他們鉅細靡遺地分析這兩類公司的各個層面，試圖找出其中的共通點，藉此建立一套模式，好為下一個企業成功鋪路，或避免下一場災難性失敗。

雖然說故事本身確實有其價值，特別是由一位擅長說故事的人來講，但我認為，不論是成功還是失敗所帶來的教訓，其可供外推的力量都很有限，而能劃分這兩類結果的，往往只是運氣與時機而已。

- **期望值的遊戲：**

金融市場對管理階層影響的評估往往更為公允，因為「市場期望值」讓投資這場遊戲回到公平起跑點，也因此，想要在這場遊戲中獲勝，反而比判斷企業是否成功還要困難。這正是我在第 16 章詳細闡述的觀點，也就是「好公司」與「好投資」之間的差異。

某種程度上，管理階層反而更容易在一家處於衰退、缺乏競爭優勢的企業裡創造市場上的成功，因為投資人對這類企業的期望本來就不高；反觀那些獲利已達高峰、成長強勁的企業，投資人對其寄予厚望，管理階層要再創佳績反而更加困難。

結論：返老回春的巨大誘惑

在成熟階段的後期，或站在邁入衰退的臨界點上，企業將面臨一項抉擇。對多數企業而言，勝算最高，也最不需要大幅改變的做法，就是接受現況，讓管理階層認清企業已步入成熟或衰退階段，並據此調整行動。然而，許多企業仍會尋找替代路徑，試圖延緩老化，甚至企圖逆齡回春，背後有兩個原因。

第一，現有的獎勵制度往往鼓勵管理者走上這條道路──成功能鞏固他們作為「超級經理人」的地位，而失敗了，尤其是拿別人的錢冒險時，所承擔的後果卻不重。

第二，市場上存在一整套配合的生態系，包括顧問販售各種衡量指標與工具，聲稱能讓企業回春，以及銀行家從併購與交易中收取高額費用。

那些試圖延緩老化或逆齡回春的企業，所採取的行動可能從表面功夫（例如更改公司名稱）一路延伸到澈底改造，包括轉換業務內容與商業模式，希望重拾企業的青春。雖然成功的機率不高，但如果能立基於自身優勢來推動重整、革新或重生，其成功的可能性將會較高。

另一方面，企業也必須提高警覺，留意陷入急遽下跌的風險──尤其是那些高度依賴關鍵人物或名人形象、營運重度集中在單一產品或少數顧客，或將政治關係視為主要競爭優勢的企業，更容易面臨危機。同樣地，也需提防暴斃風險──一旦因訴訟、監管裁決，或核心事業的突發性破壞而中止企業生命。

如果說過去 20 年間的種種危機與衝擊教會了我們什麼，那就是：**打造更具適應力的企業，將帶來實質的好處。**

第 **20** 章

優雅老去：
尋找平靜之道

本書始終以「企業生命週期」為核心主題。在企業財務的章節中，我說明企業的經營重心，如何隨著生命週期從創業階段邁向成熟，再進入衰退而不斷轉變；在估值的章節中，我指出替年輕企業估值與替成熟企業估值時，所面臨的挑戰有何不同；在投資哲學的章節中，我探討了在生命週期的每個階段，投資成功的關鍵因素為何；此外，我也說明隨著企業逐漸老化，優秀管理者所需具備的特質會如何改變。

　　本章作為總結，我將首先主張：**在經營、估值或投資任何企業時，「內在的平靜」是你應當追求的特質**。接著，我會以「企業生命週期的教訓」為主軸，分別整理給企業的管理者與所有者，再來是投資人。

　　最後，我將延伸總結：從了解企業生命週期的過程中，市場監管機構與經濟政策制定者可以汲取哪些整體性的啟示。

寧靜的本質

　　寧靜是一種備受追求的特質，不僅在靜修場合中如此，在幾乎所有世界主要宗教中也都如此。在佛教中，是寧靜（samatha-bhavana，止禪）開啟了通往洞見（vipassana-bhavana，觀禪）之門；在印度教中，寧靜是一種人們渴望培養的特質，能引領通往覺悟之路；在基督教中，寧靜最廣為人知的表現，至少在日常生活中，是那篇由美國神學家尼布爾（Reinhold Niebuhr）創作的寧靜禱文[1]；不過，對寧靜的追尋，其實在《聖經》的教義中有更深層的根源。

　　儘管寧靜廣受推崇，但許多自稱在追求寧靜的人，仍經常對它下錯

1　譯注：寧靜禱文在基督教世界中廣為流傳，尤其常見於靈修與戒癮團體使用，其核心強調接受、勇氣與智慧三者之間的辨別。

定義、產生誤解。

首先，寧靜並不是某些人所說的那種信念——也就是相信壞事不會發生在身上（無論是個人還是企業）。事實上，不論你是否內心平靜，人生中遇到好事與壞事的機率是一樣的，但寧靜能讓你用更健康的方式去面對這兩種可能。

其次，寧靜也不代表放棄，並任由壞事發生在自己身上——那是一種扭曲且失敗主義式的業報觀。寧靜真正的含義是：**你不會把自己耗損在根本打不贏的戰役上**。

實際上，寧靜禱文正是對這個概念最貼切的詮釋：接受無法改變的事物、擁有改變可改變之事的勇氣，以及最關鍵的——擁有分辨兩者的智慧。那麼，這種對寧靜的定義，在商業情境中要如何發揮作用？

要說透過這本書，我最希望讀者記住的教訓，那就是：**隨著企業日益老化，他們必須在兩個極端之間取得平衡**——一邊是對老化的每個層面拚命抗拒，另一邊則是完全放棄，對任何事情都歸咎於年老而選擇投降。

企業如果要具備能分辨「哪些衰老現象可以改變、哪些則無法改變」的智慧，關鍵在於它們是否真正理解自己的顧客、競爭對手，以及最重要的——本身的優勢與弱點。

管理者與企業主的寧靜教訓

如果你擁有一家企業，或是擔任上市公司的管理階層，我在第 5 至第 8 章說明過，企業財務的重心會隨著公司年齡的增長而轉移；在第 18 章則探討了企業在生命週期不同階段，管理者所需具備的技能組合。

在本節中，我會將這些討論整理為一系列給企業管理者與企業主的教訓。

變老既不輕鬆，也得花心力調適

人們常說洋基隊傳奇球星喬‧迪馬喬（Joe DiMaggio）讓打棒球看起來毫不費力，但我相信，他優雅揮棒與防守中外野的從容，是多年苦練與努力的成果。企業也必須意識到，老化不僅是不可避免的歷程，更伴隨著不輕鬆的調整過程。

首先，當企業從生命週期的一個階段邁入下一階段，**不只會付出轉型成本，也必須改變經營方式**。例如，新創企業一旦取得第一筆創投資金，創業者就得讓出部分股權，並讓創投資金提供者參與經營決策。企業從私人公司轉為公開上市公司時，透過 IPO 會引入新的資訊揭露與投資人關係管理要求。

其次，隨著企業年齡漸長，將會面臨各種限制，有些來自企業擴張後的規模效應，有些則源自競爭，這些限制在企業年輕時往往不曾出現。最後，企業在時間推移中會累積歷史，而如果這段歷史中包含重大成功，便可能出現對過去榮景的懷舊情結，進而導致錯誤的營運與經營決策。例如，一家從高成長邁入成熟期的零售業者，可能會繼續沿用過去每年新增數十家門市的策略，儘管市場條件早已不同。

> 教訓：隨著企業年齡增長，管理階層應該預期會遇到不適應，誠實面對自身的限制──即使打算突破這些限制，也仍須承認它們的存在──並且為過去的成就感到驕傲，但不要試圖將其重現。

你必須活下去，才能發揮潛力

在多數企業中，「失敗」這個詞往往不被公開談論，不是因為它不存在，而是因為人們希望透過否認讓它自動消失，或認為討論失敗、為壞結果預做準備，便代表自己的軟弱。

當企業處於穩定階段（不論是成長期或成熟期）時，這種態度或許

無傷大雅;但在企業生命週期的起點與終點,這樣的心態就可能成為致命問題。

對年輕企業來說,就如我多次強調的,失敗風險既真實又重大。忽視失敗風險的存在,或像某些投資人那樣天真地將其納入折現率,並不會讓風險消失,反而可能讓自己更暴露於風險之中。

反之,承認失敗風險的存在,並檢視造成風險的原因,有助於管理階層做出能降低失敗機率的決策。舉例來說,對年輕企業而言,如果能採取分階段投資,或尋求財力雄厚的創投夥伴,雖然若投資成功,可能會因此減少本身的上行潛力,但也能大幅降低失敗風險。

對衰退企業而言,處理失敗的第一個挑戰,是要先釐清「失敗」的定義。畢竟,如果你把成功定義為企業持續營運,那麼一家處於衰退產業的公司如果選擇清算資產、把現金返還給企業主,可能就會被視為失敗,但考量其未來展望,這反而是正確的做法。如果失敗是指破產或債務違約,那麼衰退企業可以藉由出售最沒生產力的資產,並在縮減規模的同時降低負債,來減少這類風險的曝險程度。

對所有公司來說,宏觀經濟的力量都不會消失,它可能將企業推入失敗風險的領域,例如景氣循環類企業在嚴重經濟衰退期間,或大宗商品公司在商品價格劇烈下跌時。再次強調,**如果能意識到這類曝險,就能降低其發生的風險**;景氣循環企業應該根據他們在整個經濟循環中的平均盈餘來安排舉債,而不是依據景氣高峰或低谷時的盈餘。

> 教訓:要承認失敗風險的存在,思考哪些因素會影響失敗的可能性,並採取行動降低企業對這些風險的曝險,包括保留舉債能力的緩衝空間、使用風險管理工具,以及打造更具適應力與彈性的商業模式。

商業就是權衡取捨，沒有毫無代價的選擇

經營企業的本質，就是在各種取捨之間做決定，幾乎沒有任何行動能只帶來好處而毫無代價。能否意識到這些取捨，並明確思考它們隨時間推移所帶來的影響，是企業能否優雅老化的關鍵一步。隨著企業年齡增長，所面臨的取捨類型也會隨之改變。以下是幾個例子：

- 在企業生命週期的初期，當你需要在不同商業模式中做選擇時，可能必須在兩者之間取捨：一是低資本密集的模式（投入較少資金即可進入市場，讓你成長得更快，但也讓競爭對手更容易進入）；另一是高資本密集的模式（初期需要較多投資，成長較慢，但從長遠來看能建立起更具防禦力的商業模式）。
- 對一家年輕企業來說，當面臨是否該優先追求擴張規模（高度成長），還是打造更優質的商業模式（延長企業壽命）這個問題時，值得注意的是，**雄心壯志與企業長壽有時可能是彼此衝突的**。世上部分最長壽的企業，是家族擁有的利基型企業，長期維持小規模，並專注於自身的市場定位。
- 對一家在競爭激烈的產業中營運、雖處於成熟但規模龐大市場的成熟企業而言，其取捨可能是在加快成長、擴大營收規模，或是提升獲利能力之間做選擇，因為要維持較高的成長率，可能就必須壓低產品價格，以爭取更多市占率。
- 對一家衰退企業來說，面對市場日益萎縮、獲利空間下降的情況，所要面對的取捨可能是：要繼續經營下去，艱困地追求打平甚至超越資金成本的報酬率，或是選擇清算資產、結束營業。

面對取捨，沒有放諸四海皆準的選項，但一定有適合特定企業的抉

擇。舉例來說,假如你經營的是一家希望長久存續的家族企業,可能會放慢成長步調,對進入新市場也會更加審慎;相對地,上市公司的管理者則可能承受更大壓力,必須快速交出成績。身為企業的決策者,你應該清楚自己的終局目標,並依此行動。

> 教訓:當任何被描繪成全然有利、毫無代價的決策或行動,都應抱持懷疑態度。世上沒有無須取捨的選項,每一個決策背後都必然存在權衡利弊的考量。

打造事業主要靠汗水,不是靈感

當企業從一個點子走向實體產品,經營的重心也會從構思創意與籌資,轉向打造實際的商業運作——而整體而言,打造事業更多時候仰賴的是苦幹實幹,而不是靈光一現。這個階段需要的是對細節的高度專注,以及願意親身下場處理繁瑣事務的態度。

對那些熱愛點子激盪、享受向投資人和員工兜售願景時腎上腺素飆升的創辦人而言,尋找更具成本效益的生產方式、處理供應鏈問題等事務,往往會讓人感到無趣或挫折。但如果創辦人因為覺得這些事情枯燥而選擇擱置不管,企業可能根本無法順利誕生。

正如我在本書曾提過的,這正是許多連續創業者在第一次創業過程中,歷經生存與失敗的教訓後才學到的事,並在後續的創業歷程中予以吸收。這也是史蒂夫‧賈伯斯在第一次擔任蘋果執行長時吃過的苦頭,最後在他第二次重返蘋果,也更成功的那段期間,透過延攬擅長打造營運體系的提姆‧庫克擔任營運長,才找到解方。

> 教訓:身為創辦人,如果你不想把時間花在打造事業上,就應該找一位願意投入的人來負責,並且給予對方做出重大營運決策的自由,事後也不要事事質疑或反悔這些決策。

把規模做大很難，且未必合理

我們活在一個崇尚成長的世界，比起縮小規模，如何讓企業規模擴張更受到高度重視。商業世界的英雄是擴張帝國的人，不論是公司的執行長還是新創企業的創辦人，他們在學界與業界都備受讚揚。

在本書中，我對這樣的傳統觀點提出反思，指出擴大企業規模伴隨著各種成本，其中一項是延後獲利轉正的時間，另一項則是為了擴張而必須投入的再投資。有些企業應該維持小規模經營，這樣反而更能維持獲利；也有些企業選擇擴張的理由，不是因為變大本身有價值，而是因為這樣做能讓企業變得更有價值。

我在估值相關章節中，也清楚說明了「擴張規模」與「企業價值」的關聯，將營收擴張所帶來的好處，與因此造成的利潤率下滑與再投資增加這些成本，納入估值模型計算其對企業價值的淨效應。

如果企業的管理者是根據規模或成長來獲得報酬，那麼他們就更有動機去擴大規模；如果他們是動用別人的資金（也就是股東的錢）來投資，這樣的激勵機制就會造就出一種情境，使私募股權投資人和行動派對沖基金看準機會進場，以求重新建立公平的競爭基礎。

> 教訓：要清楚看見把規模做大的代價與好處；如果淨效益為負，而你仍選擇擴大規模，那就該誠實面對—你這麼做，是在服務誰的利益？

好的進攻打造事業，好的防禦守住事業

當你是一家擾亂市場或切入新領域的新創企業或年輕公司，你幾乎隨時都在進攻，因為你尚無需要防守的東西。你可以承擔高風險，因為如果成功了，將帶來巨大的上行潛力；即使失敗，也沒有太多可失去的。隨著企業成長並逐漸成熟，你累積了具體的資產，而這些資產如果因冒險而蒙受損失，帶來的下行風險就不容忽視。

正是這種變化，促使克雷頓・克里斯汀生（Clayton Christensen）提出破壞創新的理論：當一個產業出現顛覆時，幾乎總是來自新進者，而非現有企業。

隨著企業走過生命週期的不同階段，管理階層的表現評價，將越來越仰賴他們守住既有成果的能力，甚至超過他們開拓新市場或追求成長的能力。用體育比喻來說，雖然擁有強大的進攻實力始終有其價值，但對成熟企業而言，防守的重要性將與日俱增。

> 教訓：身為企業的管理階層或業主，你需要根據公司在生命週期中的位置，評估當前應該主攻還是主守；如果是防守，則必須清楚你所要守護的競爭優勢或護城河是什麼。

最終目標，從不是讓企業不朽

「永續性」是商業界的新流行語。雖然這個概念有其正面意涵，但在最具破壞性的形式中，**永續變成追求企業延長壽命、甚至永遠存在**。為了這個目標，顧問與銀行家會提出各種延長企業壽命的行動計畫，有時是以犧牲獲利能力與企業價值為代價，最終造就出行屍走肉般的企業原型。

如果你對延長企業壽命這個目標感到心動，有兩個簡單的事實值得記住。

第一，不管你的顧問再有創意、再聰明，沒有任何企業能夠永遠存在。

第二，企業是法律上的實體，如果它存在的理由——經營一門可行且有獲利能力的事業——已經不存在，那麼最審慎的選擇，就是讓這家公司結束營運。把企業的空殼保留下來，再塞入新的內容，通常既沒有效率，也無實質成效。

> 教訓：套用一首傳奇鄉村歌曲[2]的歌詞來說，經營企業時，你得知道什麼時候該堅持，什麼時候該退場。別讓公司變成一具行屍走肉。

重生與轉世

雖然成功的機率不高，我可以理解年邁企業對重生與轉世的嚮往。畢竟，誰不想再年輕一次？但對那些選擇這條道路的管理階層，我有三點建議。

第一，要讓重生計畫奏效，你需要許多對你有利的其他因素配合，包括在對的時間、出現在對的地點，還要有競爭對手正好做出錯誤決策。

第二，如果想提高成功機率，你必須**以企業既有的優勢為基礎來建立計畫，並認清其中沒有任何捷徑**。

第三，你不該讓身邊全是提供重生計畫建議的顧問和銀行家，因為對他們最好的做法，未必對你最有利。

> 教訓：假如你決定走上重生之路，就應該根據自身優勢來打造計畫，不急躁，並祈求好運相助。

企業老化，不總照實際年齡走

企業老化最棘手的地方在於，它不會依照實際年齡進行。就如我在討論壓縮生命週期時所指出的，一家資本密集度低、容易擴張規模的公司，會比基礎建設企業成長得更快、處於巔峰的時間更短、也衰退得更

---

[2] 譯注：這句話出自美國鄉村歌手肯尼・羅傑斯（Kenny Rogers）於 1978 年推出的經典歌曲《賭徒》（*The Gambler*），歌詞傳達在面對人生或賭局時，應懂得何時堅持、何時放手的智慧。

迅速。

此外,隨著破壞在越來越多產業中成為明確威脅,被破壞的公司其生命週期也會加速,許多企業會在短時間內,從成熟期直接跌入瀕死狀態。

雖然我以企業的年齡作為其所處生命週期階段的近似指標,但實際上,更能反映企業是否真的在老化的,是其營運指標——包括營收成長率、營業利潤率,以及再投資水準。有遠見的管理團隊會持續追蹤這些指標,以在老化開始拖慢企業發展之前,就提早察覺徵兆。

> 教訓:企業老化與成立幾年關係不大,關鍵在於成長與獲利等營運指標。因此,延緩老化的最佳方式,是努力維持合理的營收成長水準,同時守住並提升營業利潤率。

企業的命運未必操之在己

我曾被教導要相信,企業的命運掌握在管理階層手中,進一步延伸的信念就是「好公司來自好的管理者,壞公司則由品質堪慮的管理者掌舵」。這種說法或許對商學院很有利,因為它可以合理化他們高得嚇人的學費,號稱是在授與「優秀管理者的資格認證」,但事實其實更為複雜。

企業的命運,很大一部分是受到總體經濟變數、國家風險變動,以及政治情勢變化所驅動,而**這些因素全都不在管理階層的掌控範圍內**。在某些情況下,一家公司可能會因競爭對手的不幸或失誤而受益,也可能因法規變更或司法發展而遭受打擊。

就像我在第 18 章指出,管理階層對公司能產生的影響,在企業生命週期的兩端最大——不論是正面還是負面。儘管這麼說可能會被貼上憤世嫉俗的標籤,但確實有一些企業,只需要靠自動化規則或機器人操作,也能和現有(且代價高昂)的管理團隊做得一樣好。

> 教訓：雖然管理階層無法預見天災或突如其來的宏觀經濟變動，但他們可以保持警覺與高度關注，打造能快速因應變化、具備高度適應力的企業。

投資人的教訓

企業生命週期也為投資人帶來一系列教訓，因為隨著企業年齡增長，投資與交易時所面對的挑戰也會隨之改變。雖然我已在第 9 到第 17 章中詳盡探討這些挑戰（前半在估值部分，後半在投資章節），但我將在本節中加以統整，歸納出一系列給投資人的教訓。

不確定性是種特徵，不是缺陷

在替企業估值或投資時，投資人總是得在預測未來的過程中面對不確定性，但這些不確定性的強度與類型，會隨著企業年齡而有所不同。對於缺乏營運歷史、商業模式尚未成形的年輕企業來說，不確定性最大；而隨著企業逐漸成熟，不確定性則會相對降低。

如果你把不確定性視為一種必須避開的問題，就會發現自己只投資於成熟企業，或幾乎只投資這類公司。你或許會覺得這樣很好，但實際上也為自己設下了限制。

反過來說，如果你完全否認不確定性的存在，或採用一些武斷的規則來處理它（例如創投業者編造出來的目標報酬率），那麼**你雖然會投資於年輕企業，卻不會真正審慎評估自己所面對的風險**。

要向前邁進，關鍵是正視不確定性：根據你所掌握的資訊做出最佳估計，然後運用統計工具（例如情境分析與模擬）來因應各種可能結果所帶來的不確定性。我在第 10 章為新創企業估值時，以及在第 15 章探討投資新創企業時，都曾嘗試將這項準則付諸實踐。

忽視不確定性並不會讓它消失，而在投資領域最弔詭的地方，也就是你最有可能獲得高額報酬的所在，往往正是那些充滿不確定性的投資標的。

> 教訓：勇敢面對不確定性，接受它的存在，並試著將這項特性轉化為你的優勢。

別否認你的偏見

投資人和分析師常自詡客觀，但事實是，他們總是帶有偏見。

對年輕企業而言，你可能會對某些創辦人特別欣賞，有時甚至愛上他們的商業故事。一旦你渴望這些故事是真的，就會傾向選擇性地蒐集有利的資訊，來支持自己的信念。

對於成熟企業，你的偏見可能來自過往的投資經驗（無論成敗），也可能來自你尊敬的投資人對該公司的觀點，無論是透過閱讀得來，還是親耳聽到。

在這兩種情況下，偏見都會讓你成為更糟的投資人，因為它會讓你怠於查證，或忽略相矛盾的數據，等到你終於看清現實時，往往已經太遲。

雖然你無法徹底消除自己的偏見，但如果能坦然面對它們，就比較容易察覺自己的假設與決策，如何受到過去經驗的影響，也會讓你對自己後續的分析更加謹慎。

此外，如果你願意聆聽那些持不同投資觀點的人的意見，甚至考慮、採納他們的看法，也會有所助益。

> 教訓：雖然你可能無法改變自己的偏見，但應該坦然面對，並讓不同想法的人留在你身邊，維持意見能夠持續回饋的機制。

投資是一場極端報酬遊戲

即使你是一位成功的投資人，大多數投資標的的表現仍可能落後市場，但最成功的幾筆投資，將拉升你整體投資組合的報酬率超越市場。這種報酬率的不對稱現象，存在於各個生命週期階段的企業，但在年輕企業身上表現得更為強烈。

你也許還記得第 15 章所述，成功的創投業者在新創企業上的投資中，將近有 60%會賠錢，但那些最成功的投資，獲利不僅足以彌補虧損，還能帶來盈餘。這種報酬率的不對稱，也出現在投資人之間，因為大多數人表現會落後市場，唯有少數能持續成為贏家。同樣地，投資年輕企業的投資人，其報酬差距更加懸殊：最成功與最不成功的創投業者之間，績效落差遠大於投資成熟企業者之間的差距。

這種投資報酬的不對稱特性，應該會讓投資人對於那些廣為流傳的投資與交易信條更加警覺。

在價值型投資的傳統觀念中，集中持股（把資金投入少數幾家公司）常被視為投資人信念堅定的象徵。但如果你因為嚴格的選股標準，而錯過了那些表現最出色的贏家股票，整體績效就會落後於市場。

另一個極端是交易者的主張，認為可以依靠圖表與技術指標來擇時進出市場；然而這麼做，可能讓你在最大贏家開始起飛前就賣出，或是在最大輸家進一步下跌前就進場買進。

> 教訓：對於基於短期績效表現，或情緒因素來增減投資組合中的標的，應該保持高度謹慎。如果你將資金交由他人代為投資，除了追求超越市場的績效，一致且穩定的表現也同樣重要。

務實看待管理階層的影響

當你投資一家公司時，對管理階層應特別關注兩件事。

第一是管理品質：好的管理能提升公司價值，壞的管理則可能帶來損害。

第二是管理階層與股東之間是否存在利益衝突——對管理者有利的做法，不一定對股東也有利。

假如你投資的是年輕公司，通常會遇到創辦人或內部人士持有大量股份，而且管理階層對公司價值的影響格外顯著。在這種情況下，你的關注重點應該放在管理品質上，並設法找到更有效的方式來加以評估，特別是在缺乏歷史績效數據的情況下。正如我在第 15 章所指出的，這也是為什麼最成功的創投業者，往往更擅長判斷創辦人將構想轉化為事業的能力。

在較成熟的企業裡，管理階層對企業價值的影響通常較小，而且持股比例也往往不高，你面臨的更大挑戰將是如何評估公司治理品質。意識到管理階層與股東之間的利益可能分歧，不僅能減少你對公司行為不符其成熟階段所產生的挫折感，也能幫助你將資金投入那些由企業主親自經營，或是管理階層具有誘因以股東利益為優先考量的公司。

> 教訓：隨著企業年齡增長，你在收集資料與評估管理階層時，重點應從「管理品質」逐漸轉向「公司治理」。

均值回歸總是有效，直到它成為陷阱

均值回歸[3]的本質在於，企業的營運指標與定價，會朝著某個平均值

3　譯注：均值回歸（mean reversion）是一種統計與投資概念，指的是一個變數（例如利潤率、股價或估值倍數）會隨時間波動，但長期而言，會趨近其歷史平均值或同業平均水準。這個假設常被投資人用來預測市場修正與反彈的機會。

收斂，這個平均值可以是企業自身的歷史平均，也可以是跨企業的整體平均。投資人常以此為基礎，發展各種投資策略——但在實務操作上，這其中仍存在一些關鍵差異。

在某些情況下，投資人會假設回歸的對象是歷史平均值，不論是成長率、營業利益率等營運指標，或是大宗商品價格。他們會在油價低迷時買進石油公司，或在消費品公司的利潤率跌破歷史常態時買進股票，期待等到價格反彈時獲利。

在其他情況下，回歸的對象是產業平均值，不論是營運指標（例如利潤率、投資報酬率），或是定價倍數（例如本益比、EV/EBITDA 倍數）。事實上，大多數主動式投資策略都是建立在這個前提上：**當一家公司的交易倍數與產業平均值差距過大（無論偏高或偏低），價格終將修正，趨近平均值。**

因此，如果一家公司相較於同業擁有較低本益比，買進該公司的股票往往能帶來報酬，因為其本益比最終會收斂至產業平均水準。

雖然均值回歸是一股強大的力量，而且在多數情況下都成立，但它仍有兩個限制。

第一是時間點的問題：如果你的投資時間視野較短，那麼即使長期會回歸均值，對你也未必有利。

第二，均值回歸只有在基本的流程，或系統未出現結構性變化時才會發生。在本世紀的前 10 年間，如果投資人假設實體零售公司的營業利潤率與成長率會回到過去的平均水準，那將是災難性的決策，因為亞馬遜對零售產業造成的破壞，已經澈底改變了整體市場的運作模式。

儘管「均值回歸」是一股存在於企業各個生命週期階段的力量，但它的吸引力會隨著可取得的歷史數據越來越多而提高，使其成為成熟企業與歷史悠久產業中，更重要的投資驅動因素。

事實上，均值回歸也是價值型投資法中最令人畏懼的情境之一——

價值陷阱——的罪魁禍首。在這種情境下，你會因為一家公司的股價看起來很便宜（相對於歷史或產業平均值）而買進，但它只會越來越便宜，部分原因是其基本面早已惡化。

> 教訓：當市場出現結構性改變，例如產業破壞或宏觀經濟的轉變，此時若仍寄望於均值回歸，只是一種虛假的安慰。

評估企業品質容易，評估投資品質才難

在第 16 章探討價值型投資時，我區分了「好公司」與「好投資」，並指出前者是根據企業的營業指標（例如成長率、利潤率與投資資本報酬率）來判斷，而後者則取決於該項投資的定價方式。

這項區別在實務上的展現，會依據你的投資焦點是年輕公司還是成熟企業而有所不同：

- 對新創和年輕企業來說，企業品質可以根據**潛在市場規模、單位經濟效益與競爭優勢**來衡量，但有些投資人似乎認為，只要企業具有高品質與潛力，無論多高的價格都合理。這當然不是事實，而我也確實看見，當市場預期下修、趨近現實時，這些公司的股價會出現修正。
- 對成熟企業來說，衡量企業品質的重點在於**盈餘能力**——盈餘（與現金流量）越高，企業價值越高——以及企業的**護城河**，因為越大且持久的護城河，能為企業帶來越多價值。如果你的投資分析只做到這一步，就有可能為優質企業付出過高的代價，特別是在這家企業的卓越表現早已成為市場共識的情況下。

也因此，我才會主張，最佳的投資標的是那些「企業品質」與「投資

品質」之間出現錯配的公司。對年輕企業來說，最理想的投資，是當市場普遍認為它們沒有太多成長潛力，而實際上它們的市場規模遠比想像中更大。對成熟企業來說，最理想的投資，是當市場普遍認為它們沒有護城河，而事實上它們擁有強大且持久的競爭優勢。

> 教訓：投資能否成功，除了取決於你對企業或管理品質的評估，也取決於你是否能察覺並判斷出企業在某些面向上偏離市場共識的程度與方向。

差異性愈小，對報酬率的期待就應該愈低

我認為，要在投資中獲勝，你必須具備某些獨特的觀點，或至少是少數人掌握的優勢。假如你使用的數據跟其他人一樣，分析工具也一樣，那你憑什麼期待自己的投資會有更好的報酬？

成功的投資人通常都有自己培養出的利基或優勢，而且這些利基／優勢，會隨著他們所專注的企業生命週期階段而有所不同。要投資年輕公司，如果能判斷創辦人的素質、評估失敗風險，以及掌握產品或服務尚未成形時的潛在市場規模，將能讓投資人在競爭中取得領先優勢。

要投資高成長企業，關鍵在於能否辨別哪些企業能更快擴張規模、同時提升獲利能力，哪些企業在擴張上會遇到困難，或必須以犧牲獲利為代價。這樣的判斷力，往往決定了你是投資成功還是失敗的一方。

要投資較成熟的企業，關鍵在於你是否具備更勝一籌的護城河與競爭優勢評估能力，以及預見產業破壞者出現的前瞻眼光。

不過，無論是哪一種情況，投資人如果具備某些個人特質——像是耐心，以及承受同儕壓力的能力，也有可能進一步強化投資報酬。

> 教訓：找到你的利基或優勢，建立屬於你的投資哲學，並發展出能據此獲利的方法。

承擔風險，不等於有權獲得報酬

風險是投資的一部分，每個金融中的風險報酬模型，都會將較高的風險與較高的預期報酬率聯繫在一起。不過，**這種關聯不是一種應得的權利**。

投資人承擔了風險，期待能獲得更高報酬，就算已經做足功課、拉長投資時間，這些報酬仍不是理所當然。這點值得特別提出，因為有些投資人認為自己付出努力就該獲得回報，當這種回報沒有實現時，他們不僅會對市場產生怨懟、歸咎市場，還會據此做出反應——加碼已經錯誤的投資、導致報酬更差，而挫折也會進一步加劇，形成惡性循環。

這種動態的呈現方式，會隨著投資人根據其投資哲學所瞄準的企業類型而有所不同。當投資的年輕企業表現不佳時，投資人通常會歸咎於宏觀經濟因素，或怪罪其他人短視近利，沒看到這些公司的成長潛力。假如股價下跌與賣空有關，更容易將賣空者貼上「投機分子」的標籤，認為他們靠企業受創來圖利。

至於投資成熟企業的投資人，當績效落後時，則傾向認為是因為市場陷入泡沫，由交易者與膚淺的投資人推高股價所致。

> 教訓：就算你做了功課，找到「好」的投資標的，並抱持著獲得報酬的期待進場，也別把這些報酬視為理所當然。

你是投資人，還是交易者？

在第 14 章，我用由基本面決定的「價值」與由市場氛圍與動能驅動的「價格」之對比，說明了投資人與交易者之間的差異。

我主張，投資人會評估企業的價值，試圖在價格低於價值時買進，並靠著價格向價值靠攏來獲利。而交易者玩的則是一場更簡單的遊戲——他們會運用各種工具來掌握動能的強度與變化，目標是在低價買進、高

價賣出。

投資人與交易者存在於企業生命週期的每個階段，但隨著企業在生命週期中前進，兩者之間的比例會有所變化。**對年輕企業來說，市場多半由交易者主導**，因為投資人往往不願意，或無力處理這類企業與生俱來的不確定性。

隨著企業逐漸成熟，你會看到更多投資人參與市場，因為他們對於估值與處理不確定性越來越有信心。如果你選擇當一名投資人，而不是交易者，你可以走傳統路線，專注於成熟企業；也可以反其道而行，尋找生命週期早期階段中被低估的公司。

你可能會更常發現市場的錯誤，但也將面臨更難以評價這些公司的挑戰，以及一個更棘手的問題：短期內交易行為可能會讓價格偏離價值，而非趨近於價值。假如你是一名交易者，你的交易策略也會隨企業所處的生命週期而有所不同——在早期階段，順勢交易與反轉交易較為普遍；在成熟階段，則偏重於基於資訊的交易，例如圍繞財報公布或併購消息的操作。

> 教訓：選擇你想參與的遊戲，並清楚知道為什麼你認為自己有機會在這場遊戲中獲勝。簡而言之，如果你從事的是交易，就不要自欺欺人地把自己當成投資人，或大談估值；如果你是投資人，就應該避開那些價格操作。

在投資領域，運氣凌駕實力

過去 100 年來，許多人試圖把投資變成一門學科，甚至有人運用投資產出的龐大數據，主張這是一門科學。但事實是，**投資人無法掌控的變因實在太多，使其根本無法像科學那樣可預測**。

就實務面來說，這也意味著，在評估投資績效時，要區分是運氣還是實力，極其困難——甚至幾乎不可能做到。對於年輕企業而言更是如

此，因為這類企業的報酬分布極度傾斜，少數是大贏家，多數是輸家；在這樣的情況下，任何投資人或交易者只要買到一檔贏家股票──就算買進的理由再荒謬──也會看起來像是贏家。

投資人能從中記取兩個教訓。第一，要對自己誠實，身為一個投資人，必須看清自己的成功有多少是來自「天時地利」，這將讓你成為更好的投資人。

第二，面對投資成功，最謹慎的反應就是保持謙虛。這不僅會讓你更受人喜愛，也能在你遭遇失敗時給你更多保護，因為如果將成功完全歸功於自己，也就等於在失敗時必須全盤承擔責任。

> 教訓：把投資的成敗視為同一枚硬幣的兩面，無論哪一種結果，都不該用來衡量你作為一個人，或作為一個投資人的價值。

證券監管單位的教訓

在撰寫本書過程中，我檢視了企業在生命週期各階段的狀況，但主要是從這些企業的管理階層與投資人的角度出發。這些企業在市場中運作時，其資訊揭露內容與架構，則是受到監管規則與限制的約束。

在本節中，我將主張，監管單位必須調整資訊揭露、公司治理與投資人保護等規定，以反映企業在生命週期中所處的階段。

資訊揭露

過去數十年來，資訊揭露的要求大幅增加，尤其針對上市公司更為明顯。雖然提高揭露程度的本意，是為了讓投資人更充分掌握資訊，但實際效果在許多情況下卻適得其反，反而讓投資人更難掌握真正有用的資訊。我認為，這是因為揭露規則的演變，是建立在以下兩個信念之上：

1. 一體適用：

資訊揭露目前的主流原則是「一體適用」，也就是所有企業都必須遵守相同的揭露要求，即便某些企業其實只與相關議題略有關聯。

雖然這種做法被視為公平且一視同仁，實際上卻導致資訊過度膨脹，因為有些對某些公司來說確實有用的揭露項目，會被強制要求所有公司一體適用，即便這對其他公司幾乎沒有資訊價值。就如我在本節稍後將指出的，投資人對年輕企業所需的資訊類型，與對成熟企業的需求之間，有很大的差異。

2. 多多益善：

揭露的資訊越多，就一定比越少更好嗎？有些人是這麼認為，主張投資人始終可以選擇忽略他們不想用的資訊，只專注於自己需要的部分。這種看法不意外地導向更廣泛的揭露要求，因為只要有任何人、在任何時點、能從某項揭露資訊中找到用途，那它就應該被揭露。

然而，關於資訊超載的研究已逐漸累積，顯示這樣的觀念是錯誤的：揭露越多，反而可能導致越不理性、越缺乏判斷力的決策，原因有三：

- 人類的思緒很容易分心，當揭露文件越來越冗長、內容越來越發散時，投資人很容易偏離核心任務，被枝節問題帶著走。
- 隨著揭露內容在各個層面持續增加，我們應該記住一件事：**並不是所有細節都同樣重要**。簡單來說，當一份 10-K[4]或 S-1[5]文件多達 250 頁時，要從中篩選出真正重要的資訊，就變得更加困難。

4　譯注：Form 10-K 是美國上市公司每年依法向證券交易委員會（SEC）提交的年度報告，內容包含經審計的財務報表、經營概況與風險揭露等資訊，是投資人了解公司表現與潛在風險的重要資料。

- 行為研究指出，當人們被大量資訊淹沒時，大腦往往會關閉理性思考，轉而依賴「心理捷徑」（mental shortcuts），這是一種簡化的決策方式，會捨棄原本用來輔助決策的大部分甚至全部資訊。

簡單來說，投資人幾乎要被鋪天蓋地的揭露資訊淹沒，反而越來越難掌握真正有用的訊息。要走出這座資訊迷宮，必須徹底**翻轉**目前的揭露思維與做法。

3. 少即是多：

我們早已超過資訊揭露「報酬遞減」的臨界點，是時候精簡揭露內容了。當然，說得容易，做起來難──因為撤回資訊揭露的規定，遠比新增一項揭露規定要困難得多。

雖然如此，我仍提出三項建議，儘管每一項都可能遭到不同利益團體的反對。第一，精簡揭露內容的方式之一，是詢問投資人（而非會計師或律師），這些揭露資訊是否對他們有幫助（更客觀的檢驗方式，是**觀察市場價格對這些資訊揭露的反應**；如果沒有反應，就可以推定這些資訊對投資人沒有幫助）。

第二，每當新增一項揭露規定，就必須刪除一項篇幅相當的舊規定。這麼做當然會讓不同揭露內容之間形成競爭，但這正是健康的現象。

第三，凡是大量套用制式語言的揭露內容（例如風險揭露部分，經常充斥著毫無用處的法律術語），都應該縮減篇幅、甚至完全移除。

5　譯注：Form S-1 是美國企業在 IPO 前，依法向證券交易委員會提交的註冊聲明書，用於揭露包括財務狀況、商業模式、募資用途、風險因素、管理階層與主要股東等關鍵資訊，供潛在投資人參考。

4. **觸發式揭露：**

乍看之下，讓資訊揭露更精簡與更具資訊價值這兩個目標，似乎彼此矛盾，因為揭露膨脹在很大程度上，正是出於善意，希望企業能揭露更多自身資訊。

所謂的「觸發式揭露」是個解法，意指揭露內容應根據公司的特性與故事量身訂做，使企業揭露的資訊，並能反映出投資人在評估其價值時，最關注的重點。企業生命週期概念可以協助調整揭露內容，對應公司所處的生命週期階段，如圖 20-1 所示。

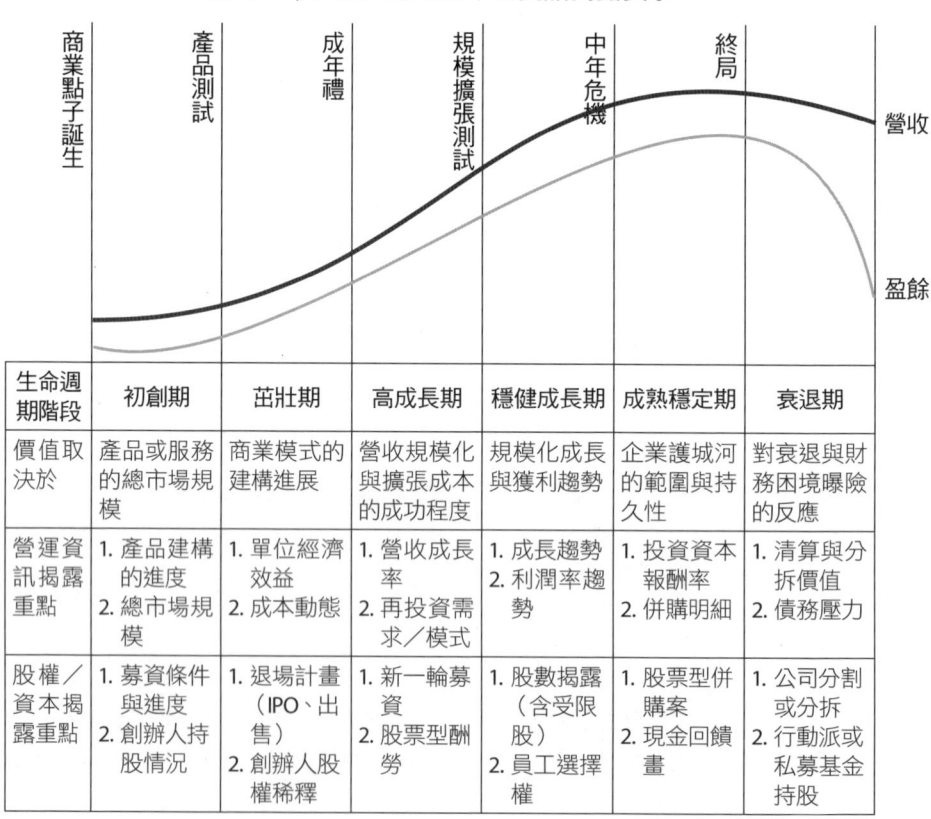

圖 20-1 ｜ 企業生命週期中的資訊揭露要求

生命週期階段	初創期	茁壯期	高成長期	穩健成長期	成熟穩定期	衰退期
價值取決於	產品或服務的總市場規模	商業模式的建構進展	營收規模化與擴張成本的成功程度	規模化成長與獲利趨勢	企業護城河的範圍與持久性	對衰退與財務困境曝險的反應
營運資訊揭露重點	1. 產品建構的進度 2. 總市場規模	1. 單位經濟效益 2. 成本動態	1. 營收成長率 2. 再投資需求／模式	1. 成長趨勢 2. 利潤率趨勢	1. 投資資本報酬率 2. 併購明細	1. 清算與分拆價值 2. 債務壓力
股權／資本揭露重點	1. 募資條件與進度 2. 創辦人持股情況	1. 退場計畫（IPO、出售） 2. 創辦人股權稀釋	1. 新一輪募資 2. 股票型酬勞	1. 股數揭露（含受限股） 2. 員工選擇權	1. 股票型併購案 2. 現金回饋計畫	1. 公司分割或分拆 2. 行動派或私募基金持股

圖中階段：商業點子誕生、產品測試、成年禮、規模擴張測試、中年危機、終局；曲線：營收、盈餘

新創公司的投資人，更關心的是一個想法如何逐步發展為實際的產品或服務，以及該產品或服務的潛在市場有多大，而不是資產負債表上營運資本各項構成的明細。在股權與資本的揭露方面，了解一間新創企業募得多少創投資金，以及這些資金的募集條件，對於評估其價值至關重要。

對年輕企業來說，其企業價值取決於單位經濟效益，因此最有助於估值的資訊，是製造一個產品單位（或獲取一位用戶或訂閱者）的成本，以及提供該產品或服務該用戶的邊際成本為何。

如果能進一步掌握企業主的退場計畫——例如，他們是否打算讓公司維持非上市、出售給上市企業，或是規劃首次公開發行——也有助於評估年輕企業的價值。

所謂的「觸發式揭露」概念，並不表示需要全面改寫現行的揭露法規。企業在生命週期的每個階段，仍然必須提供完整的財務報表（包含損益表、資產負債表與現金流量表），**但額外要求揭露的資訊，應該因應企業所處的生命週期階段而有所不同**。

我曾在一篇探討 IPO 揭露資訊的研究中主張：對以用戶或訂閱者為基礎的企業來說，應揭露的額外資訊應包括用戶經濟的詳細資料；而對基礎建設企業而言，則應揭露基礎建設專案的時間進度。

公司治理

監管單位推動加強公司治理的腳步，總是斷斷續續，只有在企業醜聞爆發時，才會加大壓力，要求管理階層對股東負起更多責任。

在美國，安隆、泰科（Tyco）和世界通訊（WorldCom）等重大醜聞，

迫使立法機關通過《沙賓法案》（Sarbanes-Oxley Act）[6]，這是一套旨在強化公司治理的詳細規範，也促使美國證券交易委員會（SEC）針對委託書投票與股東行動，收緊相關規定。

不過，美國與其他地區大多數的公司治理改革，其實是建立在一個預設前提之上：也就是**認為企業內最需解決的利益衝突，源自於管理階層持股不足，因此無法像股東一樣思考**。於是，解方就成了提供紅蘿蔔（例如股票型酬勞）或祭出棍子（例如要求董事具備獨立性、限制董事任期），希望讓董事會更能代表股東、並對股東負責。

這類公司治理改革，在比較成熟的企業或許行得通，因為這些企業的管理階層通常沒有或只持有極少股份，因此往往會將自身作為管理者的利益，置於股東利益之上。然而，如果從企業生命週期的角度觀察，治理挑戰會隨著階段不同而改變。

在新創與年輕公司中，通常是創辦人或內部股東持有大量股份，並主導企業經營。這樣的結構雖然消除了傳統公司治理所試圖解決的核心衝突——也就是經理人與股東之間的利益不一致——卻衍生出另一種衝突：內部股東／創辦人的利益，可能與外部股東的利益背道而馳。

值得注意的是，自從《沙賓法案》在二十幾年前頒布以來——表面上是為了保護股東——我們卻看到許多年輕企業，特別是科技業者，紛紛採用雙重股權結構，賦予內部股東較大的投票權，讓他們在控制權上占盡優勢。

6　譯注：《沙賓法案》（Sarbanes-Oxley Act）是美國於 2002 年因應安隆與世界通訊等公司醜聞而制定的公司治理法案，內容大幅強化財務報導透明度與管理階層的責任，並增設對高階主管與董事的監督機制。

保護投資人

最後，讓我們來看監管單位關注的第三個面向：保護投資人。這方面的許多監管措施，其實也源自對風險與投資人熟練程度的三項基本假設：

1. **風險意識**：

無論是在資訊揭露還是監管規範中，背後都有一個根本前提，那就是：投資人之所以會選擇投資高風險企業，是因為他們不清楚這些企業到底有多高風險。換句話說，監管單位似乎認為，**只要讓這些投資人完全了解風險，他們就不會投資了**。

但這種想法忽略了現實：風險本身具有正反兩面——高下行風險的投資，同時也可能帶來最高的上行潛力。簡單來說，會選擇把資金投入高風險企業的投資人，正是因為這些企業的高風險，上百頁的風險揭露文件，根本不會動搖他們的決定。

2. **投資人的老練程度**：

許多投資人保護的監管措施，都帶有父權主義色彩，預設散戶或個人投資人無法自行獲取資訊、無法做出理性的風險／報酬權衡判斷、甚至認為應該保護他們免於承擔自己所犯的錯。

然而，事實複雜得多。**個人投資人其實能取得的基本資訊，和機構投資人相比並無太大差異**，他們不僅有能力運用這些資訊做出買賣決策，甚至在面對市場波動時，比起機構投資人更不容易陷入情緒化或恐慌性交易。

3. **企業風險 VS. 投資組合風險**：

監管單位似乎將本身職責定位為監管企業層級的特定風險，儘管投資人其實可以透過分散投資於多家企業來因應風險，而多數投資人也確實這麼做。

為什麼這點重要？因為企業層面的風險會在投資組合中被平均化，監管單位如果將大部分資源投入在這類風險的控管與規範上，效果其實有限。它們應該更關注的是投資人對宏觀經濟或整體市場風險的曝險程度，因為這些風險才會全面衝擊整個投資組合的表現。

雖然說起來有點像廢話，但投資人保護措施在制定時，也必須明確考量其所欲保護的對象是哪些投資人。

年輕企業的投資人，多半是願意承擔風險的投機者與交易者，他們的目標是利用市場氛圍與動能獲利，對這類投資人反覆強調投資風險，不僅無濟於事、甚至可能讓人覺得受到侮辱。

而在成熟企業中，投資人多為機構法人，他們所需要的保護，不是針對營運上的錯誤或風險，而是防範管理階層權力過度擴張所帶來的問題。

本節總結：誤解，造就錯誤規則

我在這一節主張，針對資訊揭露、公司治理與投資人保護所設下的監管規則與限制，根源在於監管單位對被監管企業與其投資人，存在根本性的誤解。

為監管單位稍作辯護，我們可以理解，許多現行的核心法規，是在上個世紀為了監管美國股票市場而設立的，當時公開市場上的大多數企業都是成熟或接近成熟的公司，投資人群體也相對同質。

然而現在的問題在於，市場環境已然改變，如今的上市公司在生命週期上的分布更加多元，投資人組成也更為異質。監管單位如果不調整其監理方式，就可能面臨逐漸失去相關性的風險。

政策制定者的教訓

經濟政策的制定者應該關心企業生命週期嗎？我認為應該，這也是我在最後一節要討論的主題。如果我們將一個經濟體視為由其中所有企業所組成的投資組合，就會發現，不同經濟體中企業的組成結構——也就是它們在生命週期中所處的階段——可能截然不同。

以下是三種假想情境：

- 如果一個經濟體主要或完全由成熟企業構成，整體經濟雖可享有穩定性的好處，但代價將是犧牲創新與成長。
- 如果一個經濟體幾乎完全由新創和茁壯企業組成，整體經濟與市場會更具創新性與活力，但代價是從景氣好轉為壞時，波動也會大得多。
- 如果一個經濟體主要或僅由衰退或陷入困境的企業構成，那麼經濟本身勢必也會反映出這些特徵。

一個健康的經濟體應在企業生命週期各階段之間維持平衡——由成熟企業穩住經濟穩定，創新則來自新創與年輕企業，而當企業步入衰退時，透過清算或拆分進行必要的汰弱留強。

如果目標是打造一個涵蓋各個企業生命週期階段的經濟體，我們可以據此描繪出，政策制定者在將現有經濟體導向這個理想狀態時，可能會面臨哪些挑戰。

假如你的經濟體主要由成熟或衰退企業組成，而你希望提升新創與茁壯企業的數量，根據我觀察過那些嘗試實現這個目標的國家或地區，有幾項教訓值得記取：

1. 風險資金 VS. 補貼資金：

　　許多國家如果急於培育創業家階層，往往會直接將資金提供給這些企業，常見形式包括補貼貸款或提供補助金。但不幸的是，**這類做法通常只是在燒錢**，最終可能耗費數十億美元，中途讓一些機構因此受益致富，卻無法創造出能夠自給自足的新企業。

　　真正具備長期效益的解方，是讓投資人願意將資金投入這些高風險企業（例如新創與年輕公司），一方面期待獲得高報酬，同時也認知到這些公司經常會失敗。我相信這種冒險承擔的文化，在任何環境中都可以被培養出來，但前提是市場必須具備流動性，法律制度也要能維持公平性。

2. 由上而下 VS. 由下而上：

　　政策制定者經常高估自己改變投資人與創業者思維的能力，誤以為只要發布政策聲明或微調政策，就能改變行為模式。但就如同投資人建立承擔風險文化需要時間一樣，創業動能也必須自下而上地形成——也就是一個人或一群人主動離開穩定高薪的工作，去創辦一家新公司。

　　影響創業風氣的一個重要因素，是來自身邊的成功案例。例如，印度經濟在很長一段時間裡都由家族企業主導，這些企業通常不鼓勵冒險、推崇穩定的獲利能力，並視社會與政治人脈為進入市場的最大門檻。

　　直到 1980 與 1990 年代，有少數科技創業者取得成功——他們在創業初期幾乎只有人力資本，卻打造出成功且高價值的企業，才讓人們開始重新看待風險承擔的意義。

3. 時間表：

　　政策制定者通常採用的時間表，多半與選舉週期或官僚任期有關，而不是根據現實狀況所訂。

　　如果為經濟轉型設下人為且不合理的期限，不僅會在一開始就扼殺成功的可能性，還會使整個計畫淪為顧問吃補貼的肥缺、詐騙行為的溫

床,甚至讓掛羊頭賣狗肉的投機者假冒企業行號趁機撈錢。這正是為何我們應對政府主導的經濟轉型計畫抱持懷疑態度的又一個原因。

結論：企業生命週期的啟示

我在本書開頭介紹了「企業生命週期」這個架構,認為它可以用來解釋我在企業與市場中觀察到的許多現象。了解企業處於哪個生命週期階段,有助於判斷它們在企業財務中應該聚焦於哪個面向（投資、籌資或現金回饋）、該採用什麼分析方法,以及若不依照其階段行事,會產生什麼後果。

要為不同階段的企業估值,關鍵能力是掌握價值的主要驅動因素,以及在做出最佳估計時,有哪些資訊可用（或不可得）。同時,了解不同投資哲學之間的差異,也能幫助我們理解,為什麼投資年輕企業的投資人,其思維與投資成熟企業的投資人會有如此大的落差。

在本章中,我回到原點,總結企業生命週期對不同角色的啟示：對管理階層與投資人來說,這有助於他們在經營或投資企業時做出更好的判斷；對監管者來說,這提供了在制定資訊揭露、公司治理與投資人保護規則時的參考視角；對政策制定者來說,這則是打造成長且充滿活力經濟體時不可忽視的一環。

致謝

獻給諾亞（Noah）和莉莉（Lily）——你們正走在自己的生命週期起點，願你們在成長的路上收穫喜悅與成功。

國家圖書館出版品預行編目(CIP)資料

企業估值投資：華爾街頂尖智庫的估值心法，看透企業體質好壞，正確買進 / 亞斯華斯．達摩德仁 (Aswath Damodaran) 著；周詩婷譯. -- 臺北市：三采文化股份有限公司, 2025.08
　面；　公分. -- (iRICH；41)
譯自：The corporate life cycle : business, investment, and management implications
ISBN 978-626-358-704-5(平裝)

1.CST: 企業經營 2.CST: 財務策略 3.CST: 生命週期

494.73　　　　　　　　　114006280

---

iRICH 41

企業估值投資

華爾街頂尖智庫的估值心法，看透企業體質好壞，正確買進

作者｜亞斯華斯．達摩德仁（Aswath Damodaran）　譯者｜周詩婷
編輯三部 總編輯｜喬郁珊　責任編輯｜楊皓　選書編輯｜張凱鈞
美術主編｜藍秀婷　封面設計｜方曉君　協力編輯｜林佳慧
行銷協理｜張育珊　行銷企劃｜沈柔　版權負責｜杜曉涵
內頁編排｜菩薩蠻電腦科技有限公司

發行人｜張輝明　總編輯長｜曾雅青　發行所｜三采文化股份有限公司
地址｜台北市內湖區瑞光路 513 巷 33 號 8 樓
傳訊｜TEL:8797-1234　FAX:8797-1688　網址｜www.suncolor.com.tw
郵政劃撥｜帳號：14319360　戶名：三采文化股份有限公司
本版發行｜2025 年 8 月 29 日　定價｜NT$850

Copyright © 2024 by Aswath Damodaran
Complex Chinese edition © 2025 by Sun Color Culture. Co., Ltd.
This edition published by arrangement with Portfolio, an imprint of PENGUIN Publishing Group, a division of Penguin Random House LLC.
through Andrew Nurnberg Associates International Ltd.
All rights reserved.

著作權所有，本圖文非經同意不得轉載。如發現書頁有裝訂錯誤或污損事情，請寄至本公司調換。All rights reserved.
本書所刊載之商品文字或圖片僅為說明輔助之用，非做為商標之使用，原商品商標之智慧財產權為原權利人所有。